中国低碳省市试点进展报告

国家应对气候变化战略研究和国际合作中心等　编著

中国计划出版社

图书在版编目（CIP）数据

中国低碳省市试点进展报告 / 国家应对气候变化战略研究和国际合作中心等编著. -- 北京 : 中国计划出版社，2017.11（2018.1重印）
ISBN 978-7-5182-0720-6

Ⅰ. ①中… Ⅱ. ①国… Ⅲ. ①节能－研究报告－中国
Ⅳ. ①TK01

中国版本图书馆CIP数据核字（2017）第239271号

中国低碳省市试点进展报告

国家应对气候变化战略研究和国际合作中心等　编著

中国计划出版社出版

网址：www.jhpress.com

地址：北京市西城区木樨地北里甲 11 号国宏大厦 C 座 3 层

邮政编码：100038　电话：（010）63906433（发行部）

新华书店经销

北京印刷学院实习工厂印刷

880mm×1230mm　1/16　29.5 印张　732 千字

2017 年 11 月第 1 版　2018 年 1 月第 2 次印刷

ISBN 978-7-5182-0720-6

定价：88.00 元

序　言

党的十八大以来，以习近平同志为核心的党中央高度重视生态文明建设，明确提出要着力推进绿色发展、循环发展、低碳发展。低碳发展实质上就是以应对全球气候变化、维护全球生态安全为导向，以控制二氧化碳排放为载体，以低碳技术和低碳制度创新为着力点，加快形成以低碳为特征的产业体系、能源体系和生活方式，实现经济社会环境的可持续发展。加快推进低碳发展既是顺应国际发展潮流，推动能源生产和消费革命与技术创新的重要抓手，也是我国提高经济增长质量和效益，保护和改善环境，加快培育新的动能和经济增长点的重大举措。

为了充分调动各方面积极性，在我国不同地域、不同自然条件、不同发展基础和水平的地区探索符合当地实际、各具特色的低碳发展模式，2010 年起国家发展改革委先后启动了三批国家低碳省市试点，将其作为落实新发展理念、探索制度创新、加强协同融合的重要途径。几年来，试点省市因地制宜地开展了大量探索性实践：一是认真落实各项试点目标任务，提出了低碳发展和碳排放峰值目标，制定了低碳发展规划，加大了产业结构调整和低碳技术创新支持力度，加强了温室气体清单和统计核算体系建设，加快了低碳生活方式和消费模式创建，夯实了低碳发展的基础。二是积极探索各具特色制度创新，在加强组织领导、落实低碳理念、出台配套政策、建立市场机制、健全统计体系、强化评价考核、协同试点示范和开展合作交流等方面先行先试，形成了一批可复制、可推广的经验做法，发挥了示范带动的作用。同时，我们也注意到，一些试点省市仍面临着低碳发展理念不够坚定、低碳发展目标不够先进、低碳制度探索不够细化、碳排放数据基础不够扎实等问题和挑战，需要及时总结，妥善应对。

在国家发展改革委气候司的指导和支持下，由国家气候战略中心组织编辑出版的《中国低碳省市试点进展报告》，正是在对前两批42个国家低碳省市试点调研、总结、评估等一系列相关工作的基础上，系统梳理了低碳试点的进展与成效、创新与亮点、问题与挑战，较为全面客观地展示了试点工作全貌。该报告的出版对于讲好我国低碳发展故事，总结低碳省市试点工作最佳实践、凝练不同类型试点地区低碳发展的模式、推广一批具有典型示范意义的省市、扩大国家低碳省市试点的影响力具有积极意义，也有必要将其打造为一个系列产品，成为试点地区交流沟通的平台。

低碳试点是促进发展理念转变、发展方式转型、管理模式变革、体制机制创新和发展能力提高的"试验田"，其探索为我国的低碳发展积累了宝贵经验。希望今后低碳省市、低碳城（镇）、低碳园区、低碳社区等试点继续做好经验总结和信息沟通交流，成为讲好中国低碳故事的载体，进一步发挥创新引领作用，将生态文明制度建设推向前进。

特此为序。

前　言

低碳发展不仅是我国生态文明建设的基本途径，而且也是我国培育经济新增长点，引导应对气候变化国际合作的重要领域。开展低碳省区和低碳城市试点，有利于充分调动各方面积极性，在我国不同地域、不同自然条件、不同发展基础的地区探索符合实际、各具特色的低碳发展模式，积累对不同地区和行业分类指导的政策、体制和机制经验，推动我国经济低碳转型和新旧动能加快转换。从 2010 年 7 月国家发展改革委正式启动国家低碳省区和低碳城市试点工作以来，先后批复了三批共 87 个低碳试点地区。

为及时总结低碳试点地区形成的绿色低碳发展模式，梳理其在体制机制创新等方面的成功经验，分析面临的重大挑战，深化低碳试点，推动形成一批各具特色的低碳省区和低碳城市，并为全国低碳发展提供有益的经验和样板，2016 年，国家发展改革委办公厅印发了《关于组织总结评估低碳省区和城市试点经验的通知》，国家发展改革委气候司组织专家先后在秦皇岛、镇江、景德镇召开了三次总结评估交流现场会，对前两批 32 个试点城市进行了评估，并结合"十二五"单位地区生产总值二氧化碳排放降低目标责任考核工作，对 6 个省区和 4 个直辖市的试点工作进行了评估考核。

作为国家发展改革委直属事业单位，回首国家应对气候变化战略研究和国际合作中心成立五周年以来的发展历程，我们积极作为，不仅承担了国家低碳试点总结评估技术支撑与服务任务，研究提出了评估指标体系，全程参与并圆满完成了总结评估工作，还前往镇江、杭州、广东等地开展深入调研，完成了一批质量较高的调研报告。本书正是在中心上述相关工作成果的基础上编著而成，全书分为综述篇、调研篇和实践篇，综述篇梳理总结了42个试点地区近五年来的工作进展与成效、特色与亮点，深入分析了试点面临的问题与挑战，研究提出了深化试点工作的对策与建议；调研篇收录了我中心自2014年以来先后完成的镇江、杭州、广东、武汉、贵阳、遵义、南昌和石家庄等八地6篇低碳发展调研报告；实践篇为中心对42个试点省市自评估报告的缩编版，力求最大限度地真实反映前两批国家低碳试点地区工作的原始形态与主要特色。

感谢中国气候变化事务特别代表、国家发展改革委原副主任解振华同志和国家发展改革委副主任张勇同志对中心的关心与厚爱，感谢国家发展改革委气候司对中心工作的支持与帮助，也感谢42个省市地方发展改革委有关负责同志编写完成的自评估报告。希望本年度报告既能全面反映中国低碳试点进展，又能成为国家低碳省区与城市试点的优秀案例和最佳实践，并为国内外从事低碳研究的专家学者讲好中国低碳故事提供一些有价值的事实与数据。

徐华清

2017 年 10 月

本书编写组

徐华清　马爱民　杨　秀　王雪纯　周泽宇　杨　雷
田丹宇　付　琳　胡　乐　白　洁　林　昀　狄　洲
洪建武　谢健标　杨俊峰　田　啟　肖竞佳　续大康
巩祥夫　王　莹　寸文娟　高迎春　胡继红　刘　强
李安刚　李梦楠　李碧莲　王巧莉　赵　军　周怡芳
王建中　黄　琴　尹绪龙　刘　新　贾秋淼　郭建利
凌　云　许　艳　宋卫彬　赵洪波　麻育红　安　涛
秦李芳　靳宏伟　张　伟　夏　娃　李建华　马　刚
吴凤香　史　禹　雷　波　许晓文　高　宁　王亚军
周德荣　朱　华　钱广晖　张　艳　王晓林　吴为立
张　典　李　翔　曾升华　龙　波　江亚梦　黄明哲
欧阳云　颜丙峰　钱文伟　商　聃　张苗蕾　杨　庆
张　丹　吴　宏　洪蓉蓉　饶　江　涂　晋　周　勇
谢海茵　吴雪梅　彭文轩　高　浒　刘　响　常程炜
赵瑞照　武永强　许　凯　吴正平　刘正英

目　录

实践篇 42个低碳试点省市进展总结

国家低碳省区和城市试点进展总结报告

习近平总书记指出，试点能否迈开步子、趟出路子，直接关系改革成效。开展低碳试点，积极探索低碳发展模式及制度创新，不仅有利于贯彻落实低碳发展理念，不断夯实低碳发展基础，也助于引领绿色发展，推动生态文明制度改革。为及时总结低碳试点工作的进展与成效，系统梳理各地的特色与亮点，深入分析面临的问题与挑战，全面落实"十三五"规划纲要提出的深化各类低碳试点，实施近零碳排放区示范工程的总体要求，我们在广泛调研的基础上，结合气候司去年组织开展的国家低碳省区和城市试点评估工作，现将有关情况总结如下。

第一章　进展与成效

2010 年 7 月，国家发展改革委正式启动了国家低碳省区和低碳城市试点工作，确定在广东、辽宁、湖北、陕西、云南五省和天津、重庆、深圳、厦门、杭州、南昌、贵阳、保定八市开展探索性实践。2012 年 11 月，国家发展改革委下发《关于开展第二批低碳省区和低碳城市试点工作的通知》，在北京、上海、海南等 29 个省市开展第二批低碳省区和城市试点。几年来，前两批共 42 个试点省市围绕批复的试点工作实施方案，认真落实各项目标任务，并取得明显进展和成效。

（一）　以低碳发展规划为引领，积极探索低碳发展模式与路径

共有 33 个试点省市编制完成了低碳发展专项规划，有 13 个试点省市编制完成了应对气候变化专项规划，共有 22 个省市的 32 份规划以人民政府或发展改革委的名义公开发布。试点地区通过将低碳发展主要目标纳入国民经济和社会发展五年规划，将低碳发展规划融入地方政府的规划体系。试点地区通过编制低碳发展规划，明确本地区低碳发展的重要目标、重点领域及重大项目，积极探索适合本地区发展阶段、排放特点、资源禀赋以及产业特点的低碳发展模式与路径，充分发挥低碳发展规划的引领作用。

（二）　以排放峰值目标为导向，研究制定低碳发展制度与政策

共有 28 个试点省市研究提出了实现碳排放峰值的初步目标，其中提出在 2020 年和 2025 年左右达

峰的各有 13 个和 6 个。北京、深圳、广州、武汉、镇江、贵阳、吉林、金昌、延安和海南等城市陆续加入了"率先达峰城市联盟"，向国际社会公开宣示了峰值目标并提出了相应的政策和行动。试点地区通过对碳排放峰值目标及实施路线图研究，不断加深对峰值目标的科学认识和政治共识，不断强化低碳发展目标的约束力，不断强化低碳发展相关制度与政策创新，加快形成促进低碳发展的倒逼机制。

（三） 以低碳技术项目为抓手， 加快构建低碳发展的产业体系

试点省市大力发展服务业和战略性新兴产业，加快运用低碳技术改造提升传统产业，积极推进工业、能源、建筑、交通等重点领域的低碳发展，并以重大项目为依托，着力构建以低排放为特征的现代产业体系。共有 29 个试点省市设立了低碳发展或节能减排专项资金，为低碳技术研发、低碳项目建设和低碳产业示范提供资金支持。海南省在全国率先提出"低碳制造业"发展目标，把低碳制造业列为全省"十三五"规划的 12 个重点产业之一，使其成为新常态下经济提质增效的重要动力和新的增长点。"十二五"时期，10 个试点省和直辖市中有 9 个地区的单位 GDP 碳排放下降率高于全国水平，低碳产业体系构建带来的低碳经济转型效果已经显现。

（四） 以管理平台建设为载体， 不断强化低碳发展的支撑体系

所有试点省市均开展了地区温室气体清单编制工作，有 10 个试点省和直辖市建立了重点企业温室气体排放统计核算工作体系，有 17 个城市建设了碳排放数据管理平台，借此能够及时掌握区县、重点行业、重点企业的碳排放状况。共有 41 个试点省市成立了应对气候变化或低碳发展领导小组，其中 18 个试点省市成立了应对气候变化处（科）或低碳办。共有 29 个试点省市将碳排放强度下降目标与任务分配到下辖区县，其中 22 个试点省市还对分解目标进行了评价考核，强化了基层政府目标责任和压力传导。

（五） 以低碳生活方式为突破， 加快形成全社会共同参与格局

试点地区创新性开展了低碳社区试点工作，通过建立社区低碳主题宣传栏、社区低碳驿站，试行碳积分制、碳币、碳信用卡、碳普惠制等方式，积极创建低碳家庭，探索从碳排放的"末梢神经"抓起，促进形成低碳生活的社会风尚，让人民群众有更多参与感和获得感。有 14 个试点省市开展了低碳产品的标识与认证，推动低碳产品的生产与消费。另有部分试点省市通过成立低碳研究中心、低碳发展专家委员会、低碳发展促进会、低碳协会等机构，加快形成全社会共同参与的良好氛围。

第二章　特色与亮点

　　几年来，42 个国家低碳试点省市围绕加快形成绿色低碳发展的新格局，不断强化低碳发展理念，不断强化低碳规划引领，积极探索低碳发展的新模式与新路径，积极创新低碳发展的体制与机制，初步形成了一批可复制、可推广的经验和好的做法，值得各地学习和借鉴。习近平总书记 2014 年 12 月在江苏镇江听取了该市低碳城市建设管理工作汇报，观看了低碳城市建设管理云平台演示后，称赞镇江低碳工作做得不错，有成效，走在了全国前列。

（一） 加强组织领导， 落实低碳理念

　　镇江市委市政府牢固树立并践行低碳发展理念。一是设立双组长的低碳发展领导小组，强化对低碳发展的党政同责。镇江市把低碳城市建设作为推进苏南现代化示范区建设、建设国家生态文明先行示范区的战略举措，统一认识，强化领导，不仅成立了以市委书记为第一组长、市长为组长的低碳城市建设领导小组，还同时成立了区县低碳城市建设工作领导小组，形成了"横向到边、纵向到底"的工作机制。二是建立项目化推进机制，强化目标任务落实到位。市政府出台了《关于加快推进低碳城市建设的意见》，将低碳城市建设重点指标、任务和项目分解落实情况纳入市级机关党政目标管理考核体系。市低碳办通过《镇江低碳城市建设目标任务分解表》，将低碳城市建设九大行动计划分解细化为 102 项目标任务，按月督查、每季调度低碳建设项目，并以简报形式及时通报相关情况。三是加快构建全民参与机制，强化市民的获得感。市政府将低碳建设目标写入政府工作报告，接受人民代表监督，成功举办了镇江国际低碳技术与产品交易展示会，研究发布了低碳发展镇江指数，建立了"美丽镇江·低碳城市"机构微博和"镇江微生态"微信公众号，每周推送低碳手机报，并在市区重要地段、机关单位电子屏、公交车车身等投放低碳公益广告，不断强化提升市民的认同感与获得感。

　　广元市委市政府坚持一张绿色低碳蓝图绘到底。一是设立"低碳发展局"作为专门办事机构，持之以恒抓落实。广元市坚持"以创建森林城市、低碳产业园区和低碳宜居城市为抓手"的低碳发展思路，强化生态立市、低碳发展的战略地位，在全国率先创新性设立了正县级的市低碳发展局（与市发改委合署办公）、配备了专职副局长，市发改委内部增设了低碳发展科。二是以立法形式设立广元低碳日，坚持不懈抓引导。在全国率先以市人大通过地方立法的形式，确定每年 8 月 27 日为"广元低碳日"，并成立了广元市低碳经济发展研究会，不断壮大由市民自发成立的低碳志愿者队伍，通过政策解读以及步行、轮滑、骑车等方式宣传低碳生活，积极倡导广大市民低碳旅游、低碳装修、低碳出行和低碳消费。

（二） 编制发展规划， 促进转型发展

云南省率先建立全省低碳发展规划体系。一是将低碳发展纳入全省国民经济和社会发展中长期规划。云南省"十二五"规划纲要明确提出从生产、消费、体制机制三个层面推进低碳发展，推动经济社会发展向"低碳能、低碳耗、高碳汇"模式转型，并在"十三五"规划纲要中进一步提出建立全省碳排放总量控制制度和分解落实机制。二是率先由省人民政府印发实施了《低碳发展规划纲要（2011—2020 年）》，明确提出温室气体排放得到有效控制，二氧化碳排放强度大幅度降低，低碳发展意识深入人心，有利于低碳发展的体制机制框架基本建立，以低碳排放为特征的产业体系基本形成，低碳社会建设全面推进，低碳生活方式和消费模式逐步建立，低碳试点建设取得明显成效，成为全国低碳发展的先进省份。三是率先组织完成了 16 个州（市）级低碳发展规划编制并由本地区人民政府印发实施。将全省低碳发展规划中提出的"到 2020 年单位国内生产总值的二氧化碳排放比 2005 年降低45% 以上，非化石能源占一次能源消费比重达到 35%，森林面积比 2005 年增加 267 万公顷，森林蓄积量达到 18.3 亿立方米"等量化目标的责任和压力传导到各州（市），并率先开展对州（市）人民政府低碳发展目标年度考评工作。

深圳市探索建立低碳发展规划实施机制。一是出台十年规划谋划低碳发展长远蓝图。《深圳市低碳发展中长期规划（2011—2020 年）》系统阐明了全市低碳发展的指导思想和战略路径，成为深圳低碳发展的战略性、纲领性、综合性规划。二是实施五年方案落实低碳试点重点任务。《深圳市低碳试点城市实施方案》从政策法规、产业低碳化、低碳清洁能源保障、能源利用、低碳科技创新、碳汇能力、低碳生活、示范试点、低碳宣传、温室气体排放统计核算和考核制度、体制机制等 11 个方面明确了具体任务和 56 项重点行动。三是推动低碳发展有机融入城市发展全局。从深圳市"十二五"规划纲要开始，将低碳理念融入发展规划，不断提高低碳城市建设水平，将低碳技术融入创新能力建设，持续解决技术、产业与低碳发展深度融合问题，将低碳标准要求融入产业规制，加快促进传统产业的低碳转型与升级，实现绿色低碳与经济社会发展有机融合。

（三） 提出峰值目标， 倒逼发展路径

宁波市积极探索峰值目标约束下的低碳发展"宁波模式"。一是强化峰值目标的政治共识与落地。《宁波市低碳城市试点工作实施方案》首次提出到 2015 年碳排放总量基本达到峰值，到 2020 年碳排放进入拐点时期，碳排放总量与"十二五"末基本持平。2013 年，宁波市委率先将这一峰值目标作为生态文明建设的主要目标纳入《关于加快发展生态文明建设美丽宁波的决定》。"十三五"规划纲要明确提出"力争在 2018 年达到碳排放峰值"目标，并在市政府印发的《宁波市低碳城市发展规划（2016—2020 年）》中进一步提出建立碳排放总量和碳排放强度"双控"制度，出台加强碳排放峰值目标管理的有关法规及制度性文件，力争率先在全国实现碳峰值。二是强化峰值目标的引领与倒逼作用。积极探索峰值目标约束下低碳发展的"宁波模式"，一方面强化低碳引领，明确提出实行燃煤消费总量控制，原煤消费总量不得超过 2011 年水平，并将这一目标正式纳入《宁波市大气污染防治条例》；另一方面强化峰值倒逼作用，率先对电力、石化、钢铁等三大行业进行碳排放总量控制，到

2020 年分别控制在 6580 万、2480 万和 1100 万吨以内，以此倒逼电力行业不再新上燃煤电厂、石化行业重大装置优化布局、钢铁行业着力调整产品结构。

上海市积极探索峰值目标约束下的低碳发展"上海路径"。一是将碳排放峰值目标摆在低碳发展的突出地位。在《上海市开展国家低碳城市试点工作实施方案》中，明确提出力争到 2020 年左右上海市碳排放总量达到峰值，"十三五"规划纲要进一步提出努力尽早实现碳排放峰值，并要求将绿色低碳发展融入城市建设各方面和全过程，为创建国内领先、国际知名的低碳特大型城市而努力探索和实践。二是提出碳排放总量控制目标，探索达峰路径。上海市率先在"十三五"规划纲要中明确提出："到 2020 年全市二氧化碳排放总量控制在 2.5 亿吨、能源消费总量控制在 1.25 亿吨标煤以内"的目标，并试点开展重点排放单位碳排放总量控制。同时，结合 2040 年城市总体规划、"十三五"规划纲要以及相关行业规划编制工作，研究提出了全市及工业、交通、建筑、能源等领域碳排放达峰路径。

（四） 探索制度创新， 完善配套政策

一是加快建立重点企业温室气体排放统计报告制度。广东省围绕低碳发展管理和碳交易需求，率先建立起较为完善的重点企事业单位温室气体排放数据报告制度，并建立了相应的信息化平台，包括温室气体综合数据库、碳排放信息报告与核查系统、配额登记系统等。上海市结合非工业重点用能单位能源利用状况报告、上海市碳排放交易企业排放监测和报告以及重点排放单位的温室气体排放报告等制度，开发推广并不断更新"三表合一"软件，将能源利用状况报告、节能月报、温室气体排放报告整合，成为目前国内唯一实现一次性填报生成的系统。

二是探索建立重大项目碳排放评价制度。镇江市人民政府印发了《镇江市固定资产投资项目碳排放影响评估暂行办法》，并在能评和环评等预评估的基础上，分析项目的碳排放总量和排放强度，建立包括单位能源碳排放量、单位税收碳排放量、单位碳排放就业人口等 8 项指标构成的评估指标体系，从低碳的角度综合评价项目合理性并划定为用红、黄、绿灯表示的三个等级。北京市和武汉市尝试在已有的固定资产投资项目节能评估基础上增加碳排放评价的内容，严格限制高碳产业项目准入，北京市两年来共完成碳排放评估项目 475 个，核减二氧化碳排放量 53 万吨，核减比例达到 8.8%。广东省探索将碳评管理和新建项目配额发放有机结合，以碳评结果核定企业配额发放基准。

三是组织实施低碳产品标准、标识与认证制度。广东省编制了低碳产品认证实施方案，完成了指定铝合金型材低碳产品评价技术规范，完成了电冰箱和空调两类低碳产品评价试点工作，并在中小型三相异步电动机和铝合金型材两类产品中开展低碳产品认证示范工作，还与香港开展了复印纸、饮用瓶装水、玩具等产品的碳标识互认研究。云南省开展了高原特色农产品低碳标准和认证制度研究，组织了全省低碳产品认证宣贯会，在硅酸盐水泥、平板玻璃、中小型三相异步电动机、铝合金建筑型材等行业的重点企业开展试点，"十二五"期间，云南省共有 4 家企业获得 15 张国家低碳产品认证证书。

（五） 发挥市场手段， 引导资源配置

北京市着力建设规范有序区域碳排放权市场并探索跨区交易。一是构建了"1＋1＋N"的制度政策体系。市人大发布了《关于北京市在严格控制碳排放总量前提下开展碳排放权交易试点工作的决

定》，市政府发布了《北京市碳排放权交易管理办法（试行）》，市发改委会同有关部门制定了核查机构管理办法、交易规则及配套细则、公开市场操作管理办法、配额核定方法等17项配套政策与技术支撑文件。二是探索建立跨区域碳交易市场。北京市积极与周边地区开展跨区碳交易工作，2014年12月，北京市发改委、河北省发改委、承德市政府联合印发了《关于推进跨区域碳排放权交易试点有关事项的通知》，正式启动京冀跨区域碳排放权交易试点。2016年3月，北京市发改委又与内蒙古发改委、呼和浩特市政府和鄂尔多斯市政府共同发布了《关于合作开展京蒙跨区域碳排放权交易有关事项的通知》，联合在北京市与呼和浩特和鄂尔多斯两市之间开展跨区域碳排放权交易。

广东省积极探索配额有偿发放及投融资等体制机制创新。一是率先探索配额有偿发放。广东省从试点启动之初即确定了配额有偿分配机制，并逐步加大有偿分配比例。2013年企业有偿配额比例为3%，2014年、2015年、2016年电力企业有偿配额比例提高到5%，充分体现了碳排放配额"资源稀缺、使用有价"的理念，有效提升了企业的碳资产管理意识。迄今为止已开展13次配额有偿拍卖，共计成交1588万吨CO_2、成交金额7.96亿元，通过一级市场拍卖底价实现了与二级市场交易价格的挂钩。二是率先探索设立省级低碳发展基金。为管好用好配额有偿发放收入，广东省率先探索设立全国首个省级政府出资的低碳发展基金，省财政出资6亿元，其中首期1.04亿元已下达粤科金融集团（托管机构），中信银行广州分行（托管银行）、广州碳排放权交易中心有限公司、广州花都基金管理有限公司也已达成14亿元的出资协议，基金合计总规模将达到20亿元。三是率先探索碳普惠制试点。2015年广东省启动碳普惠制试点，印发了《广东省碳普惠制试点工作实施方案》，尝试将城市居民的节能、低碳出行和山区群众生态造林等行为，以碳减排量进行计量，建立政府补贴、商业激励和与碳市场交易相衔接等普惠机制，并将广州、东莞、中山、韶关、河源、惠州等六市纳入首批试点城市。

（六）建立统计体系，夯实数据基础

一是建立温室气体排放统计核算体系。上海市2014年发布实施了《上海市应对气候变化综合统计报表制度》，2015年发布出台了《关于建立和加强本市应对气候变化统计工作的实施意见》，明确了温室气体排放基础统计和专项调查制度的职责分工，其中：市统计局负责应对气候变化统计指标数据的收集、评估以及温室气体排放基础统计工作，市发展改革委负责温室气体排放核算与相关专项调查工作。目前已实现2014年和2015年的统计数据上报，为温室气体清单编制、碳排放强度核算等工作提供数据保障。

二是建立常态化的清单编制机制。杭州市自2011年起开始编制市级温室气体清单，制定发布了《温室气体清单编制工作方案》，目前已完成了2005—2014年全市温室气体清单编制工作，市级温室气体清单编制工作已经进入常态化，并率先建立了县区级温室气体清单编制常态化机制，目前全市13个区、县（市）及杭州经济技术开发区，均已完成了2010—2014年度温室气体清单编制。同时结合市区两级温室气体清单编制，开发了"杭州市温室气体排放数据统计及管理系统"。昆明市早在2011年就率先建立了市级能源平衡表编制工作方案及工作流程，并编制完成了2010—2014年度昆明地区能源平衡表，为全市温室气体清单编制工作奠定了坚实基础。

三是建设数据收集统计系统和数据管理平台。镇江市在全国首创了低碳城市建设管理云平台，围绕实现 2020 年碳排放峰值目标，以碳排放达峰路径探索、碳评估导向效能提升、碳考核指挥棒作用发挥、碳资产管理成效增强为重点，构建完善的城市碳排放数据管理体系，并依托碳平台的技术支撑，深入推进产业碳转型、项目碳评估、区域碳考核、企业碳管理，进一步打造镇江低碳建设的突出亮点和优势品牌。武汉市重点推进低碳发展三大平台上线运行，基本建成"武汉市低碳节能智慧管理系统"，实现实时掌握全市及各区、重点行业、重点企业的能耗和碳排放数据，进行分析预警；基本完成"武汉低碳生活家平台"，实现低碳商品交易与兑换、低碳基金服务、低碳志愿者联盟、低碳出行倡导、低碳企业家俱乐部等七大服务功能；基本建成"武汉市固定资产投资项目节能评估和审查信息管理系统"，实时掌握项目的能耗及碳排放情况。

（七） 强化评价考核，落实责任分工

一是建立完善温室气体排放目标责任考核机制。云南省人民政府与 16 个州市人民政府签订了低碳节能减排目标责任书，把"十二五"碳强度下降目标和年度目标分解落实到各州市，并通过将低碳发展目标完成情况列为常态化考核项目，印发目标完成情况考评办法、组织目标完成情况考评、安排 200 万元奖励金等措施，健全了目标责任评价考核机制。昆明市委早在 2010 年率先提出《关于建设低碳城市的决定》，并不断完善低碳发展目标考核体系，确定每年度 1 月份各县市区人民政府对上年度主要目标和任务完成情况进行自查，并于 2 月 1 日前将自查报告上报，市级主管部门在认真审核各县市区自查报告基础上，组织进行现场评价考核。二是探索开展碳排放强度与总量目标双控考核机制。镇江市实行碳排放强度目标与总量目标双分解，在双分解的基础上建立了以县域为单位实施碳排放总量和强度双控考核制度，并将考核结果纳入年度党政目标绩效管理体系。广元市出台《广元市生态文明建设（低碳发展）考核办法》，加强绿色 GDP 考核力度，增加低碳目标考核在全市目标管理考核中的占比，实行碳排放总量和强度双控考核，强化低碳目标的约束作用和倒逼机制。三是不断强化主要部门重点行业碳排放评估考核机制。上海市按照"节能低碳管理与行政管理相一致"进行条块分工，提出了工业、交通运输业、建筑施工业等 10 个领域的碳排放增量控制目标，行业主管部门除了负责本领域节能低碳工作的面上监督推进，还需承担本领域中央和市属企业的节能低碳管理和目标责任，强化相关部门的管控意识和职责。北京市建立有效的目标责任分解和考核机制，将节能减碳目标纵向分解到 16 个区县、镇乡和街道三个层面，横向分解到 17 个重点行业主管部门和市级考核重点用能单位，形成了"纵到底、横到边"的责任落实与压力传导体系。

（八） 协同试点示范，形成发展合力

一是与低碳社区、低碳小镇等区域内不同层次试点协同推进。杭州市委在 2009 年底率先提出《关于建设低碳城市的决定》，并将低碳社区和特色小镇建设作为重要抓手和平台。①创新低碳社区试点载体。杭州在全市 40 多个社区开展了"低碳社区"试点，研究制定并推行了"低碳社区考核（参考）标准"、"低碳（绿色）家庭参考标准"、"家庭低碳计划十五件事"等制度，开展了"万户低碳家庭"示范创建活动。②将低碳发展融入特色小镇创建之中。在发展理念上体现低碳，将特色小镇定位于产业鲜明、低碳、生态环境优美、兼具文化韵味和社区功能的新型发展平台；在产业定位上体现低碳，

明确特色小镇的产业发展应紧扣产业升级的趋势，集聚资本、知识等高端要素，聚焦信息、健康、金融等七大新产业以及茶叶、丝绸等历史经典产业。二是与低碳交通、低碳建筑等区域内不同领域试点协同推进。深圳市坚持办好不同层面、不同类型的试点，系统推进、形成合力。①将国家低碳城市试点与国家低碳交通运输体系试点相结合。截至2015年底，公交机动化分担率提升至56.1%，累计推广新能源汽车3.6万辆，新能源公交大巴占公交车总量比重超过20%。②将低碳试点与国家可再生能源建筑应用示范城市建设相结合。截至2015年底，全市共有320个项目获得绿色建筑评价标识，绿色建筑总建筑面积达到3303万平方米，太阳能热水建筑应用面积规模达到2460万平方米。杭州市加快推进交通领域低碳发展中的模式创新。一是率先提出了建设"公共自行车、电动出租车、低碳公交、水上巴士及地铁'五位一体'"公交体系，赋予了城市公交更广泛的低碳内涵。二是建设了全球规模最大的公共自行车系统，真正将"低碳为民"的发展理念落到实处。③开创了"微公交"电动车租赁模式，规避了换电充电难、初始成本高等难题。三是与智慧城市、生态文明先行示范区等国家综合试点相协同。试点地区充分利用相关行政资源，加强协同治理，力求形成合力。延安市以绿色循环低碳发展为重点，编制好生态文明先行示范区建设实施方案。杭州市以智慧城市"一号工程"为抓手，以打造万亿级信息产业集群为目标，全力推进国际电子商务中心、全国云计算和大数据产业中心等，全面打造低碳绿色的品质之城。

（九） 开展地方立法， 提供法规保障

石家庄市率先立法促进低碳发展。《石家庄市低碳发展促进条例》于2016年1月经市人大通过，2016年5月经河北省人大批准，并于7月1日起施行。该条例共10章63条，包括低碳发展的基本制度、能源利用、产业转型、排放控制、低碳消费、激励措施、监督管理和法律责任等。该条例在低碳制度创新方面实现了一定的突破，提出了建立碳排放总量与碳排放强度控制制度、温室气体排放统计核算制度、温室气体排放报告制度、低碳发展指标评价考核制度、碳排放标准和低碳产品认证制度、产业准入负面清单制度、将碳排放评估纳入节能评估等。

南昌市科学立法保障低碳发展。《南昌市低碳发展促进条例》于2016年4月经市人大审议通过，并于9月1日起施行。该条例共9章63条，包括总则、规划与标准、低碳经济、低碳城市、低碳生活、扶持与奖励、监督与管理、法律责任和附则，其立法目的聚焦于依法构建城市低碳发展的体制机制，依法巩固城市低碳试点好的做法与探索。一是聚焦规划目标和责任评价考核，明确低碳政策导向。条例明确提出了编制低碳城市发展规划，建立低碳发展决策和协调机制，建立低碳发展目标行政首长负责制和离任报告制度，建立低碳发展考核评价指标体系，建立低碳项目库并制定低碳示范标准，对项目进行以温室气体排放评估为主要内容的产业损害和环境成本评估，加强低碳高端人才引进并制定特殊优惠政策等。二是聚焦公众低碳认知度和获得感，倡导低碳生活方式。条例专门设置了"低碳城市"一章，将城市规划、公共设施布局、低碳建筑、低碳交通、新能源汽车、城市园林绿化、低碳示范创建等活动规范化，并相应设定了"500元以上5000元以下罚款"的罚则，具有较强的可操作性。

湖北省加强顶层设计强化支撑保障。湖北省先后出台了《中共湖北省委 湖北省人民政府关于加强应对气候变化能力建设的意见》《湖北省人民政府关于发展低碳经济的若干意见》《湖北省低碳省区

试点工作实施方案》《湖北省"十二五"控制温室气体排放工作实施方案》《湖北省碳排放权交易试点工作实施方案》《湖北省碳排放权管理和交易暂行办法》等一系列法规和文件，为全省低碳发展和试点工作提供了有力的依据和准则。

（十） 开拓国际视野， 加强合作交流

一是搭建国际交流平台。北京市通过成功主办第二届"中美气候智慧型/低碳城市峰会"，充分利用峰会的交流平台和交流机制，宣传中国近年来的低碳发展成果，借鉴美国各州、市在低碳转型过程中的经验和教训，扩大中国城市管理者的国际化视野，触动城市低碳转型的内生动力。深圳市通过每年举办一届国际低碳城论坛，广泛吸引国内外政府机构、国际组织和跨国企业参与，宣传试点示范经验，营造低碳发展氛围，凝聚低碳发展共识，逐步成为展示国家及省市绿色低碳发展的窗口和汇聚低碳国际资源的重要平台。二是提升中国低碳城市影响力。深圳市通过与美国加州政府、荷兰阿姆斯特丹市、埃因霍温市、世界银行、全球环境基金、世界自然基金会、C40 城市气候领导联盟、R20 国际区域气候组织等签署低碳领域合作协议，借助对外合作成果提升城市低碳影响力。深圳、广州、武汉、延安、金昌等城市参加了第一届中美气候智慧型/低碳城市峰会，签署了《中美气候领导宣言》，参加了城市达峰联盟，其中武汉市还通过举办 C40 城市可持续发展论坛以及 C40 年度专题研讨会，主动利用国际低碳交流平台，提升城市影响力。上海市通过世界银行提供的 1 亿美元贷款和 500 万美元赠款，专项用于长宁区低碳发展实践区创建工作，提升城市低碳示范价值。

第三章 问题与挑战

低碳发展是一项复杂、系统、长期的系统工程,只有"进行时",没有"完成时"。随着我国低碳试点工作的不断推进,一些深层次的问题、矛盾和挑战逐渐显现。这里既有认识不到位、目标不先进等认识问题,也有峰值目标不落实、制度创新动力不足等实践问题,还有数据基础与能力建设薄弱、顶层设计滞后与财政政策支持缺乏等客观问题,亟需进一步加强研究、凝聚共识、大胆探索,力争取得重大突破。

一是低碳发展理念尚需深化,使之成为落实新发展理念的抓手。尽管近年来我国绿色低碳发展作为新发展理念的有机组成已经逐步深入人心,但仍有试点地区将低碳发展理念停留在节能减排阶段,在低碳发展理念上"不落地"。部分试点地方政府领导没有主动将低碳发展理念直接融入地区经济社会发展之中,作为落实新发展理念、培育新增长点的重要抓手;部分试点地方政府部门没有主动将低碳发展理念落实到地方相关专项规划和城市规划之中,作为加快推动城镇绿色低碳化、加强生态文明建设的重要途径;部分试点地区企业没有主动将低碳发展理念纳入到决策之中,作为强化企业社会责任、加强企业资产管理的重要内容;部分试点地区也没有主动将低碳发展理念深入至大众百姓,作为推动全民广泛参与、践行绿色低碳的生活方式和消费模式的重要行动。二是低碳发展目标尚需强化,使之成为推动转型发展的动力。尽管"十二五"以来,碳排放强度下降目标作为约束性指标已经纳入国民经济和社会发展规划纲要,但仍有试点地区将低碳发展目标停留在全国平均水平,在低碳发展目标上"不给力"。部分试点地区政府低碳发展目标不明确,没有把低碳发展目标纳入地区国民经济和社会发展规划和年度计划,没有将主要目标与任务落到实处,低碳发展目标对本地区生态文明建设的引领作用难以发挥;有些试点地区提出的低碳目标不先进,相应的试点实施方案更像是高碳城市建设设想,低碳发展目标对本地区社会经济活动及重大生产力布局的约束作用难以体现;一些试点地区并没有将低碳发展目标进行分解落实,将责任与压力传导给基层,低碳发展目标倒逼产业结构和能源结构调整的作用难以发挥。三是排放峰值研判尚需优化,使之成为引领绿色发展的目标。尽管在 2015 年上半年我国已经明确提出"计划到 2030 年左右二氧化碳排放达到峰值且将努力早日达峰的目标",但仍有试点地区并未从国家战略角度充分认识碳排放峰值对于形成倒逼机制的作用,将峰值目标简单理解为限制本地区发展空间的指标,在峰值目标决策上"不主动"。尚有部分试点地区对碳排放峰值目标的战略意义认识不到位,至今未在科学研判的基础上做出决策,明确峰值目标,并提出具体的达峰"路线图";也有部分地区在初步研究的基础上提出峰值目标,但存在基础数据不足、对经济发展新常态研判不充分、缺乏社会共识等问题,峰值时间也与国家要求相差甚远;还有部分试点地区虽然在科学研判的基础上,将峰值目标纳入规划纲要,但尚未提出分领域、分地区以及与重大工程与项目相衔接的峰值目标和分解落实机制，并探索开展总量控制等相关制度创新。四是低碳制度探索尚需实化，使之成为创新低碳试点的亮点。尽管国家有关开展低碳试点的通知中，明确要求试点地区探索建立重大新建项目温室气体排放准入门槛制度，积极创新有利于低碳发展的体制机制，积极探索低碳绿色发展模式，但仍有试点地区将工作重心放在重大项目建设和争取政策及资金支持方面，在低碳制度探索上"不积极"。尚有部分试点地区政府未充分认识到制度等方面先行先试，对于开展试点工作及支撑国家顶层设计工作的重要性和艰巨性，也未结合本地实际，开展推动低碳试点的重大制度与配套政策支撑研究；也有部分试点地区虽然开展了相关制度研究，也提出了拟开展探索的重大制度方案，但没有发扬钉钉子精神，遇到实际问题或执行过程中的困难就轻易搁置或放弃；另外，尚有部分试点地区低碳管理体制建设相对滞后，政府部门间的协调联动机制尚未形成，目标责任评价考核体系尚未建立。五是排放数据基础尚需细化，使之成为展示试点成效的支撑。尽管国家有关开展低碳试点的通知中明确要求试点地区编制本地区温室气体清单，加强温室气体排放统计工作，建立完整的数据收集和核算系统，但仍有部分试点地区的工作基础和能力较差，相应的统计制度和体系建设尚未建立，在排放数据管理上"不精准"。有部分试点地区基础数据较差，存在数据不透明、不一致、不匹配、不可比等现象；也有部分试点地区存在基础统计体系不完善、工作机制不健全、机构设置和人员不稳定、资金保障不到位等问题。

第四章 对策与建议

习近平总书记强调要牢固树立改革全局观，顶层设计要立足全局，基层探索要观照全局，大胆探索，积极作为，发挥好试点对全局性改革的示范、突破、带动作用。为贯彻落实总书记讲话精神，进一步推动区域低碳试点工作不断深化，强化低碳发展模式、路径、制度和技术创新驱动，加快形成一批各具特色的低碳发展模式，在推进生态文明建设和打造人类命运共同体中发挥引领作用，结合试点地区提出的意见和建议，作者提出以下对策与建议。

（一） 强化责任使命， 大胆探索创新

低碳发展是一项战略任务，低碳试点就是探索低碳发展模式和低碳制度创新的"责任书"。陕西、杭州等低碳试点地区的实践表明，低碳试点对经济发展的支撑和对经济转型的引领作用相当显著。试点地区党委和政府必须清醒地认识到这一光荣使命，强化责任担当，明确目标，大胆探索，勇于创新。试点地区党委和政府也要有"功成不必在我任期"的理念和境界，准确把握本地区低碳发展阶段特征和基本规律，学习借鉴其他试点地区最佳实践，狠抓峰值目标的落实，率先探索开展峰值目标倒逼下的碳排放总量控制制度试点，率先探索开展总量控制目标约束下的碳排放许可制度试点，率先探索开展以投资政策引导、强化金融支持为重点的气候投融资试点，积极探索集约、智能、绿色、低碳的新型城镇化模式和产城融合的低碳发展模式，积极探索地方政府碳排放强度与总量双控目标责任评价考核和差异化考核。建议探索建立低碳试点与示范动态调整和毕业机制，根据试点工作总体要求和总结评价结果，及时扩大、调整低碳试点单位，及时申报、评选开展低碳示范创建活动。

（二） 深化顶层设计， 出台指导意见

低碳发展是一件新生事物，低碳试点就是探索顶层设计和先行先试有机结合的"试验田"。在经济发展进入新常态下，我国低碳发展的外部环境及低碳试点工作的内部条件均出现了一些新的要求和新的变化。低碳发展必须抓住这一战略机遇期，聚焦于推动落实新发展理念，加快培育绿色发展新动能上，着力在优化产业和能源结构、增强低碳产业发展动力、补齐低碳发展制度短板上取得突破。低碳试点也必须准确把握低碳发展内涵和条件的深刻变化，聚焦于发挥好试点的示范、带动和突破作用，着力在低碳发展模式、路径、制度和技术的创新上。建议在总结国家各类低碳试点有关要求以及试点地区好的做法基础上，针对低碳发展理念不强、低碳试点目标不高、制度创新动力不足、财政资金保障不力等问题与挑战，尽快研究提出深化低碳试点工作的指导意见，尽快研究提出实施近零碳排放区示范工程的总体方案，加强对试点和示范工作的统筹和协调，实现地方先行先试与国家顶层设计方面

的良性互动。建议在做好碳排放总量控制、排放许可、排放评价和排放权交易等重大制度理论研究和实践探索的基础上，加快控制温室气体排放相关法律、制度与政策体系建设，加大中央及地方预算内资金对低碳发展及试点工作的支持力度。

（三） 加强协同融合， 引领绿色发展

低碳发展是一条基本途径，低碳试点还是探索协同融合发展和生态文明建设的"领头羊"。低碳试点省市的实践表明，各类相关试点任务协调、政策协同、制度融合尤为重要。建议加强国家低碳城市试点与国家低碳城（镇）、低碳工业园区、低碳社区、低碳交通、低碳建筑、低碳农业等试点在建设规范、评价标准和考核办法等方面的协调，形成各有侧重、协调有序的试点层级；建议加强国家低碳试点与国家节能减排、发展新能源、开展循环经济以及新型城镇化、智慧城市、特色小镇等试点在相关的产业、价格、税收、财政政策等方面的协同，形成不同试点政策之间的合力；建议加强国家近零碳排放区示范工程与绿色生态城区和零碳排放建筑试点示范、低碳交通示范工程、碳捕集利用和封存规模化产业示范、低碳技术集中示范应用等在建设目标、组织运行、资金支持等方面的融合，形成各种示范的系统集成效应；建议加强国家低碳试点制度创新与生态文明建设制度改革的融合力度，加快建立将项目碳排放评价与能评和环评有机结合的绿色项目综合评价体系，加快建立将低碳产品标准、标识与认证有机集成的绿色产品标准、认证、标识体系。

（四） 打造合作平台， 引领全球治理

低碳发展是一种时代潮流，低碳试点是探索讲好低碳故事和中国贡献的"宣言书"。向国际社会宣传我国在区域低碳转型中的成果，有助于提升低碳试点的全球影响力。建议加快构建全国性低碳城市交流平台和交流机制，搭建全国性低碳技术和产品展示和交易平台，及时宣传和分享国内低碳试点榜样；建议继续巩固已有的中美、中欧低碳城市交流合作平台，有效借鉴和分享中国低碳城市故事；建议加快推进气候变化南南合作"十百千"项目，推动国内不同的低碳发展模式及技术和产品在发展中国家 10 个低碳示范区中的推广和应用，打造好中国低碳示范的国际样板；建议抓紧研究制订"一带一路"沿线国家共建低碳共同体的重点任务和需求清单，推动低碳基础设施、低碳工业园区、低碳产品和贸易等领域的联动发展和务实合作，描绘好"一带一路"的中国低碳方案。

附录1 开展低碳试点工作及评估的通知

1.1 《关于开展低碳省区和低碳城市试点工作的通知》

发改气候〔2010〕1587号

各省、自治区、直辖市及计划单列市和新疆生产建设兵团发展改革委：

去年11月国务院提出我国2020年控制温室气体排放行动目标后，各地纷纷主动采取行动落实中央决策部署。不少地方提出发展低碳产业、建设低碳城市、倡导低碳生活，一些省市还向我委申请开展低碳试点工作。积极探索我国工业化城镇化快速发展阶段既发展经济、改善民生又应对气候变化、降低碳强度、推进绿色发展的做法和经验，非常必要。经国务院领导同意，我委将组织开展低碳省区和低碳城市试点工作。现将有关事项通知如下：

一、目的意义

气候变化深刻影响着人类生存和发展，是世界各国共同面临的重大挑战。积极应对气候变化，是我国经济社会发展的一项重大战略，也是加快经济发展方式转变和经济结构调整的重大机遇。我国正处在全面建设小康社会的关键时期和工业化、城镇化加快发展的重要阶段，能源需求还将继续增长，在发展经济、改善民生的同时，如何有效控制温室气体排放，妥善应对气候变化，是一项全新的课题。我们必须坚持以我为主、从实际出发的方针，立足国情、统筹兼顾、综合规划，加大改革力度、完善体制机制，依靠科技进步、加强示范推广，努力建设以低碳排放为特征的产业体系和消费模式。开展低碳省区和低碳城市的试点，有利于充分调动各方面积极性，有利于积累对不同地区和行业分类指导的工作经验，是推动落实我国控制温室气体排放行动目标的重要抓手。

二、试点范围

根据地方申报情况，统筹考虑各地方的工作基础和试点布局的代表性，经沟通和研究，我委确定首先在广东、辽宁、湖北、陕西、云南五省和天津、重庆、深圳、厦门、杭州、南昌、贵阳、保定八市开展试点工作。

三、具体任务

（一）编制低碳发展规划。试点省和试点城市要将应对气候变化工作全面纳入本地区"十二五"规划，研究制定试点省和试点城市低碳发展规划。要开展调查研究，明确试点思路，发挥规划综合引导作用，将调整产业结构、优化能源结构、节能增效、增加碳汇等工作结合起来，明确提出本地区控制温室气体排放的行动目标、重点任务和具体措施，降低碳排放强度，积极探索低碳绿色发展模式。

（二）制定支持低碳绿色发展的配套政策。试点地区要发挥应对气候变化与节能环保、新能源发展、生态建设等方面的协同效应，积极探索有利于节能减排和低碳产业发展的体制机制，实行控制温室气体排放目标责任制，探索有效的政府引导和经济激励政策，研究运用市场机制推动控制温室气体排放目标的落实。

（三）加快建立以低碳排放为特征的产业体系。试点地区要结合当地产业特色和发展战略，加快低碳技术创新，推进低碳技术研发、示范和产业化，积极运用低碳技术改造提升传统产业，加快发展低碳建筑、低碳交通，培育壮大节能环保、新能源等战略性新兴产业。同时要密切跟踪低碳领域技术进步最新进展，积极推动技术引进消化吸收再创新或与国外的联合研发。

（四）建立温室气体排放数据统计和管理体系。试点地区要加强温室气体排放统计工作，建立完整的数据收集和核算系统，加强能力建设，提供机构和人员保障。

（五）积极倡导低碳绿色生活方式和消费模式。试点地区要举办面向各级、各部门领导干部的培训活动，提高决策、执行等环节对气候变化问题的重视程度和认识水平。大力开展宣传教育普及活动，鼓励低碳生活方式和行为，推广使用低碳产品，弘扬低碳生活理念，推动全民广泛参与和自觉行动。

四、工作要求

低碳试点工作关系经济社会发展全局，需要切实加强领导，抓好落实，务求实效。试点地区要建立由主要领导负责抓总的工作机制，发展改革部门要负责做好相关组织协调工作；辖区内有试点城市的省级发展改革部门，要加强对试点城市的支持和指导，协调解决工作中的困难；试点工作要结合本地实际，突出特色，大胆探索，注重积累成功经验，坚决杜绝概念炒作和搞形象工程。试点地区要抓紧制定工作实施方案，并于 8 月 31 日前报送我委。

我委将与试点地区发展改革部门建立联系机制，加强沟通交流，定期对试点进展情况进行评估，指导开展相关国际合作，加强能力建设，做好服务工作。对于试点地区的成功经验和做法将及时总结，并加以推广示范。

1.2 《关于召开国家低碳省区低碳城市试点工作座谈会的通知》

发改办〔2011 年〕4 号

天津市、辽宁省、湖北省、广东省、重庆市、云南省、陕西省、深圳市、厦门市、杭州市、南昌市、贵阳市、保定市人民政府办公厅，福建省、浙江省、江西省、贵州省、河北省发展改革委：

为贯彻中央十七届五中全会、中央经济工作会议以及全国发展和改革工作会议精神，切实推动低碳省区和低碳城市试点工作，兹定于 2011 年 1 月 24 日上午 9 点在重庆市君豪大饭店（地址：重庆市江北区金源路 9 号）召开国家低碳省区低碳城市试点工作座谈会，会期 1 天。发改委谢振华副主任主持会议并做重要讲话。会议重点交流低碳省区、低碳城市试点工作进展，明确工作思路，相互学习借鉴各地较成熟的经验和做法，研究探讨如何解决工作中存在的问题。请各试点省、试点城市政府主管领导和发展改革委负责同志，以及试点城市所在省发展改革委负责同志届时参加会议。请于 1 月 18 日下班前将参会回执报我委气候司并抄送重庆市发展改革委。

1.3 《关于开展第二批低碳省区和低碳城市试点工作的通知》

发改气候〔2012 年〕3760 号

各省、自治区、直辖市及计划单列市和新疆生产建设兵团发展改革委：

为落实党的十八大关于大力推进生态文明建设、着力推动绿色低碳发展的总体要求和"十二五"规划纲要关于开展低碳试点的任务部署，加快经济发展方式转变和经济结构调整，确保实现我国 2020 年控制温室气体排放行动目标，根据国务院印发的"十二五"控制温室气体排放工作方案（国发〔2011〕41 号），我委将组织开展第二批国家低碳省区和低碳城市试点工作。现将有关事项通知如下：

一、目的意义

2010 年 7 月，我委印发了《关于开展低碳省区和低碳城市试点工作的通知》（发改气候〔2010〕J1587 号）（以下简称《通知》），正式启动第一批国家低碳省区和低碳城市试点工作。《通知》下发后，各试点地区高度重视，按照试点工作有关要求，积极推进本地区低碳试点工作，制定了低碳试点工作实施方案，逐步建立健全低碳试点工作机构，积极创新有利于低碳发展的体制机制，开展多层面的低碳试点，探索不同层次的低碳发展实践形式，积累了大量分类指导的工作经验，从整体上带动和促进了全国范围的低碳绿色发展。

我国幅员辽阔，东中西部地区发展阶段不同、资源禀赋迥异，试点目标、主要任务、重点行动和实现路径也不尽相同。扩大试点范围、发挥不同地区比较优势、促进地区间良性互动发展，探寻不同类型地区行之有效的控制温室气体排放路径、实现绿色低碳发展将成为深入贯彻党的十八大精神的主要举措，对实现全面建成小康社会目标具有重要意义。同时，扩大低碳发展试点还将彰显我国同国际社会一道积极应对全球气候变化的决心和行动。

二、试点范围

根据地方申报情况，统筹考虑各申报地区的工作基础、示范性和试点布局的代表性等因素，经沟通和研究，我委确定在北京市、上海市、海南省和石家庄市、秦皇岛市、晋城市、呼伦贝尔市、吉林市、大兴安岭地区、苏州市、淮安市、镇江市、宁波市、温州市、池州市、南平市、景德镇市、赣州市、青岛市、济源市、武汉市、广州市、桂林市、广元市、遵义市、昆明市、延安市、金昌市、乌鲁木齐市开展第二批国家低碳省区和低碳城市试点工作。

三、具体任务

（一）明确工作方向和原则要求。把全面协调可持续作为开展低碳试点的根本要求，以全面落实经济建设、政治建设、文化建设、社会建设、生态文明建设五位一体总体布局为原则，进一步协调资源、能源、环境、发展与改善人民生活的关系，合理调整空间布局，积极创新体制机制，不断完善政策措施，加快形成绿色低碳发展的新格局，开创生态文明建设新局面。

（二）编制低碳发展规划。结合本地区自然条件、资源禀赋和经济基础等方面情况，积极探索适合本地区的低碳绿色发展模式。发挥规划综合引导作用，将调整产业结构、优化能源结构、节能增效、增加碳汇等工作结合起来。将低碳发展理念融入城市交通规划、土地利用规划等城市规划中。

（三）建立以低破、绿色、环保、循环为特征的低碳产业体系。结合本地区产业特色和发展战略，加快低锁技术研发示范和推广应用。推广绿色节能建筑，建设低碳交通网络。大力发展低碳的战略性新兴产业和现代服务业。探索建立重大新建项目温室气体排放准入门槛制度。

（四）建立温室气体排放数据统计和管理体系。编制本地区温室气体清单，加强温室气体排放统计工作，建立完整的数据收集和核算系统，加强能力建设，为制定地区温室气体减排政策提供依据。

（五）建立控制温室气体排放目标责任制。结合本地实际，确立科学合理的碳排放控制目标，并将减排任务分配到所辖行政区以及重点企业。制定本地区碳排放指标分解和考核办法，对各考核责任主体的减排任务完成情况开展跟踪评估和考核。

（六）积极倡导低碳绿色生活方式和消费模式。推动个人和家庭践行绿色低碳生活理念。引导适度消费，抑制不合理消费，减少一次性用品使用。推广使用低碳产品，拓宽低碳产品销售渠道。引导低碳住房需求模式。倡导公共交通、共乘交通、自行车、步行等低碳出行方式。

四、工作要求

低破试点工作涉及经济社会、资源环境等多个领域，关系经济社会发展全局。各试点省市要加强对试点工作的组织领导，主要领导要亲自抓。发展改革部门要做好组织协调工作。有试点任务的省发展改革委要加强对低碳试点工作的支持和指导，协调解决工作中的困难和问题。

试点工作要深入学习十八大精神贯彻落实好科学发展观，牢固树立生态文明建设理念，大胆探索、务求实效、扎实推进，注重积累成功经验，坚决杜绝概念炒作和搞形象工程。各试点省市要抓紧完善试点工作初步实施方案，并于 12 月 31 日前报送我委。

我委将与试点省市发展改革部门建立联系机制，加强沟通、交流，定期对试点开展情况进行评估，指导试点省市开展相关国际合作，加强能力建设，做好引导服务。对于试点省市的成功经验和做法将及时总结，并加以示范推广。

1.4 《关于召开国家低碳省区和低碳城市试点工作现场交流会的通知》

发改办气候〔2013〕2004 号

科技部、工业和信息化部、财政部、住房城乡建设部、交通运输部、国家能源局办公厅（办公室、综合司），各省（自治区、直辖市）发展改革委，深圳市、厦门市、杭州市、宁波市、青岛市、武汉市、广州市人民政府办公厅：

为积极推进低碳省区和低碳城市试点工作，总结各试点省市推动低碳发展的经验，加强试点地区之间的交流和相互借鉴，定于 2013 年 10 月 9 日至 10 日在云南省昆明市召开"国家低碳省区和低碳城市试点工作现场交流会"（具体会议地点另行通知，会议日程见附件 1）。现将有关事项通知如下：

一、主要内容

低碳试点省市介绍推动试点工作的创新做法和主要经验，我委解振华副主任出席会议并讲话。

二、参会人员

请科技部、工业和信息化部、财政部、住房城乡建设部、交通运输部、国家能源局相关司局负责同志，各省（自治区、直辖市）发展改革委负责同志，列入试点的计划单列市、副省级城市、地级城市主管领导参会。请各有关省区发展改革委通知本省区地级试点城市主管领导参会（地级试点城市名单见附件 2）。

三、有关要求

请各试点省市总结本地区低碳试点工作的进展情况（包括碳强度等试点目标完成情况）、试点具体任务的落实情况，重点从低碳发展模式创新、政策创新、体制机制创新、工作方法创新和典型工程案例等方面梳理推动试点工作的创新做法和主要经验，发言内容务求简明扼要、重点突出。请将参会人员名单和发言材料电子版于 8 月 30 日前报我委气候司。

附件：1. 国家低碳省区和低碳城市试点工作现场交流会日程
　　　2. 地级低碳城市试点名单

1.5 《关于组织总结评估低碳省区和城市试点经验的通知》

发改办气候〔2016〕440 号

有关省、自治区、直辖市发展改革委：

为推进生态文明建设，推动绿色低碳发展，确保实现我国控制温室气体排放行动目标，我委自 2010 年以来先后开展了两批低碳省区和低碳城市试点。按照《国务院关于印发"十二五"控制温室气体排放工作方案的通知》（国发〔2011〕41 号）相关要求，为及时总结各地低碳城市试点工作的进展与成效，梳理在体制机制、低碳发展制度与政策措施实施方面的成功经验和好的做法，明确各地在试点创建过程中遇到的挑战和需求，深入推进绿色低碳城市发展，我委将组织对低碳省区和城市试点的经验进行总结评估，现将有关事项通知如下：

一、总体安排

我委将会同有关部门以及气候变化、经济、能源、环保、交通、建筑、城市规划、公共管理等领域相关专家组建评估工作组，负责低碳省区和城市试点评估的技术指导和验收评定。

二、评估内容和成果形式

评估内容为我委对两批试点提出的工作内容要求的落实情况（根据发改气候〔2010〕1587 号和发改气候〔2012〕3760 号）、试点工作实施方案的完成情况、低碳发展工作经验与成效，以及体制机制与政策创新等。我委将通过评估选出一批低碳发展示范城市（省区），在全国予以示范推广。

三、工作安排

总结评估工作主要包括试点自评估、初步评估与综合总结评定三个环节。

（一）试点自评估。由各试点省区和城市深入总结低碳试点创建工作，完成并上报低碳试点创建工作进展自评估报告（附件 1）和数据核查表（附件 2）。

（二）初步评估。低碳省区和低碳城市试点评估工作组分组开展现场评估，审核试点自评估报告和支撑材料，对每个试点的工作形成初步评估意见。初步评估分为两个阶段进行，第一阶段的评估对象为列入两批低碳试点中，除省区和直辖市外的 32 个城市，时间初步安排在 2016 年 3 月至 4 月。第二阶段的评估对象为 6 个低碳省区和 4 个直辖市试点，拟与 2015 年度单位国内生产总值二氧化碳排放降低目标责任考核评估工作结合进行。

（三）综合总结评定。低碳省区和低碳城市试点评估工作组根据初步评估意见、试点的自评估报告和支撑材料进行综合总结评定，遴选出低碳发展示范城市（省区）以及低碳园区、低碳能源、城市布局和低碳建筑、低碳交通、碳汇、城市废弃物处置、温室气体排放统计能力建设及低碳认证等领域先进典型，并形成低碳试点工作总体总结评估报告。综合总结评定的结果在国家发展改革委网站上向社会公告。

请各有关省、自治区、直辖市发展改革委认真组织开展好低碳试点经验总结评估工作，3 月 4 日前将试点省市自评估报告、数据核查表以及负责总结评估工作的联系人、联系电话报至我委，并通过纵向网报送电子版。

附件：1. 自评估报告提纲
　　　2. 二氧化碳排放相关数据核查表
　　　3. 碳排放相关数据填报说明

附件 1

自评估报告提纲

一、基本情况
城市的经济、社会、能源、排放的现状和"十二五"期间的变化趋势，排放目标的实现情况等。
二、低碳发展理念
低碳发展的组织领导与机制建立、应对气候变化和低碳发展规划编制情况、低碳发展模式的探索、排放峰值目标的确定等。

三、低碳发展任务落实与成效

低碳试点任务要求的落实情况和低碳试点工作实施方案的完成情况，包括产业结构调整完成与措施落实情况、能源结构优化完成与措施落实情况、节能和提高能效任务完成与措施落实情况、低碳建筑和低碳交通任务完成与措施落实情况、废弃物处置情况、绿色生活方式和消费模式创建情况、增加碳汇任务完成与措施落实情况等。

四、基础工作与能力建设

包括温室气体排放清单编制情况、温室气体排放数据统计与核算制度建设情况、温室气体排放数据报告制度建设情况、温室气体排放目标责任制建立与实施情况、低碳发展资金落实情况、经济激励和市场机制探索实施情况、低碳产业园区/低碳社区等试点示范情况。

五、体制机制创新

在体制机制和政策措施方面的创新做法，包括但不限于低碳发展地方立法、温室气体排放总量控制、碳排放交易、温室气体排放评价、温室气体排放配额管理、碳认证、碳标签等，以及在产业、能源、建筑、交通与生活领域的特色活动。

六、重要经验

可供全国推广的低碳发展经验。

七、工作建议

深化低碳发展的下一步工作考虑，低碳试点创建过程中面临的挑战，以及希望国家在推动低碳发展方面制定出台的政策建议。

附件2

二氧化碳排放相关数据核查表

项　　目	单　　位	2010 年	2011 年	2012 年	2013 年	2014 年	2015 年
地区生产总值（2010 年不变价）	亿元						
第三产业占 GDP 的比例	%						
常住人口	万人						
单位地区生产总值二氧化碳排放（2010 年不变价）	万吨二氧化碳/万元						
一次能源消费总量	万吨标煤						
煤炭消费量	万吨标煤						
油品消费量	万吨标煤						
天然气消费量	万吨标煤						
非化石能源消费量	万吨标煤						
外埠电力调入量	亿千瓦时						

续表

项　　目	单　位	2010 年	2011 年	2012 年	2013 年	2014 年	2015 年
电力调出量	亿千瓦时						
能源活动二氧化碳排放总量	万吨二氧化碳						
煤炭消费产生的二氧化碳排放量	万吨二氧化碳						
油品消费产生的二氧化碳排放量	万吨二氧化碳						
天然气消费产生的二氧化碳排放量	万吨二氧化碳						
外埠电力调入蕴含的二氧化碳排放量	万吨二氧化碳						
电力调出蕴含的二氧化碳排放量	万吨二氧化碳						
森林覆盖率	%						
城市建成区绿化覆盖率（仅试点城市填写）	%						
年均空气质量指数（AQI）	−						
PM2.5 平均浓度	微克/立方米						
PM10 平均浓度	微克/立方米						

附件 3

碳排放相关数据填报说明

国家统计局已启动应对气候变化统计工作，各地区已开始按照分品种设计填报能源平衡表。但由于此项工作刚刚开始实施，各地区所报数据质量可能有较大的不确定性。为此，各试点地区填报的二氧化碳排放量仍以煤油气大类数据为基础进行核算，同时在数据核查表中填报分品种能源数据。

二氧化碳排放指化石燃料燃烧过程产生的排放量。核算公式为：

二氧化碳排放量 = 燃煤排放量 + 燃油排放量 + 燃气排放量 + 电力调入二氧化碳排放量 − 电力调出二氧化碳排放量

其中：

燃煤排放量 = 当年一次能源煤炭消费量 × 燃煤综合排放因子

燃油排放量 = 当年一次能源油品消费量 × 燃油综合排放因子

燃气排放量 = 当年一次能源天然气消费量 × 天然气综合排放因子

说明：单位化石燃料燃烧产生的二氧化碳排放理论上随着燃料质量、燃烧技术以及控制技术等因素的变化每年应该有所差异，考虑到年度数据获取的滞后性以及可比性，核算二氧化碳排放的排放因子数据采用 2005 年国家温室气体清单数据，见表 1。

表1 2005 年化石燃料燃烧过程 CO_2 排放因子

类　别	单　位	数　值
煤炭	吨 CO_2/吨标煤	2.64
石油	吨 CO_2/吨标煤	2.08
天然气	吨 CO_2/吨标煤	1.63

电力调入调出二氧化碳净排放量＝电力调入二氧化碳排放量－电力调出二氧化碳排放量＝（调入电量×调入电网供电平均排放因子）－（调出电量×所在电网供电平均排放因子）

其中，调入或调出电量数据可以从本地能源平衡表或电力平衡表获得，并以千瓦时为单位；对于区域电网平均二氧化碳排放因子，鉴于我国电网实行统一调度、分级管理，将区域电网边界按目前的东北、华北、华东、华中、西北和南方电网划分，并在核算 2010 年和 2011 年电力调入调出排放量时分别采用 2010 年和 2011 年区域电网排放因子数据，核算 2012—2015 年电力调入调出排放量时采用 2012 年区域电网排放因子数据，见表2。

表2 2010、2011 和 2012 年我国区域电网平均二氧化碳排放因子

电网名称	覆盖的地理范围	二氧化碳排放（$kgCO_2/kW \cdot h$）		
		2010 年	2011 年	2012 年
华北区域电网	北京市、天津市、河北省、山西省、山东省、蒙西（除赤峰、通辽、呼伦贝尔和兴安盟外的内蒙古其他地区）	0.8845	0.8967	0.8843
东北区域电网	辽宁省、吉林省、黑龙江省、蒙东（赤峰、通辽、呼伦贝尔和兴安盟）	0.8045	0.8187	0.7769
华东区域电网	上海市、江苏省、浙江省、安徽省、福建省	0.7182	0.7129	0.7035
华中区域电网	河南省、湖北省、湖南省、江西省、四川省、重庆市	0.5676	0.5955	0.5257
西北区域电网	陕西省、甘肃省、青海省、宁夏回族自治区、新疆维吾尔自治区	0.6958	0.6860	0.6671
南方区域电网	广东省、广西壮族自治区、云南省、贵州省、海南省	0.5960	0.5748	0.5271

1.6 《关于开展第三批国家低碳城市试点工作的通知》

发改气候〔2017 年〕66 号

各省、自治区、直辖市及计划单列市和新疆生产建设兵团发展改革委：

为推进生态文明建设，推动绿色低碳发展，确保实现我国控制温室气体排放行动目标，我委分别于 2010 年和 2012 年组织开展了两批低碳省区和城市试点。各试点省市认真落实试点工作要求，在推动低碳发展方面取得积极成效。按照"十三五"规划纲要、《国家应对气候变化规划（2014—2020

年)》和《"十三五"控制温室气体排放工作方案》要求，为了扩大国家低碳城市试点范围，鼓励更多的城市探索和总结低碳发展经验，我委组织各省、自治区、直辖市和新疆生产建设兵团发展改革委开展了第三批低碳城市试点的组织推荐和专家点评。经统筹考虑各申报地区的试点实施方案、工作基础、示范性和试点布局的代表性等因素，确定在内蒙古自治区乌海市等 45 个城市（区、县）（名单附后）开展第三批低碳城市试点。现将有关事项通知如下：

一、指导思想

以加快推进生态文明建设、绿色发展、积极应对气候变化为目标，以实现碳排放峰值目标、控制碳排放总量、探索低碳发展模式、践行低碳发展路径为主线，以建立健全低碳发展制度、推进能源优化利用、打造低碳产业体系、推动城乡低碳化建设和管理、加快低碳技术研发与应用、形成绿色低碳的生活方式和消费模式为重点，探索低碳发展的模式创新、制度创新、技术创新和工程创新，强化基础能力支撑，开展低碳试点的组织保障工作，引领和示范全国低碳发展。

二、具体任务

（一）明确目标和原则。结合本地区自然条件、资源禀赋和经济基础等方面情况，积极探索适合本地区的低碳绿色发展模式和发展路径，加快建立以低碳为特征的工业、能源、建筑、交通等产业体系和低碳生活方式。

（二）编制低碳发展规划。根据试点工作方案提出的碳排放峰值目标及试点建设目标，编制低碳发展规划，并将低碳发展纳入本地区国民经济和社会发展年度计划和政府重点工作。发挥规划的综合引导作用，统筹调整产业结构、优化能源结构、节能降耗、增加碳汇等工作，并将低碳发展理念融入城镇化建设和管理中。

（三）建立控制温室气体排放目标考核制度。将减排任务分配到所辖行政区以及重点企业。制定本地区碳排放指标分解和考核办法，对各考核责任主体的减排任务完成情况开展跟踪评估和考核。

（四）积极探索创新经验和做法。以先行先试为契机，体现试点的先进性，结合本地实际积极探索制度创新，按照低碳理念规划建设城市交通、能源、供排水、供热、污水、垃圾处理等基础设施，制定出台促进低碳发展的产业政策、财税政策和技术推广政策，为全国低碳发展发挥示范带头作用。

（五）提高低碳发展管理能力。完善低碳发展的组织机构，建立工作协调机制，编制本地区温室气体排放清单，建立温室气体排放数据的统计、监测与核算体系，加强低碳发展能力建设和人才队伍建设。

三、时间安排

2017 年 2 月底前：启动试点，修改完善试点方案，推进试点工作；

2017—2019 年：试点任务取得阶段性成果，形成可复制、可推广的经验；

2020 年：逐步在全国范围内推广试点地区的成功经验。

四、组织实施

（一）低碳试点工作涉及经济社会、资源环境等多个领域，关系经济社会发展全局。各试点地区要加强对试点工作的组织领导，主要领导要亲自抓。发展改革部门要做好组织协调工作。推进试点工作的制度创新要与相关生态建设、节能减排、环境保护等工作统筹协调，避免工作重复。

（二）试点工作要贯彻落实十八大和十八届三中、四中、五中、六中全会精神，紧紧围绕统筹推进"五位一体"总体布局和协调推进"四个全面"战略布局，牢固树立创新、协调、绿色、开放、共享的发展理念，大胆探索、务求实效、扎实推进，及时总结成功经验，确保试点目标按时完成，坚决杜绝概念炒作和搞形象工程。

（三）试点地区应按照有关要求向我委定期报送年度进展情况。试点名单中，有条件批复的地区（附件中带星号地区）要对照我委组织召开的专家点评会意见，进一步完善试点工作实施方案，并于2017 年 1 月 26 日前报送我委。

（四）我委将与试点地区发展改革部门建立联系机制，加强沟通、交流，定期对试点工作的进展和成效组织总结评估，指导试点地区开展相关国际合作，加强能力建设，做好引导服务，及时梳理试点在体制机制、低碳发展制度与政策措施实施方面的成功经验和好的做法，并加以示范推广。

第三批低碳城市试点名单及峰值目标、创新重点

省、自治区	序号	城市	峰值年	创新重点
内蒙古自治区	1	乌海市	2025	1. 建立碳管理制度 2. 探索重点单位温室气体排放直报制度 3. 建立低碳科技创新机制 4. 推进现代低碳农业发展机制 5. 建立低碳与生态文明建设考评机制
	2	沈阳市	2027	1. 建立重点耗能企业碳排放在线监测体系 2. 完善碳排放中央管理平台
辽宁	3	大连市 *	2025	1. 制定推广低碳产品认证评价技术标准 2. 建立"碳标识"制度 3. 建立绿色低碳供应链制度
	4	朝阳市 *	2025	1. 建立碳排放总量控制制度 2. 建立低碳交通运行体系
黑龙江	5	逊克县 *	2024	探索低碳农业发展模式和支撑体系
江苏	6	南京市	2022	1. 建立碳排放总量和强度"双控"制度 2. 建立碳排放权有偿使用制度 3. 建立低碳综合管理体系
	7	常州市	2023	1. 建立碳排放总量控制制度 2. 建立低碳示范企业创建制度 3. 建立促进绿色建筑发展及技术推广的机制

续表

省、自治区	序号	城市	峰值年	创 新 重 点
浙江	8	嘉兴市*	2023	探索低碳发展多领域协同制度创新
	9	金华市*	2020 左右	探索重点耗能企业减排目标责任评估制度
	10	衢州市	2022	1. 建立碳生产力评价考核机制 2. 探索区域碳评和项目碳排放准入机制 3. 建立光伏扶贫创新模式与机制
安徽	11	合肥市	2024	1. 建立碳数据管理制度 2. 探索低碳产品和技术推广制度
	12	淮北市*	2025	1. 建立新增项目碳核准准入机制 2. 建立评估机制和目标考核机制 3. 建立节能减碳监督管理机制 4. 探索碳金融制度创新 5. 推进低碳关键技术创新
	13	黄山市	2020	1. 实施总量控制和分解落实机制 2. 发展"低碳＋智慧旅游"特色产业
	14	六安市*	2030	1. 开展低碳发展绩效评价考核 2. 健全绿色低碳和生态保护市场体系
	15	宣城市*	2025	探索低碳技术和产品推广制度创新
福建	16	三明市	2027	1. 建立碳数据管理机制 2. 探索森林碳汇补偿机制
江西	17	共青城市*	2027	建立低碳城市规划制度
	18	吉安市*	2023	探索在农村创建低碳社区及碳中和示范工程
	19	抚州市*	2026	在资溪县创建碳中和示范区工程
山东	20	济南市	2025	1. 探索碳排放数据管理制度 2. 探索碳排放总量控制制度 3. 探索重大项目碳评价制度
	21	烟台市	2017	1. 探索碳排放总量控制制度 2. 探索固定资产投资项目碳排放评价制度 3. 制定低碳技术推广目录
	22	潍坊市	2025	1. 建立"四碳合一"制度 2. 建设碳数据信息平台
湖北	23	长阳土家族自治县	2023	在清江画廊旅游区、长阳创新产业园、龙舟坪郑家榜村创建碳中和示范工程

续表

省、自治区	序号	城市	峰值年	创 新 重 点
湖南	24	长沙市*	2025	1. 推进试点"三协同"发展机制 2. 建立碳积分制度
	25	株洲市	2025	1. 推进城区老工业基地低碳转型 2. 创建城市低碳智慧交通体系
	26	湘潭市*	2028	探索老工业基地城市低碳转型示范
	27	郴州市*	2027	建设绿色金融体系
广东	28	中山市	2023—2025	深化碳普惠制度体系
广西壮族 自治区	29	柳州市	2026	1. 建立跨部门协同的碳数据管理制度 2. 建立碳排放总量控制制度 3. 建立温室气体清单编制常态化工作机制
海南	30	三亚市	2025	选择独立小岛区域创建碳中和示范工程
	31	琼中黎族苗族自治县*	2025	1. 建立低碳乡村旅游开发模式 2. 探索低碳扶贫模式和制度
四川	32	成都市	2025 之前	1. 实施"碳惠天府"计划 2. 探索碳排放达峰追踪制度
云南	33	玉溪市	2028	1. 建立重点企业排放数据报送监督与分析预警机制 2. 制定园区/社区排放数据的统计分析工作规范
	34	普洱市思茅区	2025 之前	建设温室气体排放基础数据统计管理体系
西藏自治区	35	拉萨市*	2024	创建碳中和示范工程
陕西	36	安康市	2028	1. 试点实施"多规合一" 2. 建立碳汇生态补偿机制 3. 建立低碳产业扶贫机制
甘肃	37	兰州市	2025	1. 探索多领域协同共建低碳城市 2. 建设跨部门发展和工作管理平台
	38	敦煌市	2019	全面建设碳中和示范工程
青海	39	西宁市	2025	建立居民生活碳积分制度
宁夏回族 自治区	40	银川市*	2025	1. 健全低碳技术与产品推广的优惠政策和激励机制 2. 推进低碳技术与产品平台建设 3. 建立发掘、评价、推广低碳产品和低碳技术的机制
	41	吴忠市*	2020	在金积工业园区创建碳中和示范工程

续表

省、自治区	序号	城市	峰值年	创新重点
新疆维吾尔自治区	42	昌吉市[*]	2025	1. 创建碳排放总量控制联动机制 2. 建设碳排放数据管理平台和数据库 3. 建立固定资产投资碳排放评价制度
	43	伊宁市[*]	2021	1. 开展政府部门低碳绿色示范 2. 探索创建低碳技术推广服务平台 3. 建立碳汇补偿机制
	44	和田市	2025	1. 建立碳排放总量控制制度 2. 建立企业碳排放总量考评管理制度 3. 建立重大建设项目碳评制度 4. 创建碳排放管理综合服务平台
新疆生产建设兵团	45	第一师阿拉尔市[*]	2025	1. 探索总量控制和碳数据管理制度 2. 推广低碳产品和技术 3. 探索新建项目碳评估制度

附录2 低碳试点工作进展汇总表

附表2.1 低碳试点领导小组建立情况

省市	小组名称	小组组长
天津	应对气候变化及节能减排工作领导小组 低碳城市试点工作领导小组	市领导 —
温州	应对气候变化及节能减排工作领导小组 建设低碳城市工作领导小组	市长 市委书记
昆明	低碳发展暨应对气候变化工作领导小组 "低碳昆明"建设工作领导小组	市长 市领导
晋城	国家低碳城市试点工作领导组	市委书记任第一组长、市长任组长
镇江	低碳城市建设工作领导小组	市委书记任第一组长，市长任组长
辽宁省	省应对气候变化工作领导小组 （加挂低碳试点工作领导小组牌子）	省长
湖北省	节能减排（应对气候变化）工作领导小组	省长
广东省	应对气候变化及节能减排工作领导小组	省长
海南省	应对气候变化及节能减排工作领导小组	省长
上海	应对气候变化及节能减排工作领导小组	市长
重庆	应对气候变化领导小组	市长
石家庄	应对气候变化及节能减排工作领导小组	市长
保定	低碳城市试点工作领导小组	市长
苏州	低碳城市建设工作领导小组	市长
淮安	创建国家低碳试点城市领导小组	市长
杭州	应对气候变化及节能减排工作领导小组	市长
宁波	应对气候变化和节能减排工作领导小组	市长
池州	低碳城市试点推进工作领导小组	市长
南平	低碳城市试点工作领导小组	市长
青岛	低碳城市试点工作领导小组	市长
济源	低碳工作领导小组	市长
武汉	低碳城市试点工作领导小组	市长

续附表 2.1

省市	小 组 名 称	小 组 组 长
广州	节能减排及低碳经济发展工作领导小组	市长
深圳	应对气候变化及节能减排工作领导小组	市长
桂林	应对气候变化及节能减排工作领导小组	市长
广元	低碳发展领导小组	市长
贵阳	低碳城市试点工作领导小组	市长
遵义	低碳城市试点工作领导小组	市长
乌鲁木齐	低碳城市建设工作领导小组	市长
陕西省	应对气候变化领导小组	常务副省长
金昌	国家低碳试点城市建设领导小组	常务副市长
云南省	低碳节能减排及应对气候变化工作领导小组	省分管领导
北京	应对气候变化及节能减排工作领导小组	市领导
南昌	低碳城市试点工作领导小组	市领导
延安	低碳试点工作领导小组	市分管领导
秦皇岛	应对气候变化和低碳城市试点工作领导小组	市领导
呼伦贝尔	节能减排降碳领导小组和低碳城市建设领导小组	市领导
大兴安岭	低碳城市试点领导小组	市领导
厦门	低碳试点工作领导小组	市领导
景德镇	低碳城市试点工作领导小组	市领导
赣州	低碳城市建设领导小组	市领导

附表 2.2 低碳试点碳排放峰值目标的情况

省市	峰值目标	发 布 渠 道
北京市	2020 年	第一届中美气候智慧型/低碳城市峰会 《北京市国民经济和社会发展第十三个五年规划纲要》
广州市	2020 年	第一届中美气候智慧型/低碳城市峰会 《广州市节能降碳第十三个五年规划》
镇江市	2020 年	第一届中美气候智慧型/低碳城市峰会 《关于推进生态文明建设综合改革的实施意见》
武汉市	2022 年	第一届中美气候智慧型/低碳城市峰会 《武汉市国民经济与社会发展第十三个五年规划纲要》
金昌市	2025 年	第一届中美气候智慧型/低碳城市峰会 《金昌市低碳城市试点工作实施方案》

续附表 2.2

省市	峰值目标	发 布 渠 道
延安市	2029 年	第一届中美气候智慧型/低碳城市峰会 《延安市低碳发展中长期规划（2015—2030 年）》
深圳市	2022 年	第一届中美气候智慧型/低碳城市峰会
吉林市	2025 年	第一届中美气候智慧型/低碳城市峰会
晋城市	2023 年 2025 年左右	《晋城市低碳发展规划（2013—2020)》 第二届中美气候智慧型/低碳城市峰会
海南省	2030 年	第一届中美气候智慧型/低碳城市峰会
贵阳市	2030 年	第一届中美气候智慧型/低碳城市峰会
宁波市	2018 年	《宁波市国民经济与社会发展第十三个五年规划纲要》
温州市	2019 年	《温州市低碳城市试点工作实施方案》
上海市	2020 年	《上海市开展低碳试点工作实施方案》
青岛市	2020 年	《青岛市国民经济与社会发展第十三个五年规划纲要》
杭州市	2020 年	《杭州市应对气候变化规划（2013—2020 年）》
苏州市	2020 年	《苏州市低碳发展规划》
济源市	2020 年	《济源市人民政府关于建设低碳城市的指导意见》
南平市	2020 年	《南平低碳城市试点实施方案》
赣州市	2023 年	《赣州市人民政府关于建设低碳城市的意见》
云南省	2025 年	《云南省"十三五"控制温室气体排放工作方案》
天津市	2025 年	《天津市"十三五"控制温室气体排放工作方案》
遵义市	2030 年	《遵义市低碳城市试点工作实施方案》
桂林市	2030 年	《桂林低碳城市发展"十三五"规划》
广元市	2030 年	《广元市国家低碳城市试点工作实施方案（2013—2016 年)》
池州市	2030 年	《池州市国家低碳城市试点工作实施方案获国家发展改革委批复》
乌鲁木齐市	2030 年	《乌鲁木齐市低碳城市试点工作实施方案》
重庆市	2030 年	《重庆市"十三五"控制温室气体排放工作方案》

附表 2.3　低碳试点编制和发布低碳发展规划的情况

省市	低碳规划名称	发布单位
以省（市）人民政府名义发布规划 共 15 个		
辽宁省	《辽宁省应对气候变化"十二五"规划》 《辽宁省低碳发展规划》	省人民政府 编制完成，未发布

续附表 2.3

省市	低碳规划名称	发布单位
湖北省	《湖北省低碳发展规划（2011—2015 年)》 《湖北省应对气候变化和节能"十三五"规划》	省人民政府 省人民政府
海南省	《海南省应对气候变化规划（2011—2020 年)》 《海南省应对气候变化规划（2014—2020 年)》	省人民政府 省人民政府
云南省	《云南省低碳发展规划纲要（2011—2020 年)》 《云南省"十二五"应对气候变化专项规划》 《云南省应对气候变化规划（2016—2020 年)》	省人民政府 省人民政府 省发改委
北京	《北京市"十二五"时期绿色北京发展建设规划》 《北京市"十二五"时期节能降耗及应对气候变化规划》 《北京市"十三五"时期节能降耗及应对气候变化规划》	市人民政府 市人民政府 市人民政府
上海	《上海市节能和应对气候变化"十二五"规划》	市人民政府
晋城	《晋城市低碳发展规划（2013—2020 年)》	市人民政府
苏州	《苏州市低碳发展规划》	市人民政府
镇江	《镇江中长期低碳发展规划》	市人民政府
杭州	《杭州市"十二五"低碳城市发展规划》 《杭州市应对气候变化规划（2013—2020 年)》	市人民政府 市发改委
温州	《温州市发展低碳经济及应对气候变化"十二五"规划（2011—2015)》	市人民政府
南昌	《南昌市低碳城市发展规划（2011—2020 年)》	市人民政府
赣州	《赣州市低碳发展规划（2013—2020)》	市人民政府
广元	《广元市"十二五"低碳经济发展规划》	市人民政府
昆明	《昆明市"十三五"节能减排低碳发展规划》 《昆明市发展低碳经济总体规划（2011—2020 年)》	市人民政府 市发改委
以省（市）发改委名义发布规划 共 7 个		
广东省	《广东省应对气候变化"十二五"规划》	省发改委
陕西省	《陕西省应对气候变化"十二五"规划》	省发改委
石家庄	《石家庄市低碳经济发展"十二五"规划》	市发改委
厦门	《厦门市低碳城市建设规划》 《厦门市"十二五"低碳经济发展专项规划》	市发改委 市发改委
青岛	《青岛市低碳发展规划（2014—2020 年)》	市发改委
武汉	《武汉市低碳发展"十三五"规划》	市发改委
深圳	《深圳市低碳发展中长期规划（2011—2020 年)》 《深圳市应对气候变化"十三五"规划》	市发改委 市发改委

附表 2.4　低碳试点低碳发展相关法律法规及指导意见

省市	文 件 名 称
石家庄	《石家庄市低碳发展促进条例》
南昌	《南昌市低碳发展促进条例》
杭州	《中共杭州市委 杭州市人民政府关于建设低碳城市的决定（2009 年）》
北京	《关于北京市在严格控制碳排放总量前提下开展碳排放权交易试点工作的决定》
辽宁省	《辽宁省国家低碳试点工作实施意见》
湖北省	《中共湖北省委 湖北省人民政府关于加强我省应对气候变化能力建设的意见》 《湖北省人民政府关于发展低碳经济的若干意见》 《关于加强应对气候变化统计工作的实施意见》
广东省	《关于广东省主体功能区规划配套应对气候变化政策的意见》
海南省	《海南省人民政府关于低碳发展的若干意见》 《关于加强海南省应对气候变化统计工作的意见的通知》
上海	《关于建立和加强本市应对气候变化统计工作的实施意见》
秦皇岛	《秦皇岛市低碳试点城市建设实施意见》
保定	《中共保定市委 保定市人民政府关于建设低碳城市的指导意见》
淮安	《"十二五"低碳城市创建工作实施意见》
镇江	《镇江市人民政府关于加快推进低碳城市建设的意见》
赣州	《赣州市人民政府关于建设低碳城市的意见》
青岛	《青岛市 2013 年低碳城市试点工作实施意见》
济源	《济源市人民政府关于建设低碳城市的指导意见》
武汉	《市人民政府办公厅关于印发 2014 年武汉市低碳城市试点建设工作要点的通知》
广州	《广州市人民政府关于大力发展低碳经济的指导意见》 《中共广州市委 广州市人民政府关于推进低碳发展建设生态城市的实施意见》
广元	《关于推广清洁能源和建设循环经济产业园区实现低碳发展的意见》 《广元市低碳示范社区创建工作指导意见》
昆明	《中共昆明市委 昆明市人民政府关于建设低碳昆明的意见（2010 年）》
乌鲁木齐	《关于乌鲁木齐市贯彻落实自治区"十二五"控制温室气体排放实施方案的实施意见》

附表 2.5　低碳试点温室气体清单编制情况

编制情况	省市名称	数量
完成 5 年及以上清单编制	海南省、北京、上海、杭州、温州、宁波、深圳、厦门、昆明、金昌、延安、镇江、南昌	13
完成 4 年清单编制	重庆	1

续附表 2.5

编 制 情 况	省 市 名 称	数量
完成 3 年清单编制	湖北省、武汉、秦皇岛、乌鲁木齐、淮安、桂林	6
完成 2 年清单编制	云南省、陕西省、广东省、辽宁省、天津、景德镇、晋城	7
完成 1 年清单编制	吉林、苏州、广元、南平、济源、呼伦贝尔、保定	7

附表 2.6　低碳试点温室气体排放目标分解与考核机制建立情况

建 立 情 况	省 市 名 称	数量
已实施目标分解	海南省、湖北省、云南省、陕西省、天津、上海、重庆、秦皇岛、延安、苏州、镇江、杭州、武汉、赣州、昆明、南平、晋城、吉林、淮安、青岛、深圳、南昌、景德镇、遵义、广元、厦门、济源、金昌、桂林	29
已实施目标责任制考核	海南省、辽宁省、湖北省、云南省、陕西省、天津、上海、秦皇岛、延安、苏州、镇江、杭州、武汉、赣州、昆明、南平、晋城、吉林、济源、金昌、深圳、广元	22

附表 2.7　低碳试点参与国家级试点示范的情况

试点示范名称	组织机构	城 市 名 称	试点数量
生态文明先行示范区	发改委	海南省、广东省、辽宁省、云南省、陕西省、深圳、青岛、杭州、宁波、吉林、镇江、桂林、秦皇岛、延安、北京、天津、上海、重庆	18
新型城镇化综合试点城市	发改、住建等部门	深圳、青岛、宁波、吉林、广州、武汉、金昌、南昌、石家庄、重庆、北京、天津、上海、延安	14
智慧城市试点	住建部	北京、天津、上海、重庆、深圳、青岛、杭州、宁波、贵阳、吉林、广州、苏州、武汉、金昌、南昌、昆明、镇江、石家庄、南平、乌鲁木齐、淮安、遵义、温州、桂林、济源、晋城、秦皇岛、延安、呼伦贝尔	29
节能减排财政政策综合示范城市	财政部、发改委	北京、天津、重庆、深圳、杭州、贵阳、吉林、石家庄、南平、乌鲁木齐	10
低碳交通运输体系试点	交通部	天津、重庆、深圳、厦门、杭州、南昌、贵阳、保定、武汉、北京、昆明、西安、宁波、广州、淮安、青岛、济源	17

附录3 低碳试点提出的工作建议汇总表

附表 3.1　低碳试点提出的国家政策支持建议

省市名称	内　容
杭州市	在应对气候变化工作上给予杭州更多的指导和帮助，在示范试点和重点项目申报上能给予杭州更多的倾斜和支持
保定	在生态文明示范发展方面给予更多支持，对保定这样的地级市给予更多地考虑和关注
北京	强化央地合作。搭建全国性技术和产品交流平台，加强区域交流与合作。探索建立完善央地协调联动机制，共同促进中央在京单位加强节能减碳工作
海南省	支持海南省创建国家清洁能源示范省
秦皇岛	制定对国家低碳城市试点建设的支持政策
大兴安岭地区	促进大兴安岭地区林业碳汇发展方面给予一定的政策支持
镇江市	1. 指导帮助我市进一步完善碳峰值达峰路径研究 2. 支持和指导推进镇江国际低碳产品技术展示交易博览会等重大低碳产业技术交流平台和载体建设 3. 支持和指导镇江"近零碳"示范区建设
宁波市	1. 支持能源领域试点示范 2. 支持低碳示范项目建设
赣州市	加大政策支持
武汉市	完善低碳发展试点示范政策体系
广元市	1. 出台支持低碳发展的具体政策 2. 加大对国家低碳城市试点工作的支持力度
金昌市	1. 加大对西部欠发达地区的支持力度 2. 顶层设计层面充分考虑并体现地区差异

附表 3.2　低碳试点提出的国家财政支持建议

省市名称	内　容
广东省	从政策、项目、资金等角度加大对试点地区的支持力度
辽宁省	1. 在应对气候变化顶层设计上，建议国家建立、完善政策制度，完善部门间协调机制，统筹部署，自上而下，地方才能有效推进和落实 2. 在应对气候变化工作手段上，建议国家逐步帮助地方建立有效的工作抓手。特别是在碳交易市场建设、重大低碳项目、关键低碳技术方面，需要国家必要的资金支持

省市名称	内　容
陕西省	加强资金和政策支持。安排低碳试点资金，重点支持节能减碳技术研发、低碳产业发展、低碳技改项目建设，综合运用免税、减税和税收抵扣等多种税收优惠政策，促进企业加快低碳技术研发
云南省	1. 设立低碳发展中央预算内投资，支持各省区用于低碳发展能力建设和低碳示范项目建设 2. 建议金融系统出台关于鼓励企业参加碳排放权交易的金融政策
重庆市	建议设立应对气候变化或低碳发展专项资金，支持地方低碳示范工程建设
深圳市	加强低碳发展的资金和政策支持，完善并充分发挥财税政策、金融政策、产业政策、投资政策在低碳发展中的促进作用，包括在中央财政中安排专门资金用于扶持低碳项目建设，设立低碳发展专项基金，构建符合低碳发展需求的创新性金融手段和机制等
贵阳市	建议在政策及资金上对我市相对倾斜支持
保定	在低碳建设资金方面给予更多的支持
北京	强化资金支持。低碳发展投融资涉及面广、期限长、资金需求量大，希望国家加强对地方的低碳发展资金支持，协调金融机构对地方企业低碳发展提供融资支持
晋城	1. 国家赋予低碳城市建设的试点权，给予"试点城市在上缴中央财政增值税份额中采取先增后返的方式，提取10%作为低碳试点城市建设专项资金"的优惠政策 2. 设立专项资金，用于推动低碳试点工作
呼伦贝尔市	加大对西部地区，特别是边疆少数民族地区政策和资金支持力度
吉林市	针对各地方低碳发展资金投入不足，低碳融资渠道有限，因地制宜给予支持
镇江市	加大对低碳试点城市、生态文明先行示范区政策倾斜力度，在上缴中央财政增值税份额中采取先增后返的方式，提取部分资金支持低碳试点城市建设
池州市	设立低碳发展专项资金
赣州市	加大资金扶持
青岛市	可通过中央财政、国际金融组织贷款或赠款等方式，支持地方低碳发展的关键项目
济源	加大政策、资金、人才培训支持力度
广元市	加大国家生态文明先行示范区建设中项目资金的倾斜力度。一是设立重大支持低碳发展专项项目；二是增列低碳经济发展支出预算项目；三是支持低碳人才队伍建设
遵义市	建议设立低碳发展项目中央预算资金
延安市	出台建设低碳城市和发展低碳产业的相关优惠政策及资金支持
乌鲁木齐市	恳请国家在低碳管理能力建设项目给予政策资金支持，预计所需资金1.76亿元

附表3.3　低碳试点提出的国家能力建设支持建议

省市名称	内　容
辽宁省	1. 在应对气候变化能力建设上，建议国家进一步发挥顶层的优势和作用，为地方创造更多的交流机会，提供更好的学习平台 2. 在应对气候变化宣传普及上，建议国家进一步发挥权威性和影响力作用，加强公众特别是地方政府对应对气候变化的认知度
厦门市	1. 加强工作指导 2. 增加培训交流。在碳排放峰值及总量控制、企业温室气体排放在线报告平台建设、碳排放权交易等方面继续加大对地方的培训力度
海南省	支持加强地区之间的合作交流
秦皇岛	1. 建立京津冀碳排放权交易协同创新中心 2. 建立京津冀低碳城市交流合作平台
呼伦贝尔市	加强能力建设
吉林市	组织试点城市进一步加强国际、国内交流合作
大兴安岭地区	多组织学习培训
池州市	集中进行低碳经验交流
南平市	支持南平低碳信息管理服务平台
赣州市	加强交流培训
青岛市	加强对地方温室气体统计、监测与核查制度能力建设支持
济源市	多搭交流平台
武汉市	加强低碳试点示范地区能力建设
遵义市	建议给予低碳试点城市智力支持
昆明市	建立定期交流机制，加强交流平台搭建
延安市	加强对二氧化碳排放核算干部的业务培训

附表3.4　低碳试点提出的国家其他方面支持建议

省市名称	内　容
广东省	完善节能减碳考核机制。首先，统筹考虑节能和减碳两个指标的关系，简化考核内容。第二，优化对各地区的减碳指标分解方式，结合未来经济发展趋势，考虑各地区的后续减碳潜力，对较发达地区以碳排放总量下降考核为主，对欠发达地区仍然以碳排放强度下降考核为主，鼓励较发达地区率先开展碳总量控制和碳排放达峰。第三，综合考虑行政考核和市场手段对企业的影响，对于纳入碳交易的企业应不再下达行政考核指标，企业所在省份的考核指标也应统筹考虑，避免造成双重压力
陕西省	完善考核和奖励机制。进一步强化低碳试点的政治责任感和荣誉感，采取评选优秀低碳单位等形式促进全社会对低碳试点的认知和认同

续附表 3.4

省市名称	内　　容
重庆市	对西部地区碳排放峰值的出现时间和峰值量给予比东部和中部更宽松的考核要求
深圳市	强化碳排放指标的约束力，在重点区域、重点行业率先开展和实施碳排放总量控制，根据碳排放总量控制的要求，逐步推动建立碳排放许可制度
杭州市	对地方的温室气体排放控制采用差别化的评价考核制度
贵阳市	碳排放约束下的经济增长模式有待优化，建议国家在对我市碳排放指标目标设定等方面时给予适当考虑
海南省	根据各省区不同发展阶段，对降碳工作进行分类评价
温州市	在各类载体的指标体系上提供一些指导性的意见
南平市	制定南平低碳产品标准与低碳景区评价考核体系
青岛市	为青岛市落实温室气体目标责任评价考核制度及效果评价提供技术支持
济源市	建立低碳城市试点绿色考核体系
广元市	建立针对地方政府和企业的低碳考核制度
遵义市	建议二氧化碳排放指标计划实行区别对待
昆明市	出台关于应对气候变化规划的评估指南

附表 3.5　低碳试点提出的对国家层面出台法律法规的建议

省市名称	内　　容
广东省	加快推进应对气候变化立法和实施，形成应对气候变化工作的法律保障
云南省	尽快出台应对气候变化法、碳排放权交易管理条例、温室气体排放核查管理办法等相关法律法规
天津市	加快出台控制温室气体排放政策法规，依法推进绿色低碳发展
重庆市	尽快制定应对气候变化工作的法律法规或综合性指导意见，并支持地方开展应对气候变化立法试点
深圳市	加强低碳发展法制保障，国家层面加快应对气候变化和促进低碳发展立法工作，完善应对气候变化和促进绿色低碳发展的法制环境
北京	加快节能低碳领域的法律法规制修订工作，完善法律体系，提高违法成本，促进全社会共同参与节能低碳工作
景德镇市	尽快出台相关立法及政策
青岛市	加快国家应对气候变化法的立法进程
武汉市	制订更加完善的低碳法律体系、财税激励制度
延安市	出台关于碳排放检查和监察的相关法律条例
金昌市	加快推进应对气候变化领域立法进程

附表3.6 低碳试点提出的对国家层面出台相关政策的建议

省市名称	内　容
陕西省	进一步深化低碳试点示范带动作用，调整、补充、扩大低碳试点单位和试点范围，支持各市在本区域内选择符合既定条件且具有地域特色的小城镇、社区等积极申报低碳试点城镇和低碳试点社区，实现各个区域层级的低碳试点工作有机联动
云南省	建议国家在制定有关碳排放总量控制的政策中应充分考虑可再生能源发展较快地区能源结构
天津市	1. 推动建立新建项目碳排放评价等制度，加快碳排放权交易市场建设，建立"控制增量，削减存量"相结合的控制温室气体排放政策体系 2. 加强统筹协调力度，建立部门协作机制，条块结合推动绿色低碳发展
重庆市	出台深化低碳省区和低碳城市试点的实施意见，指导试点地区有重点、差异化深入开展试点工作
南昌市	1. 进一步巩固试点成果，强制推广一些成熟的试点经验，并赋予试点城市更大的政策空间 2. 提升试点价值，在试点城市中，申报开展不同主题的低碳示范城市创建活动
北京	强化标准倒逼引导。加快制修订重点低碳产品、低碳建筑、低碳交通等方面碳排放标准，支持地方设立严于国家标准的地方标准，倒逼推动各行业加大节能低碳投入
宁波市	支持绿色金融发展
温州市	1. 将国家、省、市的各类碳排放信息平台进行融合 2. 制定鼓励社会力量共同参与低碳发展的激励措施
南平市	拍摄低碳旅游护照及低碳行为宣传片
济源市	整合政策，提高各类政策的契合度

附表3.7 低碳试点提出的对国家层面碳排放权交易制度的建议

省市名称	内　容
杭州市	在配额分配、履约核查等方面赋予市级政府层面更多的工作主动权
晋城市	将煤层气产业列入首批交易行业，促进煤炭行业减排的积极性
温州市	将小散企业纳入碳交易平台，通过市场手段对其进行激励倒逼

附表3.8 低碳试点提出的对国家层面夯实数据基础的建议

省市名称	内　容
重庆市	联合国家统计部门出台地方温室气体排放统计报表制度
杭州市	尽快将温室气体排放相关数据统计纳入各级政府日常统计工作中
贵阳市	低碳工作监管能力较弱，建议将碳排放指标纳入统计范畴
海南省	在全国碳排放权交易中考虑森林碳汇因素
秦皇岛	建立国家和地区碳排放数据库

省市名称	内　　容
池州市	建立全国统一的低碳统计体系
景德镇市	碳核查工作兼顾传统产业
广元市	建立排放监测与核算体系
遵义市	建议将碳排放指标纳入统计范畴并完善相关体系

附表3.9　低碳试点提出的对国家层面推动低碳技术和研究的建议

省市名称	内　　容
重庆市	指导地方整合资源建立低碳发展技术支撑机构
深圳市	加大低碳技术推广应用力度。如何通过完善政策体系、提升技术水平、优化商业模式等手段推动低碳技术研发、产业转化和推广应用是亟需解决的重要问题，深圳非常愿意承担国家低碳技术走出去和引进来的相关工作

综述篇 国家低碳省区和城市试点进展总结报告

6 个国家低碳试点省市调研报告

镇江市低碳发展调研报告

为进一步梳理国家低碳城市试点工作进展与成效，总结试点城市在低碳发展制度创新方面好的做法，推动试点城市研究提出碳排放峰值目标及分解落实机制，为国家低碳发展相关立法研究、制度设计及"十三五"深化低碳试点工作提供技术支撑，国家气候战略中心政策法规部有关人员组成调研组，于 2014 年 10 月 28～29 日赴江苏省镇江市调研，调研组听取了镇江市发改委、南京擎天科技有限公司等单位领导和专家的介绍，并就推进低碳发展地方面临挑战及政策建议展开交流。结合中心对镇江市低碳试点工作的跟踪与分析，现将相关情况总结如下。

一、 镇江市低碳试点工作进展与成效

2012 年 11 月镇江市被国家发展改革委列为全国第二批低碳试点城市，在市委、市政府的领导下，镇江市围绕"强基础，抓示范、明路径、造氛围、优机制"的工作思路，通过低碳发展目标的倒逼，积极探索城市低碳发展路径与机制，试点工作取得了明显成效。

（一） 全面实施九大行动， 持续推进低碳试点各项工作

镇江市委、市政府把低碳城市建设作为镇江推进苏南现代化示范区建设的战略举措，明确提出力争到 2019 年在全国率先达到碳排放峰值的战略目标。市政府在《镇江市低碳城市试点工作实施方案》基础上，研究出台了《关于加快推进低碳城市建设的意见》（镇政发〔2012〕80 号），先后制定了2013 年和 2014 年《镇江低碳城市建设工作计划》，全面实施了优化空间布局、发展低碳产业、构建低碳生产模式、碳汇建设、低碳建筑、低碳能源、低碳交通、低碳能力建设、构建低碳生活方式等九大行动 102 项目标任务，启动实施了 25 个低碳示范项目以及 165 家低碳企业、低碳交通、低碳小区、低碳学校等试点工作。2013 年全市碳排放强度比 2010 年下降 13% 左右，非化石能源占一次能源消费比重比 2010 年上升了 2.8 个百分点。

（二） 率先开展碳平台建设， 积极探索低碳制度创新

镇江市将碳管理云平台作为低碳城市建设的重要抓手，并积极探索城市碳排放峰值、项目碳排放评估、区县碳排放考核与碳管理云平台同步推进的"四碳"同建，低碳能力建设及制度创新体系构建卓有成效，为全国城市低碳发展做出了榜样。率先在全国首创城市碳排放管理云平台，实现了低碳城市建设与管理工作的科学化、数字化和可视化；率先开展城市碳排放峰值研究，利用全市碳排放变化趋势分析模型，研究确定了 2020 年左右出现碳排放峰值的战略目标；率先实施固定资产投资项目碳排放影响评估，不断构筑促进镇江低碳产业发展的"防火墙"；率先提出以县域为单位实施碳排放总量和强度的双控考核，发挥考核评估指挥棒的导向引领作用。

（三） 以低碳试点为突破口， 大力推动生态文明试点建设

镇江市以低碳试点为契机，率先探索低碳试点和生态文明建设申报与试点工作的同步推进、融合发展。一是研究制定《镇江市生态文明建设规划纲要》，统筹推进镇江国家低碳试点城市建设和国家生态文明先行示范区建设、全省生态文明建设综合改革试点等工作，积极探索具有时代特征和镇江特色的生态文明建设及低碳发展模式。二是结合主体功能区定位和碳排放峰值实现路径，以产业结构调整、能源结构调整、新上投资项目碳评估等基本要素为主体，建立科学、公平和合理的低碳发展评价考核制度，发挥低碳发展在生态文明建设中的导向作用。三是通过加快城市碳平台二期建设，并在充分整合水、气、国土资源等数据的基础上，建设大数据时代的城市生态文明建设管理云平台，以低碳管理信息化助推生态文明建设。

（四） 加强组织领导， 落实项目化推进机制

镇江市成立了以市长朱晓明为组长的低碳城市建设领导小组，负责协调各领域低碳工作的开展，统筹解决在低碳城市建设工作中遇到的重大问题，对低碳城市建设工作开展情况进行监督和评估。领导小组办公室通过《镇江低碳城市建设目标任务分解表》，将低碳城市建设九大行动计划分解细化为102 项目标任务，每个目标任务都排出具体的支撑项目，并且将低碳城市建设重点指标、任务和项目分解落实，纳入市级机关党政目标管理考核体系。市、区两级都分别成立低碳城市建设工作领导小组，明确分管领导和专人负责，形成了横向到边、纵向到底的工作网络，着力推进低碳建设项目。同时强化低碳办的职能，按月督查、每季调度低碳建设项目，确保项目按序时推进，并以简报形式及时通报相关情况，至今已经发布了 48 期低碳试点工作简报。

二、 镇江市低碳试点工作特色与亮点

镇江市在低碳试点工作中敢于担当、勇于探索、精于管理，目前已经初步形成了以城市碳排放管理平台为载体，以碳排放峰值目标为导向，以项目碳排放评估和区县碳排放目标考核为突破口的管理体制和工作机制，努力为全国低碳城市建设探索制度、积累经验、提供示范。

（一） 在全国首创城市碳排放核算与管理平台， 为碳排放精细化管理和科学决策奠定了基础

一是功能强大。碳平台是镇江市城市碳管理体系的核心和基础，主要包括三个管理层级：城市、区县和行业、重点企业和项目；三类核心指标：总量指标、结构指标、综合指标；三个时间跨度：历史、现状、未来。碳平台通过其采集、核算、管理三大系统，可以直观展现全市碳排放状况，并为现状评估、趋势预测、潜力分析、目标制定与跟踪预警提供科学决策支撑。二是智能化突出。通过充分利用云计算、BI 智能分析、GIS 地理信息系统和物联网等高科技技术实现碳采集，并整合多部门数据资源，形成一个完整的碳排放数据智能化收集、智能化核算分析、智能化发布和智能化监管体系，实现低碳城市建设相关工作的系统化、信息化、空间可视化。三是应用潜力巨大。碳平台二期工程建设通过实时采集重点企业的能源消耗、工业生产过程等与碳排放相关的活动水平数据，全市 48 家年温室气体排放在 2.5 万吨以上二氧化碳当量的重点企业被纳入监测。同时，二期工程还将为"镇江生态文明建设云平台"开发预留相关数据接口。该平台在我中心举办的 2014 年中美企业温室气体数据管理能力建设联合研讨会做了专题介绍，受到与会人员的高度评价。

（二） 在全国率先提出碳排放峰值目标， 探索利用碳峰值形成低碳发展倒逼机制

一是加强研究。镇江市加强对全市排放峰值及其实现路径等重大问题研究，综合镇江历年能源消耗的数据，综合考虑人口、GDP、产业结构、能源结构等因素，运用环境经济学模型进行回归分析，建立了全市碳排放变化趋势模型。二是明确路径。研究结果表明：影响全市碳排放峰值最主要的两个因素为产业结构和能源结构，三产占 GDP 比重每上升 1 个百分点、二产占 GDP 比重每下降 1 个百分点，全市碳排放量将下降 1.53%，煤炭占一次能源消费比重每下降 1 个百分点，全市碳排放量下降 0.22%；正常情景下镇江市将在 2030 年以后才能达到碳排放峰值，而在产业结构和能源结构优化强减排情景下，可在 2020 年左右基本实现排放峰值。三是果断决策。基于坚持"生态立市、低碳发展"的理念，结合国家对第二批低碳试点城市目标先进性的要求，镇江市政府果断提出力争在 2019 年左右实现碳排放峰值目标，把峰值目标作为推进低碳城市建设的倒逼机制，促使企业加快低碳化转型、升级和改造，推进城市加快低碳能源供应体系建设，引导市民加快走进低碳生活，推动整个城市更新发展理念、转变发展方式、创新体制机制。

（三） 率先探索实施项目碳评估与准入制度， 从源头上控制高能耗、 高碳排放项目

一是管理规范。为有效控制镇江市温室气体排放总量，在深入研究和充分论证的基础上，2014 年 2 月镇江市人民政府印发了《镇江市固定资产投资项目碳排放影响评估暂行办法》的通知。办法包括：目的、含义、适用范围、运作机制、碳评估流程、碳评估结论、碳评估使用、碳评估费用、竣工验收、监督检查以及附则共十二条，并附碳评估流程图、碳评估指标体系、碳评估报告书内容要求和镇江市固定资产投资项目碳评估备案登记表等四个附件。二是方法科学。项目碳评估是在能评和环评等预评估的基础上，通过测算项目的碳排放总量、碳排放强度以及降碳量等指标，综合考虑能源、环境、经济、社会等因素，建立包括单位能源碳排放量、单位税收碳排放量、单位碳排放就业人口等 8 个指标构成的评估指标体系，科学确定指标权重，从低碳发展的角度综合评价项目的合理性和先进性，并将评估结论作为项目建设的必要条件。三是结果可达。将评估结论划定为用红、黄、绿灯表示的三个等级，红灯项目坚决不予通过，黄灯项目强制要求进一步采取低碳技术和减排措施，达到准入标准后方可通过，绿灯项目在提出进一步控制排放建议后可直接通过。

（四） 率先探索低碳发展目标任务考核评估体制， 发挥考核评估指挥棒导向作用

一是探索开展区县碳排放双控目标考核。在充分考虑主体功能区定位、产业结构、能源结构、人口占比、GDP 占比等因素基础上，镇江市探索以县域为单位，实施碳排放的总量和强度双控目标的考核机制，2014 年全市碳排放总量控制在比上年增长 6.3% 以内，碳排放强度比上年下降 4.8% 以上，7个辖市区实施差异化的目标分配及考核机制。二是探索开展各类试点评估考核。在低碳景区、低碳社区、低碳学校、低碳机关、低碳村庄等低碳试点创建标准研究的基础上，逐步建立低碳试点标准体系，并将据此对低碳试点单位进行评估考核，形成一级抓一级、层层抓落实的工作格局。三是加快构建突出生态文明建设的政绩考核体系。在研究制定全市碳排放目标责任考核制度的基础上，按照主体功能区规划划定的不同地域发展定位，通过科学设定生态文明建设评价考核指标体系，探索建立分类考核机制，并将考核结果纳入全市目标管理体系。

三、 镇江市低碳试点工作挑战与建议

调研发现，镇江市电力行业碳排放总量有效控制是确保全市碳峰值实现及低碳城市建设成效的关键。据估算，2012 年全市电力行业二氧化碳排放量约为 2882 万吨，约占工业碳排放总量的 68.6%，而工业碳排放占全市碳排放的 73% 左右。2013 年底，全市发电装机容量约为 727.8 万千瓦，若在"十二五"，甚至"十三五"期间仍新上煤电机组，总装机容量若达到 1126 万千瓦，将严重影响整个城市碳排放峰值实现进度。

调研还发现，镇江市领导对低碳试点工作高度重视，全国低碳试点城市面临的许多共性问题，如领导干部认识不到位，目标先进性不够，制度创新积极性不高，基础与能力建设不足等，在镇江都得到了一定程度的化解。镇江市深化低碳试点工作所面临的挑战更多的是涉及顶层制度设计以及法律和政策层面的不配套和不协调。为此针对着力推进全国低碳发展、深化低碳试点工作提出以下三点建议：

（一） 进一步加快推进低碳发展重大制度与法规的顶层设计

低碳发展是一项全新事业，没有现成的法规和可实施的制度，目前工作中最为突出的问题就是无法可依，并已在不同程度上制约着低碳发展。试点地区政府在研究确定碳排放总量控制目标及分解落实机制，开展碳排放权交易等方面，常因无法可依受到有关单位消极抵制，而靠政府行政力量协调的工作机制又受到行政许可的限制。建议加强对促进低碳发展的总量控制、排放许可和排放权交易等重大制度的顶层设计，加快应对气候变化法和低碳发展促进法等相关法律的前期研究和立法进程，为力争在 2030 年左右实现二氧化碳排放达峰保驾护航。

（二） 进一步加快深化低碳试点的体制机制先行先试

低碳试点是一项新生事物，没有现成可复制的模式和路径，目前试点工作中比较突出的问题是创新动力不足，这在一定程度上影响了试点工作的成效。建议国家有关部门加强对低碳试点工作的阶段性评估，加快组织开展"十三五"深化低碳试点工作研究，研究制定关于深化低碳试点的指导意见，加强对试点工作的总体指导和协调。建议试点地区政府围绕尽快实现本地区二氧化碳排放峰值目标，提出具有显示度的碳排放总量控制目标或碳排放强度显著下降目标，倒逼地方围绕政府碳排放控制目标分解落实及考核评估、企业碳排放核算与报告、固定资产投资项目碳排放评估、低碳产品认证，以及各类低碳试点建设规范和评价标准等体制机制的创新，为建立公平、高效的碳排放管理制度和工作机制奠定坚实的基础。

（三） 进一步统筹低碳发展试点与其他相关试点的协调推进

低碳试点作为推动生态文明制度建设的重要抓手，需要将低碳试点同生态文明建设工作部署及其他相关试点工作结合起来。重点要与节能减排、淘汰落后产能、发展可再生能源、开展循环经济等生态文明建设相关试点相结合，充分发挥国家已经出台的价格、税收、财政等支持政策，用好用足。同时建议尽快从中央政府预算中强化对低碳发展工作的支持，进一步研究完善支持低碳试点的金融、投融资、技术等专项配套政策，加大对低碳试点地区的支持力度。

杭州市低碳发展调研报告

为进一步梳理国家低碳城市试点工作进展与成效，总结试点城市在低碳发展模式探索等方面好的做法，推动试点城市研究提出碳排放峰值目标及分解落实机制，为国家低碳发展相关立法研究、制度设计及"十三五"深化低碳试点工作提供技术支撑，国家气候战略中心政策法规部有关人员组成调研组，于2014年10月27～28日赴浙江省杭州市调研，调研组听取了杭州市发改委、杭州市工程咨询中心等单位领导和专家的介绍，并就推进低碳发展地方面临挑战及政策建议展开了交流和讨论。结合中心对杭州市低碳试点工作的跟踪与分析，现将相关情况总结如下。

一、 杭州市低碳试点工作进展与成效

杭州市是2010年7月被国家发展改革委确定为全国首批低碳试点的城市，在市委、市政府的领导下，杭州市加快发展方式转变，先行先试，努力探索一条以低碳产业为主导、以低碳生活为基础、以低碳社会为根本的低碳发展道路，试点工作取得了明显成效。

（一） 强化规划编制与实施， 初步形成了 "六位一体" 的城市低碳发展模式

杭州市将低碳城市试点作为建设生态文明的重要抓手，将应对气候变化工作全面纳入本地区国民经济和社会发展"十二五"规划和中长期发展战略，研究制定了低碳发展等相关规划及年度计划，在全国率先探索打造低碳经济、低碳交通、低碳建筑、低碳生活、低碳环境、低碳社会"六位一体"的低碳城市模式。2010年12月研究提出了《杭州市低碳城市试点工作实施方案》，2011年12月市府办印发了《杭州市"十二五"低碳城市发展规划》，2014年9月经市政府同意，市发展和改革委员会印发了《杭州市应对气候变化规划（2013—2020年)》，制定了2011—2014年度《杭州市低碳城市建设行动计划》，并明确提出了"十二五"期间"五年任务四年完成"的目标，即力争于2014年底完成单位GDP二氧化碳排放比2010年下降20%的目标，力争在"十三五"末实现化石能源活动二氧化碳排放量达到峰值。全面实施了建设低碳产业集聚区、推广利用低碳能源、加大森林城市建设、加强低碳技术研发应用、优化城市功能结构、建设低碳示范社区、发展公共交通、推行特色试点工程等八大建设任务，扎实推进十大重点示范工程、51个低碳示范项目建设。据初步测算，2013年全市碳排放强度比2010年下降了14.5%左右。

（二） 注重试点探索与示范， 基本形成了 "五区二行业" 城市低碳试点格局

杭州市将推行不同类型的特色试点与示范，作为构建示范城市的重要载体，尊重和发挥区县、部

门和社区群众首创精神，采用地方申报、全市统筹、分头推进的办法，明确试点方向，推动特色试点，凝聚低碳城市建设合力，从实践中寻找最佳方案。全市先后开展了低碳城区、低碳县、低碳乡（镇）、低碳社区、低碳园区和低碳交通、低碳建筑的"五区二行业"试点工作。下城区探索以发展现代服务业为特色的低碳主导产业，开展低碳城区试点；桐庐县通过打造低碳经济、低碳环境和低碳生活的"低碳桐庐"，建设低碳县试点；杭州经济技术开发区和钱江经济开发区，通过提高主导产业低碳准入门槛、加强重点企业能耗与碳排放监管，建设新加坡低碳科技园等多种措施，落实低碳园区试点；下城环西等46个社区通过引导、培育社区居民的低碳生活理念及消费模式，深化低碳社区试点；萧山区临浦镇、临安市潜川镇、富阳市新登镇、淳安县枫树岭镇等4个乡镇，通过积极探索不同类型农村地区低碳建设好的做法，推进低碳农村试点。市建委早在2010年12月组织开展了绿色低碳建筑建设示范试点工作，到目前为止已有399项目，总建筑面积约为3231万平方米的建筑参与相关活动；市交通运输局扎实推进国家低碳交通运输体系试点城市"八大工程"建设工作，基本完成了试点期间的各项任务与要求。

（三）加强清单编制与管理，研究开发了"三合一"的城市碳排放管理平台

浙江省是全国温室气体清单编制的试点省份，杭州市在全国低碳试点城市率先通过了2005—2010年分年度温室气体清单编制验收工作，形成了"一个总报告加五个子报告"的市级温室气体清单研究成果，并完成了2011年和2012年全市温室气体清单编制工作，市级温室气体清单编制工作已经进入常态化。在国家"十二五"科技支撑项目支持下，杭州市又率先在下城区开展了县区级温室气体清单编制方法探索，完成了下城区2010年温室气体清单编制工作，并计划从明年开始，杭州市的温室气体清单编制工作将覆盖到所有区县。在全市温室气体清单数据库的基础上，杭州市研究开发了企业温室气体排放核算和报告系统，初步建成了全市统一的碳排放综合管理平台，主要包括清单管理、清单编制、清单分析、模版管理、公式管理、指标体系管理、系统管理、重点企业填报和添加新应用等9个模块，具备了市区两级能源活动、工业生产过程、农业、林业和土地利用变化、废弃物处理等领域温室气体清单编制及企业碳排放信息的核算、报告、审核、汇总和分析等功能，并已完成了2005—2010年清单入库工作。

二、杭州市低碳试点工作特色与亮点

杭州市在低碳试点工作中积极探索一条城市以低碳经济为发展方向、市民以低碳生活为行为特征、政府公共管理以低碳社会为建设蓝图的绿色低碳发展道路，着力建设"六位一体"的低碳示范城市，率先形成有利于低碳发展的政策体系和体制机制，为全国低碳城市建设积累了经验。

（一）在全国率先提出低碳城市发展模式，着力打造低碳发展之城

杭州市在低碳城市建设道路上一直走在前列，早在2008年7月杭州市委十届四次全会上，明确提出杭州要在全国率先打造低碳经济、低碳生活和低碳城市。一是出台低碳决定，明确发展方向。2009年12月在杭州市委十届七次全会上通过了《关于建设低碳城市的决定》（市委〔2009〕37号），明确

提出探索一条经济以低碳产业为主导、市民以低碳生活为行为特征、社会以低碳社会为建设蓝图，体现中国特色、时代特点、杭州特征的低碳发展道路，建设低碳经济、低碳建筑、低碳交通、低碳生活、低碳环境、低碳社会"六位一体"的低碳城市，确保杭州在低碳城市建设上走在全国前列，这一决定得到了全市人民的广泛响应。二是加强组织领导，狠抓工作落实。成立了由市委书记任组长、31 个部门和 13 个区（县、市）为成员单位的低碳城市建设领导小组，编制完成了低碳发展规划、制定了年度低碳行动计划、提出了重点低碳建设项目以及配套政策等重大事项，市发改委专设了应对气候变化处，全面负责协调、推进全市应对气候变化工作，各区（县、市）及交通、建筑等有关部门都积极开展了各具特色的低碳建设相关工作。三是选准低碳载体，夯实民意基础。按照"五位一体"城市公共交通发展构架，2008 年 5 月杭州市在全国率先运行了符合民心民意和城市建设发展方向的免费单车服务系统，成为引导百姓参与低碳城市建设，缓解交通两难，还市民蓝天白云的"撒手锏"，成为杭州低碳城市建设最为亮丽的风景和名片。公开征集公众对"中国杭州低碳科技馆"的展示内容、方式和参与形式等意见和建议，2012 年 7 月全国首个以低碳为主题的大型科技馆——中国杭州低碳科技馆正式开馆，成为老百姓特别是青少年了解低碳的"第二课堂"。

（二） 在全国率先开展低碳社区试点， 大力打造低碳生活品质之城

杭州市坚持将"低碳社区"建设作为低碳城市建设的着力点和落脚点，早在 2009 年就明确提出按照低碳城市"六位一体"的总体部署，建立"政府推动、社区主体、部门联动、全民参与"的工作机制，积极开展低碳社区建设试点，2011 年 1 月，杭州市发改委又在中国杭州门户网站向市民征集《深化我市低碳社区试点》建言献策，通过借助群众的智慧和创造，探索出一条具有杭州特色的低碳社区建设之路。一是注重低碳社区建设规范和评价标准，引领低碳社区建设。杭州市在下城区确定了 36 个社区开展"美丽杭州低碳社区建设标准化试点"，探索建立杭州低碳社区标准化体系，以点带面推动全市低碳社区建设。下城区作为全市首批低碳城区试点，为推进社区建设，区政府成立了低碳社区建设工作领导小组，全面统筹协调低碳社区建设工作，先后制定了《下城区"低碳社区"考核标准》《下城区"低碳社区"验收标准》《下城区低碳（绿色）家庭参考标准》等多项制度，科学合理设置量化绩效指标，为全市广泛开展低碳社区建设探索了方法、积累了经验。二是大力推广低碳建筑，强化低碳社区硬件建设。近年来杭州大力推广建筑低碳技术，实施城市"屋顶绿化"计划，开展"阳光屋顶示范工程"、"金太阳示范工程"等项目，提升社区低碳化水平。富阳市新登镇积极实施"美丽乡村千户民居屋顶光伏瓦发电项目"，首批 240 余户村民采用光伏陶瓷瓦片技术进行并网发电，该项目每户安装 25 平方米光伏瓦，每年可发电约 2200 度，政府每度电补贴 0.6 元，预计 8 年收回成本。三是创新低碳社区管理方式，加快低碳社区软环境建设。充分利用现代信息手段，发挥基层社区的作用，积极引导社区居民参与低碳社区建设是低碳社区试点的重要内容。东新园社区充分利用现代化信息手段推进低碳化，建设数字化示范社区，推进社区网站、电子阅览室、拼车平台等信息化项目，打造"多功能社区服务中心"，方便社区居民就近享受到菜单式服务，减少居民出行的碳排放。稻香园等社区试行垃圾分类智能回收平台，通过向垃圾分类回收终端机投放各种废旧物资获得积分，居民可以拿积分或"碳币"兑换现金或礼品，今年 6 月一居民累计 102 万积分，成为年度积分王，换得一辆价值

近 19 万元的比亚迪油电混合动力汽车的 5 年使用权。四是开展"十万"家庭低碳行动,提升低碳社区居民参与度。通过编写低碳家庭行为手册,开展低碳主题和低碳示范家庭评比等活动,大力营造低碳生活氛围。环西社区建立家庭低碳档案,实施家庭低碳计划,倡导"低碳饮食"、"低碳装修"、"低碳出行",采集家庭水电气热等资源使用情况,核算每月家庭减少的碳排放量,做到天天有记录,周周有小结,月月有心得,并且通过小区门卫保安巡查,对每周少开一天车的车主,奖励洗车票,鼓励居民参与低碳社区建设。在我中心举办的 2014 年中国低碳发展战略高级别研讨会,张鸿铭市长应邀做了题为"以低碳社区建设引领杭州低碳发展"的主旨演讲,受到与会人员的高度评价。

(三) 率先探索强化制度和配套政策创新,努力打造低碳产业之城

杭州市委、市政府高度重视低碳产业发展以及集聚区建设,并在《杭州市"十二五"低碳城市发展规划》中,将建设低碳产业集聚区作为推进低碳试点城市建设的首要任务。一是加强政策引导,加快构筑低碳产业体系。通过制定分类考核管理制度、取消对部分县市唯 GDP 的考核办法等多种手段,大力发展"文化创意、旅游休闲、金融服务、电子商务"等十大低碳产业。2013 年,全市服务业增加值占 GDP 的比重达到 52.9%,比 2010 年上升了 5.5 个百分点,其中电子商务、信息软件、文化创意、物联网产业增加值比 2012 年分别增长了 55.7%、23.5%、18.0% 和 15.8%。二是研究制定低碳产业集聚区建设方案,明确指导思想和目标任务。聚焦产业低碳化、基础设施低碳化、社会生活低碳化和环境低碳化,以杭州经济技术开发区、杭州国家高新技术产业开发区(滨江)、钱江经济开发区、杭州未来科技城、青山湖科技城五个集聚区作为重点首批示范单位,着力打造生产、生活、生态"三生融合"的低碳产业集聚区,使低碳产业集聚区成为全市低碳产业集聚的主平台,低碳经济发展的先导区,低碳城市建设的示范区。到 2015 年各集聚区努力实现"一个完善、四个显著"目标,即基本形成较为完善的低碳工作机制,在产业低碳化、基础设施低碳化、社会生活低碳化和集聚区环境低碳化建设方面取得显著成效。三是开展低碳产业导向目录研究,严把产业低碳准入门槛。基于 2009 年出台的《杭州市产业发展导向目录及空间布局指引》,在原有投资强度、单位用地产出、容积率、产值能耗、产值水耗和全员劳动生产率等六项约束性指标基础上,增加碳排放强度约束性指标,研究建立杭州市低碳产业体系目录,提出一批重点发展的产业导向目录,积极培育低碳支柱产业,作为协同推进国家级低碳试点城市和节能减排财政政策综合示范城市、落实国家节能低碳产业与财政政策的重要举措。

率先探索协同低碳城市与交通试点,积极打造低碳交通之城。杭州市委市政府在《关于建设低碳城市的决定》中明确提出实施"公交优先"战略,倡导绿色出行,打造低碳交通,并将大力发展公共交通,加快构建低碳交通体系作为《杭州市"十二五"低碳城市发展规划》提出的八大重点任务之一,明确 2015 年和 2020 年具体建设目标。一是明确提出低碳交通发展模式,大力打造"五位一体"绿色低碳交通运输体系。落实"公交优先"战略,从政策保障有力、组织保障到位、公交都市创建、公交规划超前等,全面推进地铁、公交车、出租车、"免费单车"、水上巴士"五位一体"公交优先战略,推进八城区与五县(市)公交一体化,加快打造杭州特色"五位一体"的"8+5"品质大公交体系,努力建成全国第一个实现五种公交方式"零换乘"的城市,打造低碳化城市交通运输体系。二是全方位开展低碳交通试点,探索体制创新及项目示范。以入选交通部低碳交通运输体系建设试点为契

机,以综合交通系统低碳化、交通基础设施低碳化、交通运输装备低碳化为基础,推进低碳交通运输体系区域性试点,深化"车、船、路、港"千家企业低碳交通运输专项行动,打造低碳高速公路、低碳港口和低碳车管,加快构建全市统一的全过程监管、全社会服务、全天候运行的综合交通信息枢纽,全方位推进低碳交通试点。三是以"免费单车"为载体,率先打造全球一流公共自行车服务体系。2008 年到 2011 年底,杭州市财政共投入资金 34609. 69 万元,建成公共自行车网点 2482 个,购买公共自行车 5 万辆,形成了具有鲜明特色的杭州公共自行车运营模式。到目前为止已经发展成为拥有 7. 8 万辆公共自行车、3113 个服务网点、平均日提供 20 万以上出行人次、具有鲜明运营模式特色的杭州公共自行车交通系统,成为杭州市"五位一体"绿色低碳公交体系中最亮丽的一张金名片,也成为杭州打造"低碳城市"过程中的最大特色。四是以国家节能与新能源汽车推广试点城市为抓手,加快城市交通运输工具低碳化。预计到 2013 年底,杭州市公交集团公共汽电车将达到 8200 余辆,新能源和清洁能源汽车占比达到 50%,其中纯电动客车占比达 10% 以上,即充式纯电动公交车 115 辆,占比达 1. 4%,油电混合动力客车 1140 辆,占比达 14%,LNG 天然气客车 2011 辆,占比达 24% 以上。市区出租汽车 9965 辆,其中纯电动出租汽车年底达到 1000 辆左右,CNG 双燃料出租汽车主城区和萧山区分别达到 2200 辆和 1079 辆,95% 以上的更新出租车采用了清洁能源。推广应用 5400 多辆微公交,建成充电换电智能立体车库租赁站点 13 座。

三、 杭州市低碳试点工作挑战与建议

调研发现,大幅度降低杭州市电力、建材等重点企业的二氧化碳排放强度是确保有效控制全市二氧化碳排放总量并提前一年完成强度下降指标的关键。作为国家节能减排财政政策综合示范城市,在《浙江省控制温室气体排放实施方案》(浙政办发〔2013〕144 号)中,明确要求杭州市"十二五"期间单位生产总值二氧化碳排放下降 20% 指标须提前一年完成。从 2011 年到 2013 年,杭州市地区生产总值增长了 29. 6%,单位地区生产总值二氧化碳排放下降约为 14. 5%,若要提前一年完成"十二五"碳排放强度下降 20% 的目标,则意味着 2014 年单位地区生产总值二氧化碳排放须下降 6. 5% 以上。根据杭州市发改委组织的有关课题研究结果,2011 年杭州市年能耗万吨标煤以上 153 家企业全部分布于工业部门 11 大行业,其中,电力、热力生产和供应业是万吨标煤以上企业的第一大碳排放行业,14 家企业单位工业产值二氧化碳排放量是全部企业平均值的 16 倍,其次为非金属矿物制品业,15 家企业的平均值约为全部企业平均值的 5 倍,而且这 153 家企业的万元工业产值二氧化碳排量平均值是 11 个行业规上企业万元工业产值二氧化碳排量均值的 2 倍。显然,电力、热力生产和供应业、非金属矿物制品业等行业年能耗万吨标煤以上企业的降低碳排放强度潜力较大、作用深远。

调研还发现,在杭州市有关领导和专家层面尚没有形成具有指导意义和可操作性的全市碳排放峰值目标及其路线图。尽管杭州市作为第一批国家低碳试点城市,在杭州市应对气候变化规划(2013—2020 年)中,也明确提出力争在"十三五"末化石能源活动二氧化碳排放量达到峰值,但由于我国计划到 2030 年左右二氧化碳排放达到峰值且将努力早日达峰,这一战略目标尚未清晰地传递并有效地落实到我国东部沿海发达地区及低碳试点省市,杭州市目前有关峰值的研究方法及分析模型尚在完善之中,有关峰值的时间及大小正结合对新常态的研判处在调整与决策之中。结合杭州市在推进低碳发展

工作中好的做法以及所面临的挑战，我们对下一阶段狠抓落实，深化低碳试点工作、持续推进全国低碳发展提出如下两点建议：

（一） 充分发挥规划的导向作用， 狠抓峰值目标的落实

2030 年左右实现二氧化碳排放峰值是我国建设现代化国家的战略目标，也是当前及今后相当长一段时间内促进我国社会经济可持续发展及生态文明建设的重大举措。杭州市委市政府早在 2009 年《关于建设低碳城市的决定》中，围绕建设低碳城市总体要求、培育低碳产业打造低碳经济等八个方面，提出了五十条实实在在的决定和意见，系统阐明了杭州市低碳发展的战略蓝图，明确提出了到 2020 年全市万元生产总值二氧化碳排放比 2005 年下降 50% 左右的主要目标，并在《杭州市"十二五"低碳城市发展规划》得到全面落实。2014 年根据新的形势和要求，又在《杭州市应对气候变化规划（2013—2020 年)》明确提出力争在"十三五"末化石能源活动二氧化碳排放量达到峰值作为全市应对气候变化的主要预期目标，充分体现了一张蓝图、一个目标抓到底的定力。其他国家低碳试点省市以及东部沿海发达地区的领导干部，也应从政治高度和战略角度充分认识实现碳排放峰值的意义，尽快研究提出本地区峰值目标及分解落实机制，及时融入"十三五"地区国民经济经济和社会发展规划之中，并在狠抓峰值目标落实过程中，要有"功成不必在我任期"的理念和境界，不贪一时之功、不图一时之名，多干打基础、利长远的事。

（二） 健全管理体制和工作机制， 狠抓任务与工作落实

低碳发展既是一项全新的事业，也是一项涉及经济、社会、能源、建筑、交通等领域的系统工程，需要统筹协调，形成整体合力。从杭州市的部门职责及实际分工情况看：一方面，全市的节能工作由经信委负责，而应对气候变化工作由发改委负责，这种条块式的分工方式在全国其他城市也有一定的普遍性；另一方面，从杭州市人民政府办公厅关于印发《杭州市能源消费过程碳排放权交易管理暂行办法》看，明确由市节能行政主管部门对碳排放权交易实施统一监督管理。这种看上去不太科学合理的部门职责与分工，在一定程度上影响了任务的有效落实和工作的顺利开展，需要健全科学合理、行之有效的工作责任制，以责任制促落实、以责任制保成效。从杭州市低碳社区的试点实践看：建立"政府推动、社区主体、部门联动、全民参与"的工作机制，通过发挥基层社区的作用，创新管理思路；通过征求百姓建言等方式，引导居民参与低碳社区建设；通过开展"万户低碳家庭"示范创建活动，鼓励百姓从自我做起。通过鼓励基层群众解放思想积极探索，推动低碳社区建设顶层设计和基层探索互动，减少低碳社区试点建设指标体系中的约束性指标，研究提出具有指导意义、可操作、可复制的低碳社区试点建设指南。

广东省低碳发展调研报告

为进一步梳理国家低碳试点地区低碳发展模式及制度创新方面好的做法，推动试点地区研究提出碳排放峰值目标及分解落实机制，为国家低碳发展相关立法研究、制度设计和"十三五"深化低碳试点工作提供技术支撑，国家气候战略中心政策法规部相关人员日前赴广东省进行调研，与广东省发展改革委气候处、中山大学低碳科技与经济研究中心等单位领导和专家进行了交流和讨论，并参加了中英（广东）低碳周的有关活动。结合中心对广东省低碳省区和碳排放权交易试点工作的跟踪等相关信息，现将调研情况总结如下。

一、 广东省低碳试点工作进展与成效

广东省是首批开展国家低碳省区和低碳城市试点、国家碳排放权交易试点的地区，在省委、省政府的坚强领导下，广东省充分发挥规划和政策引导作用，大力发展低碳产业，加强低碳试点和碳交易试点的衔接，努力创新低碳发展机制和路径，试点工作迈出了实质性步伐。

（一） 强化规划引导， 加快构建促进低碳发展配套政策与法规体系

广东省是 2010 年 7 月被国家发展改革委确定为全国首批低碳试点的省区，省政府及有关部门高度重视规划引导及政策联动，制定并公布了一系列相关规划、实施方案及配套政策。2012 年 8 月省政府率先出台了《广东省"十二五"温室气体排放工作实施方案》，明确提出到 2015 年全省单位生产总值二氧化碳排放下降的总体要求与目标、重点工作部门分工和目标责任的评价考核，印发了《广东省应对气候变化"十二五"规划》，从控制温室气体排放、创新体制机制等方面提出"十二五"应对气候变化的规划目标、主要任务和政策措施；制定了《广东省低碳试点工作实施方案》和《广东省碳排放权交易试点工作实施方案》，从产业低碳化发展、优化能源结构、节能和提高能效、创新体制机制等八个方面部署实施 36 项重点行动，确定了广东碳交易试点的工作目标、纳入范围、工作阶段、交易主体、交易平台、碳排放权管理机制、报告核查机制等重点内容；研究提出了《关于广东省主体功能区规划配套应对气候变化政策的意见》，包括完善防灾减灾体系、加强生态保护和建设、推动低碳发展等三大政策。与此同时，还以省政府令的形式发布了《广东省碳排放管理试行办法》，明确广东省实行碳排放信息报告与核查制度、配额管理制度和配额交易制度，出台了《广东省碳排放配额管理实施细则（试行）》《广东省企业碳排放信息报告与核查实施细则》《广东省企业（单位）二氧化碳排放信息报告指南》等配套文件。

（二） 注重试点示范， 初步形成了多层次、 多领域、 多形式的低碳试点网络

广东省开展了多层次的低碳试点，包括低碳城市、低碳城镇、低碳县区、低碳社区、低碳园区、低碳企业、低碳产品等，低碳试点工作涵盖面十分宽广，涉及产业、交通、建筑、森林等多个领域。深圳、广州成功入选国家低碳试点城市，珠海、河源等 4 个城市成为省低碳试点城市，佛山禅城、梅州兴宁等 8 个地区成为省低碳试点县（区）；佛山市南海区西樵镇成功入选国家第一批 7 个试点示范绿色低碳重点小城镇；东莞市松山湖国家高新技术产业开发区成功列入首批国家低碳工业园区，开展了广东状元谷电子商务产业园低碳试点和广东乳源经济开发区低碳园区试点建设；开展了中山小榄低碳社区、鹤市镇低碳社区等试点工作，并研究提出了低碳社区评价指标体系；编制了低碳产品认证实施方案，完成了指定铝合金型材低碳产品评价技术规范，并在中小型三相异步电动机和铝合金型材两类产品中开展低碳产品认证示范工作，在电冰箱和空调两类产品中完成低碳产品评价试点工作，还与香港开展复印纸、饮用瓶装水、玩具等产品的碳标识互认研究。

（三） 加强能力建设， 低碳发展的管理体制和工作机制不断得到夯实

广东作为全国 7 个试点省区市，率先开展了 2005 年温室气体清单编制工作，2005 年、2010 年温室气体清单编制成果已通过气候司组织的评估验收。2014 年，广东省发展改革委会同广东省统计局下发了《关于加强应对气候变化统计工作的实施意见》，明确将应对气候变化指标纳入政府统计指标体系，科学设置了反映广东气候变化情况及工作成效的指标体系，确立了涵盖五大领域的温室气体基础统计和调查制度，健全了省、地级以上市和重点企业的温室气体基础统计报表制度。与此同时，进一步加强了组织领导，建立了低碳发展管理体制和工作机制。2010 年成立了广东省应对气候变化和节能减排工作领导小组，由省长担任组长，2011 年建立了省低碳试点工作联席会议制度，徐少华常务副省长为第一召集人。2014 年 3 月，在广东省发展改革委内将原资源节约与环境气候处分设为应对气候变化处、资源节约与环境保护处，由应对气候变化处专门负责应对气候变化和低碳发展的日常工作。经广东省政府领导同意，2010 年成立首届广东省低碳发展专家委员会，并在 2013 年组建第二届委员会，专家委员会聘请省内外权威专家学者 24 名，涵盖低碳、气候、环境、能源、建筑、管理、标准化等多个领域，以充分发挥低碳专家委员会的决策咨询和智力支持作用。为加强相关工作的科学技术支撑，广东省发展改革委还和中山大学共同组建广东省应对气候变化研究中心。广东省财政还设立低碳发展专项资金，每年安排 3000 万元重点支持低碳发展基础性和示范性工作，目前已累计安排 1.2 亿元、超过 130 个研究课题与示范项目。

（四） 落实目标任务， 产业低碳化转型及温室气体排放控制工作成效显著

广东省是全国"十二五"期间碳排放强度下降目标最高的地区，省政府将碳排放强度下降率作为约束性指标纳入了《广东省国民经济和社会发展第十二个五年规划纲要》，并通过《广东省"十二五"温室气体排放工作实施方案》及时调整目标，单位生产总值二氧化碳排放由规划指标的降低 17% 进一步上升到 19.5%，并在全国率先将二氧化碳排放降低目标分解落实到各个地市，明确提出要加快形成

以低碳产业为核心,以低碳技术为支撑,以低碳能源、低碳交通、低碳建筑和低碳生活为基础的低碳发展新格局。2013 年,全省服务业增加值占地区生产总值的比重为 47.8%,比 2010 年提高了 2.8 个百分点,服务业对经济增长的贡献显著提高。产业低碳化发展趋势明显,能源消耗强度下降较大,2013 年单位 GDP 能耗下降到 0.508 吨标煤/万元,比 2012 年下降 4.55%,超额完成能耗年度下降 3.5% 的目标任务,"十二五"前三年已累计下降 13.16%。低碳能源供应体系加快推进,能源结构得到不断优化,截至 2014 年底,全省核电装机容量已达 720 万千瓦,居全国首位,2013 年非化石能源消费量占一次能源消费比重提升到 16.52%,比 2010 年提高了 2.5 个百分点。加快推进植树造林,碳汇建设成效显著。2013 年,全省森林覆盖率达 58.2%,提前实现 2015 年目标,完成森林碳汇工程 362.18 万亩,完成中幼林抚育面积 661.2 万亩,建设生态景观林带 3160 公里。经初步核算,2013 年广东省碳排放强度比 2012 年下降 5.14%,相对于 2010 年碳排放强度排放累计下降 14.42%,已完成国家下达的"十二五"下降 19.5% 总目标的 73.95%,在国家对广东省的碳排放强度目标评价考核中,连续两年获得优秀。

二、 广东省低碳试点工作特色与亮点

广东省在国家低碳省市试点工作中大胆创新、勇于实践,注重协同推进低碳试点、碳交易试点和低碳产品认证试点工作,探索构建多层次的低碳发展网络,鼓励省级低碳试点单位创造典型经验,设立低碳发展基金探索利用金融手段推进试点工作,加强低碳发展数据化管理平台建设,初步形成了独具特色的低碳发展"广东模式",为全国低碳发展的路径探索、制度设计、政策制定等提供了新的思路、积累了新的经验。

(一) 在全国率先探索低碳省市试点、 碳排放权交易试点和低碳产品认证试点的衔接与联动, 实现协同创新

一是在目标与任务层面实现统筹考虑。广东省低碳试点实施方案明确提出将推动碳排放权交易工作列为五大主要任务之一,并提出推动碳标识等低碳认证制度研究和实践。另一方面,通过碳排放权交易试点、低碳产品认证试点等工作,有效推动了广东低碳发展模式的探索,促进了广东低碳试点工作目标的实现。二是在组织层面实现统筹管理。广东省低碳试点、碳排放权交易试点和低碳产品认证试点工作都是由广东应对气候变化工作领导小组及广东低碳试点工作联席会议总体统筹,由省发展改革委应对气候变化处专门负责实施管理,实现了三项试点组织管理工作的有机统一。三是在资金层面实现统筹安排。广东省各试点工作配套资金相互补充与支撑,其中低碳专项资金部分用于支持碳排放权交易、低碳产品认证等体制机制研究及工作体系建设等项目,2014 年安排资金将近 2000 万元。与此同时,广东利用碳交易有偿配额收入设立全国首个低碳发展基金,计划采用 PPP 公私合作项目融资模式进行运作,撬动社会资金共同支持企业低碳化升级和改造。四是在信息层面实现统筹衔接。广东省初步建立了与低碳试点和碳排放权交易试点工作相适应的碳排放管理信息系统,不同系统之间实现了信息共享,其中支撑广东低碳试点工作的广东省温室气体排放综合性数据库系统实现了与碳交易试点企业碳排放信息报告与核查系统的信息共享,并可对相关信息实现综合分析。五是在政策层面实现统筹协调。广东低碳试点工作要求将加强森林碳汇项目建设作为主要任务之一,以期建设绿色广东,与此相呼应的是在广东省碳排放权交易试点中,为了鼓励森林碳汇项目的发展,允许并鼓励企业使用包

括森林碳汇项目在内的中国核证自愿减排量。

（二） 在全国率先探索利用低碳发展基金拓展低碳发展金融模式， 实现制度创新

一是确立一个原则。广东省坚持"取之于碳、用之于碳"的原则，利用碳排放权配额拍卖收入设立低碳发展基金，拓宽低碳产业投融资渠道，引导社会资本促进低碳产业的发展。二是实行两种注资方式。低碳发展基金采用一次性出资和滚动注资，一次性出资是指基金代持出资主体在基金设立时一次性全额缴付认缴资金，滚动注资是以后每年的有偿配额收入按三大资金池的比例划拨到资金池。三是分设三大资金池。低碳发展基金设立政策性项目、市场化项目和碳市场调节储备金三大资金池，资金比例原则上为 4.5∶4.5∶1。政策性项目主要投资于低碳化技术改造、低碳技术推广和示范等领域。市场化项目主要投资新能源、低碳交通、碳金融创新等领域。四是强化四大功能。加强对企业开展节能降碳改造和低碳技术研发的能力的支持力度，探索建立财政资金市场化运作推动节能减碳的长效机制，拓宽低碳产业的投融资渠道，推动碳金融的发展。五是明确五大资金来源。碳基金的资金来源广泛，包括配额有偿收入、基金的合法经营收入及孳息收入、国内外机构组织和个人的合法捐赠、国内外机构投资资金、其他合法合规来源资金。

（三） 在全国率先探索多层级应对气候变化工作与信息化的融合， 实现管理手段创新

一是体系完整。广东省围绕低碳发展管理需求先后建立了五大信息化平台，包括温室气体综合性数据库、碳排放信息报告与核查系统、配额登记系统、交易系统、重点企事业报告系统，五大平台实现了政府监管、重点企业数据报送、配额登记与交易、核查机构核查等过程的信息化。二是功能齐全。综合性数据库实现了数据录入、综合数据管理、统计分析、排放清单等六大功能，并录入了约 40 类核算方法学。报告与核查系统涵盖了企业报告、管理和核查的完整功能，既支撑碳交易制度的履约需要，也可支撑企业碳排放内部管理。三是数据丰富。信息平台数据类型涵盖地方、行业及企业排放数据、企业交易数据和企业配额数据，数据量大，其中排放数据包括广东省和 21 个地市 2005—2012 年能源活动、工业生产过程、农业、土地利用变化与林业、废弃物处理等五大排放领域清单及综合数据，以及企业年度活动水平、排放因子及参数、排放量等碳排放信息。四是信息互通。五大信息平台实现数据对接，如报告与核查系统为综合性数据库提供基础数据，交易平台系统为登记注册系统提供结算信息，报告核查系统为登记注册系统配额分配、履约提供数据支撑。五是层级管理。根据低碳工作的管理需求，五大碳排放管理信息系统可实现多层级管理，如广东省温室气体综合性数据库可实现省级、市级、县（区）三层管理，广东省重点企业碳排放报告与核查系统可实现省级、市级、企业级、排放单元级、排放设施级五层管理。

三、 广东省低碳试点工作挑战与建议

通过调研发现，由于广东省委、省政府对低碳试点工作高度重视，省领导亲自部署推动，低碳试点工作中的一些基本问题都在广东得到了很好的化解，但随着低碳试点工作的不断推进，一些深层次的问题、矛盾和挑战逐渐显现，需要进一步加强研究、凝聚共识、大胆探索，力争取得重大突破，为

分解落实全国碳排放峰值目标，推动建立全国碳排放权交易市场先行先试。

（一） 关于尽快研究提出广东省碳排放峰值目标及分解落实机制

广东省作为全国改革开发的领军地区，经过三十余年的高速发展，全省经济发展已率先进入新常态，近几年碳排放增长已明显放缓，预计2020年左右进入后工业化阶段，相应的城镇化率也将达到73%左右。根据国家低碳发展的总体战略目标及区域布局，考虑到广东的区域发展实际，建议广东省应抓紧研究提出2020年左右碳排放峰值目标及分解落实机制。一是明确分地区、分部门的碳排放峰值目标及路径。要求珠三角发达地区在"十三五"期间率先达峰，为非珠三角相对落后的区域预留一定的排放空间，并要求工业部门率先达峰，为交通和居民生活腾出一定的排放空间。二是率先探索省域内实现差异化峰值目标的创新机制。广东区域发展的差异性为广东省实现碳排放峰值目标添加了不确定性，如何结合主体功能区的规划要求，通过碳排放峰值目标形成倒逼机制，利用市场手段引导经济发达地区有效降低二氧化碳排放控制成本，利用补偿等手段鼓励后发地区探索因地制宜的低碳发展之路。

（二） 关于加快总量控制下的广东省区域碳排放权交易体系建设

广东作为全国最大的碳排放权交易试点地区，在试点工作中第一个尝试碳排放配额的有偿发放，第一个探索新建项目在碳排放评估基础上纳入配额管理，并积极探索碳普惠制，激励生活减碳。根据《"十二五"控制温室气体排放工作方案》的要求，结合新形势和新要求，建议广东省将碳排放总量控制目标作为约束性指标纳入"十三五"国民经济和社会发展规划中，加快建立碳排放总量控制制度，加快全省区域碳排放权交易体系建设。一是建立总量控制目标约束下配额总量分配及调整机制。探索基于地区、行业和企业差异化考虑的科学、公平、合理的配额分配方法，探索基于经济活动、配额余量和配额价格的配额弹性管理机制，提升配额分配政策在时间维度以及预期效果上的适用性，引导技术和资金向企业低碳发展集聚，提升碳价有效性。二是建立配额、交易和价格"三统一"的广东区域碳交易市场。以建立区域统一市场为目标，围绕解决重大问题，加快实现广东碳市场与深圳碳市场对接。注重一、二级市场平衡发展，允许机构投资者适度参与一级市场拍卖，通过参与者的有效连通以及有偿配额拍卖底价与二级市场价格连通机制，提振碳市场活力。

武汉市低碳发展调研报告

为进一步梳理国家低碳城市试点工作进展与成效，总结试点城市在低碳发展模式探索等方面好的做法，推动试点城市研究提出碳排放峰值目标及分解落实机制，为国家低碳发展相关立法研究、制度设计及"十三五"深化低碳试点工作提供技术支撑，国家气候战略中心徐华清副主任率政策法规部项目碳评课题组一行四人，于2016年1月25～26日赴湖北省武汉市调研。调研组听取了武汉市发展改革委、武汉市节能监测中心等单位有关同志的介绍，并就地方推进低碳发展面临的困难挑战及意见建议进行了交流与讨论。结合我中心对武汉市低碳试点工作的跟踪与分析，现将相关情况总结如下。

一、 武汉市低碳试点工作进展与成效

武汉市是2012年11月被国家发展改革委列为全国第二批低碳试点的城市，在市委、市政府的领导下，武汉市围绕实现二氧化碳排放峰值目标，努力探索以低碳转型为重点、试点示范为引领、制度创新为支撑的低碳发展模式，试点工作扎实推进，并取得了初步的成效。

（一） 以碳排放峰值目标为导向， 加快形成低碳发展倒逼机制

武汉市将积极应对气候变化，加快推进低碳城市建设作为生态文明建设的重大举措和重要抓手，不断强化碳排放峰值目标的导向作用，以科学规划引导城市低碳发展。早在2011年，武汉市政府印发了《武汉市"十二五"时期节能降耗与应对气候变化实施方案》，明确提出妥善应对资源环境巨大压力和应对气候变化严峻挑战，充分发挥资源环境约束对转变发展方式的倒逼作用，确保到"十二五"末，全市万元生产总值二氧化碳排放量比"十一五"末期下降19%。2013年在市政府印发的《武汉市低碳试点工作实施方案》中明确提出，力争到2020年实现能源利用二氧化碳排放量达到峰值，单位地区生产总值二氧化碳排放量比2005年下降56%左右，基本建立以低碳排放为特征的现代产业体系，基本形成具有示范效应的低碳生产生活武汉模式。2013年以来先后启动了《武汉市2020年低碳发展规划研究》《武汉市碳排放峰值预测及减排路径研究》等课题，通过对人口、城市化率、人均GDP、产业结构、能耗强度、能源结构等因素的情景分析，初步提出了2022年的达峰年份，提出了低碳发展的主要目标和重点任务。2015年9月在美国洛杉矶召开的第一届中美气候智慧型/低碳城市峰会期间，武汉和其他城市共同签署了《中美气候领导宣言》，明确承诺将于2022年左右达到二氧化碳排放峰值的低碳发展战略目标，并计划在"十三五"期间投资近1000亿元，用于建设包括低碳工业园区改造等6大类120余项重大低碳工程。通过不断加深对峰值目标的科学认识和政治共识，强化低碳发展的目标约束和制度创新，加快形成促进低碳发展的倒逼机制。据分析，2014年，全市单位地区生产总值二

氧化碳排放强度比 2010 年下降 15.7%，2015 年全市规模以上工业增加值单位能耗下降 9.5% 左右，有望超额完成"十二五"碳排放强度下降目标。

（二） 以低碳项目和技术为载体， 着力推进城市低碳转型

武汉市以实施战略性新型产业为主导的工业倍增计划和现代服务业升级计划为抓手，以低碳项目、低碳技术和低碳产品为载体，着力形成以低碳发展为特征的现代产业体系和城市基础实施。组织实施一批重点低碳工程和项目。目前已有 16 个重点低碳示范工程与项目建成投产，花山生态新城、武汉四新生态新城等生态城示范项目正在加快建设中，20 个园区低碳循环改造项目基本完成，金口垃圾填埋场生态修复项目荣获联合国气候变化大会 C40 城市奖；加快推进低碳智慧交通体系建设。大力发展低碳轨道交通，运营里程已达 126 公里，11 条地铁线同时建设，新能源汽车达到 4000 辆左右，公共交通出行率达到 43.6%，启动了"江城易单车"手机 APP 为市民提供便捷租车功能，建成慢行交通系统 160 公里，设立近 800 个公共自行车站点，2 万辆公共自行车投入运营；着力构建特大中心城市碳汇体系建设。以园博园建设为龙头，以张公堤城市森林公园、三环线生态隔离带、绿道、城市主干道绿化建设为重点，带动全市园林绿化整体大提升，2015 年新增绿道 233.7 公里；注重加强重大低碳技术的研发与推广。中美清洁能源联合研究中心"清洁煤"产学研联盟依托华中科技大学，建成了国内首套 3MW 富氧燃烧与二氧化碳捕捉综合试验台，积极推进低碳产业专业技术平台建设，支持了 126 项低碳产业技术研发建设项目。2015 年经济结构调整呈现"两升两降"新态势，第三产业比重达到 51%，比 2014 年提升了 2 个百分点，高新技术产业增加值达 2235.65 亿元，占 GDP 比重比上年提升了 0.3 个百分点。

（三） 以试点示范为引领， 着力推进重点低碳示范区建设

武汉市以国家、湖北及市级低碳新城、园区、社区试点为契机，着力推进以集中展示低碳绿色发展为特色、以制度创新为重点的示范区建设，加快形成一批可看可学可推广的典范。武汉华山生态新城作为国家首批低碳城（镇）试点，重点探索政府引导、企业主导的市场化运行机制以及低碳生产生活综合体建设规范。武汉青山经济开发区作为国家首批低碳工业园区试点，重点推动传统产业的低碳化转型、升级和改造，探索低碳循环发展新模式与新机制。东湖新技术开发区和百步亭社区分别作为湖北省第一批低碳低碳园区和低碳社区，东湖新技术开发区重点发展光电子信息、生物、环保节能、高端装备制造、高技术服务业等低碳产业，力争比重超过 90%，百步亭社区通过低碳交通系统、万树工程系统、垃圾减量处理系统、绿色建筑系统、公共配套服务系统、健康运动系统和管理信息化系统等八大类低碳项目的集中建设与示范，探索建立低碳社区建设规范和行为准则，并在此基础上，编制了《武汉市低碳城区、低碳社区试点实施方案编制指南》，建立了低碳城区评价指标体系，为低碳城镇、低碳社区试点与示范建设提供技术支撑。

二、 武汉市低碳试点工作特色与亮点

作为第二批低碳试点城市，武汉市紧紧围绕《武汉市低碳城市试点工作实施方案》，在创新体制

机制、深化国际合作、强化平台建设等方面积极探索，努力为全国中西部大城市低碳发展积累经验、提供示范。

（一） 主动参与全省碳排放权交易制度， 打造碳市场创新中心

从 2013 年开始，对全市年综合能源消费在 1 万吨标煤以上的 50 余家工业企业进行了碳排放初步盘查，积极推动 17 家重点企业纳入湖北省碳排放权交易试点工作。积极参与并配合湖北省发展改革委组织开展的湖北省碳交易政策体系建设，扎实推进国家碳排放权交易试点相关工作，先后推出了碳资产质押贷款、碳众筹项目、配额托管、引入境外投资、建立低碳产业基金等创新之举，截至 2015 年底，湖北碳市场交易活跃，配额累计成交 2495 万吨，交易总额达到 6 亿元左右。

（二） 探索建立新建项目碳排放评价制度， 打造能评的升级版

武汉市人民政府在《武汉市低碳城市试点工作实施方案》中明确提出建立新建项目碳核准准入制度，市发展改革委研究出台了《市发展改革委关于在武汉市固定资产投资项目节能评估和审查中增加碳排放指标评估的通知》和《武汉市固定资产投资项目碳排放指标评估指南》，明确要求节能评估文件编制机构在编制节能评估文件时，增加碳排放测算、评价、控制措施等内容并填写摘要表，并对评审、审查和监察等机构的相关工作提出了明确要求，确保既不新增项目审批事项、延长审批时间，又能强化企业的低碳发展意识，并对项目的温室气体排放实施源头控制，倒逼企业的低碳转型、升级和改造。2015 年度共完成评审项目 1397 个，总投资 6472.68 亿元，年二氧化碳排放总量为 467.27 万吨，经评估和审查核减的二氧化碳排放量 15.23 万吨，约占排放总量的 3.26%。

（三） 积极开展区域碳计量研究及国际合作， 打造碳标准高地

早在 2011 年 9 月，武汉市有关部门就研究发布了《温室气体排放量化、核查、报告和改进的实施指南》，该指南成为国内首个地方性碳核查执行标准，并被国家标准化委员会批准作为省标发布实施。近年来，武汉市积极开展碳计量国际合作，与法国波尔多市签署了"碳值计量法（Bilan Carbone）"合作协议，学习、消化法方碳值计量法，筛选本地部分重点企业运用碳值计量法进行测量，力争尽快建立武汉重点行业温室气体排放标准。与此同时，积极推行低碳产品认证，武汉长利玻璃（汉南）有限公司获得国家发展改革委和认监委颁发的首批低碳产品认证证书。另外，通过与法方在碳计量、绿色公共建筑、生态示范城建设等方面开展合作以及加入 C40 城市气候领袖群等网络，借助先进国家的经验、资金和技术，推动城市低碳发展，深化城市低碳发展合作，扩大中国低碳城市的影响。

（四） 率先探索节能与低碳融合智慧系统， 打造低碳管理平台

为统筹推进全市节能智慧管理系统建设与城市碳排放管理工作，提升全市能源管理和低碳建设信息化的整体水平，在《武汉市节能智慧管理系统建设实施方案》的基础上，2014 年武汉市发展改革委启动建设了"武汉市节能低碳智慧管理平台"，争取用 3 年左右的时间，将约 500 家主要用能和排放单位纳入监管范围，初步构建监管指标体系，健全互联互通标准，完善节能低碳制度，并实时掌握重点

行业、重点企业和关键工序的能耗和碳排放数据，为全省和全国节能低碳智慧管理系统建设奠定数据、技术和管理基础。武汉市发展改革委还会同有关部门建设了"武汉低碳新生活服务平台"，运用现代网络信息技术，搭建公益性、实用性低碳生活综合服务平台，实现低碳商品交易与兑换、节能补贴产品网上申购、低碳基金服务、低碳志愿者联盟、低碳出行倡导、二手商品寄售与交换、低碳企业家俱乐部等七大服务功能，扩大公众参与，引导低碳消费。

三、 武汉市低碳试点工作挑战与建议

调研发现，武汉市产业结构与生活用能是影响全市碳排放峰值实现及低碳城市建设成效的关键。2015 年武汉市 GDP 已达到 10905.6 亿元，随着国家长江经济带的实施，"十三五"规划 GDP 年均增幅将达到 8.5%，未来一段时期将有一批重大工程项目上马，且偏重的产业结构短期内难以得到转变，碳排放总量将在一定时期内保持上升趋势，增加了碳排放峰值提前达峰的难度。武汉市属于典型的夏热冬冷地区，全年非舒适气温长达 9 个月，近年来随着住房面积的增加和居住条件的改善，绝大部分居民采用分户供暖制冷，生活方式的绿色低碳水平提升也面临严峻的形势。

调研还发现，武汉市仍然存在着基础数据不足、未来形势研判不充分的问题，制约着城市碳排放峰值目标的分解与落实。主要表现为：在经济发展新常态下，对于碳排放峰值目标的科学认识和政策含义尚有差距，提出的争取在 2022 年左右达到二氧化碳排放峰值目标时间及数量低于预期；温室气体清单编制及碳排放核算的统计基础仍比较薄弱，尚未建立完整、系统的城市、区县以及企业层面温室气体排放一本账，在开展项目碳排放评估时也无法评估项目对区域碳排放总量、增量的影响。结合武汉市在推进低碳发展工作中好的做法以及所面临的挑战，我们对下一阶段深化低碳试点工作提出两点建议：

（一） 坚持生态优先， 引领绿色低碳长江经济带建设

习近平在推动长江经济带发展座谈会上强调，长江是中华民族的母亲河，也是中华民族发展的重要支撑，要在生态环境容量上过紧日子的前提下，自觉推动绿色循环低碳发展，有条件的地区率先形成节约能源资源和保护生态环境的产业结构、增长方式、消费模式，真正使黄金水道产生黄金效益。作为长江中游城市群中心城市，武汉市应进一步强化在国家长江经济带战略中的责任地位和辐射作用，严格控制沿江高耗能、重化工产业的发展与布局，努力推动钢铁、化工等重点行业二氧化碳排放的有效控制，带动形成新能源汽车产业等低碳产业走廊，加快构建服务流域的低碳综合运输体系，率先兑现碳排放达峰承诺；作为沿江中西部低碳试点城市，武汉市应深化低碳城市试点，进一步建立和完善促进低碳发展的总量控制制度、排放交易制度、重大项目碳排放评价等制度，尽快研究提出具有先进性和示范价值的行业碳排放标准、低碳城镇、园区和社区建设规范与评价标准，推动建立长江中游低碳发展共建共享联盟以及碳排放信息共享平台。

（二） 科学研判峰值， 落实碳排放目标分解落实机制

《中共中央关于制定国民经济和社会发展第十三个五年规划的建议》中明确提出要支持优化开发

区域率先实现碳排放峰值目标。武汉市作为国家中心城市以及第二批国家低碳试点城市，应积极适应引领经济新常态，加快绿色低碳转型，抢抓机遇、主动作为。研究确定武汉市碳排放峰值及其实现路径，是促进产业低碳化转型、升级和改造，引导低碳消费模式和生活方式，把握控制温室气体排放工作主动权的关键所在，也是加快形成绿色低碳倒逼机制，加快推进生态文明建设的内在需要，更是谋划发展战略、实现大武汉的重大举措。建议加强对碳排放峰值目标的科学研判，提升对碳排放峰值目标战略意义的认识，在摸清历史和排放现状、理清行业碳排放数据、分析"十二五"碳排放控制目标完成情况的基础上，科学假设新常态下武汉未来的社会经济发展与碳排放情景，充分考虑国家低碳试点城市的示范、带动与突破作用，尽快研究提出具有先进性和可操作性的2020年左右碳排放达峰目标及分解落实方案，将峰值目标分解落实到区县与重点部门和行业，并与重点工程和重大项目布局相匹配，与体制机制创新相衔接。

贵阳和遵义市低碳发展调研报告

为深入了解国家低碳试点地区开展的低碳模式探索和制度创新，研究下一步深化低碳试点工作的可行路径，总结可复制可推广的低碳发展经验，国家气候战略中心战略规划部刘强、田川、郑晓奇、耿丹和政策法规部田丹宇，与国家应对气候变化专家委员会主任杜祥琬、国务院参事刘燕华、中国工程院院士袁道先等专家组成调研组对贵州省低碳试点工作情况进行了调研。调研组与贵州省、贵阳市和遵义市发展改革委等相关单位进行了座谈，实地考察了贵阳市乌当区王岗村低碳农村试点及保利温泉新城低碳社区试点，并参加了生态文明贵阳国际论坛 2015 年年会的有关活动。现将调研情况总结如下。

一、 两市低碳试点工作进展与成效

贵州省共有贵阳和遵义两市被评为国家低碳城市试点。贵阳市 2010 年被评为全国首批低碳城市试点以来，把"全国低碳试点城市"作为城市名片，统筹城市经济社会发展和生态文明建设，提出了"既要赶，又要转"的战略目标，努力探索西部地区在保护中发展的低碳路径。遵义市 2013 年被列为国家第二批低碳试点城市以来，坚持把发展低碳经济作为实现后发赶超的有力抓手，各项低碳试点工作有序推进。

（一） 以低碳发展规划及配套政策为主导， 构建城市低碳发展的体制机制

贵阳市成立了由市长任组长的低碳城市试点工作领导小组，建立了部门联席会议制度；组建了贵阳市低碳发展领域的专业智囊团和低碳发展专家顾问委员会，借力专家智慧为城市低碳发展保驾护航；出台了《贵阳市低碳城市试点工作实施方案》《贵阳市低碳发展中长期规划（2011—2020 年）》《贵阳市 2014—2015 年节能减排低碳发展攻坚方案》《贵阳市建设生态文明城市条例》等一系列低碳发展的政策文件；正在筹备编制《贵阳市应对气候变化专项规划（2014—2020 年）》和《贵阳市应对气候变化条例》，加快构建低碳发展的政策法规体系。

遵义市按照《遵义市低碳试点工作初步实施方案》的要求，成立了以市长为组长，相关职能部门为成员的低碳试点工作领导小组，将低碳试点的各项任务分解到相关职能部门；将低碳发展相关要求纳入《遵义市国民经济和社会发展"十二五"规划纲要》，启动了低碳发展专项规划的编制；形成以遵义市环科所为代表的研究团队，开展低碳发展研究，为稳步推进低碳试点工作提供智力支持。

（二） 以重点领域为突破口， 构建以低排放为特征的低碳产业体系

贵阳市将工业、能源和建筑作为控制温室气体排放的主要领域，建立以低碳、绿色、环保、循环

为特征的低碳产业体系。一是推动工业转型升级，编制了《贵阳市产业发展指导目录》，杜绝新增"两高"项目，2014年淘汰了24家企业的落后产能，全市产业结构不断优化，三次产业比重由2005年的6.7∶47.4∶45.9调整为2012年的4.2∶42.2∶53.6；二是优化能源结构，推进"缅气入筑"工程，2014年底居民用气全部实现天然气供给，建成开阳、清镇两个生物质燃料基地，一期装机容量49.5兆瓦的花溪云顶风电场投入运行，全市水电、风电发电量已占总发电量的47%；三是推行绿色建筑，出台《贵阳市绿色建筑实施方案》和《贵阳市国家机关办公建筑和大型公共建筑能耗监测平台建设实施方案》，推广土壤源热泵、污水源热泵、地表水源热泵、太阳能光热等技术在建筑中的应用，2014年贵阳市使用可再生能源技术的建筑面积达449万平方米。

遵义市实施了"新型工业化、绿色城镇化、农业现代化"三化同步的低碳发展战略，通过优化产业结构、发展可再生能源、节能与提高能效、增加碳汇等措施推动尽早达峰。一是发展低排放的特色轻工业，将烟、酒、茶等特色轻工业作为经济发展重点，推进茅台酒厂循环经济示范园技改，打造"遵义名烟基地"，提升茶叶种植加工水平，形成西部赤水河流域白酒工业走廊和东部烟草、茶叶加工带的产业空间布局。二是发展可再生能源，形成了以电能为主，煤炭为辅，农村沼气、城市天然气为补充的能源消费模式。2014年全市能源消费1400万吨标煤，其中清洁能源使用量达924吨标煤，占66%。三是节能提效，2014年关闭淘汰落后产能11户，中心城区累计改造4吨以下燃煤锅炉182台，单位生产总值能耗下降5.65%。四是增加碳汇，2014年完成造林75万亩，成功创建国家环保模范城市，森林覆盖率达53.6%。经测算，遵义市2014年单位GDP能耗为1.49吨标煤/万元，实现"十二五"累计节能目标进度93.61%，预计2015年单位GDP二氧化碳排放比2010年下降22%以上，提出了到2030年左右达到碳排放峰值的目标。

（三） 开展多层次试点示范， 低碳发展理念深入人心

贵阳市作为第一批国家低碳试点，同时也是全国首个循环经济试点城市、2013年度智慧试点城市和全国首个"国家森林城市"，全力推进低碳社区试点和低碳工业园区试点工作。贵阳市先后实施了乌当碧水人家、温泉新城等一批市级低碳社区试点，探索形成具有贵阳特色的低碳社区"G"模式，建立社区低碳指标统计办法和贵阳市低碳社区评价指标体系，为低碳社区建设和改造提供可以量化的评价标准；贵阳市高新区于2014年6月获得国家低碳工业园区试点，编制了《贵阳国家高新区低碳经济示范园实施方案》，充分发挥高新区的区位优势和发展特色。贵阳市积极组织形式多样的"低碳日"、"地球一小时"、"垃圾换水"等环保公益活动，鼓励市民践行环保的生活方式。在全市低碳社区示范试点内推广绿色建筑、实施节能低碳改造、推行垃圾分类回收、传播低碳社区文化，低碳发展理念深入人心。

遵义市在低碳试点建设过程中，打造了茅台镇绿色低碳城镇、凤冈富锌富硒茶低碳示范区、高新技术园区循环化改造等低碳园区，累计创建5个国家级生态示范区、39个生态乡镇、3个省级生态县、24个生态乡镇和45个生态村，积极探索适合园区、集镇发展的低碳绿色发展模式；开工建设遵义县太阳坪风电项目和凤冈县、道真县生物质发电项目，住建局公共机构节能示范项目，创建打造一批示范性强、带动面广、关联度高的低碳项目，发挥引导示范作用，扎实推进低碳发展。同时，遵义市通

过强化低碳教育宣传，普及低碳发展知识，营造低碳发展氛围，加大节能低碳产品推广力度，培育厉行节约、低碳办公、合理消费的低碳文化，2015 年 1 月被评为贵州省首个国家环保模范城市。

二、 两市低碳试点工作特色与亮点

贵阳和遵义作为西南地区的低碳试点城市，在推进低碳试点建设的过程中形成了地方特色，其发展路径对于探索发展中地区的创新发展路径、推进生态文明建设具有重要意义。

（一） 因地制宜， 发展新兴低碳产业

贵阳市本着在保护中发展的原则，大力发展金融、旅游、会展等低碳产业。在金融领域，实施"引金入筑"工程，有近 20 家金融机构签约入驻贵阳国际金融中心，截至 2013 年 9 月，贵阳市全市金融机构人民币存款 5684 亿元，同比增长 31%，占全省地市州的 43%；主打旅游业，发挥生态、气候、人文优势，打造"爽爽贵阳、避暑之都"品牌，推进旅游标准化、国际化建设，优化提升一批景区景点；发展贵阳特色的会展经济，通过举办生态文明贵阳国际论坛以及中国科协年会、酒博会、旅发会等重大会展活动，使会展综合经济效益年均增长 30% 以上，生态文明贵阳国际论坛已连续举办 7 届，成为中国生态文明建设领域中的一大国际品牌。

遵义市积极发展"红色旅游"，加快茅台、土城、苟坝、沙滩、赤水文化旅游创新区和长征文化博览园、赤水景区、中国茶海景区建设，深度开发娄山关景区，打造《传奇遵义》常态演出精品剧目和中国长征、茅台酒、仡佬等文化旅游节，打造"红色遵义、人文遵义、醉美遵义"旅游形象品牌。

（二） 创新驱动， 构筑低碳发展的智慧城市

贵阳因四季温差小的气候特点被评为"最适合投资数据中心的城市"，是唯一被授予"2014 年中国智慧治理领军城市"称号的西部省会城市。贵阳将发展大数据产业作为实现后发赶超、产业转型和新型工业化的战略选择，努力打造高度信息化、全面网络化的"智慧贵阳"、"数谷贵阳"。截至 2014 年，大数据产业规模达 660 亿元，云上企业超过 2900 家，预计 2017 年呼叫中心将带动就业 50 万人（贵阳市人口约 400 万）。大数据产业能够使贵阳以相对较低的排放代价实现经济的较快发展。同时，贵阳建立了节能低碳监测平台，制定了《贵阳市节能低碳在线监测平台方案》，一期对全市 7 户重点用能企业、10 个区市县，两栋重点耗能建筑实现在线监测，依托城市良好的数据产业基础为节能降碳工作服务。

（三） 全方位推动交通领域低碳发展

贵阳市是国家甲醇汽车试点城市，国家新能源汽车推广应用示范城市，在促进交通领域低碳发展、控制交通领域碳排放方面做了大量的探索工作，取得了不错的成效。贵阳市以"疏老城、建新城"为核心推进城市建设，规划建设 1.5 环快速路，促使城市交通流由"中心集聚"向"环网分担"转变，以此改进交通运输的整体效率。完善城乡路网，"三条环路十六条射线"的现代化交通路网体系全面完成，进一步缓解交通拥堵，减少车辆排放。启动编制《贵阳市快速公交系统专项规划》，推广使用

甲醇等清洁能源和气电混动力公交车，积极发展公共交通和轨道交通。贵阳市公交公司根据贵阳市的能源和道路特点，因地制宜，研制推广了气电双燃料混合动力汽车 471 辆（以天然气做燃料的汽车，HC 的排放量可减少 40%，CO_2 可减少 80%，NOx 可减少 30%），甲醇燃料车 980 辆，产生良好的减排效果。

三、 两市低碳试点工作的建议

贵阳、遵义两市均处于快速工业化、城镇化过程中，在低碳试点城市中属于低碳转型难度最大的一类。两市虽然已经在低碳城市建设方面进行了有益的探索，并取得了不错的成效，但低碳发展仍面临不少挑战，未来需要在进一步强化碳排放管控的同时，探索符合地方特色的创新发展路径，努力实现跨越式发展。

（一） 尽快研究提出碳排放峰值目标及其实现路径

调研发现，遵义市提出力争到 2030 年左右达到碳排放峰值目标，但缺乏明确的达峰路径，而贵阳市并未提出峰值目标，对于峰值目标的测算也缺乏研究。我国已经提出在 2030 年左右全国二氧化碳排放达到峰值，城市碳排放尤其是低碳试点城市的尽快达峰对于全国尽早实现二氧化碳排放达峰具有重要意义。建议两市进一步强化应对气候变化和低碳发展的顶层设计和战略研究，研究提出碳排放峰值目标及可行的实现路径，并将相关目标纳入未来的规划当中。

（二） 进一步提高温室气体排放核算能力

调研中发现，贵阳、遵义两市的关键排放源没有基础数据支撑，温室气体统计核算领域的专业学者缺乏，低碳领域的研究机构和技术平台能力较弱，缺少基础数据统计及监测平台，影响了地方低碳发展进程。建议两市尽快开展本地区温室气体排放清单编制，摸清排放家底，同时加强数据收集和核算系统建设，建立相关温室气体排放数据的管理体制，为低碳发展做好数据支撑。

（三） 鼓励两市积极开展低碳城市间的国内、 国际合作

贵阳、遵义等西部地区是全国的生态屏障，关乎国家的生态安全。全国各地特别是东部发达地区应帮助西部地区走向经济发展与生态改善的"双赢之路"，同时西部低碳试点地区也应主动汲取东部发展的经验教训，结合自身特点实现可持续发展。同时，建议贵阳、遵义两市总结城市低碳发展的经验和成果，积极参加中美气候智慧型城市合作。响应国家"一带一路"战略思路，与"一带一路"沿线国家城市结成"低碳姊妹城市"，共享低碳发展经验。探索气候变化"南南合作"框架下的低碳城市合作模式，推进本地区绿色产能国际化。

（四） 进一步加强制度创新和模式探索

贵阳和遵义在温室气体排放交易方面起步较晚，2014 年，全省首单中国自愿减排（CCER）项目上海金融机构购买贵州盘江煤层气开发利用有限责任公司 80 万吨 CCER 指标成功交易，实现碳交易零

突破。建议贵阳、遵义两市积极做好参加全国碳排放交易市场的前期准备，加强对城市碳资产的盘查工作，推进贵阳市环境能源交易中心在参与碳排放权交易中发挥积极作用。

（五） 加强应对气候变化人才队伍建设

发挥好"贵阳市低碳发展专家顾问委员会"的智囊作用，建立市低碳发展研究中心等专业研究机构，打造本土应对气候变化的专业研究团队。在国家下一步打造低碳城市试点升级版的过程中，邀请更多国际、国内专家学者为贵阳和遵义两市的低碳发展建言献策，探索出一条适合西部地区发展阶段的低碳发展之路。

南昌和石家庄市低碳发展促进条例调研报告

南昌市和石家庄市分别作为第一、二批国家低碳试点城市，率先于2016年出台了"城市低碳发展促进条例"，通过立法强化低碳发展理念、固化低碳试点成果、深化低碳转型实践。为深入了解两市在促进低碳发展法制化方面好的做法及面临的挑战，近日国家气候战略中心由徐华清副主任带队，组织政策法规部相关同志赴两地开展专题调研，并进行了座谈，现将调研情况总结如下。

一、《南昌市低碳发展促进条例》基本情况及特色亮点

江西省南昌市作为国家第一批低碳试点城市，于2016年4月经市人大审议通过了《南昌市低碳发展促进条例》，并于当年9月施行。该条例共9章63条，包括总则、规划与标准、低碳经济、低碳城市、低碳生活、扶持与奖励、监督与管理、法律责任和附则，其立法目的聚焦于依法构建城市低碳发展的体制机制，依法巩固城市低碳试点好的做法与经验探索，依法拱卫南昌"森林大背景、空气深呼吸、江湖大水面、湿地原生态"的生态文明建设成果，为城市低碳发展提供法律保障。

（一）不断夯实立法共识，确保条例顺利出台

1. 立法需求上多次沟通，充分发挥立法部门的积极性。立法初期，南昌市立法机构对低碳发展立法的重要性认识并不到位，对低碳发展条例立法的可行性把握不准，对低碳发展目标是否会约束地区经济增长和产业发展存在担忧。南昌市发展改革委作为条例起草部门，在立法过程中与相关立法机构和政府职能部门进行了充分沟通，对国内低碳试点地区进行了广泛调研，并组织经济专家、法律专家和能源专家反复论证，认为低碳立法对于优化经济结构、促进产业转型具有积极作用。南昌市法制办也先后牵头组织召开了3次座谈会，对条例内容进行反复修改。江西省人大法工委也牵头组织了多次意见征求会，按照立法规范严格把关。在各方努力下，2015年，《南昌市低碳发展促进条例》被列为市人大立法计划和市法制办"调研论证项目"，2016年被列为"年内提请市人大常委会审议的立法项目"，并最终顺利出台。

2. 立法内容上求同存异，取得相关部门的最大公约数。在立法过程中，起草部门通过反复修改条例内容，协调几个政府主要部门逐步取得了立法内容上的共识，并妥善解决了省市人大和企业代表的关切。首先，在确保立法核心要素的前提下，对立法争议较大的内容进行了适当删减；其次，对涉及环保、能源等相关领域的内容，起草部门主要是吸收相关部门意见，以进一步充实条例，包括实施清洁能源计划、执行建筑节能标准、推广新能源汽车、推动再生水市场有效供给、鼓励低碳生态农业等内容；同时，根据立法部门要求规范执法后果等相关的规定，采纳了市人大的意见，在条例最后部分

增加了罚则，使之更加符合立法规范。

3. 立法步骤上循序渐进，强化开门立法与广泛参与。《南昌市低碳发展促进条例》从列入立法计划开始，就在《江西日报》、新华网等主流媒体上进行了专题报道，广泛宣传低碳发展的必要性，广泛征求公众对立法的意见和建议，为开门立法和科学立法造势。考虑到公众对低碳发展意识的接受程度和对一部新法的知晓需要一定的过程，市人大也将条例出台后的一年定位为"宣传年"，市发展改革委还组织召开新闻发布会，对条例进行全面解读，并在《南昌日报》上将条例进行全文登载，使条例列为政府年度宣传重点。

（二） 科学制定法律条文， 兼具可操作性和导向性

1. 聚焦规划目标和责任评价考核，明确低碳政策导向。该条例集中体现了南昌市的低碳转型思路，对低碳发展的综合施策进行了立法布局，为城市未来的发展方向指明了着力点。条例明确提出了编制低碳城市发展规划，建立低碳发展决策和协调机制，建立低碳发展目标行政首长负责制和离任报告制度，建立低碳发展考核评价指标体系，建立低碳项目库并制定低碳示范标准，对项目进行以温室气体排放评估为主要内容的产业损害和环境成本评估，加强低碳高端人才引进并制定特殊优惠政策等内容，这些促进低碳发展的重大举措及其可能产生的效果，也值得我们持续跟踪分析。

2. 聚焦公众低碳认知度和获得感，倡导低碳生活方式。

调研发现，南昌市非常重视"可视化低碳城市"的建设目标与行动，即低碳成果不能只停留在总结报告中，要让老百姓看得到、感受得到。为此条例专门设置了"低碳城市"一章，将城市规划、公共设施布局、低碳建筑、低碳交通、新能源汽车、城市园林绿化、低碳示范创建等内容纳入，且条例在有限的立法体量下，关于公众低碳生活的规定却非常的细致，如明确规定要"循环使用筷子、不得无偿提供不可降解塑料袋、鼓励新建建筑一次性装修到位"等细节性要求，并相应设定了"500 元以上、5000 元以下罚款"的罚则，具有较强的可操作性。

3. 聚焦扶持与奖励等激励性手段，推动社会广泛参与。条例专门设置了"扶持与奖励"一章，并将倡导和鼓励作为条例实施的主要途径，将监督和惩罚作为辅助性手段。南昌市政府自 2014 年起，每年安排 500 万元的财政预算作为低碳城市建设专项资金，用于支持低碳重点工程建设、低碳新技术推广、低碳产品生产应用。该条例中提出的"对低碳发展贡献突出的单位和个人给予表彰和奖励"、"将温室气体排放监测纳入财政预算"等，由于有了市财政预算内低碳专项资金，而使落实工作得到了保证。

（三） 有序推进法律落实， 打好配套组合拳

1. 将配套实施意见同步纳入立法视野。本着"先粗后细、先易后难"的立法原则，南昌市发展改革委制定了"条例＋实施意见"的立法路线：将那些争议较小、原则性强的内容优先纳入条例；在条例实施后的一年中，根据实施效果及面临的新情况和新问题，及时制定《南昌市低碳发展实施意见》，细化条例中的具体措施，弥补条例中的不足。这样的立法配套组合拳既保证了条例的及时出台，又保证了条例的有效实施。

2. 按部门落实法律任务确保权责明确。本着"责任主体细化、任务节点细化"的原则，南昌市计划将部门任务分解作为条例执行的主要手段，即将现有条例和将要出台的实施意见中的主要任务，在市政府职能部门之间进行任务分解，有效利用现有政府工作机制，确保条例中的各项任务措施落到实处。

3. 实施执法跟踪机制珍惜立法资源。据南昌市发展改革委介绍，条例出台前，该市在绿色建筑节能、区域低碳规划、新能源汽车普及、城市垃圾分类、LED 灯推广等方面已具有一定的工作基础。条例出台后，将对条例涉及的规划、能源、建筑、交通、宣教等主要职能部门的执行情况进行跟踪评估，借助地方法规的强制力，进一步推动各部门为低碳发展工作提供更多的资金保障和工作动力。

二、 南昌市条例实施面临的挑战

1. 条例中的重大制度落地尚待时日。考虑到《南昌市低碳发展促进条例》出台时间不长，缺乏执法实践，目前还无法从司法、执法和法律监督方面评判该条例产生的社会影响。调研发现，条例提出的重大低碳发展制度中，尚有部分内容仍处在研究和探索之中，并未开展实质性工作，亟需抓好顶层设计，做好深化落实。

2. 条例中的执法基础尚需夯实。调研发现，由于目前地方碳排放数据基础比较薄弱，地方统计局有关温室气体排放的基础统计制度尚处在建立和完善之中，地方发展改革部门有关企业温室气体核算和报告制度及信息披露制度也处在推进之中，尚未形成系统的数据管理制度和工作基础，难以作为法定采信的碳排放数据依据，亟需加快企业层面温室气体排放数据统计、监测和核查体系建设。

3. 条例中的惩罚措施尚无经验。调研发现，作为新生事物，由于国内低碳试点城市对于处罚性的执法尚没有先例，条例中对于国家机关及其工作人员、温室气体重点排放单位和其他社会主体的法律责任，在执法主体、执法权划分、处罚裁量权等相关问题方面都需要未来作进一步探索。

三、 《石家庄市低碳发展促进条例》 好的做法及挑战

《石家庄市低碳发展促进条例》自 2016 年 1 月 22 日经石家庄市人大通过，2016 年 5 月经河北省人大批准，于 2016 年 7 月 1 日起施行。该条例共 10 章 63 条，包括低碳发展的基本制度、能源利用、产业转型、排放控制、低碳消费、激励措施、监督管理和法律责任等内容。

1. 率先开展国内城市低碳立法。2012 年，河北省石家庄市被列为国家第二批低碳试点城市，出台的《石家庄市低碳发展促进条例》是全国第一部城市低碳发展促进条例，开创了城市低碳立法的先河。调研发现，石家庄市在申请和建设国家低碳城市试点过程中，逐步明确了通过立法保障地区低碳转型的路径，力求借助法律的强制力促进该地区的产业转型升级和跨越式发展。该条例于 2013 年 6 月被列入石家庄市政府和市人大的五年立法计划，2014 年正式启动草案起草工作。由于是国内第一部城市低碳发展立法，条例起草部门与市法制办一起就条例框架和内容进行了多次沟通、修改和完善，并对名词解释、罚则设定等基础性问题进行了较为充分的讨论，条例题目也从原来的《市绿色低碳发展促进条例》改为《市低碳发展促进条例》，条例内容从繁到简，最终获得了各方面的认可而得以顺利出台。

2. 全面布局城市低碳制度与政策。《石家庄市低碳发展促进条例》涉及的低碳制度与政策比较全面：在控制温室气体排放方面，提出了建立碳排放总量、碳强度控制制度、温室气体排放统计核算制度、温室气体排放报告制度、低碳发展指标评价考核制度、碳排放标准和低碳产品认证制度，提出鼓励重点排放单位实施碳捕集、利用和封存技术，积极增强林木、草地、耕地、湿地的储碳能力；在推动能源转型方面，提出了煤炭消费总量制度和煤炭质量标识制度，鼓励新能源和可再生能源发展，推广先进的用能技术；在促进产业转型方面，提出制定重点生态功能区产业准入负面清单，对固定资产投资项目实行准入管理，将碳排放评估纳入节能评估内容、重点碳排放单位的能源审计和清洁生产审核之中；在引导公众参与方面，提出优先发展公共交通，加强公共机构节能，鼓励低碳消费、低碳生活等。该条例在低碳制度创新方面有了一定的突破，提出了"碳排放总量控制制度"、"产业准入负面清单制度"、"将碳排放评估纳入节能评估"等内容。

3. 多层次设定法律责任。条例用了"监督管理"和"法律责任"两个章节对约束和罚则进行规定，其中处罚对象除了国家机关及其工作人员外，还包括企事业单位、生产经营者等私权利主体，处罚方式包括行政罚款、警告、记过等行政处罚和不良记录登记等多种形式，可以看出条例虽然立法层级不高，但仍是一部综合性的法规。由于该条例施行时间较短，目前尚无法看出实施效果，如果执行到位，将是一部约束力较强的地方性法规。

4. 重立法轻执法现象不容忽视。《石家庄市低碳发展促进条例》的法律调整范围不仅限于控制碳排放，还包括合同能源管理、负面清单等能源和产业转型的内容，其执法面临的挑战将是巨大的。调研发现，条例的起草部门至今仍缺乏执法勇气和自信，尚没有明确的执法计划，相关执法措施和手段也未落实到位。

四、 启示与建议

在国家应对气候变化立法进展缓慢，地方立法面临"目的不明、定位不清、执法不力"等共性问题大背景下，南昌和石家庄两个国家低碳试点城市克服重重困难取得的立法成果确实来之不易，对国内其他城市和国家层面推进气候立法具有一定的借鉴意义。

1. 将法制建设作为地区低碳转型的重要抓手。综合研究表明，地方立法机关的层级越高，内容越完善，对应对气候变化和低碳发展制度运用越丰富，这个地区的低碳发展推进和碳市场运行就越有效、越规范。调研发现，在南昌和石家庄两市的低碳发展促进条例中出现了建立低碳目标首长负责制和离任报告制度、建立低碳项目库、鼓励低碳人才引进等立法亮点，这些重大制度和抓手的有效实施，对于强化城市低碳发展目标引领、加快打造城市低碳产业体系、凝聚城市低碳社会合力均起到了良好的促进作用。建议地方立法机关和政府高度重视气候法制建设，将其作为加快地方生态文明建设的基本途径，作为依法推动城镇化低碳发展、加快区域低碳发展的重要抓手。

2. 地方立法应更加注重制度的可操作性。调研发现，南昌和石家庄两市的低碳发展促进条例中不乏规定过于宽泛的内容，在执法层面缺乏可操作性。由于地方立法机构对于地区情况更熟悉，地方法律的适用对象更具体，建议在地方立法过程中考虑执法的可行性，尽量在规则适用对象、惩罚力度裁量、制度实施程序等方面进行详细具体的规定，做到既精准又精细。同时建议在立法过程中，要超前谋划执法相关问题，明确执法主体、执法对象和执法程序，最大限度地发挥监督及法律效力。

3. 建议及时总结地方立法亮点并上升国家层面。通过对地方立法成果的梳理发现，地方立法过程中对低碳发展制度进行了积极探索，涌现出很多立法亮点。例如《南昌市低碳发展促进条例》在立法过程中提出的注重公众低碳成果可视化和感知度、多领域协同治理的推进思路，建立低碳目标行政首长负责和离任报告制度、建立低碳项目库、对项目进行排放评估为主要内容的产业损害和环境成本评估等立法内容，以及注重后期普法宣传和配套立法的做法，均值得持续跟踪总结，并在国家气候立法时加以借鉴和吸收。

4. 建议加强国家和地方气候变化立法的协调。首先在立法内容上应加强互补。国家立法应明确应对气候变化管理机构之间的职责分配，厘清省、市、县各级地方政府的权责，搭建低碳发展的基本制度框架。地方立法应在落实国家重大制度的前提下，突出区域特色，聚集地方关切。其次，在立法进程中应加强互动。国家立法过程中应广泛征求地方的立法建议，考虑地方立法诉求和执法可操作性。地方立法作为下位法，在立法内容上不能与国家立法相矛盾，在罚则种类和力度上不能超过国家立法。最后，在法律术语上应加强衔接。国家和地方的立法成果之间，要注意协调法律术语内涵和外延的一致性。

调研篇 6个国家低碳试点省市调研报告

42个低碳试点省市进展总结

广东省低碳试点进展总结

一、基本情况

1. 经济综合实力迈上新台阶。我省地区生产总值（GDP）于2013年率先突破1万亿美元大关，从2010年的4.60万亿元增加到2015年的7.28万亿元、年均增长8.5%，总量约占全国的10.6%。人均生产总值于2014年突破1万美元，从2010年的4.5万元增加到2015年的6.7万元、年均增长7.5%，达到中高收入地区的较高水平。财政收入平稳增长，2015年财政总收入超过2万亿元，全省地方一般公共预算收入达9364.8亿元、年均增长14.9%。进出口总额从2010年的7800亿美元增加到2015年的1.02万亿美元，外贸依存度从2010年的115.5%降至2015年的87.7%。区域发展差异系数由2010年的0.68调整为2015年的0.66，2015年常住人口城镇化率提高到68.7%。"十二五"期间，城镇和农村常住居民人均可支配收入分别年均增长10.3%和12.3%。

2. 产业结构调整取得重大突破。我省产业结构2013年实现从"二、三、一"到"三、二、一"的转变，初步形成以战略性新兴产业为先导、先进制造业和现代服务业为主体的产业结构。2015年第三产业比重历史上首次突破50%，产业结构由2010年的5.0∶49.6∶45.4调整为2015年的4.6∶44.6∶50.8。先进制造业增加值、高技术制造业增加值占规模以上工业比重分别提高到48.5%和27.0%。

3. 能源消费增速逐步下降。2015年，我省能源消费总量3.02亿吨标煤（其中煤炭1.78亿吨、石油5200万吨、天然气140亿立方米），全社会用电量5311亿千瓦时，"十二五"期间年均增长分别为3.5%和5.5%，较"十一五"时期分别下降5.4个百分点和3.2个百分点。

4. 超额完成碳排放强度下降目标。我省在2012年、2013年和2014年国家碳排放强度年度考核中均被评为优秀等级。按照国家提供的核算方法，我省2014年碳排放总量约为5.83亿吨二氧化碳，单位GDP碳排放约为0.912吨二氧化碳/万元，比2010年下降19.1%。预计2015年我省碳排放强度同比将下降5%以上，"十二五"期间将超额完成国家下达的碳排放强度下降19.5%的总目标。

二、 贯彻低碳发展理念情况

(一) 建立低碳试点工作机制

1. 强化组织领导。2010 年省政府成立应对气候变化及节能减排工作领导小组（粤办函〔2010〕432 号），省长担任组长。2011 年省政府建立省开展国家低碳省试点工作联席会议制度（粤办函〔2011〕240 号），常务副省长为第一召集人，省发展改革委作为牵头单位。

2. 强化顶层设计。2012 年省政府印发《广东省低碳试点工作实施方案》（粤府函〔2012〕45 号），对试点工作进行总体部署，提出八大重点行动及工作安排。逐年制定广东国家低碳省试点工作要点，狠抓落实各项工作任务。

3. 强化队伍建设。在省发展改革委增设应对气候变化处，专门负责应对气候变化和低碳试点工作。省发展改革委与中山大学共同组建广东省应对气候变化研究中心，承接技术支撑工作和部分管理工作。成立广东省低碳发展专家委员会，为试点工作提供智力支撑。

4. 强化资金支持。2011 年省财政设立省级低碳发展专项资金，每年安排 3000 万元重点支持低碳发展基础性和示范性工作，目前已累计投入 1.8 亿元、安排超过 160 个低碳研究课题与试点示范项目。此外，多方争取国家 CDM 基金赠款、英国 SPF 基金等其他经费，支持我省试点工作。

(二) 编制相关规划及政策文件

印发《广东省应对气候变化方案》（粤府〔2011〕5 号）、《广东省应对气候变化"十二五"规划》（粤发改资环〔2014〕54 号），从控制温室气体排放、适应气候变化、创新体制机制、加强基础能力建设等方面提出"十二五"应对气候变化的规划目标、主要任务和政策措施。"十三五"规划编制《广东省低碳发展"十三五"规划》和《广东省适应气候变化中长期战略规划》等。

印发《广东省低碳试点工作实施方案》（粤府函〔2012〕45 号）、《广东省"十二五"控制温室气体排放工作实施方案》（粤府〔2012〕96 号）、《关于广东省主体功能区规划配套应对气候变化政策的意见》（粤发改气候函〔2014〕3951 号）、《广东省碳排放权交易试点工作实施方案》（粤府函〔2012〕264 号）等文件，形成较为系统完整的低碳政策体系，确保完成试点方案确定的各项目标任务。

(三) 研究确定碳排放峰值目标

我省利用省低碳专项课题和国家 CDM 赠款基金项目，委托多家研究机构开展广东省碳排放峰值时间表及路径图相关研究，目前已形成初步研究成果，总体思路是要求珠三角发达地区和部分高耗能、高排放工业行业在全国率先达峰，为粤东西北等落后地区和交通、居民等生活领域排放达峰腾出空间和时间，全省整体碳排放在 2030 年前达峰。下一步我省将对碳排放达峰时间进一步组织论证，按程序报批后再予以公布。此外，省内的广州、深圳市已率先参与到中国 11 省市"率先达峰城市联盟"，并分别宣布在 2020 年和 2022 年达峰；2015 年 6 月珠三角九市在深圳联合发布《珠三角城市群绿色低碳发展深圳宣言》，力争在全国率先达到碳排放峰值，为应对全球气候变化做出积极贡献。

三、 低碳发展任务落实与成效情况

（一） 产业结构调整持续优化

深入贯彻落实《珠江三角洲地区改革发展规划纲要（2008—2020 年)》，大力实施粤东西北地区振兴发展战略，制定出台《关于进一步促进服务业投资发展的若干意见》《关于加快发展现代高端服务业的若干意见》《关于加快先进装备制造业发展的意见》等政策文件，推动产业迈向中高端水平，三次产业比重由 2010 年的 5.0:49.6:45.4 调整为 2015 年的 4.6:44.6:50.8。2015 年服务业增加值达 3.7 万亿元，比 2010 年增加 76.6%，约占全国的 10.8%，现代服务业增加值占服务业增加值比重达 60.4%。先进制造业和高技术制造业年均增速高于整体工业的增速，2015 年先进制造业增加值、高技术制造业增加值占规模以上工业比重分别达到 48.5% 和 27.0%，分别比 2010 年高 1.3 和 5.8 个百分点。加快淘汰落后产能，"十二五"全省累计淘汰落后和过剩钢铁产能 379.7 万吨、铜冶炼 1.5 万吨、铅冶炼 0.8 万吨、焦炭 24 万吨、水泥 4026.5 万吨、玻璃 1781.5 万重量箱、造纸 176.14 万吨、制革 200 万标张、印染 52406 万米、铅酸蓄电池 105.6 万千伏安时，提前一年完成国家下达的淘汰任务。

（二） 能源结构进一步低碳化

以保障能源供应安全和加快能源结构调整为主线，积极转变能源发展方式，推动电力行业节能减排，大力发展清洁低碳能源。至 2015 年底，省内电源装机容量约 1 亿千瓦，西电东送能力达到约 3500 万千瓦（送端），天然气供应能力约 350 亿立方米/年。一次能源消费结构中，煤、油、气、其他能源（包括西电、水电、核电、风电、太阳能和生物质能等）的比重由 2010 年的 44.5%、27.2%、7.6% 和 20.7% 调整为 2015 年的 42.1%、24.6%、8.5% 和 24.8%，非化石能源占能源消费比重从 2010 年的 14% 提高到 2015 年的 20%，天然气、核电、西电、可再生能源等低碳能源所占比重更是达到 33.3%。全省淘汰小火电机组 23.7 万千瓦，火电机组供电标煤耗 310 克/千瓦时，比 2010 年下降 15 克/千瓦时。

（三） 节能和能效水平不断提升

印发《广东省"十二五"节能减排综合性工作方案》《广东省 2014—2015 年节能减排低碳发展行动方案》《关于进一步加大节能工作力度确保完成"十二五"节能任务的意见》《广东省"十二五"节能规划》和《广东省"十二五"清洁生产推行规划》等文件，实施万家企业节能低碳行动，累计实现节能量 1429.5 万吨标煤；实现电机能效提升 1208 万千瓦、注塑机节能改造 1.37 万台，可实现年节电约 60 亿千瓦时。大力发展循环经济，累计认定 1359 家省级清洁生产企业，"十二五"以来累计认定资源综合利用产品（工艺）企业 380 家（445 个产品），认定 21 个省循环经济工业园、28 个省市共建循环经济产业基地、102 家省循环经济试点单位。2015 年我省单位 GDP 能耗下降 5.71%，"十二五"累计下降 20.98%，超过国家下达我省的"十二五"节能目标任务 2.98 个百分点（国家下达目标任务是 18%），继续保持全国最先进行列；全省单位工业增加值能耗累计下降 34.94%，超额完成下降 21% 的目标任务。

（四） 低碳建筑和低碳交通取得新进展

发展低碳建筑方面，印发《绿色建筑行动实施方案》，在全国率先发布《城市规划建设用地建筑用电约束性指标编制技术导则（试行）》；将"推广绿色建筑"列入《广东省民用建筑节能条例》，编制地方建筑节能标准，推广绿色建筑 6112 万平方米，建成节能建筑 5.2 亿多平方米，完成既有建筑节能改造超过 2050 万平方米，新建建筑节能设计执行率达到 100%。发展低碳交通方面，全省淘汰黄标车及老旧车 174.5 万辆，比国家要求提前一年多在全省范围全面供应国Ⅳ车用柴油和国Ⅴ车用汽油；做好节能、新能源汽车推广工作，全省城市公交新能源车辆占比超过 27%，出租车新能源车辆占比超过 51%；组织开展交通运输节能减排科技专项行动，推进甩挂运输试点和实施绿色货运项目，实施 11 个国家级、15 个省级甩挂运输试点项目，新建或改造甩挂运输站场 11 个，新开通甩挂运输线路 46 条；制定实施《绿色港口行动计划（2014—2020 年)》。

（五） 城乡环境污染防治能力大幅提高

制定实施《南粤水更清行动计划》《重点流域水污染综合整治实施方案》，深入推进淡水河、石马河、深圳河、佛山水道、练江、枫江、小东江等重点流域污染综合整治，2015 年空气环境质量达到近 10 年最好水平。制定实施《广东省生活垃圾无害化处理设施建设"十二五"规划》《广东省城镇污水处理及再生利用设施建设"十二五"规划》，"十二五"全省新增污水日处理规模 509 万吨，城镇生活污水日处理能力达 2423 万吨；建成启用生活垃圾无害化处理场（厂）92 座，总处理规模达 7 万吨/日，城镇、农村生活垃圾无害化处理率分别达到 90.1%、53.6%。加强危险废物管理，形成约 500 万立方米的危险废物总填埋能力和 6 万多吨/年的医疗废物集中处置能力。

（六） 绿色低碳生活理念深入民心

一是加强宣传引导，每年利用世界环境日、全国低碳日、节能宣传周等重要时间节点，深入宣传应对气候变化和低碳环保知识及理念，结合实际开展低碳园区、低碳社区、低碳交通和低碳景区的创建活动，推进居民生活方式和消费模式的低碳化。二是探索碳普惠制，运用市场机制，通过实行碳币、碳信用卡等方式鼓励居民和小微企业采取节能减碳的消费方式，建立本地区的低碳企业商业联盟，制定出台相应的碳普惠制推广鼓励政策等。三是推广绿色消费方式，如佛山市"绿行者同盟"是由政府引导、企业发起建立的绿色慈善组织，通过首创"低碳积分制"将市民的低碳行动转换成相应的绿币，通过基于互联网的大型综合数据管理云服务平台进行记录与管理，在网上积分商城或到商家联盟实体店兑换商品或抵扣消费，从而形成让所有参与低碳活动的利益相关方均可获益的可持续"利益生态链"。

（七） 绿色生态省建设取得显著成效

推进新一轮绿化广东大行动，2015 年全省森林覆盖率从 2010 年的 57% 提高到 58.8%，森林蓄积量达 5.61 亿立方米，建成生态公益林 7214 万亩、碳汇林 1503 万亩，增加自然保护区、森林公园、湿地公园 210 个，建成绿道 1.2 万公里。以实施生态景观林带、森林碳汇、森林进围城和乡村绿化美化等四大重点生态工程建设为主要抓手，造林绿化和重点林业生态工程建设取得明显的阶段性成效，完成生态景观林带建设里程 8610 公里，启动生态公益林示范区建设 75 个，有 9 个地级市和 21 个县（市、区）创建林业生态市县工作取得成功，新增社区体育公园 207 个。

四、 基础工作与能力建设情况

（一） 编制温室气体清单

我省开展了 2005 年、2010 年温室气体清单编制工作，2005 年、2010 年温室气体清单编制成果已通过国家发展改革委组织验收，数据可通过广东省温室气体排放数据库管理平台获得。

（二） 建立温室气体统计核算制度

省发展改革委、省统计局联合发布了《关于加强应对气候变化统计工作的实施意见》（粤发改资环〔2013〕660 号），建立完善温室气体排放基础统计体系，主要包括能源统计、工业相关统计、农业相关统计、土地利用变化和林业相关统计及废弃物处理相关统计。省统计局联合省应对气候变化研究中心开展了两期针对地市的应对气候变化统计能力建设培训。

（三） 建立重点企事业单位温室气体排放报告制度

围绕低碳发展管理和碳交易需求，建立起较完善的重点企事业单位温室气体排放数据报告制度，并建立了相应的信息化平台，包括温室气体综合性数据库、碳排放信息报告与核查系统、配额登记系统等。2015 年下半年按国家要求组织重点行业单位开展报告。

（四） 强化目标责任考核

将碳排放强度下降率作为约束性指标纳入了"十二五"规划纲要约束性目标。制定《广东省"十二五"控制温室气体排放工作实施方案》，在充分考虑各地经济社会发展实际的基础上，科学合理地将全省"十二五"碳排放强度下降指标分解至各地级以上市，并制定碳排放强度目标评价考核方法。

（五） 加大资金扶持力度

一是设立省级财政低碳发展专项资金，每年财政固定安排 3000 万元。二是利用有偿配额收入设立低碳发展基金，引导社会资金投向低碳领域，支持企业节能降碳相关工作。三是多方争取国家、国外相关低碳资金支持。

（六） 加强宣传和能力建设

2013 年首次"全国低碳日"以"低碳生活·从我做起"为主题开展广场活动，2014 年和 2015 年则分别开展走进机关和走进大学校园的低碳日活动，通过各种浅显易懂、互动体验的方式，普及应对气候变化和低碳生活知识，广大市民、政府公务人员和大学生积极参与，反响热烈。协调新闻媒体对全省低碳发展工作进行系列报道，定期编印广东低碳发展年度报告。制作广东低碳发展宣传片并在南非德班联合国气候大会上播放，取得较好效果。多次组织政府部门、重点企业和机构进行低碳发展和碳交易专题培训，提高工作能力和业务水平。

（七） 深化对外交流合作

在国家应对气候变化领域对外合作的总体要求下，我省积极加强与低碳发展先进国家（地区）的交流合作。省政府与英国能源和气候变化部签署了关于加强低碳发展合作的联合声明。省政府与加拿大不列颠哥伦比亚省，省发展改革委代表省政府与美国加州环境保护署、美国能源基金会分别签署关于加强低碳发展合作的谅解备忘录。省发展改革委还与国家碳排放权交易试点省市签署了碳排放权交易研究交流合作协议，建立粤港应对气候变化联席会议制度。

五、 体制机制创新情况

我省低碳试点工作大胆创新、勇于实践，在规划体系、市场机制、绿色金融、低碳生活、低碳技术等方面率先探索，力求为国家低碳发展工作提供更丰富、更有价值的试点经验和做法，主要有以下几方面创新。

（一） 探索推广城市 "碳规" 编制制度

所谓推广"碳规"编制，即在国民经济社会发展规划、城乡规划、土地利用总体规划（"三规"）基础上，探索研究编制低碳生态城市建设规划（"碳规"）。我省在"碳规"的探索起步较早，2013 年省政府、住房城乡建设部联合签署《关于共建低碳生态城市建设示范省合作框架协议》，成为全国首个低碳生态城市建设示范省。制定《广东省低碳生态城市专项规划编制指引》《广东省绿色生态示范城区规划建设指引》和《广东省生态控制线划定工作指引》并印发至全省各地级以上市参照执行，推动全省构建"碳规"体系，将绿色低碳理念和主要目标指标贯穿在国民经济社会发展规划、城乡规划、土地利用总体规划编制之中，从区域发展、环境安全、产业布局、资源利用等方面加强科学调控，以"碳规"引领推进"三规合一、多规融合"。"碳规"编制在惠州、珠海等地级市已取得良好成效，省政府要求粤东西北 12 个地市的新城、新区和珠三角地区重大平台必须编制低碳生态专项规划，将低碳发展理念落实到城市规划、建设与管理的各个环节。

（二） 探索建立碳排放权交易市场

2012 年广东省申请纳入全国首批碳排放权交易试点，2013 年底正式启动碳交易市场，建立了全国最大、全球第三的区域碳市场。我省首批控排企业纳入了电力、钢铁、水泥、石化等去产能、去库存任务较重的高耗能、高排放产业，制定发布《广东省碳排放管理试行办法》及配套细则、交易规则等法规制度文件，初步形成全国领先、特色鲜明、规范透明的碳排放管理和交易体系。积极探索创新，如在全国率先探索配额有偿发放、将新建项目企业纳入碳排放管理、开发推出碳配额抵押质押、法人账户透支、配额互换、配额托管、配额回购、配额远期交易等新业务。实施碳交易以来，我省水泥熟料、粗钢、原油加工的主要单位产品碳排放分别下降了 4.9%、4.6% 和 7.2%，四大行业累计节能 800 万吨标煤以上。企业碳资产管理能力逐步增强，碳市场（含一、二级市场）交易成交量达 2400 万吨、累计成交金额达 10 亿元，约占全国的四成；国家核证自愿减排量（CCER）成交量破百万吨，长隆碳汇造林项目成为全国首例 CCER 林业碳汇交易项目。企业减排责任意识显著提高，首年度企业整体履约率达 98.9%，第二个年度达到 100%。

（三） 探索发展碳金融

利用碳排放配额有偿发放收入设立全国首个省级低碳发展基金，吸引社会资本做大基金规模，采用市场化运作管理的模式，专门用于支持企业节能降碳改造和碳市场建设等低碳领域。省财政已同意出资 6 亿元，首期 1.04 亿元已完成注资。同时，大力培育碳金融服务市场，鼓励金融机构创新碳金融业务产品，目前我省已初步形成包括技术研发、咨询服务、第三方核查、绿色融资、碳资产管理在内的低碳产业链，整个碳金融市场产值达千亿元以上。

（四） 探索推广碳普惠制

为大力推进全社会低碳行动，探索构建鼓励绿色低碳生产生活方式的体制机制，2015 年我省启动碳普惠制试点，即是将城市居民的节能、节水、节电、低碳出行和山区群众生态造林等行为，以碳减排量进行计量，建立政府补贴、商业激励和与碳市场交易相衔接等普惠机制。印发《广东省碳普惠制试点工作实施方案》（粤发改气候〔2015〕408 号），广州、东莞、中山、韶关、河源、惠州等六市纳入首批试点城市，目前已全面启动试点。

（五） 探索开展碳捕集利用封存试验示范

碳捕集利用封存（CCUS）是国际认可的控制碳排放前沿技术，国家发展改革委 2013 年印发相关通知，我省积极响应，探索开展碳捕集、利用和封存技术研究、学术交流和试验示范，推动广东省电力设计研究院与英国 CCUS 中心、苏格兰 CCUS 中心等国外科研机构共同组建了中英（广东）碳捕集封存利用中心，为我省 CCUS 技术试验示范搭建了高水平的国际化、专业化平台。2016 年 3 月 14 日，在中英（华南）低碳周开幕式上，我省华润海丰电厂碳捕集测试平台建设宣布正式启动。

（六） 探索构建系统完整、层次丰富的低碳试点体系

低碳试点一个重要任务就是探索在不同发展阶段、不同区域、不同领域情况下的低碳发展路径，形成可复制、可推广的经验和模式。经过不断探索，我省基本建立起城市、城镇、园区、社区、企业、产品等多层次的试点示范体系。低碳城市：广州、深圳市被列入国家级低碳试点城市。开展本省低碳城市、县（区）试点工作，首批选取广州、珠海、河源、江门四市和珠海横琴、佛山禅城、佛山顺德、韶关乳源、河源和平、梅州兴宁、梅州大埔、云浮云安为低碳试点市县，以点带面推动低碳省试点工作。低碳城镇：珠海横琴新区、深圳国际低碳城纳入国家首批低碳城（镇）试点，佛山南海西樵镇入选国家第一批绿色低碳示范重点小城镇，此外《广东省城镇化发展"十二五"规划》中明确要求

新型城镇化走绿色低碳发展的路径。低碳园区：东莞市松山湖国家高新技术产业开发区列入首批国家低碳工业园区。选取广东状元谷电子商务产业园、广东乳源经济开发区、深圳南山（龙川）产业转移工业园为省内首批低碳园区改造试点，安排超过 1500 万元支持园区项目建设。低碳社区：积极开展低碳社区示范项目建设，2014 年安排 1000 万元财政资金支持中山小榄低碳社区、鹤市镇低碳社区等 5 个低碳社区示范项目，开展低碳示范社区评价指标体系研究。联合南方日报、省低碳发展促进会等机构开展了低碳社区评选活动。低碳企业：佛山市禅城区首批授予 23 家企业为禅城区低碳试点企业。广州快速公交运营管理有限公司建设的广州 BRT 项目荣获了 2011 年"国际可持续交通奖"，联合国"2012 年应对气候变化灯塔项目"和 2013 年国际 BRT 系统"金牌标准"奖。低碳认证产品：根据国家要求和结合我省实际，编制低碳产品认证实施方案，在中小型三相异步电动机、铝合金型材、电冰箱、空调等产品中开展低碳产品认证示范工作；完成指定铝合金型材低碳产品评价技术规范，已通过国家认监委认定并正式对外发布。此外，还与香港开展复印纸、饮用瓶装水、玩具等产品的碳标识、碳标签的互认机制研究，2016 年 3 月 18 日，广东与香港在中英（华南）低碳周上签署了碳标签互认协议。

（七）　鼓励地方开展特色创新活动

低碳交通：汕头市要求出租车全部安装专用智能电召终端以提高出租车实载率；开展道路运输车辆燃料消耗量检测和监督工作，严格实施营运车辆燃料消耗量的准入制度；在路桥收费管理处管辖内的收费站推广车辆射频电子标签自动识别系统，减少停车启动环节。低碳能源：肇庆市通过"政府端"和"企业端"的能源管理中心进行能源数据在线采集、实时监测，实现了能源使用的全过程监管和工业化、信息化的"两化融合"。低碳建筑：珠海市完成了建筑能耗监测示范项目"珠海港能耗测监系统"等 7 个能耗监测示范项目。低碳管理：湛江市积极鼓励光伏发电系统专业化运营服务，支持资金实力强、管理经验丰富的企业组建第三方合同能源管理机构，建设运营分布式光伏发电项目。

六、重要经验

总结我省低碳省建设工作，有以下几点经验可供借鉴：

（一）　坚持以绿色理念引领经济发展

发展低碳经济已经成为世界各国抢占经济发展制高点的关键。广东总体步入工业化中后期，但区域发展不均衡，面临着发展瓶颈和资源环境约束。珠三角等发达地区现阶段要实现跨越发展，必须兼顾发展和约束，以国际碳排放强度先进值为准绳，着力提高产业低碳竞争力，加快形成绿色低碳生产方式和消费模式，以碳排放峰值倒逼经济实现低碳转型。粤东西北等欠发达地区要加快实现振兴发展，也需要以低碳理念为引领，大力发展绿色产业，将低碳生态优势转化为经济优势，从而实现弯道超车。

（二）　坚持市场主导与政府引导相结合

行政手段和市场机制二者缺一不可，现阶段全面深化改革的关键就是发挥市场配置资源的决定性作用。过去广东节能减碳主要依靠行政手段，对企业缺乏相应的激励机制，无法深入持续开展。广东积极探索发挥市场机制作用的体制机制创新，建立碳交易市场，赋予企业灵活减排机制，激发企业减排内生动力，并推动相关产业整体提质升级，取得了较好的实施效果。

（三） 坚持抓好示范带动凝聚社会共识

低碳发展是一项新的系统工程，需要不断创新和与时俱进。受区域发展不均衡所限，各地对低碳发展理念的认识和理解存在差异，一些低碳领域的创新性工作也很难一步到位在全省推开。为此有必要选取一些有积极性、基础条件较好的地区先行试点示范，取得好的经验后，再在全省进行宣传推广和运用，进而凝聚形成社会共识，共同推动低碳发展工作。

七、 下一步工作考虑

"十三五"时期我省将全面贯彻落实党的十八大和十八届三中、四中、五中全会及省委十一届三次、四次、五次全会精神，坚持绿色发展理念，更加积极主动地应对气候变化，深化体制机制创新，不断完善市场机制，努力当好绿色循环低碳发展的排头兵，为全国低碳试点工作发挥示范引领作用。

（一） 有效控制碳排放

建立全省碳排放总量和强度双控分解落实机制，确保完成国家下达碳减排指标任务。科学制定绿色低碳指标评价体系，探索区域差异化评价考核制度。持续优化能源结构，加强珠三角地区煤炭消费减量管理，加快实现化石能源消费和全省碳排放峰值。持续优化产业结构，积极推广低碳技术，大力推广绿色建筑，积极控制交通领域碳排放。

（二） 完善碳交易市场机制

深化本省碳排放权交易试点，进一步健全碳排放管理制度和交易规则。积极参与全国碳交易市场建设，配合做好全国碳排放权初始分配，力争在我省设立全国碳交易平台，加快筹建以碳排放为首个品种的创新型期货交易所。大力发展碳金融，发挥碳资产金融属性，构建服务于实体经济的绿色金融体系。

（三） 深化低碳试点示范

加快建成一批低碳城市、城镇、园区、商业和社区，创建珠三角地区近零碳排放示范区。强化低碳规划引领作用，推行城市"碳规"制度。探索推广碳普惠制试点，加快构建低碳社会。组织实施一批减缓和适应气候变化领域的重大示范项目，为全省低碳发展工作提供重要支撑。

（四） 大力建设美丽广东

实施大气、水、土壤等污染防治工程，改善环境质量。全面推进新一轮绿化广东大行动，加快森林碳汇、生态景观林带、森林进城围城、乡村绿化美化四大工程建设，构建森林生态安全体系。促进绿道网延伸升级，保护湿地资源。加强海洋生态环境保护，建设一批美丽海湾。

（五） 夯实低碳工作基础

强化碳排放目标责任评价考核，完善温室气体统计核算制度。制定适应气候变化中长期战略规划，提高适应气候变化能力。加强低碳宣传培训和能力建设，广泛开展对外交流合作，结合实施"一带一路"战略促进与沿线国家开展低碳项目合作。

八、 有关建议

1. 建议国家完善节能减碳考核机制。目标考核是政策推行的有效抓手，然而现行的节能和减碳考核机制存在改进的空间。第一，节能和减碳两者具有高度的相关性和重复性，建议统筹考虑两个指标的关系，简化考核内容。第二，优化对各地区的减碳指标分解方式，各省区市处于不同的发展阶段和具有不同的发展特征，分解减碳指标应结合未来经济发展趋势，考虑各地区的后续减碳潜力，对较发达地区以碳排放总量下降考核为主，对欠发达地区仍然以碳排放强度下降考核为主，鼓励较发达地区率先开展碳总量控制和碳排放达峰。第三，要综合考虑行政考核和市场手段对企业的影响，对于纳入碳交易的企业应不再下达行政考核指标，企业所在省份的考核指标也应统筹考虑，避免造成双重压力。

2. 建议国家加快应对气候变化立法进程。随着巴黎气候大会的召开，新的气候协议确立了2020年后全球应对气候变化合作框架，我国将承担更重要的应对气候变化责任。在国内，绿色发展作为"十三五"时期的五大发展理念之一，和产业低碳转型、节约能源、减少化石能源利用、增强碳汇能力等低碳发展要求具有相同的内涵。《应对气候变化法》旨在控制温室气体排放、促进低碳发展、应对全球气候变化和推进生态文明建设，目前已形成初稿。为实现国际减排承诺、促进我国绿色低碳发展，我国应加快推进应对气候变化立法和实施，形成应对气候变化工作的法律保障。

3. 建议国家从政策、项目、资金等角度加大对试点地区的支持力度。试点地区承担了国家要求的较高的减排目标，试点工作任务也较为繁重，为体现试点地区的先进性和重要性，应从国家层面加大政策、项目、资金倾斜力度，从而提高试点地区工作的积极性，为国家应对气候变化工作作出更多的贡献。

辽宁省低碳试点进展总结

2010 年，辽宁省被列为国家首批五省八市低碳试点地区之一，省委、省政府高度重视，根据《国家发展改革委关于开展低碳省区和低碳城市试点工作的通知》（发改气候〔2010〕1587 号）精神，从调整产业结构、节约能源和提高能效、调整能源结构、增加森林碳汇等方面入手，落实各项措施，低碳试点工作稳步推进，圆满完成阶段性目标任务。

一、基本情况

1. 经济社会发展水平与态势。"十二五"期间，我省综合经济实力显著提升，2015 年地区生产总值达 2.87 万亿元，年均增长 7.8%，人均地区生产总值超过 1 万美元，一般公共预算收入达 2125.6 亿元，固定资产投资达到 1.76 万亿元。产业结构调整步伐加快，三次产业结构由 2010 年的 8.8：54.1：37.1 调整到 2015 年的 8.3：46.6：45.1。科技创新力度加大，突破一批重大关键技术。消费对经济增长的贡献加大，民营经济增加值比重达到 68%。新型城镇化步伐加快，城镇化率由 2010 年的 62.1% 提高到 2015 年的 68% 左右。

2. "十二五"碳排放强度下降指标完成情况。《国务院关于印发"十二五"控制温室气体排放工作方案的通知》下达辽宁省"十二五"单位地区生产总值二氧化碳排放下降指标为 18%。经初步测算，截至 2014 年（2015 年全省能源数据尚未公布），我省单位地区生产总值二氧化碳排放累计下降 20.8%，"十二五"目标完成率为 115%，提前一年超额完成国家下达指标任务。

二、低碳发展理念

（一）建立健全低碳发展的管理体制和工作机制

一是 2009 年 9 月，辽宁省发展改革委在全国率先设立了应对气候变化处，进一步强化了应对气候变化工作的管理。二是 2009 年 12 月，成立了辽宁省应对气候变化工作领导小组，由省长任组长，36 个省直相关部门为成员单位，在此基础上加挂低碳试点工作领导小组的牌子，统筹组织、协调部署全省应对气候变化及低碳试点的各项工作。三是 2011 年 2 月，组建了由省内相关领域权威科研机构参加的应对气候变化课题组，负责温室气体清单编制及相关科研课题研究等长期性技术工作。

（二）加强低碳发展顶层设计和制度建设

1. 相继制定出台了相关政策性文件，为全省应对气候变化提供可靠的政策保障。一是 2009 年 9 月，以省政府文件印发《辽宁省应对气候变化实施方案》，明确了全省应对气候变化的工作目标、主要任务及保障措施等。二是 2011 年 8 月，以省政府办公厅文件印发《辽宁省应对气候变化"十二五"规划》，确定了"十二五"时期全省应对气候变化的发展目标、工作任务及保障措施等。三是编制了《辽宁省低碳试点工作实施方案》，获得国家发展改革委的批准。四是在全省范围内正式启动试点工作，分别以会议和文件形式部署工作，统一认识，积极行动。五是通过印发《辽宁省国家低碳试点工作实施意见》，对省直部门、各市分解落实总体目标任务及年度工作。六是编制《辽宁省低碳发展规划》，对试点工作统筹规划，科学布局。七是制定并上报国家《辽宁省"十二五"控制温室气体排放实施方案》，为完成"十二五"碳排放强度下降约束性指标打下基础。

2. 开展课题研究，强调规划的引领性。为落实国家碳排放总量控制和强度下降目标任务，分区域、分行业逐步建立我省碳排放总量和强度"双控"工作机制，倒逼经济低碳转型，先后完成《辽宁省低碳发展思路研究》《辽宁省低碳发展实践路径研究》《辽宁省低碳发展规划纲要》《辽宁省碳排放指标分解和考核体系》《辽宁碳排放权交易机制体系研究》等课题研究。为加快我省碳排放峰值预测，合理制定峰值时间表和路线图，正在开展《辽宁省碳排放发展趋势研究》《辽宁碳减排潜力与低碳发展技术路线图研究》和《辽宁省碳排放峰值测算研究》等课题研究工作。

三、 低碳发展任务落实与成效

（一） 产业结构调整完成与措施落实情况

"十二五"以来，我省全面推进产业结构调整，制定出台了《中国制造 2025 辽宁行动纲要》《辽宁省传统工业转型升级实施方案》和《辽宁省工业重点产品名录》，编制出台了机器人、新能源汽车等产业发展实施意见，充分发挥产业政策对工业经济发展的导向作用，引导全省企业加快经济增长方式转变和产业结构调整，做大做强装备、石化、冶金等优势产业，大力推进高端装备制造、新一代信息技术、新能源、新材料、生物医药和节能环保等战略性新兴产业规模化发展。

1. 大力发展服务业。"十二五"期间，服务业增加值从 2010 年的 6849.4 亿元增加到 2014 年的 11956.2 亿元，年均增长 9.4%，高于同期地区生产总值增速 0.4 个百分点。全省服务业占地区生产总值比重从 2010 年的 37.1% 提高到 2014 年的 41.8%，4 年提高 4.7 个百分点。2014 年，服务业对地区生产总值增长贡献率为 49.3%，比 2010 年提高 14.1 个百分点，对经济增长的拉动作用愈发增强；服务业完成地方税收 1411.7 亿元，占全省地方税收的 64.6%；服务业从业人员占全社会从业人员比重达到 45.4%，比 2010 年提高 3.4 个百分点，服务业成为吸纳社会就业、提高城乡居民收入的重要渠道；服务业固定资产投资 13600 亿元，占全省固定资产投资的 55.7%。

2. 加快发展战略性新兴产业。装备制造业中，航空航天装备、新能源汽车产业、海洋工程装备、智能装备等高端装备制造业发展势头明显，数控机床产量达 6.2 万台，位居全国第一，通用航空产业规模位居全国第七，高端装备制造业主业业务收入占装备制造业比重达到 16.2%；石化行业炼化一体化和产业集中度进一步提高，乙烯产能占原油加工的比重从"十一五"末期的 1.4% 提高到 2.3%，化工精细化率达到 50.7%；冶金行业品种结构不断改善，产品竞争力明显提高，鞍钢、本钢的高附加值和高技术含量产品比重已占总产量的 85% 以上；建材行业新型建材产品的比重达到 62%，新型干法水泥比重超过 98%，新型墙材比重达到 92% 以上；纺织行业服装主营业务收入达到全行业的 55%，产业用纺织品销售收入占全行业比重达到 8%，高于全国 4 个百分点。

3. 产业集聚成效明显。"十二五"以来，全省培育发展了一批主导产业突出、特色鲜明的产业集群，壮大了一批在国际上有影响力、在国内同行业中有竞争力、具有核心技术的排头兵企业，形成了沈阳铁西装备制造、大连软件和信息技术服务、本溪生物医药等各具特色、错位发展、差异化竞争的园区产业格局。

4. 绿色制造有效推进。"十二五"期间，大力支持企业实施工业炉窑改造、余热余压利用、电机系统节能等节能改造，推广了蓄热燃烧、余热回收、蒸汽喷射真空制冷等 120 余项节能新技术新产品，重点节能工程和节能新技术推广取得新进展。截至 2015 年，全省万元工业增加值能耗累计下降 25.3%，节约能源 5240 万吨标煤；万元工业增加值用水量下降 32%。通过严格市场准入，落实限制措施，完善激励机制，全省淘汰落后产能：炼铁 498 万吨、炼钢 1.5 万吨、焦炭 80 万吨、铁合金 41.8 万吨、水泥 2850 万吨、平板玻璃 260 万重量箱、造纸 76.9 万吨、印染 45520 万米，超额完成了各年度国家淘汰落后产能的目标任务。

（二） 能源结构优化完成与措施落实情况

"十二五"期间，全省核电、风电、光伏发电等新能源项目建设取得成效，能源结构得到进一步优化，现代能源体系进一步完善，智能电网建设进一步推进。

1. 能源消费结构。2014 年，全省能源消费总量 20586 万吨标煤（预计 2015 年全省能源消费总量 20550 万吨标煤）。其中煤炭消费比重 62.1%，较 2010 年下降 5.8 个百分点；石油消费比重 28.2%，增加 0.9 个百分点；天然气 5.4%，增加 4.1 个百分点；非化石能源比重为 4.3%，增加 0.8 个百分点。预计 2015 年非化石能源消费比重会超过 4.5%，圆满完成规划目标。

2. 电力消费结构。2015 年，全省非化石能源发电量 293 亿千瓦时，"十二五"期间年均增长 23.8%，占全省用电量比重的 14.8%。其中，水电 29.9 亿千瓦时，年均下降 10.7%；风电 111.8 亿千瓦时，年均增长 18.9%；生物质能 5.4 亿千瓦时，年均增长 40.1%。"十二五"期间，核电和太阳能发电填补空白，2015 年发电量分别达到 145 亿和 1.35 亿千瓦时，同比分别增长 20.8% 和 83.3%。

3. 新能源和可再生能源比重进一步提高。装机 120 万千瓦的东北最大抽水蓄能电站——丹东蒲石河电站水利完成满负荷运行，装机占水电的 22%。2015 年 6 月底，风电装机达 625 万千瓦。太阳能光伏发电装机容量达到 17 万千瓦。2013 年上半年，全省生物质发电量首次超过 2 亿千瓦时。辽宁光伏发电工程建设进程明显加快，2014 年底，全省光伏发电装机达 11 万千瓦，年度增长了 9 万千瓦，跃过 10 万千瓦台阶。桓仁等 3 个国家绿色能源示范县建设工程有序推进。

（三） 节能和提高能效任务完成与措施落实情况

1. 指标完成情况。"十二五"期间，国家下达我省节能目标为单位地区生产总值能耗比 2010 年下降 17%，截至 2014 年底，全省单位 GDP 能耗累积降低 17.1%，提前一年超额完成国家下达的"十二五"目标任务。据初步测算，2015 年单位 GDP 能耗预计降低 3.5% 左右，"十二五"期间累积降低 20.1%，完成目标任务的 119.6%。全省万元工业增加值能耗累计下降 25.3%，全省万元工业增加值用水量降低 36.3%，均超额完成"十二五"工作目标。

2. 资金安排情况。安排企业节能和技术改造资金 4.3 亿元，其中，省级财政安排资金 2.1 亿元，支持企业实施工业炉窑改造、余热余压利用、电机系统节能等节能改造重点节能项目 300 项。同时，争取中央财政资金 2.2 亿元，支持各类节能技术改造项目 97 项。

3. 措施落实情况。一是全面分解落实节能目标。编制印发了《辽宁省节能减排"十二五"规划》《辽宁省"十二五"节能减排综合性工作方案》，按照国家下达我省"十二五"单位 GDP 能耗降低率 17% 的目标，平均下达 14 个市"十二五"单位 GDP 能耗降低 17.5% 的目标。编制了 2011 年、2012 年和 2013 年节能减排工作实施方案和《辽宁省 2014—2015 年节能减排低碳发展行动计划》，制定了《辽宁省"十二五"节能减排全民行动实施方案》。印发了《关于分解下达各市 2014—2015 年能耗增量和增速控制目标的通知》，明确了"十二五"后两年全省及各市节能目标任务，对重点任务分工及时间进度做了安排。二是严格实施节能目标责任考核、节能评估和审查制度。印发《辽宁省"十二五"单位 GDP 能耗考核体系实施方案的通知》，对各市节能目标完成和节能措施落实情况进行年度考核；出台了《辽宁省固定资产投资项目节能评估和审查实施暂行办法》，省发展改革委完成固定资产投资项目节能评估审查 654 项，其中节能报告书（表）193 项，调减用能量近 50 万吨标煤，促进了企业科学合理用能。三是全面开展万家企业节能低碳行动。按照国家统一部署，确定 524 户重点用能单位参加"万家企业节能低碳行动"，分解落实 1400 万吨标煤任务。截至 2014 年，全省万家企业累计完成节能量 1152.22 万吨标煤，完成进度 82.2%，超额完成年度目标。四是协调推进重点领域节能降耗。工业领域，加快淘汰落后产能，制定下发了《辽宁省人民政府关于做好淘汰落后产能工作的实施意见》，通过不断强化项目准入门槛和环境保护约束，执行限制类和淘汰类差别电价政策等一系列措施，超额完成国家下达的淘汰落后产能任务目标。建筑领域，全面执行新建居住建筑节能 65% 设计标准，新建公共建筑节能 50% 设计标准。全面推进既有居住建筑供热计量及节能改造，截至 2015 年底，全省共完成既改任务 3500 万平方米，是"十一五"的 4 倍。交通领域，积极推进公路建设、道路运输、港航领域节能降耗。全省 71 座隧道推广 LED 灯具 5.45 万盏，节电 2165 万度，折合标煤 2661 吨。528 条车道安装了 ETC 不停车收费系统，节约燃料油 1692 吨。开展营运车辆燃料消耗量限值核查，累计核查车辆 22.8 万辆，节约燃油 1.66 万吨。港航领域实施了轮胎式集装箱门式起重机自动插拔电技术应用、岸桥电控系统升级改造、门座起重机变频技术应用、无功补偿装置改造工程等节能改造项目。公共机构领域，以开展节约型公共机构示范单位创建工作为重点，我省共有 89 家单位被确定为国家节约型公共机构示范单位。2014 年全省公共机构人均耗能下降 3.04%，单位建筑面积耗能下降 0.74%，均完成目标任务。

（四） 低碳建筑和低碳交通任务完成与措施落实情况

1. 低碳建筑任务完成情况与措施落实情况。一是积极推进建筑产业现代化试点省建设。我省建筑产业现代化走在了全国前列，被住房城乡建设部确定为建筑产业现代化两个试点省份之一，沈阳市成为全国唯一一个建筑产业现代化示范城市。"十二五"期间，我省注重制定产业技术标准，先后制定颁布了《装配整体式建筑技术规程（暂行）》《装配式建筑全装修技术规程（暂行）》《装配整体式剪力墙结构设计规程（暂行）》《装配整体式混凝土结构技术规程（暂行)》《装配整体式建筑设备与电气技术规程（暂行》和《预制混凝土构件制作与验收规程（暂行）》等6部地方标准，构筑起装配式建筑构配件制作、建筑设计、施工、检测、验收等标准体系。还出台了《装配式钢筋混凝土板式住宅楼梯》《装配式钢筋混凝土叠合板》《装配式预应力混凝土叠合板》等三部标准图集。沈阳市在铁西区建设了现代建筑产业园。二是开展低碳建筑试点项目。沈阳建筑大学中德节能示范屋工程作为低碳建筑试点项目，充分体现了"绿色建筑"和"超低能耗"建筑节能设计理念，采用被动式建筑围护结构保温体系、地道新风系统及余热回收系统、高能效的室内照明系统、相变蓄热技术、太阳能利用、雨水中水回用、智能控制系统等20余项新技术，实现单位面积能耗指标99.99kW·h/m²。达到中国绿色建筑三星级标准和美国LEED铂金级标准。作为建筑节能技术的教学科研基地，成为中德各企业展示相关绿色建筑技术和建筑节能技术及产品的平台。

三是大力推广绿色建筑。组织编制《绿色建筑评价标准》《民用建筑绿色设计标准》等绿色建筑相关标准；省政府出台《辽宁省绿色建筑行动实施方案》，进一步引导我省绿色建筑发展；组织开展绿色建筑星级评价，"十二五"期间，全省共有40个项目获得绿色建筑星级评价标识，总建筑面积超过360万平方米，其中一星级设计标识19个，二星级设计标识15项，三星级设计标识6项；运行标识3项。

2. 低碳交通任务完成情况与措施落实情况。一是公路建设及运营领域。普通公路积极开展绿色拌和站示范工程，制订并印发了《辽宁省普通公路绿色拌和站建设要求》，截至2015年底，全省建成6家绿色拌和站示范单位，完成沥青拌和站清洁能源（油改气）改造9家；完成再生路面铺筑1616公里、使用再生料282万吨；积极推广节能减排技术，全省采用LED灯具照明的隧道为146座/144公里，年节电约4300万度，减少CO₂排放1.37万吨；实施收费站和服务区太阳能照明改造项目，年节电124万度，减少CO₂排放400吨；5年间共计为608条车道安装了ETC不停车收费系统，年节油680吨，减少CO₂排放2522吨。先后在沈大等12条高速公路路面维修中采用超薄磨耗层、微表处和现场热再生施工工艺，节约燃油5.7万吨，折合标煤8.2万吨，减少CO₂排放21.2万吨。二是道路运输领域。贯彻落实省政府办公厅《关于规范和加快城市客运行业"油改气"工作的通知》要求，全力推动城市客运行业"油改气"；建立了新能源公交车发展目标完成情况考核制度，进一步加快新能源汽车在公交领域的推广应用、促进公交行业节能减排和结构调整。截至目前，全省清洁能源和新能源城市公交车8876台，占城市公交车比例达到51.4%，全省清洁能源和新能源城市出租汽车51683台，占城市出租汽车比例达到90.8%。据测算，城市客运行业清洁能源和新能源车辆每年可实现替代标准油燃油量78万吨，减少CO₂排放23.7万吨。大力推进甩挂运输发展。"十二五"期间，全省共有8个市和38家物流企业开展甩挂运输，参与甩挂的牵引车和挂车分别达到1250辆和1900辆，甩挂运输专线达到60条。认真开展营运车辆燃料消耗量限值核查。"十二五"期间，累计核查车辆228177台，节约燃油16631.7吨，减少二氧化碳排放53784.8吨。三是港航领域。大连港成功创建绿色港口，作为全国绿色低碳港口投资16亿元，预计形成节能量1.09万吨标煤，替代燃料量0.57万吨标准油。营口港共投资9054万元实施场桥"油改电"工程，共改造126个箱区及所有场桥，节能效果达40%，节约资金70%。锦州港于2010年在煤炭堆场四周建设了挡风抑尘网，整个堆场实现了半封闭，有效遏制了恶劣天气造成的风力扬尘。

（五） 增加碳汇任务完成与措施落实情况

"十二五"期间，全省林业用地面积达10750.95万亩，有林地面积8694.15万亩，比"十一五"末期增加3.03%；森林覆盖率达40.9%，比"十一五"期末增加了2.66%；森林蓄积量达3.06亿立方米，比"十一五"期末增加了8.51%。

一是造林绿化成效显著。"十二五"期间，全省在实施"三北"防护林、沿海防护林、退耕还林、外资项目造林和中央财政造林补贴试点等国家重点造林工程基础上，先后启动实施了朝阳市500万亩荒山绿化工程、全省大规模造林绿化工程、阜新市200万亩经济林建设工程、千万亩经济林工程、"万村万树"村屯绿化工程等省级重点工程。全省累计完成人工造林作业面积2132.4万亩，是计划的133.3%；完成封山育林1016.2万亩，是计划的127%；完成围栏封育里程20084.6公里，是计划的100.4%；完成中龄林抚育750万亩，是计划的150%；全民义务植树4.5亿株，创建了3650个绿化示范村；有5个市先后被评为"国家森林城市"，总数已达7个；启动实施省级森林城市创建工作，11个县（市）榜上有名。二是青山工程顺利推进。在全国率先启动实施了重大生态恢复性工程—青山工程，5年累计完成治理面积955.16万亩。"小开荒"清退、超坡地还林、围栏封育、公路建设破损山体生态治理、铁路建设破损山体生态治理、墓地坟地整治等6项工程已全部完成。闭坑矿山生态治理和生产矿山生态治理工程仍在实施。省政府出台了全国第一部针对山体和依附山体植被恢复、治理和保护的地方性法规——《辽宁省青山保护条例》，同时批准实施了《辽宁省青山保护规划》。三是土地沙化和荒漠化扩张趋势得到进一步遏制。完成沙化土地治理面积413.35万亩，是国家规划任务的102%。全省沙化土地较"十一五"期末减少58.3万亩，具有明显沙化趋势的土地较"十一五"期末减少了24.9万亩。四是森林抚育取得突破性进展。"十二五"期间，全省完成森林抚育任务750万亩，改变了我省人工林森林抚育严重滞后的局面，基本解决了森林抚育欠账严重问题，人工林森林抚育步入常态化发展轨道。五是自然保护区、湿地、森林公园及野生动植物保护取得重大进展。新建国家级自然保护区6处、省级自然保护区5处、省级自然保护小区10处，全省自然保护区总数达75处，面积1759.5万亩，占全省林地面积的16.3%；全省已有国际重要湿地2处，省重要湿地31处，湿地公园34处，湿地保护区26处，保护湿地总面积889.5万亩，湿地保护率达到42.5%；新增森林公园4处，森林公园总数达到71处。

四、 基础工作与能力建设

（一） 初步构建温室气体数据管理体系

1. 编制温室气体清单。一是编制完成了《辽宁省2005年省级温室气体清单》，2012年7月通过国家"973气候变化专项分课题"验收，编制完成《辽宁省2010年省级温室气体清单》，于2014年7月通过国家验收。二是初步完成2005年和2010年市级温室气体清单编制工作。三是开展编制2012年、2014年省级温室气体清单。四是开发建设辽宁省温室气体排放信息管理数据库，动态掌握分析全省温室气体排放情况。五是开展重点企（事）业单位控制温室气体排放报告制度。对全省能源消费总量在

5000 吨标煤以上的近千家单位进行了初步统计，组建了十个重点排放行业的专家团队，先后多次组织参与国家培训。

2. 建立温室气体排放统计核算制度。为建立和完善应对气候变化统计体系，依照《中华人民共和国统计法》，根据《关于加强应对气候变化统计工作的意见》精神，结合《IPCC 国家温室气体清单编制指南》，2014 年，完善修改了《应对气候变化部门统计报表制度（试行）》。确定了能源、工业过程和产品使用、农业、林业和其他土地利用、废弃物等五大部门的温室气体排放测算方法及统计指标数据来源。对省直各部门进行统一部署和责任分工，建立专家咨询制度，充分借助外力推动我省应对气候变化统计工作。

（二） 落实温室气体排放目标责任制

按照《国务院关于印发"十二五"控制温室气体排放工作方案的通知》（国发〔2011〕41 号）及我省"十二五"规划的目标要求，"十二五"我省单位地区生产总值二氧化碳排放下降目标为 18%，年均降低目标应为 3.89%。2013 年，参照国家《"十二五"单位 GDP 二氧化碳排放降低目标考核体系实施方案》，要求各市提交了自评估报告，开展了对各市控制温室气体排放的目标责任考核。2014 年 11 月，印发《辽宁省 2014—2015 年节能减排低碳发展行动计划》（辽政办发〔2014〕49 号），制定我省 2014—2015 年单位 GDP 二氧化碳排放量下降 4% 以上的年度目标。完成《辽宁省碳排放指标分解和考核体系》课题研究。

（三） 设立专项资金支持低碳发展

为支持全省低碳发展，从 2011 年起，我省设立了低碳发展专项资金。目前，已累计安排资金 1800 万元，共支持 16 个低碳项目。这些项目或通过技术创新或通过产品替代，均大幅度减少了温室气体的排放，促进了低碳发展。同时，为适应开展低碳试点省建设的需要，"十二五"期间，省本级财政共拨出 383 万元，作为气候处处室的经费预算，用于应对气候变化和低碳发展的基础能力建设，夯实了我省低碳试点的各项基础工作。

（四） 积极推动低碳产业园区和低碳社区建设

低碳产业园区方面，沈阳经济技术开发区、大连经济技术开发区获批为国家首批低碳工业试点园区，实施方案已获国家批准。正在稳步推进基础能力建设，开展专家论坛、服务对接、培训讲座等多项工作。低碳社区方面，根据《国家发展改革委关于开展低碳社区试点工作的通知》精神，省发展改革委印发了《关于开展低碳社区试点工作的通知》（辽发改气候〔2014〕443 号），在全省开展低碳社区试点工作，经各市调研筛选，全省共上报 93 个低碳试点社区，下一步将积极组织评审，并下发实施方案。

（五） 积极参与国际交流与合作

在国家发展改革委的大力支持下，积极参与了国家发展改革委宏观经济研究院与美国能源基金会开展的项目合作，在沈阳举办了"低碳发展方案编制基本原理与方法"地方官员培训会辽宁专场。组织省内相关部门及各市的相关人员与国内外低碳领域的知名专家和学者进行了现场交流与研讨。积极参加由国家发展改革委组织、四省参加的与世界银行合作的"中国应对气候变化技术需求评估"项目，借鉴国外先进经验，掌握国际最新动态。拟与意大利合作，以中国质量认证中心沈阳分中心为技术支撑单位，开展低碳产品认证工作，初步确定泵类产品为试点项目。

五、 体制机制创新

沈阳市在碳交易市场建设方面进行了一系列的探索工作。一是开展重点行业配额分配方法学研究。为了鼓励企业先期开展节能减排积极性，确保碳排放配额分配公平合理，在研究按照历史排放法分配配额的同时，结合沈阳实际情况，选择陶瓷生产企业和供暖企业开展配额分配基准线方法学研究。二是建设沈阳市碳排放中央管理平台。依托于沈阳市城市能源计量中心，建设了沈阳市碳排放中央管理平台。该平台项目获得了200万CDM基金赠款支持。三是开展碳排放在线监测工作。为加强对企业的碳排放管理，确保碳市场公平稳定运行，启动了企业碳排放在线监测系统建设，在建和完成了50余户企业的碳排放在线监测系统。目前正在积极向市财政争取，以PPP模式建设在线监测项目，计划2016年新增175户企业在线监测系统建设。四是加紧研究拟定沈阳市碳排放一级市场管理办法。在开展大量调研基础上，拟建立符合沈阳市实际情况的配额分配与管理方案，目前初步形成了《沈阳市碳排放权交易一级市场管理办法研究报告》。五是推动碳金融产业发展，研究设立碳基金。与中国银行、中国建设银行、浦发银行等多家银行研究设立运行碳基金的机制，为大力开发碳金融、打造新的经济增长点做好基础工作。目前，中国银行已经形成了一份较为完备的《沈阳市碳交易基金运营策略》，将设立2只总规模在10亿元左右的碳基金，并计划向世界银行、亚开行等国际银行争取总规模在20亿元左右的应对气候变化贷款，用于支持碳金融产业和低碳项目建设。

六、 重要经验

辽宁作为国家首批低碳试点地区，在建立健全体制机制、编制温室气体清单、能力建设、舆论宣传等方面积累了一些经验。一是建立健全应对气候变化的体制机制方面，全省形成了省市两级管理体制，分工明确、责任清晰；同时建立低碳试点工作领导小组，分管省长任组长，各相关省直部门为成员单位，形成了全省统筹部署、协调推进的工作机制。二是在温室气体清单编制方面，成立了由我委组织协调，委经济研究所牵头，省内相关领域7家科研机构为成员单位，其他相关部门和单位密切配合的组织框架。每个领域清单编制者都是省内长期从事该领域工作的专家，确保了清单编制质量和效率。三是能力建设方面。举办业务培训、研讨和交流等活动，共举办7次大型专题培训，覆盖全省14个地级市、100个县（市、区）发展改革系统及省直相关部门500多人次；结合应对气候变化的工作需要，辽宁省应对气候变化领导小组办公室不定期出版工作简报，目前共出版发行简报38期，每期发送250余份，包括国家相关部门、省内主要领导及相关部门等。组织开展课题研究，先后完成了《辽宁省低碳发展实践路径研究》《辽宁省低碳发展规划思路研究》《辽宁省"十二五"应对气候变化规划思路研究》《辽宁省碳排放指标分解和考核体系》和《辽宁碳排放权交易机制体系研究》等课题研究；正在开展《辽宁省碳排放发展趋势研究》《辽宁省重点行业碳减排潜力研究》等课题研究。四是舆论宣传方面。借助全国低碳日，大力开展低碳发展宣传工作。从 2013 年开始每年组织全省 36 个相关省直部门及 14 个市制定低碳宣传日实施方案，开展低碳宣传，省内各大主流媒体进行报道，辽宁电视台每年在辽宁新闻中播出 3 分钟时长的低碳宣传片。针对热点话题，举办相关讲座、报告会等，宣传和开展了绿色生活方式和消费模式。

七、 工作建议

在国家发展改革委的大力支持指导下，我省低碳试点工作不断深入，但一些问题日益凸显，还需不断完善。现结合工作实际，提出以下建议，供参考。

一是在应对气候变化顶层设计上，建议国家建立、完善政策制度，完善部门间协调机制，统筹部署，自上而下，地方才能有效推进和落实。二是在应对气候变化工作手段上，建议国家逐步帮助地方建立有效的工作抓手。特别是在碳交易市场建设、重大低碳项目、关键低碳技术方面，需要国家必要的资金支持。三是在应对气候变化能力建设上，建议国家进一步发挥顶层的优势和作用，为地方创造更多的交流机会，提供更好的学习平台。四是在应对气候变化宣传普及上，建议国家进一步发挥权威性和影响力作用，加强公众特别是地方政府对应对气候变化的认知度。

湖北省低碳试点进展总结

一、基本情况

（一）经济社会发展情况

2015 年，全省常住人口 5851.5 万人。地区生产总值 2.66 万亿元，年均增长 10.7%，人均国内生产总值增至 49351 元（折合 7924 美元）。经济结构调整取得重大进展，三次产业结构加快向更优形态演进，三次产业比重由 2010 年的 13.6：49.1：37.3 调整为 2015 年的 11.2：45.7：43.1，高新技术产业增加值占全省生产总值的比重由 2010 年的 10.7% 提高到 16.95%。常住人口城镇化率达到 56.1%，新增城镇就业 5 年累计超过 400 万人；城乡居民人均可支配收入年均分别增长 11.2% 和 13.2%，达到 27051 元和 11844 元，农民人均收入超过全国平均水平。

（二）能源结构和消费情况

能源结构逐步优化，非化石能源占一次能源消费比重达到 18%，远高于全国平均水平，天然气消费由 2010 年的 19 亿立方米增长至 40 亿立方米，风电、生物质发电和光伏发电已并网装机 146.1 万千瓦时，浅层地温能利用面积达到 1450 万平方米。能源消费增速由持续高位转为逐年下降。2005—2011 年湖北能源消费年均增长 8.5% 以上，而到 2012 年、2013 年、2014 年能源消费逐步下降，分别为 6.6%、5.5% 和 3.9%。

（三）碳排放强度目标实现情况

据初步估计，2015 年，全省单位生产总值二氧化碳排放比上年下降 3.4%，超额完成下降 3.0% 的年度目标任务；全省"十二五"期间单位生产总值二氧化碳排放累计下降 20.1%，提前一年完成下降 17% 的目标任务，超过"十二五"累计目标 4 个百分点。

二、低碳发展理念

（一）加强组织领导

省政府成立了应对气候变化工作领导小组和应对气候变化专家委员会。省应对气候变化工作领导小组负责落实和部署应对气候变化等工作，协调解决工作中的重大问题；专家委员会为我省应对气候变化工作提供强有力的科学咨询、决策支持和技术支撑。同时，省发展改革委成立了应对气候变化处，专门负责落实领导小组办公室各项职责。定期召开部门联席会议，共同解决应对气候变化工作中的有关问题。目前，我省已形成"政府主导、专家咨询、多部门参与"的决策协调和工作机制。

（二） 建立低碳发展责任落实机制

省政府办公厅印发了《湖北省低碳省区试点工作实施方案》，提出了总体要求、主要任务，并将低碳试点重点行动和责任分工，保证各项工作的落实到位。合理分解碳排放强度下降目标，综合考虑各地经济发展水平、产业结构特征、能源结构、新能源发展状况和森林碳汇等因素，结合我省节能目标的分解情况，将全省"十二五"碳排放强度下降目标分为五类，对各市州进行分类管理。出台了《湖北省单位地区生产总值二氧化碳排放降低目标责任考核评估实施方案（试行）》，省政府每年初将年度碳排放强度下降目标任务分解到各市（州），次年对目标完成情况进行考核，考核结果纳入市（州）政府工作评价体系。

（三） 编制实施低碳发展规划

2013 年，省政府印发了《湖北省低碳发展规划（2011—2015 年)》，各有关部门印发了低碳产业、低碳交通、绿色建筑、森林碳汇"十二五"规划，形成了"一总四专"低碳发展规划体系。在规划中，提出了低碳发展指导思想、总体思路与发展目标、主要任务、重点领域与重大工程、保障措施等内容，为我省"十二五"低碳发展提供了重要遵循。经初步评估，各项规划目标任务完成情况较好，为"十三五"工作打下了良好基础。

（四） 启动湖北省碳排放峰值研究

2013 年，通过 CDM 基金赠款支持启动了《湖北省碳排放峰值预测及低碳发展的路径图研究》，通过设置参考情景、低碳情景和强化低碳情况等不同路径研究，初步形成了研究成果。

三、 低碳试点工作进展情况

自 2010 年国家将湖北纳入低碳省区试点以来，我们认真落实《国家发改委关于开展低碳省区和低碳城市试点工作的通知》和《湖北省低碳省区试点工作实施方案》精神，把低碳发展作为促进科学发展、转变经济发展方式、建设"两型"社会的重要抓手和突破口，通过采取落实目标责任、优化产业结构、节约能源和提高能效、调整能源结构、增加森林碳汇、开展全民低碳行动、加强能力建设等措施，低碳试点工作取得了积极进展，较好地完成了控制温室气体排放目标。主要工作措施如下：

（一） 搞好顶层设计， 强化战略支撑

近年来，先后出台了《中共湖北省委　湖北省人民政府关于加强应对气候变化能力建设的意见》《湖北省人民政府关于发展低碳经济的若干意见》《湖北省应对气候变化行动方案》《湖北省低碳省区试点工作实施方案》《湖北省"十二五"控制温室气体排放工作实施方案》《湖北省碳排放权交易试点工作实施方案》《湖北省碳排放权管理和交易暂行办法》等一系列法规和文件，为控制温室气体排放工作提供了依据和遵循。

（二） 优化产业结构， 加强节能增效

着力调整优化经济结构，发展方式转变迈出新步伐。强化优势主导产业地位，重点培育新兴产业，加快新一代信息技术、高端装备制造、新材料等优势产业和生物技术、节能环保等特色产业，促进现代服务业加快发展，淘汰落后产能，抑制高耗能、高排放行业的过快增长。加快发展服务业尤其是现代服务业。2015 年服务业增加值达到 1.27 万亿元，年均增长 10.8%。通过落实目标责任、优化产业结构、实施重点工程、加强节能管理、推动技术进步、强化政策激励、开展全民行动等措施，节能工作取得较大进展。初步统计，2015 年全省单位生产总值能耗比上年下降 7.66%，"十二五"期间累计下降 22.8%，超额完成目标任务 6.8 个百分点，累计实现节能 4684 万吨标煤，为实现绿色发展、低碳发展提供了有力支撑。

（三） 调整能源结构， 增加森林碳汇

"十二五"期间，我省坚持以能源结构战略性调整为主攻方向，大力发展新能源和可再生能源，促进天然气快速发展，改造提升传统能源产业，不断提高能源生产及利用效率，能源对经济社会发展的支撑保障能力不断提高。积极控制煤炭消费总量，2014 年、2015 年煤炭消费逐年下降，2015 年我省煤炭消费占能源消费总量的比重降至 54.8%，较"十一五"末显著下降。

"十二五"以来，我省圆满完成了林业碳汇各项任务，林业增汇成效明显。森林面积 736 万公顷，森林覆盖率 41.2%，活立木总蓄积 3.96 亿立方米，森林蓄积 3.65 亿立方米。全省共完成人工造林 78.08 万公顷，封山育林 34.03 万公顷，森林抚育 168 万公顷。组织开展了林业碳汇计量与监测，充分利用本地区森林资源清查资料和土地资源信息，筛选适合碳汇造林的土地资源并建立项目储备库。依托重点工程大力开展植树造林，"十二五"期间，我省紧紧围绕林业生态体系建设目标，大力实施长江防护林工程、林业血防工程、石漠化综合治理工程等项目，大力实施"绿满荆楚"行动，加快推进全省造林绿化建设进程，实现了生态环境质量新的提高。积极推动了多渠道碳汇造林，2012—2015 年，东风汽车公司分别与恩施州、襄阳市、十堰市开展"碳平衡"生态经济林产业基地战略合作，营造各类"碳中和林"1.5 万亩；2015 年 6 月，通山县竹子造林碳汇项目已通过中环联合（北京）认证中心有限公司（CEC）审核，并在"中国自愿减排交易信息平台网"公示；2015 年 6 月，神农架林区与湖北碳排放权权交易中心签订林业碳汇开发合作协议。

（四） 开展试点示范， 推进低碳创建

发挥引领作用，推进试点示范。2011 年，省政府确定在 2 个城市（襄阳和咸宁）、2 个园区（武汉东湖新技术开发区和黄石黄金山工业园）、2 个社区（武汉百步亭社区和鄂州峒山社区）开展低碳试点示范。2012 年，武汉市成为第二批国家低碳试点城市。同时，积极探索低碳交通模式，武汉市、十堰市是全国低碳交通运输体系建设试点，武汉市被纳入全国公交都市试点范围，两市在低碳交通建设方面都取得了一定成绩。2014 年，我省 3 个工业园区（武汉青山经济开发区、孝感高新技术产业开发区、黄石黄金山工业园区）被经信部、国家发改委确定为国家首批低碳试点工业园区，武汉百步亭社

区被授予"低碳中国行—低碳榜样优秀社区"称号。2015 年 8 月，武汉花山生态新城被国家发改委确定为首批国家低碳试点城镇，其低碳试点方案获一次性评审通过。

经过近几年的建设，低碳试点示范地区各具特色，取得了一定成效：武汉市大力推进"零碳未来城"、花山生态新城建设，加快电子、生物医药、高端装备等低碳产业发展，引领并推动中部地区节能环保及资源循环利用产业发展，成为武汉城市圈"两型"社会建设的重要投资主体、技术支撑主体和产业发展主体；襄阳市编制了《襄阳市低碳试点工作实施方案》和《襄阳市低碳发展规划》，新能源汽车产业加快发展，循环经济发展彰显特色；咸宁市编制完成了《咸宁市低碳经济发展规划》和《华彬金桂湖低碳经济示范区发展规划》，可再生能源发展迈出较大步伐；武汉东湖新技术开发区在生物产业、节能环保产业、新能源产业等高新技术产业和战略性新兴产业加快壮大，花山生态新城着力打造绿色生态居住区已取得可喜成绩；黄石黄金山开发区大力发展低碳产业，推进新能源建设取得成效；武汉市百步亭社区积极开展太阳能利用、地源热泵技术应用，建设雨水收集系统，低碳生活方式和消费模式正在形成；鄂州市峒山社区建设低碳示范项目，倡导低碳生活方式，在城乡一体化方面突出特色。在试点示范地区的带动下，其他地区也积极创建低碳示范，例如宜昌长阳县编制了低碳发展规划，将"低碳长阳"作为发展目标之一，大力发展旅游业等低碳产业，建设低碳示范项目，争创低碳示范区。

（五） 推进建设和交通领域低碳创建

建筑领域，推进绿色生态城镇建设，截至目前，全省共创建绿色生态城区 14 个。开展了两批绿色建筑省级示范。开展新建建筑和既有建筑节能。"十二五"期间，全省可再生能源建筑应用项目 3562 项，建筑面积 7354.37 万 m^2，是计划目标（5000 万 m^2）的 147.09%，新增节能建筑 24697.14 万 m^2，全省共完成既有建筑节能改造 804.56 万 m^2，是计划目标（600 万 m^2）的 134%。

交通领域，省政府办公厅出台了《关于加快推进全省交通运输绿色循环低碳发展指导意见》。编制完成《湖北省公路水路交通基础设施节能减排技术指南》。积极支持武汉、十堰等试点交通城市建设，大力推广天然气等清洁能源在交通运输领域的应用，加快不停车收费系统（ETC）应用，发挥重点交通运输企业示范作用。与 2005 年相比，营运车辆单位运输周转量 CO_2 排放下降 11%，其中营运客车、营运货车分别下降 7% 和 13%；营运船舶单位运输周转量 CO_2 排放下降 16%，其中内河船舶分别下降 15%；港口生产单位吞吐量 CO_2 排放下降 10%。

（六） 探索绿色生活方式， 鼓励低碳消费模式

绿色消费宣传力度得到加强，节能绿色消费良好氛围正在形成，绿色采购、绿色销售得到广大消费者认可。稳步推进限制塑料袋使用，推进商贸流动企业开展绿色低碳创建，圆满完成国家可持续消费政策示范，创新再生资源回收模式。武汉格林美资源循环有限公司从 2010 年以来在武汉、荆门建设了 10 家以"出售低碳商品、废旧家电回收和二手商品寄售"为主要功能的低碳超市。我省积极支持低碳超市建设，目前全省范围内已设立低碳超市和低碳柜台 50 多家（个），取得了较好的低碳宣传效果。

（七） 加强国际合作， 推广技术研发

积极推进与欧盟、英国、德国、美国等地区和国家的合作，学习借鉴发达国家先进的低碳技术、

成熟的管理经验和碳排放交易机制。在国家发改委的指导下，与美国环保协会、美国能源基金会、英国驻华使馆、德国国际合作机构在低碳农业、碳交易、低碳城镇建设、应对气候变化能力建设等领域开展交流合作，2010年以来获得外资支持约折合600万元人民币；清洁发展机制项目有效推进，截至目前，共有136个清洁发展机制项目获得国家发改委批准，预计年减排量1465.6万吨二氧化碳当量；96个项目在联合国清洁发展机制执行理事会注册，签发项目46个，预计年减排量664.1万吨二氧化碳当量；加强低碳技术的研发，低碳技术推广应用得到加强，其中华中科技大学二氧化碳捕集技术在全国处于领先地位，2011年建成的国内首套世界第三套3MW规模全流程富氧燃烧试验平台，亚洲最大的35MW富氧燃烧示范项目正在湖北应城建设中。国家4个能源研究中心落户湖北，数量和集中度居各省市之首，为我省低碳技术研发及推广提供了良好基础。

（八）加大宣传力度，营造低碳发展氛围

低碳宣传方面，开展了"酷中国——全民低碳行动"湖北巡回展活动，组织制作了反映低碳生活理念和行为的宣传片《赵先生的一天》，启动了《应对气候变化——湖北在行动》系列专题片的制作工作，在电视台播放低碳公益广告，利用报纸、网络宣传我省低碳试点建设情况。低碳交通方面，城际铁路、地铁成功开通运营，更多电动汽车投入使用。低碳创建活动方面，精心组织节能宣传周和"全国低碳日"宣传活动，印发低碳宣传画册、张贴低碳宣传画、开展低碳产品展、组织低碳交通自行车骑行体验等丰富活动。大力开展低碳机关、低碳校园、低碳商业场所的创建活动。

四、基础工作与能力建设

（一）强化应对气候变化统计工作

湖北省发展改革委、省统计局印发了《关于加强应对气候变化统计工作的实施意见》，将相关工作责任落实到各地、部门和行业协会。开展了温室气体排放基础统计体系课题研究，努力及早建立健全温室气体排放基础统计制度。2015年面向全省各市州发改、统计部门相关负责人开展了应对气候变化统计培训。

（二）切实摸清碳排放家底

积极编制省级温室气体清单。我省是省级温室排放清单编制试点省，已编制完成2005年、2010年、2011年温室气体清单，正在编制2012年、2013年、2014年温室气体清单，为准确地掌握本省温室气体排放现状和趋势、夯实控制温室气体排放工作打下基础。

（三）加大培训力度

近几年，组织或参加了各类培训会议达50多期。加强系统能力建设，利用中德应对气候变化能力建设项目，完成对全省发改系统应对气候变化工作人员轮训，承办全国发改系统应对气候变化能力建设中部地区培训会并组织各市州发改委相关工作人员参加学习，系统能力建设得到进一步强化。加强碳交易各方能力建设，先后开展了碳排放启动暨培训会、欧盟碳交易企业经验交流会、碳排放配额分

配培训会、碳资产管理培训，控排企业碳排放监测计划和报告培训、核查员培训会等各类培训，组织主管部门工作人员、交易机构、核查机构、研究机构参加各类考察、培训、研讨，以适应碳交易工作的新形势和新需要。

（四） 加强基础研究

通过积极组织申报中国清洁发展机制基金赠款项目等手段，加大调研力度，形成了一批研究成果。2011—2015年共争取到2630万元支持14个赠款项目，在碳排放权交易试点项目、低碳省区试点研究项目、应对气候变化规划思路研究、湖北省低碳农业模式研究、湖北省应对气候变化立法研究、碳排放统计核算体系研究等领域展开研究，夯实了我省应对气候变化领域的理论基础，同时锻炼了相关院校和机构在应对气候变化领域的研究能力。

（五） 加大资金投入

我省在年度财政预算中设立了低碳发展专项资金，规模达3.7亿元，重点支持低碳经济发展、节约能源、新能源产业发展、淘汰落后产能、建筑节能等方面。其中低碳试点专项资金2000万元，主要用于支持低碳试点示范项目和能力建设项目，2010年以来累计投入8000万元专项资金支持太阳能路灯、社区地源热泵系统、沼气工程、二氧化碳捕集试验平台项目、低碳发展规划（方案）等低碳试点示范项目和能力建设项目。

五、 主要体制机制创新

（一） 研究探索总量控制制度

开展了湖北碳排放峰值预测及低碳发展的路径图研究，在逐步完善能源消费总量控制制度的基础上，研究建立碳排放总量控制制度，逐步实现碳排放强度和总量"双控"，为尽早实现碳峰值奠定基础。制定碳排放总量控制方案。研究分析了我省碳排放总量增长趋势，确定我省碳排放总量分阶段控制目标。力争在"十三五"将碳排放总量控制作为指导性目标，逐步加强碳排放总量控制指标的约束作用。探索建立分解落实机制。综合考虑各地区主体功能定位、经济发展水平、能源资源禀赋和碳排放现状，研究提出碳排放总量控制目标地区分解落实机制和方案，制定考核和奖惩办法。研究重点行业碳排放总量控制目标和行动方案。

（二） 开展碳排放权交易试点

湖北是全国7个碳排放权交易试点省市之一。我省将开展碳排放权交易试点作为"两型"社会和生态文明建设的重要工作，在配额分配、交易平台建设、制度设计等方面先行先试，以充分发挥市场机制对资源配置的决定性作用，努力建立要素明晰、制度健全、交易规范、监管严格的区域性碳排放权交易市场体系。一是相关制度体系有效建立，平台建设稳定运行。我省出台了《湖北省碳排放权管理和交易暂行办法》《湖北省碳排放配额分配方案》《湖北省工业企业温室气体排放监测、量化和报告指南（试行）》《湖北省温室气体排放核查指南（试行）》等一系列法规和文件，完成了交易平台、注册登记平台和碳排放数据报告三大平台建设，三大平台均建成并稳定运行，为碳交易提供有力的技术支撑。二是注重碳市场培育和建设，市场表现优异。截至 2016 年 2 月 29 日，湖北碳市场配额累计成交 2351 万吨，交易总额 5.7 亿元，累计交易量和交易额稳居全国第一，分别占全国的 57% 和 45%，各项市场指标均居全国首位；碳市场价格总体平稳，在 21 ~ 29 元间浮动。三是积极探索，碳金融创新取得突破。湖北碳市场积极开展碳金融创新，先后与多家银行签署总额达 1000 亿元的全国最大碳金融授信协议，全国首个碳资产质押贷款业务、全国首支碳基金、全国首个企业碳资产托管业务、国内首个碳众筹项目均落户湖北，国家外汇管理局批复同意合格境外投资者参与湖北碳市场。四是碳交易促进节能降碳效果初步显现。138 家控排企业 2014 年碳排放比 2013 年下降了 3.14%。从行业减排情况来看，12 个行业中有 9 个行业均实现不同程度减排，电力、钢铁等行业的碳排放量下降比例最高达到 10%。同时，部分纳入企业通过碳交易已直接获取减排收益 1.5 亿元，提高了企业的减排积极性。四是利用碳市场激励机制鼓励碳减排项目开发。在我省境内开发的碳减排项目经国家备案后，所产生的中国核证自愿减排量（CCER）可在我省碳市场交易，并可被我省控排企业用于抵消部分碳排放量，对开发碳减排项目产生有效激励。积极推动林业碳汇、农村户用沼气等减碳项目开发。抵消机制探索建立，核证自愿减排量成交 96.7 万吨，成交额 1473.8 万元。

（三） 有效推动碳标识和低碳产品认证

在水泥、浮法玻璃等行业的相关企业开展低碳认证和碳标识试点。在认真调研的基础上，制定了平板玻璃、水泥低碳产品认证实施规则。大冶尖峰水泥有限公司和武汉长利玻璃（汉南）有限公司作为首批低碳产品试点企业，于 2014 年 7 月通过中国质量认证中心低碳产品认证审核，获得我国首批低碳产品认证证书。

六、 推进低碳试点工作的主要经验及存在的突出问题

面对全新的工作，全省上下开拓创新，勇于突破，在纷繁复杂的实践中，积极探索低碳发展规律，积累了宝贵的经验。归结起来，主要有三点：

1. 注重提高认识，把国家要求和湖北实际结合起来，筑牢低碳发展的基础。省委、省政府反复强调，湖北的跨越式发展是建立在科学发展基础上的跨越发展，必须坚持科学发展一步到位，既要金山银山，更要绿水青山，绝不走先粗放、后集约，先污染、后治理的老路子。省委工作会议暨全省经济工作会议和"两会"都把推进低碳试点、绿色低碳发展作为工作内容进行了部署。推进低碳试点是科学发展题中应有之义。当前，湖北正在大力实施"两圈两带"战略。这一总体战略的内涵全面体现了科学发展的要求。无论是武汉城市圈"两型"社会建设综合配套改革、鄂西生态文化旅游圈建设，还是湖北长江经济带、汉江经济带开放开发，都充分反映了"两型"建设、低碳发展、绿色繁荣、生态文明的时代特征。这一战略谋划和实施，也为推进试点工作奠定了重要的理论和实践基础。同时，按照着眼全局、突出特色、整体谋划、分步实施，全省统筹、分级负责的原则，切实把低碳试点纳入全省总体战略之中，与经济社会发展同规划、同部署、同推进、同考核，努力实现战略实施与低碳试点共进步、双丰收。

2. 注重创新低碳试点工作的模式，把凝聚内力和争取外力支持结合起来，形成推进低碳试点的强大合力。低碳发展工作交叉性强，涉及面广，必须加强协调配合，发挥整体效应。"凝聚内力"就是我省低碳试点的试点工作在省应对气候变化工作领导小组的领导下开展工作，充分发挥各部门、各地市的职能作用，鼓励大家大胆闯、大胆试。同时，对于关键问题、重点环节和试点过程中碰到的困难和问题及时提交省应对气候变化工作领导小组讨论解决。2010年以来，省政府召开了一次常务会、两次应对气候变化工作领导小组会议、一次专题会研究应对气候变化工作，省长、常务副省长以及成员单位主要负责人参加。各部门根据《实施方案》的工作安排，结合各自实际，进一步完善本部门工作基本思路。如省交通厅、省住建厅、省林业厅完成了《低碳交通》《绿色建筑》《森林碳汇》等专项规划。争取外力就是"借外脑、引外智"，发挥武汉高校、科研单位多和智力密集区的优势，近几年，我们与华中科技大学、武汉大学、华中农业大学、湖北经济学院等高校进行了近30个课题研究，为省委、省政府决策提供智力支持。其中，推进汉江流域能源带建设、设立碳基金等课题已经落地实施。

3. 注重能力建设和宣传引导，切实提高各级干部队伍的能力和水平。低碳发展是当今世界发展的大趋势，更是我们面临的新课题。加强学习、提高工作能力，已成为推进低碳发展的一项紧迫任务。我们高度重视和加强队伍建设，加强应对气候变化和低碳发展知识的专题培训，加快培养一批适应我省低碳发展需要的创新科研团队、领军人才和干部队伍。

尽管我省低碳试点工作取得了一定的成绩，但也面临一些突出问题，主要是：一是产业结构调整步伐有待进一步加快。我省总体仍处于工业化、城镇化加速发展阶段，产业结构重型化格局一时难以改变，能源需求呈现持续快速增长的趋势，工业用能居高不下，低碳转型任重道远。二是能源消费结构调整困难重重。我省水能资源开发殆尽，三峡水电大部分外送，风能、太阳能等资源先天不足，经济社会发展将带动能源消费总量增长，尽管我省在新能源开发利用方面做了大量努力，但是提高非化石能源占一次能源消费比重难度较大，优化能源消费结构的问题和矛盾在短时间难以根本解决。三是低碳发展的激励政策有待完善健全，低碳技术推广程度不够，推进低碳发展缺乏有力的抓手。四是温室气体排放的基础数据不全，温室气体统计监测体系尚待建立等等，这些都需要我们在今后的工作中加以完善。

七、 下一步工作重点

下一步，我省将按照党中央、国务院的总体部署，大力推动生态文明建设，着力推进绿色发展、循环发展、低碳发展，把控制温室气体排放工作作为加快转变经济发展方式、调整经济结构的重要着力点和主攻方向，继续强化工作措施，加大工作力度，确保完成全省单位生产总值二氧化碳排放下降年度目标和"十三五"目标。重点做好以下工作：

1. 进一步完善顶层设计。组织编制《湖北省"十三五"应对气候变化规划》，与国家相关规划做好对接，结合省情实际，做好顶层设计，提出我省应对气候变化工作思路、目标任务、工作措施、重点工程等内容。推进我省碳峰值研究、统计核算体系研究，继续开展省级温室气体清单编制工作。

2. 大力发展服务业和高技术产业，促进产业转型升级。加快发展高新技术产业和战略性新兴产业，将新一代信息技术、高端装备制造业、生物、新能源、节能环保、新材料、新能源汽车等发展成为先导性、支柱性产业，总体发展水平走在中部前列，部分领域进入全国先进行列。

3. 着力推进低碳发展试点示范建设。继续支持省内低碳试点示范城市、园区、社区工作，总结经验予以推广；研究扩大试点示范范围，将试点示范范围延伸到更多积极性高、基础工作好的地方。从能源战略、生态环境、森林碳汇等方面，有效推进试点工作。主要是积极推行合同能源管理，完善节能减排管理机制和体系，狠抓重点行业和重点企业节能管理。突出抓好建筑领域和交通领域的低碳发展。改善能源结构，加快发展新能源产业。深化循环经济示范试点和汽车零部件再制造试点，支持一批循环经济重点项目，推动青山－阳逻－鄂州大循环经济示范区建设。发展可再生资源产业，建立可再生资源回收网络体系，建立再生资源产业基地和产业园区。加快发展碳汇产业，重点发展高效经济林、速生丰产林、花卉苗木、中药材产业及生态旅游业。突出抓好试点示范工作，力争低碳发展产业上有看点，低碳绿色生活方式和消费模式上有亮点。

4. 稳步推进碳排放权交易试点工作。完善各项管理制度。进一步增强市场流动性、连续性，推出碳金融创新产品，建立多层次碳市场平台支撑体系，促进碳市场健康有序发展。做好与全国碳市场的对接工作。在风险控制的前提下锐意进取，大胆探索，争取建成全国碳交易中心。

5. 加快培养人才队伍。采取"请进来"和"走出去"等形式开展能力建设和队伍培养。在国家发改委的指导下，继续巩固与欧盟、美国、英国、德国等国家和地区开展多层次、宽领域的合作，学习和借鉴发达国家和地区的先进经验。同时，通过组织各类培训、学习研讨、实地调研，提高市州、县市、企业等各级应对气候变化工作人员的能力和水平。

6. 提高公众参与意识。继续组织好全国"低碳日"的组织宣传活动，加强舆论引导和媒体宣传，提高全社会节能和应对气候变化的认识，倡导全民自觉行动，增强全社会参与应对气候变化工作的意识和能力，形成政府主导、企业主体、全民参与的强大合力。

陕西省低碳试点进展总结

2010 年 8 月我省被确定为全国低碳试点省，根据国家对低碳试点工作的总体部署，按照省政府办公厅印发的《陕西省低碳试点工作实施方案》具体安排，在全省开展低碳试点工作。近日，我们遵照国家发展改革委办公厅《关于组织总结评估低碳省区和城市试点经验的通知（发改办气候〔2016〕440 号)》和《关于开展"十二五"单位国内生产总值二氧化碳降低目标责任考核评估的通知（发改气候〔2016〕1238 号)》精神，对我省的低碳试点工作进行了认真的总结回顾，现将我省"十二五"低碳试点工作情况做简要汇报：

一、 基本情况

2015 年是低碳试点第一阶段收官之年，是检验试点成效的关键年。我省按照国家部署，开展了低碳社区、低碳城镇、低碳商业试点摸查工作，确定了一批符合条件的试点对象单位。将定边县纳入省级低碳试点县。商洛市、安康市也相继开展了园区、企业、社区、家庭低碳试点活动，形成了省、市、县、园区、企业、社区六级联动低碳试点体系。对全省低碳试点进行了全面系统的调研分析和总结评估，准确掌握了全省低碳试点的真实情况，形成了调研报告。"十二五"期间，按照低碳发展的总体思路，积极组织区域低碳试点、行业低碳试点等多层级、各有侧重的试点示范。同时组织院校、研究机构和企业开展低碳理论创新、技术创新、管理创新，将低碳创新延伸到社会各个阶层、各个领域。低碳试点从不同领域、不同层次、多个侧面全方位展开，主要成效有：

（一） 碳排放强度降低任务超额完成

"十二五"确定的到 2015 年万元生产总值二氧化碳排放量在 2010 年基础上降低 17%，年均下降3.4%。2015 年下降 3.8%，超额完成降低 3.7% 年度计划；2011 年至 2015 年累计降低 20.89%。超额完成"十二五"国家下达目标任务。

（二） 能耗总量增速趋缓

能耗增长过快趋势得到有效遏制，能耗总量增速由"十一五"年均 9.78%，降至"十二五"年均7.08%，2015 年降为 4.5%。关中地区首次实现了煤炭消费负增长。

（三） 能源结构优化达到预期

2015 年我省非化石能源占一次性能源消费量达到 10%，实现了"十二五"目标任务。

（四） 产业优化成效初显

2015 年第三产业占经济总量比重由"十一五"末的 36.4% 提高到 39.7%。

（五） 森林覆盖率持续增长

"十二五"全省森林覆盖率由"十一五"末的 41% 提高到 43%。

（六） 多层次低碳试点全面展开

延安市被国家确定为低碳试点城市；西安市被交通运输部确定为低碳交通运输体系建设试点城市；2014 年国家发改委又确定我省延安市、西咸新区为全国第一批生态文明先行示范区。

二、 低碳发展理念

（一） 加强组织机构能力建设

2014 年省级机构改革中批准在省发展改革委设立应对气候变化处，负责全省应对气候变化宏观政策制定、规划编制及牵头开展低碳试点、温室气体排放管理和碳排放权交易等具体业务工作。渭南市也成立了市级应对气候变化中心，负责全市低碳城市创建工作。部分市县逐步配备专人负责应对气候变化工作。神木县发改局设立了气候科。

（二） 规划编制引领试点

按照国家要求，省发改委编制印发了《陕西省应对气候变化"十二五"规划》，明确了全省五年二氧化碳降低总目标。制定了《陕西省低碳试点实施方案》，将低碳管理纳入陕西省国民经济和社会发展中长期规划。同时还出台了 15 项相关法规、政策保障低碳发展的顺利推进。

（三） 探索低碳发展新模式

由省政府出资 1000 万元，省发改委牵头与西北大学联合成立了陕西省能源化工研究院，并在全国率先批准成立"陕西省二氧化碳捕集封存中心"，延长石油集团、陕鼓集团等企业入股参与，形成了政府、科研机构、企业三位一体化低碳科技攻关联合体，针对低碳发展中的尖端高技术开展一系列技术创新攻关。累计获得国家专利授权 312 项。荣获国家科学技术进步奖二等奖，成为低碳创新发展的新模式。

（四） 强化目标责任考核

每年编制全省经济社会发展年度计划中将单位生产总值二氧化碳降低目标作为主要经济指标一并下达；省委考核办将碳排放强度降低目标分解落实到各市区，作为对地市政府综合考核体系中的重要指标，并占一定分值，明确各级政府、有关部门和重点企业的责任。实行年初下达年度分解计划，年中检查督促，年底考核评价，对外公布考核结果，有力推进了全省减碳目标任务的落实。

（五） 建立协调联席会议制度

建立了省发改委、省工信厅、省林业厅、环保厅、省统计局、省财政厅、省质监局等政府机构和部分第三方机构组成的低碳试点联席会议制度，定期召开会议，研究试点中存在的问题，寻求解决的办法。并对各市温室气体清单、考核准备、碳排放指标任务的分解下达等重要工作进行协商解决，截至 2015 年已召开 4 次联席会议，研究确定了考核准备工作，第三方核查机构确定，和碳核查部署实施等工作。

（六） 碳排放峰值正在研究

省发改委委托西安交通大学启动陕西省碳排放峰值预测和低碳经济发展路线图课题研究，目前正在进行中。延安市两次参加中美城市低碳峰会，加入低碳城市达峰联盟，承诺 2029 年达到碳排放峰值。

三、 低碳发展任务落实与成效

（一） 多层次推进低碳试点

"十二五"根据国家确定的低碳试点方针要求，分两批确定渭南市、镇安、靖边等 7 个市县，西安浐灞生态区、宝鸡高新区等 9 家产业园区，陕西汽车集团、榆林云华绿能公司等 15 家企业为省级低碳试点单位。从区域经济低碳转型、企业低碳技术创新等多个层面开展低碳试点试验。2014 年国家发改委又确定我省延安市和西咸新区为全国第一批生态文明先行示范区。2015 年在全省开展了低碳商业、低碳城镇、低碳社区试点的筛查摸底，全省推荐上报 47 家各类试点对象单位，我们初步计划将其中的铜川照金镇、安康大河镇等一批基础好的单位纳入省级低碳试点范畴，不同层次推进试点工作。

（二） 推进统计指标体系建设， 创新碳汇核算方法

积极探索建立应对气候变化统计核算新方法，研究提出了《陕西省温室气体排放统计方法（试行）》。研究制定了《陕西煤化工行业企业温室气体核算方法》，以及煤制油、煤制气、电石、兰炭、甲醇、合成氨、炼焦等 7 个子行业的核算方法，成为陕西在低碳试点中重要的软科学创新成果，为能源禀赋相同的省区提供了核算方式范例。西安交大承担的"陕西省应对气候变化统计核算制度研究及能力建设"课题被列入 2014 年度中国清洁发展机制基金赠款项目。2014 年省林业厅委托中国林业设计院开展"关中地区林业治污降霾固碳功能专题研究"，形成报告对外发布，成为全国首个城市群林业固碳研究成果，创新性地提出了林业碳汇核算方法和指标值。

（三） 组织开展全省及各市区温室气体清单编制工作

我省先后完成了 2005 年及 2010 年省级温室气体清单编制报告，经国家审核全部验收通过。2015 年全面启动全省及市区级温室气体清单编制，部署了省级和各市 2011—2014 年清单编制工作。2015 年省统计局与省发改委联合制定了《陕西省应对气候变化部门统计报表制度（试行）》，并上报国家统计局，已获批准，开始在陕西实施。

（四） 森林碳汇持续增加

大力开展植树造林，促进身边增绿，共完成造林绿化面积2478.8万亩。初步构筑起长城沿线和城市绿色生态屏障，森林覆盖率由2009年的41.41%提高到2014的43.06%。"十二五"期间，全省完成各类湿地保护恢复246.05万亩，先后建立了各级各类湿地类型的自然保护区12个，建立国家级湿地公园31处，湿地公园总面积达5.38万公顷。

（五） 加快绿色建筑推广

制定出台了《陕西省绿色建筑行动实施方案》《关于加快推进我省绿色建筑工作的通知》等制度措施。"十二五"期间，取得绿色建筑设计标识230个项目，新建绿色建筑2854.83万平方米，保障性住房工程累计有15个项目、222.04万平方米获得绿色建筑标识；"十二五"累计完成改造面积1165万平方米，具备改造价值的居住建筑已改造完成近80%。

（六） 加强交通运输节能

积极推广节能环保汽车和新型清洁燃料，大力引进使用混合动力和纯电动绿色公交车辆，全省70%的公共交通工具改为新能源汽车。建立和完善智能交通管理体系，优化线网功能结构，全省所有高速公路均开通了不停车收费通道。加快推进西安市国家低碳交通运输体系建设试点工作，全面启动公共自行车运营服务。西安、宝鸡、渭南等中心城市以及府谷、神木等县城实施绿色低碳骑行工程。西安市已经建成投入运营公共自行车服务站点1166个，投入公共自行车30899辆，日均使用22.5万人次。

（七） 积极推动公共机构节能

加强政府机关、公用设施、学校医院等公共机构既有建筑节能改造，推广采用高效节能空调、照明系统和办公自动化系统。到2015年，政府机关办公建筑和大型公共建筑单位面积平均电耗下降18%。

（八） 城镇废弃物处置目标超额完成

一是全省城镇污水处理率达到83.2%（国家要求为80%）；污水处理厂污泥无害化处置率达到100%（国家要求为60%）；污水处理厂再生水回用率达到15%（国家要求为15%）；二是规模化畜禽养殖场（小区）污染治理率达80.6%（国家要求为80%）；三是脱硫脱硝改造任务完成。全省48条新型干法水泥生产线实施SNCR技术脱硝改造，其中2000吨/日及以上生产线全部脱硝（国家要求4000吨/日及以上生产线全部脱硝）。

（九） 推进生活方式绿色化

深入推进"绿色文明示范工程"、"园林式社区、园林式单位"、"节水型企业、社区"、"文明工地"、"生态文明社区"、"绿色社区"、"绿色学校"、"绿色家庭"、"绿色酒店"等创建活动，有效改善人居环境。推动生活方式和消费模式向绿色低碳、文明健康的方向转变，力戒奢侈浪费和不合理消费，大力开展节能减排家庭社区行动，在全社会倡导勤俭节约的低碳生活。鼓励公众选购有绿色标志的无公害食品，践行健康、节约的饮食文化，抵制高能耗、高排放产品和过度包装商品，限制一次性用品的使用。

（十） 低碳核心技术创新处于国际领先水平

延长石油集团建设的煤油气盐综合利用项目达到二氧化碳零排放，工艺技术水平处于国际领先。该集团开展的二氧化碳封存、驱油试验技术达到国际领先水平，被列入中美首脑气候变化峰会重点建设项目，是我省低碳试点技术创新的标志性工程。西安四季春公司研制的干热岩零排放供热技术、西安纺织集团的电流虑波自行组合节电技术等技术创新成果均达到国际先进水平。5 年来，全省试点单位获得国家发明专利 23 项，获得国家科技进步二等奖 1 项。

（十一） 积极开展企业碳排放交易准备工作

按照国家统一部署，组织有关部门、机构认真学习碳交易政策及专业知识，组织重点企业进行专业培训，培训企业 400 多家，近 1000 人参加。对全省年能耗 5000 吨标煤以上的企业，全面开展企业温室气体排放报告编制及报送工作；对年耗能 1 万吨标煤以上的重点企业，在编制报送碳排放报告的基础上进行碳核查，经上级审核后，按照国家有关规定确定企业碳排放配额，为参与全国碳市场交易做好准备。

（十二） 深化专题研究，广泛宣传动员

为进一步研究探索应对气候变化工作的科学方法，确定省气候中心、省信息中心、陕西延长石油集团研究所等一批科研单位作为我省低碳试点研究协作单位，采取分配研究课题、联合攻关、共同申请国家应对气候变化科研项目等方式积极开展技术研究。《陕北地区碳封存地质条件研究》《陕西省应对气候变化基础能力建设》和《陕西省应对气候变化规划思路研究》等一批研究成果相继出炉。结合全国首个低碳日活动，组织各市区在当地的各类媒体开展低碳日宣传。全国首个低碳日当天，《陕西日报》开辟了低碳专版。《求是》杂志刊发文章介绍我省低碳发展的相关情况。

四、 低碳试点的经验启示

5 年低碳试点实践证明，低碳试点对经济发展的启示和引领作用极为显著，主要有：

（一） 低碳试点对经济稳增长支撑作用不容忽视

旬阳县生态工业园区是旬阳县的经济支柱，园区的经济收益占全县经济总量的 70% 以上。该园区坚持低碳生态发展方向不动摇，自始至终以技术改革和创新为抓手，狠抓节能降碳，推进生态经济发展，装备制造业、现代服务业、物流产业逐步壮大，经济运行呈稳步增长态势，从 2012 年至 2014 年，

年均增长 30.3%，2013 年经济增长 23.84%，2014 年增长 27%，单位产值能耗下降 39.1%，二氧化碳排放降低 41%。从中我们得到启示：低碳试点促进了技术创新、管理创新和经济增长点的形成，是经济稳增长的有力依托，只有高度重视低碳发展，持之以恒常抓不懈，使之真正成为经济发展的支柱，方能发挥出低碳发展对经济社会强劲的支撑和推动作用。自 2012 年全国经济进入下行通道后，我省承担低碳试点任务的凤县、镇安等县经济增速均未出现明显下滑迹象，年均经济增长依然保持两位数增长。

（二） 低碳试点对发展方式转变的引领越加明显

榆林市云化绿能有限公司是我省首批低碳试点企业，主要生产低碳精细化工产品碳酸二甲酯。该公司采用国内先进的第四代酯交换法生产碳酸二甲酯，生产工艺、技术设备在行业领先，是我国碳酸二甲酯行业第二大生产、技术型企业。所用原料为甲醇、二氧化碳，每年吸收兖矿甲醇厂排出的废气 100 多万吨，从中提取 99.99% 的高纯度二氧化碳作为生产碳酸二甲酯的原料。在全国经济普遍下行的 2014 年，云华绿能公司实现主营业务收入 42995 万元，增值税 3537 万元，增幅达 41.2%。云华绿能公司彻底改变了陕北民营企业长期以来仅挖煤、炼焦的粗放式经营，实现了产业的高层次转化升级。

定边县过去以石油为主，油主沉浮是经济的真实写照。近年来该县主要以发展风电、光伏发电等可再生能源为主和现代农业为主，逐步减轻对石油经济的过分依赖，完成了能源结构的优化升级，可再生能源消费占全县能源消费总量的 30%，是我省可再生能源生产和消费占比最高的县，已经达到了国家"十三五"的发展目标，实现了绿色低碳发展。经济发展的总体态势也呈现出平稳转型的趋势。由此可见，低碳发展是经济新常态时期引领转型升级的可操作：便于实现的新经济形态，只有牢牢把握低碳发展的总基调，使经济平稳转型过渡，最终达到跨越升级、优质高效发展是极为可行的。

（三） 低碳试点成为提升区域素质和整体形象的加速器

凡是在低碳试点中做出一定成效的县区、园区和企业，从经济发展的信心，到人员自身素质提升，再到整体形象提升均展示出良好效果。镇安、安塞、定边等县政府工作人员、园区负责同志、企业法人代表以及普通员工，均认为低碳试点不仅让区域经济发展有了新的方向，而且在此过程中学习到了低碳发展、生态文明建设乃至人与自然之间和谐相处的很多新知识、新概念、新思维，接触到了低碳发展的新事物、新方法，看到了全新的发展模式。感觉不论是参与试点的群体还是个人，都为能参与低碳试点、亲身经历经济升级转型感到骄傲。因此，富有成效的低碳试点，不仅促进了区域经济发展，而且全面提升了区域内在素质和整体形象。

5 年的低碳实践和探索，我们总结出如下经验：

1. 把低碳试点与经济发展融为一体是促进经济社会转型升级的重要推动力。我省凤县、镇安县等低碳试点县将低碳试点与经济发展紧密融合，把低碳试点的内容有机统一到经济发展全局中统筹试验摸索，近 3 年来经济连年保持两位数增长，碳排放强度逐年均下降 4% 左右。由此证明，低碳试点工作是经济建设密不可分的组成部分，必须渗透到经济社会发展的方方面面。要进一步统筹兼顾，将低碳试点与经济社会发展，与生态文明建设同步推进，与经济升级转型同期谋划，与社会发展同步实施，有机结合起来，形成发展合力，着力放大低碳试点对经济社会发展的带动和促进作用，达成互荣互惠的良好局面。

2. 必须以强有力的财政和市场手段来保证低碳试点效果的提升和范围的拓展。低碳试点的最大困难就是缺乏资金保障和明确的政策支持，以及有效的市场促进手段。鉴于此，急需引进或设计出新颖的有吸引力的市场运作模式，引导低碳试点企业和全社会对低碳试点更多的关注和支持，以便提升低碳试点的效果，逐步扩展低碳试点的范围和规模。

3. 将低碳试点单位的发展壮大与低碳试点的成效和影响力同步筹划实施，凸显低碳试点带动力。低碳试点单位，尤其是低碳试点企业的生存状态决定着低碳试点效果的良莠。在谋划低碳试点单位时，一定要考虑到让低碳试点单位和低碳试点成效同步发展，共同提升，切实保障试点效果的深化拓展和试点单位的发展进步，着力避免低碳试点单位因倒闭，破产而影响试点的正常进行。

五、 试点存在的问题及建议

我省的低碳试点工作经过近五年的实践和探索，总体进展较为顺利，但是面临的挑战依然不少，主要有：

（一） 对低碳发展的重要性认识不足

各级政府部门中均有部分人对低碳发展认识不足；个别县区对低碳试点有明显排斥抵触情绪，认为参与低碳试点不仅没有任何实惠可得，而且还限制经济发展。在低碳产品认证方面，很多企业不知道低碳产品称号对企业品牌和形象的增值意义，对低碳产品认证存在等待观望情绪，没有积极参与的动力和意识。对整个经济社会低碳发展仍持消极态度。

（二） 低碳试点缺乏相应的政策和资金支持

一系列低碳试点示范工程，除过下发通知，号召企业和社会参与之外并再没有相应的配套政策措施，没有有效的制约手段。市县、园区、企业乃至社区的同志经常问，低碳试点有没有实际的政策和资金支持，开展相应的试点示范工作，工业化普及能否给予一定的资金引导和支持。目前所有的低碳试点工作都停留在一纸空文的阶段，号召力和制约力不强。这是我们低碳试点工作长期被动吃力的主要原因，也是我们工作的最大挑战。

（三） 编制少任务重

应对气候变化是项全新的工作，市县两级对这样工作的认识尚不到位，没有相应的工作机构和人员，临时拉人，临时凑合的显现极为普遍。国家层面对应对气候变化和低碳试点工作极为重视，工作量逐年增长，难度越来越大。基层单位没机构、没经费、缺人员，很多工作确实举步维艰，严重影响了工作成效。

结合5年低碳试点经验，根据目前经济发展走势和低碳工作发展实际，建议下一步：

1. 进一步深化低碳试点示范带动作用。在"十三五"期间形成纵向涉及各个层次，横向联系各个领域，全域覆盖，全面创新的低碳试点工作新局面。在"十二五"低碳试点的基础上深化低碳试点工作，调整、补充、扩大低碳试点单位和试点范围，形成省、市、县、园区、企业、社区等多层次的低碳试点体系。同时，支持各市在本区域内选择符合既定条件且具有地域特色的小城镇、社区等积极申报低碳试点城镇和低碳试点社区，实现各个区域层级的低碳试点工作有机联动。

2. 加强资金和政策支持。安排低碳试点资金，重点支持节能减碳技术研发、低碳产业发展、低碳技改项目建设、能源计量管理等，激发低碳试点单位尤其是试点企业发展低碳经济的积极性。同时，配套财税金融政策，综合运用免税、减税和税收抵扣等多种税收优惠政策，促进企业加快低碳技术研发。

3. 完善考核和奖励机制。制定切实可行的低碳目标责任指标体系和考核办法，按照权责明确、分工协作的原则，落实责任主体，强化问责制度严格奖惩制度，以考核推动低碳工作向纵深开展，进一步强化低碳试点的政治责任感和荣誉感，采取评选优秀低碳单位等形式促进全社会对低碳试点的认知和认同。

云南省低碳试点进展总结

2010 年 7 月，云南省成为了国家第一批低碳省区试点。按照国家对低碳试点创建的有关工作要求，云南省狠抓落实，扎实推进低碳省区试点建设，工作成效明显。现将云南省低碳省区试点创建工作自评估报告如下：

一、 基本情况

云南是中国西南的一个边疆省份，区位条件独特，自然资源禀赋良好。"十二五"以来，云南省主动服务和融入国家发展战略，在统筹推进经济社会发展中，积极构建低碳发展的产业体系，着力降低全省碳排放强度。"十二五"期间，全省地区生产总值由 2010 年的 7224.18 亿元增长到 2015 年的 12222.99 亿元，全省生产总值跨上万亿元新台阶，累计增长 69.20%，年均增长 11.1%；全省一次能源消费总量由 2010 年的 7720.36 万吨标煤增加到 2015 年的 10356.56 万吨标煤，累计增长 34.15%，年均增长 6.0%；单位地区生产总值二氧化碳排放（以下简称"碳排放强度"）由 2010 年的 1.65 吨二氧化碳/万元降低到 2015 年的 0.70 吨二氧化碳/万元，累计下降 57.60%，年均下降 15.8%。

二、 低碳发展理念

（一） 切实加强组织领导

建立健全组织保障机制。云南省人民政府成立了低碳节能减排及应对气候变化工作领导小组，组长由省人民政府分管领导担任，明确了领导小组成员单位职责，切实发挥省节能减排及应对气候变化领导小组的作用，组织召开全省节能减排和应对气候变化工作电视电话会议，贯彻落实国家关于节能减排降碳工作的安排部署。在省发展改革委增设应对气候变化处，并归口管理应对气候变化工作。全省 16 个州市也相应建立了低碳节能减排及应对气候变化工作机制，健全了从省到州市级的应对气候变化工作组织管理机构。

（二） 重视高度规划编制

强化规划和工作方案的宏观指导。云南省较早组织编制完成并由省人民政府印发实施了《云南省低碳发展规划纲要（2011—2020 年)》《云南省"十二五"低碳节能减排综合性工作方案》《云南省"十二五"控制温室气体排放工作实施方案》《云南省"十二五"应对气候变化专项规划》和《云南省低碳试点工作实施方案》等一系列规划和工作方案。把应对气候变化和低碳发展工作内容纳入了全省国民经济和社会发展"十二五"规划中。率先在全国完成了 16 个州（市）级低碳发展规划的编制工作，并通过州（市）人民政府印发实施。

（三） 积极探索低碳发展模式

云南紧紧围绕低碳发展这条主线，以优化能源结构、提高能源利用效率、降低碳排放强度为核心，以转变生产和生活方式为基础，以技术创新和制度创新为动力，从生产、消费和制度建设三个层面推进云南低碳发展，努力形成节约资源和保护环境的产业结构、增长方式和消费模式，走出了一条具有云南特色的低碳发展路子。"十二五"期间，先后组织实施了低碳能源建设工程、工业节能增效工程、低碳建筑工程、低碳交通工程、森林碳汇工程、低碳工业园区及企业低碳化改造工程、能力建设及科技支撑工程、政策规划及体制创新工程、先行先试示范工程以及低碳生活推进工程等"十大工程"，探索云南低碳发展模式。

（四） 研究确定碳排放峰值目标

为建立碳排放总量目标倒逼云南低碳发展的机制，云南省认真组织开展二氧化碳排放峰值和减排路径研究。在摸清碳家底的基础上，结合云南经济发展、产业结构、能源结构的特点和潜力，利用环境压力（IPAT）方程预估了云南省碳排放峰值年份及峰值量，为政府决策提供理论支持。

三、 低碳发展任务落实与成效

（一） 提前完成 "十二五" 调整产业结构目标任务

积极优化产业结构和布局，推进产业发展向低碳和零碳发展。一是扎实推进高原特色农业，实施高原特色农业"十百千"行动计划，大力推进农产品市场主体培育、农产品品牌创建、农资安全保障、流通体系促进工程、生产种植基地县、精品农业庄园和标准化示范园建设。二是积极推进传统产业的低碳化转型、升级和改造，全面部署工业转型升级，推进煤炭产业转型升级，分类推动钢铁、有色金属等行业结构调整，提升传统产业技术水平，延伸产业链，提高产品附加值。三是健全刺激消费政策，培育健康养老等消费热点，推动商贸流通业、电子商务等新兴业态发展，大力发展以生物产业和光电子产业基地为特色的战略性新兴产业，旅游强省建设取得新进展。2015 年，云南省第三产业增加值占地区生产总值比重达45%，较 2014 年提高 1.76 百分点，较 2010 年的 40% 提高了 5 个百分点，提前 2 年完成了云南省"十二五"规划调整产业结构目标任务。

（二） 提前完成 "十二五" 调整能源结构目标任务

大力发展非化石能源。一是发挥清洁能源规划的引导作用。围绕将云南打造成为国家清洁可再生能源西电东送基地的目标，编制了一系列专项规划，加快非化石能源的开发利用。全省预计累计装机8000 万千瓦，其中：水电 5798 万千瓦，燃煤公用火电及综合利用电厂 1422 万千瓦，新能源装机 780万千瓦（风电 630 万千瓦、太阳能 150 万千瓦），清洁能源与火电装机比例达 82∶18。二是鼓励使用非化石能源。制定云南省汛期富余水电市场化消纳工作方案，鼓励工业企业消纳水电，促进非化石能源的消费；调整完善云南省丰枯分时电价政策，从 2014 年 1 月 1 日起实施上网侧丰枯电价政策，通过扩大丰枯浮动幅度引导载能工业增加丰水期用电量；成为国家首批电力体制改革试点，出台《云南省电力用户与发电企业直接交易试点方案》，明确电力用户直购电交易细则；在国家西电东送的战略指导下，主动作为，已与广西、南方电网共同签署云电送桂中长期合作框架协议。三是全面实行节能发电调度。2015 年，全省可再生能源发电量 2318 亿千瓦时；省内用电量 1453 亿千瓦时（90% 为清洁能源）；东送外送电量 1130 亿千瓦时，占省内用电量的近 80%，我省成为全国外送清洁能源第二大省份。四是降低煤炭消费比重。针对全省水电富裕的特点，压缩火电出力，实施以电代油、代煤工程，煤炭占一次能源消费占比由 2010 年的 56.73% 降低到 2015 年的 40.5%，累计下降 16.25%，年均下降 6.5%。2015 年，云南省非化石能源占一次能源消费比重达到 43.60%，较 2010 年的 27.60% 上升 16 个百分点，提前 2 年完成云南省"十二五"规划调整能源结构目标任务。

（三） 超额完成年度节能和提高能效目标任务

强化节能降耗，努力提高能源利用效率。进一步加强新建项目节能评估审查，确保固定资产投资项目能耗水平达到能效限额标准；狠抓工业企业节能降耗，制定实施了《云南省千家企业节能行动实施方案》，全省千家节能行动企业实现节能量 1051 万吨标煤。严控高耗能行业和过剩产能过快增长，成立了省淘汰落后产能工作领导小组，将淘汰落后产能目标任务及时下达到州（市），全省提前一年完成"十二五"淘汰落后产能目标任务。认真落实促进节能的价格政策，对电解铝、铁合金、电石、烧碱、水泥、钢铁、黄磷、锌冶炼等 8 个行业严格执行差别电价政策。实施重点节能工程，以余热余压利用、电机系统节能、能量系统优化、能管中心建设等为重点，"十二五"期间，组织实施了 467 项重点节能示范项目，实现年节能量 772 万吨标煤。"十二五"国家下达云南省的万元地区生产总值能耗降低目标任务是 15%。2015 年，云南省万元地区生产总值能耗较 2014 年下降 8.83%，较 2010 年下降 20.65%，超额完成"十二五"节能目标任务。

（四） 超额完成增加森林碳汇 "十二五" 目标任务

深入推进"森林云南"建设，森林碳汇能力显著增强。"十二五"期间，大力实施退耕还林、天然林保护、防护林建设、低效林改造和石漠化治理等生态建设重点工程，加强森林抚育经营和可持续管理，加快交通沿线、江河流域、湖泊库区、城市面山生态治理，1 州 3 县列为国家发展改革委全国生态保护与建设示范区，实现森林覆盖率、森林蓄积量和林地面积"三增长"。截至 2015 年底，云南省森林覆盖率为 55.7%（含一般灌木林），森林蓄积 17.68 亿立方米，林地面积 2501 万公顷。根据国家林业局印发的《林业发展"十二五"规划》，"十二五"期间云南省造林任务为 2885 万亩。截至 2015 年底，云南省累计造林面积 3439 万亩，超额完成了"十二五"增加森林碳汇的目标任务。

（五） 建筑、 交通等重点领域低碳试点建设成效显著

"十二五"期间，云南省组织实施了多项国家级低碳建筑和低碳交通等试点项目。全省 5 市 4 县先后列入住房城乡建设部国家可再生能源建筑应用示范地区，示范面积 1583 万立方米；4 所高校成为住房城乡建设部国家节能监测平台建设示范学校，开展建筑节能监管体系建设；昆明市呈贡区成为住房

城乡建设部国家首批绿色生态示范城区；省政府印发了《关于大力发展低能耗建筑和绿色建筑实施意见的通知》，建立了绿色建筑评价标识管理制度，获住房城乡建设部批复开展了云南辖区内一二星级绿色建筑标识工作，全省40个项目获得绿色建筑评价标识，累计面积750万平方米。麻昭高速公路和香丽高速公路建设列入交通运输部全国绿色公路建设试点，成为目前全国唯一有两条绿色公路试点的省份；昆明市列入交通运输部首批"公交都市"建设试点城市和第二批低碳交通运输体系建设试点城市，昆明市公交出行分担率将达到50%以上；增程式电动公交示范推广项目成为交通运输部首批绿色循环低碳示范项目；隧道照明综合节能技术应用项目成为交通运输部第五批节能减排示范项目，累计进行隧道节能改造129座；思小高速公路和保龙高速公路潞江坝服务区云南公路馆被评为国家AA旅游景区；应用沥青路面再生技术，实现旧路面材料的循环利用，累计沥青路面基层再生362万平方米。同时，组织开展了一批低碳社区、低碳产业园区、低碳旅游区、低碳学校、低碳城镇等示范项目建设。低碳示范项目的实施，有力推进了云南省重点领域的低碳发展。

（六） 绿色生活方式和消费模式得到大力倡导

加大低碳宣传力度，通过新闻媒体、成果报告、资料汇编等方式，利用"全国低碳日"、"节能宣传周"等主题宣传活动。先后举办了云南省低碳试点工作成效展、低碳发展专题讲座，云南省低碳城镇、低碳社区、低碳学校试点经验交流，低碳生活进社区、进校园和低碳公益广告等活动。加快推动公众生活方式和消费模式向简约适度、绿色低碳、文明健康的方式转变，倡导绿色低碳的生活方式和行为习惯，树立绿色消费理念，倡导绿色消费和适度消费，营造低碳发展良好氛围。

（七） 废弃物处置进一步加强

云南下大力气加大废弃物处理处置力度。普洱市成为全国唯一的国家绿色经济试验示范区，4个市（县）成为国家循环经济示范城市（县）、1个城市成为国家资源综合利用示范基地，2家省属企业成为国家资源综合利用骨干企业，3个城市成为国家餐厨废弃物资源化利用和无害化处理试点，城镇污水垃圾处理设施建设进展顺利，截至2015年底，全省129个县实现了县具备污水垃圾处理能力的目标。

四、 基础工作与能力建设

（一） 建立温室气体排放目标责任制和考核机制

云南省将碳排放强度降低目标纳入到《云南省国民经济和社会发展第十二个五年规划纲要》和全省国民经济和社会发展年度计划中。省人民政府与16个州（市）人民政府签订了低碳节能减排目标责任书，把"十二五"期间碳排放强度下降目标和碳排放强度年度降低目标，分解落实到16个州市。从2011年起，低碳发展目标完成情况被省委考评办列为常态化考核项目，印发了低碳发展目标完成情况考评办法，组织开展了省级对16个州（市）人民政府的年度低碳发展目标完成情况考评工作。创新激励机制，2014年、2015年省政府安排200万元对各州市人民政府及省级有关部门进行了低碳工作年度考评奖励，提高全省各级各部门低碳工作积极性，促进全省碳排放强度目标任务的完成。

（二） 建立温室气体排放统计核算制度及清单编制常态化工作机制

按照《国家发展改革委　国家统计局印发关于加强应对气候变化统计工作的意见的通知》（发改气候〔2013〕937号）要求，组织开展了温室气体排放基础数据统计报表制度试点工作，明确了部门任务分工，初步建立了省级温室气体排放基础统计与调查制度和碳信息管理数据库。编制完成了2005年和2010年省级温室气体清单报告，顺利通过了国家验收，正在开展2012年和2014年省级温室气体清单报告编制工作。

（三） 推进温室气体排放数据报告制度建设

着力推进重点企（事）业单位温室气体排放报告制度建设。印发了《关于组织开展重点企（事）业单位温室气体排放报告工作的通知》，研究制定了《云南省重点企（事）业单位温室气体排放报告实施管理办法（试行）》和《云南省重点企（事）业单位温室气体排放核查工作细则（试行）》明确了报告主体、内容和程序。搭建了省级温室气体排放报告管理平台，委托云南省经济信息中心开发了重点企业温室气体排放报告在线填报系统（网址：ynghg.cn），规范并确保数据报送渠道畅通。加大能力建设培训，编制了培训教材，分行业组织了15期温室气体排放报告培训，培训全省发展改革系统、重点企（事）业单位等部门人员约1100人。

（四） 加大地方低碳发展专项资金投入

云南省省级财政设立了"十二五"期间每年3000万元的省级低碳发展引导专项资金，主要用于低碳发展能力建设和重点领域低碳示范项目建设。地方低碳发展专项资金的投入，有效引导并推动了地方低碳发展。

五、 体制机制创新

（一） 积极落实碳排放权交易市场建设有关工作

推进全国碳排放权交易市场建设。一是完善工作机制，建立了由省发展改革委牵头，省工业和信息化委、省统计局等多部门协同配合，省经济信息中心为技术支撑单位的工作机制。二是制定配套政策文件，开展《云南省建立碳排放总量控制制度和分解落实机制工作方案》和《云南省落实碳排放权交易市场建设实施方案》编制工作。三是加强能力建设，制定了系统的培训计划，组织开展分层次的碳排放权交易知识培训，举办了碳交易试点有关专家参加的"碳交易系统建设交流会"。四是积极开展温室气体自愿减排交易。发挥云南林业资源优势，积极推进林业碳汇造林项目，"十二五"实施碳汇造林2.3万亩；完成了退化土地上的竹子造林碳汇计量方法学的开发，并在国家发展改革委备案；初步建立省级林业碳汇计量监测体系，建立了2005—2013年云南省林业与土地利用变化（LULUCF）数据库，摸清了云南林业碳源和碳汇变化家底，开展了"基于林业碳收支模型CBM–CFS3的森林碳计量方法研究"，是全国最早探索使用最新碳汇源计量方法的省份。

（二） 着力推进低碳产品标准、 标识和认证工作

着力推进全省低碳产品认证工作。研究制定了《云南省低碳产品认证实施方案》，开展云南省高原特色农产品低碳标准和认证制度研究，组织了全省低碳产品认证宣贯会，在硅酸盐水泥、平板玻璃、中小型三相异步电动机、铝合金建筑型材等行业的重点企业开展试点，扶持引导相关企业获得低碳产品认证，"十二五"期间，云南省有 4 家企业获得 15 张国家低碳产品认证证书，获证企业数和证书数都居全国前列。

六、 重要经验

（一） 加强组织协调

低碳试点工作综合性强、涉及部门多，要统筹做好全省的低碳发展，离不开牵头单位的组织协调和相关部门的通力合作。一是发挥低碳节能减排及应对气候领导小组办公室平台作用，借助领导小组办公室这个平台，组织协调各成员单位，为低碳试点工作提供组织人员保障。二是积极发挥牵头作用。省发展改革委作为低碳试点工作牵头单位，主动作为，组织多次专题会议，研究讨论低碳试点工作思路，统筹推进全省低碳发展各项目标任务。三是发挥部门作用。调动部门参与低碳试点工作积极性，做到了部门行业规划与低碳发展有关规划的充分衔接。四是注重锻炼省级低碳技术团队。积极参与国家低碳工作培训，通过完成清洁发展机制基金赠款项目和省级低碳发展引导专项资金项目，锻炼和培养了一批熟悉低碳发展工作的省级专家团队。

（二） 积极开展先行先试

把先行先试和创新工作体制作为探索低碳发展的重点工作。一是强化规划和工作方案的宏观指导作用，让规划和工作方案先行，细化工作目标和任务，明确部门责任，推动全省绿色低碳发展。二是强化重点项目示范作用。围绕云南低碳发展的优势领域，着力推进低碳建筑、低碳交通、林业碳汇、低碳能源、低碳社区、低碳旅游区、低碳产品认证等示范项目建设。三是强化基础统计工作重要性。利用成为省级温室气体清单报告编制列入国家试点的优势和所积累的经验，率先建立了温室气体排放基础数据统计制度和核算体系。四是强化机制创新。着力推进全国碳排放权交易市场建设，确保云南 2017 年顺利参与国家碳排放权交易工作。

（三） 强化保障措施

强有力的保障措施是确保低碳试点创建成功的重要条件。云南省低碳试点创建，突出了三个特点鲜明的措施。一是强化目标责任考核，实行温室气体排放目标责任考核机制，并率先开展年度省级对州（市）人民政府的低碳发展情况目标考评工作；二是设立省级低碳发展引导专项资金每年 3000 万元，主要用于能力建设和示范项目建设；三是注重低碳发展宣传，依托各部门和人民团体在全省社区、学校和企业等领域的影响力度，开展形式多样的宣传活动。

七、 工作建议

（一） 下一步工作

深入推进低碳试点省建设。分解落实"十三五"期间碳排放强度和总量下降目标任务，完善温室气体排放考核制度，健全温室气体排放统计核算制度，落实全国碳排放权交易市场建设工作，做好温室气体排放配额管理，制定出台低碳发展有关配套政策，探索开展碳认证、碳标签工作，推进低碳产业园区、低碳社区、低碳城镇等示范项目建设。

（二） 面临的挑战

1. 对低碳发展的认识有待进一步提高。主要表现在部分企业低碳意识薄弱，低碳发展氛围尚未形成。特别是经济下行压力大的情况下，部分企业对开展温室气体排放报告制度等低碳工作重视不够、积极性不高。

2. 低碳发展压力大。一是云南省以煤炭为主的能源消费结构在今后一段时期内难以发生根本性改变，工业发展对能源消耗的依赖程度仍然趋高；二是随着经济企稳回升，产能进一步释放，能源消费总量需求将持续刚性增长；三是通过节能技术改造实现项目节能降耗空间有限；四是非化石能源发展空间将逐步缩小。2015 年云南省非化石能源占一次能源消费已达 43.60%，同时云电外送压力逐步加大，电力调出增长将逐步放缓或可能出现负增长。

3. 政策支撑不够，缺乏有效的资金渠道。促进低碳发展的政策制度建设滞后，低碳工作缺乏上位法，体制机制障碍仍然制约低碳发展。社会资本和各级财政资金投入力度小。

（三） 政策建议

1. 建议国家设立低碳发展中央预算内投资，支持各省区用于低碳发展能力建设和低碳示范项目建设。

2. 建议国家尽快出台应对气候变化法、碳排放权交易管理条例、温室气体排放核查管理办法等相关法律法规。

3. 建议金融系统出台关于鼓励企业参加碳排放权交易的金融政策。

4. 建议国家在制定有关碳排放总量控制的政策中，应体现鼓励地方发展可再生能源的政策，应体现出倒逼地区能源结构调整的政策导向，应充分考虑可再生能源发展较快地区能源结构优化空间有限的因素，应对经济欠发达省份在碳排放配额总量分配上给予倾斜。

天津市低碳试点进展总结

一、 基本情况

2011 年以来，天津市坚持稳中求进的工作总基调，在抢抓机遇中发展，在迎接挑战中前行，圆满完成了"十二五"规划确定的主要目标任务。2015 年全市生产总值 16538 亿元，年均增长 12.4%。服务业增加值比重从 2010 年的 46.0% 提高到 2015 年的 52.2%，"三二一"产业格局基本形成。以"两港四路"为核心的综合交通体系加快建设，大规模市容环境综合整治持续开展，城市功能得到进一步提升，城市常住人口从 2010 年的 1299.29 万人增加到 1546.95 万人。自由贸易试验区建设高标准开局，扎实推进京津冀协同发展，积极参与"一带一路"建设，城市国际影响力进一步提升。

严格落实"一挂双控"要求，控制能源消费过快增长。"十二五"全市能源消费总量、全社会用电量分别由"十一五"的 10.4%、10.9% 降至"十二五"的 6.3%、4.4%。煤电装机比重逐步降低，由 2010 年的 97.7% 降低到 2015 年的 76.1%。气电装机比重由 2010 年的 0.5% 提高到 2015 年的 19.4%。煤炭占一次能源消费总量比重大幅下降，由 2010 年的 56% 降至 2015 年的 50% 以下，清洁能源消费比重逐步提高，天然气由 2010 年的 5.1% 上升到 2015 年的 12% 以上，非化石能源比重提高 2 个百分点。单位地区生产总值能耗累计下降 24%，超额完成国家下达的 18% 的指标任务。

深入推进"美丽天津·一号工程"，积极控制全市温室气体排放。到 2014 年，全市单位地区生产总值二氧化碳排放累计下降 22.22%，提前一年实现"十二五"下降 19% 的任务目标。2015 年继续保持下降，预计全年下降 7% 以上。碳排放权交易试点纳入企业二氧化碳排放量从 2011 年的近 1.4 亿吨（未扣减发电企业电力输出部分）下降到 2014 年的 1.35 亿吨左右，高耗能行业温室气体排放增长趋势初步得到控制。

二、 低碳发展理念

（一） 低碳发展组织领导

1. 成立市应对气候变化工作领导小组。根据国务院要求，市政府成立了由市领导任组长、相关职能部门主要负责同志参加的市应对气候变化及节能减排工作领导小组，组织推进全市应对气候变化及节能减排工作。领导小组在市发展改革委下设办公室。

2. 成立市低碳城市试点工作领导小组。成立市低碳城市试点工作领导小组，统筹指导低碳城市试点工作，协调解决试点中的重大问题。领导小组在市发展改革委下设办公室，负责组织推动试点工作。

3. 明确应对气候变化日常管理机构。《天津市发展和改革委员会主要职责内设机构和人员编制规定》（津编发〔2014〕65 号）明确，天津市发展改革委为市政府组成部门，负责全市应对气候变化和节能减排的综合协调工作，内设环资气候处具体承担相关具体工作。

（二） 应对气候变化专项规划编制

1. 印发实施应对气候变化"十二五"规划。将二氧化碳排放强度降低目标纳入"天津市国民经济和社会发展'十二五'规划纲要"。经市政府审议通过，印发实施"天津市应对气候变化和低碳经济发展'十二五'规划"，强化对全市低碳发展的统筹指导。滨海新区等区县在"十二五"期间也印发实施了应对气候变化规划。

2. 编制应对气候变化"十三五"规划。将应对气候变化列入由市政府审批的重点专项规划，组织编制"天津市应对气候变化'十三五'规划"，控制温室气体排放过快增长，提升适应气候变化能力。目前已形成规划征求意见稿。

（三） 排放峰值目标的确定

综合考虑未来经济发展、能源消费总量控制、能源弹性系数目标、能源结构优化等情况，采用现有能源消费等基础数据，对比分析一般均衡模型、系统动力学模型、关键因子参数等多种方法测算结果，研究预判 2025 年前后天津市能源活动二氧化碳排放出现峰值，峰值目标约为 2.5 亿吨 CO_2。

三、 低碳发展任务落实与成效

（一） 推动产业低碳化发展

1. 大力发展战略性新兴产业。国家自主创新示范区和"双创特区"加快建设，建成电子信息、石油化工等 8 个国家新型工业化产业示范基地。推出智能机器人、新能源汽车等一批重大科技专项，开发出"天河一号"、"曙光星云"等一批国际领先技术产品，建成中科院工业生物技术研究所等一批创新平台。装备制造成为万亿产业，软件产业突破 1000 亿元，安全 CPU、安全操作系统、安全数据库占据国内领先地位。先进制造业产值占工业比重超过 50%。

2. 促进传统产业低碳化升级改造。坚持产业政策导向，不再审批钢铁、水泥、平板玻璃、船舶等行业新增产能项目。通过改造提升、关停重组、载体升级等途径，加快石化、冶金、轻纺等传统产业升级。建成 9 个国家新型工业化产业示范基地，淘汰落后产能的任务提前一年完成。万企转型升级行动成效明显，1.2 万家企业成功转型。全市万元工业增加值能耗累计下降 42.1%，超过"十二五"目标 24.1 个百分点。

3. 优先发展现代服务业。现代金融、商贸物流、科技研发、文化创意、旅游会展、电子商务等现代服务业迅速壮大，五大院、民园广场等一批商业综合设施建成运营，天津自贸试验区金融改革创新深入推进。2015 年，全市举办国际性展会 29 场，法人金融机构增至 61 家，科技型中小企业达到 7.2 万家，商业综合体 35 个，亿元楼宇 170 座。租赁资产规模突破 6500 亿元，约占全国总量的四分之一。服务业增加值达到 8604 亿元，占全市生产总值的比重 52%，"三二一"产业格局基本形成。

4. 优化产业空间布局。推进滨海新区开发开放，促进中心城区、郊区县整体提升。天津国家自主创新示范区获批建设，"一区二十一园"格局基本形成。中新天津生态城成为国家绿色发展示范区，东疆保税港区航运服务功能加快提升，中心商务区"双创特区"建设进展顺利，开发区、保税区、高新区、临港经济区进一步壮大。郊区县 31 个示范工业园区加快建设，一批投资大、带动能力强的龙头项目建成投产。建成高标准设施农业 60 万亩，一批现代农业园区投入运营。

（二） 优化能源结构

1. 优先发展非化石能源。因地制宜加快发展风能、太阳能、生物质、地热等新能源和可再生能源，非化石能源比重由 2010 年的 1% 上升到 2015 年的 3%。推进能源利用方式转变。武清开发区被列入国家能源局首批 18 个分布式发电示范区之一，中新生态城被列入国家新能源示范产业园区。清洁能源装机由 11.1 万千瓦提高到 323.6 万千瓦，占总装机比重由 1% 提高到 23%。

2. 提高天然气利用比例。增强天然气输配和供应能力，高压然气管网的输配能力由 2010 年的 30 亿立方米提高至 2015 年的 100 亿立方米左右。建成陕津、津沽、塘沽、滨海、开发区共 5 座天然气储配站，调峰能力达到 85 万立方米。天然气比例由 2010 年的 5.1% 提高到 2015 年的 12% 以上。

3. 推动燃煤锅炉改燃并网工程。加大淘汰电力行业落后产能，关停第一热电厂、陈塘庄热电厂，关停小火电机组 12 台 113.5 万千瓦。实施煤电机组超低排放和节能升级改造，20 台主力煤电机组中有 19 台基本达到燃气排放限值。2012 年以来，累计完成中心城区 147 座燃煤供热锅炉房（406 台锅炉）的改燃并网，中心城区燃煤锅炉房全部实现煤改燃。全市集中供热普及率由 2010 年的 85.2% 上升到 2015 年的 91%。

（三） 提高能源利用效率

1. 提高工业能效水平。积极推进万家企业节能低碳行动，在线填报能源利用状况报告。执行单位产品能耗限额标准，淘汰落后工艺、设备、产品，持续提高能源利用水平。到 2014 年在津万家企业累计实现节能 650 万吨标煤，提前完成国家下达的节能量目标。加强节能制度建设，执行节能评估和审查制度，对节能评估机构实行目录管理，公开招标节能评估文件评审机构，规范简化节能审查流程。开展重点项目能评落实情况专项监察，从源头控制能源浪费。实施能源审计制度，按年度下达能源审计计划，组织能源审计报告评审，深挖重点用能单位节能潜力。

2. 大力推广绿色节能建筑。将绿色建筑纳入《天津市建筑节约能源条例》，颁布了《天津市绿色建筑设计标准》（2015 版）等 6 部地方工程建设标准，推行绿色建筑设计、竣工验收、运行的三段式评价机制，率先实施公共建筑三步节能设计标准，建设了中新天津生态城、于家堡金融区、新梅江居住区等 10 个不同特点的绿色生态城区。到 2015 年底，全市在建和竣工绿色建筑 3600 万平方米，累计建成三步节能居住建筑 14800 万平方米，建成二步节能公共建筑 5487 万平方米，完成不节能居住建筑改造 6725 万平方米，公共建筑节能改造 403 万平方米，供热计量改造 2400 万平方米，可再生能源建筑应用面积累计达到 2206 万平方米。

3. 构建低碳交通体系。淘汰黄标车 29 万辆，实施黄标车全市域限行措施和新能源汽车不限行措施。推进公交优先"八大工程"，开辟、调整优化公交线路 707 条，开通 48 条支线公交，线网长度达到 895.6 公里，线网密度 2.68 公里/平方公里，中心城区公交线网覆盖率达到 98.6%。实施"公交提高运速工程"，建设公交专用车道 41 公里，推动形成公交专用车道网络。地铁 1、2、3、9 号线实现联网运营，地铁 5 号、6 号线顺利推进，通车里程达到 139 公里。更新运营车辆 9000 余辆，清洁能源车辆占全部车辆比例达 30%。乡镇农村客运班线通车率 100%，环城四区率先实现城乡公交一体化。

（四） 废弃物处置情况

加强危险废物和化学品规范化管理，完成滨海危险废物处置中心及静海、津南废酸处理项目建设和市危险废物在线监管系统建设。强化固体废物进口企业许可预审监管，开展进口废塑料加工利用企业现场环保核查，公布污染防治合格企业名单。定期更新《天津市重点环境风险监管企业名录》。对不符合环保标准的货物退运，滞港一年以上的物品监督销毁。

（五） 培育低碳生活方式

以网格化建设为抓手，进一步完善社区服务机制建设，为社区居民提供精细化、人性化服务。建设推广电力光纤到户，实现电力光纤到表、抄表，为实现居民的智能用电提供技术条件，示范小区已实现了远程抄表、智能家电控制、智能用电管理。开展垃圾分类宣传创建工作，举办垃圾分类知识讲座 221 场，组织"美家美院"家庭趣味运动会 200 场，进行集中清整 251 次，评选出"五星级"示范庭院 2000 个，确立滨海新区平阳里、和平区崇仁里等 16 个社区为生活垃圾源头分类宣传教育示范社区。优化新建社区资源配置，强化老旧社区功能建设，创建美丽社区 480 个，初步形成了多方共治共创、资源互补互融、成果同惠同享的社区治理和美丽社区建设新格局。在全国低碳日，采取低碳巡展进社区的方式，从衣、食、住、行、用等方面，倡议居民从身边小事做起，绿色低碳生活。采用生态组团开发模式，中新生态城推进高密度道路网络建设，设置专用自行车道，实施人车分离，打造人性化慢行交通系统。

（六） 增加城市碳汇

1. 增加林业碳汇。围绕"一环两河七园"、高速公路、高速铁路、成片林地、农田林网、区县城区周边绿化等工程实施大面积造林绿化，"十二五"累计造林完成造林 155.4 万，建成了一批郊野公园，其中蓟县完成营造林 26.2 万亩，净增 11 万亩，全市林木绿化率约 24%。在全国率先以地方立法形式划定生态保护红线，将全市 1/4 的国土面积纳入永久性保护范围，构筑生态系统安全屏障，有效增加碳汇。

2. 提高林业碳汇能力。以增加森林蓄积量为目标，对生态脆弱地区林地，以培育混交、异龄复层林为主，增强生态系统稳定性。对生态区位重要地区林地，以培育大径级、长周期的森林资源为主。对水资源丰富地区林地，以集约经营、基地化管理为主，重点发展优良、珍贵、高价树种培育基地。对市级重点生态林管护面积进行严格界定，大幅增加市财政补助，按照属地管理原则对区域内重点生态林进行除草、涂白、浇水、扶直、病虫害防治、防火等管护工作。

四、 基础工作与能力建设

（一） 建立完善温室气体统计、 核算、 考核体系

1. 建立温室气体排放数据统计、核算和管理体系。建立天津市《应对气候变化部门统计报表制度》，设置了 1 张综合指标报表和 12 张部门指标报表，统计指标涵盖能源活动、工业生产过程、农业、土地利用变化与林业、废弃物处理等 5 个领域的活动水平情况，并整合了多项相关部门统计指标，指标总数超过 300 个，较为全面反映本市应对气候变化和低碳发展工作情况，在 2015 年协调全市 13 个部门完成数据收集和审核查询等工作。完成国家统计局课题《温室气体排放基础统计体系研究》，形成温室气体清单编制统计报表，支持全市清单编制。

2. 编制温室气体清单。作为省级温室气体清单编制试点，率先启动并编制完成了 2005 年和 2010 年全市温室气体清单，2005 年全市温室气体清单于 2012 年 7 月顺利通过国家专家组技术性评估验收。同步启动全市 16 个区县 2010 年度清单编制，并通过市级评审验收。配合做好全市 2010 年清单验收工作，认真对接国家清单修改要求，积极衔接专家预审意见，从数据来源、内容格式、不确定性分析等方面，对全市 2010 年清单总报告和分报告分别进行了修改完善，2014 年 12 月通过省级清单报告现场评估验收。

（二） 落实控制温室气体排放目标责任

将应对气候变化纳入全市"十二五"规划纲要，印发实施《天津市应对气候变化和低碳经济发展"十二五"规划》。按照全市统一要求，组织完成《天津市应对气候变化和低碳经济发展"十二五"规划》中期评估，并在 2014 年启动"十三五"应对气候变化规划编制工作。积极组织全市碳排放强度降低目标责任评价考核自评估工作，实施区县单位地区生产总值二氧化碳排放下降目标考核，加强全市控制温室气体排放目标任务落实。

（三） 开展温室气体排放报告

1. 试点企业碳排放报告核查。推动建立企业碳排放报告核查制度，对企业碳排放核算方法、碳排放报告内容、碳排放核查工作重点等做出明确规定。组织纳入企业完成 2013 年、2014 年度碳排放报告。通过政府采购方式，招标选取天津市环科院、中国质量认证中心等 4 家单位为第三方核查服务供应商，对纳入企业进场核查，进一步提高企业对核算方法、数据来源、边界界定、因子选取等问题的认识。

2. 经济技术开发区碳排放报告核查工作。采取积极引导、企业自愿、适当鼓励的原则，统一核算方法、统一核查标准、统一核查机构，组织对区内制造业、交通运输、电力热力等 4 个行业能耗达到 3000 吨标煤以上的 100 家企业进行碳排放报告核查工作。最终 50 家企业完成了碳排放报告和核查，对于推动建立企业碳排放报告核查、重点项目碳排放评价等制度，进一步提升园区低碳管理水平等都具有重要意义。

（四） 推进园区社区试点建设

1. 低碳园区试点建设。经济技术开发区设立每年 1 亿元的"泰达节能降耗、环境保护"专项资

金，推动产业低碳化、能源低碳化、基础设施低碳化和管理低碳化，成功入选国家低碳工业园区试点（第一批），推行企业碳排放报告核查工作，不定期开展低碳技术推广与对接活动。滨海高新区华苑科技园利用将原有路灯改为集照明、景观于一体的"风、光"互补灯光系统，新增 LED 景观灯具，并安装光感控制系统，节电率达 20%。对能源、资源消耗低于园区平均水平的企业进行奖励，鼓励低碳技术创新应用，成功入选国家低碳工业园区试点（第一批）。2014 年，国务院批复同意高新区建设国家自主创新示范区。中新生态城初步形成文化创意、互联网、高科技以及金融服务等低碳产业体系，住宅项目全部安装太阳能热水系统，公建建筑全部采用浅层地源热泵系统供冷供热，在生活区外大面积推广光伏发电金太阳工程、风力发电等，并且打造国内首个区域可再生能源监测平台。广泛应用被动房、新型节能节水、光电建筑一体化等建筑技术，41 个项目获得三星级标准认证。2013 年，国务院批复中新生态城建设国家绿色发展示范区。于家堡金融区以低碳能源利用、低碳交通、低碳建筑、公共服务事业、低碳系统管理及科技示范型设施设备展示等"5＋1"要素为建设重点，对交通、景观、能源、建筑、低碳人文和商业租赁等进行设计，吸引腾讯众创空间、北京大学新一代信息技术研究院等创新企业落户，引入低碳达华产业基金、中国金融租赁等低碳金融企业入驻，APEC 绿色供应链体验中心正式运营。

2. 低碳社区试点。结合循环经济示范试点建设工作，将绿色循环低碳理念融入社区建设，选择工作基础较好的福瑞社区和泰丰社区进行示范试点建设。福瑞社区开展了"格致生态"社区行动项目，泰丰社区开展了"低碳减排　由我做起"家庭低碳减排系列活动。中新生态城积极探索低碳社区建设模式，建立有效的垃圾分类工作运行机制，推行生活废弃物分类收集管理，并采用先进的气力输送模式，实现生活废弃物的高效无害化收运。按照国家《低碳社区试点建设指南》，分类选取工作基础较好的社区开展低碳社区试点建设。目前，滨海新区福瑞社区、东丽区华明街第四居委会社区、西青区中北镇假日润园社区等社区已完成试点实施方案编制，正在落实推进。

3. 低碳小城镇示范。作为全国绿色低碳示范小城镇，静海区大邱庄镇大力推进可再生能源开发利用，采取太阳能电池板与楼顶表面相结合形式，建设太阳能光伏发电系统。在规划展馆、办公大楼等大型公共建筑利用地源热泵供热供冷，60 万平米住宅通过开采地热资源供热。创建开放的绿色社区，安置住宅普遍达到国家绿色建筑一星级标准，所有公建达到国家绿色建筑二、三星级标准。

（五）　构建低碳发展支撑体系

1. 建立低碳发展相关标准和评价制度。市有关部门发布了《天津市公共建筑节能设计标准》。中新生态城建立完整的生态城市建设规划指标体系，包括自然环境良好、生活模式健康等 22 项控制性指标和 4 项引导性指标，并面向实施要求分解为 51 项核心要素、129 项关键环节、275 项控制目标和 723 项具体控制措施。制定并实施《天津生态城能耗基准线试行标准》《天津生态城绿色建筑评价标准》《天津生态城绿色建筑设计标准》和《天津生态城绿色建筑施工技术规程》等技术标准文件，形成了从设计、建造、验收、运营的绿色建筑全过程评价方法。此外，于家堡金融区完成《APEC 首例低碳示范城镇——于家堡金融区低碳示范城镇指标体系研究》，并出版发行。

2. 搭建自主创新平台。依托市环境保护科学研究院成立了市低碳发展研究中心，在市政府投资项目评审中心建立了市碳排放权交易管理中心筹备组。推动成立天津市产业共生技术创新联盟，吸收成员 23 家，其中企业 17 家、高校 2 家、科研院所 2 家、学会协会 2 个，围绕废物资源化技术创新、提升节能减排技术水平、增强工业企业绿色竞争力等，开展了 20 余场培训会。联合北京市、河北省力量，共同成立京津冀钢铁行业节能减排创新战略联盟，先后组织北京科技大学、中国钢研院等技术服务单位多次调研钢铁产业聚集区技术难题，先后组织了 20 多次技术研讨、技术对接活动。启动实施钢铁行业节能减排科技示范工程，组织实施《钢铁生产过程中低品质能源回收技术与设备的应用示范》和《烧结工序节能、低硫、低氮清洁技术与示范》等 6 个重大示范项目。

3. 建立低碳服务体系。将天津排放权交易所作为碳排放权交易试点、主要污染物排放权交易试点交易平台，规范排放权交易服务，提升交易系统功能。为开发建设基于温室气体清单编制的交互式碳信息数据库及分析系统，提高温室气体清单编制的自动化和规范化程度。完成碳排放报告报送系统，支持试点纳入企业和第三方核查机构对企业碳排放监测报告、企业碳排放报告和企业碳排放核查报告的在线填报。

（六） 落实低碳发展资金

设立节能、循环经济、电力需求侧管理、高技术产业化等专项资金，其中节能专项资金每年 5000 万元，循环经济发展专项资金每年 2000 万元，专项支持能源和资源节约类项目实施。安排财政资金 1000 多万元，用于企业碳排放核查核算工作。安排专项工作经费 100 万元，支持全市温室气体清单编制。作为国家第三批节能减排财政政策综合示范城市，天津市在产业低碳化、交通清洁化、建筑绿色化、服务业集约化、主要污染物减量化、可再生能源利用规模化等 6 个方面深入推进相关工作，超额完成年度节能减排指标，并在体制机制创新方面取得进展。2015 年，全市相关节能减排指标均达到国家要求，示范城市建设工作取得显著成效。

五、 体制机制创新

（一） 推进低碳产品认证工作

1. 加强低碳认证宣传培训。邀请中国标准化研究院有关专家举办专题讲座，向企业讲解低碳产品认证制度、流程和具体操作要求。印发《天津市质监局关于开展 2014 年世界认可日暨认证认可行业风采展活动的通知》，扩大社会对认证认可工作的认识。

2. 推进绿色供应链试点建设。印发绿色供应链产品政府采购管理办法，编制绿色建材和设备评价标识管理办法，组织实施国内首次绿色建材招标活动，推进 APEC 绿色供应链合作网络天津示范中心建设，开展政府绿色采购、绿色建筑建材、绿色钢铁和于家堡金融区等示范项目建设。

（二） 开展区县碳排放强度降低目标责任考核

印发《天津市发展改革委关于下达区县单位地区生产总值二氧化碳排放下降目标（试行）的通知》，按照全市下降20％的工作目标，向区县分解下达碳排放强度降低指标。参考国家考核评估工作安排，制定区县单位地区生产总值二氧化碳排放下降目标考核评估办法，采取市级部门定量核算和区县定性评估相结合的方式，完成 2013 年和 2014 年度区县考核评估工作。

（三） 推进碳排放权交易市场建设

1. 开展碳排放权交易试点。印发《天津市碳排放权交易管理暂行办法》，将钢铁、电力热力、石化、化工、油气开采等行业二氧化碳年排放量达到 2 万吨的企业纳入试点，发布了 5 个行业企业碳排放核算指南和配额分配等文件。统一推进注册登记系统和交易系统开发建设，制定操作指南和规则规范，于 2013 年 12 月 26 日开市交易，初步建立通过配额分配控制碳排放的工作体系。在具体工作中，确定分两个批次向纳入企业发放配额，推动建立初始分配和事后调节相结合的配额分配体系，建立"与总量联系、与生产挂钩"的发放机制，并明确纳入企业利用抵消机制履行遵约义务的限制条件。纳入企业履约率从 2013 年度的 96.5% 上升到 2014 年度的 99.1%。

2. 建立自愿减排交易体系。支持天津排放权交易所申请国家温室气体自愿减排交易平台，获国家发展改革委备案，并率先与国家注册登记系统平台进行对接。2015 年，实现中国核证自愿减排量交易 124.7 万吨，在 7 个试点中排在第 4 位，其中公开交易量 30 万吨。

（四） 研究碳排放峰值落实机制

按照统筹协调、明确目标、把握重点、突出特色的原则，将温室气体排放总量控制纳入应对气候变化"十三五"规划，进一步加强部门、领域、区县碳排放统计核算等工作，建立健全控制温室气体排放工作体制机制，有效控制新增排放，着力削减存量排放，力争使全市二氧化碳排放提前或尽早达到峰值。一是实行能源消费"一挂双控"措施，将能源消费与经济增长挂钩，对高耗能产业和产能过剩行业实行能源消费总量控制强约束，落实能源消费总量控制目标。二是加快淘汰落后产能，严格控制高排放行业，大力发展战略性新兴产业，加快构建现代服务业体系。三是严格落实煤炭消费总量削减任务，多渠道增加天然气供应，优化天然气使用方式，加快发展风能、太阳能、生物质能、地热等非化石能源。四是强化节能管理制度建设，推进实施节能改造等工程，推广节能技术，提升工业、建筑、交通等领域的能源利用水平。

（五） 完善低碳发展政策法规体系

组织完成市政府 2015 年度规章立法调研项目"天津市碳排放权交易管理办法"调研论证报告。将天津市人工影响天气条例等列入 2016 年度地方性法规预备提请审议项目。将绿色建筑管理规定、农村可再生能源管理办法等列入 2016 年度市政府规章立法调研项目。

（六） 开展低碳示范建设

1. 低碳产业示范。充分发挥"一区十园"布局优势，经济技术开发区围绕九大支柱产业，形成电子、汽车、石化三个产值超千亿级产业，装备、食品两个近千亿级产业，战略性新兴产业增加值占生产总值比重达到 15%，新材料产业被评为天津市新型工业化示范基地，开发区外包园被评为天津市创意产业园。发布 20 多项产业促进政策，鼓励企业延伸产业链。区内维斯塔斯风力技术（中国）有限公司成为世界上规模最大的风电设备一体化生产基地。

2. 低碳能源示范。于家堡金融区起步区北区大型供冷中心项目采用冰蓄冷技术区域集中供冷系统，利用夜间低谷时的电能制冰并蓄存，在白天用高峰时，用蓄存的冰作为冷源供给空调系统，实现电力"削峰平谷"，节约 15% ~25% 能源消耗。目前项目一期已建设完成，即将投入运行。截至 2014年，滨海高新区地源热泵与太阳能供热的总供热面积达到 26 万平方米，光伏发电、风力发电累计装机容量约 1 兆瓦，每年可实现替代能源约 1 万吨标煤。电力公司示范营业厅建成了以 30 千瓦光伏、6 千瓦风电、15 千瓦×4 小时锂离子电池储能组成的微电网，构建了以光伏、风电和储能装置构成的微型低碳型能源利用体系。

3. 低碳建筑示范。泰达 MSD 低碳示范楼采用地源热泵、太阳能光伏发电、无机房电梯及电梯能源再生技术、地板送风空调系统等 28 项国际领先的低碳环保技术，相对节能量比国家 2005 年公共建筑节能标准节能 30%，荣获中国绿色建筑评价标准三星奖。目前，示范楼一层设置"绿活馆"，是绿色低碳生活产品体验展厅，被评为全国科普教育基地。三层设置泰达绿色低碳技术展厅，主要展览开发区的各类绿色低碳技术产品。

4. 低碳交通示范。中新生态城起步区采用免费运营模式，运营公交线路 4 条，公交首末站 2 个，停靠站点 56 对，公交车辆 41 辆，公交车全部为清洁能源车辆，途经生态城公交线路达到 9 条。建成能够应用于公交车、校车、商务直通车、通勤班车等多项业务的日常调度系统，通过智能电子站牌 +手机 APP 软件，实现站点信息、线路信息、车辆定位信息、人员定位信息的实时查询。建设较为完善的慢行交通系统，设置专用自行车道，营造良好的自行车和步行出行环境。

5. 低碳技术示范。中新生态城智能电网综合示范工程是全国首个融合光伏发电、风力发电及先进储能技术的较为完整的微网系统，填补了我国微网分布式电源接入技术和微网控制技术领域的空白。生态城智能电网包括 12 个子项工程，已完成配网监控、配网生产、电能质量、客户管理、新能源、电动汽车充换站监控、智能用能、园区综合能量管理系统的建设，成功实现了智能电表覆盖率 100%，供电可靠率 99.99%，2014 年入选国家电网公司智能电网创新综合示范区，已成为国际上覆盖区域最广、功能最齐全的智能电网综合示范工程。

六、 工作建议

天津市高度重视控制温室气体排放和低碳发展工作，在调整产业结构、提升能效水平、增加林业碳汇、开展试点示范、分解责任目标、加强统计核算等方面，取得了一定经验。但是，推进低碳城市试点建设的工作手段还有待进一步完善。建议国家，一是加快出台控制温室气体排放政策法规，依法推进绿色低碳发展。二是推动建立新建项目碳排放评价等制度，加快碳排放权交易市场建设，建立"控制增量，削减存量"相结合的控制温室气体排放政策体系。三是加强统筹协调力度，建立部门协作机制，条块结合推动绿色低碳发展。

重庆市低碳试点进展总结

一、 基本情况

按照国家区域发展战略和推进新型城镇化、生态文明建设等新要求，"十二五"重庆市谋划实施五大功能区域发展战略，全市经济、社会、能源、生态协同发展效能显著提升。

（一） 经济发展情况

"十二五"末，全市生产总值达到 15720 亿元，五年年均增长 12.8％；人均生产总值突破 8000 美元，年均增长 11.8％。固定资产投资从 6935 亿元增至 15480 亿元，增长 1.2 倍。社会消费品零售总额达到 6424 亿元，年均增长 16.1％。进出口总额达到 750 亿美元，增长 5 倍多。全市规模以上工业总产值达到 21405 亿元，实现利润 1394 亿元，分别增长 1.3 倍和 1.7 倍。一般公共预算收入完成 2155 亿元，增长 1.3 倍。城乡常住居民人均可支配收入分别达到 27239 元和 10505 元，年均增长 11.2％和 14.3％。

（二） 社会发展情况

"十二五"新增城镇就业 330 万人。社保制度体系覆盖城乡，保障水平逐年提高。基本建成社会救助体系，困难群众生活得到更好保障。建立以公租房为主体的住房保障制度，累计建成投用公租房 1488 万平方米、配租 21.4 万套，惠及 58 万人，累计改造城市棚户区 1332 万平方米、农村危房 64 万户，房地产市场供需基本平衡、价格基本稳定。教育普及水平全面提高，义务教育就近入学率达到 97.2％，高中阶段教育、高等教育毛入学率分别达到 93％和 40.5％，职业教育和民办教育加快发展。三甲医院达到 30 个，基层医疗卫生机构标准化和人才队伍建设不断推进，食品药品监管得到强化。

（三） 生态环保情况

"十二五"累计完成生态环保投入 1411 亿元，扎实推进蓝天、碧水、宁静、绿地、田园环保行动，生态保护和环境治理不断加强，节能减排降碳目标任务超额完成。优化能源结构、搬迁污染企业、控制各类扬尘和汽车尾气，都市区空气质量优良天数达到 292 天。开展重点流域水污染防治，城市生活污水集中处理率、垃圾无害化处理率分别达到 91％和 99％。排污权有偿使用和交易改革有序开展。退耕还林还草、植被恢复、天然林保护、水土保持、石漠化治理扎实推进，全市森林覆盖率、建成区绿化覆盖率分别达到 45％和 42％。

（四） 能源消费及碳排放情况

"十二五"末，全市能源消费总量预计 8934 万吨标煤左右（等价值，下同），比 2010 年增长 39%，年均增速 6.85%，比"十一五"年平均增速放缓了近 4 个百分点；能源消费弹性系数预计 0.4 左右，比 2010 年下降 40% 以上。单位地区生产总值能耗比 2010 年下降 23% 以上，超额完成国家下达的 16% 的节能目标。全市非化石能源消费化石能源占一次能源消费比重达 13%，比 2010 年提高 5 个百分点。能源消费总体呈现清洁能源消费比重上升、能源消费产业结构趋于合理、六大高耗能行业能耗占比持续降低、居民生活用能逐步上升等趋势特点。2015 年，全市单位地区生产总值二氧化碳排放比 2010 年下降 26% 以上，超额完成国家下达的 17% 的碳排放强度下降目标，其中，煤炭消费产生的二氧化碳排放占比下降，由 2010 年的 71.6% 下降至 70.6%。

二、 低碳发展理念

（一） 建立应对气候变化决策协调机制

一是为统筹协调应对气候变化工作，2009 年本市建立了多部门参与的应对气候变化决策协调机制，成立由市长为组长，35 家市级有关部门和单位主要领导为成员的应对气候变化领导小组，统一部署本市应对气候变化工作，协调解决工作中的重大问题，推动贯彻落实国家应对气候变化的重大方针、政策。二是应对气候变化领导小组下设办公室，负责领导小组的日常工作，办公室设在市发展改革委。三是市发展改革委作为应对气候变化上下归口部门，专门成立资源环境和应对气候变化处，负责应对气候变化工作的综合协调和指导。

（二） 编制出台 "1 + 1 + N" 低碳发展规划

2010 年国家发展改革委批准重庆为首批低碳城市试点以来，市政府高度重视，根据国务院《"十二五"控制温室气体排放工作方案》和国家发展改革委批准的《重庆市低碳试点工作实施方案》（以下简称《实施方案》），出台了《重庆市"十二五"控制温室气体排放和低碳试点工作方案》（渝府发〔2012〕102 号），确定了 8 项重点工作任务、41 项行动计划和 28 项示范工程，取得了较大成效，初步建成西南地区绿色低碳发展示范城市。其次，市政府办公厅印发《重庆市 2014—2015 年节能减排降碳行动实施方案》（渝府办发〔2014〕180 号），进一步统筹部署节能减排降碳工作，此外，工业、建筑、交通、林业等领域出台多个相关专项规划（方案），协同推进低碳发展。

（三） 积极探索区域特色低碳发展模式

一是战略政策有导向。本市地处西部，经济社会发展处于欠发达地区和欠发达阶段，在推进城乡统筹和加快工业化、城镇化、农业现代化过程中，市委、市政府将应对气候变化作为新时期经济社会发展的重大战略、促进生态文明建设和探索可持续发展的重要途径、转变经济发展方式和结构调整的重大机遇，明确绿色、循环、低碳发展的政策导向，把应对气候变化工作和碳排放强度下降目标任务纳入了"十二五"规划纲要，在年度经济社会发展工作中加以落实。二是实施手段有创新。在政府行政强制性减排基础上，本市积极探索市场化促进低碳发展的实施路径，开展碳排放权交易试点，同时吸纳森林碳汇进入交易平台，探索推动碳减排的产业间协同。三是关键环节有突破。狠抓产业结构轻量化、煤炭消费减量化和清洁能源利用规模化，有效控制温室气体排放。

（四） 提早预判碳排放峰值目标

初步预计，按照趋势照常情景，本市能源活动二氧化碳排放总量峰值年份大约在 2035 年，能源活动二氧化碳排放峰值为 5.5 亿吨。本市已启动碳排放峰值预测及低碳发展路径支撑研究，通过科学客观的计量研究，提早判断本市峰值点及达峰时点。

三、 低碳发展任务落实与成效

（一） 产业结构调整

电子信息、汽车等支柱产业和战略性新兴产业增长快于一般工业，金融和服务贸易等现代服务业增长快于传统服务业，三次产业结构由 2010 年的 8.6∶44.6∶46.8 调整为 7.3∶45∶47.7。制造业发展突出高端化、配套化、集聚化，形成了"6＋1"支柱产业集群。电子信息产业迅速发展壮大，各类智能终端产品达到 2.7 亿台件，产值突破 5000 亿元。汽车产业形成多品牌集聚，产量突破 300 万辆，实现产值 4700 亿元。装备、化医、材料、能源和消费品工业均发展为千亿级产业。前瞻性布局十大战略性新兴产业，实现产值 1664 亿元，努力培育新的工业增长极。传统服务业繁荣活跃，新兴服务业加速发展，金融业增加值占 GDP 比重增至 9%，金融资产和银行存贷款余额均翻了一番多。电子商务快速增量，专业市场转型发展，全市商品销售总额达到 19813 亿元。旅游总收入年均增长 19.7%，入境游累计达到 1199 万人次。

（二） 能源结构优化

按照总量平衡，优化结构，优先开发和外购非化石能源的原则，促进构建低碳能源体系。出台了《重庆市控制能源消费总量工作方案（2014—2015 年）》（渝节减办〔2014〕5 号），将国家下达能源消费总量控制目标分解下达至各区县政府，并纳入节能和控制能源消费考核。逐步实施煤炭减量替代政策措施，主城所有 10 蒸吨/小时及以下的燃煤锅炉、工业炉窑、茶水炉全部使用清洁能源，2014—2015 年完成重庆啤酒公司等企业 597 台 1560 蒸吨燃煤锅炉淘汰，超额完成了国家和市政府明确的燃煤锅炉淘汰任务，预计每年可减少燃煤 300 万吨左右，主城区已基本实现"没有燃煤锅炉"。积极开发水电、风电、生物质能、浅层热能等非化石能源，加快推进巫溪大宁河、奉节大溪河等 7 万千瓦水电项目和一、二期风电场规划的 170 万千瓦项目，推进分散式接入风电规划建设。大力开发页岩气等清洁能源，累计实现产量 40 多亿立方米。持续优化能源消费结构，2015 年煤炭消费占能源消费总量比重下降至 51%，比 2010 年下降了 2 个百分点。

（三） 节能和提高能效

大力实施工业节能技术改造工程，积极推进万家企业节能低碳行动，加快企业能耗在线监测平台和能源管控中心建设，组织实施重点行业能效对标，2014 年万元工业增加值能耗比 2010 年下降 26.7%，提前两年超额完成"十二五"目标任务，高耗能行业能耗占比下降至 85%。加强万家企业节能管理工作。2011—2015 年，预计本市万家企业累计完成节能量 369 万吨标煤，超出国家下达的 306 万吨标煤的节能量任务。积极实施重点节能工程，充分利用中央预算内资源节约类资金、节能技术改造资金等节能专项资金，组织重点用能企业、公共机构等单位实施节能技术改造工程、合同能源管理工程、节能技术产业化示范工程等重点节能工程，2011—2014 年累计组织实施节能技改项目 184 个，带动投资 32 亿元，实现节能量 108 万吨标煤。推动实施节能减排财政综合示范，实施 191 个示范项目，实现节能量 86 万吨标煤。重庆市（三峡库区）、重钢、重庆发电厂、长寿经开区完成国家循环经济试点建设，并顺利通过验收，组织 23 家单位开展市级循环经济试点，初步形成了一批具有重庆地方特色的循环经济示范试点典型。大足区申报国家循环经济示范城市建设，实施 64 个支撑项目。推进长寿经开区和万州经开区园区循环化改造。累计组织实施 9000 多个项目的节能评估、审查和登记备案工作。

（四） 低碳建筑

推动新建城镇建筑严格执行节能强制性标准，设计和施工阶段节能强制性标准执行率均达到 100%，新增节能建筑面积约 2.98 亿平方米，累计建成节能建筑面积约 4.44 亿平方米。推进既有建筑节能改造，实现对 356 栋重点公共建筑能耗的实时监测，推动建成重庆文理学院、长江师范学院等 6 所国家级节约型校园，以机关办公建筑、文化教育建筑、医疗卫生建筑、商场建筑和宾馆饭店为重点，在全国率先利用合同能源管理模式引导社会资金投入近 3 亿元，完成公共建筑节能改造 420 余万平方米。全面落实《重庆市绿色建筑行动实施方案（2013—2020 年)》（渝府办发〔2013〕237 号），着力实施新建建筑绿色化工程，"十二五"期间，累计组织实施绿色建筑近 3100 万平方米，绿色生态住宅小区 3800 余万平方米。着力打造全国可再生能源建筑应用示范城市，累计推动建设了 900 余万平方米的可再生能源建筑应用项目。此外，按居住建筑节能 50% 的强制性技术标准，规划建设主城区 3852.02 万平方米公租房。

（五） 低碳交通

开展绿色循环低碳区域性、主题性试点，组织实施成渝高速公路复线（重庆境）绿色低碳公路主题性项目等示范工程。截至 2015 年底，重庆高速路网共有 124 个收费站开通 252 条 ETC 专用车道，ETC 车道覆盖率达到 65%；全市高速公路、普通公路隧道推广应用 LED 节能灯 6.4 万盏。开展集装箱码头、旅游客运码头岸电技术研究及示范工程试点，完成对主城寸滩集装箱码头和朝天门旅游客运码头的船用岸电箱、专用变压器等设施设备的改造及示范工作。构建"井"状轨道交通网络，轨道交通运营总里程达到 202 公里。实施节能和新能源汽车应用示范工程，"十二五"期间，累计推广应用 CNG 公交车 10156 辆，占比达 81.4%；CNG 出租汽车达 22393 辆，占比达到 97%。投入运行 1354 辆混合动力公交车、41 辆纯电动公交车；市政府出台《新能源汽车推广应用工作方案》，"十二五"以来推广应用新能源汽车达到 3605 辆。实施营运船舶节能环保改造工程和内河船型标准化改造工程，全市累计落实老旧运输船舶拆借资金 5.2 亿元，拆解老旧运输船舶 1181 艘（不含客渡船、短途客船），船舶标准化运力占比达 75%；货运船舶平均吨位达到 2500 载重吨；更新改造客渡船 1119 艘、短途客船 411 艘。实施智能交通工程，集成交通电子口岸信息系统、高速公路网出行信息发布系统、交通综合信息发布平台（手机版）等系统，集成构建智能交通网体系。积极贯彻落实国家电动汽车充电基础设施建设指导意见，市政府印发了《重庆市加快电动汽车充电基础设施建设方案》（渝府办发〔2015〕212 号），细化和明确了建设目标、规划布局、建设方式和市场准入及土地、电价等政策，为电动汽车的推广和普及奠定坚实基础。

（六） 废弃物处理

"十二五"期间，重庆市建成 2 座垃圾焚烧发电厂、1 个城市生活垃圾填埋场、1 座餐厨垃圾处理厂、2 座生活垃圾水泥窑协同处理厂、18 个三峡库区腹心地重点小城镇垃圾场，共新增生活垃圾处理能力 5669 吨/天。建成生活垃圾无害化处理场（厂）62 个，设计处理总能力达 16198 吨/日。全市投入运行城镇生活垃圾处理场 54 个，无害化处理总能力达 15811 吨/天。全市城市生活垃圾无害化处理率从 2010 年的 94% 提高到 2015 年的 99%，其中主城区城市生活垃圾无害化处理率从 97% 提高到 99.5%。

（七） 绿色生活方式和消费模式

加强低碳发展宣传培训，开展深化节能减排家庭社区行动、"宜居重庆·低碳家庭·时尚生活"和"绿色低碳地产·和谐宜居重庆"、"低碳重庆·万人签名"等宣传活动。编印了《低碳生活 50 招》宣传手册，获得企业和社会普遍好评。开展了 10 余场应对气候变化及低碳发展专题培训会，努力提高政府部门和企业低碳发展意识和能力。印发宣传《重庆市民低碳公约》，并在低碳宣传日集中组织签约"低碳共享生活"活动。此外，指导各区县开展形式多样垃圾分类的宣传活动，提高公众的垃圾分类意识，培养绿色生活和消费习惯。

（八） 增加碳汇任务

围绕加快建设长江上游生态安全屏障，大力实施长江两岸绿化、巩固退耕还林、天然林资源保护、石漠化治理等重点林业工程，在绿化库区和保护生态的同时，不断增加森林碳汇。2015 年，全市森林覆盖率达到 45%，比 2010 年提高 8 个百分点，森林面积达到 5562 万亩，比 2005 年 3832 万亩增加 1730 万亩，完成试点进度目标（新增 1590 万亩）；森林蓄积量达到 1.98 亿立方米，比 2005 年的 1.3 亿立方米增加 6800 万立方米，完成试点进度目标（新增 5700 万立方米）。

四、 基础工作与能力建设

1. 按要求编制完成 2005 年、2010 年、2012 年和 2014 年温室气体清单，其中，2005 年和 2010 年清单成果通过国家技术验收和联审。

2. 加快建立多层次的应对气候变化统计核算体系，我委会同市统计局印发了《关于加强应对气候变化统计工作的通知》（渝发改环〔2014〕1412号），完善了统计核算指标体系，落实了责任分工。

3. 加强目标责任落实和统筹推进，2012年，市政府将国务院下达的"十二五"碳排放强度下降目标分解到各区县，并明确将低碳试点工作纳入了市应对气候变化领导小组统筹组织，由市发展改革委牵头协调，建立了年度推进工作机制。

4. 从2013年起，市财政设立低碳发展专项资金，每年安排1200万元，重点用于支持碳排放权交易试点企业碳排放核查、低碳发展政策措施研究、应对气候变化能力建设等相关工作。

5. 探索实施节能低碳经济激励和市场机制，实施差别电价和惩罚性电价，对电解铝企业铝液电解交流电耗超过每吨13700千瓦时的加价0.02元/千瓦时，超过每吨13800千瓦时的加价0.08元/千瓦时；对水泥行业实行差别电价，对全市淘汰类水泥熟料企业生产用电价格在现行目录销售电价基础上每千瓦时加价0.4元；实施居民阶梯电价收费政策，并针对合表用户改造、多人口贫困家庭用电、季节电价、峰谷电价等问题，开展居民阶梯电价政策执行情况调研，建立节能和民生双导向的阶梯电价政策；贯彻落实节能减排类增值税优惠政策。

6. 创建低碳产业园区和低碳社区，璧山工业园区和双桥工业园区入围国家低碳产业园区试点示范；编制实施重庆市低碳社区实施方案；本市巴南区木洞镇成功创建国家绿色低碳小城镇示范。

7. 成立重庆市低碳协会，发挥社会团体的服务支撑、能力建设和大众引导作用。

五、 体制机制创新

按照国家工作部署，结合本市低碳城市试点实际，积极开展体制机制创新。

1. 开展碳排放权交易试点。2011年国家批准本市为全国七个碳排放权交易试点省（市）之一，本市顺利完成了政策制度设计、相关系统开发和基础能力建设，于2014年6月开市交易，截至目前已完成交易64笔，交易规模34.5万吨，交易总价794万元；同步建立企业温室气体报告制度，开发投用了温室气体在线报告系统。

2. 推进低碳产品认证试点。根据国家《低碳产品认证管理暂行办法》，制定了重庆市低碳产品认证试点实施方案，编制了摩托车低碳评价标准及认证实施细则，重庆南桐特种水泥、华新水泥涪陵公司、新嘉南建材、万盛浮法玻璃、赛力盟电动机、渝琥玻璃6企获得14张低碳产品认证证书。

3. 探索总量控制机制。结合碳排放权交易试点工作，设定排放总量，作为配额分配的重要依据。同时，委托有关单位启动了碳排放峰值预测和总量控制研究。

六、 重要经验

本市作为首批低碳试点城市，总结值得推广的经验主要有三个方面。一是注重机制创新，市政府高度重视低碳领域的各项体制机制创新试点，本市集中低碳城市试点、低碳产品认证试点以及碳排放权交易试点等多项试点，从而发挥多个部门力量，协同推进低碳工作基本面的创新工作。二是注重产业创新，针对重庆老工业基地的历史实情，培育壮大战略性新兴产业，有效推动产业结构的轻量化。三是注重从关键环节推动低碳发展，例如煤炭利用的清洁化和减量化、以页岩气发展为代表的清洁能源利用规模化等。在产业结构调整、低碳产业以及低碳能源利用方面可提供如下参考案例。

（一） 产业结构调整——重庆西永微电园发展电子信息产业

重庆西永微电子产业园区成立于 2005 年 8 月，是国家批准的唯一的专业信息产业园区，是重庆市发展电子信息产业的主要基地。致力于打造全球最大的笔记本电脑生产基地，进而打造全球重要的电子信息产业基地。西永园区规划面积约 40 平方公里，主要发展电子信息产业，着力打造三大产业集群：一是电子终端产品制造产业。重点发展笔记本电脑、服务器、路由器、交换机、手机、打印机等电子产品及关键零组件保税研发制造，目前四大国际知名品牌商（惠普、思科、宏碁、华硕）、三大代工厂商（富士康、广达、英业达）及相关生产服务配套厂商已齐聚园区。二是集成电路产业。着力打造集设计、研发、制造、封装测试、应用以及配套于一体的集成电路产业。已有中航微电子生产基地（原渝德科技）的一条 8 英寸线及中电科技集团的两条 6 英寸模拟集成电路。未来将建设集国家级工程技术研发中心、芯片厂、封装测试厂等为一体的零部件产业集群。三是软件及服务外包产业。已聚集了以惠普软件及服务外包中心、惠普全球服务测试中心、惠普呼叫中心、NTT data、中软国际、中科院软件所（重庆恩菲斯）等为代表的软件与服务外包企业 26 家。2010 年以来，西永园区倾力打造全球最大的笔电基地，2012 年又开工建设全球打印和成像设备基地。2012 年西永园区实现 4000 万台笔记本电脑出货、1000 亿元产出、180 亿美元进出口总额，2014 年本市电子信息产业总量突破 4700 亿元，增长 85%，成为本市第一支柱产业。为节能增效和降低单位 GDP 二氧化排放发挥重要作用。

（二） 低碳产业示范——重庆三峰环境产业集团有限公司垃圾焚烧发电装备制造及应用

重庆三峰环境产业集团有限公司（以下简称"三峰环境"）起步于 1998 年，已建成全国最大的生活垃圾焚烧炉生产基地，实现了大型焚烧炉技术与关键设备的完全国产化，填补了行业空白。公司生产的大型垃圾焚烧炉的成本仅为进口设备的一半，成功替代进口产品应用于国内数十个垃圾焚烧发电项目，且运行良好。同时三峰环境，年生产能力 60 台套，形成了包含单台处理能力 200～1050 吨/天的系列化产品，成为国内应用最为广泛的焚烧炉技术。截至目前，三峰环境在中国范围内已投资、拥有十四个垃圾焚烧发电厂，日处理垃圾规模 13800 吨。三峰环境已成为固废领域技术领先，业绩突出，研发实力雄厚的大型企业，充分发挥行业引领作用。通过垃圾焚烧余热发电产生可观的电力资源，节省了一次能源的消耗和减少二氧化碳的排放。根据我国目前已经建成焚烧厂的实际运行数据测算，1吨垃圾平均发电 280 度，投资建设运营的项目每天可处理生活垃圾 13800 吨，每年焚烧垃圾的利用余热可发电约 14 亿度，相当于节约 49 万吨标煤，同时减少向大气排放二氧化碳约 140 万吨。

（三） 低碳能源利用： 重庆江北城 CBD 区域江水源热泵集中供冷供热项目

重庆市江北嘴水源空调有限公司实施江北城 CBD 区域江水源热泵集中供冷供热项目，主要经营空调冷热源的生产、销售、空调维修及保养服务。项目采用区域能源服务系统，夏季供冷方案采用电制冷＋江水源热泵＋冰蓄冷的形式，冬季供热方案采用江水源热泵的形式。该项目共设置 1 号与 2 号能源站，为江北城 A 区和 B 区共计约 400 万平方米的公共建筑提供空调冷热源。实施江北城 CBD 区域江水源热泵集中供冷供热项目，低碳环保优势明显，可减少电力设备装机容量 52009 千瓦，减少机房建筑面积 2.307 万平方米，减少年运行费用 2155 万元。取消冷却塔节约用水量 148.45 立方米，取消冬季燃气锅炉可减少二氧化碳排放量 14383.5 吨，约减少粉尘排放量 9994 千克。夏季可减少 2619.8 万千瓦时电量，按照现有发电厂发电耗煤计算，节约的电量折合成标煤 10479 吨，节约用水 10.48 万立方米，减少二氧化碳排放 26120 吨，减少二氧化硫排放 786 吨，减少粉尘排放 7126 吨，减少氮氧化物排放 393 吨。

七、 工作建议

一是尽快制定应对气候变化工作的法律法规或综合性指导意见，并支持地方开展应对气候变化立法试点；二是联合国家统计部门出台地方温室气体排放统计报表制度，为控制温室气体排放统计工作提供基础条件，并指导和支持地方开展地市或区县级温室气体排放统计核算体系建设；三是建议设立应对气候变化或低碳发展专项资金，支持地方低碳示范工程建设，增强地方开展应对气候变化的工作手段；四是充分考虑西部地区经济社会发展的特殊情况，对西部地区碳排放峰值的出现时间和峰值量给予比东部和中部更宽松的考核要求，增加"十三五"碳排放总量和增量空间；五是出台深化低碳省区和低碳城市试点的实施意见，指导试点地区有重点、差异化深入开展试点工作；六是指导地方整合资源建立低碳发展技术支撑机构。

深圳市低碳试点进展总结

自成为国家首批低碳试点城市以来，深圳市积极贯彻落实试点工作的要求，充分发挥经济特区改革创新、先行先试的优势，在国家发展改革委的关心和支持下，采取了一系列较为有效的政策措施，形成具有深圳特色的低碳发展模式，取得了较好成效。具体情况报告如下：

一、 低碳城市建设的基本情况

五年多来，深圳围绕低碳试点工作方案的要求，锐意进取，狠抓落实，试点任务推进顺利，试点目标完成良好。在试点工作的引领推动下，深圳在经济总量保持较高增长水平的情况下，能源消耗和碳排放增幅连续呈现下降趋势。

（一） 经济规模和效益实现双提升

地区生产总值由 2010 年的 9581.5 亿元增加到 2015 年的 1.75 万亿元，辖区公共财政收入由 2010 年的 3506.8 亿元增加到 2015 年的 7238.8 亿元，地方一般公共预算收入由 2010 年的 1106.8 亿元增加到 2015 年的 2727.1 亿元，全社会研发投入由 2010 年的 333.3 亿元增加到 2015 年的 709.3 亿元。二、三产业结构由 2010 年的 46.2∶53.7 优化为 2015 年的 41.2∶58.8。战略性新兴产业成为经济增长主导力量，增加值年均增速 20%。金融中心地位更加巩固，金融业增加值、本外币存贷款余额等主要指标居全国大中城市第三。领军企业持续增加，世界 500 强本土企业增加到 4 家，中国 500 强企业达 30 家，本地企业中小板和创业板上市总量连续 9 年居大中城市首位，全国经济中心城市的辐射带动能力不断增强。

（二） 创新成为经济发展主引擎

创新成果密集涌现，4G 技术、基因测序、超材料、3D 显示等领域创新能力跻身世界前沿。实现国家技术发明一等奖"零"的突破。获国家科学技术奖励 56 项，获中国专利金奖、优秀奖 130 项，PCT 国际专利申请超 5 万件。创新载体跨越发展，建设国家超算深圳中心、国家基因库、大亚湾中微子实验室等国家重大科技基础设施。国家、省、市级重点实验室、工程实验室、工程中心和企业技术中心等 1283 家，约为 2010 年的 3 倍。创新生态不断优化，建立云计算等 45 个产学研资联盟和 10 个专利联盟。国家技术转移南方中心落户深圳。VC/PE 机构达到 4.6 万家，注册资本超 2.7 万亿元。创新人才加速集聚，引进"孔雀计划"创新团队 63 个，"海归"人才 1.8 万余人。

（三） 绿色低碳成为城市新特质

能源结构不断优化，万元 GDP 能耗从 2010 年的 0.494 吨标煤下降到 2015 年的 0.392 吨标煤，在全国大中城市中处于领先水平。煤炭消费量由 2010 年的 357 万吨降低到 2015 年的 299 万吨，煤电供电量比例下降至 9.5%，利用省网电力 619.42 亿千瓦时，比 2010 年增长 49.98%；碳排放得到进一步控制，万元 GDP 二氧化碳排放量从 0.95 吨下降到 0.66 吨，处于全国大城市最低水平，累计下降率超过 21%，超额完成省"十二五"排放目标要求。低碳发展协同效应不断显现，二氧化硫、化学需氧量分别从 2010 年的 1.48 万吨、10.61 万吨下降到 2015 年的 0.82 万吨、5.50 万吨；空气质量逐年提升，2015 年 PM2.5 年均浓度降至 29.8 微克/立方米。灰霾天数由 112 天降至 35 天，空气质量居国家 74 个重点监测城市前列，在全国千万人口特大城市排名第一。水环境逐步改善，污水日处理能力由 266.5 万吨提高到 479.5 万吨。深圳正在以更少的资源能源消耗和更低的环境代价实现着更高质量的发展。

（四） 社会发展迈上新台阶

社会保障水平进一步提升，最低工资、最低生活保障标准提高至 2030 元和 800 元，均居国内前列。新开工保障性住房 1.76 万套、竣工 2.13 万套、供应 2.14 万套。高等教育实现跨越发展，南方科技大学、香港中文大学（深圳）建成招生，深圳吉大昆士兰大学等 10 所特色学院加快建设，在校全日制大学生由 7 万人提高到 9.5 万人。大力提高医疗卫生服务能力，引进 72 个高水平医学学科团队，国家级、省级医学重点学科增至 78 个；香港大学深圳医院等建成运营，三级医院增至 25 家，三甲医院增至 10 家，病床数增至 3.7 万张，新增执业医生 6900 名。

二、 低碳城市发展理念

（一） 抢抓发展机遇

绿色是永续发展的必要条件和人民对美好生活追求的重要体现。绿色发展理念是我们破解发展难题、厚植发展优势的必由之路。深圳始终坚持绿色发展理念，在更高层次、更大平台上谋划发展。一是将绿色低碳作为破解深圳发展难题的重大机遇。经过三十年的高速发展，深圳面临着发展空间受限，传统发展方式受阻等诸多困难和挑战。我们抓住绿色低碳发展的机遇，主动作为，在全国率先开展低碳立法，率先启动碳交易市场，率先全面实施绿色建筑标准，着力推广新能源汽车，将绿色发展作为引领经济新常态、提升发展质量效益的必然选择，为深圳下一阶段发展抢占战略制高点、赢得竞争新优势。二是将绿色低碳作为推动转型发展的强大动力。五年来，我们按照低碳试点工作要求，继续解放思想，大胆先行先试，敢为人先，将绿色低碳作为推动特区一体化和区域跨越式发展的重要引领，将绿色低碳作为培育未来产业的重要方向，将绿色低碳作为加强城市治理的重要手段，将绿色低碳作为提升企业发展质量的重要抓手，加快经济内涵式增长，推动城市转型发展。三是将绿色低碳发展作为增进民生福祉的重要体现。我们充分认识到，只有让发展成果更多地惠及人民群众，才能最大范围地凝结发展共识和智慧。借低碳试点工作契机，本市加大低碳发展的宣传力度，着力解决公共交通、环境改善、空气治理等民生领域热点和难点问题，不断提升市民生活质量，得到了社会各界的衷心拥护和支持。实践证明，绿色低碳可持续的发展理念既符合党和国家的精神，也符合深圳的客观实际和长远发展的需要。

（二） 坚持规划引领

规划决定格局，格局决定结局。过去五年，我们经受了外部复杂环境的严峻考验，打破传统发展路径的依赖，不为短期利益所惑，不为虚名所累，紧紧瞄准有质量可持续的发展目标，不断加强绿色低碳发展的统筹谋划，在创新中发展，在转型中升级。一是十年规划谋划长远发展蓝图。出台了《深圳市低碳发展中长期规划（2011—2020年)》，阐明了2011—2020年间深圳低碳发展的指导思想和战略路径，成为深圳低碳发展的战略性、纲领性、综合性规划。二是五年方案明确具体工作任务。制定了《深圳市低碳试点城市实施方案》，从政策法规、产业低碳化、低碳清洁能源保障、能源利用、低碳科技创新、碳汇能力、低碳生活、示范试点、低碳宣传、温室气体排放统计核算和考核制度、体制机制等十一个方面明确了五年内推进低碳发展的具体目标和56项重点行动。三是将绿色低碳融入城市发展全局。从《深圳市国民经济和社会发展第十二个五年规划纲要》开始，设置"绿色低碳发展"专章，将应对气候变化和绿色低碳发展纳入经济社会发展各方面和全过程。结合深圳市"十三五"规划编制和五年试点工作的情况，编制了《深圳市应对气候变化"十三五"规划》，在充分评估深圳低碳发展的基础上，提出深圳应对气候变化和绿色低碳发展的指导思想、目标要求和主要任务。

（三） 完善体制机制

一是建立健全低碳发展的组织架构体系。成立市政府层面的深圳市应对气候变化及节能减排工作领导小组，市长亲任组长，市发改委、科创委、经信委、人居环境委等多个市直机关全部作为成员单位，全面统筹应对气候变化和低碳发展工作，整合全市力量齐抓共管。专门设立领导小组办公室，作为应对气候变化和低碳发展工作的综合协调机构。二是建立低碳发展实施机制。认真贯彻落实国家、省、市的一系列低碳发展指导性文件，对《深圳市低碳发展中长期规划》中的项考核指标以及《深圳市低碳试点城市实施方案》明确的56项重点任务逐级分解、逐项落实，明确责任主体和进度要求，建立动态分类考核机制，强化督办督查。三是建立与国家、省和兄弟城市工作协调机制。主动加强与国家发改委和省相关部门的沟通，积极参与国家应对气候变和低碳发展的各项活动，主动加入国家达峰联盟，主动对接国家政策支持，在低碳试点城市、碳交易试点、深圳国际低碳城建设等方面获得了国家发改委的大力支持，在区域碳交易市场建设上得到了兄弟省市的关心和帮助。

（四） 探索发展模式

通过几年的低碳试点城市建设和探索，逐步形成了市场驱动、企业主体、点面结合、优势突破、全民参与、开放合作的全方位推进低碳发展的模式和做法。一是政府引导，立法先行。充分发挥政府的引导作用，从立法、规划、制度建设抓起，谋划和构建试点工作的长效机制。通过健全组织架构体系，不断加强工作协调，动员全市力量共同推进应对气候变化和低碳发展工作。强化立法先行思路，颁布全国首个《深圳经济特区碳排放管理若干规定》，出台《深圳市碳排放权交易管理暂行办法》，制定实施《深圳市低碳发展中长期规划（2011—2020年)》和《深圳市低碳试点城市实施方案》，明确了应对气候变化和低碳发展的总体思路、基本形成法律法规、规划政策、标准规范等自上而下具有强制引导性和可操作实施性的政策法规体系。二是市场驱动，企业主体。充分发挥市场机制的驱动作用，在全国第一个启动碳交易市场，有力促进城市达峰目标的实现，目前深圳市工业碳排放基本达峰。在全市公共机构推广合同能源管理节能，被国家发改委评价为"有中国特色的合同能源管理模式"，在全国加以推广。搭建低碳清洁技术推广应用平台，通过市场力量加快低碳技术研发及产业化应用。强化企业在城市低碳发展中的主体地位，万科集团成为全国绿色建筑的领军者，深圳比亚迪公司成为新能源汽车的行业标杆，深圳能源集团的老虎坑垃圾焚烧发电厂获得"国家优质工程奖金奖"，是全国垃圾焚烧发电行业第一个获得国家优质工程金奖的项目。三是点面结合、优势突破。围绕本市现有优势，坚持办好不同层面、不同类型的试点，发挥试点叠加效应，努力探索优势突破、特色发展新路径。启动深圳国际低碳城建设，将低碳理念全面融入开发建设全过程，为国家探索低碳转型发展积累了经验。在全国率先开展新建民用建筑 100% 绿色建筑标准，大力推进绿色建筑规模化和建筑工业化。大力发展绿色交通，建立多元网络交通格局、大力推广新能源汽车，有力推动相关产业发展，将交通碳排放纳入全市碳交易体系，有力促进城市碳减排。四是开放合作，全民参与。深圳是我国第一个经济特区，毗邻香港，面向东南亚，国际化程度较高。在推进低碳试点工作中，本市充分发挥国际化优势，通过举办国际论坛、签订合作协议、组建合作联盟、参与国家低碳外交战略等多种形式积极推进与国外政府和国际组织的密切合作。同时，与国内外各类企业、大学、研发机构、NGO 组织等保持良好合作关系，鼓励各方参与，调动各方积极性，有效推动了低碳发展工作，取得了较好的实际效果。

三、 低碳发展任务的落实成效

五年来，本市紧紧围绕《深圳市低碳试点城市实施方案》的要求，锐意进取，狠抓落实，各项任务推进顺利。8 项低碳发展主要指标 2015 目标完成情况良好，56 项重点行动顺利推进。

（一） 产业低碳化特征日益显现

一是低碳型新兴产业快速增长。科学把握新常态下产业低碳转型的重点和力度，低碳型新兴产业对稳增长、调结构、促转型的作用更加明显。战略性新兴产业增加值五年年均增速约 20%，约为同期 GDP 增速的两倍。2015 年战略性新兴产业增加值为亿元，增加值占 GDP 比重达到 40%，战略性新兴产业平均碳排放强度仅为 0.24 吨/万元，战略性新兴产业碳排放强度比制造业碳排放强度低 30% 左右。二是现代服务业发展迅速。围绕提升经济发展质量和有效降低碳排放水平，不断提升服务业发展能力和规模。服务业占本市生产总值比重从 2010 年的 52.4% 提高到 2015 年的 58.8%，金融业增加值从 2010 年的 1279.27 亿元提高到 2015 年的 2550 亿元以上，金融业总资产达到 8.6 万亿元。节能服务业发展迅猛，在国家发改委备案的节能服务企业由 95 家增加到 155 家，产业低碳化发展趋势更加明显。三是传统产业低碳化转型持续加快。服装、钟表、黄金珠宝等优势传统产业逐步向总部、研发设计等高端环节发展。先进制造业占规模以上工业增加值由 2010 年的 70.8% 提高至 2015 年的 76.1%。621 家碳排放管控制造业企业碳排放强度下降到 0.37 吨 CO_2/万元，较 2010 年下降 34.2%。

（二） 能源结构持续优化

一是引进天然气为主的石油替代战略成效初显。天然气资源供应渠道不断拓展，西气东输二线正式供气，每年供应本市天然气达到 40 亿立方米。西气东输二线正式供气，岭澳核电二期、鲲鹏变电站扩建工程投入运营。截至 2015 年底，全市建成天然气管道 5421.5 公里，天然气门站 7 座，调峰站 3 座，调压站 27 座，居民用户达到 159 万户，全市非化石能源占一次能源比重达到 18%。二是电源装机和用电结构不断优化。全市累计关停小火电机组 288 万千瓦，超额完成了国家下达的关停任务。全面完成了燃油发电机组的"油改气"工程，新建成天然气发电、核电等清洁电源约 500 万千瓦。2015 年底，全市电源总装机容量达到 1306 万千瓦，核电、气电等清洁电源装机占全市电源总装机容量比重达到 85.37%；清洁电源供电量占全社会用电量的比例达到 90.5%，约为全国平均水平的 2.3 倍。三是可再生能源发展迅速。积极推进光伏发电，全市建成太阳能光伏发电项目装机规模已达 50 兆瓦。大力发展生物质能，集成垃圾焚烧发电厂 7 座，总垃圾处理能力达到 7875 吨/日，垃圾焚烧发电总装机容量达 14.5 万千瓦，发电 9.78 亿度，每吨垃圾焚烧发电 364 度，居全国大中城市首位。

（三） 节能降耗力度进一步加大

一是工业节能取得新进展。加大对高耗能、高污染落后产能淘汰力度，累计清理淘汰低端企业约 1.4 万家。对 53 家重点用能企业开展专项督查，对 310 家工业类企业实施节能考核，验收通过四批 99 家自愿清洁生产企业，其中 6 家获得广东省清洁生产企业称号。积极实施电机能效提升计划，截至 2015 年底，全市电机能效提升任务累计完成量达 185 万 kW，完成本市总任务量的 126%，其中电机系统节能改造量达到 60 万 kW，完成该着任务量的 102%，全市单位工业增加值能耗下降率约 10%。二是公共机构合同能源管理不断强化。768 栋政府办公建筑和大型公共建筑完成能源审计，超过 500 栋政府办公建筑和公共建筑能耗实现在线能耗监测，187 个能耗较高的既有建筑完成节能改造，改造面积达 892 万平方米。公共机构合同能源管理节能改造面积达到 1136.19 万平方米，年节电 1.5 亿度。荣获国家机关办公建筑和大型公共建筑节能监测示范城市称号，被国家发改委评价为"有中国特色的合同能源管理模式"，在全国加以推广。

（四） 废弃物处置工作不断强化

一是废弃物资源化利用成效明显。大力推进"城市矿产"基地建设，建成 6 个建筑废弃物综合利用项目，设计处理能力达到 620 万吨/年，"十二五"期间累计资源化处理建筑废弃物超过 1500 万吨，生产再生建材产品达到 900 万立方米，节约填埋土地 1500 亩。二是废弃物无害化处理稳步推进。全市共建成了 46 座中小型厨余垃圾处理设施，处理能力达到 270 吨/日。建成盐田、南山、龙岗、罗湖、光明等餐厨垃圾处理设施，处理能力达 450 吨/日，收集处理率达 23%。全市投入运营的生活垃圾焚烧发电厂有 6 座，2015 年各生活垃圾焚烧发电厂稳定运行，垃圾处理总量 268.65 万吨。2015 年，全市生活垃圾无害化处理率达到 100%。三是废弃物回收再利用力度加大。出台并正式实施《深圳市生活垃圾分类和减量管理办法》，分类处理可回收物、有害垃圾、餐厨垃圾、其他垃圾，初步建立垃圾分类和减量的深圳模式。截至 2015 年底，全市共分类回收废电池约 55 吨，废灯管约 30000 支；在全市投放 1000 余个专用回收箱，回收废旧织物共约 1357 吨；全市各区 779 个物业小区累计开展 5000 余场"资源回收日"活动，回收各类可回收物共 700 多吨。

（五） 低碳交通和绿色建筑取得突破

一是交通节能稳步推进。截至 2015 年底，建成和在建轨道交通里程达到 389 公里，公交机动化分担率提升至 56.1%。累计推广新能源汽车 3.6 万辆，新能源公交大巴占公交车总量比重超过 20%，建成快速充电桩 1800 个，慢速充电桩 15000 个，年节约燃油约 7 万吨，实现减碳 22 万吨，荣获"全球城市气候领袖奖"。全面完成港口装卸作业机械"油改电"改造工程，累计推广使用 LNG 港区内拖车 404 台，每年可替代 7800 吨标准燃油。在全国率先启动靠港船舶使用低硫油工作，18 家船舶公司 138 条集装箱船舶加入《深圳港绿色公约》，531 艘次靠港集装箱船舶全部使用低硫油。二是建筑节能成效显著。出台全国首部促进绿色建筑发展政府规章《深圳市绿色建筑促进办法》，所有新建民用建筑 100% 执行绿色建筑标准。截至 2015 年底，全市共有 320 个项目获得绿色建筑评价标识，绿色建筑总建筑面积达到 3303 万平米，是国内绿色建筑建设规模、建设密度最大的城市，也是获得绿色建筑评价标识、全国绿色建筑创新奖数量最多的城市。可再生能源建筑推广加快，太阳能热水建筑应用面积规模达到 2460 万平方米，荣获国家可再生能源建筑应用示范城市称号。全市新建建筑综合节能总量累计超过 497.3 万吨标煤，减少二氧化碳排放 1201.66 万吨，建筑综合节能减排对全社会的节能贡献率超过 30%。

（六） 碳汇能力稳步提升

一是生态保护与建设加快。基本生态控制线管理加强，建立了基本生态控制线联席会议制度。区域绿地和关键生态节点的生态恢复规划编制和生态节点修复工作全面开展，森林城区、森林街道、森林家园、森林园区、森林校区、森林营区建设不断加快，努力挖掘森林碳汇资源。二是森林碳汇能力加强。积极开展城市碳汇计量及监测研究工作，完成《深圳市森林进城森林围城总体规划》编制，开展了森林土壤碳汇专项调查工作，组织机关单位、市民积极参与义务植树等相关绿化活动，2015 年全市森林覆盖率提高到 41.52%。建成生态景观林带 8.36 万亩。三是城市碳汇体系初步构建。道路绿色不断提速，2012—2015 年间，全市绿化改造道路 392 条，渠化岛绿化改造 254 处，道路绿化推广率达到 100%，林荫路覆盖率达到 95.6%，人均公园绿地面积提高至 16.91 平方米，建成绿道 2400 公里，绿道网密度达到 1.22 公里/平方公里，绿道总长和密度居珠三角城市首位。城市绿化改造包括人行天桥、立交桥、屋顶绿化等示范项目等超过 200 个。

（七） 低碳生活意识逐步增强

一是宣传力度进一步加大。配合全国节能宣传周和全国低碳日活动，每年组织开展应对气候变化成果展、低碳大课堂、"低碳深圳行"自行车骑行、"深圳百位市民—亲近绿色建筑、感受幸福生活"开放体验日、"我为地球体检"以及"地球一小时"等一系列形式多样、趣味性、参与性强的体验活动，广泛宣传低碳环保知识，并将低碳知识纳入基础教育、高等教育、职业教育体系，以绿色课程、绿色活动、绿色评价、绿色校园为抓手，构建有特色的低碳教育体系。二是绿色单位明显增多。全市多家机关、企业、学校等开展创建绿色单位活动，截至 2015 年底，全市绿色单位共有 1036 家，其中绿色学校 415 家、绿色幼儿园 105 所，绿色机关 35 个、绿色酒店 33 家，绿色商场 50 家、绿色企业 88 家、绿色医院 17 家、绿色街道 7 个、绿色社区 78 个、绿色家庭 133 户、绿色公交线路 75 条。三是绿色消费方式逐步成形。出台全国首份循环经济产品政府采购目录，政府优先采购低碳经济以及循环经济产品。积极开展零售业节能示范活动，全年开展零售业节能培训 16 期，5 家零售业门店被评为节能示范店，加大环保绿色产品推广力度，减少过度包装和一次性包装，提高消费者和商家的节能环保意识。

（八） 对外交流合作成果丰硕

一是积极参与低碳发展国际合作。按照国家发改委要求，我委积极组织相关人员参加在美国纽约举行的联合国气候峰会以及在波兰华沙举行的联合国气候变化大会。积极推动与美国、德国、英国、荷兰、比利时、澳大利亚等国政府机构以及低碳国际组织开展务实合作，与美国加州政府、荷兰阿姆斯特丹市、埃因霍温市、世界银行、全球环境基金、世界自然基金会、C40 城市气候领导联盟、R20 国际区域气候组织等签署低碳领域合作协议，与美国环保协会合作举办四期深圳市碳交易机制研讨会，本市成为中国大陆第一个正式参加 C40 城市气候领导联盟的城市。二是推动珠三角区域低碳合作取得实质性进展。在省政府办公厅指导下，第三届深圳国际低碳城论坛设立了珠三角城市群绿色低碳发展专题论坛，论坛期间，珠三角九市联合发布《珠三角城市群绿色低碳发展深圳宣言》，标志着珠三角城市在低碳发展领域的合作迈上了新台阶。三是探索跨区域碳交易合作。与淮安市发改委、包头市发改委签订战略合作备忘录，结为紧密的区域碳市场战略伙伴，积极推介本市碳交易模式和机制，率先迈出了区域性碳交易合作的步伐，努力构建全国第一个跨区域碳交易市场。

四、 基础工作与能力建设

（一） 温室气体排放统计核查制度进一步健全

一是建立健全温室气体统计核算和报告制度。本市以开展碳交易为契机，建立了工业控排企业、建筑物、交通运输企业温室气体统计核算制度，并且规定企业每年需提交第三方核查报告，目前正在加快建立全市温室气体统计核算体系和相关考核制度。二是建立碳核查技术规范和方法学体系，在全国率先首个制定了《组织的温室气体排放量化和报告规范及指南》（SZDB/Z 69—2012）和《组织的温室气体排放核查规范及指南》（SZDB/Z 70—2012）等标准化技术指导文件以及配套的专业行业核查方法学。三是完善核查机构和人员队伍的管理。出台了《深圳市碳排放权交易核查机构及核查员管理暂行办法》，推动本市碳核查机构和人员管理的法治化和制度化。着力提升核查机构专业技术能力，开展核查机构和核查员备案，建立并备案了 28 家核查机构和 654 名核查员。

（二） 温室气体清单编制工作稳步推进

一是健全了温室气体清单编制组织架构。由深圳市发改委牵头，统筹全市温室气体清单编制工作，市经贸信息委、规划国土委、人居环境委、交通运输委、住房建设局、水务局、统计局、城管局、机关事务管理局等部门及相关企业和行业协会配合提供相关数据和资料。二是组织编制了 2005—2011 年城市温室气体清单，基本摸清了能源消费、工业生产过程、农业、土地利用变化与林业、废弃物五个部门碳排放，为碳交易开展和"十二五"碳排放强度目标实现奠定了基础。三是实现了温室气体清单编制常态化。由市财政专门安排预算资金用于本市年度温室气体清单编制工作，2012—2015 年本市温室气体清单编制工作正式启动。

（三） 政府激励机制不断完善

为推进低碳产业发展，深圳不断加大财政投入力度。一是设立循环经济与节能减排专项资金。本市从 2012 年开始设立循环经济与节能减排专项资金，用于扶持循环经济、节能减排项目，推动节能减排公共服务平台建设和产品、技术推广，加强清洁生产示范引导和培训等，到 2015 年底，累计下达资金 9.66 亿元。设立新能源产业发展专项资金，到 2015 年底，累计资助项目 972 个，累计下达资金 22 亿元左右，带动项目总投资 313 亿元。设立新能源汽车推广应用扶持资金，累计支出资金 29 亿元。二是设立节能环保产业发展专项资金。本市于 2014 年设立节能环保产业发展专项资金，年度资金规模 5 亿元，重点支持高效节能、先进环保、资源循环利用等领域的科技研发、装备制造、技术推广和产业服务等。三是加强低碳试点示范项目资助。为贯彻落实国家关于开展低碳试点示范工作要求，充分发挥试点项目带动作用，2015 年，本市给予 10 个低碳试点项目奖励资金 4236 万元，从国家发改委、财政部争取深圳国际低碳城节能减排财政政策综合示范奖励资金 5 亿元。

（四） 市场化机制取得突破

2013 年，深圳率先开展碳交易，636 家企业首批纳入碳交易，经过两年多的发展，市场化方式促进减排功能初步发挥。一是履约情况良好。截至 2015 年 6 月底，634 家管控单位按时足额完成年度碳排放履约，履约企业数量位居各试点省市之首，企业履约率达到 99.7%，履约配额率达到 99.98%。二是减排效果明显。2014 年 636 家管控企业二氧化碳排放总量为 2799 万吨，与 2010 年相比下降 402 万吨，下降幅度达到 12.6%。与此同时，621 家制造业企业工业增加值增长了 1080 亿元，增幅达 39.8%，碳排放强度较"十一五"末下降 34.2%，已超额完成了深圳市"十二五"期间碳排放强度下降 21% 的目标。三是碳交易市场活跃。深圳碳市场在全国七个碳交易试点中以最小的市场规模（占所有试点的 2.5%），实现了 13.9% 的交易量和 22.2% 的交易额，截至 2015 年底，深圳碳交易市场配额成交总量累计超过 654 万吨、成交金额突破 3 亿元人民币。交易总量和交易总额均位居全国第二，市场配额流转率连续两年均居全国首位。

（五） 低碳试点示范效应显著增强

一是国家级试点示范效果显现。深圳国际低碳城建设摒弃大拆大建的思路，尊重现状、就地改造，积极开展生态本底诊断，对现有企业进行全面碳核查。编制低碳城指标体系，对低碳城土地拍卖、项目准入及开发建设实行碳指标控制。建立碳排放监测公共平台，对企业碳排放进行监测、管理、监督、考核。创建社区共享模式，探索开展社区、校区、园区共享公共设施。丁山河改造等一批低碳基础实施示范项目建成使用，启动区分布式能源站、东部环保产业园等低碳产业示范项目推进顺利，引进企业和科研机构超过 20 家，正式入选首批国家低碳城（镇）试点。二是市级低碳试点工作推进顺利。积极组织开展低碳试点示范项目申报工作，从低碳政府机关、低碳企业、低碳城区、低碳园区和低碳社区五个层面开展试点，经过严格的专家评审和部门评价，在 42 家申报单位中选定了 10 家单位作为首批低碳试点示范项目，予以一定资金资助，为本市低碳城市试点工作由点到面、全面推进积累了较好经验。

五、 体制机制创新

作为国家首批低碳试点城市和碳排放权交易试点城市，本市积极贯彻落实试点工作的要求，充分发挥经济特区先行先试的优势，除探索全面发展模式的创新之外，还在碳交易机制、新能源汽车推广模式、资源性产品价格机制、低碳产品标识和认证制度等方面进行了大胆实践。

（一） 率先启动市场化碳减排机制

结合深圳实际，积极开展碳排放权交易，通过市场途径促进碳减排的有效机制，在碳交易市场总体设计上摒弃国外通行的总量控制方法，采用了总量＋强度的双控模式；在碳配额分配中，创造性地应用了有限理性重复博弈理论，提出独特的碳配额预分配方法，较好地达到了总量和强度的双控目标；在 MRV 等碳交易关键环节，坚持用市场化的手段引导第三方核查市场。同时为活跃市场，专门设立了价格平抑储备配额制度和市场稳定调节资金制度等。

（二） 创新新能源汽车推广模式

创造性地引入社会各方参与的新能源汽车推广应用，将公交领域的"融资租赁、车电分离、充维结合"模式优化调整为"整车租赁、充维一体"的商业模式，初步实现资产清华、购租结合，里程保障、分期付租，自行充电、利益共享。3 年内，全市公交车 100% 实现电动化。同时，全区域、全时段禁止黄标车上路。出台燃油出租车正常更换电动出租车"10 ＋ 1"奖励政策，有效实现新增电动出租车拍照由高额拍卖制向低额年费制的转变。积极探索租赁领域推广新能源汽车，首次设置分时租赁指标，通过招标方式发放。落实新能源物流车通行优惠，依托物流协会和展示中心，推动新能源物流车规模快速增长。鼓励社会资本参与充电社会网络建设，先后引进了普天新能源和比亚迪公司等 23 家新能源汽车充电设施运营备案企业承担全市配套充电设施建设。

（三） 创新资源性产品价格机制

实施差别电价、惩罚性电价及居民用电阶梯价格政策，有力促进企事业单位和居民节约用电。建立废弃物排放的收费制度和对循环利用资源、清洁生产、治理环境的补贴制度。出台深圳市城市生活垃圾处理费征收和使用管理办法，确定了垃圾焚烧发电厂垃圾处理费支付标准，探索建立建筑废弃物排放收费制度。

（四） 探索低碳城区开发的投融资机制

在深圳国际低碳城建设过程中，打破以往"政府造城"的模式，充分发挥市场的决定性作用，广泛吸引各类社会主体，吸纳各类资金参与投资建设。特别是引入市属大型国企、市特区建发集团作为主要融资主体，创新性地采用了"企业融资、区级政府建设"的模式对低碳城启动区进行综合开发，同时土地出让收益市区分成部分全部用于低碳城建设，实现"封闭运作，自求平衡"。

（五） 实施低碳产品标识和认证制度

编制完成产品碳标识制度构建工作方案，食品、纺织、移动通讯、化肥和光伏等行业的 8 家企业产品完成碳标识试点工作，正在制定产品碳足迹评价通则。积极开展低碳产品认证应用研究及试点工作，初步完成企业低碳产品认证可行性分析和低碳产品管理体系构建。

六、 重要经验

（一） 领导重视是做好低碳试点工作的基础

低碳发展是一项涵盖经济社会方方面面的综合性工程，只有领导重视、真抓实干才能有效保障各项任务的全面落实。五年多来，本市各级领导的高度重视绿色低碳发展，将低碳发展确定为深圳城市发展新特质和新名片，市长亲任全市应对气候变化及节能减排工作领导小组组长，把低碳试点工作的安排部署分解到各个部门，责任细化到具体岗位，凝神聚力推动工作，不折不扣抓好落实，形成领导亲抓落实，部门强力执行，社会广泛参与的齐抓共管格局，有力推动了低碳试点工作各项目标任务的圆满完成。

（二） 系统推进是做好低碳试点工作的核心

推进低碳发展是一项系统工程，在低碳试点工作推进过程中，本市重视加强顶层设计，率先开展低碳发展路线图研究，明确战略目标、实现途径、保障措施等；加快完善法律体系，让应对气候变化和绿色低碳发展工作在法治的轨道上运行，以法治引领、规范、促进和保障工作的顺利开展，运用法治思维和法治方式来认识和解决试点中遇到的问题；加快构建低碳发展治理模式，为确保完成低碳试点目标任务，充分发挥政府、市场、社会等多元主体在低碳发展中的协同协作、互动互补、相辅相成作用，充分发挥各级政府在低碳发展方面的主导作用和表率作用，着力增强企业在低碳发展中的主体作用，推动企业积极参与低碳城市建设中。

（三） 融合发展是做好低碳试点工作的关键

推动应对气候变化和绿色低碳发展不是一个孤立的过程。政府要将应对气候变化和绿色低碳发展的工作纳入到城市经济社会发展的整体战略之中，实现绿色低碳与城市各项工作之间的有机融合。在创新能力建设中融入低碳理念，全面提升与低碳发展相关的科技创新、人才培养和学科建设水平，解决技术、产业与低碳发展深度融合问题。在产业规制中融合低碳理念，制定严格的产业能耗标准，迫使企业向减碳方向发展，促进传统产业的转型升级。将低碳理念融入城市发展规划，推动城市布局优化，推进城市结构转型，强化土地集约节约利用，不断提高低碳城市建设水平。

（四） 重视宣传是做好低碳试点工作的保障

应对气候变化和绿色低碳发展工作需要全社会的投入和参与，营造良好的社会氛围和环境是推动低碳试点工作的重要保障。这几年，本市将办好深圳国际低碳城论坛作为推动低碳试点工作的重要抓手，通过每年举办一届低碳城论坛，广泛吸引国内外政府机构、国际组织和跨国企业参与，宣传试点示范经验，营造低碳发展氛围，凝聚了低碳发展的共识，逐步成为展示我国应对气候变化行动、本市绿色低碳发展的窗口和汇聚低碳国际资源的重要平台。

七、 工作建议

（一） 加强低碳发展法制保障

尽管目前我国部分城市通过地方立法的形式，颁布了若干对碳排放进行管控的法律法规，但是其法条设定相对原则和单一，缺乏促进低碳发展系统性、综合性的规范内容，无法满足目前低碳发展的整体形势和要求，因此建议从国家层面加快应对气候变化和促进低碳发展立法工作，完善应对气候变化和促进绿色低碳发展的法制环境。

（二） 强化碳排放指标的约束力

目前，基层低碳发展和经济发展的关系仍然没有完全理顺，很多地方更加重视经济发展。因此，需要从国家层面强化应对气候变化对城市相关领域发展的统筹作用，在重点区域、重点行业率先开展和实施碳排放总量控制，根据碳排放总量控制的要求，逐步推动建立碳排放许可制度。同时，加强低碳发展的资金和政策支持，完善并充分发挥财税政策、金融政策、产业政策、投资政策在低碳发展中的促进作用，包括在中央财政中安排专门资金用于扶持低碳项目建设，设立低碳发展专项基金，构建符合低碳发展需求的创新性金融手段和机制等。

（三） 加大低碳技术推广应用力度

近年来，国家发改委通过《国家重点推广的低碳技术目录》的形式，推出了两批项低碳技术，这些技术都非常好。这几年，我们在深圳国际低碳城建设过程中，也创新示范应用了一些低碳技术，都取得了较好的效果，但是遇到了一些问题，比如目前这些好的低碳技术大规模推广应用难度较大。如何通过完善政策体系、提升技术水平、优化商业模式等手段推动低碳技术研发、产业转化和推广应用是亟需解决的重要问题。目前，本市在这方面也做了一些工作，举办了国家低碳技术展，建立了低碳清洁技术国际交流推广平台，推动低碳清洁技术创新和产业化推广等。

厦门市低碳试点进展总结

自获批低碳城市试点以来，厦门市认真贯彻落实国家和福建省各项决策部署，以实施美丽厦门战略规划为抓手，按照全国低碳城市试点工作的要求，不断探索绿色低碳发展之路，取得了较好成效。具体情况报告如下：

一、 低碳城市建设的基本情况

厦门与台湾隔海相望，是中国最早设立的四个经济特区之一，是我国东南沿海著名的港口风景旅游城市、海峡西岸重要中心城市。现辖六个行政区，包括厦门本岛思明、湖里两区，及岛外集美、海沧、同安、翔安四区，面积1575平方公里。全市常住人口386万。五年多来，在低碳试点工作的引领推动下，本市经济总量保持较高增长，能源消耗和碳排放增幅呈现下降趋势。

（一） 经济实力平稳增强

"十二五"期间，全市地区生产总值由2010年的2060.07亿元增长到2015年的3400.41亿元，年均增长10.6%。年人均地区生产总值达到1.4万美元，居东部，地区先进城市前列。年财政总收入突破1000亿元大关。产业体系逐步健全，产业结构进一步优化，"5+3+10"现代产业体系初步建立，三次产业结构由2010年的1.1:50.0:48.9调整为2015年的0.7:43.5:55.8，第三产业比重居福建省首位。高新技术产业产值占工业总产值比重达65.9%，科技创新能力不断提升，全社会研发投入占地区生产总值比重3%，位于全国前列。

（二） 绿色低碳发展成效明显

能耗强度不断下降，万元GDP能耗从2010年的0.523吨标煤下降到2015年的0.437吨标煤，在全国大中城市中处于较低水平。能源结构不断优化，煤炭占全社会能源消费比重由2010年的32.75%下降到2015年的24.33%。碳排放得到进一步控制，万元GDP二氧化碳排放量从0.937吨下降到0.776吨，累计下降率超过17%，超额完成"十二五"排放目标。城市宜居度不断提升，建成区绿化覆盖率达到41%，人均公园绿地面积11.4平方米，饮用水源水质达标率达100%，城市环境空气质量优良率位居全国74个大中城市第二位，获得国家森林城市称号，城市环境质量居全国前列。

（三） 社会发展水平提升

城镇居民人均可支配收入和农村居民可支配收入分别由2010年的2.93万元和1万元增长到2015

年的 4.28 万元和 1.76 万元，城乡居民收入差距由 3∶1 缩小为 2.43∶1。科教文卫事业成果丰硕，全市人口平均期望寿命 80.2 岁；每万人大专以上学历达 2576 人，社区、居家养老服务实现全覆盖，统一城市、城镇最低生活保障标准，基本建成全民社保城市，构建分层次、广覆盖的住房保障体系。营商环境和创新社区建设、"多规合一"的空间规划和治理体系、共同缔造等社会治理创新取得显著成效。城市文明程度持续提升，获评全国和谐社区建设示范城市、全国文明城市"四连冠"等荣誉称号。

二、 低碳发展理念

以加强顶层设计，实施"多规合一"，突出规划引领，强化组织领导等措施，不断完善绿色可持续的低碳发展理念。

（一） 加强顶层设计

2013 年以来，厦门市围绕贯彻党的十八大提出的"两个百年"奋斗目标和建设美丽中国的战略部署，贯彻"五位一体"总体布局，立足厦门发展阶段和转型发展需要，编制并实施了《美丽厦门战略规划》。并且已经市人大会议审议通过，有效保障了规划的严肃性和权威性。该规划明确了"两个百年"发展愿景和"五个城市"定位，提出实施大山海、大海湾、大花园的城市发展战略，着力构建"一岛一带多中心"的城市空间格局，为本市促进绿色低碳发展做好了顶层设计。

（二） 实施 "多规合一"

厦门在全国率先实践经济社会发展规划、城市建设规划、土地利用总体规划等"多规合一"，摸清了城乡资源、环境、空间条件，明确了城市绿道、农田、水系、湿地、山体、林地边界坐标，协调统一了 12.4 万个原先"互相打架"的规划图斑，进一步完善了城市空间规划体系，优化了城市布局，打造城市理想空间，保障一张蓝图干到底。同时，利用信息化手段构建了全市统一的空间信息管理协同平台，实现各部门业务的协同办理，推动行政审批流程再造和简政放权，有效保障经济、社会、环境协调发展。

（三） 突出规划引领

将推动低碳城市试点工作纳入厦门国民经济和社会发展"十二五"规划和实施"美丽厦门"战略规划中，编制完成《厦门市低碳城市试点工作实施方案》《厦门市低碳城市建设规划》《厦门市"十二五"低碳经济发展专项规划》，并每年制定低碳城市试点工作行动计划。在编制"十三五"规划过程中，将应对气候变化作为规划中一节单独阐述，强化规划的引领作用。

（四） 强化组织领导

市委市政府高度重视低碳城市试点工作，2011 年成立了由市主要领导担任组长的低碳试点工作领导小组，领导小组办公室挂靠市发改委，各部门、各区明确低碳试点工作相关责任人，建立了市、区及各部门多层次协同推动低碳试点的工作机制。

三、 低碳发展任务落实与成效

（一） 产业升级成效明显

以城市承载力和适宜度为依据，通过构建现代产业体系，强化创新驱动发展，突出发展质量效益，不断优化产业结构，全市三产比例由 2010 年的 1.1∶50.0∶48.9 调整为 2015 年的 0.7∶43.5∶55.8，经济实现向绿色发展。

1. 着力构建富有竞争力的现代产业体系。从厦门产业发展的基础和优势出发，着力构建"5 + 3 + 10"现代产业体系，以加快发展先进制造业、大力发展现代服务业、优化提升传统产业、着力培育战略性新兴产业、做精做优现代都市农业为 5 个重点；以抓龙头项目、打造园区载体、营造创新环境为三大抓手；大力培育平板显示、软件和信息服务、旅游会展、航运物流、金融、文创等"10 + X"千亿产业链（群）。平板显示、金融服务、旅游会展 3 条产业链产值分别突破千亿，成为国内光电显示产业发展最迅速的地区之一。

2. 强化创新驱动。大力推进创业创新工程，2015 年 7 月，成功入选国家首批小微企业创业创新基地试点城市，为本市全面推进创新创业打造了良好的基础。创新项目策划招商工作机制，全年实际直接利用外资 20.9 亿美元，总量全省第一，新开工电气硝子、天马 TFT 二期等 12 个超十亿元以上项目。创建国家信息消费示范城市，深入推进"三网"融合和智慧厦门建设，网络零售增长 60%。半导体照明成为全国两个 A 类基地之一，生物医药产业入选国家战略性新兴产业区域集聚发展试点。2015 年，全市高新技术企业突破 1000 家，占全省一半，高新技术企业产值占规模以上工业产值的 65.9%。

3. 大力发展绿色低碳经济。实施倒逼机制，大力压减、淘汰过剩和落后产能，着力提升产业发展的品质和质量。通过整合工业园区用地，盘活建设用地存量，积极探索工业用地租赁制，尝试工业用地"先租后让、租让结合"的供地方式，最大限度地提高土地资源的利用率。严格执行水资源"三条红线"管理和最严格水资源管理制度，荣获"中国人居环境水环境治理优秀范例城市奖"和"全国节水型城市"称号。高标准完成"十二五"节能减排任务，较好实现了有质量有效益可持续的发展。

（二） 能源结构不断优化

通过控制高排放能源使用，推进清洁可再生能源利用，等手段措施，本市煤炭占全社会能源消费比重由 2010 年的 32.75% 下降到 2015 年的 24.33%，太阳能光伏、垃圾发电等使用比重稳步提升，能源结构进一步优化。

1. 控制高排放能源使用。厦门不再建设新的燃煤电厂，现有燃煤电厂积极采用节能减排技术，鼓励以 LNG 替代燃煤，降低碳排放。在已建和规划建设的热电联产集中供热范围内，不再单独新建锅炉。出台关于锅炉（工业窑炉）整治和清洁能源替代改造的通知，加快高污染燃料锅炉（工业窑炉）淘汰、更新进程。制定大力推进集中供热项目建设细化方案、厦门市集中供热项目管道建设工程资金补助和管理办法等措施，积极推动华夏电力、银鹭工业园区等集中供热项目建设。启动实施一批煤改电、煤改气、油改气项目。

2. 推进清洁可再生能源使用。开展重大资源能源项目建设，电力进岛第四通道成功送电，完成柔性直流输电工程，加快推进西气东输工程，同安抽水蓄能电站启动项目前期工作。积极引导企业有序开发利用新能源和清洁能源，大力推动分布式光伏发电项目落地。本市已备案分布式光伏发电项目装机量已达到83.84兆瓦，其中由华电（厦门）能源公司投资建设的分布式光伏发电项目，项目总投资近1.6亿，装机规模22.8兆瓦，项目建成后预计年发电量达2406万度，每年节约标煤7800吨，减排二氧化碳1.95万吨，节能减排效益显著。2015年，本市分布式光伏发电量1200万度，垃圾发电1.1亿度，两项合计比2014年增长28.2%，非化石能源占能源消费总量比重也逐年提升。

（三） 节能和提高能效进展顺利

通过推动工业企业节能降碳，开展节能减碳技术创新等工作，节能和提高能效工作成效显著。2015年，本市万元GDP能耗0.437吨标煤每万元（或"/万元"），下降16.5%，超额完成"十二五"下降10%的目标。

1. 推动工业企业节能降碳。大力发展节能环保产业，加快实施产业园区循环化改造，集美台商投资区获批国家园区循环化改造试点。大力发展循环经济，推动三立（厦门）汽车配件有限公司等全国循环经济试点示范建设。严格实行固定资产投资项目节能评估与审查制度，从源头把好节能关。实施重点工业用能企业节能监察、重点耗能设备节能监测、单位产品能耗限额、高耗能落后设备专项检查等节能执法活动。组织实施重点节能工程，大力推进合同能源管理。2015年，本市六大高耗能行业能耗占全市规模以上工业能耗的比重为57.4%，比2014年下降了6.4个百分点。

2. 开展节能减碳技术创新。发展和推广能源清洁高效利用、垃圾无害化填埋沼气利用等有效控制温室气体排放的新技术，开展海洋碳汇技术研究和推广，厦门大学成立了海洋碳汇研究机构。积极推广节能技术和节能产品，编制厦门市节能技术和产品推荐目录。加大对节能减排科技攻关的扶持力度，2015年，市科技计划共立项支持节能科技项目29项，资助资金2655万元，带动社会科技投入6.14亿元。重点开展了"大功率LED膜组化照明关键技术攻关"、"新能源汽车专用高压直流继电器的开发"等重大节能减碳技术。

（四） 大力发展低碳建筑和低碳交通

大力推进低碳建筑和低碳交通建设，先后获得国家绿色低碳交通城市区域性项目试点和可再生能源建筑应用示范试点等称号，成效显著。

1. 大力发展绿色建筑。出台《厦门市绿色建筑行动实施方案》，从2014年起新立项的政府投融资项目、安置房、保障性住房，通过招拍挂、协议出让等方式新获得建设用地的民用建筑全部执行绿色建筑标准。市级保障性住房项目按绿色建筑标准进行建设，以一星级绿色建筑为主，鼓励建设二星级绿色建筑。2016年起办理施工许可的存量土地的民用建筑项目全部执行绿色建筑标准。加大绿色建筑财政奖励力度，出台政策对购买二星级和三星级绿色建筑商品住房的业主分别给予返还20%和40%契税奖励，并对一星级绿色住宅建设单位进行财政奖励。大力推进可再生能源建筑应用示范工程，强化新建建筑执行节能强制性标准的监督管理，对达不到标准的建筑，不予办理开工和竣工验收备案手续。

至 2015 年，本市获得绿色建筑评价标识项目 31 个，总建筑面积 471.7 万平方米，太阳能建筑一体化应用约 272.45 万平方米。

2. 不断推进绿色交通建设。推进以公共交通为导向的城市交通发展模式，引导市民绿色出行。BRT（快速公交）运营成效良好，轨道交通一、二、三、四号线开工建设，建成智能交通系统"停车便民交通信息服务系统"，集灌路、马青路等"两环八射"快速路网工程建设进展顺利。开展城市公交智能调度，优化发车班次，推进出租车电召服务，智能化调度出租车，提高服务水平，降低空置率。大力推进绿色港口建设，积极推广码头"油改电"项目，实施"绿色作业"，仅嵩屿码头实施"油改电"后，年节约能源超过 1800 吨标煤；同时，引入 LNG 撬装站设备满足 LNG 拖车的供气需求，正努力实现"全电码头"的目标。2014 年 8 月，国际领先、国内首个全自动化远海码头正式运营，节能 20%、碳减排 16%，成为我国航运史上的里程碑。积极推广新能源汽车，2014—2015 年，累计推广新能源汽车 2311 辆，任务完成率全省第一。本市清洁能源和新能源公交车占全部公交车辆比例的 31.53%，油气双燃料出租车已占全部出租车的 99% 以上，全市核发机动车环保标志 104 万枚（含换发），其中绿标 102 万枚，核发率超过 90%。

（五） 不断完善废弃物处置

通过完善生活垃圾分类收集和无害化处理设施建设，规范工业固体（危险）废物环境监管等手段措施，本市废弃物处置能力不断增强，逐渐实现变废为宝，循环发展。

1. 完善生活垃圾分类收集和无害化处理设施建设。按照"减量化、资源化、无害化"和"建设、管理、运行一体化"的要求，在鼓浪屿、思明区瑞景社区等开展垃圾分类和垃圾不落地试点工作，不断扩大试点范围。深入开展"农村家园清洁行动"，建立了"村收集、镇转运、区处理"的垃圾处理模式。大力推进垃圾处理设施建设，厦门垃圾分类厂 reCulture 生活垃圾资源再生示范厂、厦门市生活垃圾分类处理厂、后坑、东部、西部三个垃圾发电厂等一批已建或在建项目加大生活垃圾资源化利用力度。2015 年，本市获批第五批餐厨废弃物资源化利用和无害化处理试点城市，垃圾发电达到 1.1 亿千瓦时，日处理生活垃圾能力 3700 吨，生活垃圾无害化处理率达 100%。

2. 规范工业固体（危险）废物环境监管。严格执行危险废物经营许可证制度、危险废物转移联单制度、年度管理计划制度和排污申报等制度，明确企业管理的主体责任。开展废弃电器电子产品拆解审核，加强对电器电子产品生产、无害化处置利用、去向等的全过程监管。要求产生工业固体废物的企业达到"六有"（有管理台账、有排污申报、有签订回收合同、有规范的储存场所、有明显的警示标识牌、有专人管理）。2015 年，全市工业固体废物综合利用率达到 97%，危险（医疗）废物处置率达到 100%。

（六） 倡导绿色生活方式和消费模式

出版《厦门市中小学环境教育知识读本》，中小学环境教育普及率达到 90% 以上。加快建设大屿岛白鹭自然保护区、厦门海洋馆、厦门科技馆等生态文明宣传教育示范基地。岛内、海沧等公共自行车系统示范工程正式运营，成效良好。大力推进"创绿"活动，已建成各级绿色学校 100 多所，各级绿色社区 40 多个。推进绿色旅游饭店评定，开展"绿色饭店引导绿色消费月活动"。通过厦门国际马拉松平台，开展"绿跑在行动"等公益活动，呼吁更多民众投身绿色环保。结合"全球熄灯一小时"、"4.22 地球日"、"6.5"世界环境日以及全国节能周和全国低碳日等主题纪念日开展系列活动，大力倡导绿色生活方式和消费模式，并通过报刊、互联网、电视等各种媒体广泛宣传，使节能低碳理念进企业、进社区、进学校、进机关，形成了全社会关注、参与和支持低碳发展的浓厚氛围。

（七） 努力增加城市碳汇

大力推进生态控制线落地，划定 981 平方公里生态控制区，面积占到厦门陆域面积的 57.6%。同时，细化生态控制区内容，将全市 981 平方公里生态控制线又细分为基本农田 103 平方公里，生态林地 682 平方公里，水源保护区等 75 平方公里，其他用地 121 平方公里，维护高水平城市生态安全格局。构建绿道慢行系统，编制《厦门市绿道与慢性系统总体规划》，形成山海联通、全长 848 公里的绿道网络。全面推进"四边"重点绿化项目，严守林地生态红线，推动林地占补平衡工作。大力推进海域环境整治，出台厦门近岸海域水环境污染治理方案，集杏海堤开口改造工程、高集海堤及马銮海堤开口工程基本完成，五缘湾、马銮湾等海域清淤治理工作进展顺利，下潭尾湿地公园启动完成一期建设，海洋碳汇能力进一步提升。2015 年，全市建成区绿化覆盖率 41.87%；森林覆盖率保持在 40% 以上。并在 2013 年 9 月，荣获"国家森林城市"称号。

四、 基础工作与能力建设

通过开展温室气体清单编制，实施低碳城市建设考核，启动企业温室气体排放报告工作，加大低碳发展资金支持力度，突出低碳试点示范建设，扎实推进基础工作，不断提高低碳发展的能力。

1. 开展温室气体清单编制。完成 2005—2010 年厦门市温室气体清单编制工作，正着手开展2011—2014 年温室气体清单编制工作，为摸清本市排放基本情况，制定相应的低碳规划和政策，落实国家减排目标任务提供科学依据和基础。

2. 实施低碳城市建设考核。率先福建省各市出台《厦门市单位地区生产总值二氧化碳排放降低目标责任考核评估办法（试行）》，并将各区低碳城市建设情况作为区长生态文明建设和环境保护目标责任制考核，促动各区开展低碳城市建设工作。

3. 启动企业温室气体排放报告工作。组织了 6 批次本市重点碳排放企业参加企业温室气体排放报告专题培训，并完成全市 66 家重点企业 2011—2014 年度温室气体排放报告工作。

4. 加大低碳发展资金支持力度。设立规模百亿的厦门市产业引导基金，投向本市拟重点打造的十大千亿产业，促进经济社会向绿色低碳转型。市财政每年安排节能低碳专项资金 2500 万元，2015 年，通过市基建计划累计下达低碳资金 160 万元，支持厦门市"十三五"碳减排目标及实施路径研究、厦门市碳排放智能管理云平台试点研究、厦门市鼓浪屿省级低碳示范社区试点工作方案等课题研究工作。

5. 突出低碳试点示范建设。大力推进软件园二期等产业园区打造绿色低碳产业园区。充分发挥"十城万盏"LED 应用试点工程、"十城千辆"节能与新能源汽车示范推广试点工程、LED 照明两岸产业合作搭桥项目工程等一批典型工程的示范带动作用，推动低碳城市试点加快建设。2015 年，本市鼓浪屿龙头、内厝社区获评首批福建省省级低碳示范社区试点。

五、 体制机制创新

厦门市在推进低碳城市建设过程中，发挥特区立法优势先行先试，推进生态文明建设立法，《厦门经济特区生态文明建设条例》于 2014 年 11 月通过市人大正式立法并率先全省于 2015 年 1 月开始实施，成为全国第二部关于生态文明建设的地方法，为本市加快生态文明建设，推进绿色低碳发展提供坚实的法律保障。

六、 重要经验

厦门在推进低碳城市试点建设过程中，针对厦门土地空间较小、资源环境承载力相对较弱的状况，为落实国家低碳试点城市建设要求，主要经验有四个方面：一是以规划政策为先导，通过编制美丽厦门战略规划、实施"多规合一"等强化低碳发展统筹作用；二是以产业升级为引领，通过打造"5 + 3 + 10"现代产业体系，大力发展航运物流、旅游会展的绿色低碳产业，提升低碳发展核心竞争力；三是以绿色建筑和绿色交通为特色，大力推广绿色建筑、可再生能源建筑，大力发展新能源汽车、城市慢行系统建设等，丰富低碳建设内容；四是以项目示范带动为支撑，实施完成"十城万盏"、"十城千辆"等重点低碳示范项目，不断推动绿色低碳发展。

七、 工作建议

（一） 面临的挑战

厦门市低碳城市建设虽然取得了一定的成绩，但在经济增速放缓、环境约束加大，百姓期望增加的大背景下，依然面临不小的挑战。

1. 本市产业结构不断优化，高耗能产业比重逐年递减，高新技术企业产值比重大，单位工业增加值能耗处于先进水平，通过进一步的调整优化产业结构来降低碳排放的难度加大。

2. 本市能源结构不断优化，煤炭占全社会能源消费比重已不足30％，处于先进水平，同时，受区域环境，自然资源要素影响，本市不具备大力发展水电、核电等清洁能源条件，通过进一步调整优化能源结构降低碳排放的难度加大。

3. 低碳基础存在薄弱环节，特别是低碳队伍建设滞后，能源、碳排放统计等能力有待加强，不利于低碳工作深入开展。

（二） 下一步工作计划

今年是"十三五"开局之年，下一步，本市将紧紧围绕中央和省经济工作会议精神和厦门市建设生态文明城市的安排部署，不断推进产业结构优化，大力发展新能源和可再生能源，推动低碳城市试点工作在新的阶段取得新的成效。

1. 开展"十三五落实碳减排目标工作实施方案"编制工作，根据上级下达的"十三五"碳减排目标，制定实施方案，将降碳任务分解落实到各区、各部门及重点企业单位，努力形成全市齐抓共管碳减排的合力。

2. 开展全国碳排放权交易能力建设，抓紧开展企业温室气体排放报告在线报送平台建设，组织开展企业碳排放权交易专题培训、第三方核查机构培育、企业温室气体排放报告及核查、碳排放权配额分配等重点工作，确保完成国家部署的各项任务。

3. 继续推进产业、建筑、交通、能源等方面的低碳化，增加城市碳汇，加快软件园三期、同安抽水蓄能电站、东部焚烧发电厂二期等重点低碳项目建设。

4. 继续加大低碳人才队伍建设，利用全国节能周和全国低碳日等开展节能低碳宣传，培育增强全社会绿色低碳意识。

5. 抓典型案例，着手打造软件园二期低碳产业园区、鼓浪屿低碳社区等一批低碳发展典型。

（三） 有关工作建议

1. 加强工作指导。希望国家发改委加大对地方开展低碳工作的指导，尤其是对地方开展低碳产业园区、低碳社区建设、城市应对气候变化能力建设等方面加强指导，推出一些典范的案例供各地学习。

2. 增加培训交流。希望国家发改委在碳排放峰值及总量控制、企业温室气体排放在线报告平台建设、碳排放权交易、应对气候变化相关政策等方面继续加大对地方的培训力度。

杭州市低碳试点进展总结

根据《国家发展改革委办公厅关于组织总结评估低碳省区和城市试点经验的通知》（发改办气候〔2016〕440号）要求，现将本市低碳城市试点工作推进情况总结自评估如下：

一、基本情况

（一）杭州市经济社会发展情况

"十二五"期间，杭州市以科学发展为主题，以加快转变经济发展方式为主线，以富民强市、社会和谐为主旨，着力稳增长、调结构、强统筹、治环境、惠民生、促和谐，经济持续健康发展，社会持续和谐稳定。一是成功迈入"万亿GDP"城市行列，全市生产总值从2010年的5966亿元跃升至2015年的10054亿元，"十二五"年均增长9.1%，常住人口人均生产总值达到18025美元，达到高收入经济体水平。二是服务业成为经济发展的主动力，"十二五"以来，全市持续推进转型升级，高新技术企业从2285家增加到4044家，高新技术产业增加值占规上工业比重从27.1%提升到41.8%；三次产业结构从3.5∶47.3∶49.2调整为2.9∶38.9∶58.2，经济发展新格局基本形成。三是创新创业逐渐成为城市主旋律，全社会研发经费支出从167亿元增加到302亿元；专利授权累计19.12万项，其中发明专利授权2.88万项，连续11年位居省会城市第一。四是城乡统筹持续推进，萧山、余杭、富阳加快与主城区融合；"六大西进"、区县（市）协作和联乡结村成效明显；西部四县（市）地区生产总值、财政收入、固定资产投资、农村居民收入等指标增幅高于全市平均，城乡区域发展更加均衡。五是"美丽杭州"建设步伐加快，"三江两岸"绿道全线贯通，深入开展"五水共治、五气共治、五废共治、三改一拆、四边三化、两路两侧"等环境治理专项行动，城乡环境面貌实现新改善。六是惠民安民日趋加重，社会发展总指数居全国副省级城市首位；城镇居民人均可支配收入从30335元提高到48316元，年均增长9.8%；农村居民人均可支配收入从14778元提高到25719元，年均增长11.7%，城乡居民收入比从2.05∶1缩小到1.88∶1。

（二）杭州市能源发展情况

作为能源消费型城市，"十二五"以来，杭州市以能源消费结构的优化和能源利用效率的提高为核心，扎实推进能源发展：一是能源消费总量增幅得到有效控制，2014年全市能源消费总量4028万吨标煤，"十二五"以来年均增幅仅为2.86%，较"十一五"下降4.3个百分点。二是能源消费结构得到进一步优化，煤炭消费占比从2010年的45.94%下降到2014年的37.32%，天然气消费占比从2010年的5.32%上升到2014年的8.38%；非化石能源消费占比从2010年的7.8%上升到2014年的

11.99%。三是能源利用效率得到显著提升，单位 GDP 能耗逐年下降，2014 年降至 0.48 吨标煤/万元，较 2010 年下降 20.18%，提前一年完成"十二五"目标。四是能源供应清洁化程度得到进一步提高。2014 年光伏发电装机容量达到 96.6MW，较 2010 年增长近 3 倍；杭州电网水电上网电量 35 亿千瓦时，较 2010 年增长 8.75%；高压管输天然气已覆盖主城区、萧山区、余杭区、富阳区、临安市及部分电厂，LNG 供气区域已覆盖临安、建德、桐庐、淳安等区域。

（三）杭州市碳排放情况及排放目标实现情况

根据杭州市温室气体清单报告，2014 年杭州市二氧化碳排放量为 10548 万吨，较 2010 年增加 9.01%。从领域构成看，能源活动直接排放是杭州市碳排放的主要来源，但占比呈现下降趋势。从部门构成看，工业部门碳排放是杭州市碳排放的主要来源，但其占比呈现下降趋势，2014 年约占全市的 74.2%，较 2010 年下降近 3 个百分点。煤炭燃烧排放是工业部门碳排放的主要来源，2014 年占比为 59.06%。工业部门中，电力、热力生产和供应业、非金属矿物制品业、黑色金属冶炼及压延加工业、纺织业、化学原料及化学制品业、造纸及纸制品业等六大高耗能行业年碳排放在 600 万吨以上，是杭州市碳排放控制的重点行业。

2014 年杭州市人均温室气体排放为 12.6 吨二氧化碳当量（按年中常住人口计算）。造成杭州市人均温室气体排放量较大的主要原因有三个：一是与先进城市相比，杭州市工业结构依然存在进一步优化的空间，六大高耗能行业产值占规上工业产值的 33% 以上，由于拥有较丰富的石灰石资源，水泥熟料生产企业偏多，现有 12 条水泥熟料生产线，水泥熟料产能达到 5.5 万吨/日。二是近年来杭州市一些产业结构调整、能源结构调整的举措，其效果要到"十三五"初才能体现，例如杭钢搬迁、半山电厂、萧山电厂燃煤机组关停等都是在"十二五"末、"十三五"初完成，其对碳排放的影响要到今年和明后年才能显现；三是杭州市居民生活水平相对较高，居民人均生活用电达到 1200 千瓦时/人。

（四）杭州市碳排放目标实现情况

根据杭州市温室气体清单报告，"十二五"以来，杭州市单位 GDP 碳排放量指标呈现逐年下降趋势，2014 年为 1.26 吨二氧化碳/万元，较 2010 年下降 22.27%，提前一年完成"十二五"碳排放强度下降 20% 的目标。

二、低碳发展理念

（一）低碳发展的组织领导与机制建立

自申报成功国家低碳城市试点以来，杭州市不断完善工作机制，着力强化低碳城市建设的组织领导。一是成立了应对气候变化及节能减排工作领导小组，其中应对气候变化领导小组办公室设在市发改委，并在市发改委设立应对气候变化处负责应对气候变化及低碳试点工作。二是成立市应对气候变化中心，落实人员编制，对低碳城市建设提供专业技术支撑。三是筹建市低碳协会，负责协调推进全市低碳产业发展、低碳技术研发及低碳理念传播等工作。

（二） 应对气候变化和低碳发展规划编制情况

杭州市高度重视应对气候变化和低碳发展的规划编制工作，已先后制定发布了《杭州市"十二五"低碳城市发展规划》（杭政办函〔2011〕338号）、《杭州市应对气候变化规划（2013—2020年）》（杭发改规划〔2014〕430号）等规划，以及《杭州市低碳城市试点工作实施方案》。市发改、住建、环保、经信等主要职能部门每年制定本部门低碳城市建设年度计划，经汇总梳理后形成全市低碳城市建设年度行动计划，由市低碳城市建设领导小组办公室印发实施。在年度行动计划中，明确全年低碳城市建设目标，分解落实年度建设目标、主要任务和工作职责，形成合力，有序高效推进低碳城市建设。

（三） 低碳发展模式的探索

自低碳城市试点开展以来，杭州市围绕如何打造低碳经济、低碳交通、低碳建筑、低碳生活、低碳环境、低碳社会"六位一体"的低碳示范城市，积极开展低碳发展模式的探索。一是加强温室气体清单编制和重点企事业碳排放核查工作，全面把握全市温室气体排放的特征和趋势，为探索有针对性的发展路径奠定基础。二是加强理论研究，相继开展了低碳城市试点目标和保障机制、碳排放权交易机制、温室气体监测系统建设可行性报告、低碳产业集聚区建设方案、低碳产业体系导向目录、二氧化碳排放峰值及实现路径、控制温室气体排放实施方案等多个课题研究，为探索杭州特色的低碳发展道路做好理论铺垫。三是积极开展试点示范，推进"五区二行业"（五区：低碳城区、低碳县、低碳园区、低碳社区、低碳农村；二行业：低碳建筑、低碳交通）示范试点工作，探索不同领域、不同区域的低碳发展模式。

（四） 排放峰值目标的确定

近年来，杭州市依托温室气体清单数据，加大对全市碳排放趋势和特征的研究。组织开展了"杭州市二氧化碳排放峰值及实现路径研究"，并通过了国家级专家评审。根据课题研究成果，杭州市将在"十三五"末达到化石燃料燃烧碳排放峰值。在已发布的《杭州市应对气候变化规划（2013—2020年)》中，已明确将"力争在'十三五'末化石能源活动二氧化碳排放量达到峰值"作为全市应对气候变化的主要目标。

三、 低碳发展任务落实与成效

自开展低碳城市试点以来，本市按照国家和浙江省要求，积极落实《实施方案》所确定的各项任务，各项任务均已按计划完成。

（一） 产业结构调整任务完成与措施落实情况

杭州市按照"一基地四中心"战略定位，深入实施"服务业优先"发展战略，产业结构调整取得显著成效，三次产业结构由2010年的3.5∶47.3∶49.2调整为2015年的2.9∶38.9∶58.2，超额完成"十二五"三产比重达到54%的目标，产业结构稳步向低碳、绿色、循环的方向发展。一是注重加强政策引导，制定分类考核管理制度，对部分县取消唯GDP的考核办法，鼓励地区根据自身特点发展绿色低碳产业；编制出台《杭州市产业发展导向目录与空间布局指引》，对产业发展和规划布局进行了分类指导。二是全面推进信息经济"一号工程"，积极实施"两化融合"和"四换三名"工程，大力发展现代制造业、高新技术产业和战略性新兴产业，促进工业低碳化发展。三是大力发展现代服务业，电子商务、信息软件、文化创意、休闲旅游等现代服务业增势强劲，2014年产业增加值分别增长30.1%、18.2%、15.9%和12.0%，已成为本市新的优势产业。四是加快淘汰落后产能，出台《关于进一步加快淘汰落后产能的若干意见》等政策，制定并实施《淘汰落后产能三年行动计划》，"十二五"期间全市淘汰落后产能1500余家。

（二） 能源结构优化任务完成与措施落实情况

杭州市不断加大清洁能源和可再生能源的开发利用，能源结构得到持续优化。一是有效控制煤炭消费，实施区域燃煤总量控制，制定实施《杭州市煤炭消费减量替代总体方案》，通过实施"无燃煤区"建设、10蒸吨以下锅炉淘汰或清洁化改造、落后燃煤机组关停等措施，主城区已基本建成无燃煤区，全市煤炭占一次能源消费总量的比重由2010的45.94%下降为2014年的37.32%。二是大力推进天然气应用，通过持续实施天然气利用工程，着力提升天然气供应能力，已形成了西气一线、西气二线、东海气、川气东送和进口LNG五大气源保障。截至2015年底，已实现向主城区、萧山区、余杭区、富阳区、临安市及部分电厂用户的高压管网供气，LNG供气区域已经覆盖临安、建德、桐庐、淳安等区域。全社会天然气消耗量由2010年的14.4亿立方米提高到2014年的25.4亿立方米，增加76.4%。三是重点发展可再生能源，制定实施《杭州市可再生能源开发利用管理办法（试行）》《杭州市政府关于加快分布式光伏发电应用促进产业健康发展的实施意见》等政策，加大可再生能源利用扶持力度；成立市可再生能源行业协会；通过实施"阳光屋顶示范工程"，推进"分布式光伏发电应用示范区"、"农村光伏扶贫试点"建设，开展主城区、萧山区和余杭区范围内的浅层地温能资源潜力勘查，鼓励利用生物质能、有序开发小水电等工作，可再生能源开发利用得到提速。截至2014年底，全市累计光伏装机容量达到96.6MW，水源热泵建筑应用面积超过90万平方米，地源热泵建筑应用面积超过455万平方米，非化石能源（含外来电中非化石能源部分）占一次性能源消费比重达到11.99%，提前完成了"十二五"非化石能源占比10%的目标。

（三） 节能和提高能效任务完成与措施落实情况

杭州市通过强化目标责任、严控高能耗行业、实施重点节能工程、加强监督管理、开展全民节能行动等各项措施，全市能源利用效率显著提高。2014年本市单位GDP能耗为0.48吨标煤/万元，已提前一年完成"十二五"下降19.5%的目标。一是实施"能源双控"制度，进一步强化节能目标责任的分解落实。二是开展重点用能企业节能监察，截至2014年，全市共有312家重点用能企业和大型公共建筑纳入节能监察。三是加强产业政策引导，建立并完善用能审查、核定和违法追究的制度，加强对固定资产投资项目的节能评估与用能审查，对万元增加值能耗高于0.67吨标煤的新建项目严格落实等量减量措施。四是推广应用节能新技术，每年安排专项资金支持企业开展节能技术的研发和改造，实施市级重点节能技术改造项目，推进合同能源管理，开展重点企业电平衡测试工作。五是积极探索市场化机制，制定实施《杭州市超限额标准用能电价加价管理办法》，并在余杭区、富阳市试点实施用能量交易，桐庐县试点用能预算化管理，萧山区试点扩大差别化电价政策，进一步强化市场机制对节能工作的推动作用。

（四） 低碳建筑任务完成与措施落实情况

一是编制发布《杭州市"十二五"建筑节能发展规划》，制定实施《杭州市建筑节能管理条例》和《杭州市建筑节能"绿色评级"工作实施意见》等政策，建立健全建筑节能政策法规体系。二是全面实施新建民用建筑节能设计标准；建立完善既有建筑能耗统计和建筑能效标识制度，对单体建筑面积 2 万平方米以上的公共建筑用电情况实施限额管理和考核。三是以杭州市节能减排财政政策综合示范城市创建为载体，实施了"建筑绿色化工程"，编制了"实施方案"和"三年行动计划"，积极推进国家机关办公建筑和大型公共建筑用能监管示范项目、省级建筑节能示范项目等建筑节能示范。四是开发建设"杭州市建筑节能数据库"和"杭州市建筑用能监测系统"等管理监测平台，着力提升建筑节能信息化水平。全市累计开展可再生能源建筑应用面积已超过 500 万平方米，应用太阳能光热系统350 多万平方米；建设了中国杭州低碳科技馆等一批获绿色建筑星级评价和标志的项目；杭州钱江经济开发区建筑绿色化示范区成功申报成为国家绿色生态城区。

（五） 低碳交通任务完成与措施落实情况

一是通过编制发布《杭州市"十二五"低碳交通发展规划》，制定实施《杭州市低碳交通试点工作方案》等，建立健全了低碳交通政策体系。二是组织实施国家低碳交通运输体系建设试点，持续推进五位一体绿色公交体系、绿色照明技术应用工程、低碳水运建设改造工程、道路货运运力结构优化等八个专项行动。三是初步建立了由公共自行车、电动出租车、低碳公交、水上巴士及地铁组成的五位一体绿色公交体系；全市共投入纯电动公交车、出租车分别 1600 辆和 560 辆，CNG 双燃料出租车3500 辆，LNG 公交车 2400 余辆；建成全球规模最大的公共自行车系统，市区公共自行车服务点超过3000 个，投用公共自行车 8 万辆，累计租用超过 4 亿人次；在国内首创了纯电动汽车分时租赁服务的"微公交"模式，已设微公交站点近百个，覆盖主城区及富阳、淳安等区域，投入纯电动车约 1.5 万辆；地铁建设提速，已投用 1 号、2 号、4 号三条线路，运营线路总长度约 83 公里。四是实施小客车总量调控制度，有效控制了小客车过快增长。

（六） 废弃物处置任务完成与措施落实情况

一是推进了再生资源回收体系试点城市建设；二是在全市推行垃圾分类管理制度，市区实施生活垃圾分类投放的生活小区占比已达 80%；三是实施了"环境污染第三方治理"改革试点，以城镇生活垃圾为主要治理对象，以杭州市环境集团公司运营体制改革为重点任务，开展既有城镇生活垃圾处置设施的运营体制改革和升级改造示范；四是推进了国家餐厨废弃物资源化利用和无害化处理试点工作，餐厨垃圾一期 200 吨/日项目于 2015 年底建成并投入试运行。

（七） 绿色生活方式和消费模式创建情况

一是成功建成运营全球首家以低碳为主题的大型科技馆——中国杭州低碳科技馆，成为全市低碳城市宣传和科普的重要平台；二是持续开展低碳主题科普宣传活动，各中小学校利用橱窗、海报、网站大力宣传能源资源国情，积极组织开展绿色办公、绿色出行、节水节电等专题宣传，持续开展以"节约一滴水、节约一度电、节约一张纸、节约一粒米"为主要内容的节约资源活动；三是通过组织"全国低碳日"、配合国家发改委气候司组织开展"低碳中国院士行"，"会诊低碳方略，问计低碳杭州"高峰对话等活动，协助拍摄《低碳——中国，在行动》《低碳中国行》《碳索——气候变化与低碳发展》等宣传教学片，加大低碳理念的传播力度。四是实施节能减排全民行动，持续组织开展全市节油大赛、青少年行动、企业行动等系列活动，形成了全民参与低碳发展的良好氛围。

（八） 增加碳汇任务完成与措施落实情况

杭州市不断加强森林碳汇能力、湿地碳汇能力、绿化碳汇能力建设，生态建设成效显著，"十二五"期间全市完成绿化造林 39.3 万亩，新增森林面积 12 万亩，达到 1642 万亩；新增森林蓄积量 918 万立方米，达到 5376 万立方米；新增森林覆盖率 0.58 个百分点，达到 65.14%，顺利完成"十二五"森林覆盖率达到 65% 的目标。碳汇能力显著提升。一是保护提升森林碳汇，严格执行森林采伐限额管理，全面提升森林经营的管理水平，抓好生态公益林建设管理，积极组织各地广泛开展全民义务植树活动。二是强化湿地固碳能力，近年来，杭州市着力推进"五水共治"，加大湿地保护力度，实施乡镇以上河道河长制全覆盖，对河道进行生态化治理。三是创新发展绿化碳汇，以城市、乡镇、村庄、交通要道、农田林网等为绿化重点，以"三江两岸"和"四边三化"两大示范工程为抓手，积极开展平原林业增绿工程，扩大绿化数量，提升绿化品质，最大程度发挥绿化的减碳效益。

四、 基础工作与能力建设

作为首批国家低碳城市试点，本市高度重视应对气候变化的基础工作和能力建设，各项能力建设工作取得显著成效。

（一） 温室气体清单编制情况

杭州市作为首批国家低碳城市试点，从 2011 年起开始编制市级温室气体清单，目前已经完成了 2005—2014 年各年度清单报告，其中 2005 年度清单报告通过了国家级专家评审。同时从 2014 年开始，杭州市按照浙江省部署，着手推进县级温室气体清单编制工作，目前全市 13 个区、县（市）及杭州经济技术开发区，均已完成了 2010—2014 年度温室气体清单编制。

（二） 温室气体排放数据统计与核算制度建设情况

一是制定发布了"温室气体清单编制工作方案"，明确各领域温室气体清单编制工作的牵头单位，以及其他配合单位的工作职责；各相关单位指定了专人负责相关活动水平数据的收集、整理和报送工作；二是结合温室气体清单编制，开发了"杭州市温室气体排放数据统计及管理系统"，实现了温室气体清单数据的信息化，并为构建温室气体排放基础统计和核算工作体系奠定了良好的基础；三是市发改委和市统计局加强工作对接，就畅通温室气体排放数据来源渠道、复核温室气体排放数据、提出和落实全市应对气候变化的数据需求等，深入开展合作，协力完善温室气体统计核算体系；四是在"杭州市温室气体排放数据统计及管理系统"建设的基础上，正在着手开发全市智慧低碳管理平台，该平台将整合市县两级温室气体清单编制、重点排放源管理、低碳发展目标分解和考核、低碳数据统计分析等模块，着力提高全市低碳发展管理的信息化程度。

（三） 温室气体排放数据报告制度建设情况

目前，杭州市已经建立并完善了温室气体排放数据报告制度，清单编制及重点企事业单位碳排放核查等工作实现了常态化：一是2014年率先在水泥行业开展碳盘查试点工作，选择13家水泥生产重点企业编制了温室气体排放报告；二是对全市年能耗5000吨标煤以上的企业进行了核对和摸底，并组织相关企业开展了温室气体排放报告和核查工作培训；三是将温室气体排放报告工作列入对各区、县（市）生态文明考核的内容之一；四是落实经费，组织专业中介机构开展重点企业温室气体排放报告和核查工作，2015年完成了6大行业187家重点企业的温室气体排放报告和核查工作，帮助全市重点企业建立健全碳排放数据收集、归档和报送体系，2016年将继续开展相关工作。

（四） 温室气体排放目标责任制建立与实施情况

杭州市高度重视温室气体排放目标的分解和落实，在"十二五"、"十三五"规划纲要和2016年计划报告中，已将单位生产总值碳排放量指标列为约束性指标。先后组织开展"杭州市控制温室气体排放实施方案"和"杭州市'十二五'单位GDP二氧化碳排放降低目标考核体系研究"等课题研究，对控制温室气体排放目标在区县市层面的分解落实和考核机制，进行了专项研究。此外，在正在建设的全市低碳平台中，也已将温室气体排放目标的分解和考核作为一个重要模块，并对分解和考核方法进行了深入研究。但由于作为温室气体排放目标分解重要支撑的各区县市温室气体清单，2014年才启动编制，正式的分解和考核方案目前还在编制之中，但已列入杭州市"十三五"应对气候变化的重点工作之中。

（五） 低碳发展资金落实情况

目前，除具体低碳发展重点项目的资金支持外，全市每年从财政专门拨出资金，用于支持低碳发展：一是将温室气体清单编制经费列入财政日常经费，推进清单编制的常态化；二是每年安排经费，用于支持《杭州市应对气候变化规划（2013—2020年）》《杭州市二氧化碳排放峰值及实现路径研究》《杭州市控制温室气体排放实施方案》等应对气候变化和低碳发展的相关规划课题研究等基础性工作；三是落实专项经费开展全市重点企（事）业单位温室气体排放报告的编制和核查工作，组织企业开展专题培训；四是落实信息化专项资金，用于开展杭州市智慧低碳管理平台建设；五是市级财政安排专项经费，对低碳社区、低碳乡镇等试点工作予以支持和奖励。每年安排一定的预算用于应对气候变化工作，平均额度在1000万元以上。

（六） 对重大低碳技术创新的支持情况和成效

尽管杭州市未制定专门针对重大低碳技术创新的支持政策，但低碳技术一直是杭州市重点扶持的技术创新领域。在市主要的三个技术创新扶持政策中，与低碳发展相关的生态保护、环境治理、节能减排等领域，是重点扶持的对象。同时，杭州市结合国家节能减排财政政策综合示范建设，加大对重大低碳技术创新的支持，共梳理实施"产业低碳化"、"交通清洁化"、"建筑绿色化"、"可再生能源利用规模化"、"重污染高耗能行业整治提升"等低碳相关项目292个，投入各类财政资金230亿元。共扶持实施了"利用工业废气回收制备食品级二氧化碳的关键技术及设备"、"大型海洋潮流清洁能源发电系统研究与示范"、"建筑用高耐候长效绿色光伏瓦关键技术的开发与推广应用"等一批低碳相关技术创新项目。在全市碳排放控制工作取得显著成效的同时，杭州市也成了全省乃至全国具有较高知名度的节能环保和新能源装备生产基地，涌现了浙江中控、浙富股份、运达风电、正太新能源等行业龙头企业。

（七） 经济激励和市场机制探索实施情况

在经济激励方面，通过实施购买新能源汽车财政补助政策，有效扩大新能源汽车消费，进而减少汽柴油使用导致的温室气体排放；通过实施光伏发电电价补贴政策，推进分布式光伏发电规模化发展，进而减少传统非化石能源使用导致的温室气体排放；通过实施超限额标准用能电价加价政策，引导用能企业节约使用能源，提高能源利用效率。在市场机制探索方面，在桐庐县试点实施了用能预算化管理；在余杭区和富阳区试点实施了用能量交易；在萧山区试点实施了扩大差别化电价政策，进一步强化市场手段对用能配置的作用，减少了重点企业用能环节的温室气体排放。同时，杭州市还开展了排污权交易、林业碳汇交易等市场交易探索，为即将到来的全国统一碳排放权市场交易积累了经验。

（八） 低碳产业园区/低碳社区等试点示范情况

一是在杭州经济技术开发区、钱江经济开发区等产业园区进行低碳园区试点，引导全市产业园区向产业低碳化、基础设施低碳化、生活低碳化和环境低碳化发展；其中杭州经济技术开发区被列入国家低碳产业园区试点。二是在下城区开展低碳城区试点，在桐庐县开展低碳县试点，探索在不同类型地区推进低碳发展的模式。三是在临浦镇、新登镇、枫树岭镇、潜川镇等乡镇开展"低碳农村"试点示范乡镇建设，积极探索农业生资减量化、农业废物资源化、农村能源再生化、农村环境清洁化、农村土地绿色化、农民生活节约化，全市农村清洁能源利用率达到77.3%。四是推进"低碳社区"试点工作，在全市40多个社区开展了"低碳社区"试点，形成社区居民共同履行节约资源和保护生态环境的低碳生活理念及消费模式。

五、 体制机制创新

杭州以低碳城市建设试点为契机，积极探索和开展低碳城市建设的理念创新和模式创新，取得了一定的成果。

（一） 低碳社区建设的工作机制创新

在推进低碳城市建设的过程中，本市逐步摸索出低碳社区这一重要抓手，有力地促进了低碳城市建设的实践深化。社区是城市的主要构成单元，是区域碳减排的重要细胞，是实现城市低碳化的关键所在。经过努力，本市逐步建立起"政府推动、社区主体、部门联动、全民参与"的低碳社区工作机制，研究制定了"低碳社区考核（参考）标准"，"低碳（绿色）家庭参考标准"、"家庭低碳计划十五件事"等创建制度，开展"万户低碳家庭"示范创建和节能减碳全民行动，基本形成了社区居民共同履行节约资源和保护生态环境的低碳生活理念及消费模式。根据既有社区、新建社区和农村社区的不同特点，本市积极推进社区经济低碳化、城镇建筑低碳化、交通出行低碳化、生活方式低碳化、基础设施低碳化，打造出东新园、良渚文化村、环溪村等一批标杆性"低碳社区"。

（二） 温室气体排放控制的市场机制创新

本市在探索运用市场机制推动控制温室气体排放的落实这方面做了有益的尝试。一是推进节能降耗市场机制创新，制定实施《杭州市超限额标准用能电价加价管理办法》《杭州市能源消费过程当量碳排放权交易管理暂行办法》，在桐庐试点实施用能预算化管理，制定出台《桐庐县水电气价格差别化管理办法》，对实际用能（电）超出预算用能（电）的企业，实行阶梯式加价收费。二是在余杭区、富阳市试点实施用能量交易，对年综合耗能 1000 吨标煤以上的工业企业和项目用能量实行交易。

（三） 推进产业低碳化过程中的体制机制创新

近年来，杭州市按照"四倒逼一主推"的创新思路，加快落后产能、高污染、高能耗、高排放企业整治提升，加快产业结构调整，推进产业低碳化。一是目标倒逼，将拟淘汰整治的企业及生产设备信息在媒体网站公示，运用社会力量进行倒逼。二是责任倒逼，市长向各部门下达任务书，严格目标责任制考核，对未完成任务的区、县年终综合考评"一票否决"。三是资源配置倒逼，对全市重点用能企业分类限定用能增加值，实行差别化用电政策，倒逼落后产能主动退出；对主动进行高标准淘汰和节能技改企业，财政给予适当补贴。四是部门联动倒逼，从项目准入、新增用地审批以及供电供水等方面加大政策整合力度，多部门联合执法。五是把加快发展信息经济、智慧经济作为本市经济发展的"一号工程"加以主推。

（四） 推进交通领域低碳发展中的模式创新

近年来，杭州市在推进交通领域低碳发展中不断创新，形成了独具杭州特色的低碳城市建设亮点。一是率先提出了建设"公共自行车、电动出租车、低碳公交、水上巴士及地铁""五位一体"公交体系，赋予了城市公交更广泛的低碳内涵，取得了减少城市温室气体排放和解决城市交通拥堵的双赢效果。二是建设了全球规模最大的公共自行车系统，既方便了市民出行，又切实减少了城市温室气体排放，真正将"低碳为民"的发展理念落到实处。三是开创了"微公交"电动车租赁模式，巧妙地规避了换电充电难、初始成本高等当前在电动汽车推广应用中的难题，拓展了电动汽车市场需求，有效减少了居民出行对汽柴油等化石能源的依赖，助推了交通领域的低碳发展。

（五） 小城镇低碳发展的模式创新

特色小镇建设是当前杭州市城市发展的重点之一，从 2014 年开始探索特色小镇建设以来，杭州市已经创建了省市两级特色小镇 41 个，其中的梦想小镇、云栖小镇、山南基金小镇已经成了全省特色小镇的金名片。在特色小镇的创建过程中，杭州市始终将低碳理念贯穿其中，形成了一些颇具亮点的经验，值得在小城镇低碳发展中推广。一是在发展理念上体现低碳，杭州市将特色小镇定位于产业鲜明低碳、生态环境优美、兼具文化韵味和社区功能的新型发展平台，并赋予了加快城市经济转型升级、推进创业创新、促进城乡统筹、传承独特文化的重要功能。这个定位契合了低碳城市发展的内涵，是低碳发展在小城镇上的独特体现。二是产业定位上体现低碳，杭州市明确了特色小镇的产业发展应紧扣产业升级的趋势，集聚资本、知识等高端要素，聚焦信息经济、环保、健康、旅游、时尚、金融、高端装备制造七大新产业以及茶叶、丝绸等历史经典产业中的一个，差异定位、细分领域、错位发展。这个产业发展定位与产业低碳化发展理念紧密吻合。三是在环境建设上体现低碳，杭州市要求特色小镇要按照 3A 级景区以上标准建设，将人居环境作为小镇发展的一个重要因素，这些要求破解了当前城市化进程中的难题，也避免了逆城市化趋势对城市发展的制约，真正实现了生产、生活、生态"三生融合"，契合了城市"创新、协调、绿色、开放、共享"的发展需求。

六、 重要经验

通过认真分析低碳城市建设各个阶段的工作实际，结合低碳发展方面取得的成效，杭州低碳城市建设经验主要体现在"四重四着力"：

（一） 重基础， 着力提高低碳发展管理能力

低碳发展对很多城市而言还是一个新生事物，一方面，管理者的思想认识、专业知识、管理方法有待提高；另一方面，现有管理体制有待进一步调整。因此，杭州市在低碳城市试点之初，就高度重视基础能力建设，一是通过组织各类专业培训，着力提高政府部门管理人员的专业素养和管理技能，督促各区、县（市）相关管理职能部门提高认识、强化组织和人员配备、完善工作机制。二是全面推进区域温室气体清单编制工作，并将温室气体排放的趋势、特征、预测、减排路径规划等内容纳入清单编制内容，督促各区、县（市）建立起清单编制的常态化工作机制。三是通过课题委托等方式，着力培育壮大本地应对气候变化第三方咨询服务行业，强化政府应对气候变化决策的专业技术支撑。四是密切跟踪国家和浙江省应对气候变化的宏观政策导向，结合杭州市管理需求，梳理一批诸如碳峰值、碳交易、碳认证等前沿课题，组织开展研究，为杭州市应对气候变化工作做好理论铺垫。

（二） 重微观， 着力激发低碳发展的活力和创新

基层组织、企业等是城市低碳发展的主力军，也是低碳发展活力和创新的根基。因此，重视微观

层面的低碳工作，对于一个城市低碳发展的成效和可持续性，具有重要作用。为此，杭州市在低碳城市试点建设中，始终将微观层面的低碳工作作为重中之重来抓：一是通过重点企事业单位碳排放核查工作，提高在杭企业低碳意识，督促企业建立内部温室气体排放监控体系，主动应对即将开始的碳排放交易。二是通过低碳社区试点，将低碳理念传播至普罗大众，促使群众自觉倡导低碳生活模式，激发群众参与低碳城市建设热情，集群众智慧挖掘低碳发展创新点。三是将温室气体清单编制从市级层面推广至区、县（市）和开发区层面，督促基层组织以此为契机，建立健全低碳发展工作机制，完善组织和人员配备，主动将低碳理念纳入区域经济社会发展范畴。

（三） 重民生， 着力增强低碳发展的可持续性

能否惠及民生，是低碳城市建设能否取得成效，能否持续发展的根本所在。为此，杭州市在低碳城市建设中，始终将低碳发展与治堵、治霾、治水等民生实事密切关联，切切实实将低碳发展成效惠及至广大人民群众。一是与治堵相结合，通过实施小客车总量控制、推进地铁建设、增加公共自行车和微公交站点和投入车辆等举措，在解决交通拥堵、出行便利性等广大市民关注问题的同时，有效控制了交通领域碳排放。二是与治霾相结合，通过"无燃煤区"建设、淘汰小散燃煤锅炉、提高汽柴油排放标准、关停高污染、高能耗企业、加大清洁能源和新能源公交车辆替代率等举措，在改善全市空气质量的同时，有效控制了能源活动领域碳排放。三是与农民收入提高相结合，通过在农村地区和农业领域发展光伏、浅层地温能、生物质能等可再生能源，推进农林渔光互补光伏项目、光伏扶贫项目等项目建设，在提高农民收入的同时，有效优化农村地区和农业领域能源结构，减少碳排放。

（四） 重市场， 着力强化低碳发展的驱动力

碳排放权的资源属性，决定了市场机制在城市低碳发展中的重要作用。在低碳城市建设初期，加强政府引导，有利于集中社会资源、尽快形成建设热潮。但随着低碳发展的深入，在各项政策举措边际效应递减的背景下，市场机制对于优化资源配置的作用就凸显出来。为此，杭州市近年来逐渐重视市场机制的培育和完善，做了以下工作：一是推进价格机制改革，通过实施水、电、燃气阶梯价格，超限额标准用能电价加价，太阳能光伏发电电价补贴等定价政策，引导居民和企事业单位节约能源使用、调整用能结构、提高用能效率，进而减少用能导致的碳排放。二是推进交易市场建设，通过在能源领域实施用能量交易，在排污权领域实施排污权交易，在林业碳汇领域实施林业碳汇交易等，一方面运用市场机制倒逼企业转型升级，有效减少耗能、排污所带来的碳排放；另一方面为即将开始的全国统一碳排放权交易积累经验；同时，按照国家和浙江省统一部署，积极主动开展重点企业碳排放核查工作。三是有效扩大市场需求，依托政府投资的重点项目建设，通过加大对节能产品、新能源汽车、地（水）源热泵、光伏产品等政府购买力度，有效扩大市场需求，一方面通过重点项目的示范引领效应，引导全社会对低碳、绿色、环保产品的使用，另一方面也培育壮大了本地低碳绿色、节能环保产品制造业。

七、 工作建议

（一） 深化低碳发展的下一步工作考虑

下一步，杭州将着力主动应对气候变化，加快转变城市发展方式，积极打造"新常态"下的生态

美、生产美、生活美的美丽中国先行区，努力走在全国低碳试点前列，力争在"十三五"末实现化石能源二氧化碳排放量达到峰值，全面建成低碳、绿色的品质之城。

1. 以"一号工程""两区建设"为重点，加速产业结构升级。一是强势推进"一号工程"，以打造万亿级信息产业集群为目标，以智慧产业化和智慧应用为重点，实施信息经济"六大中心"建设和智慧应用三年行动计划，全力推进国际电子商务中心、全国云计算和大数据产业中心、物联网产业中心、互联网金融创新中心、智慧物流中心、数字内容产业中心和中国软件名城建设。二是加快"两区"创建，推进中国（杭州）跨境电子商务综合试验区"六体系两平台"建设，加快国家自主创新示范区"一区多园"创建，力争尽早获批，充分发挥叠加效应。三是加快发展新兴特色产业，对接省"七大产业"发展规划，加快电子商务、文化创意、云计算和大数据、信息、软件、物联网、环保、互联网金融、健康、旅游、时尚、生物医药、高端装备制造、新能源汽车等特色主导产业发展。

2. 以"无燃煤区"建设、大气污染防治为契机，促进能源结构优化。一是控制煤炭消费总量，制定并实施煤炭消费总量控制方案，以区、县（市）为单位实施煤炭消费总量控制，耗煤新项目实施煤炭减量替代；2017 年底前，煤炭消费总量比 2012 年削减 10% 以上。二是深入推进"无燃煤区"建设，将禁燃区范围逐步由主城区向 7 个区、县（市）建成区扩展，逐步完成全市导热油炉清洁能源改造、淘汰全市所有 10 蒸吨以下燃煤锅炉。三是加大天然气应用，推进煤改气、油改气工作，加快推进天然气管道建设，实现区、县（市）城市供气管网全覆盖。四是加快可再生能源的开发利用，以太阳能、地温能和生物质能为重点，鼓励支持可再生能源的开发利用。

3. 以碳减排考核、碳交易为对象，推进低碳能力建设。一是构建市、县、企业三级清单编制体系，继续做好市级温室气体清单编制常态化工作，着力加强县级温室气体清单编制工作，全面开展重点企（事）业单位碳盘查工作，为落实碳减排目标、开展碳排放权交易奠定基础。二是研究建立碳考核机制，根据国家、省相关要求，探索研究碳排放强度降低目标责任考核机制，做好碳排放强度下降目标的分解落实工作，逐步建立市级碳排放强度降低目标责任考核体系。三是持续做好碳排放权交易的市场跟踪和基础准备工作，加大对国内开展碳交易试点的七省市碳交易市场，以及欧盟、北美等国外先进发达国家碳交易市场的跟踪力度，及时掌握市场动态，进一步加强对杭州启动碳交易工作的机制和体制研究，为杭州开展碳交易夯实基础。四是积极开展低碳认证的研究和实践，加强对国内外低碳认证工作实践的跟踪调研，加大与质监部门交流对接，研究本市开展低碳认证的思路、路径和范围，争取尽早开展低碳认证实践。五是借鉴国内外经验，积极开展低碳发展的理论研究和技术开发，深入分析碳交易、碳金融、碳基金、碳关税以及低碳城市建设等带来的机遇和挑战，超前布局、谋划应对措施。

4. 以公众参与、全民行动为宗旨，加强低碳宣传力度。一是进一步加大对低碳试点工作实践的总结和梳理，归纳出可复制、可借鉴的经验和模式，结合 G20 峰会、亚运会等重大节展赛事，加大对外宣传力度。二是以中国杭州低碳科技馆、天子岭循环经济教育示范基地为平台，加强对市民的低碳知识普及工作。三是结合"全国低碳日"、"节能宣传周"、"科技活动周"等活动，在学校、社区、机关、企事业单位广泛开展各种形式的低碳主题宣传，营造低碳氛围。四是加强对企业的低碳培训和宣传，增强企业对应对气候变化工作的认识，促进企业主动参与低碳城市建设。五是继续做好绿色学校创建等工作，将低碳宣传融入学校的教育教学和德育活动，鼓励学生参与低碳实践活动。

（二） 低碳试点创建过程中面临的挑战

杭州在低碳城市建设过程中已取得阶段性成果，但是全面建设低碳城市是一项复杂的系统工程，需要全社会的共同参与，具有工作量大、任务重、要求高的特点。目前，杭州低碳城市试点工作主要面临三个方面的挑战与需求。

1. 产业结构仍有较大调整空间。一是服务业有待进一步发展，与北京、上海等服务业发达城市相比，尚存在较大差距，同时随着互联网＋、大数据、旅游业等行业的快速发展，服务业的碳排放量增长速度明显加快。二是工业结构有待进一步优化，工业企业仍是本市最主要的温室气体排放源，尤其是水泥生产过程排放二氧化碳当量占全市工业生产过程总排放量的80%以上，因此需要加强对高碳行业的碳排放控制，把更多的资源投向先进制造、高新技术等低碳行业。

2. 能源消费结构尚待进一步优化。一方面杭州市能源消费结构仍有较大优化空间，煤炭依然是全市主要能源品种，天然气消费有效需求还需进一步释放，非化石能源占比亟待进一步提高；另一方面节能降耗现有政策举措的边际效应正在逐步递减。单纯靠政策激励引导已经强弩之末，未来能源消费结构的优化需要更多引入市场机制。

3. 基础能力建设有待进一步加强。一是统计体系亟需完善，市级应对气候变化统计体系仍不完善。二是低碳建设人才相对匮乏，特别是缺乏有能力组织重大低碳建设工程项目的高层次管理人才，缺乏有能力主持重大低碳技术科技攻关项目的科研带头人。

（三） 相关政策建议

1. 由于目前尚缺乏完善的温室气体排放数据统计体系，现有的能源统计体系与温室气体清单编制的需求差距较大，由此造成区域温室气体清单编制存在较大的不确定性，进而影响到政府对应对气候变化的决策。因此，希望国家层面尽快统一部署、建立完善温室气体排放数据统计体系，并将温室气体排放相关数据统计纳入各级政府日常统计工作中。

2. 由于各个区域的资源禀赋、经济社会发展条件存在较大差异，温室气体控制的对象及侧重点各有不同，因此，希望国家对地方的温室气体排放控制采用差别化的评价考核制度。杭州市是一个较为典型的资源消费型城市，全社会用电量中大部分依靠外来电，对杭州市的温室气体排放控制评价和考核应以化石能源直接排放为重点。

3. 希望国家在即将开展的全国统一碳排放权交易市场建设中，能充分考虑纳入交易的重点企业管理权属地原则，在配额分配、履约核查等方面赋予市级政府层面更多的工作主动权，以使当地政府能够灵活运用市场手段，充分发挥交易市场在本地产业转型升级、能源结构优化和温室气体控制方面的积极作用。

4. "十三五"期间是杭州市迈向国际化大都市的关键时期，G20峰会、世界短池游泳锦标赛、亚运会等一大批节展赛事将在杭州举办，杭州将成为世界看中国的一个重要窗口，因此希望国家在应对气候变化工作上能给予杭州更多的指导和帮助，在示范试点和重点项目申报上能给予杭州更多的倾斜和支持。

南昌市低碳试点进展总结

一、 基本情况

南昌近年来绿色发展成效显著，总书记年初视察江西时给予了充分肯定。南昌的发展取向主要是两个，一是承担国家战略成为长江中游城市群核心城市之一，二是承担全省战略打造带动全省发展的核心增长极。路径也十分明了，就是低碳生态发展，促进工业文明、城市文明、生态文明融合共进。那么，低碳生态发展能不能支撑一个欠发达省会城市在新常态下弯道超车？我们认为，这是南昌低碳试点成功与否最大的焦点，也是低碳发展能否施行于全国的最大焦点。南昌的发展实践回应了这一重大关注。

"十二五"期间全市地区生产总值年均增长 11.1% 达到 4000 亿元；人均生产总值年均增长 13.8% 达到 12300 美元。特别在经济下行压力加大的去年，地区生产总值比上年增长 9.6%，高于全国平均增速 2.7 个百分点。今年一季度，同比增长 9.5%，高于全国平均增速 2.8 个百分点，列中部省会城市中第二位。在较快发展态势下，高端高新的省会工业规模加快放大，一季度规上工业增长速度高于全省平均增速 2.9 个百分点；服务业增加值占地区生产总值比重继续保持"十二五"以来年均提高 0.7 个百分点的节奏。尤其在低碳生态发展的理念下，经济持续较快发展的同时，生态环境的城市品牌进一步唱响全国，"森林大背景、空气深呼吸、江湖大水面、湿地原生态"的南昌特色已经得到国内外越来越多人们的好评。我想用一组数据对此进行描述：2015 年绿化覆盖面积达到 12000 公顷，较 2010 年大幅增加 2300 公顷；人均公园绿地面积超过 12 平方米，较 2010 年提高 3.5 平方米；空气质量优良率超过 86%，主要河流水质达标率 93%，集中式饮用水源地水质达标率 100%。"十二五"时期万元地区生产总值能耗累计下降近 18%，单位 GDP 能源消费二氧化碳排放量累计进度完成率达到 117.65%。

二、 低碳发展理念

1. 加强组织领导，始终重视基础能力建设。2010 年，本市就成立了市政府主要领导任组长的低碳城市试点工作领导小组及办公室，负责组织和推动全市低碳试点工作；成立了低碳试点城市专家咨询组，对全市低碳试点工作提供技术指导和支持；成立了南昌市低碳促进会，在企业层面和民间层面推动低碳发展。不仅组织参加国家、省以及国内外有关机构的低碳培训，还与英国领事馆组织了两期面向本地企业的低碳专项培训，与气候组织、自然基金组织、环境基金组织等国际组织保持业务交流。有越来越多的企业自觉研讨碳减排背景下企业战略。

2. 统筹规划编制，积极探索低碳发展模式。本市在推进低碳试点中，十分重视低碳生态领域的规划、政策等方面的研究工作。2009 年启动了为期一年的碳盘查项目，对碳排放进行了初步摸底，同时入选"英国战略方案基金低碳城市"试点；2011年底与奥地利国家技术研究院（AIT）联合编制了《南昌市低碳城市发展规划（2011—2020年）》，并于2012年在世界低碳大会上发布。该规划用欧洲先进的低碳理念，对本市的城市空间结构、城市景观格局、建筑形态格局、交通体系、产业选择及布局、能源结构、政策支撑体系进行全方位规划，提出全面推进建筑、能源、产业、交通、城市结构、生态、生活七大领域低碳行动计划，期待引领南昌从国家低碳城市试点走向低碳生态示范城市。目前，按照全省建设国家生态文明先行示范区要求，正着手编制生态城市规划。

三、 低碳发展任务落实与成效

（一） 低碳试点方案落实情况

根据国家发改委批复，本市2010年成为国家首批低碳试点城市，2011年正式印发了《南昌市国家低碳城市试点工作实施方案》，其后，每年市政府都下达《南昌市低碳试点城市推进工作实施方案》。近年来，本市通过开展低碳试点工作，促进产业发展方式、城乡建设方式和能源利用方式大转变，探索绿色发展、循环发展、可持续发展的低碳建设道路，积极落实低碳试点工作方案各项目标任务，全市二氧化碳排放强度明显下降，经济发展质量明显提高，产业结构和能源结构进一步优化，低碳观念在全社会牢固树立，低碳发展法规保障体系、政策支撑体系、技术创新体系和激励约束机制逐步得到建立和完善。到2015年，单位GDP二氧化碳排放较2010年预计降低20%以上，单位GDP能耗下降18%；森林覆盖率达到23%，活立木蓄积量达到590万立方米，低碳试点方案确定的目标均超额完成。同时，发展了一批温室气体排放强度相对更低的产业，并有序取代温室气体排放强度相对更高的产业，基本实现了传统产业低碳化、低碳产业支柱化，比如在工业经济领域，工业用电增长率不断走低，但工业增加值率和工业经济税收水平增长不断走高，省会高端高新的工业经济特征近年来明显形成。建设了全市低碳企业信息库、低碳重大项目库。在城市建设方面，按照低碳理念完善了城市规划，以公共交通为导向的城市规划理念全面贯穿于轨道交通建设，还建设了一批城市绿道和步行道，一批重大低碳示范工程，100平方公里的九龙湖城市新区完全按照"低碳、生态、文化、智慧"理念开发建设，雏形已现；全国低碳交通试点城市建设达到预设目标；制定了《南昌市低碳发展促进条例》，报省人大审议即将通过，有望成为我国省市促进低碳发展的首部立法。

（二） 加快调整产业结构

近年来，本市以发展低碳产业、提高能源使用效率、增强可持续发展能力为重点，全面促进"传统产业低碳化、低碳产业支柱化"。2015年服务业增加值占GDP比重达到41.2%，比2010年提高3.4个百分点，今年一季度进一步达到45%以上。农产品生产基本达到绿色化。在制造业领域，已全面控制并基本淘汰了高耗能产业，战略性新兴产业占比大幅提高，高新技术产业总产值过千亿，高新技术企业总数接近300家，占全省约80%，专利申请量和专利授权量占全省比重均超30%，以低碳排放为特征的产业体系初步建立。

1. 大力发展战略性新兴产业。在低碳理念引领下，确定做强LED、服务外包、文化旅游等产业；做优电动汽车、绿色家电、环保设备、新型建材、民用航空和生态农业产业群，促进全市低碳经济成规模发展。依托晶能光电、联创光电、晶和照明等一批企业，本市已初步形成了从衬底材料、外延片、芯片制造到封装及应用的 LED 完整产业链，未来 3~5 年，"南昌光谷"有望成为世界级产业链。软件和服务外包企业数占全省的 85% 以上，服务外包产业欣欣向荣。不断推动"互联网＋"与战略新兴产业融合发展，布局发展新产业新业态。本市与中国空间技术研究院共同组建江西省卫星应用产业园，三大运营商中部云计算大数据基地项目有望落户本市。现代服务业蓬勃兴起，服务经济大踏步发展，对经济增长、地方税收和就业的贡献率提高到 2015 年 51.8%、75% 和 43%，区域性的交通中心、金融中心、创意中心、消费中心、运营中心建设初具规模，"南昌服务"品牌效应不断彰显。2010 年，国家商务部、环保部、科技部同意南昌高新区建设"国家生态工业示范园区"。2014 年国家发改委批复同意南昌高新区建设"国家级循环化改造示范试点园区"。

2. 提升改造传统产业。近年来，本市着力于抓食品、纺织、机电等传统产业提升，强化产业链条的完善和延伸，推动传统产业和新经济形态互动发展。通过运用大数据、物联网、智能制造等技术改造提升传统产业，推动传统产业向高端高质高效方向发展。引进落户了洪都航空制造机器人项目和上海宝群智能装备制造等一批互联网＋智能装备项目，不断加大对顶津食品公司"年产 50 万吨矿物质水、150 万吨茶饮料"项目、南钢"铁钢系统改造"项目等一批传统项目技术改造，稳步减少能源消耗和二氧化碳排放，使本市传统产业焕发新的活力。淘汰了年产 30 万吨机立窑生产线、年产 5000 万米印染生产线、年产 1.3 万吨造纸生产线各一条；拆除改造 34 台高污染燃料锅炉；关闭地方小企业 9 户。

3. 大力引进优质低碳项目。本市以严格环境准入促产业结构调整，对高污染、高耗能、高排放的产业和项目实行零容忍。对投入产出低、附加值低、科技含量低，不符合产业的布局的项目，一概拒之门外；对高能耗、高排放、高污染的园区内企业，坚决清理出区，关停造纸、塑料、漂染、蓄电池等五小企业。引进了中节能区域总部和中节能低碳产业园、江西新昌源建材有限公司新建年产 80 万吨粉煤灰烘干粉磨生产项目、江西中鑫威格节能环保有限公司年产 100 万张再生循环利用木模覆塑板生产项目等一批低碳优质项目。中国金融国际投资有限公司、中节能（深圳）投资集团有限公司与南昌高新区管委会三方共同发起成立了 10 亿元的低碳环保产业基金。

（三） 持续优化能源结构

1. 大力发展非化石能源：本市出台了《关于鼓励促进南昌市光伏发电应用工作实施意见的通知》《南昌市光伏发电项目市级度电补贴资金管理办法》等一系列组合政策，全力支持光伏发电应用工作，鼓励分布式和地面光伏发电应用工程；在全市范围内大力开展"万家屋顶"光伏示范活动，大幅补贴居民自建屋顶光伏发电设备，已经建成 748 户居民屋顶光伏发电设备，总计容量达 3873 千瓦，在居民自建光伏设备领域位居全国前列。鼓励投资者在本市开展测风工作。

2. 降低煤炭消费比重：积极推广沼气利用、垃圾焚烧发电等生物质能利用，建成泉岭垃圾焚烧发电厂、麦园沼气发电厂二期等生物质能利用工程，提高生物质能发电比重。同时降低煤炭发电比例，推广固化成型、秸秆气化、生物柴油等生物能消耗方式，逐步改变农村燃料结构。

（四） 促进节能和提高能效

"十二五"以来，本市在节能目标责任评价考核中已连续四年获省通报表扬。为确保完成全市

"十二五"节能减排各项目标任务，本市制定了并出台了《南昌市"十二五"节能减排综合性工作方案》和《南昌市 2015 年节能减排低碳行动发展方案》。此外，本市已被国家发改委列为餐厨垃圾资源化利用和无害化处理试点城市，被省发改委批复为省级循环经济试点城市。高新区获批为国家级循环化改造试点园区，洪都老工业区获得国家老工业区搬迁改造试点，湾里区、新建县获批为全省首批生态文明示范县（区）。深入实施万家企业节能低碳行动，严格执行固定资产投资项目节能评估审查制度，坚决限批"三高"产业新增产能项目，积极运用节能环保等先进适用技术改造提升汽车及零部件、机电、食品、纺织服装等传统产业，进一步提升企业工艺、装备和能效水平，坚决淘汰落后产能。

2015 年，本市超额完成省政府下达的万元 GDP 能耗下降 2% 的目标任务，万元规模以上工业增加值能耗同比下降 5.9%，万元生产总值电耗同比下降 2%。重点领域节能稳步推进。一是工业节能方面，落实淘汰落后产能任务，组织实施重点节能工程。二是建筑节能方面，2014 年完成了南昌大学前湖南院（医学院）太阳能光热系统改造工程、南昌市红谷滩中寰医院水源热泵系统改造工程、南昌世纪大典酒店水源热泵改造工程等节能改造工程，共计改造面积 21.74 万平方米。三是交通节能方面，组织开展车船陆港千家企业低碳交通运输专项行动，积极推进落实营运车辆燃料消耗量核查制度。四是公共机构领域节能方面，完成公共机构节能工作目标，控制全市公共机构能耗增幅，提升节能管理水平。2014 年本市公共机构单位建筑面积能耗下降 69.3%、人均能耗下降 61.1%、人均水耗下降 34.9%。

（五） 加强废弃物处置工作

本市一般工业固体废物主要产生源自于电力、冶金、造纸等行业，其中江西中电投新昌发电有限公司、方大特钢科技股份有限公司、江西晨鸣纸业有限责任公司三家大中型企业是一般工业固体废物产生大户，约占全市总量的 75%。2014 年，这三家企业共产生固体废物约 145.08 万吨。一般工业固体废物的主要去向是综合利用，其他去向是处置、贮存、排放，处理率为 99.998%，仅有 0.002% 的固体废物排放。综合利用主要用于建材、填修道路、回收利用等，利用量最大的是粉煤灰和冶炼废渣，粉煤灰主要用于建材、铺路等，是本市工业固体废物的主要消纳渠道。工业危险废物产生量为 14.29 万吨，工业危险废物综合利用量为 2.17 万吨置。2014 年，全市共清运生活垃圾 91 万吨，较上年增加 7 万吨，全市生活垃圾无害化集中处理率达 100%。

（六） 全力倡导绿色生活方式

大力倡导居民低碳消费、低碳生活，通过推广免费租赁自行车、新能源公交车、绿色照明等活动，使绿色低碳理念渗入到南昌市民生活的各个角落。按照低碳理念优化和深化城市规划，坚持采取产城融合、组团推进的方式扩大城市规模，坚持把就业和生活等集束多功能的城市综合体作为城市开发的主要载体。规划建设低碳绿道网络，通过强调太阳能屋顶、太阳能路灯、立体花园、电动汽车站、绿色建筑、垃圾分类等低碳设施布局，建设可视化低碳城市。结合 1 号线轨道建设及轨道交通规划，配套建设低碳交通设施，强化慢行系统与公共轨道交通无缝接驳，提高步行及公交出行比例。按照本市实施国家"十城万盏"、"十城千辆"工程规划，全市 LED 路灯和隧道灯数量达到 10 万盏，在新建县厚田沙漠兴建的一座具有国内领先水平的光伏示范电站已经实现并网发电。

本市不断加强低碳能力建设，每年开展南昌"全国低碳日"主题活动，大力营造全社会共同促进低碳发展的良好氛围。每年编印低碳城市发展画册和低碳城市生活手册免费发放，使各级政府、企业和公众明确自己的责任和义务，在全社会普及低碳理念。先后组织三批次政府和企业管理人员赴奥地利参加低碳培训，力争使中奥低碳培训常态化。通过与英国驻广州总领事馆合作，不定期开展中小企业低碳发展能力培训。此外，本市还组织了一系列专题活动，涵盖工业、农业、商务、建筑、交通运输、公共机构等重点节能领域，覆盖机关、学校、企业、社区等各个方面，旨在提升全社会节能低碳意识，弘扬人与自然相互依存、相互促进、共存共荣的生态文明理念。

（七）有序推进增加碳汇工作

近年来，本市坚持高位推动、政策驱动、上下联动，大力实施"森林城乡、花园南昌"建设，各项增加森林碳汇工作有序推进。五年来完成造林面积近 5 万公顷，新栽各类苗木 6000 多万株，完成绿化资金投入 62.7 亿元，实现了造林绿化规模、质量、效果、品味前所未有的历史性跨越，获国家森林城市称号。到 2015 年，全市森林覆盖率达到 22.9%，活立木蓄积量达到 590 万立方米，比 2010 年增加了 350 万立方米。共创建森林村庄 835 个、森林城镇 52 个、森林园区 13 个，对城区 28 个公园、90 个公共休闲场所进行了改造提升。在全城开展"拆违拆临、建绿透绿"专项行动，建绿透绿 3.8 万平米，基本实现了市民出门平均 500 米有休闲绿地的目标，2015 年，全市人均公园绿地面积达到 12.03 平米，基本实现城中林荫气爽、河湖鸟欢鱼跃、山区修竹茂林、乡村花果飘香，全市已初步建设成为森林生态体系完备、生态文化体系繁荣、生态产业体系发达的生态型城市。

四、基础工作与能力建设

（一）制度体系建设情况

1. 做好温室气体清单编制工作。为掌握温室气体排放总量与构成，以及主要行业、重点企业和区域温室气体排放分布状况，本市组织开展了温室气体清单研究和编制工作，对温室气体的历史排放特别是 2006—2010 年年度的能源活动、工业生产过程、农业活动、土地利用变化和林业、废弃物处理五大领域排放情况按省里要求提出了清单报告，从而为碳排放强度下降目标提供基础性依据。

2. 建立温室气体排放统计核算制度。根据省发改委、省统计局《关于建立应对气候变化基础统计与调查制度及职责分工的通知》精神，本市下发了《关于建立应对气候变化基础统计与调查制度及职责分工的通知》（洪发改规字〔2014〕48 号），对建立应对气候变化基础统计与调查制度及职责分工等任务进行了安排部署，为应对气候变化统计工作提供切实保障。

3. 温室气体排放数据报告制度。按照国家、省发展改革委《关于请报送重点企（事）业单位碳排放相关数据的通知》要求，本市积极组织本地区主要排放行业重点企（事）业单位按时报送碳排放相关数据，做好国家和省碳排放配额总量测算、研究确定合理的配额分配方法的支撑工作。

（二）资金政策保障情况

自 2014 年起，市政府每年安排 500 万元（已列入财政预算）作为本市低碳城市建设专项资金，鼓励低碳示范企业招商引资、上市融资、发行债券，支持低碳重点工程、低碳新技术推广和低碳产品的生产应用。为科学有效使用该项专项资金，本市参照广东、江门、温州等先进省市经验做法，制定了《南昌市低碳发展专项资金管理办法（试行）》，并于 2015 年正式出台。

（三） 试点示范建设情况

南昌高新区低碳产业园 2014 年被列为国家低碳工业园区试点名单，并于 2014 年编制了《南昌高新区国家低碳工业园区试点实施方案》，旨在按照低碳发展观和循环经济理念，不断完善园区规划，加快园区开发建设，大力开展招商，积极落实低碳试点工作方案各项目标任务，建设一个"实践循环经济理念、走生态工业道路"的全新型低碳工业示范园区。同时，本市按省发改委要求积极组织参与低碳示范社区创建活动，满庭春社区荣获"省级低碳示范社区"称号。该社区通过推进低碳社区、低碳小镇示范建设，推动低碳建设可视化、市民化，大力推进建筑节能和可再生能源应用。此外，本市在全市范围内开展市级低碳专项试点，确定了红谷滩生态居住和服务业中心区，高新区低碳产业高科技园区，湾里森林碳汇生态园林区，军山湖低碳农业生态旅游区四大低碳示范区。

（四） 峰值设置情况

本市近年来积极开展达峰等相关工作，已正式加入中国"率先达峰城市联盟"，承诺于 2018 年左右实现二氧化碳排放峰值，并力争在 2025 年达到峰值。这一年份设置的主要依据为：一是排放强度下降速率；二是服务业增加值占 GDP 比重提高速率；三是工业增加值增幅与工业用电量增幅比例的变化；四是节能减排与温室气体减排目标；五是市 GDP、城镇化及产业发展目标。

五、 体制机制创新

1. 创新规范低碳立法。作为首批低碳试点城市，本市一直积极探索低碳发展道路，特别是在依法治国的大背景下如何破解低碳发展的法制建设问题。根据《中共中央关于全面推进依法治国若干重大问题的决定》"要加快建立低碳发展的生态文明法律制度"相关要求，《南昌市低碳发展促进条例》正式纳入本市 2015 年立法计划。在起草、修改过程中，我们研究了国内外相关经验，考察了国内低碳试点城市案例，在全国尚无先例的情况下，组织专家和实际工作部门开展创新性法规研制，并将征求意见稿在政府网站上全文公布，广泛征求社会各界意见。经市人民政府 2015 年第 20 次常务会议和市人大常委会审议通过，现已上报省人大批准阶段。

2. 实行严格总量控制。本市已将控制温室气体排放纳入市"十二五"和"十三五"规划，提出了《南昌市低碳发展行动计划》，明确了温室气体减排目标。同时，本市对《南昌市国家低碳试点工作实施方案》涉及的重大任务分解到各县（区）、开发区（新区）和市直有关部门。将万元 GDP 能耗降幅、万元 GDP 二氧化碳排放量降幅等年度降低目标指标纳入南昌市 2014 年、2015 年和 2016 年国民经济和社会发展计划，并分解落实到各县（区）、开发区（新区）。此外，市政府制定并印发了《南昌市 2015 年节能减排低碳发展行动工作方案》，对全市能源总量（增量）控制目标进行了分解下达。

3. 积极探索碳排放交易。本市坚持摸索碳排放交易制度及实践，2014 年市发改委派员先后赴重庆、深圳等多个省内外试点城市及碳排放先行城市学习相关先进经验和做法，同时通过保持与香港排放权交易所有限公司等国际机构接触探讨建立南昌市碳排放交易平台，提高对碳排放权交易价值的认识，完善碳排放权交易市场的基本制度建设，着力打造区域碳排放交易市场，建立碳排放权交易体系。我们将在国家顶层设计的总体框架下，结合公共资源交易平台整合中省政府要求建立省市合一的公共资源交易中心契机，将全省未来的碳排放交易更有效地纳入全国体系之中。

4. 推行低碳产品认证。本市一直致力于提高全社会应对气候变化意识，引导低碳生产和消费，规范和管理低碳产品认证活动。低碳技术平台作用和低碳技术成果转化纳入市"十二五"规划和《南昌市 2013 年低碳试点城市推进工作实施方案》。根据省发改委、省质监局《关于组织开展低碳产品认证工作的通知》，本市按照国家发改委、国家认监委《低碳产品认证管理暂行办法》要求，及时印发了《关于在全市组织开展低碳产品认证工作的通知》，按照《低碳产品认证暂行管理办法》的规定，在全市范围内组织开展低碳产品认证工作，推动本市低碳产品认证工作取得实质性进展。

六、 重要经验

1. 入选"GEF"全球试点城市。2015 年 7 月，南昌正式取得 GEF（全球环境基金）全球可持续发展综合试点城市资格，成为全球 23 个试点城市之一。本市将积极利用全球环境基金赠款资金，建设综合的、多部门规划统一协调的管理机制，推进以公共交通为主导的城市发展形态的完善，实现城市集约、智能、绿色、低碳和可持续发展。

2. 精心培育低碳发展品牌。一是世界低碳与生态经济大会。自 2009 年以来，已成功举办了三届"世界低碳与生态经济大会暨技术博览会"，成为全球低碳合作、技术交流、理论研讨的一个重要平台，得到了国家部委的高度重视和大力支持，取得了巨大的成功，南昌市被列为"世界低碳与生态经济大会"的永久举办城市。二是南昌独特的城市形象品牌——"鄱湖明珠·中国水都"。本市拥有森林、清水、湿地三大丰富的核心低碳资源，如梅岭国家森林公园，一江两河八湖。其中，本市水域面积达到 28%，湿地面积达到 55%。本市已于 2012 年正式启动了"鄱湖明珠·中国水都"建设，并被列为全国水生态文明建设试点城市。

3. 推动低碳城市可视化、惠民化。本市注重把低碳发展与市民生活有机结合起来，大力发展低碳交通、推广绿色建筑、提供清洁能源，让市民共享低碳发展成果。

（1）低碳交通方面：本市在赣江两岸建成城市慢行系统，推广应用节能与新能源汽车 1000 辆。地铁 1 号线于 2015 年正式投入运营，地铁 2 号线、3 号线开工建设。在红谷滩新区、高新区、南昌县实行自行车免费租赁，投放免费公共自行车近 9000 辆、建成便民服务站点 112 个，日节省燃油 8000 升，减少二氧化碳排放 50 余吨。其中，全国百强县南昌县在全国首开了县级城市公共自行车租赁的先河。建成智能交通出行信息共享平台，为市民提供各种不同交通方式的最佳出行方案和路径引导、购票、换乘、实时路况等出行信息服务。

（2）低碳建筑方面：本市在城区积极推广太阳能一体化建筑、太阳能集中供热工程。大力推进建筑节能和可再生能源应用，所有新建建筑均严格执行节能强制性标准，紫金城、新地·阿尔法等住宅小区被评为国家可再生能源示范工程，本市也被评为国家可再生能源建筑应用示范城市。南昌满庭春住宅区、南昌万科润园、南昌红谷滩万达广场等 9 个项目单位获得绿色建筑设计评价标识，总建筑面积达 128 万平方米。

（3）能源方面：大力实施"十城万盏"工程，安装节能路灯近 10 万盏、景观灯 100 万盏。稳步拓宽天然气应用领域，建成高新 CNG 固定站、碟子湖大道、昌南迎宾大道 LNG 撬装站等 9 个车用天然气加气站。鼓励使用清洁能源，在新建县厚田沙漠兴建了一座具有国内领先水平的光伏示范电站，目前已经实现并网发电；建成高新赛维 BEST 厂房屋顶光伏示范工程、南昌十九中屋顶光伏示范工程等中小型光伏示范工程。不断提高生物质能发电比重，全省首个焚烧发电项目"泉岭垃圾焚烧发电厂项目"已建成投产，可日处理垃圾 1200 吨，发电 1.2 亿度/年；全省首个餐厨垃圾处理项目"麦园餐厨垃圾处理项目"建成运营。

七、 工作建议

（一） 面临的挑战

1. 经济发展速度问题。南昌作为中部欠发达城市，正处于工业化、城市化快速发展的关键阶段，要平衡地区经济发展和低碳绿色生态的关系，保持又好又快发展态势，需要着眼长远利益，摒弃传统的高能耗、高污染发展模式，拓宽低碳生态发展和可持续发展的道路。

2. 低碳发展理念问题。经过多年宣传，本市低碳发展的氛围逐步增强，绿色低碳的认识也得到有效提高，但是仍然需要进一步加强，特别是部分中小企业追求利润最大化，对于低碳发展相关工作认识不足，认为低碳发展与企业壮大相互矛盾，需要我们进一步加强宣传造势，推广低碳理念。

3. 低碳人才培养问题。低碳工作是一项专门性工作，需要一定的专业技术知识。现有的科技人员大多习惯于从事高碳技术创新，缺乏低碳专业知识和生态环保意识，从事节能与低碳技术的专业人才很少，且大部分集中在高校和科研单位，真正在企业第一线从事低碳技术研发的科技人员十分有限，具有国际视野的低碳技术创新人才更加稀缺。

4. 低碳技术创新能力问题。"十二五"期间，本市节能降耗取得一定的成绩，能源强度持续下降，但低碳技术整体水平还是落后于先进水平。本市的 LED、光伏、服务外包虽已具有一定规模，但提出构建的低碳生态产业体系尚未完全形成。

（二） 下步工作打算

南昌作为实施鄱阳湖生态经济区建设国家战略的核心城市，也是建设江西生态文明先行示范区国家战略的重点实验区。我们将积极利用生态环境的明显优势，继续在低碳生态发展方面进行有益探索。

1. 加快转变产业增长方式，着力打造低碳产业发展高地。按照"传统产业低碳化、低碳产业支柱化"的思路，在发展低碳经济的引领下，做大做强半导体照明、新能源汽车、绿色家电、环保设备、新型建材、民用航空、服务外包、文化旅游和生态农业等低碳产业集群。

2. 加快转变城乡建设方式，着力建设绿色宜居城市。按照"优化生态环境，建设花园城市，打造中国水都"的思路，加快推进绿色宜居城市建设。

3. 加快转变传统生活方式，确保低碳发展惠民化。注重把低碳发展与市民生活有机结合起来，大力倡导绿色低碳的生活方式，通过推广新能源公交车、免费租赁自行车、绿色照明等活动，将绿色低碳发展成果与广大市民群众共享。

《南昌市低碳发展促进条例》通过后，预计今年9月1日正式实施，本市将进一步增强低碳发展工作力度，包括对引进重大项目实行碳排放评估制度、对企业碳排放实行强制报告和减排制度、实行低碳促进部门联动统筹考核制度、对不低碳的规划、产业、建设、交通、绿化等活动实行底线管控制度等。我们有信心的是，通过低碳城市试点，南昌走绿色低碳发展之路，已经尝到甜头、已经不可逆转，国家的使命、历史的担当和南昌的选择已经高度融为一体，未来，有国家倡导的大环境保障，有南昌自身设立的法规保障，南昌绿色低碳发展将会越走越远、越走越稳、越走越顺，为中国同类城市将贡献更多的试点经验借鉴。

（三） 若干建议

1. 进一步巩固试点成果，强制推广一些成熟的试点经验，并赋予试点城市更大的政策空间。
2. 提升试点价值，在试点城市中，申报开展不同主题的低碳示范城市创建活动。

贵阳市低碳试点进展总结

一、 基本情况

2010 年成为全国首批低碳城市试点以来，贵阳市将低碳城市试点建设作为统筹城市经济社会发展的和生态文明建设的重要手段，牢牢守住发展和生态两条底线，大力推进绿色低碳发展，低碳城市试点工作取得了一定成效。2010 年到 2015 年，全市生产总值年均增长 15.1%，森林覆盖率年均提高 1.88 个百分点，获批建设全国首个生态文明示范城市并取得阶段性成效，"蓝天"、"碧水"、"绿地"、"清洁"、"田园"五项保护计划有力推进。2014 年碳排放强度为 1.57 吨二氧化碳/万元 GDP，相对 2010 年下降 16%，完成 2015 年试点目标任务的 89%。2015 年，环境空气质量优良率 90% 以上，集中式水源地水质达标率 100%，森林覆盖率达 45.5%，建成区人均公共绿地达 10.95 平方米，实现了经济发展和环境保护的"双赢"。

二、 低碳发展理念

（一） 坚持规划引领， 健全规划体系

制定出台《贵阳市低碳发展中长期规划》《贵阳市 2014—2015 年节能减排低碳发展攻坚方案》《贵阳市蓝天保护计划》《贵阳市绿地保护计划》，筹备编制《贵阳市应对气候变化专项规划（2014—2020 年)》《贵阳市环境总体规划》《贵阳市绿地系统规划》，完善《贵阳市林地保护利用规划》《贵阳市大气污染防治规划》，形成健全的规划体系。

（二） 建立低碳发展组织保障机制

成立了由市长任组长的贵阳低碳城市建设领导小组，设立了低碳办在市发展改革委，市有关部门和区（市、县）也成立了相应的工作机构，构建了较为完整的工作体系。将《贵阳市低碳城市试点工作实施方案》的 24 项工作任务进行了分解，印发了《贵阳市低碳发展中长期规划（2011—2020)》，结合实施方案和规划，要求各相关部门对照工作任务按年度进行自查，由市低碳办对工作进行总结，提出年度工作计划，保障了工作的顺利开展。

（三） 完善决策机制， 探索借力发展

组建贵阳市低碳发展领域的专业智囊团。2014 年 7 月，在生态文明贵阳国际论坛 2014 年年会期间，举行贵阳市低碳发展专家顾问委员会聘任仪式。专家顾问委员的成立，将为贵阳市提供前瞻性、

高层次、全面性的低碳发展决策咨询，为纵深推进本市低碳城市建设工作，发挥生态文明城市先行先试的示范效应保驾护航。

（四） 细化支撑方案， 制定政策法规

完成贵阳高新技术开发区低碳发展产业规划、贵阳市低碳企业创建方案、贵阳市低碳社区试点建设方案等编制工作。出台了《贵阳市建设生态文明城市条例》，把推进低碳发展作为生态文明城市的建设目标和重要手段，将低碳、节能、新能源等项目列为重点投资领域，落实扶持政策，以推动低碳发展推动生态文明建设。出台了《贵阳民用建筑节能条例》和绿色建筑标识星级评价标准，对绿色建筑给予资金支持。

（五） 积极探索峰值实现路径

通过 GDP 假设、人口假设、能源强度下降趋势以及能源结构变化趋势等，设定 2015 年后，GDP 增速逐渐趋缓，同时受益于同期的能源结构优化，即煤炭和石油比重持续下降，天然气比重保持稳定，非化石能源比重持续上升，单位能源消耗的碳排放逐步下降，碳排放强度的下降快于能源强度的下降。预计本市于 2030 年二氧化碳排放达到峰值，目前正开展峰值实现路径图等相关研究工作。

三、 低碳发展任务落实与成效

按照《贵阳市低碳城市试点工作实施方案》24 项重点任务，狠抓产业结构调整和节能降耗，深入推进低碳建筑、低碳交通、低碳社区建设和能源结构调整，倡导绿色低碳的消费模式和生活方式，全市上下低碳发展的理念基本形成，工作取得了成效。

（一） 调整产业结构， 建设节能减排降碳工程

"十二五"期间本市致力创新驱动、转型升级，产业结构调整。京筑创新驱动区域合作成果丰硕，中关村贵阳科技园精彩亮相、引领转型，抢占大数据发展先机，寻找大数据产业"蓝海"，城市对外影响力大幅提升。以高新技术和现代制造业为龙头的现代工业、以金融业为龙头的现代服务业、以都市农业为龙头的现代农业蓬勃发展，三次产业结构比例从 5.1∶40.7∶54.2 调整为 4.1∶38.3∶57.6。

1. 推进传统工业低碳化。重点推进贵州华锦氧化铝有限公司 160 万吨氧化铝项目建设，该项目作为本市铝土矿资源转化重点项目，从项目启动建设到投产仅用 11 个月时间，目前生产线已全部建成并具备达产条件。2015 年 11 月与中铝股份公司签订了贵铝电解铝"退城进园"战略合作协议及土地收储协议，并协调做好进园项目前期准备工作，拟在"十三五"期间在清镇建设煤电铝一体化的新的电解铝进园项目，进一步提升能矿资源转化利用效率。

2. 关于发展生物医药、装备制造产业和战略性新兴产业。

（1）大数据产业方面。一是加强顶层设计，逐步完善改革体系建设。在发展模式、机制、规划、标准规范等方面先行先试，规划了大数据理论创新、大数据平台建设、大数据产业集聚、互联网＋行动计划、大数据应用创新、大数据生态培育六大工程。开展贵阳·贵安国家大数据综合试验区申报、

创建工作，完成贵阳·贵安国家大数据综合试验区申报方案的撰写，制定行动方案。启动贵阳市"十三五"大数据发展专项规划、大数据软件示范产业园方案的编制工作。二是加强对外交流合作，搭建发展新平台。三是启动大数据相关标准建设，夯实发展基础。完成三大项 11 子项贵阳标准研制和两项国家标准研制与试点示范，标准研制和试点工作计划从 2015 年 9 月启动，预计 2016 年 12 月完成正式验收。

（2）装备制造方面。以航空航天、智能装备为重点，以中航工业驻黔企业和中国江南航天集团为龙头，带动航空航天、数控机床等重点行业共同发展。小河—孟关装备制造生态工业园已基本形成了以中国江南航天（集团）公司、中航工业驻黔企业等龙头骨干企业和科研院所为代表的航空航天、工程机械、矿用机械产业聚集区，航天航空、数控装备产业聚集区。一是贵州红华能源研发公司研制出的世界首台以新能源"二甲醚——天然气混燃"电控燃料喷射系统为代表的新型装备，成功应用到整车，促进了高端装备制造产业的产品升级。二是积极推进贵阳吉利整车产业化项目相关工作，2015 年 11 月 24 日贵阳吉利整车产业化项目正式开工建设。三是抓好新能源汽车推广应用及甲醇汽车试点有关工作，启动了贵阳市新能源汽车产业发展规划和新能源汽车配套充电设施建设规划。在全省范围内率先启动 150 台甲醇出租车试点运营。

（3）医药产业方面。一是抓项目招商落地。2015 年 3.2 大健康医药产业推介会签约项目 55 个，签约金额 557.6 亿元。引进了修正、天士力、悦康、博雅等一批国内知名医药企业来黔投资兴业。二是抓品牌推广。围绕企业市场平台做好产业品牌建设，以贵阳展团形式参加 73 届和 74 届全国性药品交易会、第 50 届新特药会，打响了"爽爽贵阳 苗药之都"的产业品牌。三是促结构升级。结合新版GMP 认证要求，加大对医药企业政策、资金的帮扶力度，切实帮助企业加快技术改造，提升技术水平、管理水平和综合竞争力。

3. 加快低碳工业园区建设。

（1）创建生态文明园区，推动绿色转型发展。按照《市人民政府办公厅关于印发贵阳市创建生态文明建设试点实施方案（试行）的通知》（筑府办发〔2013〕84 号）文件要求，以创建新型工业化产业园区为总抓手，以生态文明指导工业园区建设，将生态文明建设融入工业园区发展的全过程，以生态文明提高园区干部、企业员工的整体生态文明建设意识，形成齐抓生态文明建设，推动园区绿色转型，走新型工业化道路的合力。2015 年创建了高新区、清镇园等星级生态文明工业园区。

（2）大力推动清洁生产，创建低碳工业园区。按照创建清洁生产试点示范园区的要求，建立园区清洁生产推行机制、开展园区内企业清洁生产审核、清洁生产教育和培训、引导鼓励企业开展技术改造等措施，降低资源能源消耗、减少污染排放、提高资源综合利用率，提升园区整体清洁生产水平，引领带动工业行业绿色发展、循环发展、低碳发展。高新园、息烽园被列为省级首批清洁生产试点示范园区。

4. 大力发展旅游、会展业。发挥生态、气候、人文优势，打造"爽爽贵阳、避暑之都"品牌，推进旅游标准化、国际化建设，优化提升一批景区景点。创建花溪文化旅游创新区成效明显，成功举办生态文明贵阳国际论坛以及贵阳国际大数据产业博览会暨全球大数据时代贵阳峰会、比利时布鲁塞尔国际烈性酒大奖赛中的"酱香酒国际论坛"、首届众筹大会等重大会展活动，会展经济进入全国省会城市前列，物流业增加值达 170 亿元，旅游总收入年均增长 26.5%。

（二） 物流低碳化

根据《贵阳市开展现代物流技术应用和共同配送试点工作方案》，探索所有权与经营权分离的城市配送管理新模式。实行五个统一（统一外观标识、统一车辆要求、统一车辆调度、统一信息服务、统一管理）的要求对配送车辆进行组织化管理。2014 年，已有 300 辆城市低碳配送车陆续上路营运，2015 年达 500 辆左右。贵阳城市配送车使用双燃料动力系统的全封闭厢式货车，可有效减少城市二氧化碳的排放（以天然气做燃料的汽车，HC 的排放量可减少 40%，CO 可减少 80%，NOx 可减少 30%）。城市低碳配送车信息化服务的贵阳智慧城市配送信息平台也于 2015 年 8 月正式上线运营，平台以城市低碳配送车队为基础，以整合城市配送企业、生产制造企业、商贸流通企业信息资源为目标，实现数据交换，信息共享，为社会公众、商超门店、物流配送企业、政府部门提供服务。

（三） 交通低碳化

1. 作为国家绿色循环低碳交通城市区域性试点城市，推广实现在线营运 LNG 车辆 2831 辆（其中：市公交公司 2523 辆，开阳县公交车 30 辆，穗黔物流 LNG 甩挂货运车 30 辆、息烽县班线客车 124 辆，花溪区公交客运车 82 辆，开阳县 CNG 出租车 40 辆、长途班线车两辆），气电（油气）混动力 313 辆（其中：市公交公司公交车 223 辆，开阳县出租车 90 辆），M100 甲醇燃料 980 辆（其中：出租汽车 842 辆，公交车 138 辆），纯电动小区示范公交两辆。实现了清洁燃料利用并产生了直接的节能减排效果，有效降低了运输行业燃油消耗量，与柴油公交车相比，使用 LNG 汽车排放二氧化碳降低 15%，一氧化碳降低 80%，碳氢化合物降低 90% 以上，氮氧化合物降低 40%。

2. 配合实施畅通工程二期，开展了 1.5 环线 BRT 建设工作。项目纳入贵阳公交都市实施方案和市畅通工程二期实施方案，现正与 1.5 环道路建设工程同步实施，预计 2016 年完成 1.5 环 BRT 的建设。轨道交通和 BRT 建成后，贵阳将形成以轨道交通和 BRT 为骨干、普通交通为网络、出租车为补充的立体公交体系，进一步提高城市交通环境，缓解交通拥堵，减少城市污染。

3. 推进低碳交通基础设施体系建设。建成加气站 12 座，公交充电桩 2 座；在观山湖区建成自行车专用通道，沿线配套自行车换乘服务站点，提供自行车的租赁服务，完善慢交通体系。

（四） 能源领域

1. 推进风电资源开发。一期装机容量 49.5 兆瓦的花溪云顶风电场投入运行，二期装机容量 30 兆瓦已经开工。该风电场建成投运后，每年可节约标煤 3.20 万吨，减少二氧化碳约 8.38 万吨。通过水电、风电等低碳能源开发，贵阳市电力结构进一步改善，水电、风电发电量已占总发电量的 51.2%。

2. 进一步提升清洁能源的使用比例。在一环以内全面推广使用天然气、电能等清洁环保的替代能源，全面取缔工业燃煤锅炉，建成"无煤区"；在一环以外推广使用优质、低污染的民用燃煤，禁止使用高污染民用燃煤，有计划、分步骤取缔工业燃煤锅炉。以"无煤"社区创建活动为载体，加快推进"无煤"城市建设。

3. 积极开发沼气利用项目。在国家绿色能源示范县——开阳县开工建设4个大型沼气池集中供气项目，建成后预计可为5000户农户供气。利用大型养殖场产生的粪便以及收集的秸秆生产沼气，沼气用于燃烧、照明、集中供气，沼渣、沼液用于粮油作物牧草种植施肥，建成后日产沼气量3000余立方，可为5000户农户集中供气，缓解农村地区能源短缺，改善农业生态环境。

4. 开发生物质能源。本市开阳、清镇、乌当三个试点区县作为全省农作物秸秆生物质能源示范县工程，积极探索农作物秸秆资源化利用新途径，已建成开阳、清镇两个生物质成型燃料生产基地，年可生产生物质成型燃料0.6万吨。

（五）绿色建筑

1. 绿色建筑推广。绿色建筑发展从无到有，从单体项目到规模化发展阶段，中天"未来方舟"获批全国首批8个绿色生态城之一，全区规划建筑面积740余万平米绿色建筑全覆盖。目前全市获评星级绿色建筑项目共计37个，建筑面积约651万平米，其中二星级以上绿色建筑面积528万平米。"贵阳国际生态会议中心"、"息烽县人民医院"、"贵阳市城乡规划展览馆"等5个项目获得国家三星级绿色建筑设计标识，绿色建筑推广工作取得明显成效。

2. 绿色生态城建设。中天"未来方舟"绿色生态城区项目于2012年被列为全国首批8个生态城之一，全区绿色建筑比例达到100%（总建筑面积1023万平米），其中二星比例达到30%以上，2015年国家级绿色生态城区面貌基本呈现。预计每年可使CO_2排放减少22432.7吨，SO_2排放减少675吨，NOx排放减少338吨，碳粉尘6120吨，同时降低20%~30%的用水量，城市废弃物降低35%~40%，运行维护费用降低10%~20%，交通压力降低10%~20%。预计每年节电1215.2万千瓦时，节气量306.8万立方米，节约自来水量219万吨/年。

3. 可再生能源建筑应用。2015年全市可再生能源建筑应用竣工并投入使用项目17个，应用示范面积280万平方米。以中天"未来方舟"作为可再生能源冬季区域性集中供暖试点示范项目，探索总结区域性集中供暖经验教训，颁布《贵阳市区域性集中供热用热管理办法》，并于2015年12月1日正式施行。

4. 推动公共建筑低碳化改造。根据《贵阳市国家机关办公建筑和大型公共建筑能耗监测平台建设实施方案》，建立贵阳市机关办公建筑和大型公共建筑节能监管平台，将市政府办公楼、贵阳市级行政中心二期综合办公楼A区、贵阳市房地产大厦、翔明大厦、息烽县医院、多彩贵州城研发会议中心、多彩贵州研发中心、多彩贵州展示中心分期纳入建筑能耗分项计量（355个用电能耗采集点）。为下一步本市公共机构节能管理部门逐步制定公共机构能耗定额并纳入目标考核打下基础。

（六）加强林业生态建设，持续增加碳森林碳汇能力

1. 增强森林碳汇能力。开展绿色贵州、绿美贵阳行动，率先在全省完成县乡村造林绿化4.39万亩，全年完成营造林26.61万亩。在8个区（市、县）实施51个"美丽乡村"提高型示范点绿化建设，村寨绿化覆盖率达到60%以上。以环城林带为重点，落实了530万亩森林的区域高压管控，有效保护24万亩湿地，开展356.19万亩生态公益林补偿，兑现补偿资金近3094万元。抓好森林防火和林

业有害生物防治，森林火灾受害率和林业有害生物成灾率分别控制在 0.6‰和 2‰以下，全市未发生松材线虫疫情。

2. 增加城市绿量。实施公园城市建设工程，摸清全市 365 个现状公园底数，起草了《贵阳市推进"千园之城"建设行动计划》。以为民办"十件实事"完成 10 个示范性公园建设，建成开放文峰苑、李家山等 5 个山体公园和梯青塔湿地公园、环湖公园等 5 个专类公园。实施道路绿化、社区绿化、棚改绿化、项目配套绿化等增绿工程，完成 290 个社区院落绿化提升，配套了公共文化设施和体育健身设施，累计新增城市绿地 117 万平方米。

（七） 倡导低碳消费方式

连续六年参与并组织"地球一小时"。组织民间团体、高校志愿者等参与"地球一小时"系列主题。通过展播环保沙画视频、向市民分发防雾霾知识手册、"捡瓶子"、熄灯一小时等形式，向市民宣传环境污染的危害和防雾霾知识，呼吁市民从自身开始，采取实际行动，低碳消费，为保护贵阳的美好环境做出自身的努力。在黔灵山公园等七个公园举办贵阳市"垃圾换水"环保公益活动。通过奖励一瓶饮用水的方式，鼓励市民及游客在市内主要公园游玩时将自己产生的垃圾带走，或者随时收拾地上的其他垃圾，从而有效地减少公共场所的垃圾污染，降低垃圾对大气环境、土壤、地下水源和农作物的污染。

四、 基础工作与能力建设

（一） 探索建立温室气体排放交易机制

2014 年，全省首单中国自愿减排（CCER）项目上海金融机构购买贵州盘江煤层气开发利用有限责任公司 80 万吨 CCER 指标成功交易，实现碳交易零突破。正式启动对贵阳市试点范围内企业的温室气体排放碳盘查和清单编制工作，研究制定贵阳市开展重点企（事）业单位温室气体排放报送工作的实施方案，建立企业数据报送平台，分析主要温室气体排放源、碳汇、核算排放总量和强度，为开展贵阳市纳入全国碳排放交易平台提供基础保障。

（二） 加强引导， 完善资金保障

省级设立应对气候变化专项资金，统筹安排低碳发展支撑项目和研究课题资金，重点支持低碳试点示范项目、低碳产品和低碳技术推广、适应气候变化示范工程、碳减排监管体系建设、应对气候变化基础能力建设五个方向。每年本市积极组织项目申报，目前，中澳科技城 CBD502.9KWP 太阳能光电建筑一体化应用示范项目、贵阳市应对气候变化"十三五"规划、低碳社区试点示范、碳排放清单编制、低碳产品认证、贵州益佰制药股份有限公司低碳改造等 12 个项目，获专项资金 820 万元。

（三） 推动试点示范效应

高新区作为国家低碳工业园区试点。按照国家工业和信息化部、发展改革委对低碳工业园区试点工作的要求，编制了《贵阳国家高新区低碳经济示范园实施方案》，并于 2015 年 5 月通过专家论证。

高新区以加强产业低碳化、能源低碳化、基础设施低碳化及低碳管理为发展方向，提高园区低碳准入门槛、推进大数据等高新技术产业发展、促进服务业集约化发展、推动低碳生产、优化能源结构、建立健全低碳管理机制、完善低碳能力建设体系、推动低碳文化发展，打造国家低碳工业园区带动低碳发展模式。先后实施了乌当碧水人家、温泉新城一期低碳社区试验试点，探索形成具有贵阳特色的低碳社区"G"模式，建立了贵阳市低碳社区评价指标体系，为低碳社区建设和改造提供可以量化的评价标准。

五、 体制机制创新

制定出台《贵阳市落实生态保护红线制度工作方案》，出台《贵阳市环境损害党政领导干部问责暂行办法》，实施生态环境绩效考核。与联合国人居署合作开展绿色与可持续城市项目，建立贵阳生态文明城市指标体系，构建、量化城市绿色低碳发展指标体系。探索碳金融创新、突破碳交易区域性，建立温室气体排放交易机制，推动企业在国内国际碳市场上开展排放权交易。

六、 重要经验

贵阳市作为全国率先提出生态文明建设的城市，将生态文明建设纳入立法范畴，制定出台全国第一部生态文明建设地方性法规——《贵阳市促进生态文明建设条例》，配套出台《贵阳市建设生态文明城市指标体系及监测方法》《贵阳市生态补偿机制》等政策，将生态文明建设纳入法制化、规范化、制度化轨道。

作为全国首批低碳试点城市，贵阳市积极在能源、交通、建筑等各个领域开展低碳建设。贵阳市公交用 8 年的时间，建成了当时国内第一座液化天然加气站，同时被科技部列入国家"863"计划项目、建成全国第一座利用工业废气（贵州开磷合成氨厂的放空气与驰放气）回收生产液化天然气的工厂、在全国乃至世界上使用液化天然气（LNG）数量最多的单位和城市、建成我国第一座液化天然气（LNG）的地面标准式、地埋式、半地埋式加气站、第一个掌握将柴油发动机改造成液化天然气发动机技术的单位、第一个成功开发 M100 甲醇燃料在化油器式发动机的运用，成为中国车辆"油改气"的典范。

七、 工作建议

1. 低碳工作监管能力较弱。能源消费统计数据相对滞后，不能及时反馈碳排放相关指标数据。由于缺少基础数据及监测平台，未将低碳发展目标纳入各部门及区（市、县）政府的绩效考核中，缺少有效的监督考核机制，建议将碳排放指标纳入统计范畴。

2. 低碳发展资金投入不足。由于本市现在尚未设立低碳发展专项资金，其他各类专项资金的投入与本市"低碳城市试点实施方案"没有完全衔接，资金总量相对于繁重的节能低碳任务仍然显得不足，影响了低碳技术创新能力的提升和低碳工作的深入开展，建议国家在政策及资金上对本市相对倾斜支持。

3. 碳排放约束下的经济增长模式有待优化。作为经济欠发达的资源型产业城市，近年来，本市一直致力于调整产业结构、延长产业链，积极推进生态可持续发展。但由于本市资源型产业比重较大，服务业集约化程度也有待提高，可再生能源规模化发展受自然条件制约较大，太阳能、地源热泵等技术应用规模较小，水能开发的剩余空间不大。随着工业化、城镇化发展进程的加快，在短期内仍然处于经济加速发展、能源消费总量和碳排放总量的上升期。建议国家在对本市碳排放指标目标设定等方面时给予适当考虑。

保定市低碳试点进展总结

近年来，保定市委、市政府坚持把"低碳"理念植入发展新思维，积极探索一条既符合生态文明发展要求，又具有自身特色的工业化和城镇化之路，这既是国家发改委对试点城市的要求，也是保定多年来始终坚持不懈追求的目标。2010年8月，保定市被国家发改委确定为国家低碳城市试点，这为本市提供了"先行先试"的难得机遇，以此为契机，本市全面开展低碳城市试点工作。现将工作开展情况汇报如下：

一、基本情况

（一）经济社会发展水平

保定市地处河北省中部，是京津冀协同发展中部核心功能区，素有"京畿重地"、京津保"金三角"之称。辖25个县（市、区）和开发区，总面积2.09万平方公里，常住人口1026万。其中，市区面积2600平方公里，人口282万。2015年，全市生产总值完成3000亿元，比上年增长7%；三次产业比重为11.8∶50∶38.2，其中，服务业增加值占比38.2%，较2010年提高了3.5个百分点；规模以上工业增加值完成986.7亿元，比上年增长4.4%，其中规模以上高新技术产业增加值增长12%。2015年保定城镇化率为46.65%，2010—2015年城镇居民人均可支配收入分别为16912、19048、21181、21751和23663元，农村居民人均可支配收入分别为6656、7696、8675、9573和10558元，2014/2015居民人均可支配收入增速分别为8.8%和10.3%。

（二）能源消费结构状况

保定市是一个以煤炭、电力、石油及产品、天然气等一、二次能源调入为主的地区。全市能源消费结构中，煤炭占能源消费总量的比重较高，天然气和可再生能源所占比重较小。2010—2015年，保定市人均能耗分别为1.62、1.73、1.81、1.86、1.85和1.81吨标煤，单位GDP能耗分别为0.86、0.83、0.79、0.75、0.70、0.65吨标煤/万元，"十二五"期间单位GDP能耗下降率为24.42%。2015年，全市能源消费总量达到1876.99万吨标煤，与2010年相比年均增幅达到3.25%。其中：煤炭消费量929.9万吨标煤，年均增长率为2.77%；油品消费量184.8万吨标煤，年均增长率为1.43%；天然气消费量62.3万吨标煤，年均增长率为23.72%。截至2015年底，本市万元GDP能耗已经累计降低24.5%，超额完成"十二五"降低16%的任务目标。

（三）排放目标的实现情况

"十二五"期间，通过调整产业结构、优化能源结构、大力节能降耗等措施，不断降低二氧化碳排放强度。截至 2015 年，单位 GDP 二氧化碳排放比 2010 年下降 25.66%，已完成下降 18% 以上的目标任务。

二、 低碳发展理念情况

（一） 成立组织领导机构、 加强体制机制建设

为全面完成试点工作任务，本市不断加强体制机制建设，完善组织管理机构，于 2011 年成立了保定市国家低碳城市试点工作领导小组，由市长任组长，发改、工信、环保、住建、交通、财政等 27 个职能部门为成员单位，统筹指导试点工作，确保试点工作扎实推进；2014 年成立了低碳城市建设推进办公室，配备专人负责低碳城市建设工作。低碳办公室主要负责落实国家、省有关低碳发展的方针政策，全面部署低碳试点工作；研究制定低碳城市发展规划及相关政策措施，组织实施低碳城市建设工作；统筹协调低碳领域遇到的问题，对试点开展情况进行跟踪、监督和评估；组织研究低碳考核体系建设，做好降碳及碳排放任务目标分解和考核工作；指导开展低碳研究和低碳宣传工作；负责应对气候变化相关工作。领导小组及低碳办成立后，编制了保定市低碳城市规划和实施方案，提出低碳建设目标和重点任务，分解下达到重点县（市、区）和相关部门，并对工作开展和完成情况进行年度考核；组织开展低碳研究工作，完成清单编制、碳排放分解考核体系、低碳建筑指标体系等相关课题研究；以多种形式开展低碳宣传活动，普及低碳知识，引导市民在生产、生活各领域向低碳模式转变，为低碳试点工作的扎实推进奠定了良好基础。

（二） 编制低碳城市规划、 出台低碳政策措施

为开展好低碳城市建设工作，引导保定市经济发展、社会发展和生活消费逐步实现低碳化，本市与清华大学合作，编制了《保定市低碳城市建设规划》，提出了"以贯彻落实科学发展观，加快建设资源节约型、环境友好型社会为指针，以转变发展方式，推进新型工业化和新型城镇化步伐，实现以又好又快发展为目标，以发展和壮大低碳经济、宣传和普及低碳理念、转变生产方式和消费方式为重点，在不断加快经济、社会发展步伐的同时，逐步降低二氧化碳排放强度，通过低碳城市建设，推进保定市经济社会发展方式的转变，探索一条符合保定实际的节能环保、绿色低碳的生态文明发展之路"的指导思想，以及"到 2015 年，万元 GDP 二氧化碳排放量比 2005 年下降 35% 左右；到 2020 年，万元 GDP 二氧化碳排放量比 2005 年下降 48% 左右的阶段性目标。经测算，2015 年万元 GDP 二氧化碳排放量比 2005 年下降 57%，已超额完成目标任务。

为进一步加强低碳试点工作，市委、市政府先后出台了《关于建设低碳城市的指导意见》《保定市低碳城市试点工作实施方案》《关于推进绿色建筑发展、促进低碳城市建设的实施意见》等政策措施，以政策为引领，深入开展低碳城市试点工作。同时，市政府分年度编制《低碳工作实施方案》，突出重点工作，分解主要目标任务，以切实保证低碳城市建设工作有序开展。

（三） 把握协同发展机遇、 积极探索发展模式

作为第一批低碳试点城市，本市积极探索低碳发展模式，在新能源产业特别是光伏产业发展遭遇

瓶颈之后，本市提出了"关于建设可再生能源综合应用示范区"的构想。以调整和优化能源结构、加快发展方式转变为核心，紧紧抓住京津冀协同发展的重大机遇，充分发挥保定市可再生能源资源种类多样、分布相对集中和能源装备制造基础雄厚的特点和优势，统筹规划、分片布局、示范引领、有序推进，通过在不同区域推出一批不同类型的可再生能源开发利用示范工程，加快技术创新和体制创新，探索可再生能源规模化应用的方式和路径，带动和引领各种可再生能源的区域化、规模化、综合化开发利用，不断提高可再生能源在全市能源消费结构中的比重，打造京津冀协同发展核心区技术先进、管理完善的可再生能源综合利用先行区、示范区，为消除大气污染、建设"低碳保定"奠定坚实基础，为新型工业化和新型城镇化建设提供绿色、可持续的能源保障。

同时，作为国家低碳试点城市和国家创新驱动发展示范市，保定面临京津冀协同发展的历史机遇，本市谋划将低碳城市建设同"主动参与和融入京津冀协同发展之中，促进保定尽快建成非首都功能疏解重要承载地、先进制造业和战略性新兴产业基地、京津冀协同创新试验区、全国新型城镇化和城乡统筹示范区"的城市定位相结合，同互联网＋相结合，利用保定高校众多、科研能力突出以及产业基础较好，现代产业体系合理的特点，积极探索产、学、研合作新模式，重点打造智慧能源产业，进一步巩固提升新能源和智能电网产业的传统优势，发展新一代信息技术，着力培育物联网、云计算和大数据等战略性新兴产业，实现产业的低碳高端创新。

三、 低碳试点工作落实情况

（一） 加快产业结构调整、 推进传统产业改造

保定是一个农业大市，被国家发改委确定为低碳试点城市后，本市加速产业结构升级步伐，紧紧围绕新能源、汽车、电子信息等具有保定特色和优势的优势产业，打造中国电谷、中国汽车城和智能电网制造基地。2015 年，新能源和能源设备制造业销售收入达 276.6 亿元，形成了光电、风电、节电、储电、输变电和电力电子六大产业体系；汽车及零部件销售收入 1226 亿元，工业增加值 307.4 亿元，占 GDP 比重达 10.2%，整车及零部件产能不断扩大。"现代服务业基地建设工程"方面，本市充分发挥毗邻京津的区位优势，打造京南现代物流基地、休闲旅游基地和文化创意基地。安国、白沟、雄县大型物流中心建设成效显著；白洋淀、易水湖等旅游综合开发项目建设不断深入；保定动漫产业园等文化创意项目建设不断发展。2015 年，服务业增加值 1146.1 亿元，占 GDP 比重达 38.2%。与此同时，本市还注重加快发展现代农业，全面普及现代农业生产技术，提高农业生产的规模化、集约化水平，实现由农业大市向农业强市的转变，推进"绿色农业基地建设工程"。2015 年，建成现代农业示范园区 81 个、规划总面积 139.4 万亩，建成面积 65.04 万亩，认定无公害面积 8.04 万亩，认证产品 73 个，认证绿色食品 34 个，有机食品 11 个，地理标志产品 4 个，注册商标 56 个。初步形成了以阜平、曲阳、易县等为主的山区果品综合开发，以涿州、涞水、高碑店等为主的环首都现代都市农业，以定兴、满城等为主的高效设施农业，以安国、高阳、清苑等为主的传统农业改造提升，以雄县、徐水等为主的龙头企业带动等五种发展模式。目前，13 个国家千亿斤粮食核心区面积达 550 万亩，产量不断增加；日光温室、塑料大棚等设施农业面积 130 万亩；绿色农产品产地环境标准和产品质量标准不断提高，绿色无公害农产品基地达到 50 个。

（二） 不断优化能源结构、 持续开展节能降耗

保定能源消耗结构中，煤耗占比达到80%，为优化能源结构，本市编制《保定市清洁能源替代实施方案》，大力推广燃煤锅炉"煤改气"工作，2015年，全市完成600多台、1300蒸吨燃煤锅炉的燃气替代，减少分散燃煤18万吨。同时积极引入气源，推进完成了霸州至保定天然气输气管线、高阳—保定—徐水天然气输气管线建设，燃气保障长输管线由原来"京邯"线一条，增加至三条，管线运输能力达22亿立方米，管线长度约400公里；加快天然气基础设施建设，市中心城区建成天然气储配站一座，年接收能力2.7亿立方米，储气能力8万立方米，已有11个县接入管道天然气，有6个县实现了撬车运输保障供气，有6个县已展开天然气城区管网建设，全市天然气用气量从2011年的2.99亿立方米增加至2015年的4.7亿立方米。

在节能降耗方面，重点推进电力热力、纺织化纤、建筑材料等能耗较高产业的节能改造，淘汰落后产能，加大节能降耗工作力度，实施"传统产业改造工程"。完成了电力、钢铁、水泥行业的深度治理，截至2015年，淘汰小水泥、小炉窑等落后产能399.8万吨，10蒸吨及以下生产经营性燃煤锅炉、茶浴炉已经淘汰完毕，10蒸吨及以下分散燃煤锅炉，已完成集中供热或清洁能源替代改造2532台。"十二五"期间，工业领域淘汰落后产能涉及钢铁、水泥等行业18个、企业159家，纺织及化纤行业污水处理不达标和使用落后设备的企业全部关停和淘汰。节能工作在全市建筑、交通、商业和民用、公共机构等领域得到全面落实，公共机构人均综合能耗下降2.8%，单位建筑面积能耗下降2%。5年间，万元GDP能耗累计降低24.59%，超额完成任务目标。

（三） 强势开展污染治理， 生态环境逐步改善

强力推进压煤、抑尘、控车、减排、迁企、增绿等治霾措施，全民动员净天、净城、净村，淘汰黄标车11.6万辆，全部关停西部沿山的砂石料厂，主城区实施扬尘管控、机动车限行、禁止露天烧烤、限放鞭炮、全市域禁烧秸秆，2016年1~2月，全市大气污染物细颗粒物（PM2.5）浓度同比下降33%。狠抓生态修复工作，《山水林田湖生态修复规划》编制完成，启动实施了环首都生态过渡带建设等六项生态工程。白洋淀纳入国家湖泊生态修复试点，连片美丽乡村建设取得初步成效。

（四） 积极建设绿色城市、 大力实施碳汇工程

结合创建国家级森林城市，保定大力开展全民植树造林活动，提高森林覆盖率和绿色植被汇集、固化二氧化碳的能力，实施"碳汇工程"。加快城镇绿化和陆地生态走廊、西部生态安全屏障建设。截至2015年，森林覆盖率较2010年增加6.1个百分点，达到26.7%；全市农田林网控制率、流域两岸绿化率、交通通道两侧绿化率分别达到75%、65%、80%以上；市区内人均绿地面积、绿地率和绿化覆盖率等"三绿"指标分别达到9.58平方米、35.9%和41.5%。

（五） 广泛开展交流合作、 提高公众低碳意识

近年来，保定积极开展低碳领域的国内外交流合作，先后与世界自然基金会（WWF）签署了全面

合作框架协议，与瑞士发展合作署签订了《应对气候变化对话与合作备忘录》，与丹麦桑德堡市签订了《低碳城市发展合作框架协议》，并在低碳建筑、低碳社区园区等领域开展了课题研究工作。与冰岛盖锡尔绿源公司、恩莱克斯公司签署合作开发框架协议，编制了《地热资源勘查与开发利用规划》，出台了全省首个《地热资源管理办法》。与北京环境交易所签订了《合作框架协议》，准备选定相关企业参与碳交易活动。通过开展交流合作，本市充分学习先进地区的低碳经验，低碳城市建设思路更加清晰，目标更加明确，有力促进了低碳试点工作深入开展。

为提高公众的低碳意识，本市通过报纸、电台、电视、网络等多种形式广泛宣传低碳发展的政策、法规和知识。通过举办讲座、论坛等活动引导广大市民自觉加入到"低碳生活"的行动中。作为中国大陆第一个以官方名义参加"地球一小时"活动的城市，保定已连续 8 年参加熄灯活动，以实际行动展示公众携手，共同保护生态环境的信心和决心；开展了低碳知识进校园、进社区活动，提高广大市民和学生的低碳生活意识；利用全国低碳日举办全民低碳行动，号召广大市民通过每周绿色出行 1 天、少看 1 小时电视、手洗 1 次衣服、少坐 1 次电梯等力所能及的行动来节约能源资源。通过这些活动，培养公众的低碳环保意识，倡导人们在日常生活的衣、食、住、行、用等方面，自觉地从传统的高碳模式向低碳模式转变，减少二氧化碳排放。

四、 基础工作与能力建设情况

（一） 重视科研机构建设、 加强低碳研究工作

本市十分重视低碳体制机制建设，利用高校众多、科研能力突出的优势，相继成立了保定市低碳城市研究会和保定低碳发展研究院。研究会和研究院是保定市联合华北电力大学、河北大学、河北农业大学、保定学院、保定金融学院等高校成立的低碳发展研究机构。作为水平先进、后备强大、专业特长突出的研究团队，研究会和研究院在低碳城市建设领域各类人才的培养、进行相关的低碳课题研究等方面进行了卓有成效的工作，为保定市低碳城市建设工作提供持久、有效的支撑。目前，低碳研究院和研究会已完成了"保定市 2005 年温室气体清单"、"中国低碳城市评价指标体系"、"保定市建筑行业低碳发展规划"等多个课题的研究工作。"保定市碳排放指标分解和考核体系"的研究工作已基本完成，"保定市碳排放峰值预测及减排路径"研究工作正在进行中。下一步，本市将尽快确定各领域、各部门减排任务，将降低二氧化碳排放任务分配到各县市（区）、重点行业及企业，建立考核体系，形成考核制度。

（二） 列支低碳专项资金、 支持低碳城市建设

保定财政收入水平较低，被确定为试点城市后，每年都在财政预算内安排低碳城市建设专项资金。2015 年，市政府克服困难，从财政列支 1000 万元的低碳城市建设资金，用于引导支持低碳城市建设，重点是扶持奖励低碳企业、加强低碳课题研究以及对外宣传合作等。

（三） 推进基础能力建设、 开展园区社区工作

本市高度重视低碳产业园区发展，园区建设取得了突破性进展。目前，全市共有省级工业聚集区和开发区 27 个，总规划面积超过 1000 平方公里。园区规划逐步完善，项目和基础设施建设发展较快，

成为支撑地方经济发展的重要平台。保定国家高新区是首批 56 家国家级高新区之一，规划面积 102 平方公里，形成了以新能源和智能电网设备制造为主导，新材料、电子信息等产业为补充的高新技术产业体系。其光伏产业具有国际影响，拥有光伏企业 24 家，建立起多晶硅、单晶硅完整光伏产业链条。龙头企业英利集团，掌握了从硅材料提纯、高效太阳能电池、光伏发电应用等产业链核心技术，目前年光伏组件出货量稳居全球第一。高新区始终坚持以自主创新造就核心竞争力的发展理念，创新体系逐步完善、创新能力不断提升。现有 6 个国家级重点实验室，6 个国家级企业技术中心，创造了包括中国第一座光伏电站与五星级酒店一体化建筑（年均发电 26 万千瓦时）、第一块 240 公斤太阳能电池硅锭、第一个风电叶片研发中心、第一台大型风电整机传动检测平台等多项新能源领域的"中国第一"。2015 年，全区实现生产总值 61.4 亿，同比增长 4.2%；实现规模以上工业增加值 41.3 亿元，同比增长 3.4%；完成固定资产投资 88.4 亿元；实际利用外资 1260 万美元；实现财政收入 27.7 亿元，同比增长 0.2%；实现公共财政预算收入 4.9 亿元，同比增长 33.4%。

在低碳社区建设中，保定市结合社区建设和农村新民居建设，开展低碳社区创建评选工作，选取在建筑节能改造、新能源和可再生能源利用、垃圾分类与回收和社区绿化等方面较好的社区（村镇）进行示范，大力宣传关注气候变化、倡导低碳生活的"低碳理念"，引领广大群众逐步确立低碳生活方式和低碳消费模式，引导社区建设逐步走向低碳化。源盛嘉禾社区占地面积为 360 亩，居住人数 11260 人，绿化覆盖率达到 51%，人均公共绿地面积达 7.5 平方米。源盛嘉禾社区是河北省首个光伏发电社区，太阳能组件 3356 块，总投资 2589 万元，光伏电池板总面积 8000 平方米，总发电量 788 千瓦，年可发电 80 万千瓦时，所发电量为居民区内电梯间、地下车库、走廊等公用区域提供免费清洁电能。为积极推进可再生能源建筑应用步伐，创建绿色低碳人居环境，小区规划之初就树立了低能耗、低污染、低排放的节能减排目标，确定了绿色低碳节能的指导思想，加大可再生能源的利用力度，广泛使用新技术、新能源、新型环保材料。此外，社区注重低碳节能宣传，采取多种形式树立低碳理念，践行低碳生活。一是充分利用电子显示屏，每天滚动播出低碳宣传标语口号；二是利用"地球一小时"、"全国低碳日"等活动，集中进行低碳知识宣传；三是定期邀请专家开展低碳讲座；四是倡导实施"家庭低碳计划"，开展"低碳家庭评选"活动，并进行适当奖励。五是建立由监督员、志愿者组成的低碳节能工作组，做到责任上肩，任务到人，统一安排部署低碳节能工作和活动。通过上述工作，社区居民低碳意识明显提高，形成了人人争做"低碳达人"的良好氛围。

五、 体制机制创新情况

作为第一批低碳试点城市，保定在光伏应用、地热开发利用、低碳交通、建筑节能以及碳交易等方面进行了全面探索，积累了宝贵的经验。

六、 相关经验

（一） 工作经验

在开展低碳试点城市工作的过程中，本市取得了一定成效，也积累了一些经验。一是要提高认识、形成共识。开展低碳城市建设是大势所趋，作为经济欠发达的内陆中等城市，实现京津冀协同发展、加快工业化和城镇化步伐是保定市当前最为紧迫的任务，保定人口多、资源少、生态环境脆弱，同时肩负着保障京津生态安全的重任，既需要快速发展经济，也不能为了发展牺牲环境，因此保定选择了低碳发展、低碳经济，市委、市政府多次强调，要坚定不移地走低碳发展之路，推动全市经济绿色低碳发展，全面开展好低碳城市建设工作。二是低碳工作涉及方方面面，必须要政府、企业、市民协调联动，形成合力，才能保证将工作落到实处。为此，本市提出了"政府以建设低碳社会为建设蓝图、经济以发展低碳产业为主导、市民以低碳生活为理念和行为特征"的符合保定低碳发展实际的指导思想，并形成了政府为主导、企业和市民广泛参与的工作局面。三是进行低碳城市建设必须要结合当地实际情况，形成自己的特色。保定是较早开展低碳城市建设的地区之一，先后提出了建设"保定·中国电谷"的概念和建设"太阳能之城"的目标，制定了大力发展新能源产业的战略决策，新能源和能源设备制造业不断壮大，可以说新能源产业是本市低碳工作中一张亮丽的名片。近年来，本市又在此基础上，将新能源应用作为重点，大力发展光伏规模化应用，积极开展地热能推广应用，全面推进生物质燃料和沼气工程，取得了良好的效果。

（二） 需解决的问题

一是相关行政规章制度仍需完善。近年来，保定市委、市政府高度重视试点建设工作，先后出台了一些低碳城市建设指导意见，但相关规章制度还需要进一步修订和完善。二是低碳管理体制机制建设仍需加强。在低碳试点工作中，本市低碳管理体制建设相对滞后，政府部门间的协调联动机制尚需进一步加强；社会团体、科研院校以及社会中介组织在低碳试点工作中的作用还没有充分发挥；没有建立绩效考核评价体系，二氧化碳排放强度下降指标完成情况尚未纳入经济社会发展综合评价体系和干部政绩考核体系；为政府提供决策的碳数据管理平台尚未建立。三是低碳城市建设资金相对缺乏。本市财政收入水平相对较低，低碳城市建设资金相对缺乏，县一级的低碳专项资金基本没有。各级各部门应加大对试点工作的财政投入力度，支持试点城市低碳发展的公共基础设施建设以及能力建设；加大对经济结构调整的支持力度，鼓励战略型新兴产业的发展。

七、 工作建议

1. 京津冀协调发展上升为国家战略，保定大气污染防治工作任务重大，白洋淀综合治理工作也非常重要，希望国家在生态文明示范发展方面给予更多支持。

2. 希望国家在进行顶层制度设计时，在制定相关法律、法规、政策的过程中，对保定这样的地级市给予更多地考虑和关注。

3. 希望国家在低碳建设资金方面给予更多的支持。建议在国家层面设立低碳园区、低碳企业、低碳社区以及低碳宣传等专项经费，并将针对园区、社区碳排放的统计纳入各级统计工作之中。

北京市低碳试点进展总结

北京作为全国第二批低碳城市试点，全面贯彻落实党的十八大关于大力推进生态文明建设、着力推动绿色低碳发展的总体要求和国家"十二五"规划纲要关于开展低碳试点的任务部署，制定并印发了《北京市低碳城市试点工作实施方案》（京发改〔2013〕1570号），细化和分解了低碳试点工作任务，明确了产业结构调整、能源结构优化、基础能力建设等试点建设目标。试点建设近3年来，不断创新低碳发展体制机制，探索低碳发展模式，践行低碳发展理念，有效落实各项重点任务，试点建设取得明显成效。

一、 基本情况

（一） 经济社会发展状况

经济增长保持稳定。全市GDP总量由2012年的1.78万亿元增至2015年的2.97万亿元，年均增长7.4%，人均GDP达1.7万美元。经济结构持续优化升级，三次产业结构由2012年的0.8∶20.12∶76.4调整为2015年的0.6∶19.6∶79.8。人口规模增速放缓。全市常住人口从2012年的2069.3万人增长到2015年的2170.5万人，年均增长1.2%。居民收入快速增长。试点建设期间城镇居民人均可支配收入和农村居民人均可支配收入年均增长分别为7.2%和7.8%。

（二） 能源利用情况

能源消费增长放缓。能源消费总量从2012年的6564.1万吨标煤增长到2015年的6850.7万吨标煤，年均增速仅为1.4%。能效水平全国领先。万元GDP能耗由2012年的0.37吨标煤/万元下降到2015年的0.298吨标煤/万元，为全国最低，累计降幅达到15.4%，是全国唯一连续10年完成年度目标的省级地区。能源结构持续优化。电力、天然气等优质能源占比达到86%左右。新能源和可再生能源占比达6%。

（三） 碳排放情况

碳排放强度快速下降。2012、2013和2014年万元GDP二氧化碳排放分别同比下降5.22%、6.69%和7.17%，提前一年超额完成国家下达的"十二五"时期下降18%的目标，初步预计2015年万元GDP二氧化碳排放下降6.5%左右，2012—2015年累计下降达19%左右。排放总量接近峰值。据测算，2014年本市碳排放总量为1.51亿吨，较2012年增长0.6%左右，年均增长0.3%。

二、 低碳发展理念

（一） 建立健全低碳发展组织领导机制

北京市委、市政府高度重视节能减碳工作，成立了由市领导任组长，32 个相关部门的主要领导为小组成员的市应对气候变化及节能减排工作领导小组，领导小组每年组织召开全市节能降耗及应对气候变化工作会，安排部署年度低碳城市建设工作。同时，建立了由各区、重点行业主管部门及部分重点用能和排放单位参加的形势会商及预警调控机制，协调解决各类重大问题。

（二） 科学编制应对气候变化和低碳发展规划

突出规划引领，发布了《北京市"十二五"时期绿色北京发展建设规划》和《北京市"十二五"时期节能降耗及应对气候变化规划》，制定了《北京市应对气候变化方案》和《北京市"十二五"节能降耗与应对气候变化综合性工作方案》，形成了北京市绿色低碳发展的顶层制度设计，探索了特大型城市低碳发展的实现路径，保障了低碳城市试点建设有效开展。目前，本市正在编制《北京市"十三五"时期节能降耗及应对气候变化规划》，为"十三五"低碳发展谋篇布局，规划编制过程中广泛听取了专家、企业和群众的意见和建议，提高了社会参与度。

（三） 积极探索低碳发展新模式

将绿色低碳发展理念贯穿在城市建设发展和人民生产生活的各个方面。率先实行二氧化碳排放总量控制和固定资产投资项目碳评价制度，从源头控制温室气体排放。推进多领域低碳试点示范。研究制定低碳园区、低碳城镇、低碳社区、低碳企业、低碳产品、低碳建筑等一批标准规范。全面开展节能低碳全民行动。发布"十二五"节能减排全民行动计划，连续举办 3 届低碳日主题宣传，举办了"大篷车来啦"、节能低碳环保知识竞赛、节能低碳专家行等系列活动。实施低碳进校园行动，建设一批节能低碳知识传播和教育基地，从孩子们抓起，宣传倡导节能低碳生活理念。各类活动直接参与人数达 80 万人次，进一步提升了广大市民节能低碳意识。

（四） 率先提出二氧化碳达峰目标

结合本市建设国际一流和谐宜居之都的目标，以 2022 年冬奥会举办为契机，本市在 2015 年 9 月首届中美低碳峰会上正式提出二氧化碳排放总量在 2020 年左右达到峰值的目标，并明确了健全制度体系、建设宜居环境、优化产业结构、完善市场机制、推广新技术产品 5 个方面的达峰路径。

三、 低碳发展任务落实与成效

（一） 低消耗低排放的产业发展格局基本形成

1. 大力疏解非首都功能。按照本市全国政治中心、文化中心、国际交往中心和科技创新中心的功能定位，逐步推进不符合城市功能的企业疏解转移和淘汰退出。发布《北京市新增产业的禁止和限制目录》和《北京市工业污染行业、生产工艺调整退出和设备淘汰目录》，明确全市及不同功能区禁止和限制的产业，淘汰 155 项行业、生产工艺和设备。2012 年以来累计淘汰退出近千家高耗能高排放企业，工业能源消费量连续四年下降。

2. 构建高精尖经济结构。大力发展高端产业和产业链的高端环节，2015 年全市第三产业增加值占 GDP 比重提升到 80% 左右，生产性服务业占 GDP 比重超过 52%、电子信息、集成电路、节能环保、文化创意等战略性新兴产业增加值增长连续保持两位数增长速度，高端引领、创新驱动、绿色低碳的经济发展格局逐步形成。

（二） 清洁化低碳化的能源结构体系基本确立

1. 大力压减燃煤。结合本市清洁空气行动计划，将压减燃煤作为治理大气污染的重要手段。按期关停大唐高井、京能石热、神华国华 3 座燃煤电厂，累计完成燃煤锅炉清洁能源改造 1.2 万蒸吨。实施 10 万户居民"煤改电"和"煤改气"，加快推进农村散煤治理，基本实现核心区无煤化。全市煤炭消费总量由 2012 年的 2270 万吨削减到 2015 年的 1200 万吨左右，煤炭占终端能源消费比重降至 14%。

2. 强化清洁能源利用。构建以电力、燃气为主的清洁能源供应体系。基本建成四大燃气热电中心，形成多源多向燃气供应网络。天然气消费量达到 130 亿立方米，比 2012 年增长 30%。加快电力外送通道建设，受电能力达到 1700 万千瓦。率先施国 V 油品标准，油品质量加快升级。2015 年全市优质能源消费比重提升到 86%，比 2012 年提升 8 个百分点。

3. 大力发展可再生能源。因地制宜发展光电、风电、地热等可再生能源，新能源和可再生能源占比达到 6%。建成密云 20 兆瓦和延庆 30 兆瓦地面光伏电站。太阳能热水集热器、地热及热泵供暖面积分别达到 800 万平方米和 4600 万平方米。鲁家山垃圾焚烧发电厂运营投产，官厅风电场三期并网发电。

（三） 以 "内涵促降" 为主线深入推进节能工作

1. 持续提升节能管理精细化水平。实行能耗强度和能源消费总量"双控"机制，开展年度"三级双控"节能目标考核考评。制定 170 余项节能低碳标准，实现了生产、流通、消费全过程的标准化管理。逐步理顺天然气价格和供热价格，实行差别化电价政策，推行供热计量收费。全面推进实施重点用能单位能源审计和能源管理体系建设，开展能效领跑者试点。完善市区两级节能监察执法队伍，提升执法能力。

2. 实施重点领域节能工程。狠抓工业、建筑、交通、公共机构节能工程建设。实施一批节能技改、合同能源管理、清洁生产、公共机构数据中心改造工程，形成节能量近百万吨。实施节能产品惠民工程，全市二级以上能效产品市场占有率达到 85%，率先实现居民家庭及公共机构绿色照明全覆盖。建设一批能源计量、在线监测、能源管控中心"三位一体"信息化管理系统，建成"1 + 4 + N"节能监测服务平台。

3. 不断强化节能技术创新应用。开展节能技术研发攻关，搭建政产学研用为一体的技术研发体系。发布年度《节能低碳技术产品推荐目录》，采取政府采购、项目示范、专场推介会等方式，累计推广节能新技术产品近 200 项。在京津冀三地举行多场专场推介会，促进资金、项目、技术对接。

（四） 积极推广绿色节能低碳建筑

1. 强化法规标准引领。制发《北京市民用建筑节能管理办法》《北京市绿色建筑行动实施方案》和《北京市居住建筑供热计量管理办法》等政策法规。发布《北京市居住建筑节能设计标准》《公共建筑节能设计标准》和《绿色建筑设计标准》，城镇新建居住建筑率先执行建筑节能75%的强制性标准。对建筑建设过程和运营管理中不满足建筑节能相关政策法规标准要求的环节，制定整顿措施和惩罚办法。

2. 深入推广绿色节能建筑。发布实施《北京市绿色建筑行动实施方案》。大力推广绿色建筑建设认证，启动未来科技城、丽泽金融商务区等重点功能区绿色建筑园区示范试点建设，共计100余个项目通过国家绿色建筑评价标识认证。累计推广绿色建筑10292.75万平方米，建成城镇节能民用建筑59066.8万平方米，占全部城镇民用建筑总量的73.8%。

3. 全面推进建筑节能综合改造。系统实施老旧小区综合改造、既有建筑节能改造和热计量改造工作。累计完成既有建筑节能综合改造5503万平方米，完成1200多个老旧小区综合改造，全市共热计量收费面积超过1.6亿平方米，改造后平均减少能源消耗和碳排放约15%。

4. 实施公共建筑能耗限额管理。制定《北京市公共建筑能耗限额和级差价格工作方案》和《北京市公共建筑电耗限额管理暂行办法》，将单体建筑面积3000平方米以上且公共建筑面积占比超过50%的建筑纳入能耗限额管理，覆盖范围占全市公共建筑总面积70%以上。定期对限额执行情况进行考核和公示，公共建筑单位面积能耗和碳排放进一步降低。

（五） 构建清洁低碳交通体系

1. 大力发展公共交通。轨道交通运营里程由2012年的336公里增至554公里。构建多层次、多样化地面公交服务体系。优化调整公交线路，打造微循环网络，中心城公交出行比例达到50%。建设城市慢行系统，公租自行车运营规模达5万辆。实施公交领域节能改造，扩大LED节能照明、变频电梯、变频空调等节能设备应用。

2. 降低机动车使用强度。实施交通需求管理政策，通过小客车数量调控、工作日高峰时段区域限行、非本市客车高峰限行、差别化停车收费政策等管理政策逐步降低小汽车使用需求，小客车指标从每年24万个调整至15万个。交通拥堵指数由6.14下降到5.7。

3. 推广应用新能源车。出台新能源小客车指标单独配置政策及不限行政策，促进全市私人领域推广小客车1.3万余辆，在五环内建成5公里半径公用充电网络。截至2015年底，在地面公交、出租、旅游、货运、郊区客运、省际、租赁等行业推广新清能源车2.2万辆，较2012年翻两番。淘汰老旧机动车183.2万辆，在全国率先全部淘汰黄标车。

（六） 提升废弃物回收利用水平

1. 全面提升固体废弃物综合处置能力。制定《北京市生活垃圾处理设施建设三年实施方案（2013—2015年）》，推进焚烧和生化处理设施建设，提高垃圾资源化处理能力。鲁家山生活垃圾焚烧厂、南宫堆肥厂二期改造工程陆续建成投产。2015 年底，本市生活垃圾处理设施日处理能力达到 2.3 万吨/日，其中焚烧和生化处置比例达到 70%。采取"集中与分散处理"相结合的方式，积极推进餐厨垃圾的处理。建成南宫餐厨垃圾处理厂等设施项目，集中处理能力达到 1000 吨/日。

2. 控制废弃物领域温室气体排放。全面构建生活垃圾分类收集体系，在 70% 以上居住小区推行垃圾分类。积极推进农业废弃物资源化综合利用，推广测土配方施肥技术，减少农业领域甲烷排放。完成 1000 余个非正规填埋场陈腐垃圾治理，减少废气物排放和处理过程温室气体排放。垃圾填埋甲烷排放逐年降低。

（七） 城市碳汇能力持续提升

开展山区森林碳汇巩固提升工程、百万亩平原造林工程、园林绿化提质增汇工程和湿地保护增汇工程。强化山区生态屏障，实施京津风沙源治理、三北防护林建设、太行山绿化、退耕还林等工程。建成 11 处新城滨河森林公园和 158 个城市休闲公园。实施野鸭湖、汉石桥、长沟等湿地保护和恢复面积 4000 多亩。2015 年底全市林木绿化率达到 58.4%，森林覆盖率达到 41.6%，城市绿化覆盖率达到 48%。全市森林资源碳储量净增加 178 万吨。

四、 基础工作与能力建设

（一） 全面启动市、 区两级清单编制工作

编制完成《北京市 2005—2010 年温室气体清单》，制发市区两级温室气体清单编制工作方案，启动市级 2011—2014 年、区级 2010—2014 年温室气体清单的编制工作。清单涉及能源活动、工业生产过程等 5 大领域和 7 种温室气体，为全面摸清全市温室气体排放情况、分解落实温室气体控制目标奠定了基础。

（二） 逐步完善温室气体排放统计核算制度

按照国家加强应对气候变化统计工作的要求，结合本市温室气体排放现状，对能源活动等 5 个领域的基础统计现状进行深入分析，并与现有水务、环保等部门统计制度相结合，将固体废弃物、工业废水、生活垃圾、林业等温室气体排放指标增加到部门报表制度中，系统完善了基础统计指标的统计口径和采集渠道，形成了《北京市温室气体排放基础统计制度》及报表目录，并进入试运行阶段。

（三） 形成了严谨规范的温室气体排放报告制度

通过市人大立法，建立了温室气体报告和第三方核查制度，年排放二氧化碳 2000 吨以上排放单位均须报告温室气体排放报告。为便于排放数据报送，建成了节能降耗及应对气候变化数据填报系统，共有 1500 余家排放单位每年报送二氧化碳排放报告。同时，为确保数据准确性，采取政府购买服务的方式，委托第三方核查机构对 1200 家排放单位 2009—2015 年的历史排放数据进行了核查。

（四） 建立了温室气体排放目标责任制

将"十三五"碳排放控制目标分解到各区政府和行业主管部门。将单位地区生产总值二氧化碳排

放降低指标纳入年度国民经济和社会发展计划和区级政府绩效管理考核评价体系。将低碳试点建设情况、碳排放交易工作、温室气体清单编制情况和碳排放管理体系建设等温室气体控制重点任务纳入2012—2015 年度区级政府节能减碳责任考核。

（五） 资金保障和价格激励机制进一步强化

为充分发挥财政资金支持激励作用，市政府安排节能减排专项资金支持碳市场建设、低碳城市试点、低碳技术推广和节能低碳产品以旧换新，对符合淘汰退出条件的"三高"企业予以资金奖励。碳排放权交易专项支持资金已达 2 亿元，2016 年低碳社区和园区奖励资金达到 2300 万元，各区也安排了区级节能减排专项资金支持低碳城市建设。通过政府购买服务的方式建立了低碳城市建设长效机制，培育发展了一批低碳咨询、碳核查、碳金融等新兴业态。发挥价格引导作用，完善地方新能源发电价格补贴机制，对水泥、钢铁等高耗能行业实行差别电价政策，居民生活用电实行阶梯电价。

（六） 培育了一批低碳社区和低碳产业园区试点

1. 积极开展低碳社区试点工作。2014 年启动首批低碳社区试点，朝阳区泛海国际南社区、昌平区新龙城社区、东城区民安社区、房山区加州水郡社区、西城区丰汇园社区入选首批低碳社区。在东城区北新桥街道民安社区举办了"北京市低碳社区试点建设启动会"，宣传低碳生活常识，提升居民的低碳意识。编制低碳社区评价标准和技术导则。研究制定低碳社区创建三年实施方案，计划通过三年的努力，在本市 16 个区创建 100 家一星、二星、三星级低碳社区。

2. 探索推动低碳产业园区建设。充分挖掘园区、企业内和企业间的碳减排潜力，推动产业低碳化。2014 年，中关村永丰产业基地和北京采育经济开发区入选了国家低碳工业园区试点名单（第一批）。

五、 体制机制创新

（一） 着力强化法规政策体系保障

市人大发布了《关于北京市在严格控制碳排放总量前提下开展碳排放权交易试点工作的决定》（以下简称《决定》），市政府发布了《北京市碳排放权交易管理办法（试行）》，市发改委会同有关部门制定了核查机构管理办法、交易规则及配套细则、公开市场操作管理办法、配额核定方法等 17 项配套政策与技术支撑文件，构建覆盖碳市场闭环运行全过程的制度政策体系。

（二） 创新实施一批低碳管理制度

1. 温室气体排放总量控制机制。市人大《决定》确立了碳排放总量控制、配额管理、碳排放权交易、碳排放报告和第三方核查 5 项基本制度。结合本市碳排放构成特征，对不同行业实行绝对总量和相对强度控制相结合，既抓直接排放又抓间接排放的碳排放权管控机制，对行业排放设定控排系数，多措并举控制碳排放总量。

2. 温室气体排放配额管理制度。发布《碳排放权交易试点配额核定方法》，综合考虑行业特点和减排潜力，采用历史法和标杆法相结合的方式和差异化的配额核定方法，确定了适度从紧核发既有设施排放配额、以国内外先进标准核定新增设施配额和从严控制配额调整等基本规则，既确保企业积极履行减碳责任，又能满足不同行业的发展需求。企业可以自行开展配额测算，最大限度地保证配额的公正性。

3. 温室气体排放评价制度。从 2014 年开始，在实施节能评估的基础上，率先实行固定资产投资项目碳评价制度，从源头控制碳排放总量快速增长，严格限制不符合首都功能定位的高碳产业项目准入，新建项目单位产品（产值）能耗必须满足能耗限额和准入要求。两年来共完成评估项目 475 个，核减二氧化碳排放量 53 万吨，核减比例达 8.8%。

（三） 初步构建了一个规范有序的碳排放交易市场

1. 碳市场建设总体成效。作为首批碳排放权交易试点城市，北京市碳交易试点自 2012 年正式启动后，经过两年多的艰苦努力，已基本形成了规范、有序、活跃的碳排放权交易市场。两年来，碳市场累计成交量 579 万吨，成交额超过 2.51 亿元，市场供需平衡，碳价走势平稳。前两个履约年度，重点排放单位通过开展碳排放权交易累计减排二氧化碳 630 万吨。碳市场的建立，丰富了节能减碳工作手段，完善了市场化的节能环保机制，有力支撑了大气污染治理。

2. 市场参与主体日趋多元。为保障市场参与主体的公平性，碳市场覆盖了电力、热力、水泥、石化、其他工业、服务业、交通运输 7 个行业，参与单位不仅包括工商业企业，还包括高校、医院、政府机关等公共机构以及公交、地铁等公共服务单位。2015 年碳市场扩容后，市场参与主体已超过 1000 家。

3. 率先开展跨区域碳排放权交易。与河北省承德市实行"统一机制、一个市场"的跨区域碳交易机制，承德市碳汇项目交易量 7.3 万吨，与内蒙古呼和浩特市、鄂尔多斯市的跨区域碳交易取得实质性进展，已正式启动实施。

4. 严格实施碳交易专项执法。市人大《决定》设立了罚则，对未按规定报送碳排放报告或第三方核查报告的，超出配额许可范围进行排放的，将依法予以处理和处罚。在首个履约年度对未按规定履约的 10 余家单位罚款约 700 万元，公开曝光了个别不履约的典型案例。本市也是七个试点省市重唯一一个开展碳交易执法的试点地区。

（四） 积极推进低碳产品认证

鼓励认证机构和生产企业开展低碳产品认证活动，引导消费者选用通过节能低碳认证的产品。北京金晶智慧有限公司"600t/d 全氧燃烧浮法线（一线）生产的平板玻璃"通过了低碳产品认证。加快研究制订低碳产品评价技术通则，积极开展节能减排和低碳认证主题宣传活动，提高企业和消费者对节能减排和认证价值的认知度。

六、 重要经验

低碳城市试点工作约束要求强、涉及内容广、参与部门多、关联程度密、工作难度大，试点的建设离不开强有力的工作统筹协调和综合调控，离不开各有关部门各负其责、紧密协作、综合施策，离不开社会各界的广泛参与。总结北京低碳城市建设经验，主要有以下几个方面：

（一） 坚持目标约束与政策激励相结合

一方面，建立有效的目标责任分解和考核机制。将节能减碳目标纵向分解到市、16 个区、镇乡（街道）三个层面，横向分解到 17 个重点行业主管部门和市级考核重点用能单位，形成了"纵到底、横到边"的层层落实体系。按年度开展考核考评，并向社会通报考核结果，视考核情况开展预警、督导、约谈。另一方面，加强政策和资金支持，统筹安排市政府固定资产投资和市财政专项资金，对重点排放单位实施的能源审计、清洁生产、能源管控中心建设、公共机构数据中心节能低碳改造等项目给予资金支持，推动北京银行、中国建设银行北京分行设立 350 亿元授信，支持节能低碳产业发展，有力提升了各单位主动开展碳减排的主动性。

（二） 坚持结构调整和内涵促降相结合

持续深挖结构促降潜力，将产业结构升级、能源结构优化作为源头推进碳减排工作的重要支撑。发布新增产业的禁止和限制目录，着力加快清洁能源替代燃煤步伐，结构促降对本市碳排放强度下降的贡献达到 70% 以上。同时，将持续推广应用新技术新产品、实施精细化智能化管理等内涵促降手段作为推进节能减碳工作的有效途径。采取政府采购、项目示范、专场推介会等方式，推广余热余压利用、冷热电三联供分布式能源、高效电机等 200 余项新技术和产品。加快推动重点排放单位碳管理体系建设，促进重点排放单位有效控制温室气体排放。

（三） 坚持宏观研究和能力建设相结合

一方面，针对当前城市低碳发展中存在的宏观性、全局性、关键性问题开展综合课题研究，研究实施了碳排放总量控制机制、排放指标分解机制、跨区域碳排放权交易市场建设等重大制度，开展了行业先进值等一批方法学和适应气候变化课题研究，为低碳城市建设提供理论支撑。另一方面，全面夯实基础能力。制定实施百项节能低碳标准制（修）订方案和节能减碳统计能力建设三年行动方案，编制市区两级温室气体清单。在重点用能单位推行能源计量表计智能化配备。着力培育壮大节能低碳专业服务机构，培养了一批专业人才队伍。

（四） 坚持市场机制和法制保障相结合

着眼于进一步发挥市场配置资源的作用，积极开展碳排放权交易市场建设，碳市场的建立促使企业加强碳排放管理，加快低碳技术创新和应用，提升行业节能减碳意识和水平，自觉开展各类节能低碳改造，切实减少了能源消耗和二氧化碳排放，通过市场交易获得减排收益。经测算，碳市场建设使本市各重点排放单位碳减排综合成本降低 2.5% 左右。实现了以市场化的节能减碳机制促进产业结构优化升级和大气污染协同治理。在碳排放市场建设过程中，法治手段的作用得到充分发挥。以市人大《决定》为基础，构建了"1 + 1 + N"的碳交易法规政策体系，开展碳排放权交易履约专项监察，震慑了违法企业。使碳交易各方面、各个环节均有法可依、有章可循，为碳市场健康有序发展提供了坚实保障。

七、 工作建议

建设低碳城市试点是一项复杂的系统工程，离不开国家层面的统筹引导、总体布局，也需要国家在法规标准、制度设计、产业政策等方面给予地方更多的支持和帮助。结合本市实际需求，提出以下几点建议：

1. 强化法规支持。目前，应对气候变化和促进低碳发展的法律体系还比较薄弱。虽然国家已经出台了一系列与低碳发展有关的法律、法规，为低碳发展创造了良好的法律与政策环境。但整体而言，促进低碳发展的政策法律体系还不完善。应对气候变化上位法的缺失，导致地方行政法规和条例很难取得突破性进展，不能产生广泛的影响。必须要加快节能低碳领域的法律法规制修订工作，完善法律体系，提高违法成本，促进全社会共同参与节能低碳工作。

2. 强化标准倒逼引导。目前在国家层面缺少统一、明确的低碳评价标准。希望国家加快制修订一批重点低碳产品、低碳建筑、低碳交通等方面碳排放标准，支持地方设立严于国家标准的地方标准，倒逼推动各行业加大节能低碳投入。

3. 强化资金支持。目前从国家层面支持地方低碳和应对气候变化的资金渠道少、额度小，存在低碳投融资政策引导力度和刺激机制有待完善、金融机构低碳投融资力度不足、直接投融资渠道不畅等问题。低碳发展投融资涉及面广、期限长、资金需求量大，希望国家加强对地方的低碳发展资金支持，协调金融机构对地方企业低碳发展提供融资支持。

4. 强化央地合作。搭建全国性技术和产品交流平台，加强区域交流与合作。支持地方企业承担参与国家科技计划低碳项目和重大课题研究。探索建立完善央地协调联动机制，共同促进中央在京单位加强节能减碳工作。

上海市低碳试点进展总结

"十二五"以来，按照《国务院关于印发"十二五"控制温室气体排放工作方案的通知》（国发〔2011〕41 号）、《国家发展改革委关于开展第二批低碳省区和低碳城市试点工作的通知》（发改气候〔2012〕3760 号）等文件要求，上海紧紧围绕控制二氧化碳排放的目标，在调整优化产业结构、推动能源低碳转型、促进节能提效、增加森林碳汇等方面开展了一系列工作，顺利完成了《上海市开展低碳试点工作实施方案》（以下简称《实施方案》）所提出的各项目标任务。现将有关总结评估情况报告如下：

一、 基本情况

（一） 城市经济社会总体情况

上海市位于长江三角洲冲积平原最东部，总面积 6340 平方公里，下辖 15 个区、1 个县，常住人口 2415 万。上海是世界上人口最多的特大型城市之一，2015 年 GDP 总量居中国城市第一，港口集装箱吞吐量世界第一，与江苏、浙江、安徽共同构成的长江三角洲城市群已成为国际 6 大世界级城市群之一。近年来，上海加紧贯彻实施 2020 年基本建成国际经济、金融、贸易、航运中心和社会主义现代化国际大都市的国家战略，按照当好全国改革开放排头兵、创新发展先行者的要求，坚持以改革创新统领全局，加大稳增长、调结构、转方式、惠民生的力度，努力创新驱动发展、经济转型升级取得重要阶段性进展。"十二五"期间，全市 GDP 年均增长 7.5%，人均 GDP 突破 10 万元。服务经济为主的产业结构基本形成，2015 年第三产业增加值占全市生产总值的比重达到 67.8%。城市创新能力进一步提高，全社会研发经费支出达到了全市生产总值的 3.7%，建设具有全球影响力的科技创新中心迈步启程。改革开放取得重大突破，聚焦制度创新，建立中国（上海）自由贸易试验区，在加快政府职能转变、促进贸易投资便利化、营造国际化市场化法制化营商环境方面取得了一系列成果。经济转型升级的同时，上海市保障和改善民生的力度也持续增强。2015 年城镇和农村居民人均可支配收入分别达到 52962 元和 23205 元，继续保持全国前列。城镇登记失业率控制在 4.5% 以内。

（二） 低碳发展总体成效

1. 超额完成节能控碳目标。"十二五"以来，在经济增速放缓尤其是重化工业和航运业发展明显放缓、节能减排工作深入推进等多种因素共同作用下，上海市能耗增速显著放缓，2015 年全市能源消费总量 1.14 亿吨标煤，"十二五"年均增速不到 1.3%，较前十年的年均增长 7% 大幅降低。2015 年本市单位生产总值能耗 0.463 吨标煤/万元，同比 2010 年下降 27.84%，超额完成国家下达的下降 18%

的控制目标。2015 年本市单位生产总值二氧化碳排放量为 0.955 吨/万元，较 2010 年下降 28.58%（注：按照国家二氧化碳考核计算方法），超额完成国家下达的下降 19% 的控制目标。2015 年单位能耗二氧化碳排放量 2.06 吨二氧化碳/吨标煤，同比 2010 年下降 6.4%。

2. 全面完成《实施方案》和相关规划所明确的其他目标。大力削减煤炭消费总量，2015 年煤炭消费总量控制约 4728 万吨，比 2011 年 6142 万吨的消费峰值削减 1400 万吨以上，占一次能源消费总量的比重下降超过 13 个百分点。大力发展清洁低碳能源，外来水电等非化石能源大幅增长，本地风电、光伏发展迅猛，2015 年风电、光伏发电装机容量分别为 2010 年的 3 倍和 15 倍。空气质量得到较大改善，2015 年 PM2.5 年均浓度较 2013 年下降 14.5%，年均下降 7% 以上。森林碳汇能力进一步增强，2015 年森林覆盖率达 15.03%，建成区绿化覆盖率达 38.5%。

《实施方案》目标完成情况

类别	指标名称	单位	目标值	性质	实际完成
总体指标	单位生产总值二氧化碳排放量降低率	%	19	约束性	28.58
	单位生产总值能源消耗降低率	%	18	约束性	25.45
	全市能源消费总量	万吨标煤	13500	控制性	11387
能效提升	工业万元增加值能耗下降率	%	22	约束性	22.8
	建筑施工业万元增加值下降率	%	15	约束性	17.2
	营运船舶单位运输周转量能耗下降率	%	20	约束性	42.2
	航空客货单位运输周转量能耗下降率	%	18	约束性	18.9
	市级机关单位建筑面积能耗下降率	%	10	约束性	16.5
	旅游饭店单位建筑面积能耗下降率	%	8	约束性	17.1
	商场单位建筑面积能耗下降率	%	8	约束性	11.4
	学校单位建筑面积能耗年均上升率	%	不超过 2	约束性	1.0
	医院单位建筑面积能耗下降率	%	8	约束性	8.7
能源低碳化	全市煤炭消费总量	万吨	5800 左右	预期性	4728
	非化石能源占一次能源比重	%	12 左右	约束性	12.8
产业低碳化	第三产业增加值占全市生产总值比重	%	65 左右	预期性	67.8
	战略性新兴产业实现增加值占全市生产总值比重	%	15 左右	预期性	15.0
增强碳汇	林业湿地等新增碳汇能力	万吨二氧化碳	20	预期性	58
	森林覆盖率	%	15	约束性	15.03

二、 低碳城市发展理念

(一) 加强组织领导, 健全工作机制

为进一步强化应对气候变化工作的组织领导,2013 年 9 月,正式将"上海市节能减排工作领导小组"更名为"上海市应对气候变化及节能减排工作领导小组"。领导小组由市长任组长、常务副市长和其他两位相关副市长任副组长,办公室设在市发展改革委。"十二五"本市进一步完善了市级行业主管部门和区县政府"部门联动、条块结合"的管理模式,协同推进全市节能减排和低碳发展工作。市发展改革部门总体协调推进,市经济信息化、住房建设、交通、旅游、商务、金融、机管、卫生、教育等各相关部门负责本行业节能低碳工作目标任务的落实推进和重点用能单位的监督管理,市统计、财政、质监等部门协同做好相关支撑工作。市、区县政府及重点用能单位的主要负责人对本地区、本单位节能和低碳工作负总责,明确目标责任。"十二五"期间,市应对气候变化及节能减排工作领导小组每年于年初召开节能减排和应对气候变化暨产业结构调整工作会议,确定各部门、各区县的年度工作目标,部署安排 100 项左右重点工作任务,并明确每项工作的责任部门和时间节点。市政府根据需要不定期召开常务会议和专题会议,部署推进碳排放交易试点、煤炭总量控制、节能减排资金政策制定等重要事项。市节能减排办每年召开多次会议,研究节能减排资金安排、重点工作推进、节能低碳考核评价等工作事项。此外,市发展改革委每年发布全市重点用能(排放)单位名单,督促其不断提高能源利用和碳排放效率,强化节能低碳管理。先后发布了《区县政府"十二五"单位增加值能耗考核体系实施方案》等考核管理办法,并组织对各区县政府和相关重点单位实施现场考核和指标评价,落实目标责任制。

(二) 坚持规划引领, 明确目标路径

发布实施《上海市节能和应对气候变化"十二五"规划》和《上海市"十二五"节能减排和控制温室气体排放综合性方案》,明确提出以提升能效为主线,以能源消耗强度下降和能源消费总量控制"双约束"为统领,以结构调整为根本,以技术进步为支撑,以市场机制为关键,以全民参与为基础,为加快建成宜居宜业城市奠定扎实基础,在全国率先走出一条能源资源集约利用、生态环境友好的低碳发展道路。并提出了"到 2020 年,上海力争实现传统化石能源消费总量的零增长,能源利用效率主要指标达到国际先进水平,人均能源消费量和碳排放量基本实现零增长"的总目标。在《实施方案》中,进一步提出"把生态文明建设放在突出地位,将绿色低碳发展融入城市建设各方面和全过程,开创一条能源资源节约集约利用、生态环境和谐友好的低碳发展道路,为创建国内领先、国际知名的低碳特大型城市而努力探索和实践",同时提出"力争到 2020 年左右,上海市碳排放总量达到峰值"。按照上述规划方案要求,市经济信息化委等相关部门也先后颁布实施工业调整淘汰落后产能、工业节能与综合利用、节能环保产业发展、新能源发展、交通运输节能减排、建筑节能、商业节能、旅游饭店节能、医疗卫生系统节能、公共机构节能等 11 项专项规划,17 个区县也制定出台了本地区节能"十二五"规划,进一步将全市"十二五"节能低碳目标任务向下层层分解落实。近几年,结合 2040 年城市总体规划、"十三五"规划纲要以及相关行业"十三五"规划的研究和编制工作,市发展改革

委组织相关部门和机构深入开展全市及工业、交通、建筑、能源等领域碳排放峰值及达峰路径研究，取得了初步成果，为本市"十三五"规划纲要提出 2.5 亿吨二氧化碳排放量控制目标奠定了基础。

三、 低碳发展任务落实与成效

（一） 产业结构进一步低碳化

1. 加快发展现代服务业和先进制造业。2015 年，上海市第三产业增加值占地区生产总值的比重达到 67.8%，战略性新兴产业增加值占比达 15.0%，完成试点方案提出的目标。

2. 加快推进"四个中心"建设，不断提升城市综合服务功能。全面推进自贸试验区制度创新，实施金融、航运、商贸、文化、社会、专业服务六大服务业领域开放措施。率先开展服务业部分领域营业税改征增值税试点。深化推进国家和市级服务业综合改革试点，形成了一批可复制、可推广的试点经验。"十二五"新增各类金融机构 429 家，金融市场交易额比"十一五"末增长了 2.5 倍，金融市场非金融企业直接融资占全国社会融资规模的比重达到 18% 左右。上海港国际标准集装箱吞吐量连续六年位居全球第一，上海机场货邮吞吐量保持世界第三。率先开展跨境电子商务试点，服务贸易进出口总额占全国服务贸易进出口总额的比重达到 27.6%，大宗商品"上海价格"加快形成。

3. 严控重化工业发展规模，加快发展先进制造业。吴淞、吴泾、桃浦等钢铁化工产业基地调整转型取得明显进展，钢铁、石化等重化行业的总体规模得到有力压缩控制，产业价值链进一步向新材料领域延伸。汽车、造船等传统优势产业进一步集聚壮大，逐步向新能源汽车、高端船舶和海洋工程装备等升级。大型客机、航空发动机、核电装备等一批重大装备取得突破，先进半导体设备、医疗设备等领域取得显著进展，高端制造发展实现重大进步。

4. 持续不懈加大对高能耗、高污染、低产出行业的调整淘汰力度。每年发布《上海市产业结构调整重点工作安排》，出台国内首份《产业结构调整负面清单及能效指南（2014 版）》，以国际国内先进标准倒逼高耗能企业调整转型。"十二五"累计完成产业结构调整项目 4208 项，累计节约能耗 435 万吨标煤，腾出土地近 8.8 万亩，分流低技能劳动岗位 25 万人。完成了浦东张江、嘉定南翔等 12 个重点区域专项调整，并积极推进普陀桃浦、浦东合庆等 17 个重点区域专项调整。铁合金、平板玻璃、电解铝、皮革鞣制整个行业退出。

（二） 能源结构显著优化

市政府发布实施《上海市能源发展"十二五"规划》和《上海市新能源发展"十二五"规划》等系列规划，"十二五"期间上海在稳步推进能源基础设施建设、提高能源供应保障能力的同时，积极转变能源发展方式，在能源结构调整、能源清洁化利用等方面取得了显著成效。

1. 严控并大幅压缩煤炭消费总量。近年来，市政府先后印发出台《上海市清洁空气行动计划（2013—2017 年）》，《关于进一步加大力度推进燃煤（重油）锅炉和窑炉清洁能源替代工作的实施意见》《关于加快推进本市集中供热和热电联产燃煤（重油）锅炉清洁能源替代工作的实施方案》《上海市煤炭消费减量替代管理工作方案（2015—2017 年）》等政策文件，聚焦本市控煤减煤和煤炭清洁利用的重点领域和关键环节，明确采取削减分散燃煤、禁止新建燃煤和用煤设施、加强煤炭质量管理、优化节能发电调度等措施削减煤炭消费总量，同时制定下达年度重点用煤单位煤炭消费总量控制目标和工作任务。截至 2015 年底，本市共已完成全部 5153 台分散燃煤（重油）锅炉和窑炉的关停或清洁能源替代，减少分散燃煤约 300 万吨、重油 10 万吨，煤炭消费总量从 2011 年的最高峰 6142 万吨下降到 2015 年的约 4728 万吨，占一次能源消费比重由 2011 年 49.5% 降至 2015 年的 35.9% 以下，实现了《实施方案》中提出的 2015 年煤炭消费总量占一次能源消费比重下降到 40% 左右的目标。

2. 天然气和非化石能源比重显著提高。加快天然气分布式供能等应用，天然气用量持续增长，2015 年天然气占一次能源比重升至近 10%，较 2010 年提高约 3.8 个百分点。修订出台《上海市风电开发建设管理暂行办法》《上海市光伏发电项目管理暂行办法》《上海市可再生能源和新能源专项资金扶持办法》等支持政策，光伏和风电发展十分迅猛，宝钢等国家金太阳示范工程项目建成投产，约 1200 个分布式光伏项目并网发电，东海大桥海上风电二期工程和崇明、长兴、老港等陆上风电项目相继建成投产，2015 年风力发电和光伏发电装机规模分别达到 2010 年的 3 倍和 15 倍。外来电中，水电、核电等用量大幅增长，2015 年达到 2010 年的约 2 倍。2015 年本市非化石能源占一次能源消费比重升至约 12.8%，完成试点方案提出的 12% 目标。

（三）节能和提高能效任务全面完成

"十二五"期间，市政府先后发布《上海市节能和应对气候变化"十二五"规划》《本市"十二五"能源消费总量控制及节能降耗目标分解方案》等政策文件，每年还制定《全市节能减排年度重点安排》予以细化落实，在工业、建筑、交通、公共机构等重点节能控碳领域开展了大量工作，取得了良好成效。2015 年单位生产总值综合能耗比 2010 年累计下降 25.45%，下降率位居全国前列，远高于《实施方案》中 18% 的目标值。

1. 大力推进工业节能。2015 年，本市规模以上工业单位增加值能耗由 2010 年的 0.955 吨标煤/万元降至 0.742 吨标煤/万元，累计下降 22.8%，完成《实施方案》中明确的下降 22% 节能目标；全市工业用能总量为 5821 万吨标煤，占全市比重约 51.1%，较 2010 年降低 5 个百分点。"十二五"期间累计组织实施重点节能技术改造项目 398 项，项目投资 57.8 亿元，节能量 99.43 万吨标煤。本市主要用能产品能效全面提高，原油加工单位综合能耗等 14 个重点产品单耗持续下降，30 项产品单耗指标达到国内外行业先进水平。大力推广节能产品和技术应用，淘汰高耗能落后产品。推动节能产品惠民工程，累计推广节能灯 796.2 万只、节能家电 329 万台，推荐 5661 个型号高效电机、1670 个型号节能工业产品入围国家推广目录。推进 21081 台高耗能落后机电设备淘汰更新，完成替换 11530 台 S7 及以下系列变压器。逐步形成了以合同能源管理为核心机制的节能服务产业框架，国家和本市备案合同能源管理企业由"十一五"末的 52 家增至 2015 年的 427 家，311 项合同能源管理项目获得市级财政奖励，节能量 19.7 万吨标煤。

2. 全面推广绿色低碳建筑。2015 年市级机关、旅游饭店、商场、医院等单位建筑面积能耗比 2010 年分别下降 16.46%、17.06%、11.40% 和 8.66%，"十二五"期间学校单位建筑面积能耗年均上升 1.05%，建筑施工业单位增加值能耗累计下降 17.16%，各领域均顺利完成《实施方案》提出的目标。绿色建筑工作逐步从试点示范向规模化推进转变。2014 年市政府出台《上海市绿色建筑发展三年行动计划》，明确要求自 2014 年下半年起本市新建民用建筑原则上全部按照绿色建筑一星级及以上标准建设。其中，单体建筑面积 2 万平方米以上大型公共建筑和国家机关办公建筑，按照绿色建筑二星级及以上标准建设；八个低碳发展实践区、六大重点功能区域（世博园区、虹桥商务区、国际旅游度假区、临港地区、前滩地区、黄浦江两岸）内的新建民用建筑，按照绿色建筑二星级及以上标准建设的建筑面积占同期新建民用建筑总建筑面积的比例，不低于 50%。截至 2015 年底，本市已累计获得绿色建筑标识 297 项，建筑总面积 2667 万平米，其中二、三星级面积超过 2400 万平米。进一步加快装配式建筑推进步伐。《上海市绿色建筑发展三年行动计划》中也明确要求，各区县政府在本区域供地面积总量中落实的装配式建筑的建筑面积比例，2014 年不少于 25%；2015 年不少于 50%；2016 年外环线以内符合条件的新建民用建筑原则上全部采用装配式建筑，装配式建筑比例进一步提高。同时对装配式建筑面积比例和预制装配率高的示范项目给予一定的财政资金奖励，引逼结合，实现装配式建筑从"试点推广"到"面上推广"的跨越式发展。2014 年和 2015 年全市装配式建筑落实量达到 312 万平方米和 610 万平方米，连续两年翻番，累计落实装配式建筑总量超过 1000 万平方米，并成功获批"国家住宅产业化综合试点城市"。大力推进公共建筑节能改造。本市已探索建立了由建设主管部门负责牵头、相关委办局共同支持、项目业主单位具体组织、节能服务公司负责实施、节能量审核机构等第三方机构承担改造效果核定以及金融机构提供融资支持的公共建筑节能改造的新模式。2012 年 8 月本市被列入全国第二批公共建筑节能改造重点城市，在全国率先完成国家公共建筑节能改造重点城市示范项目 400 万平方米，平均能耗下降达 20% 以上，圆满完成既定目标。同时各区县、各部门也通过合同能源管理等多种方式着力推进实施公共建筑节能改造，"十二五"累计完成改造面积 1335 万平方米。全面夯实建筑节能管理工作基础。为强化重点楼宇的节能监督管理，上海按照"1 + 17 + 1"（1 个市级平台、17 个区级分平台、1 个市级机关分平台）的模式，构建了"全市统一、分级管理、互联互通"的建筑能耗监测平台，并利用上传的能耗数据，编制完成了《2013—2015 年度上海市国家机关办公建筑和大型公共建筑能耗监测平台能耗监测情况报告》。全市截至 2015 年底，1288 栋建筑完成能耗监测装置的安装并实现与市级平台的数据联网，覆盖建筑面积达到 5719 万平方米。每年对超过 1600 栋公共建筑能耗统计。"十二五"先后完成旅游饭店、商业楼宇、学校、医院、政府机关办公楼等领域 855 栋大型建筑的能源审计。颁布党政机关、学校、医院、饭店、商场等各行业建筑合理用能指南等，有效提升节能管理的标准保障。出台上海市公共机构节能管理、考核评价、能耗公示、合同能源管理等一系列制度规范。

3. 着力打造低碳交通体系。先后发布实施《上海市交通节能"十二五"规划》和《交通发展白皮书》等系列文件，2015 年航运、航空业单位运输周转量能耗水平比 2005 年分别下降 42.2% 和 18.9%，完成《实施方案》的目标。大力实施公交优先战略。大力创建"公交都市"，持续建设集约化的城市客运交通体系。2015 年底轨道交通运营线路里程达 617 公里（含磁浮线），轨道交通基本网络基本建成，日均客流 840 万人次，轨道交通客运量首次超过地面公交。小客车管控政策力度持续加大，出行强度显著下降。积极改善慢行出行环境，在全市 8 个低碳发展实践区以及重点功能区域建设中推广和试点慢行交通规划。积极推动对外交通低碳化。努力提升铁路、水运在低碳运输方式在对外交通方式中的比例。京沪高铁、沪宁城际、沪杭客专相继开通，铁路在专业对外客运方式结构中占比达50%，较"十一五"末提高5个百分点。在长江战略支撑下，上海港口集装箱水水中转业务比例稳步提升，2014年水水中转1615万TEU，同比增长5.7%，集装箱水水中转比例达45.8%，提前一年实现"十二五"规划目标。加快推广新能源汽车。发布《上海市新能源汽车推广应用实施方案（2013—2015年)》，通过免费牌照和购买补贴等政策扶持、积极推广新能源分时租赁、加快推广新能源公交车等方式，加快推广新能源汽车。2012—2015年，累计推广应用各类新能源汽车54056辆。出台充电桩建设管理办法、支持政策和发展规划，启动标准规范编制工作，截至2015年底，已建成各类充电桩2.17万个。挖掘交通工具和场站节能减排潜力，与污染治理协调联动。稳步推进航空、水运、轨交、道路交通等一批节能技改项目，如地面设备组合替代APU运行、飞机翼梢小翼改造、船体水动力性能改造等。机场、铁路、港口积极推广"绿色节能通风照明"改造，推广变频、LED照明技术和光伏发电技术，其中虹桥机场货运楼屋顶光伏发电项目装机容量3.456兆瓦，为亚洲第一。加大高污染车辆和老旧车辆淘汰，通过实施限行、给予提前淘汰补贴政策等方式，顺利完成淘汰全部33.4万辆黄标车的任务。推进老旧船舶淘汰，截至2015年，本市完成99艘沿海、内河老旧船舶拆解工作。

（四） 废弃物综合利用初见成效

1. 生活垃圾分类减量取得突破。上海市政府陆续制定出台了《上海市促进生活垃圾分类减量办法》《上海市再生资源回收管理办法》等政府规章，以及《上海市推进生活垃圾分类促进源头减量支持政策实施方案》《上海市生活垃圾目录及相关要求》《上海市党政机关生活垃圾分类减量导则》等配套文件，逐步建立了生活垃圾大分流构架、以"干-湿"分离为基础的"2+3"小分类模式、"绿色账户"激励机制等为特色的上海垃圾分类体系。生活垃圾分类覆盖居民达400万户，"绿色账户"服务范围达100万户。推进干、湿、有害垃圾分类运输和分类处理系统建设，湿垃圾处理能力达2200吨/日。试点推行再生资源回收网络与可回收垃圾分类回收"两网协同"，实现人均生活垃圾末端处理比2010年减少20%的规划目标。

2. 生活垃圾末端处置设施建设成效明显。全面落实"一主多点"规划布局，老港固废综合利用基地内建成再生能源利用中心一期、综合填埋场一期等，金山、浦东、奉贤、崇明、松江等区域设施建成并投入运营，全市生活垃圾末端处置设计能力达到27000吨/日，其中焚烧处理能力约50%，生活垃圾无害化处理率达到100%。2015年，生活垃圾发电装机达到168兆瓦，发电量8.2亿度，较2010年分别提高217%和215%。

3. 进一步推进废弃物综合利用。持续推动大宗固体废弃物深度利用，工业固体废弃物综合利用率保持在97%左右。推广脱硫石膏资源化、脱硝粉煤灰应用和建筑废弃物再生利用等资源综合利用共性技术和装备，研发和推广钢渣矿渣微粉深度利用生产低碳型配置水泥。推动固体废弃物信息化管理公共平台试点建设，推动中冶宝钢钢渣利用、城建物资建筑废弃物再生利用等综合利用产业基地建设。大力推进秸秆综合利用，全市秸秆综合利用率达92%，作为有机肥辅料、饲料、食用菌基质料、生物质燃料等秸秆利用数量约10万吨/年。

（五） 碳汇能力稳步提升

"十二五"期间，本市实际新建绿地5250公顷，完成造林22.5万亩，2015年本市森林覆盖率达

15.03%，建成区绿化覆盖率达 38.5%，均完成了《上海市绿化市容"十二五"规划》各项目标任务。一是林业建设稳步推进。推动实施外环生态专项建设、沿海防护林林带化、道路（河道）廊道绿化、农田林网化等重点生态项目，实现了林业建设新的跨越式发展。规划了 21 座郊野公园，其中 2013 年率先启动了第一批 7 个郊野公园的试点建设，其中金山廊下郊野公园已于 2015 年 10 月正式开园。二是森林资源品质持续优化。加强森林抚育经营，实施林地抚育 20 万亩，森林蓄积量增加 42 万立方米。实施经济果林双增双减和套贷项目，生态服务功能稳步提升。三是森林资源保护措施有效加强。在全国范围内率先开展森林资源一体化监测，完成全国森林资源清查工作。林业"三防"体系框架基本建成。

四、 基础工作与能力建设

（一） 开展温室气体清单编制工作

"十二五"期间，市发展改革委组织市信息中心、市环科院、环交所、市园科所等专业机构完成了 2005—2010 年 6 个年份的上海市温室气体清单编制工作。在此基础上，根据国家主管部门要求完成 2005 年、2010 年清单的专家评审，积极组织修改完善并通过评估验收。2013 年以来，本市还分步启动了"十二五"各年度温室气体清单编制工作，建立起省级清单编制工作的常态化机制，进一步梳理完善清单数据的采集渠道，逐步提高数据质量，包括跟踪好活动水平的重大变动，进一步研究监测具有本市特征的排放因子等。

（二） 建立温室气体排放数据统计与核算制度

建立温室气体排放统计核算体系和调查制度，各部门协同推进开展工作。按照国家《关于加强应对气候变化统计工作的意见》要求，本市进一步加强了对能源品种非能源使用的统计核实，并开展调研摸清能源产品的流通量，增加收集"国际航线能源使用"数据，并逐步研究完善非化石能源统计制度。2014 年下半年发布实施《上海市应对气候变化综合统计报表制度》，2015 年 2 月发布出台《关于建立和加强本市应对气候变化统计工作的实施意见》，明确了温室气体排放基础统计和专项调查制度的职责分工，全面展开应对气候变化制度化、常态化统计工作，已实现 2014 年和 2015 年的统计数据上报。市统计局负责应对气候变化统计指标数据的收集、评估，以及温室气体排放基础统计工作。市发展改革委负责温室气体排放核算与相关专项调查工作。市环保、水务、绿化、环卫、城建、农业、气象等相关部门，根据要求建立健全相关统计与调查制度，在应对气候变化统计指标、温室气体排放核算基础资料、环境保护业务发展等方面，为本市清单编制、碳排放强度核算等工作提供基础数据和相关信息，为形成常态化工作机制提供保障。

（三） 推行企业温室气体排放报告制度

基于碳交易试点工作的开展需要，上海已在 2012 年制定了部分行业碳排放报告核算方法，并启动碳交易试点企业温室气体排放的盘查工作以及 2013—2015 年企业碳排放数据的核查。在此基础上，2014 年起市发改委每年下发《关于组织开展上海市重点单位能源利用状况和温室气体排放报告等相关工作的通知》，在原有能源利用状况报告报送系统和平台的基础上进一步完善数据信息管理平台，建立了统一的"上海市重点单位能源利用状况和温室气体排放报送平台"。要求重点用能单位和重点排放单位通过报送平台填报企业年度能源和温室气体排放报告，每年开展企业温室气体排放报告的报送工作。目前，全市已有800多家重点排放单位上报了2013、2014和2015年度温室气体排放报告，扣除企业关停并转因素，上报率均在95%以上。

（四） 强化温室气体排放总量目标的分解落实

按照《本市"十二五"能源消费总量控制及提高能效等节能降耗目标分解方案》，在"十二五"期间每年对各相关行业主管部门和区县分解下达年度能耗控制目标和重点工作任务，将非化石能源发展目标和任务也分解落实到各相关区县，一并纳入考核指标体系。市节能减排办每年组织对各区县目标和任务落实情况开展现场评价考核，结果纳入各区县政府领导班子绩效考核体系。结合碳交易工作开展，对纳入本市碳交易试点的企业进行了2013—2015年配额分配，强化企业温室气体控排的目标责任。在实施能耗总量和强度"双控"的基础上，自2014年开始对全市工业、交通等主要用能行业进行碳排放总量目标的分解落实，并将煤炭消费总量控制目标分解至7家重点用煤单位，对相关目标完成情况进行跟踪监督。

（五） 逐年加大专项资金支持力度

2008年上海市设立了节能减排专项资金，主要用于鼓励对现有设施、设备或能力等进一步挖潜和提高，把政策聚焦在节能和减排的增量上，尤其是聚焦在一些节能减排贡献大、推进实施难度大、现有各项政策措施难以见效、需要政府投入予以适度引导的领域，原则上不用于固定资产投资项目。2008年以来先后制定修订了60余项实施细则，支持范围包括落后产能淘汰、工业节能技改、建筑节能、交通节能、新能源汽车推广、合同能源管理、新能源和可再生能源利用、分布式供能和燃气空调推广、燃煤锅炉清洁能源替代、循环经济、污染减排、节能低碳产品推广以及能力建设等方面，形成了较为完整的节能减排和应对气候变化支持政策体系。"十二五"以来资金投入数量逐年递增，从2011年的14亿元，逐步增长至2015年的35亿元，"十二五"期间累计投入113亿元，为节能低碳减排重点工作推进和项目实施提供了强有力的支撑保障。

（六） 加大运用价格和税收优惠等方式力度

"十二五"期间，上海市积极推动能源价格机制改革，相继出台实施多项促进节能低碳的价格政策，加快形成有利于节能低碳的能源资源价格体系。2012年以来陆续实施了居民用户阶梯电价、阶梯水价和阶梯气价政策，引导居民适度节约利用资源。阶梯电价实施一年后居民用电同比增幅明显下降，政策效应初步显现。与此同时，本市进一步完善了分时电价政策，峰谷比价最大超过4∶1，引导企业和居民错峰用电。此外，2014年发布了《上海市促进产业结构调整差别电价实施管理办法》，对88家淘汰类或限制类企业实施了差别电价，加快促进高耗能行业的退出和淘汰。在税收优惠方面，积极落实国家促进节能有关所得税、增值税政策，促进节能环保产业发展。"十二五"期间，认定符合退税条件的环境保护、节能节水项目 29 项，涉及项目投资额 3.14 亿元；认定符合退税条件的环境保护、节能节水设备使用企业 224 家，涉及的设备投资 31.36 亿元。

（七） 积极推动低碳区域试点示范

1. 开展和推进低碳发展实践区创建。2011 年，市发展改革委发布《关于开展低碳实践区试点工作的通知》，明确选择虹桥商务区、崇明县、长宁虹桥地区、临港地区、黄浦外滩滨江地区、徐汇滨江地区、金桥技术开发区、奉贤南桥新城 8 个区域开展首批低碳发展实践区试点。各实践区按照市发展改革委批复的低碳发展实践区实施方案，在推进低碳发展机制创新和新技术推广等方面开展各具特色的探索实践，形成了一批具有推广价值和潜力的经验做法。比如，长宁虹桥地区与世界银行合作开展低碳城市示范项目，以区内商务楼、宾馆酒店等体量较大的既有建筑为节能改造的主要对象，率先建立了建筑能耗监测平台，实现对符合市标准的大型公建用能的分项实时监测及后续节能改造，形成了可复制推广的"长宁模式"。虹桥商务区、南桥新城、徐汇滨江为新建低碳商业商务城区，以建设区域能源中心为低碳突破重点，从区域规划、土地出让、建设施工和运营管理等全流程融入体现低碳理念和要求，探索开展新城区的低碳建设发展模式；黄浦外滩滨江着重开展既有城区的建筑低碳改造和城市核心区的慢行系统打造；临港地区既包含临港产业园区也包含临港新城共同推进，打造产城融合的低碳示范。在首批试点中，崇明县作为唯一一个以全县参与低碳发展试点的实践区，紧紧围绕建设世界级生态岛的总体发展目标，在新能源开发利用、新能源汽车推广、绿色循环低碳发展等方面开展了一系列探索。2013 年 12 月启动实施了低碳实践区中期评价，将建设指标体系以附件形式正式发布，并计划于 2016 年对第一批实践区试点工作进行验收，总结经验并予以推广。同时，2015 年本市又启动第二批低碳发展实践区的申报工作，杨浦滨江、世博园区、普陀真如地区、迪士尼度假区、前滩等区域已积极申报。

2. 推进低碳社区试点和低碳工业园区试点。2014 年上海市先后印发《上海市发展改革委关于开展上海市低碳社区创建工作的通知》《关于启动开展凌云街道梅陇三村等 11 个市级低碳社区试点创建工作的通知》，组织开展了首批 11 家低碳社区试点创建。各试点社区探索了居民社区低碳发展的不同模式，在垃圾分类和废旧物品回收利用、绿色低碳产品推广、低碳消费和低碳出行的倡导宣传等方面开展了形式多样的探索，取得了较好的成效。如凌云绿主妇的垃圾分类和减量、资源回收利用，延吉新村街道延吉七村社区湿垃圾减量预处理，凉城街道的"低碳乐享小木屋"等，得到社区居民的欢迎支持和踊跃参与。此外，根据国家要求，上海市也积极创建低碳工业园区，2014 年上海化学工业区、上海金桥经济技术开发区被列为首批国家低碳工业园区试点，在重点工业企业节能管理和改造、循环化园区建设等方面取得了明显成效。

五、 体制机制创新

（一） 探索实施温室气体排放总量控制制度

市政府发布《本市"十二五"能源消费总量控制及节能降耗目标分解方案》，创新运用"条块结合，以条为主"的总量分解方式，将能源消费总量和强度指标落实到相关行业主管部门和各区县。每年考核年度目标完成情况和"十二五"目标完成进度，督促各部门和各区县做好节能降碳工作。根据国家相关要求，结合节能降碳工作的实际情况，上海市自 2014 年开始在能耗总量和强度"双控"的基础上，对全市碳排放提出了总量控制目标，并结合相应的能源结构优化目标，提出了工业、交通运输业、建筑施工业等 10 个领域的碳排放增量控制目标，并对相关目标完成情况进行跟踪监督。碳排放总量目标分解强化了相关部门的温室气体排放管控意识，为"十三五"建立并落实排放目标责任制、进一步强化碳排放管理奠定了基础。另外，结合碳排放峰值研究的相关成果，提出了 2020 年全市碳排放总量控制在 2.5 亿吨左右的目标，相关目标已明确纳入本市"十三五"规划纲要。

（二） 推进平台建设， 加强能源和碳数据管理

1. 完善能耗和碳排放报告监控平台。上海市建设了工业重点用能单位管理平台，面向全市 500 多家工业重点用能单位，整合了能源利用状况报告、节能月报、能源审计报告、高耗能设备表、节能规划等大量数据资源，是国内节能系统数据延续时间最长、数据收集渠道最顺畅、准确率最高的信息化平台，为能效管理的精细化提供了重要的基础支撑。在此基础上，结合全市非工重点用能单位能源利用状况报告、上海市碳排放交易企业排放监测和报告以及重点排放单位的温室气体排放报告报送等工作，上海市开发推广并不断更新"三表合一"软件，将能源利用状况报告、节能月报、温室气体排放报告整合，实现一次性填报生成，提高了数据上报的质量和效率。

2. 建设重点用能单位能耗数据在线采集与实时监测系统。2015 年 3 月，国家城市能源计量中心（上海）（以下简称能源计量中心）通过质检总局验收。印发《加快推进本市重点用能单位能耗在线监测系统建设的实施意见》，部署能耗在线监测系统建设工作。截至 2015 年底，能源计量中心完成了与电力、燃气等供能单位供能数据库的实时对接，并实现了对 728 家重点用能单位（其中工业 591 家、非工业 137 家）关口电力、燃气能耗数据的实时采集和在线监测，为重点用能单位能效管理及未来的碳排放监控提供了数据支撑。在上述 3 个平台的工作基础上，本市将进一步整合相关报送及实时采集能耗、碳排放数据信息，并进一步加大功能开发和数据开放力度，为政府管理部门、用能排放单位、社会组织机构等共同推进节能控碳工作提供数据基础支撑。

（三） 加强节能低碳标准体系制定和对标达标

"十二五"期间本市出台节能低碳各类地方标准超过 100 项，基本形成了覆盖主要用能领域、较为完整的标准体系。其中：工业方面，累计制定发布产品能耗限额标准 60 余项。建筑领域，出台实施了"3 + 3"公共建筑和居住建筑节能标准，即《公共建筑节能设计标准》《公共建筑绿色设计标准》《既有公共建筑节能改造技术规范》和《居住建筑节能设计标准》《住宅建筑绿色设计标准》《既有居住建筑节能改造技术规范》，编制颁布了机关办公、星级酒店、大型商业建筑等 6 类建筑的合理用能指南。交通方面，编制完成了公交车、出租车、轨道交通、集装箱船舶、港口轮胎吊 5 个行业用能指南及限值标准。为促进国家和本市出台的相关标准发挥实效，各相关行业部门和区县开展了大量的工作探索。市经济信息化委搭建单位产品能耗限额监管系统，对涉及约 30 个产品限额标准的重点用能单位进行年度核查。市机管局、市旅游局、市商务委等依据机关办公、星级酒店、大型商业建筑等 6 类建筑的合

理用能指南，试点开展建筑能效对标行动，推进节约型公共机构、绿色旅游饭店、低碳商场、节能环保超市等创建工作，市机管局对市政大厦、世博村路 300 号等市级机关集中办公点实施建筑能耗公示通报。在大型公共建筑能耗在线监测平台数据和用能指南的基础上，市旅游宾馆率先开发了能效对标平台，并在徐汇区开展对标达标试点。

（四） 扎实开展碳排放交易试点

自本市列入国家首批七家碳排放交易试点以来，本市碳交易制度框架不断完善、机制运行规范有序，市场发展平稳健康，监管体系全面到位，企业遵规情况良好，对全市节能减排和低碳发展的促进作用逐步显现。

1. 制度体系不断健全。本市在推进试点工作过程中，始终注重制度先行，形成了一套以《上海市碳排放管理试行办法》（沪府令 10 号）为基础，多位阶、多层次的管理文件及交易规则，具有很强的示范和推广效应。2015 年在引入 CCER 抵消机制中，本市相继印发了《关于本市碳排放交易试点期间有关抵消机制使用规定的通知》（沪发改环资〔2015〕3 号）、《关于本市碳交易试点企业使用国家核证自愿减排量进行 2014 年度履约清缴有关工作的通知》（沪发改环资〔2015〕91 号），明确 CCER 的使用条件和抵消流程等事项。在交易所层面，还建立了协助办理 CCER 质押、借碳交易等创新业务规则，对碳排放交易规则、会员管理办法、风险控制管理办法等进行了修订。

2. 机制运行规范有序。在市发展改革委的全力推进和企业的支持配合下，每年 3～6 月法定时间内顺利完成试点企业碳排放状况报告的编制和报送、碳排放核查及审定、碳排放配额履约清缴等工作，碳排放状况报告提交率、核查报告提交率以及企业履约清缴率均达到 100%，并成为国内唯一一个连续两年 100% 完成履约清缴的碳交易试点地区。

3. 市场交易稳步发展。截至 2015 年底，上海碳交易市场共运行 513 个交易日，2013—2015 各年度配额累计成交量 494 万吨，累计成交额 1.37 亿元，国家核证自愿减排量（CCER）累计成交 2543 万吨，在七个试点地区中位居前列。碳配额及 CCER 累计成交量位于全国第一。目前已吸引包括壳牌（中国）有限公司、爱建信托等在内的近 50 家机构投资者入驻，不仅为节能减碳领域引入更多社会资本，激励试点企业更积极地开展配额管理，更为上海碳市场的功能发挥起到了重要作用。

4. 监管保障全面到位。本市碳排放交易试点已建立起以政府部门、交易所、核查机构、执法机构为主体的多层次监管架构，形成了由规章制度、行政措施和技术支持三个方面组成的结构完整的保障体系，为试点工作顺利推进提供了全方位支撑。

5. 基础能力逐步加强。多次召开企业政策宣讲会、通气交流会、法规、标准培训会等，开展了核查机构专项培训，并定期开展内部交流讨论。2012 年以来，每年举办各项能力建设培训交流超千人次，累计培训超六千人次。

6. 碳金融创新不断涌现。2014 年底，本市推动建立了首个针对中国 CCER 的专项投资基金——海通宝碳基金，总体规模达 2 亿元，标志着碳市场与资本市场成功联通，填补了碳金融行业的空白。此后，本市还相继开展了 CCER 质押贷款、借碳交易等创新业务，启动了中远期交易产品的设计开发，不断增强交易多元化服务功能，逐步深化市场化机制探索。

（五） 创新运用绿色融资

依托上海建设国际金融中心的有利条件，本市不断拓宽绿色融资渠道，相关金融产品加速推出，为用能单位和节能服务公司等提供强有力的金融支撑。浦发银行等沪上金融机构陆续推出 IFC 能效贷款、AFD 绿色中间信贷、ADB（亚洲开发银行）建筑节能贷款、CDM 保理融资、绿色股权融资和绿色固定收益融资等绿色信贷业务，大大拓宽了绿色低碳项目的融资渠道。另外，上海市还率先探索开展合同能源管理未来收益权质押、分布式光伏"阳光贷"和碳基金等绿色融资新模式。其中，中国银行上海分行等十家银行承诺以"节能减排收益权"模式提供 500 亿元人民币融资额度，成为目前国内参与银行最多、资金规模最大的节能减排投融资新模式。在财政提供担保的基础上，上海银行、北京银行等"阳光贷"试点银行承诺提供优惠利率，支持中小微企业开发分布式光伏项目。此外，上海环境能源交易所推出规模达 2 亿元的海通宝碳基金，针对中国核证自愿减排量（CCER）开展专项投资。

（六） 以碳标识、 碳认证引导低碳生产和消费

一是引导本地区企业获得国家低碳产品认证。积极参与、配合国家推进低碳产品认证工作，2014年上海市有两家电机企业成为全国首批获得国家低碳产品认证的单位。二是组织开展本市产品碳标识核算通用规范及典型性产品碳标识核算指南的研究工作。为规范和管理市场产品的碳标识、引导低碳生产和低碳消费，2013 年起，上海市启动开展产品碳标识核算通用规范的研究制定工作，并选择 2~3 类典型性产品研究制定针对特定产品的碳标识核算指南。完成了《上海市产品碳标识核算通用规范》《上海市液态乳制品产品碳标识核算指南》和《950 毫升优倍奶碳足迹报告》。三是积极推动本市低碳产品认证工作。市质监局会同市发展改革委举办低碳产品认证法律法规及标准宣贯会，对企业管理人员及各区县认证监管人员进行宣传培训。

（七） 广泛发动全社会共同参与

大力倡导绿色低碳生产生活方式，初步形成全社会共同践行低碳的良好氛围。每年举办节能宣传周和低碳日系列活动，开展各类节能宣传主题活动，动员全社会参与节能减排和低碳行动。2013 年，市发展改革委等 17 个部门成立了市民低碳行动推进小组，积极倡导发动有关行业协会、社会组织、企事业单位、学校、家庭开展各类低碳践行活动，至今已连续开展四年，市民参与数量和知晓度逐年增加。"市民低碳行动"注重实践性、自愿性、成效性、持续性，针对"衣、食、住、行、用"五个方面，重点开展有良好基础、易推广、成效快的专项践行活动，使低碳理念更加深入人心，并逐步建立了低碳行动长效机制。市经团联、市总工会、市妇联等单位组织开展了各具特色的节能低碳宣传活动。如市经团联倡议发起节能减排 JJ 小组活动，由企业员工为主要参与者，围绕节能减排目标和任务，针对生产、服务和运营中的能源消耗与污染问题，运用管理和技术手段开展节能减排改造活动，截至2015 年底已累计组织发动 10 个行业 400 多家企事业单位，组建了 1300 余个 JJ 小组。

（八） 广泛加强国际合作

为深入借鉴发达国家先进低碳理念和做法、积极宣传上海低碳发展的探索和努力，本市在国家支

持部署下，与国外有关城市和机构开展了多个层次的广泛合作。一是积极参与中美绿色合作伙伴计划。近几年上海临港经济发展（集团）有限公司等三家单位与美方相关单位合作，达成了三对中美绿色合作伙伴计划，现正在深入开展相关合作。二是参与 C40 等国际组织合作交流。市发展改革委多次组团参加 C40 组织在圣保罗、约翰内斯堡和鹿特丹等地召开的峰会，深入参与有关交流探讨。本市相关研究机构与美国能源基金会合作，在"领跑者"制度等节能低碳减排方面开展了多项研究。三是与国际城市和机构开展区域低碳合作共建。比如，长宁区与世界银行开展合作，世界银行提供 1 亿美元贷款和 500 万美元赠款专项用于低碳发展实践区创建工作。临港管委会与伦敦有关方面合作，共同打造集低碳科技创新、金融服务、教育培训和成果展示为一体的"临港碳谷"。

六、 主要经验

（一） 责任清晰的政府分工合作机制是重要保障

经过多年实践探索，上海逐步形成了一套适合自身特点的低碳发展监督推进的分工合作机制，各相关市级政府部门及区县政府责任分工明确，有效避免了工作交叉重叠和互相推诿等现象。主要特点有三个：一是统一归口管理。市节能减排办设在市发展改革委，且节能减排、低碳发展和应对气候变化等工作集中归口到同一个业务处室，负责全市节能低碳工作的总体协调推进和监督管理，具体包括规划编制、能源和碳排放总量及强度目标分解、年度重点工作安排、年度目标责任考核、节能减排资金管理等工作。二是合理界定部门和区县目标责任分工。本市原则上按照"节能低碳管理与行政管理相一致"来进行条块分工。行业主管部门除了负责本领域节能低碳工作的面上监督推进，还需承担本领域中央和市属企业（单位）的节能低碳管理和目标责任，鉴于本市央企、国企规模比较大，这部分能耗和碳排放占全市总量约70%；各区县负责本区域区属企业及其他用能单位的节能低碳管理和目标责任，这部分能耗和碳排放占全市总量不到30%。市统计、财政、质监、审计等部门协同做好数据统计、资金管理、标准制订等相关支撑工作。三是节能低碳与污染减排等工作协同推进，形成合力。充分把握近几年各方面对控制雾霾等污染治理高度关注的契机，将节能低碳工作与环保等主管部门的污染减排工作进行有效整合，形成协同推进的工作格局。比如近几年几家部门联手在推进中小燃煤锅炉全面淘汰替代、淘汰黄标车和老旧汽车、推广新能源汽车等工作取得了显著成效。

（二） 统筹目标任务分解、 监督考核和资金政策等 "三位一体" 予以推进是有效模式

本市在每年推进节能低碳工作中，注重"根据目标确定任务、按照任务配套资金、对照目标任务实施考核"，将目标任务下达、监督考核和资金政策三项工作有机结合。一是每年安排部署年度目标和重点工作。围绕年度节能低碳目标，自 2008 年开始就每年细化分解各领域和区县的节能控碳目标，并具体安排 100 项左右重点工作任务分工和时间节点，正式下发给各单位。二是合理安排使用节能减排资金。在安排年度资金时没有简单按照领域进行"拉条切块"，而是按需据实安排，即根据节能减排重点工作任务的实际需要来进行预算安排，在实际执行中按照"成熟一批、支持一批"的原则及时下达资金，确保重点工作措施和项目的顺利开展实施。三是完善强化监督考核评价机制。每季度发布目

标完成情况"晴雨表",每年组织六个考核小组对各区县政府进行年度评价考核,各行业管理部门的工作推进情况也纳入年度领导班子的绩效考核权重。各部门和区县也基本形成了对重点单位的年度目标下达和考核评价常态化制度。

（三） 通过市场机制和标准倒逼等 "引、 逼" 结合是关键支撑

真正激发调动用能单位节能低碳的积极性,实现从"要我低碳"转向"我要低碳",仅通过行政监督和资金政策激励还远远不高,需要在标准规范和市场机制创新等方面给用能单位进一步施加压力、强化动力。在标准制定方面,上海市已建立了一套完整的标准体系,包括能耗限额标准、节能设计标准、绿色建筑标准、用能指南等,为相关监管执法和出台配套政策提供了有力支撑。在市场创新方面,上海市在逐年加大政府财政资金投入的同时,统筹推动碳市场交易、能源价格政策、税收优惠、绿色金融等方面共同加大低碳发展工作支持力度,激发用能主体、节能服务公司、节能低碳技术产品制造企业、科研单位、金融机构等各方面共同加大投入的意愿。

海南省低碳试点进展总结

　　"十二五"时期，立足于海南省生态优势，主动适应、把握和引领经济发展新常态，按照"五位一体"和"四个全面"的战略部署，贯彻创新、绿色、协调、绿色、开放的发展理念，坚持科学发展、绿色崛起，以全面建设国际旅游岛为总抓手，在经济、能源、环保、交通、建筑等领域，深入推进绿色、低碳试点省建设，全面落实国务院关于节能降碳各项工作部署，着力探索热带岛屿特色的低碳发展新模式、新路子，基本完成《海南省低碳试点工作实施方案》（下述简称《实施方案》）确定的目标与任务，积累了低碳试点示范发展经验，现将海南省创建国家低碳试点省工作总结如下。

一、 基本情况

　　1. 经济发展实现新提升。2015 年，我省常住人口 910.82 万，全省地区生产总值 3702.8 亿元，人均生产总值 40818 元，年均增长 9.5% 和 8.4%；固定资产投资 3355.4 亿元，年均增长 22.8%；地方一般公共预算收入 627.7 亿元，年均增长 18.3%；社会消费品零售总额 1325.1 亿元，年均增长 13.6%。"十二五"期间综合经济实力显著上升，海南从建省到 2006 年突破 1000 亿元，用了 18 年；到 2010 年突破 2000 亿元，用了 4 年；到 2013 年我省地区生产总值突破 3000 亿元大关。

　　2. 生态环境建设有新进展。修订保护林地、土地、海域、水源等法规，立法保护全国连片面积最大的东寨港红树林湿地保护区，实行森林公安垂直管理，取消中部生态核心区 4 市县 GDP 考核。实施"绿化宝岛大行动"，新增造林面积 93 万亩，更新和改造低效林 66 万亩，森林覆盖率达到 62%。空气质量优良天数比例达到 97.9%，海口市空气质量连续六年居全国 74 个重点城市首位。城镇污水集中处理率和城市生活垃圾无害化处理率达到 80% 和 94%。

　　3. 公共服务均等化得到新提高。坚持"小财政办大民生"，保持财政对民生的投入占总支出的 70% 以上，海南民生投入年均增长 18.1%，为老百姓办成了大量的好事实事。2015 年，城镇居民人均可支配收入 26356 元，年均增长 11.6%；农村居民人均可支配收入 10858 元，年均增长 14.3%。实施中部农民增收计划，中部地区农民收入与全省平均水平相比缩小 9 个百分点。累计新增城镇就业人数 46.9 万人，转移农村劳动力 45.8 万人。保障性住房建成 23.7 万套，农村危房改造完成 16.8 万户，人均居住面积提高到 35.2 平方米。解决了 140 万农村人口的农村安全饮水问题，实现农村贫困人口脱贫 35.2 万人。常住人口城镇化率达到 55.1%，提高 5 个百分点。

　　4. 能源消费结构更加优化。2015 年，海南省能源消费总量达到 1929 万吨标煤，比 2010 年的 1314.66 万吨标煤增长 46.73%，人均能源消费为 2.12 吨标煤/人，低于全国水平 3.13 吨标煤/人，位列全国末位。煤炭消费比重 38.4%，比全国煤炭消费比重低 28.03%；天然气消费比重 19.6%，为全国天然气消费比重的 3.21 倍；石油消费比重 35.5%，为全国石油消费比重的 2.03 倍。海南省能源消费结构进一步得到优化，清洁能源消费占比为 26.1%，比国家清洁能源消费占比高出 7.99%。非化石能源消比重略有上升，较 2010 年增长了 1.52%。

5. 温室气体排放增速明显放缓。经测算，在扣减 80 万吨甲醇所计算的二氧化碳排放量 255.1 万吨和 2015 年新投产的国电乐东电厂项目所排放的 132.35 万吨前提下，2015 年，我省化石能源消费碳排放总量为 3662.75 万吨，单位地区生产总值二氧化碳排放为 1.12 吨二氧化碳/万元。2014 年，我省碳排放总量为 3783.14 万吨，仅占全国总量的 0.405%，碳排放强度为 1.24 吨二氧化碳/万元，与北京、上海等现代服务业发达城市基本持平，远低于全国 1.67 吨二氧化碳/万元的平均水平，琼中、保亭等中部山区市县碳排放强度在 0.6 吨二氧化碳/万元以下，其碳排放主要在生活领域。省碳排放指标与全国对比，总量和强度都有相对优势。

二、 低碳发展理念

（一） 低碳发展的组织领导与机制建立情况

建立省级应对气候变化领导小组及部门分工协调机制。为切实加强对应对气候变化和节能减排工作的领导，海南省成立了省应对气候变化及节能减排工作领导小组，组织贯彻落实国家应对气候变化和节能减排的重大战略、方针和对策，统一部署我省应对气候变化和节能减排工作，协调解决应对气候变化和节能减排工作中的重大问题。设立应对气候变化专职管理机构，完善工作机制。省发展改革委内设区域经济和资源节约环境保护处，对口国家发展改革委应对气候变化司，具体负责落实应对气候变化与低碳发展各项工作任务。

（二） 应对气候变化和低碳发展规划编制情况

以规划引领海南省低碳发展。2014 年 12 月 26 日，海南省人民政府印发《海南省应对气候变化规划（2014—2020 年）》，全面部署了 2014—2020 年海南省应对气候变化工作，印发各个部门实施、落实规划，下一步将分解任务，按照年度计划实施低碳发展。

（三） 低碳发展模式的探索

1. 着力发展低污染、低排放、高附加值的低碳产业体系。立足生态环境、经济特区、国际旅游岛"三大优势"，严守生态红线，促进经济社会发展与人口、资源、环境相协调，实现人与自然和谐共生。着力打造现代服务业、热带特色高效农业、新型工业等绿色低碳特色产业体系。坚持集约、集群、低碳、节能、园区化、高技术的发展方向，着力发展新能源汽车制造、新兴绿色食品加工、新能源新材料、海洋装备制造、新型网络化制造等低碳制造业。

2. 大力发展清洁可再生能源。电力装机。海南全社会电源种类增至八种，分别是煤电、水电、气电、核电、风电、光伏、生物质能和余热发电。2015 年 11 月，随着昌江核电一号机组投入商运，实现海南国际旅游岛核电零的突破，截至 2015 年 12 月底，全省发电总装机 670.4 万千瓦，比 2010 年全省总装机 393 万千瓦增长 70.6%。全省清洁能源装机 366 万千瓦，占总装机的 54.6%，比 2010 年提高了 9.7%。全省非化石能源装机 220.6 万千瓦，占全省总装机的 32.9%，比 2010 年提高了 5.9%。截至 2015 年底，全省所有机组累计发电 261 亿千瓦时，比 2010 年的 157.9 亿千瓦时增长 65.29%。其中，清洁能源发电量为 48.37 亿千瓦时，占全省发电量的 21.33%；非化石能源发电量为 27.29 亿千瓦时，占全省发电量的 10.46%。

3. 全方位、多领域推进试点示范创建工作。在开展低碳试点省创建的基础上，因地制宜统筹推进试点示范创建工作。2012 年，海口市成为第二批低碳交通运输体系建设试点城市，集中展示、宣传、推广试点经验和成果，为指导海南省其他市县做好绿色交通城市建设工作提供了经验、借鉴；三亚市是省内低碳城市试点，推进建设高效低碳能源供应体系，实施了南山燃机电厂热电冷三联供项目、三亚亚龙湾冰蓄冷集中供冷站项目等大型节能降碳工程；选取呀诺达雨林文化旅游区、亚龙湾热带天堂森林旅游区等一批低碳效应显著的旅游景区旅游示范区创建单位。

4. 低碳城镇建设。博鳌乐城国际医疗旅游先行区入选亚太经合组织（APEC）低碳示范城镇推广试点第一批项目库，以低碳差异化发展，构建低碳空间布局，先行先试，提出一级区划，形成博鳌乐城"乐城低碳生态示范区"和"乐岛零碳、零排放示范区"，争取建设近零碳排放区示范。按照岛链式开发模式和不同用地性质建设特点，分为三类低碳目标区域，实施差异化低碳开发模式和碳减排目标管理。先行区提出 2020 年单位地区生产总值二氧化碳排放比同期琼海市低 20%，总体控制在 1.11 吨/万元，2030 年二氧化碳达到峰值，乐岛实现零碳和零排放。2015 年，美国杜邦市市长考察低碳认为，两地在低碳生态建设方面有巨大的合作空间，以低碳合作为载体，提升城市影响力、扩大对位开放和合作。

5. 扎实推进降碳考核工作，形成区域碳减排考核长效机制。2012 年 10 月，海南省人民政府办公厅印发了《海南省"十二五"控制温室气体排放工作实施方案》（琼府办〔2012〕168 号），明确要加强对各市、县"十二五"二氧化碳排放强度下降目标完成情况的评估、考核，并将下降指标分解到各市、县。2014 年，海南省人民政府办公厅印发了《海南省"十二五"单位地区生产总值二氧化碳排放降低目标责任评价考核办法（试行）》，正式启动了对市、县的降碳考核，考核结果上报省政府通报各市、县政府，考核工作已经持续两年，并作为碳排放强度控制的重要抓手和常态性工作。通过开展省内降碳考核工作，从而有效传递降碳任务压力和严峻形势，强化各级政府、机构组织低碳发展责任意识，树立低碳发展理念，形成碳减排考核长效机制。

（四） 排放峰值目标的确定

按照省委、省政府提出科学发展、绿色崛起的要求，突出目标指引，以低碳省建设为契机，综合考虑经济发展水平、人口规模、开发强度、能源结构、产业情况，提出通过调整产业结构、优化能源结构等措施，率先"达峰"，争取早于全国，实现全省在 2030 以前达到碳排放峰值。

三、 低碳发展任务落实与成效

（一） 产业结构调整与措施落实情况

三次产业比重由 2010 年的 26.1∶27.7∶46.2 调整优化为 2015 年的 23.1∶23.6∶53.3。服务业增加值年均增长 10.6%，占 GDP 的比重提高了 7.1 个百分点。旅游、金融等行业较快增长，信息产业、高新技术产业、文体产业迅速兴起，农业增速位居全国前列。海洋生产总值占全省生产总值的比重达到 28.4%，成为我省重要的经济增长极。

1. 积极发展生态循环农业。走两减、三增、三结合的生态循环农业之路（减施化肥和化学农药，增施有机肥、增加废弃物回收、增加秸秆综合利用，水肥结合、种养结合、地力改善与病虫害防控结合）。实施畜禽废弃物综合利用工程，以废弃物 + 清洁能源 + 有机肥为方向，全面改造畜禽规模养殖场，建立区域性有机肥加工中心。实施地力改良提升工程，开展化肥、化学农药减量行动，采取测土配方施肥、秸秆还田等综合措施，研究出台对生产、经营有机肥给予补贴，对承包和经营期内土地有机质提升给予奖励的相关政策。实施农业废弃物回收利用工程，探索政府补贴、市场化运营的回收利用机制，推广易回收农膜和全降解农膜，逐步消化存量、控制增量。实施秸秆综合利用工程，以青储饲料、新型能源、有机肥配料为方向，分类利用丰富的秸秆资源。

2. 扎实推进原有工业的改造升级。一是发展循环经济，编制实施了《海南省循环经济发展规划及近期行动计划》，组织完成两批次 25 家循环经济示范试点单位创建工作，洋浦经济开发区被列为国家循环化改造示范试点园区，全省工业固体废物年综合利用量达 800 万吨，综合利用量达 88%，万元 GDP 用水量比 2010 年累计下降 24%。二是推动节能改造，积极推进企业节能技改、循环经济及综合利用项目，省节能专项资金共支持项目建设 60 个，累计安排资金近 1.8 亿元，项目全部建成后，可形成节能能力约 20 万吨标煤。

3. 大力发展以旅游业为龙头的现代服务业。乡村游、自驾游、婚庆游等呈现良好势头，西沙邮轮旅游实现常态化运营，旅游市场环境治理不断加强。旅游业空间布局不断优化，中西部旅游快速发展，一批新的特色旅游精品线路逐步形成。开发培育了森林旅游、文化旅游、购物旅游、邮轮旅游等一批新的旅游业态和产品。旅游市场环境综合整治有力推进，旅游宣传促销成效显著，国际旅游岛的影响力不断提升。2014 年接待过夜旅游人数 4060.18 万人次，旅游总收入 506.5 亿元，分别是 2009 年的 1.8 倍和 2.4 倍。旅游业的发展带来巨大的人流和物流，使消费市场不断扩大，为交通运输、住宿餐饮、娱乐业、购物业等其他产业发展提供了良好的条件。

（二） 能源结构优化完成与措施落实情况

"十二五"时期，海南省能源供应更加多元化，能源消费结构得到优化，能源利用效率进一步提升，能源基础设施有所改善。至 2014 年底，电力装机规模为 524.7 万千瓦，比 2010 年的 392.6 万千瓦增长 33.65%。电力装机结构不断优化，水电装机 80.8 万千瓦，占 15.4%，风电装机 31.1 万千瓦，占 5.93%；煤电装机 305.6 万千瓦，占 58.24%；气电装机 74.2 万千瓦，占 14.14%；太阳能光伏装机 18.84 万千瓦、生物质综合利用装机 3.6 万千瓦，占 4.28%。2015 年 11 月，昌江核电一号机组装机容量 65 万千瓦并网发电，市县海南核电零突破。至 2014 年底，全省发电量达 244.8 亿千瓦时，比 2010 年的 157.9 亿千瓦时增长了 46.84%，可再生源发电量为 31.46 亿千瓦时，比 2010 年增长了 45.3%，太阳能光伏发电实现了"从无到有"的转变，发电量为 1.5 亿千瓦时。建成投产的洋浦 LNG 接收站和澄迈 LNG 接收站，实现 LNG 进口零的突破，为提高天然气利用程度奠定基础。

（三） 节能和提高能效任务完成与措施落实情况

强化工业领域节能。严格执行节能评估审查制度，否决多个高耗能项目落地。遏制高耗能行业盲目新增产能。加快淘汰落后产能，共淘汰落后产能炼钢 8 万吨、造纸 5.65 万吨、水泥熟料及磨机 314 万吨，完成了国家下达的"十二五"淘汰落后产能的任务。加快节能技术、产品开发与推广，通过省科技兴海专项、省应用技术研发与示范推广专项，支持太阳能 + 热泵烘干槟榔鲜果、太阳能杀虫灯、蒸压废汽余热二级回收利用等多项节能环保低碳技术产业化示范。征集发布了 3 批节能（低碳）技术和产品目录，组织多种形式的推广活动。实施"节能惠民产品"工程，共推广太阳能热水器、空调、冰箱、彩电等高效节能产品约 73.7 万台。推广节能与新能源汽车约 6300 辆。推广蓄能型集中供冷，推进三亚亚龙湾冷站建设，亚龙湾冷站于 2011 年 1 月正式运行，目前共接入 6 家酒店，供冷面积约 28 万平方米。推动公共机构节能。制定《海南省公共机构节能管理办法》和《海南省公共机构节能"十二五"规划》，通过创建示范单位，部署绿色照明，推广新能源和可再生能源，推动"零待机能耗计划"，组织开展节水和资源循环利用工作，开展节能检查，加强日常管理、学习培训和组织领导等方式，抓好公共机构节能管理机构建立、节能制度建设、能耗统计和节能措施落实等工作，较好地推动了公共机构各项节能工作落实。推广绿色照明。按照《海南省建设绿色照明示范省总体方案》要求，完成市政路灯、乡镇路灯、公共建筑照明、和农垦系统路灯节能改造。"十二五"期间，推广财政补贴节能灯 856 万只，预计年节电 7.1 亿千瓦时，折标煤 23.7 万吨。

（四） 低碳建筑和低碳交通任务完成与措施落实情况

1. 推广绿色建筑和既有建筑节能。截至 2015 年 9 月底，新增绿色建筑面积 484.98 万平方米，高星级绿色建筑示范项目 16 个、公共建筑节能改革约 10 万平方米，农村危房改造节能示范项目竣工 1428 户，分别占应完成目标任务的 88.18%、41.03%、33.33% 和 71.4%。建筑节能标准体系逐步完善，先后颁布了《海南省居住建筑节能设计标准》《海南省公共建筑节能设计标准》等一系列建筑节能的标准规划，内容基本涵盖了设计、施工、验收等借助节能强制性标准和天鹅那个热水系统建筑应用的相关方面。每年开展一次全省建筑节能专项检查，城镇新建建筑执行节能强制性标准比例逐年提升，城镇新建建筑涉及阶段 98% 以上执行建筑节能强制性标准，施工验收阶段的执行比例达 95% 以上，基本达到国家部委的工作要求。

2. 加快调整交通运输结构，行业集约低碳发展水平日益显现。大力推进综合运输体系建设。公路方面，运输市场发展日渐成熟，城乡客运体系进一步完善，全省开通省际班线 161 条，市县际班线 252 条，拥有公交线路 230 条、总里程 6350 公里、公交车辆 3061 台。水路方面，逐步建立起以国内沿海和琼州海峡运输为主、近洋运输为辅的发展格局，开通了 15 条国际邮轮航线，"水上海南"建设取得实质性成效。铁路方面，西环高铁与东环铁路共同构成高标准、大能力的环岛铁路，进一步提升海南现代综合交通运输水平。大力调整优化交通运输装备结构。公路运输方面，加快调整优化车辆运力结构，运输装备逐步向大型化、专业化和标准化方向发展，营运客车中高级车型、清洁能源车型的比例大幅上升，重型货车、集装箱拖挂车、厢式车等节能高效车型的比例稳步提高。城市客运方面，通过大力推广应用清洁能源以及新能源汽车，海口市、三亚市等大城市，实现公交节能环保车型占比80%以上。

（五） 废弃物处置情况

"十二五"期间，将城镇污水和垃圾处理纳入生态省和生态文明建设的年度工作计划，城镇污水集中处理率由2010年的70%提高到2014年的78%。超规划完成生活垃圾处理场（厂）设施建设：2015年底已经完成13座，新增无害化处理能力3012吨/日。超规划完成生活垃圾转运站建设："十二五"期间全省完成81座转运站建设，规划投资2.78亿。全省城市生活垃圾无害化处理率达100%。加强农村的污水和垃圾处理等环境综合整治工作，2008—2014年我省农村环境综合整治工作共投入资金15790.04万元用于全省18个市县（不含三沙市）、123个村庄、69个项目的农村环境综合整治，其中中央资金9119万元，省及市县财政投入6671.04万元。制定了一批规章制度和村规民约，老百姓整体卫生环境意识水平有一定提高，有效带动了全省农村生活垃圾治理工作全面开展。

（六） 绿色生活方式和消费模式创建情况

充分发挥新闻媒体的舆论监督和导向作用，通过举办"全国低碳日"等活动，大力宣传国家和本省低碳发展的各项方针政策，提高了全社会对低碳发展的认识。开展了"海南省低碳社会行动方案和低碳宣传"课题研究，通过建立海南省低碳网站、拍摄海南省低碳视频短片、组织低碳摄影比赛等形式，积极营造宣传绿色生活方式和消费模式。

1. 加强学习培训，提升节能能力。一是要求全省各公共机构加强节能法规制度学习。要求全省各公共机构把《节约能源法》《公共机构节能条例》《海南省公共机构节能管理办法》列入年度学习计划，让干部职工充分理解节能的必要性，基本掌握节能常识。二是积极开展公共机构节能管理远程培训。"十二五"以来，共组织三批次公共机构节能管理人员参加国管局与清华大学联合开展的远程培训。三是组织全省能耗统计培训。"十二五"期间，共组织开展了两次全省能耗统计制度和能耗统计知识培训，规范了统计范围、统计口径、统计时间，为全省公共机构统计打下了坚实基础。四是组织人员参加节能管理知识培训。"十二五"期间，先后三批次组织公共机构节能管理人员共36人参加国管局开展的华南片区（华南理工大学）节能管理知识学习。通过学习培训，提高了节能管理人员的业务能力。五是开展网上节能知识竞赛活动。利用2015年节能宣传周之机，组织全省公共机构干部职工开展公共机构节能网上知识竞赛活动，全省各公共机构参加竞赛的人数近15000人。

2. 强化宣传教育，提高节能低碳意识。除平时加强节能低碳宣传教育外，注重抓住关键时机做好节能低碳宣传：一是"十二五"期间，积极倡导全省各公共机构参与"地球一小时"和"世界地球日"活动，关闭公共机构所有景观照明、办公照明及其他一切不必要的照明。二是借助主流媒体宣传节能低碳，强化社会效应。省电视台、海南日报、海口电视台、南国都市报等媒体纷纷报道节能低碳工作；三亚晨报、万宁政务报等报刊连续5年都跟踪报道了践行绿色低碳办公的情况，三亚电视台、白沙电视台、文昌电视台、东方电视台、万宁电视台等媒体也对公共机构节能宣传周的各项活动进行了系列报道。三是建设了海南省公共机构节能知识网。为全省公共机构节能管理人员提供了一个学习宣传、信息交流、技术推广的平台。四是利用"节能宣传周"开展节能宣传。为深入开展节能宣传周活动，印制了 30000 张宣传海报和 20000 本《海南省公共机构节能宣传周活动宣传手册》发放到省直各单位、各市县。还在省委、省政府集中办公的三大办公区域悬挂宣传横幅、张贴宣传海报、制作节能宣传橱窗，所有电子显示屏播放节能宣传通知及标语。各市县和分散办公的省直各公共机构也在显要位置悬挂宣传横幅、张贴宣传海报、制作宣传橱窗、利用电子显示屏播放节能宣传通知及标语，采用板报、墙报、宣传画、宣传册及举办专题讲座等形式，大力宣传节能知识和节能常识，营造了良好的节能宣传氛围。

（七） 增加碳汇任务完成情况与措施落实情况

1. 林业生态建设全面加强。累计完成"绿化宝岛"大行动造林面积 170 万亩（其中：累计完成沿海基干林带带修复和改造面积 10.1 万亩，修复因超强台风"威马逊"造成的损失 18 万亩），启动建设森林公园 21 个、城镇公园 81 个、水上公园 37 个、观光果园 88 个。全省累计完成抚育面积 1030 万亩（其中中央财政补贴抚育任务 210 万亩）。全省总计 1150 万人次参加植树活动，累计义务植树 5060 万株。通过积极努力，全省森林面积从"十一五"末的 3011 万亩增加到 2014 年的 3172 万亩，森林覆盖率从 60.2% 提高到 2015 年的 62%，森林蓄积量增长到 2015 年的 1.5 亿立方米。

2. 森林资源得到有效保护。一是启动天然林保护二期工程建设。每年均签订责任书落实管护责任，累计投入天然林保护工程专项资金 66216 万元，确保了天保工程区 689 万亩森林资源有效管护，并完成了 95 个森林管护站建设任务；二是提升生态补偿标准。累计投入生态效益补偿基金 92289.68 万元，全省生态公益林的补偿标准从 2011 年的每亩 17 元提高到 2015 年的每亩 23 元，生态公益林补偿标准处于全国前列。三是认真抓好全省林地保护利用规划的落实。海南省及全省 18 个市县的《林地保护利用规划（2010—2020 年）》全部通过同级政府审批。划定"三条红线"：林地（3165 万亩）和森林红线（3096 万亩）、湿地红线（363 万亩）和物种红线。四是保护区建设得到加强。完成了东寨港、尖峰岭、霸王岭等国家级自然保护区总体规划的修编工作；海南鹦哥岭省级自然保护区晋升为国家级，成为我省林业系统第七个家级自然保护区；全省总计投入 9190 万元用于保护区基础设施和管理能力建设。五是湿地资源得到逐步恢复。全省累计投入 1.2 亿元对东寨港、青澜港、黑脸琵鹭等自然保护区开展湿地保护及红树林修复工作，并加强对外交流合作，编制了"红树林生态修复手册"。六是森林火灾得到有效控制。全省累计投入资金 8002.68 万元，并建立专兼职森林防火队伍 55 支，相继建成海南省森林火险预警监测系统、海南省森林防火信息指挥系统和海南省森林防火通信系统，提高了森林火灾应急指挥、协调调度的能力，使森林火灾的受害率始终控制在 0.3‰ 以下，无重特大森林火灾发生。七是森林病虫害得到管控。全省总计投入资金 6660 万元，用于薇甘菊、椰心叶甲、金钟藤、桉树枝瘿姬小蜂和椰子织蛾防治工作。八是涉林犯罪得到严厉打击。先后组织开展破案攻坚战、"清网行动"、"六个专项"、"五个专项"、打击破坏古树名木、偷运风景树等森林资源违法犯罪及其他各类专项行动，2011—2015 年 10 月，全省森林公安机关共受理各类涉林案件 6668 起，查处 5975 起。

3. 林业产业得到快速发展。林业产业结构得到进一步调整和完善，二、三产业比例逐渐增大，林业产值以年平均 7.6% 以上的速度增长，2015 年预计林业产值可达 500 亿元。一是大力发展花卉产业。制定印发了《海南省人民政府办公厅关于加快全省热带花卉产业发展的指导意见》，全省花卉企业达到 640 家,花农 9510 户,从业人员达 4.65 万人。全省花卉种植面积已达 12.44 万亩,比"十一五"末增长 54.2%;年花卉销售额 16.5 亿元,增长 117.2%。二是木材加工业得到了较快的发展。目前,已经逐步形成以大型企业为龙头,中、小型企业共同发展的格局,预计 2015 年产值将达到 97 亿元。三是森林旅游业取得新进展。"十二五"期间,全省新建森林公园 16 处,其中国家级森林公园 1 处,省级森林公园 14 处,市级森林公园 1 处,全省森林公园总面积超过 250 万亩。2014 年底,全省森林旅游各项总收入达 60 亿元,游客总人数超过 2000 万人次。

四、 基础工作与能力建设

(一) 温室气体清单编制情况

在中国清洁发展机制基金赠款项目的支持下,我省完成了 2005—2014 年温室气体清单编制,通过编制温室气体清单,摸清了每年五大部门的碳排放源和碳排放量,提高了控制温室气体排放工作在省相关部门和市、县的认知度,普及相关温室气体排放知识。经过论证和实地采集的数据,为全省碳排放形势研判提供有力的支撑,也为控制温室气体、降低碳排放收集了历史数据。为巩固和保持温室气体清单编制工作成果,我委每年在省低碳专项资金安排一部分资金,重点支持相关市、县编制温室气体清单,通过资金引导解决一部分市、县经费问题,提高了市、县编制清单的积极性。定期编制温室气体清单已成为我省低碳发展的常态化工作之一。

(二) 温室气体排放数据统计与核算制度建设情况

1. 加强部门联动,设计制度。2014 年 4 月,我委牵头,联合省工业和信息化厅、省统计局印发了《关于加强海南省应对气候变化统计工作的意见的通知》(琼发改地区〔2014〕520 号),划出了海南省 5 大类应对气候变化统计指标体系(气候变化及影响、适应气候变化、控制温室气体排放、资金投入、相关管理),分工明确、责任清晰。

2. 制定应对气候变化统计工作方案。由省统计局会同省发改委、省工信厅定期组织召开应对气候变化统计工作会议,制定了《应对气候变化统计部门报表制度(试行)》、《政府综合统计系统应对气候数据需求表》,于 2015 年组织实施填报应对气候变化统计报表。

3. 成立海南省应对气候变化指标体系建设领导小组。印发了《应对气候变化统计工作领导小组成员名单的通知》(琼统〔2014〕22 号),领导小组组织协调应对气候变化统计工作,统一部署应对气候变化统计任务。

4. 建立海南省应对气候变化统计和温室气体排放和统计报表制度。制定了《海南省应对气候变化统计核算及相关管理制度》,建立了以能源平衡表为基础的碳排放核算核算方法,以及涵盖发电、电网、钢铁、化工等 24 个行业温室气体排放的核算方法;同时为提高我省应对气候变化统计能力,编写了《海南省应对气候变化统计核算制度研究及能力建设》培训教材,组织开展了海南省应对气候变化统计报表、海南省应对气候变化统计核算制度建设及能力建设等系列培训。

(三) 温室气体排放数据报告制度建设情况

按照国家发展改革委印发的首批 10 个行业企业温室气体排放核算方法与报告指南,2015 年 8 月,我省下达了《关于组织开展我省重点企（事）业单位（第一批）温室气体排放报告工作的通知》（琼发改地区〔2015〕1456号），正式启动对化工、建材、电力、钢铁等32家重点企（事）业单位（第一批）温室气体排放报告工作。鉴于编制温室气体排放报告是一项全新的技术性很强的工作，为推动工作顺利开展，组织开展了专题业务培训。为确保企业的排放报告的数据质量，组织安排第三方核查机构对排放报告的数据进行了核查，并于2015年10月份将温室气体排放达到13000吨二氧化碳当量的29家企业的排放报告与核查报告呈报国家发展改革委。

（四） 温室气体排放目标责任制度建立与实施情况

2012年10月，海南省人民政府办公厅印发了《海南省"十二五"控制温室气体排放工作实施方案》（琼府办〔2012〕168号），明确将二氧化碳排放强度下降指标完成情况纳入市、县经济社会发展综合评价体系和干部政绩考核体系，各市县政府和相关部门要对本地区、本部门控制温室气体排放工作负总责，加强对各市、县"十二五"二氧化碳排放强度下降目标完成情况的评估、考核，并将下降指标分解到各市、县。2014年，海南省人民政府办公厅印发了《海南省"十二五"单位地区生产总值二氧化碳排放降低目标责任评价考核办法（试行）》，正式启动了对市、县的降碳考核。省发改委牵头对各市县政府连续开展了两年的考核工作，考核结果也由省政府进行了通报。通过开展省内降碳考核工作，从而有效传递降碳任务压力和严峻形势，强化各级政府、机构组织低碳发展责任意识，树立低碳发展理念，形成碳减排考核长效机制。

（五） 低碳发展资金落实情况

低碳发展专项资金落实情况。2013年，我省从节能专项资金中切块安排低碳发展项目和工作经费191万元，支持我省编制2011—2012年温室气体清单等4个低碳课题项目，以夯实我省低碳发展相关基础性研究。2014年度安排低碳发展专项资金250万元，用于支持低碳产品标准、标识和认证制度研究、能力建设、降碳考核、低碳社区建设等低碳方面的工作，2015年度安排低碳发展专项资金250万元，用于支持碳排放权交易、2013—2014年度温室气体清单编制、低碳工作能力建设、降碳考核等方面的工作，为低碳试点省工作开展奠定了资金保障。

（六） 经济激励和市场机制探索实施情况

1. 积极组织申报节能减排专项资金。海南省交通运输厅积极申报部节能减排专项资金，获得资金补贴项目4项，天然气汽车在甩挂车道路运输中的应用、海南旅游客运统一调派系统、液化天然气公交车应用项目、洋浦港公共物流信息平台，绿色交通装备（天然气车船）项目。共获得"以奖代补"专项资金742万元。在财政性资金的引导带动下，有效带动了交通运输企业节能减排投资的主动性、积极性，绿色低碳调控激励引导作用成效显著。

2. 实施大力度的差别电价和惩罚性电价政策。差别电价标准远远高于国家规定标准，对超限额标准实行惩罚性电价，对水泥等行业加价标准最高为0.8元/千瓦时，对钢铁行业加价标准最高为0.5元/千瓦时。针对海南省用能特点，出台了炼油、造纸、甲醇、天然橡胶、甘蔗制糖、宾馆酒店、商场、超市、水产品加工、蒸压灰砂砖、蒸压加气混凝土砌块等多项地方能耗限额标准，加强执法监察，对超能耗限额标准实施惩罚性电价等整治措施。

3. 积极开展市场机制方面探索。2015 年初，海南省支持开展"海南省低碳产品标准、标识和认证制度执行长效机制课题研究"项目，研究制定了低碳产品认证的推广机制，通过引入市场机制等方式推动低碳产品的推广应用。将低碳指标纳入 A 级旅游景区创建和评定工作中，大力推广低碳建设。在对我省 A 级旅游景区的创建和评定的工作中，我委充分建议各旅游景区增加绿化面积、使用太阳能能源，使用低碳建筑材料和装饰材料，在山体、海边的旅游设施建设多采取架空、栈道等措施，尽可能减少对原地形、植被的改变，把低碳作为旅游景区评定的重要标准。同时鼓励景区景点采用节能环保材料，推广太阳能路灯、风光互补路灯的使用。

（七） 低碳产业园区/低碳社区等试点示范情况

1. 低碳产业园区试点示范情况。海南老城经济开发区于 2014 年获批第一批国家低碳工业园区试点。目前，老城开发区已形成软件和信息服务业、临港工业、新材料、农副产品加工、现代服务业等五大产业发展框架，2014 年，园区完成总产值 570.5 亿元，同比增长 16.1%。老城开发区将从加强产业低碳化发展、加强能源低碳化发展、加强低碳管理和加强基础设施低碳化发展出发，调整产业结构，优先发展低碳产业和应用低碳技术，使用清洁能源和可再生能源，节约能源和提高能效，加强低碳管理能力建设，建成国家低碳工业园区。

2. 低碳社区试点示范情况。2014 年 10 月，我委印发了《关于开展低碳社区试点工作的通知》，在海南省低碳试点（市、乡镇和园区）、生态示范市、循环经济园区、低碳园区、新农村建设示范地、学校、大型公共场所等地实施低碳社区试点创建工作。2014 年 12 月，经过认真研究筛选，最终确定了海口美兰国际机场、白沙元门乡罗帅村、保亭呀诺哒雨林文化旅游区等 9 个低碳社区试点创建工作。2015 年 11 月，我省启动了第二批低碳社区创建工作，目前已经收到了海口市、三亚市等部分市县报来的低碳社区试点方案，近期将对方案进行评审后，正式开展第二批低碳社区试点创建工作。

五、 主要体制机制创新

（一） 碳排放总量控制

在综合考虑各市县降碳目标进度完成情况、经济社会发展情况、我省重大项目投产情况、全省"十二五"降碳目标完成情况等多种因素，省政府办公厅下达了 2015 年度各市县二氧化碳排放控制目标，对各市县实行总量控制，确保各市县完成碳排放控制的指令性任务。

（二） 低碳评价指标体系研究

为推进低碳试点省建设，进一步加强对低碳城市、城镇、园区、景区、社区试点建设工作的指导，根据我省实际，组织编制了海南低碳城市、城镇、园区、景区、社区指标体系，并对现有的低碳试点进行了试评价，近期将印发实施。

（三） 海南省第二产业温室气体排放的评价制度与新项目准入标准研究

为规范我省第二产业结构，降低企业能耗，减少企业温室气体的排放量，从源头上控制温室气体的排放，规范项目准入，引导组织低碳生产和运营，降低组织温室气体的排放，实现企业低碳经济，在中国清洁发展机制基金赠款项目的支持下，开展了海南省第二产业温室气体排放的评价制度与新项目准入标准研究，研究成果近期将组织结题验收。

（四） 编制呀诺哒雨林文化旅游区低碳试点景区建设规划

遵循理念先行、因地制宜、有序推进、持续发力和分层嵌入原则，呀诺达旅游区，并在旅游区理念、设施、技术、产品、服务、管理等环节分层嵌入低碳功能单元与要素，逐步引导和推进旅游区节能减排和低碳化发展，建设海南省和国家低碳示范景区，引领海南省旅游业低碳转型，助推国际旅游岛建设发展战略推进。

（五） 推动低碳产品认证工作

着力推动低碳产品认证长效机制。首先，提出了水泥和平板玻璃两大高排放行业的低碳产品试评价方法，动员行业内重点企业先行开展认证工作。其次，针对电力、航空、石化、钢铁和旅游业等我省特色高耗能行业开展低碳产品评价方法研究。同时，提出低碳产品推广机制，发挥政府部门带头作用，将低碳产品认证机制与政府绿色采购相结合，鼓励、引导相关行业积极参与低碳产品认证工作。

六、 重要经验

2015 年我省结合自身经济社会发展情况和自然地理特点，坚持把海南岛作为一个整体，以"多规合一"试点统领各项改革，统筹划定全省统一的生态管控红线，确定开发建设边界线，促进我省绿色、低碳发展。

（一） 加强制度设计， 建立健全低碳发展政策体系

以规划为引领，以考核、统计、核算、盘查等一系列制度为保障，以年度计划和年终总结为督办方法，确保低碳发展方案明晰、分工明确、责任明白，初步形成低碳发展政策体系框架，保证控制温室气体、降低碳排放各项措施在规范环境中运行。我省陆续出台了《海南省人民政府关于低碳发展的若干意见》《海南省"十二五"控制温室气体排放工作实施方案》《关于推动海南省太阳能规模化利用的实施意见》《海南省应对气候变化规划》（2011—2020 年）等一系列相关政策文件，《海南低碳发展规划》正加紧组织编制，近期将颁布实施。

（二） 推动产业碳转型， 谋划低碳制造业和低碳产业园区

为优化产业结构培育新的经济增长点，省委、省政府从省情出发，在全国率先提出"低碳制造业"发展目标，把低碳制造业列为全省"十三五"规划12个重点产业，坚持以低碳为基础发展制造

业，在"中国制造"中找准海南定位。通过明确产业发展目标和在地方经济中的比重，制定产业规划，策划"十三五"期间的重点项目，细化分解任务。着力发展新能源汽车制造、新兴绿色食品加工、新能源新材料、海洋装备制造、新兴网络化制造等低碳制造业，力争到 2020 年全省低碳制造业产值达到 1400 亿元。部分市、县已将"低碳制造业"作为重点投资领域，纳入市、县"十三五"规划。按照功能定位设置投资强度、产出效率的同时，设置低碳标准指标，编制、论证《海南省园区固定资产投资项目碳排放影响评估暂行办法》《海南省园区固定资产投资项目碳排放影响评估暂行办法》和《海南省行业碳排放强度先进值》，对电力、民航、水泥、钢铁、化工和旅游产业设定行业先进值。

（三） 积极参与国际交流， 聚焦国内国际合作

根据国家发展改革委关于中美气候智慧型/低碳城市峰会的工作部署，按照省领导的批示精神，我省组成政府代表团、企业代表团参加在美国洛杉矶举办的中美气候智慧型/低碳城市峰会。我省代表积极参与美方参会企业进行洽谈交流，共同分享低碳发展经验的同时，寻求合作机会。三亚市在峰会上表示在城市低碳城市规划、低碳交通、绿色建筑等方面寻求与美方的合作机会。博鳌亚洲论坛聚焦全球气候治理新格局，深入探讨全球气候变化治理相关问题。

（四） 以碳排放强度和碳总量为双控， 严把项目准入关实现区域低碳化

我委按照"十二五"碳排放强度目标和碳总量控制指标，将全省总量分解到各个市、县，要求市县在新上项目时兼顾碳排放。我委印发 2014—2015 年碳排放总量增量限额，要求各市县从源头上控制温室气体排放的增长，并对各市、县的年排放量不定时进行跟踪、评价和督查。加强对重点排放单位的管控，跟踪全省 30 多家重点能耗企业耗能情况，对新增的、改扩建项目及新增企业探索进行碳排放评估制度。

（五） 打造农村低碳建设模式， 融入新型城镇化建设

围绕热带高效农业种植、热带特色旅游和田园城市、美丽乡村建设，探索农村低碳建设模式，因地制宜采取人工湿地治理、屋顶太阳能热水和光伏综合利用、电动车替代摩托车、节能灯和节能家电，我委运用低碳专项资金支持农村光伏建设，从建筑、用能、旅游、交通等方面，细化措施和评价体系，将低碳发展深入全省新型城镇化建设进程之中，建设美丽中国海南新篇章。

（六） 低碳发展认识不断提高

"十二五"期间，我省各市县政府的低碳认识不断提高，从被动参与到主动作为，为低碳建设做出自主贡献，陵水县按照低碳发展要求，加强几个湾区多重能源管理，通过在原有碎石废弃地，碳汇造林区恢复植被，碳汇林是全国首个县级碳汇基金碳汇林业示范项目。东寨港红树林湿地环境保护区划出林块，引进可口可乐等公司认养红树林。海航集团综合采用技术、管理等多种措施，实施航空和机场，"陆上"和"天上"全面减排，从滑行、起飞、巡航、落地等各个飞行阶段试行全流程燃油管控，通过研发智能清洗、采用新型喷涂、建立航空运输燃油效率评价指标体系实现精细减排，通过积

分换碳汇等方式，创新减排措施。低碳发展认识不断提高。

七、 工作建议

（一） 下一步工作考虑

1. 有效控制重点行业碳排放。电力行业，按照国家统一部署在电力行业建立温室气体排放标准，单位供电二氧化碳排放量低于国家控制目标。鼓励发展高效冷热电联产机组，支持燃煤电厂碳捕集、利用和封存示范工程建设。水泥行业，鼓励采用造纸污泥、脱硫石膏等非碳酸盐原料替代传统石灰石原料；化工行业，重点推广煤气化技术、高效脱硫脱碳、低位能余热吸收制冷等技术；造纸行业，加大废纸资源综合利用，科学合理使用非木纤维；食品、医药行业，要加快生物酶催化和应用等关键技术推广；交通运输业，全面落实行业节能减排中长期规划"十三五"目标任务；建筑业，提升并严格执行新建建筑节能标准，推广绿色建筑标准。控制农业、废弃物等其他领域碳排放。

2. 多方位推动低碳试点建设。继续落实国家低碳省区实施方案。从规划、建设、运营、管理全过程探索低碳城市、低碳工业园、低碳商业、低碳社区试点。继续推动森林碳汇建设，探索开展海洋碳汇工作。积极倡导低碳消费新方式。

3. 建立碳排放情况季度报告制度。切实数据支撑作用，按照季度监测我省碳排放情况、重点排放单位二氧化碳排放量，综合分析研判、动态跟踪全省碳排放。

4. 加强对外交流与合作。依托海南国际旅游岛和生态优势，推进海南省开展中美绿色合作伙伴计划，通过技术合作、示范和信息交流等方式开展低碳发展合作。结合"一带一路"、南南合作等重大发展战略，探索将我省打造成为亚洲地区共同应对气候变化方面的支撑平台。

5. 健全激励约束机制。按照国家统一部署参与全国碳排放权交易市场。落实国家应对气候变化法规标准，积极履行碳排放认证制度。完善适应低碳发展的财税和投融资体制机制。健全温室气体统计核算体系。加强人才队伍建设，加强低碳宣传。积极参与国际合作交流。

（二） 面临的挑战

1. 处于发展上升期致有效控碳较为困难。"十二五"以来，在国际旅游岛政策带动下，海南进入了一个发展的关键时期，全省城镇化、工业化进程进一步加快。随着居民生活水平不断提高，以及一批惠民生基础设施和调结构的重大项目陆续建成投入使用，带动了我省能源消费快速增长。但由于经济规模小，产业基础薄弱，近几年着力培育的低碳产业尚未形成规模等原因，现有经济体量以及产业存量特别是工业存量不足以抵消这些大项目投产快速增加和人民生活改善带来的用能需求，碳排放总量在一定时期内出现大幅增长。同时受"十二五"中后期经济增速放缓等客观因素影响，我省因能源需求刚性增长导致碳排放总量增长的趋势还将延续，有效控制碳排放客观上存在困难，碳排放强度总体上将呈现波动下降态势。

2. 我省可挖掘的节能降碳潜力相当有限。一方面，我省属于经济欠发达地区，碳排放强度绝对值不高，低于全国平均水平，特别是我省 19 个市县中有临高等 9 个国定和省定贫困县的碳源主要来自于生活领域，几乎没有下降空间；另一方面，我省油气化工、电力、浆纸、水泥等工业行业现有重点企业的主要单位产品可比能耗均已处于国内先进水平，有的已接近世界先进水平，像海南炼化、中海化学、中海建滔 3 家企业刚被评为 2013 年度全国能效领跑者标杆企业。

3. 以煤炭为主的能源消费格局难以改变。"十二五"期间，为有效控制温室气体排放，我省着力推动清洁能源建设，目前全省清洁能源装机容量已达全省发电装机容量的 40%，发电量占全部发电量的 21.9%。但因近年来全社会电力需求持续快速增加，海南福山和崖 13 – 1 等气田进入衰减期供气不足，以及中海油天然气公司采购于境外的 LNG 到岸价较高我省无法承受等因素影响，使能源消费结构调整受到制约。全省煤炭消费占全部能源消费总量的比例由 2010 年的 31.63% 被动上升至 2013 年的 38.55%，以煤炭为主的能源消费格局是我省当前无奈的现实选择，近期仍难以改变。

4. 财力有限，缺少激励性财政支持政策，部分低碳工作难以落地。受国内外宏观环境影响，海南省经济下行压力大，财政收入增速放缓，与支出刚性增长矛盾进一步加剧。同时，海南财政收入基数小，发展清洁可再生能源、低碳社区试点、推广低碳节能技术等措施缺少财政支持政策，难以落地。

（三） 政策建议

1. 支持海南省创建国家清洁能源示范省。包括完善基础设施建设，规划建设南海油气管道；支持优化能源结构，扩大清洁能源高效发展和利用；支持非化石能源发展，积极在海洋能源开发方面先行先试；安全发展核电；推进油气产业开发，支持能源装备制造业、节能环保产业发展，做大洋浦国际能源交易中心；支持能源体制机制创新，努力推动海南能源清洁化水平再上新台阶。此外，受欠发达省情、能源刚性需求及财政紧张等因素影响，省级层面加快调整能源结构难度较大，恳请国家加快推进陵水天然气气田的开发及优先保证海南省用气需求，加快推进昌江核电二期项目建设，在太阳能等清洁能源开发利用、LNG 推广应用电方面给予更多的政策、中央财政等方面的支持。

2. 建议根据各省区不同发展阶段，对降碳工作进行分类评价。针对各省区经济发展阶段和产业结构不同的情况，对各省区实行不同的控制尺度，将各省区划分为"重点降碳区"、"优化降碳区"和"缓冲降碳区"等三类地区。我省初期降碳基数较低，碳排放强度水平已经处于全国平均水平之下，且近几年我省下大力气围绕降碳开展了大量工作，但发展上升期面临的客观因素无法回避，恳请国家考虑将海南列入"缓冲降碳区"，允许碳排放强度在大项目的带动下，有一定幅度的合理增长。

3. 建议在全国碳排放权交易中考虑森林碳汇因素。增加森林碳汇是应对气候变化的一项重要工作，森林碳汇吸收二氧化碳排放也已成为当前国际气候公约的重要内容。因此，建议国家在设计全国碳排放权交易制度时，考虑森林碳汇的功能，纳入全国碳排放权交易。

4. 支持加强地区之间的合作交流。宣传低碳发展理念，学习好的经验做法，加强节能减排、碳捕集利用和封存等技术的交流与合作。支持在博鳌亚洲论坛设立应对气候变化永久性分论坛，为国际旅游岛建设增加新的内涵。

石家庄市低碳试点进展总结

根据国家发展改革委办公厅《关于组织总结评估低碳试点省区和城市试点经验的通知》要求，结合本市实际，总结评估如下：

一、 基本情况

石家庄市是河北省省会，地处华北平原腹地，北靠京津，东临渤海，西倚太行山，是首都的南大门。现辖8个区、9个县、5个县级市和1个国家级高新技术开发区，总面积1.58万平方公里，2015年全市常住人口1070万人（不含辛集市1007万人）。

（一） 经济发展水平

2015年地区生产总值5440亿元（不含辛集市5055亿元），年均增长9.4%，人均地区生产总值5万元。全部财政收入778.5亿元，年均增长15%。全社会固定资产投资5720亿元，年均增长19%。社会消费品零售总额达到2680亿元，年均增长13.7%。产业结构不断优化，三次产业比重由2010年的9.8:49.7:40.5调整为9.4:45:45.6。

（二） 能源消费状况

2015年能源消费总量3785万吨标煤，比2010年增长5.87%，能源消费是温室气体排放的主要来源。煤炭在能源消费结构中的比例不断下降，由2010年占一次能源的比重83%到2015年下降到74%，油品、天然气、非化石能源各占19.6%、4.2%、2.2%。全市单位GDP能耗由2010年的1.048吨标煤/万元下降到2015年的0.7658吨标煤/万元，累计下降26.94%，比2005年累计下降41.6%，超额完成试点方案确定的下降35%的目标任务。太阳能、生物质能等可再生能源发展迅速，截至2015年，建成农村户用沼气池37.8万户，建成大中型沼气工程45处，年产气量300万立方米；利用太阳能设备集热面积83万平方米；晋州秸秆热电、灵达垃圾发电等生物质能发电项目年发电量3.13亿千瓦时；井陉太科光伏电力有限公司25兆瓦光伏电站项目、河北捷高藁城6.6兆瓦光伏项目、平山宏润太阳能发电公司30兆瓦光伏电站项目均竣工投运。

（三） 碳排放情况

经初步估算，2015年石家庄市二氧化碳排放量为9200万吨，年均增长4.07%。单位生产总值二氧化碳排放量1.82吨/万元，比2010年累计下降29%左右，比2005年累计下降42.8%，超额完成试点方案确定的下降37%的目标任务，人均二氧化碳排放量8.6吨/万元。本市碳排放水平地域差异明显，西部地区煤化工、钢铁、水泥、钙镁等高碳产业聚集；中部地区战略新兴产业以及服务业集中，碳排放水平相对均衡；东部地区以农业为主，碳排水平较低，整体呈现西高东低的特征。

二、 低碳发展理念情况

一是建立组织领导机制。建立和完善由石家庄市应对气候变化工作领导小组统一领导，发改委牵头，各部门各司其职大力配合的工作格局，将试点建设任务分解到各县市区和部门，加强督导检查，确保稳步推进。二是编制石家庄市低碳经济"十二五"发展规划，明确是"十二五"期间本市低碳发展目标、重点任务和采取的政策措施。同时市政府办公厅印发了《石家庄市"十二五"低碳城市试点工作要点》，将八项重点工作分解下达市直有关部门。三是探索建立符合本市实际的低碳发展模式。为明显改善本市空气质量，石家庄市委、市政府提出了"正确处理经济发展'好'与'快'的关系，加快转型升级、跨越赶超步伐，强力推动省会绿色崛起"的低碳发展思路。在能源结构方面，实施削减煤炭工程，降低煤炭在能源结构中的比重，提高天然气、可再生能源的比重；在产业结构方面，坚决淘汰落后产能，严格涉煤项目准入，严控高耗能、高污染项目准入和扩大生产规模，大力发展现代服务业、战略新兴产业和节能环保产业，大力实施生态绿化工程。四是排放峰值目标的确定。2015年，对碳排放峰值进行了预测，并根据统计数据变化对预测数据进行了相应调整。经模拟计算，本市在采取较为有力的碳排放控制措施后，峰值出现在2025年，比国家目标提前五年实现达峰。

三、 低碳发展任务落实与成效情况

（一） 产业结构调整步伐加快

过去的5年，是结构调整力度不断加大，发展方式加快转变的五年。经济结构持续优化，三次产业比重由2010年的10.9:48.6:40.5调整到9.4:45:45.6。生产力布局日益优化。中东西区域协调发展战略深入实施，中部服务业增加值占全市比重达到71.5%，东部规模以上工业增加值占全市的比重达到42%，西部绿色屏障功能日益增强。工业强市战略成效显著。2015年全市规模以上工业增加值完成2117亿元，年均增长10.9%；利润达到790亿元，占全省的36%，年均增长13.8%。全市规模以上高新技术企业达到413家，增加值达到329亿元，年均增长18.5%。5年新增市级以上工程技术研究中心、重点实验室、企业技术中心338家，连续9次被评为全国科技进步示范市。服务业实现快速发展。商贸设施不断完善，成功列入国家电子商务示范城市、城市共同配送体系等10个国家级试点，电子商务、商贸物流、金融服务、文化旅游等现代服务业发展迅速，2015年服务业增加值完成2440亿元，年均增长10.5%。农业现代化步伐加快。粮食生产实现"十二连丰"，总产达到505万吨，蔬菜、林果、畜牧产业稳定发展，五年新增市级以上农业产业化龙头企业118家，农业产业化经营率达到65.5%，成功入选国家现代农业示范区。

（二） 能源结构调整取得突破

过去的5年，本市能源结构取得突破性进展，煤炭消费占一次能源的比重由2010年83%到2015

年下降到 74%，油品、天然气及可再生能源等所占的比重稳步提高。市区分散燃煤锅炉全部拆除，天然气"县县通"工程建设全部完成，光伏发电、煤改气、煤改电等工作正按计划顺利推进。累计压减燃煤 998 万吨、炼铁产能 158 万吨、炼钢产能 160 万吨、水泥产能 1850 万吨，提前 3 年完成水泥过剩产能压减任务。

（三）　节能降耗目标任务全面完成

一是超额完成节能降耗目标任务。"十二五"期间，本市单位 GDP 能耗比 2010 年累计下降 26.94%，超额完成省下达下降 18% 的目标任务。二是抓指标约束，强化节能降耗。每年均制定全市节能降耗工作要点，分解下达各县（市）区、重点企业和重点领域节能目标任务，形成横向到边、纵向到底的目标责任体系，建立健全月调度、季通报制度，实行总量和强度双重控制，加强监测分析预警，强化督导考核问责，确保完成年度节能降耗目标任务。三是抓重点企业，促进节能降耗。抓重点企业，实行月调度制度。"十二五"期间，本市千家企业累计完成节能量 339 万吨标煤，占"十二五"目标任务的 115%，超额完成目标任务。四是抓重点项目，推动节能降耗。制订下达年度重点节能技改项目建设实施计划，"十二五"期间，全市共实施锅炉提效、余热余压利用、电机系统节能、能量系统优化等节能工程 632 项，且全部竣工投运，实现节能量 397 万吨标煤。

（四）　绿色建筑稳步推广

一是大力推广绿色建筑。2015 年本市共有 8 个项目通过了绿色建筑标识专家评审，总面积达 57.24 万平方米；五年来，本市累计已有 46 项工程，430 万平方米的建筑达到绿色建筑标准，占总竣工面积的 26%。其中二星级以上绿色建筑 34 项，可再生能源建筑应用面积已达到 2035 万平方米。二是严格落实《石家庄市开展绿色建筑行动创建节能市工作方案》和《加快发展绿色建筑的实施意见》两个文件精神，扎实推进绿色建筑工作开展，同时加大宣传力度，编写《石家庄市推进建筑节能与绿色建筑宣传册》《石家庄市绿色建筑发展掠影》，宣传方针政策技术标准，提高社会公众对绿色建筑的认识。

（五）　低碳交通发展壮大

目前，轨道交通 1 号线和 3 号线已经开工建设，1 号线 2017 年建成投运。5 年来，累计淘汰黄标车 75411 辆；市区出租车已全部气化；加强公共交通体系建设，扩大公交线网，优化运力投放，居民出行公交分担比例持续提高，已达 37%。

（六）　废弃物处置能力不断提高

截止到 2015 年，全市垃圾转运站共计 147 座，提高生活垃圾回收率。加快生活垃圾集中处置设施建设，2015 年全市生活垃圾无害化处理达到 90% 以上。全市 70% 以上的规模化畜禽养殖场和养殖小区畜禽粪污实现无害化处理和资源化利用。

（七）　低碳生活意识不断增强

利用全国节能宣传周和低碳日以及广播、电视、报纸等新闻媒体，采取多方式、多渠道进行宣传引导，强化低碳消费意识，改变人们生活理念，倡导低碳起居、低碳出行、低碳饮食，不断提高城乡居民对低碳生活的认知能力，在全社会营造良好的低碳生活和消费氛围。

（八） 林业碳汇建设稳步提升

大力实施环省会周围绿化、环省会经济林带建设、绿色通道建设、太行山绿化、退耕还林、村屯绿化等造林绿化和生态建设工程，五年完成造林 260 万亩，森林覆盖率由 2010 年的 29.42% 提高到 37.2%，活立木蓄积量由 2010 年的 792 万立方米增加到 1053.5 万立方米，荣获"国家森林城市"和"全国绿化模范城市"称号。

四、 基础工作与能力建设情况

（一） 完成温室气体清单编制工作

编制温室气体清单内容和主要活动，控制温室气体排放的基础性工作，编制石家庄市 2010 年温室气体清单，掌握温室气体排放水平及分布特征。开发建立基于温室气体清单的碳排放信息数据库及分析系统，实现数据的录入检索、碳排放计算、统计分析及数学模型，动态跟踪碳排放分布、强度的变化。组织安排了碳排放数据分析会、碳排放清单工作安排会，组织安排了数据库、开发软件方案分析会，随后对先进城市温室气体排放进行了实地的考察调研的基础上，结合石家庄实际情况的前提下，完成温室气体清单编制。目前，温室气体清单编制工作已经完成。

（二） 完成石家庄市低碳发展路线图编制工作

石家庄市低碳发展路线图内容和主要活动，在掌握温室气体排放现状的前提下，对石家庄市碳排放趋势进行分析研究，预测不同情景碳排放轨迹。加大宣传力度，倡导低碳起居、低碳出行、低碳饮食，提高公众低碳意识，降低生活碳排放。组织安排了路线图工作安排布置会、路线图工作安排设计分析会、能源路线图研讨会、能源消费状况研讨会、低碳政策机制研讨会，期间石家庄市宏观经济研究所、河北科技大学、经济学院、按照各自的编写的章节，进行了实地、外地调研。目前，已完成编制工作。

（三） 完成石家庄市低碳产业示范社区实施方案编制工作

石家庄市低碳产业示范社区实施方案内容和主要活动，选取居住相对集中、设施相对完善、群众基础较好的以"春江花月"为代表性居住社区，研究如何在建筑节能改造、新能源和可再生能源利用、中水循环利用、垃圾分类与回收和社区绿化等方面进行改造提升，制定实施方案，在社区中逐步实现低碳生活方式和低碳消费模式，在示范基础上进行推广。目前，已完成编制工作。

（四） 完成石家庄市低碳产业示范园区实施方案编制工作

石家庄市低碳产业示范园区实施方案内容和主要活动。选取石家庄市高新技术开发区、循环化工基地作为产业低碳示范园区，结合产业聚集和园区建设，研究制定低碳化实施方案，实现园区发展的低碳化和可持续化，探索循环经济与低碳发展的有机结合，在示范基础上进行推广。目前，已完成编制工作。

（五） 石家庄市碳排放指标分解及考核体系研究编制情况

石家庄市碳排放指标分解及考核体系研究内容和主要活动。结合当地经济发展水平和碳排放特点，分析其减碳潜力，研究制定行之有效的考核机制和办法，分解落实碳排放量及指标。目前，征求意见稿已形成，预计 2016 年编制完成。

（六） 开展低碳进课堂活动

2015 年 5 月 11 – 12 日组织开展了全国中学教师应对气候变化培训石家庄站活动，对来自不同学校的 50 余名中学教师进行了低碳能力建设培训，并支持参加培训的教师返校开展分享会，对中学生普及低碳知识，践行低碳生活理念，石家庄站活动成果列入《中国应对气候变化的政策与行动 2015 年度报告》白皮书。

（七） 低碳发展资金情况

本市每年安排 100 万资金用于低碳项目。

（八） 推进低碳新区建设

正定新区是本市规划的第二中心城区，按照"低碳、生态、智慧"的理念建设，高标准规划设计，制定严格的新区产业准入标准，新建建筑全部按绿色建筑标准设计建设。在能源利用方面，优先采用清洁能源、可再生能源。在市政道路建设方面，积极推行综合管廊技术，积极推广使用世界最先进的太阳光谱灯照明，主干道路采用下凹式绿化带和露骨料透水混凝土慢车道结构。在体育中心、会展中心、商务中心等公建项目中系统应用雨水收集回用、生态降温、屋顶太阳能、光伏建筑一体化、地源热泵、空调自控系统等 14 项技术成果，确保把正定新区建成全国一流低碳新区。5 年来，累计完成投资 198 亿元，建成道路 20 条，"三纵三横"主路网框架基本形成，园博园、新区第一中学建成投用，特教学校、信息技术学校主体竣工，河北奥体中心、国际展览中心、综合商务中心等功能性设施加速推进。同时，积极申报国家低碳社区试点单位，引领带动全市低碳社区建设。2015 年本市推进桥西区汇通街道办事处塔谈村社区申报国家低碳社区试点单位。

五、 主要体制机制创新

编制了《石家庄市低碳发展促进条例》。石家庄以煤炭为主的能源结构和以传统工业为主的产业结构造成能源消耗持续增长，能源污染日趋严重，在国家发改委气候司的建议和指导下，本市拟制定《石家庄市低碳发展促进条例》（以下简称《条例》），该《条例》获得人大通过后将成为国内首个以低碳为题的城市立法。2013 年 6 月，该《条例》列入本市《2013 年立法工作安排意见》（石政函〔2013〕45 号），并列入《石家庄市人大常委会第五个五年（2013—2017）立法规划》（石人常办

〔2013〕34 号) 2015 年工作任务。我委委托石家庄市低碳经济发展协会与河北科技大学、河北省社科院、河北政法学院的专家共同组成起草小组，国家发改委气候司的领导也多次莅临指导。市人大先后 10 次听取了我委低碳立法情况汇报，经过 15 次重大修改，8 次征求各县（市）、区党委、政府和市直有关部门意见，6 次专家论证，目前已经市人大代表会审议通过。

六、 下一步工作

一是《石家庄市低碳发展促进条例》待省人大备案后，将向全社会颁布实施，将对本市促进低碳发展提供法律依据。二是通过完善和建立有利于节能减排和低碳发展的长效工作机制和体制创新，强化节能减排倒逼机制，注重运用市场和法治手段开展节能减排，促进全市绿色崛起。三是按照国家、省要求，继续对全市碳排放数据整理，引导重点企业编制完成碳排放清单，确保数据的真实、准确，为下一步碳交易打好坚实的基础。

秦皇岛市低碳试点进展总结

根据国家发改委《关于组织总结评估低碳省区和城市试点经验的通知》（发改办气候〔2016〕440号）要求，现将秦皇岛市低碳城市试点创建工作自评报告如下：

一、 基本情况

（一） 经济社会发展情况

秦皇岛地处东北、华北两大经济区结合部，陆域面积7812平方公里，境内海岸线162公里，辖海港区、北戴河、山海关、抚宁区四个城区，昌黎县、卢龙县、青龙满族自治县三个县以及秦皇岛经济技术开发区、北戴河新区两个经济区，人口307万。秦皇岛是中国最早的14个沿海开放城市之一，是中国投资硬环境"四十优"城市、全国十佳宜居城市、全国卫生城市和国家园林城市，并被国家确定为6+1改革试点。拥有秦皇岛港——世界第一大能源输出港。优越的投资环境，已吸引了57个国家和地区的客商前来投资。2012年本市创建低碳城市试点以来，市委、市政府团结带领全市人民，坚持以邓小平理论、"三个代表"重要思想、科学发展观为指导，深入贯彻习近平总书记系列重要讲话精神，主动适应经济发展新常态，围绕建设"沿海强市、美丽港城"目标，深入实施"开放强市、产业立市、旅游兴市、文化铸市"四大主体战略，统筹推进稳增长、促改革、调结构、抓协同、治污染、惠民生等各项工作，凝心聚力、攻坚克难、锐意进取、奋发作为，全市经济社会保持平稳健康发展，节能减排有序推进，生态环境不断改善。2015年，全市生产总值1250.44亿元，人均生产总值突破4万元，一般公共预算收入完成114.36亿元。城乡居民人均可支配收入分别达到28158元和10782元。规模以上工业增加值331.92亿元，服务业增加值627.72亿元，三次产业比重为14.2∶35.6∶50.2。固定资产投资892.45亿元，社会消费品零售总额631.33亿元，出口总额29.78亿美元。

（二） 能源和碳排放现状

"十二五"以来，本市能源结构调整取得显著成效，初步形成以煤炭为主体、电力为中心、石油天然气和可再生能源全面发展的能源供应格局。终端能源消费品种主要有电力、煤炭、焦炭、热力、天然气、液化石油气、汽油、柴油、燃料油及其他石油制品等10个品种。2015年，全社会能源消费总量为1027.78万吨标煤，其中电力消费135亿千瓦时，热力消耗2317吉焦，天然气消耗7.4亿立方米。在经济平稳增长的同时，本市能源利用效率逐步提高，能源消费总量小幅上升，碳排放强度呈总体下降趋势。2015年二氧化碳排放总量为3236.98万吨，万元生产总值碳排放强度由2011年的3.33吨下降至2015年的2.40吨，累计下降27.93%。

"十二五"期间全市二氧化碳排放量及强度

指标		2011 年	2012 年	2013 年	2014 年	2015 年
GDP（不变价）	亿元	1042.06	1136.57	1215.56	1278.03	1347.83
二氧化碳排放量	万吨	3475.13	3226.51	3257.51	3227.28	3236.98
二氧化碳排放强度	tCO/万元	3.33	2.84	2.68	2.53	2.40

（三） 京津冀协同发展情况

落实国家京津冀协同发展战略部署，围绕建设京津冀世界级城市群重要节点城市，明确了建设"一都三区一枢纽"（国际滨海休闲度假之都、国家生态文明示范区、京津冀区域融合创新先行区、现代服务业和战略性新兴产业引领区、东北亚物流枢纽），打造绿色发展"国际名片"的战略定位。主动承接北京非首都功能疏解和产业转移，积极推动承接载体建设，加快推进交通、产业、生态等重点领域率先突破，京唐秦城际铁路、京秦高速公路二通道等一批重大工程扎实推进。北戴河及相邻地区近岸海域深度综合整治列入国家规划，北戴河生态建设及功能疏解提升、北戴河生命健康产业创新示范区等一批重大事项获得国家支持。与京津对接合作取得实质性进展，对接合作项目达 95 项，中关村海淀园秦皇岛分园、秦皇岛（中科院）技术创新成果转化基地等一批项目落地。

（四） 生态环境方面

1. 实施"蓝天工程"。制定更加严格的准入标准，加快大气污染防治深度治理长效机制建设，实现大气质量持续稳定向好。大力实施压减钢铁等落后产能和控煤工程。深化工业企业治理，加强钢铁、电力、玻璃、水泥四大行业污染防治设施运行，确保稳定达标排放。加强昌黎县朱各庄镇、卢龙石门镇和海港区杜庄镇、石门寨镇、驻操营镇等重点区域治理，确保区域环境质量明显改善。强化燃煤锅炉整治，对城市区在用锅炉进行脱硫脱硝除尘升级改造。落实对施工工地、渣土场、堆料场等重点区域除尘抑尘措施，提高港口煤尘防治水平，大幅提升煤尘治理能力和治理效果。加强移动源污染防控，制定机动车船污染防治方案，加强车辆尾气治理，开展港口停靠船舶污染治理。

2. 实施"绿色家园工程"。按照"森林城市"标准，以城市、集镇、村庄和自然保护区、森林公园建设为"点"，道路、河渠、沿海绿化为"线"，成片造林绿化和农田防护林体系建设为"面"，统筹规划，分步实施，加快构建市域森林网络体系。推进北部山区生态屏障建设，实施生态防护林工程，以海滨、渤海、团林等国有林场为重点，实施生态隔离带和沿海基干林带改造提升工程，完成林木更新改造。在市域主要河流两岸及交通干线两侧，建设植物生态过滤带和生态隔离带。大力推进村庄绿化，扩大、优化、美化绿色生态空间。实施矿山复绿工程，坚决取缔非法采矿企业，实现露天矿山采掘业全部退出。实施沃土工程。积极推进山区综合开发，加强固体废物管控，强化危险废物处置管理。严守耕地红线、2015 年耕地保有量为 17.4 万公顷，与 2010 年持平。全面实施大气污染防治行动计划，"减煤、治企、控车、降尘、增绿"等工作成效显著，2015 年全年空气质量优良天数占全年的 74%。扎实推进节能减排，实施消煤降碳，压减钢铁产能，严格控制"两高　资"

和产能过剩行业新上项目。大力开展植树造林绿化工程，林地面积由"十一五"末的499万亩增加到526万亩，全市森林覆盖率达到45%，位居全省第二位。青龙满族自治县被评为"全国首批绿色发展县"。

（五）居民生活情况

秦皇岛市成为全省唯一入选中国幸福城市20强的城市，在入选地级城市中排名第一。城乡居民收入持续较快增长，2015年，城镇居民人均可支配收入和农民人均纯收入分别达28158元和10782元，年均增长10.6%和12.5%。教育现代化成效显著，各级各类学校办学水平和教育质量不断提升。文化铸市战略深入实施，公共文化服务体系不断完善。城乡医疗卫生设施建设力度加大，健康城市建设水平不断提高。城镇职工养老、医疗、失业、工伤、生育五项社会保险事业发展水平位居全省前列，城镇登记失业率控制在4%以内。

二、 低碳发展理念

在低碳城市试点创建工作中，本市注重加强组织领导和机制建设，遵循了六个发展原则，即坚持以经济发展为核心，低碳体系构建与经济发展相互促进原则；坚持高碳型能源低碳化利用与低碳型能源、可再生资源综合化利用并举原则；坚持科技先导、自主创新，推进技术进步原则；坚持政府引导、总体谋划、重点突出，市场化运作，提高竞争力原则；坚持全社会广泛积极参与、共同行动原则；坚持与现行节能减排、循环经济、生态经济政策相结合原则。科学编制规划，积极探索低碳发展模式，科学确定碳排放峰值目标，将绿色循环低碳发展理念融入经济、社会、文化等各个层面。

1. 明确低碳城市发展理念和路径。构建一条"控源→减碳→碳汇"的低碳城市发展路径，高碳产业低碳化，打造低碳产业链，保障低碳城市治理主体的行动与低碳城市的目标一致，引导城市走向低碳经济的发展路径。

2. 加强组织领导和机制建设。自2012年12月被列为国家第二批低碳试点城市以来，本市高度重视，成立市政府主要领导为组长的应对气候变化和低碳城市试点工作领导小组。建立联席会议制度，定期听取各县区及各成员单位落实全市低碳试点建设实施意见工作情况汇报，及时分析和解决各县区和各部门在推进低碳试点建设过程中存在的问题和困难，将资源消耗、环境建设、生态效益等绿色低碳指标纳入县区党政班子年度考核体系，进一步贯彻部署国家、省在应对气候变化和推进绿色低碳发展方面的方针和政策，强化统筹协调，确保各项低碳试点城市建设工作有序推进。

3. 强化顶层设计和规划引领。组织编制《低碳城市试点建设实施意见》《低碳经济发展规划》《生态文明市建设规划（2009—2020）》《大气污染防治行动计划实施方案》《北戴河近岸海域环境综合整治工作方案》等规划和实施意见，形成完整、科学和可操作的规划体系，谋划了应对气候变化与低碳经济发展战略，为建设低碳城市、完成温室气体控制目标、实现低碳发展、绿色发展奠定了坚实基础。

4. 探索低碳发展模式。在整个经济社会运转的过程中，利用技术创新和制度创新促进能源低碳化，促使企业生产和居民生活低碳化，发展碳汇技术来降低已经排放的二氧化碳含量。利用政策工具，研究制定高耗能行业转型升级、链形发展、结构优化和企业退出政策，充分发挥政府对高耗能行业监管作用，推进钢铁、建材、化工、电力、煤炭等高耗能行业区域限批制度，提高高耗能行业准入标准、用能技术标准、碳排放总量控制标准和其他设备能耗标准，逐步将产业发展引入低碳化轨道。发挥政府财政补贴或补助资金的激励机制，健全节能减排、低碳工程建设、低碳技术研发投入等补贴制度，推动全市低碳发展。加大政府对节能产品、低碳设备的采购力度，建立健全政府低碳化财政支付制度。

5. 科学确定碳排放峰值目标。根据本市低碳发展规划以及有关数据测算，提出到 2025 年左右本市达到二氧化碳排放峰值，并以峰值节点倒逼产业转型，加快形成以绿色、低碳、环保、循环为特征的产业体系，逐步建设一次能源高效利用的技术支撑体系，建成一批具有引领示范功能的新能源产业增长极，努力在峰值年到达前，形成符合市情的低碳生产生活方式。

三、 低碳发展任务落实和成效

开展试点创建工作以来，本市积极落实试点工作实施方案和任务要求，稳步推进能源结构优化，推进碳排放控制，完善低碳发展区域格局和产业政策，初步形成低碳排放的产业体系。加快推进低碳城镇化，积极推行绿色建筑、低碳交通，大力倡导绿色生活方式和消费模式，建设低碳产业园区、低碳社区。实施废弃物处置项目，促进森林恢复和增长，开展近岸海域治理，增加碳汇，减缓气候变化。经过不懈努力，基本完成试点方案确定的阶段性目标任务。

（一） 低碳生态体制机制逐步完善

1. 节能减排倒逼机制初步建立。建立了新增能耗总量控制制度、固定资产投资节能评估和审查制度、城市建筑节能审查制度，严格落实节能责任制度，将全市的万元 GDP 能耗下降指标任务落实到区县、重点用能部门和单位。建立了污染排放总量减排倒逼机制，突出源头治理，降低污染物排放量，通过关停淘汰、减量置换等措施，加大对高耗能高污染企业污染，加强对全市重点用电企业和污染排放大户的管控。

2. 生态文明试点示范顺利推进。坚持把生态文明建设作为推动经济社会发展的系统工程，大力整合各方资源和力量，积极参与国家和河北省节能减排、循环经济、生态环保等生态文明相关试点示范工作。"十一五"以来，先后获得了创新型城市试点城市、低碳城市试点城市、全国绿化模范城市、全国十佳宜居城市、全国创建文明城市工作先进城市、全国十佳生态文明城市、首批中国优秀旅游城市国家园林城市、旅游综合改革试点城市、国家生态文明先行示范区等一系列荣誉称号，生态文明建设取得了明显成效。

（二） 多措并举调整产业结构

本市大力推进产业转型升级，将其作为掌握经济工作主动权，确保经济行稳致远的重要途径。加快构建以战略新兴产业为先导、先进制造业和现代服务业为支撑的现代产业体系，切实增强产业核心竞争力，加快产业转型升级，在构建现代产业体系上有新作为。发展新兴产业做加法。加强研发和推广节能技术、环保技术、低碳能源技术，加快高端装备制造、新能源、节能环保等新兴制造业发展。

到 2015 年，中高端产业占比由 2010 年的 30.4% 提高到 44.9%，其中装备制造、电子信息制造业占比分别达到 39.5% 和 5.4%。化解过剩产能做减法。开展三年攻坚行动，持续压减炼铁、炼钢、水泥产能。累计压减炼铁产能 375 万吨、炼钢产能 210 万吨、水泥产能 494 万吨，全市玻璃、钢铁、水泥等产业占比由 2010 年的 31.1% 降到 23%。实施创新驱动做乘法。推广创客空间、创新工场等新型孵化模式，培育锂电池产业化、机器人等新增长点。开展降本增效做除法。推进行政审批、财税、金融等领域改革，切实降低企业用电、融资、物流、税费、社保费用等经营成本。

（三） 优化提升能源结构

以发展风能、太阳能、生物质能等清洁能源为重点，实施了一批风电、垃圾发电、光伏和生物质能项目。累计实现光电装机容量和并网规模 10 万千瓦时，风电装机容量和并网规模 4.8 万千瓦时，生物质能装机容量及并网规模 1.8 万千瓦时。推进农村清洁能源利用。累计推广高效清洁燃烧炉具 7.6 万台，发展户用沼气 1 万个，建设大中型沼气工程 18 处，太阳能多能互补采暖房 1 万平方米。实施天然气替代燃煤锅炉和压减落后产能工程，煤炭消费比重呈逐年下降趋势，由 2005 年的 72.68% 下降为 2015 年的 41%。天然气消费比重逐年提高，天然气占能源消费比重为 7.2%。

（四） 节能降耗和能效提高成效显著

多领域、全方位推进节能工作，用能效率显著提高。"十二五"期间，万元生产总值能耗呈总体下降趋势，由 2011 年的 1.06 吨标煤/万元下降到 2015 年的 0.7626 吨标煤/万元，累计下降 20.93%，超额完成"十二五"目标任务 23.1%。一是科学分解目标任务，制定工作要点。按照省市政府的统一安排和要求，为明确目标，落实责任，每年年初将全市年度节能目标与工业经济发展目标一并分解下达到各县区，签订目标责任书，严格实施节能目标责任管理考核制度。制定节能减排削煤降碳工作要点，在落实目标责任、抓好压产减煤工作和力求重点领域突破等 7 个方面，明确了 35 项具体工作内容，对涉及本市的压减钢铁产能及削减煤炭消费量目标任务进行了层层分解。二是加大节能技改和设备更新改造，大力推进技术节能。着力加快能源回收利用，促进企业节能降耗，在高耗能行业重点实施了余热余压利用、燃煤工业锅炉节能改造、电机系统节能改造、电机能效提升、能量系统优化、绿色照明等节能降耗工程。大力推广干熄焦技术、高炉煤气锅炉技术、连铸连轧技术以及自动化控制技术等，能源利用效率得到了进一步提高。重点实施了安丰钢铁有限公司高炉煤气余压发电项目、秦皇岛首秦金属材料有限公司炼钢系统天然气节能改造和秦皇岛秦热发电有限责任公司汽轮机节能技改等重点节能技术改造项目。"十二五"以来，本市累计实施 353 个项目，实现节能量 151.51 万吨标煤。三是抓好重点企业节能管理。加大用能监控力度，对重点能耗企业实行能源管理档案"一企一册"制度，对各县区及用能大户进行监测分析，实行月监控、季调度和季度晴雨表通报制度，对于用能异常情况及时预警。推进实施重点能耗企业节能低碳行动，制订印发《秦皇岛市十二五"百家"重点企业节能降碳行动计划》，明确了全市重点企业节能降碳工作目标、重点任务和保障措施，为实现全市节能降碳目标任务提供了强有力的支撑。强化重点用能单位能源管理建设，全市重点用能单位均设立能源管理岗位。积极组织全市"千家"企业完善节能管理措施，加快能源管理体系建设，强化目标考核，确保各项节能措施落实到位。实施全市"百家"重点耗能企业节能低碳行动，重点企业累计实现节能量 99.6 万吨标煤，超"十二五"目标任务 19.4%。四是严格项目准入，加大执法监察力度。按照权力和责任同步下放，调控和监管同步强化的原则，制定印发了《关于进一步规范固定资产投资项目节能评估和审查工作程序的通知》。按照审批权限，对固定资产投资项目节能审查实行了分级管理和分类评估，并制定了严格的项目能耗准入标准和煤炭等量代替制度，建立了日常督导检查、项目竣工验收和节能评估月报告等 5 方面后续监管机制。"十二五"以来，全市累计审批固定资产投资项目 2134 项，其中评审类项目 276 项，登记类项目 1858 项。加强节能监察能力建设，2015 年对全市 18 家企业进行了节能执法监察，向 4 家企业下达了整改通知书。五是大力推进循环经济工作。强化 5 个省级循环化园区建设，在开发区重点打造现代食品加工制造循环经济链和能源制造循环经济链，在集发生态农业示范园区打造有机蔬菜水果种植和休闲农业旅游观光循环经济链。在山神庙循环经济园区以唐钢炉料等企业为龙头大力发展循环经济产业链配套产业，在卢龙工业园以佰工钢铁等重点循环经济企业为龙头组建循环经济产业链，在杜庄工业聚集区形成金属压延、新型建材、装备制造、仓储物流四大产业集群，打造互相促进、互相依托的循环经济园区。重点推进循环经济示范企业和项目建设，大力推进骊骍淀粉、云冠栲胶、首秦公司、佰工钢铁等 4 个省级循环示范企业建设。六是大力开展资源综合利用认定工作。抓好煤矸石、粉煤灰等本市废弃物产生量较大行业的资源循环利用，指导企业按照要求申报综合利用初审认证，全年累计认证资源综合利用符合条件的企业 17 家。截至 2015 年，全市共有资源综合利用认定企业 35 家，初步统计累计利用固体废弃物 150 万吨，利用余热 18.64 百万千焦，利用高炉煤气、转炉煤气 18 亿立方米。

（五） 低碳绿色建筑蓬勃发展

在全省率先建立绿色建筑"1＋1＋8"管理和技术体系，低碳绿色建筑发展处于全省领先水平。北戴河新区成功创建"国家级绿色节能示范区"。与德国成功合作建设全国首个被动式超低能耗绿色住宅示范小区，列入国家发改委 2013 年"煤炭、电力、建筑、建材行业低碳技术创新及产业化示范工程项目"，原住建部姜伟新部长等领导多次现场视察指导。"在水一方 A 区"、"数谷大厦"分别被评为 2013 年度全国绿色建筑创新二、三等奖。同时，促进单项技术示范向技术集成示范转变，单体项目示范向规模化示范转变，全市行政区内新建民用建筑全部执行绿色建筑标准，施工阶段节能强制性标准执行率保持在 100%。

（六） 低碳交通体系初步形成

结合城市空间布局调整，大力推进低碳交通，实施公交优先战略。推进镇村公交发展，实现"村村通公交"，县城 20 公里范围内农村客运公交化运营率达到 30%。鼓励新能源技术在交通运输装备中的应用，"十二五"期间，改造油罐车 192 台，更新新能源公交车 448 台，淘汰客运黄标车 317 台，更新混合动力出租汽车 1242 台。柴油消耗比 2014 年减少 5419 吨，PM2.5 排放比 2014 年减少 2.7 吨。

（七） 废弃物处置能力稳步提升

实施北戴河近岸海域综合整治，开展固体废弃物处置等工程，推进全国卫生城市建设。努力实现垃圾的无害化处理与再利用，实施餐厨垃圾、建筑垃圾、医疗垃圾处理项目和垃圾一体化等项目13项，总投资6.93亿元。全市1649个行政村实施"村收集、镇转运、县区处理"垃圾收运处理模式，新建生活垃圾中转站40个，对工业垃圾、建筑垃圾、餐厨垃圾、生活垃圾和固体废弃物等垃圾进行分类处理，建立了垃圾收运分类体系。全市日处理生活垃圾能力达1000吨，固体建筑垃圾日处理能力达1.6万立方米，医疗垃圾日处理规模达10吨，餐厨垃圾日处理能力达150吨。城市生活垃圾无害化处理率、危险废物综合利用和安全处置率均达到100%，规模化畜禽养殖场和养殖小区畜禽粪污资源化利用率达到了90%以上。

（八） 低碳生活方式和绿色消费模式逐步建立

邀请中国能源研究所周大地研究员对全市领导干部做"低碳发展和转变经济发展方式"专题讲座，开展形式多样的宣传活动，倡导低碳绿色生活方式，营造了浓厚的低碳生活氛围。加强全社会生态文明教育和科普宣传，培育绿色文化，弘扬生态道德，提高全民生态文明素养，形成生态文明社会新风尚。广泛开展生态文明先行区创建活动，推动绿色机关、绿色学校、绿色社区、绿色家庭等群众性创建工作。推行健康文明的生活方式，在全社会倡导勤俭节约的低碳生活。联合全市14部门制定出台了组织开展全国节能宣传周相关宣传活动的通知文件，组织电视、广播、报纸等媒体播出、刊登倡导节能低碳方面的宣传资料，发送节能低碳方面常识等信息25000条。统一制作了节能和低碳宣传画册3000套，在全市机关单位、重点耗能企业、车站、学校等公共场所进行张贴宣传。

（九） 碳汇能力不断增强

重点开展植树造林、扩大绿地面积和湿地和海岸线生态恢复。实施了"绿满秦皇岛"工程，进行荒山荒地绿化、沿海基干林带改造、经济林基地建设、沿海防护林、河流沿线绿化等工程建设。"十二五"期间累计投入6.92亿元，人工造林60万亩，封山育林52万亩，林地面积增加至526万亩，建成了我国北方最大的沿海防护林带，活立木蓄积460万立方米，森林覆盖率达到45%，"十三五"末森林覆盖率力争达到60%，森林碳汇能力得到大幅提高。扩大城市公共绿地规模，建成区绿化覆盖率、绿地率和人均公园绿地面积分别达到40.03%、38.47%和19.33平方米。努力打造城市园林景观带。以公共规模绿地为重点，实施了汤河带状公园、秦皇植物园、北戴河湿地生态修复、公园游园建设、节点塑景、道路景观提升等一批重点工程。开展湿地保护工程，编制《北戴河湿地和鸟类保护区海滨管理区详细规划》，建立对全市重要湿地及野生鸟类主要栖息地全覆盖的监测网络，推进黄金海岸湿地、北戴河沿海湿地、青龙县青龙湖流域3个国家级湿地公园建设，强化对全市61106公顷湿地的保护和恢复。

四、 基础工作与能力建设

试点工作开展以来，本市注重能力建设，建立了低碳发展体系，夯实了工作基础。

（一） 开展基础数据研究

组织编制温室气体清单，编制完成能源、工业、农业、土地、林业、废弃物处理5个专项18个清单。完成 2005、2010 和 2012 年温室气体清单总报告，对各领域排放源进行了界定，确定了温室气体排放总量及构成，明确了节能降耗减碳工程建设的主要任务和路径，为开展试点创建工作奠定基础。

（二） 开展碳排放权交易前期准备

对全市 8 个行业的 28 家纳入省碳排放权交易体系的重点企业开展温室气体排放报告核查工作，争取合理碳排放配额，做好碳排放权交易前期准备。

（三） 建立目标责任制

研究各行业、县区、园区的温室气体排放特点及减碳潜力，编制《碳排放指标分解机考核体系研究报告》，提出了构建碳排放考核指标体系的主要思路、基本原则、考核主体、考核指标、框架体系和核算方法，科学引导各区域和各领域深入开展减碳工作。制定《低碳试点城市建设实施意见》，开展碳排放指标分解及考核体系研究工作，对各县区、各部门所承担的工作任务和指标进行细化分解。

（四） 建立低碳发展专项资金

建立市级节能低碳项目备选库。每年安排市级财政节能低碳专项资金 2000 万元，累计对 50 余项节能低碳等项目给予扶持，实现节能量约 6.5 万吨，减排二氧化碳约 17.03 万吨。

（五） 积极开展低碳社区示范建设工作

开展海港区"在水一方"和青龙大森店村低碳社区示范建设。"在水一方"社区项目吸收消化了德国被动房技术，研究制造了符合我国建筑规范的"中国被动式"低能耗建筑，被住建部列为全国首个"被动房与低能耗建筑示范项目"。青龙县大森店村项目全部采用太阳能供暖设备，年节约标煤 538 吨，减少碳排放 1419 吨，建筑墙体采用多孔页岩砖，生活区污水实行统一处理，生活垃圾分类清运，村民生活和居住环境得到极大改善。

五、 体制机制创新

（一） 将生态立市作为城市主导战略

近年来，市委、市政府坚持绿色低碳发展，市委十一届八次全会确定把"生态立市"作为城市发展主战略，提出建设京津冀城市群中生态标兵城市的目标。宁可牺牲发展速度，也要走低碳生态发展道路。坚决不以牺牲生态环境和岸线资源为代价换取经济发展，全市上下坚决划定生态空间红线，发展绿色低碳循环经济。持续推进生态文明建设，积极创建国家低碳城市、国家园林城市和国家生态文明先行示范区。2015 荣获"全国十佳生态文明城市"称号。

（二） 将低碳理念融入城市规划， 构建生态导向型城市空间布局

以提升北戴河生态质量为核心，拓展城市区发展空间，实现抚宁撤县设区，加快昌黎与中心城区融合发展。加快建设城市滨海组团带、城市拓展区和具有滨海特色的中小城镇群，着力构建以综合交

通体系为纽带，与生态资源相融合的新型城镇空间布局结构。加快北戴河新区全国绿色节能建筑示范区建设，逐步建立消费模式绿色、生活方式低碳、城市运营节能的生态设施体系。探索在北戴河新区采用"TOD"（以公共交通为导向）的开发模式，完善快速巴士、轨道交通、城市步行系统、自行车、电瓶车交通等多种公共交通方式，确保多种交通方式协调共存和紧密衔接，减少车辆交通和居民买车需求，在交通方式上做到低碳先行。

（三） 实施低碳试点建设的流程化管理

探寻城市碳足迹，明确低碳试点建设的基础框架。建立一个包括排放清单、排放源和排放因子的碳排放核算框架和基准。设立城市愿景，制定低碳目标。开展城市温室气体减排潜力和成本分析，确定城市温室气体减排的目标，并分解为可衡量的行业性指标。制定城市减排行动方案，建立长效机制，监测、核实和报告温室气体排放情况。

六、 低碳试点经验

（一） 打造北戴河生命健康产业创新示范区

运用绿色低碳发展理念推进产业生态化，将北戴河新区作为低碳园区的示范区。坚持人文生态立区、新型产业兴区，以健康服务、高端旅游、科技研发、商务会展、文化创意、总部经济等低碳业态为主导绿色产业体系。规划55平方公里建设具有滨海特色的"国际健康城"，总投资75亿元，整体承接首都卫生医疗、健康养老、教育科研、休闲旅游等功能转移，打造生命健康服务业、生命健康制造业和健康农业三大板块，高端医疗服务和生物医药产业双轮驱动，康复疗养、养生养老、健康管理、健康医疗旅游、医学会展、医疗器械协调发展的产业格局，形成"药、医、养、健、游"五位一体的生命健康产业集群。示范区得到中央领导高度重视，克强总理、高丽副总理分别做出重要批示，陈竺副委员长和齐续春副主席多次听取专题汇报，充分肯定示范区定位和发展思路。目前核心区已开始启动建设。

（二） 大力推行绿色低碳旅游消费

推出低碳旅游产品、低碳旅游服务和低碳旅游项目，开拓休闲度假、体育健身、自驾游等低碳休闲度假产品市场，相继推出了长城之首经典之旅、滨海休闲度假之旅等10余条低碳经典旅游线路。开展低碳旅游基础设施建设，建设多条滨海自行车骑行道路和中国最长亲海沙滩木栈道，连续10年承办世界徒步大会，连续3年组织国际马拉松赛事。开通南娱、乐岛等7条旅游公交线路，倡导绿色旅游，开展绿色饭店和生态旅游区创建，星级以上酒店全部使用天然气、太阳能、地热能等清洁能源并广泛应用LED照明、节能电梯、节能洁具等高效节能设备。目前全市拥有国家银叶级绿色星级饭店13家。

七、 工作建议

（一） 建立国家和地区碳排放数据库

建立基础排放数据统计体系，构建符合当地特点的排放因子数据库，因地制宜制定碳排放配额和污染物总量指标分配定额，量化指导碳减排工作。

（二） 建立京津冀碳排放权交易协同创新中心

探索建立以碳排放权交易为核心的市场体系和机制，加快建立和完善碳排放交易市场及管理制度，促进碳交易市场走上规范化、法制化的轨道。

（三） 建立京津冀低碳城市交流合作平台

加强京津冀各城市低碳领域的区域合作，引进消化节能技术、能效提高技术和可再生能源利用技术等，积极开展具体项目的合作，推进低碳城市建设在更广阔领域发展。

（四） 制定对国家低碳城市试点建设的支持政策

设立专项资金支持重大低碳发展项目。鼓励支持国家低碳试点城市实施影响较大的低碳重大项目，提升国家低碳试点城市发展的基础能力和低碳产业发展水平，提高低碳试点城市的引领示范能力。

晋城市低碳试点进展总结

按照《国家发展改革委办公厅关于组织总结评估低碳省区和城市试点经验的通知》（发改办气候〔2016〕440 号）的相关要求，对晋城市国家低碳城市试点工作情况进行了自评估，现将自评估情况报告如下：

一、 基本情况

（一） 综合经济实力明显增强

全市地区生产总值由 2010 年的 730.5 亿元增加到 2015 年的 1040.2 亿元，年均增长 8.4%；人均生产总值则由 32329 元增加到 44933 元，年均增长 7.8%；财政收入由"十二五"末的 153.2 亿元增加到 192.5 亿元，年均增长 4.7%。"十二五"时期固定资产投资累计完成 4076.7 亿元，是"十一五"时期的 2.82 倍。2015 年，社会消费品零售总额达到 358.8 亿元，增长 5.1%；海关进出口总额 9.0 亿美元。

（二） 产业结构显著优化

"十二五"时期，晋城市不断加大产业结构调整力度，着力转变经济发展方式，产业结构调整得到优化，三次产业的比重由 2010 年的 4.2∶63.6∶32.2 调整到 2015 年的 4.7∶55.4∶39.9。现代农业稳步发展，农业综合生产能力显著增强，全市粮食总产量达到 96.2 万吨，粮食亩产量达 360.1 公斤，刷新了历史纪录。工业内部结构不断得到优化，煤层气、装备制造、现代煤化工、新材料、电子信息、新能源汽车等新兴产业发展势头强劲。服务业发展加快，全市服务业增加值由 2010 年 232.5 亿元增加到 2015 年的 414.7 亿元，年均增长 12% 以上。

（三） 城镇化进程不断加快

2010 年晋城市常住人口 228.0 万人，人口抽样调查结果显示，2015 年末全市常住人口为 231.5 万人，人口总量持续增加；城镇化稳步推进，全市城镇化率由 2010 年的 51.04% 上升到 2015 年的 57.42%，年均提升 1 个百分点。2015 年居民人均可支配收入为 19352 元，比上年增长 8.1%。

（四） 社会事业全面发展

"十二五"期间，晋城市科技、教育、文化、卫生等各项事业投入力度不断加大，城市和农村惠民工程全面推进，城乡生态环境质量显著提高。全市申请专利量达 4867 件，累计取得各类科技成果 295 项，完成新产品、新技术开发 500 多项；全市累计城镇就业 18.83 万人，转移农村劳动力 13.23 万人。全市森林覆盖率、城市绿化覆盖率、城市绿地率、人均公共绿地分别达到44%、45.6%、43.2%和15.5平方米。先后荣获"中华宝钢环境优秀奖"、"中国区环境规划优秀示范城市"、"中国人居环境范例奖"、"迪拜国际改善居住环境最佳范例奖"和"国际友好城市交流合作奖"。先后获得国际花园城市、国家园林城市、国家循环经济示范市和全国新能源汽车推广应用示范市等多项荣誉称号。

（五） 能源生产消费现状

1. 能源生产情况。能源生产以原煤、火电、焦炭、煤层气为主，2015年原煤产量达到9138万吨，火电发电量229.7亿千瓦时，焦炭产量45.4万吨，煤层气34.7亿立方米。一次能源生产中，煤炭所占比重保持在94%以上；二次能源中，火力发电装机容量达到457.8万千瓦时。煤层气发展迅速，瓦斯发电达到17.9亿千瓦时；光伏等新能源发电量达7958万千瓦时。

2. 能源消费情况。晋城市经济结构重型化特征明显，能源消耗量较大。2015年，全市能源消费总量1472.76万吨标煤，较2010年增长25.5%。能源消费以第二产业为主，占全市能源消费总量的87%。工业能源消耗占全市的比重一直保持在85%左右，其中煤炭、炼焦、化工、建材、冶炼和发电等六大高耗能行业能耗占全市工业能耗总量的92%。

3. 能源消费结构与效率。能源消费结构以煤炭为主，初步预计，2015年燃煤、燃油、燃气占规模工业能耗的比例约为83∶0.4∶5。与"十一五"末相比，煤炭比例下降了约5.8个百分点，燃气比例增加了约0.4个百分点，能源结构得到一定程度优化。2015年，晋城市能效水平不断提升，单位GDP能耗较2010年下降了16%。

（六） 温室气体排放现状

根据《晋城市温室气体清单（2005、2010）》显示，晋城市温室气体排放以二氧化碳和甲烷为主，分别占排放总量的68%、30%左右。二氧化碳排放主要源于能源活动和工业生产过程排放。其中化石能源燃烧排放量占全市二氧化碳排放总量的96%以上，工业生产过程排放约占4%左右。排放行业主要集中于火电、化工、钢铁和建材等传统行业，其中火电和钢铁两大行业排放量约占52%。从排放领域来看，工业部门约占90%，交通运输、居民生活和服务业等其他部门仅占7%左右。甲烷排放主要源于煤炭开采活动、农业、废弃物领域。其中煤炭开采、矿后活动逃逸和煤层气开采利用占全市甲烷排放总量的97%以上，农业部门的动物肠道发酵和粪便管理系统占1%左右，废弃物领域甲烷排放占比不到1%。

根据统计部门提供的核算数据测算，2013年、2014年全市二氧化碳排放总量分别为3170.5万吨、3184.1万吨，万元地区生产总值二氧化碳排放量分别为3.14吨、3.01吨。预计2015年全市二氧化碳排放总量为3154.5万吨，万元地区生产总值二氧化碳排放为2.89吨，比上年下降4.13%，与2010年相比下降19.01%，完成试点方案规定下降19%的目标任务。

二、 低碳发展理念

（一） 建立了低碳发展的管理体制和工作机制

试点工作开展以来，本市已经形成较为完备的低碳发展管理体制和工作机制，为全市应对气候变化和低碳城市试点工作提供了有效的体制机制保障。

1. 成立了领导组织机构。为统筹组织、协调、部署全市应对气候变化和低碳试点工作，成立了全市国家低碳城市试点工作领导组。领导组由市委书记任第一组长、市长任组长、常务副市长任副组长，市直相关部门单位一把手为成员。领导组的主要职责是组织贯彻落实国家有关应对气候变化工作的方针政策，研究制定全市应对气候变化重大战略和对策，统一部署全市应对气候变化和低碳试点工作，协调解决应对气候变化和低碳试点工作中出现的问题。各县（市、区）政府、开发区、市直各有关单位、重点企业也成立了相应工作机构，配备了专职工作人员。全市上下形成了成员单位分工负责、各县（市、区）、行业广泛参与的"条块结合、以块为主、部门推动"的工作机制。

2. 试点工作列入市人大和政协议事系统。为保障试点各项工作落到实处，由市人大和政协分别组织部分人大、政协常委对全市低碳城市试点各项工作听取了专题汇报，开展了市内、市外调研工作，审议并表决通过了市政府关于落实《国家低碳城市试点的审议意见》情况的报告。

3. 设置了具体办事机构。在市发改委设置了应对气候变化科，进一步强化了应对气候变化和低碳试点工作的管理。由市发改委牵头，建立与国家、省发改委和有关部门的联系机制，会同领导组成员单位，落实国家相关要求，具体统筹协调推进全市应对气候变化和低碳试点领域各项工作。

（二）科学编制低碳发展规划

试点工作开展伊始，市政府就对低碳发展中长期工作统筹规划，科学布局，编制完成了《晋城市低碳发展规划（2013—2020）》。组织有关部门和专家学者，按照国家低碳试点城市工作的总体部署，认真研究国家、山西省应对气候变化政策，客观分析本市低碳发展的基础、背景以及面临的机遇和挑战，从本市转型发展的实际出发，坚持问题导向，准确把握本市低碳发展的关键环节，积极探索资源型城市低碳发展路径，在充分调研论证的基础上，编制完成了《晋城市低碳发展规划（2013—2020）》。《规划》明确了本市"十二五"和"十三五"期间低碳发展的主要任务、重点工程和保障措施，制定了2023年实现碳排放峰值的路线图，确定了本市"十二五"和"十三五"二氧化碳排放强度和排放总量控制目标。到2015年，晋城市单位地区生产总值二氧化碳排放强度较2010年累计下降19%以上；非化石能源消费比重达到3%；森林覆盖率大于44%，森林蓄积量达到0.125亿立方米。到2020年，实现单位地区生产总值二氧化碳排放强度较2005年累计下降57%以上。低碳产业体系和低碳能源体系基本建成；工业、交通、建筑等重点领域碳排放强度明显下降；碳汇能力持续提升；低碳试点示范工作成效显著；低碳发展体制机制基本完善，低碳生活方式和消费模式成为人们的自觉行为，低碳城市格局初步形成。

为实现上述目标，市政府制定了《晋城市低碳试点工作实施方案》，主要包括"六大主要任务"：构建多元化低碳产业发展格局、推进能源结构优化和节能降耗、建设绿色晋城和增加森林碳汇、全面开展低碳试点示范建设、构建低碳发展的能力支撑体系，"八大重点工程"低碳产业体系构建工程、重点节能提效改造工程、能源结构优化调整工程、生态城市森林增汇工程、低碳试点示范推进工程、低碳基础能力保障工程、低碳科技能力支撑工程、公众参与社会动员工程，及相应具体的行业"二十八项重点行动计划"。

（三） 合理设置排放峰值目标

晋城市的排放峰值是在 2012 年申报国家低碳城市试点时确定的，在制定"十二五"规划时，晋城市委、市政府提出了"一争三快两率先"的发展战略，围绕发展战略，晋城市将于 2017 年左右实现"率先全面建成小康社会、率先走出资源型地区科学发展新路"的发展目标，结合转型发展、低碳发展要求和晋城实际情况，合理设置晋城未来发展情景。

1. GDP：晋城市 2011 年 GDP 增速为 13%，2012 年为 10%；未来规划全市将在 2017 年左右率先步入全面小康社会。在可预见的时间段内，晋城市经济发展速度仍将处于高速增长，并呈现稳步下降的趋势。故设定晋城市"十二五"期间 GDP 增速为 12%，"十三五"为 10%，"十四五"为 8%。

2. 单位 GDP 能耗：经济结构和能耗强度。2010 年三次产业比重分别为 4.5%、65.0% 和 30.5%，第二产业比重较高；而第二产业又以高载能的化工、冶金、电力等行业为主，单位 GDP 的能耗水平较高，未来全市单位 GDP 的能耗下降潜力较大。通过传统产业规模总量控制和优化升级、新兴产业和现代服务业的快速发展，全市经济结构和单位 GDP 能耗水平将趋于合理。基于此，本次测算中将"十二五"、"十三五"和"十四五"的单位 GDP 能耗年均下降率分别为 3.66%、5.09% 和 6.10%。按照上述速率，2015、2020 和 2025 年，全市单位 GDP 能耗分别为 2010 年的 83%、64% 和 47%，各阶段累计下降率为 17%、23% 和 27%。2015、2020 和 2025 年的单位 GDP 能耗强度分别为 1.24、0.96 和 0.47 吨标煤。

3. 能源消费结构：受资源条件限制，晋城市非化石能源的开发利用空间有限，有较为丰富的煤层气资源。2010 年晋城市煤层气利用量占全国的 70% 左右。根据国家和省市相关规划，未来煤层气开发将快速增长，煤层气占全市能源比重将明显增加。到 2020 年，全市用气规模达 24 亿 m^3，到 2025 年，全市用气规模达 29m^3。

按照上述设定值预测，晋城市温室气体排放预计于 2023 年左右达到峰值。

三、 低碳发展任务落实与成效

为完成和落实低碳试点工作的主要任务和试点目标，在全市实施了低碳产业体系构建工程、重点节能提效改造工程、能源结构优化调整和生态城市森林增汇等四大温室气体控制工程。

（一） 低碳产业体系构建工程

1. 加快传统产业低碳升级改造。晋城市先后出台了《晋城市传统产业升级改造行动计划》《晋城市工业节能行动计划》《晋城市低碳技术进企业行动计划》《晋城市节能与资源综合利用项目申报指南》《晋城市电机能效提升计划（2013—2015 年）》《推进工业节能产业发展行动计划》《关于推动全市六大主要耗能行业开展能效对标活动的通知》，重点支持化工、冶铸、建材、焦化、电力等行业升级改造。一是加速淘汰落后产能和技术装备。强力淘汰落后产能和低效电机，拆除水泥落后设备 5 套，淘汰落后水泥产能 70 万吨，淘汰低效电机 5107.5 千瓦，改造电机系统 212 千瓦。二是严格控制高耗能、高排放行业发展。从用能总量、工艺技术、用能设备、能耗标准、节能措施等方面严把准入关，从项目建设源头遏制能源浪费和低水平重复建设，确保新建固定资产投资项目能效水平达到国内同行业先进水平。按照省市化解产能过剩有关政策要求，没有审批钢铁、水泥、电解铝、平板玻璃、炼焦、电石、铁合金等新增产能项目。三是提升重点领域产业层次。制订了《晋城市工业重点转型项目推进计划》，以项目建设为抓手，以基础材料、核心基础零部件、先进基础工艺、产业技术基础为关键，以龙头企业、重点产品为支撑，确定了85项重点工业转型项目加以推进，累计完成投资137.3亿元。

2. 积极培育战略性新兴产业。始终把着力发展低能耗、低污染、高附加值、高效率、高增长的产业作为推动节能工作、实现节能目标的关键和根本，持之以恒改造提升传统产业，培育壮大新兴产业。编制完成了铸造、电动汽车、煤层气装备、煤化工四大产业发展规划，并通过了省级相关部门的批复。收集和整理九大战略性新兴产业的项目，充实完善了项目库，将符合条件的项目纳入省新兴产业重大工程包。重点推进了50个工业转型升级项目建设，有15个建成投产或部分投产，完成投资80.5亿元。煤炭、冶金、化工等传统产业素质大幅度提升，煤炭资源整合和企业重组取得较大进展，一煤独大有所改善，装备制造业和煤层气等非煤产业规模不断扩大，成为本市第二大和第三大行业。2015年，全市煤层气和装备制造行业分别实现利润14.1亿元和12.3亿元，同比增长7.9%、180.0%，对全市规模工业利润的贡献率达23.4%、7.9%。其中，煤层气开发投资达8亿元，煤层气产量达到34.7亿立方米，占全国煤层气产量的80%以上。

3. 大力发展现代服务业。"十二五"期间，市政府先后出台了《关于加快金融发展的若干意见》《关于加快旅游业发展的意见》《关于加快发展养老服务业的实施意见》《关于加快推进健康服务业发展的实施细则》《关于支持文化（创意）产业快速发展的若干措施》和《关于推进文化创意和设计服务与相关产业融合发展行动计划》等一系列加快服务业发展的政策措施，促进了第三产业的快速发展，服务业比重呈逐年提升趋势。2011—2015年全市服务业增加值占比分别为30.2%、31.3%、33.4%、37%、39.9%，每年都增加1个百分点以上。文化旅游、商贸物流、科技研发等重点服务业行业加速发展，旅游总收入由2010年的76.4亿元增加到2015年的294.96亿元，年均增长31%，全市有各类企业技术中心56家，企业技术中心建设的范围也开始从传统产业领域向新兴产业和高新技术产业领域延伸。

4. 积极发展低碳农业。坚持把循环经济理念应用于农业生产，以提高农业资源利用率为关键环节，以节肥、节药、节水、节种和农村废弃物资源化利用技术推广为工作重点，通过减量化、再利用、资源化等方式，大力推进循环农业建设。以提高农业资源利用率为关键，大力推广以沼气、秸秆气、煤层气和太阳能利用为重点的农村可再生能源技术，形成了猪—沼—菜、猪—冶—果等循环农业产业链。全市农业清洁能源用户达22.5万户，形成了105年乡村清洁工程示范村、11个循环农业示范区，被列为"全国十大循环农业示范市"之一。

（二）重点节能提效工程

2015年，晋城市万元地区生产总值能耗为1.35吨，与2010年相比下降16.15%，完成"十二五"期间下降16%的目标任务。

1. 实施重点工业节能。发挥工业节能主导作用，鼓励企业开展节能技术改造和技术创新，利用节能新技术、新工艺、新设备和新材料，推进重点领域节能降耗。在钢铁、水泥、化工等行业深入开展以节能、清洁、循环、低碳指标为主要内容的行业专项对标行动。发挥、放大省市两级节能专项财政资金扶持项目建设效应，引导企业进行节能项目建设，支持企业采用先进技术、装备实施节能、节水、节材等技术改造，对余热、余压、废水、废气、固体废弃物实施无害化处理和综合利用。2013 年以来，共有 6 个项目获得省级节能扶持资金 1254 万元，拉动总投资 1.6 亿元，年可节约标煤 3.8 万吨标煤；有 23 个节能项目获得市级扶持资金 1867 万元，拉动总投资 12.6 亿元，年可节约标煤 11 万吨标煤。制订了《晋城市电机能效提升实施方案（2013—2015 年）》，3 年累计淘汰低效电机 59001 千瓦，累计拖动设备匹配改造 2496 千瓦。2013/2014 年两年累计淘汰低效电机 14847 千瓦，累计拖动设备匹配改造 1140 千瓦。

2. 实施交通节能。优先发展城市公共交通。重点在实施交通运能提升和公交车出行比例提升上下功夫，市区公交车出行分担率由 2011 年的 8.39% 提高到 2015 年的 15.2%，万人拥有达到 8 标台。建立公交、出租、自行车慢行为一体的城市低碳出行交通体系。调整优化城市公交线路，部分路段设立了公共汽车专用道，建设了苗匠公交站场及配套设施。城市出租开通了"电召"服务。在市区率先建设了公共自行车系统，截至目前，全市公共自行车站点已达 225 个，公共自行车 8000 辆、锁桩 11000 个。针对主城区地形不平整，浅丘陵地貌特点，2015 年新增的 3000 辆公共自行车全部改为电动助力自行车，也是全国唯一在公共自行车系统采用电动助力车的城市。积极推广新能源车辆。被列为国家 2013—2015 年新一轮新能源汽车推广应用示范城市。截至目前，全市共推广应用新能源汽车 128 辆，其中 34 辆纯电动客车，应用于城市公共交通和城乡客运交通领域；94 辆纯电动乘用车，应用于私人领域。建成高平、晋城中道能源、市客运东站、皇城相府 4 个充电站，37 个充电桩。推广以煤层气为主要燃料的清洁能源车辆。2011 年，全市营运类清洁能源汽车由 2011 年的 3088 辆增加到 2015 年的 4863 辆，营运类清洁能源汽车占全市营运车辆总量由 11.05% 提高到 20.15%；清洁能源消耗比重由 2011 年 8.9% 上升到 2015 年的 27.1%。目前，全市公交车和出租车清洁能源应用率达到 100%。淘汰高耗能、高污染、高排放车辆。严格落实道路运输车辆燃油消耗量准入制度，实施了营运类黄标车老旧车辆淘汰工作。对全市所有 2005 年底前注册的营运黄标车进行了淘汰注销，共计 2686 台，改善了"三高"车辆尾气排放对环境的影响。

3. 实施建筑节能。严格执行《关于加快推进太阳能光热建筑应用的通知》和《晋城市新建建筑规划阶段节能审查管理规定》。推进可再生能源建筑应用。所有新设计的 12 层及以下的居住建筑、高层居住建筑的逆 12 层和有生活热水需求的医院、学校、宾馆、洗浴场所等公共建筑，强制推广太阳能光热系统，所有政府投资类公益项目全部执行绿色建筑标准。2013—2015 年，可再生能源与建筑一体化设计认定面积达 65 项，设计面积为 137.45 万平米，可再生能源应用面积占新建建筑比例达 81%。共培育绿色建筑项目 23 项，共计 135.13 万平米。强化新建建筑节能监管。2013—2015 年，共新建节能建筑 109 项，面积 169.54 万平方米。其中，公共建筑 44 项，执行 50% 的节能强制性标准，面积 40.87 万平方米。居住建筑 65 项，执行 65% 的节能强制性标准，面积 128.67 万平方米。新建建筑规划阶段节能审查面积达到 169.54 万平方米。共办理建筑节能技术（产品）备案 229 项，产品涉及外墙保温、节能门窗、新型砌块等八大类二十余种节能产品。建筑节能施工执行率达 100%，建筑节能专项验收面积 173.7 万平方米。加快既有居住建筑节能改造。采取有力措施，加强部门协调配合，全力推进既有居住建筑节能改造工作。2011—2015 年，共完成既有居住建筑节能改造面积 154.08 万平方米。

（三） 能源结构优化调整工程

1. 大力开发利用煤层气。全面实施"气化晋城"战略，率先在全省实现煤层气全覆盖，这既是本市低碳发展的亮点，也是国家发改委对本市试点工作的期望。市政府出台了《关于在全省率先实现"气化晋城"的实施意见》煤层气开发利用项目稳步推进，煤层气产业快速发展，已经形成了集煤层气勘探开发、集输、液化、民用燃气、工业燃料、瓦斯发电、汽车加装煤层气等产业化、商业化开发利用体系，煤层气开发利用规模和水平全国领先。截至 2015 年底，市区和高平、阳城、沁水三个县（市）中心城区居民气化率达 90%，陵川县城气化率达 80%，全市主城区和各县（市、区）县城基本实现煤层气管网全覆盖，主要工业园区气化率达 30%；全市实现农村气化数 109531 户，其中 2015 年完成 16173 户，圆满完成三年发展 10 万户的任务。

煤层气地面开采方面，2015 年，全市完成煤层气抽采量 29.9 亿 m^3，同比增加 13.2%。目前，本市共建成集气站 26 座，2015 年，完成煤层气销售气量 21.75 亿 m^3，同比增加 6.7%，其中：管输 16 亿 m^3；LNG 液化煤层气 4.14 亿 m^3；CNG 压缩煤层气 1.61 亿 m^3。煤层气液化方面，全市共有煤层气液化项目 7 个，已投运煤层气液化项目 5 个，煤层气液化能力可达 235 万 m^3/日；煤层气管道集输方面，全市共有 5 条煤层气输送管线，总设计输送能力达 56 亿 m^3/年；汽车推广使用煤层气方面，全市建成运营加气站 35 个，其中：母站 8 个，设计总供气能力每日 136 万 m^3，实际日供气量 54 万 m^3；汽车加气站 27 个，设计总加气能力每日 57.7 万 m^3。全市拥有加装煤层气装置各类汽车 22061 量，市区公交车和出租车全部实现了油改气。煤层气民用及工业燃料方面，2015 年，全市煤层气居民用户达 30.18 万户，累计用气量 1.43 亿 m^3；工商用户达 1509 户，累计用气量 2.48 亿 m^3，其中使用煤层气的工业用户 23 户，累计用气量 2071.8 万 m^3，商业用户达 1486 户，累计用气量 2.27 亿 m^3。建成瓦斯发电厂 33 座，总装机容量 35 万千瓦，成为世界上利用井下瓦斯发电量最集中、规模最大的区域。

2. 积极扶持非化石能源。挖掘风电、太阳能和生物质能等非化石能源利用潜力，积极推进太阳能发电、生物质发电项目和风电场项目，扶持城市光电建筑一体化应用和农村地区建筑光电利用项目建设。光伏发电方面，泽州欣阳能源 6 兆瓦光伏发电项目已核准，高平鑫万通、泽州晶耀和泽州万鑫顺达 3 个光伏发电项目已获准开展前期工作。风电方面，沁水远景、泽州华电和陵川中电投 3 个风电项目，列入国家"十二五"第五批风电项目核准计划，并于 2015 年底获得省发改委核准，共投资 30 亿元。

（四） 生态城市森林增汇工程

1. 实施山上治本造林工程。编制了《晋城市碳汇林建设行动计划》，以"山上固本、身边增绿、产业增收、林业增效"为总思路，以"一区两河三山四片"为总布局，精心组织，科学实施，三年来累计完成造林 596855.9 亩，其中完成国省造林 226855.9 亩，市级林业工程 370000 亩，完成村庄绿化 340 个，中幼林抚育完成 50700 亩。预计到 2015 年底，森林覆盖率达到 44%，蓄积量达到 1251 万立方米,碳汇能力得到提升。

2. 实施流域生态修复工程。制定了《关于加快环城森林公园建设的实施意见》,重点推进环城生态园规划的八大片区建设。白马寺山片区已初具规模;玉屏山、白水河、丹河东部山体片区正在进行大面积绿化,其中丹河龙门湿地公园已开工建设,丹河人工湿地工程加紧推进;龙王山至丹河廊道正在进行基础设施建设;白马寺至丹河廊道已建设白马寺至东四义绿道,二期工程正在前期准备。

四、 基础工作与能力建设

为加强低碳基础工作与能力建设,全市开展了低碳试点示范推进、低碳基础能力保障、低碳科技能力支撑和公众参与社会动员等四大低碳城市塑造工程。

(一) 低碳试点示范推进工程

1. 省级低碳试点县区。积极组织各县(市、区)申报省级低碳试点县。2014 年 8 月,本市泽州县、高平市被列为第一批省级低碳试点县,根据省里的安排部署,组织试点县编制完成了《低碳试点实施方案》,各项试点工作正在推进。

2. 省级低碳试点社区。组织开展了省级低碳试点社区申报工作。经过筛选,最终确定城区凤台社区为试点社区,并积极开展相关工作。一是成立了以社区书记为组长,主任为副组长,社区其他工作人员参加的试点社区工作领导小组。二是广泛宣传低碳理念,提升居民建设低碳家园的互动和配合能力。三是在社区内积极推选争创低碳示范家庭,使其在社区社区居民中发挥模范带头作用。

3. "六个一"低碳示范工程。针对晋城市产业类型和地区特点,制定了低碳产业园区、低碳工业企业、低碳农业企业、低碳服务业、低碳乡镇(办事处)、低碳村(社区)、低碳单位、低碳家庭等八个示范标准。在全市范围内选择领导重视、基础扎实和积极性较高的园区、企业、乡镇、单位和家庭开展"六个一"低碳试点示范创建活动。通过政策扶持、资金支持,推动示范单位实现低消耗、低排放、低污染的发展目标,探索和积累在不同区域、不同层面、不同行业推动绿色低碳发展的有益经验,为推动全市低碳发展发挥示范带动作用。目前,金村低碳示范新区采取 PPP 模式,与五矿二十三冶签订《金村低碳示范区建设(战略)合作框架协议》;阳城建筑陶瓷工业园区以工业循环利用燃料替代为主,加快建瓷产业提档升级;兴高能源股份有限公司、金鼎煤机、金秋铸造、诚安物流、金匠工业园区尾气净化、天巨重工、硕阳光电、中船重工晋城新能源装备产业基地等 60 家低碳示范企业以工艺改造、循环利用为主要内容,实现了低排放、低污染、低消耗;巴公镇、凤城镇、皇城村、大泉河村等 60 个低碳示范乡村按照实施方案开展了燃料替代、家庭太阳能发电等试点示范工程;市发展和改革委员会、市财政局、晋城广播电视台等 3 家单位被评为国家第二批节约型公共机构示范单位;在 2015 年全国低碳日活动当日,举行了低碳志愿者启动仪式,全市有 5000 名低碳志愿者自觉投入到低碳城市建设工作中来。

(二) 低碳基础能力保障工程

1. 建立碳排放目标责任考核体系。将单位地区生产总值二氧化碳排放下降目标纳入《晋城市国民经济和社会发展第十二个五年规划纲要》、政府年度工作计划和目标责任考核体系，并对下降指标进行了具体分解。特别是制定出台了《晋城市碳排放考核暂行办法》，将单位地区生产总值二氧化碳下降强度作为一项约束性指标纳入对各级政府工作的考核范围，为完成碳排放强度下降约束性指标落实了具体措施。

2. 建立碳排放统计核算体系。出台了《晋城市温室气体排放统计和核算暂行办法》，对统计范围、指标体系、数据来源、核算与评估、数据管理与发布、统计职责分工、资金支持、机构设立和队伍建设等都做了明确规定。为加强全市温室气体统计管理，投资100万元在市统计局建立市级温室气体排放统计和核算管理平台，保障了温室气体统计的准确性和及时性，为科学指导全市低碳建设工作提供数据基础。

3. 落实低碳资金保障。"十二五"期间，在支持节能减排、可再生能源发展方面和应对气候变化方面，共安排市本级资金8.3亿元。支持低碳城市试点能力建设方面。累计下达专项资金近1000万元，支持各县（市、区）、市直各单位低碳试点实施方案的编制，市级温室气体排放数据统计和核算流程设计、低碳"六个一"示范评价标准、新建项目碳指标评价体系、低碳知识读本等相关工作，各项试点工作全面启动。支持低碳节能方面。出台了《晋城市节能专项资金管理办法》，累计下达资金3800万元，用以奖代补形式分别给予50到130万元的节能减排支持，有力地促进了节能降耗任务的完成。支持绿色低碳生态发展。加强林业建设方面，累计投入1.8亿元，改善了全市生态环境；加强城市园林事业发展方面，投入3579万元，建设绿色森林城市，为全市居民营造了一个舒适的生活环境。累计投入1.86亿元，积极支持城市公共交通事业发展，构建了低碳交通体系；争取中央补助资金6918万元、省补助资金7065万元，市级财政配套6461万元，进行既有居住建筑节能改造建设，改造面积达154.07万平方米。争取省级补助资金6666万元，市级财政配套7274万元，用于实施乡村清洁工程，为全市78个乡镇2186个村购置78台垃圾清运车和2186台农用车并配置环卫设施。

（三） 低碳科技能力支撑工程

1. 组建低碳专家指导机构。由国家、省、市相关领域权威科研机构参加的应对气候变化专家组，负责全市应对气候变化和低碳试点领域的长期性技术工作。专家组由国家应对气候变化工作专家组副组长、清华大学何建坤院长担任首席专家，承担对全市应对气候变化和低碳发展的相关战略研究、政策制定、规划编制、项目开发提供咨询和技术指导，同时带动全市相关人才的培养和队伍的建设。并聘请清华大学低碳研究院、山西省生态环境研究中心、北京中竞同创能源环境技术有限公司、晋城市产业发展促进会等单位作为晋城市低碳城市建设的技术支撑单位。

2. 建设低碳关键技术研发平台。制定了《加快推进科技创新的实施意见》，积极开展支柱产业关键技术攻关，实施了煤层气、煤化工装备制造、现代农业等一批技术攻关项目，建立了产学研相结合的"国家能源与煤层气共采技术重点实验中心"，积极推进国家煤层气检验检测中心、金鼎煤机装备制造和泫氏铸业低碳关键技术研发中心建设。

（四） 公众参与社会动员工程

1. 开展了低碳理念进机关活动。开展公共机构节能活动，组织机关和事业单位职工学习低碳知识，开展了以低碳出行、低碳办公为重点的低碳机关创建活动。利用节能宣传周开展了公共机构低碳节能宣传和"能源紧缺、低碳办公、低碳生活"等低碳体验专项活动。倡导低碳环保消费模式和低碳生活习惯。机关干部带头"步行上下班"。市、县两级机关开展了停开一天车、停乘一天电梯、停用一小时电器"三个一"活动及节电、节水、节油、节气、节约办公用品"五项节能低碳"活动，设计印发"五节约"低碳标识贴画1200套，并组织"低碳晋城志愿者"分区、分片到市直各机关、学校、医院、图书馆、酒店、超市等主要公共场所张贴，营造了"低碳环保、从我做起"的浓厚氛围。

2. 开展了低碳行为进人心活动。把低碳城市试点工作和全国文明城市创建工作紧紧结合在一起，通过多种形式抓好低碳文化的普及。编写完成了《低碳经济知识读本》，在全市开展全方位、多层次的低碳知识培训。依托"全国低碳日"暨"节能宣传周"大型群众公益活动，动员和利用各类媒体进行低碳知识宣传和舆论引导，推动个人和家庭践行绿色低碳生活理念，营造良好的舆论氛围和社会环境。通过太行日报、晋城电视台、晋城在线等新闻媒体，对全市低碳城市试点工作进行全方位的宣传报道。编发了"低碳发展在晋城"低碳宣传行动系列报道，向全市公开征集了低碳城市徽标及低碳宣传用语，举办了低碳宣传展览，开展了"我为晋城节能低碳献良策"有奖征文活动，开通低碳晋城（ditan0356）微信公众平台。通过形式多样的低碳宣传，在全市营造了浓厚的低碳发展氛围，使低碳理念逐步深入人心。

3. 开展了绿色生活方式和消费模式创建工作。一是积极推进"15分钟便民商圈"示范工程。为建设低碳社区示范工程，2013年、2014年连续两年选择基础条件较好的5个社区新建或改造"15分钟便民商圈"，通过整合社区商业资源，优化空间布局，建设生鲜超市、洗染、家政、便利店等一批居民生活必备业态。二是开展绿色市场认证工作。积极推进全市农产品批发市场绿色市场认证工作，2015年，高平市店上蔬菜水果批发市场和晋城市栖菁园商贸有限公司两家企业已通过了国家认证，获得了"国家级绿色低碳示范市场"称号。三是建立了再生资源回收系统，在居民消费中大力推广低碳节能产品，提倡绿色低碳消费理念。

五、 体制机制创新

试点工作开展三年多来，我们从以下十个方面进行了创新试点：

（一） 研究开展了低碳立法

为了加快低碳城市试点工作，市人大已经公开征集并确定将《晋城市低碳城市促进条例》作为首部地方立法进行立法前期调研。市发改委以晋市发改气候字〔2016〕50号文件上报市政府批准。《条例》将结合本市已有基础和工作实际，从低碳发展重点促进方向、发展规划、低碳经济、低碳社会、政策保障和监督管理等方面进行立法。

（二） 编制了碳标准

在全国率先开展了低碳示范标准编制工作。通过资料收集、评价方法、考评指标体系和权重研究等工作，编制完成了《低碳产业园区示范标准》《低碳工业企业示范标准》《低碳农业企业示范标准》

《低碳服务业企业示范标准》《低碳乡村示范标准》《低碳社区示范标准》《低碳公共机构示范标准》和《低碳家庭示范标准》等8个示范标准。此项工作属全国首创，得到了省发改委和统计部门的肯定。

（三） 开展了碳直报

根据《国家发展改革委关于组织开展重点企（事）业单位温室气体排放报告工作的通知》要求，参照国家统计局应对气候变化统计工作方案，制定了《晋城市人民政府关于印发晋城市温室气体排放统计和核算暂行办法的通知》（晋市政发〔2015〕7号）和《晋城市应对气候变化统计工作方案》（晋市政办〔2015〕73号），明确了温室气体报送与核查的工作机制、开展流程和时间要求等，在市统计局建立了全市温室气体直报平台，并于2015年12月开始运行。

（四） 提出了碳评价

为了从源头上控制温室气体排放，委托中竞同创公司编制了《晋城市新建项目碳评价实施暂行办法》，并于2015年8月在北京召开了评审会。《办法》参考国内外相关技术标准、指南和文件资料，借鉴国内固定资产投资项目碳评价工作的方法经验，听取了相关行业协会和专家的意见，紧密结合晋城工作实际。

（五） 出台了碳考核

出台了《晋城市碳排放目标责任考核暂行办法》（晋市政发〔2015〕8号），建立了"条块结合、以块为主、部门推动"的单位GDP二氧化碳排放降低目标责任评价、考核和奖惩制度，建立以县（市、区）级政府为责任主体、市直主要部门牵头推进、责任单位按责任分工负责的工作机制，确保完成省下达本市的单位GDP二氧化碳排放降低目标。

（六） 开展了碳示范

在建筑领域、工业园区、重点企业和乡村等开展了不同形式的低碳示范工作。晋城市规划建筑设计研究发展中心，铭基凤凰城16～19号住宅楼为三星绿色建筑，晋城市文化艺术中心，开发区中学和国家煤层气检验中心为二星级绿色建筑。阳城陶瓷工业园区开展了燃料替代工程，金秋铸造开展了工艺改造，泽州大泉河村开展了整村太阳能发电等低碳示范工程。

（七） 完成了碳盘查

对全市用能5000吨标煤以上的72家重点用能单位进行了碳盘查工作，制定了《晋城市重点排放单位碳盘查工作实施方案》，分5个盘查小组对全市72家重点用能单位开展了碳盘查。准确掌握了各重点排放单位的碳排放情况，获取了客观的碳排放数据，为全国碳排放权交易工作奠定了基础。

（八） 开展了碳认证

组织本市铸造企业申请中国质量认证中心（COC）产品碳足迹核查，由晋城科裕达铸造有限公司

生产的球墨铸铁窨井盖，其依据国际碳足迹标准 PAS 2050：2011，被认证为低碳产品，确认该产品
"每功能单位产品碳足迹数值为 2.53kg"。

（九） 实施了碳中和

在晋城市 2015 年"全国低碳日"活动开展期间，制定了《碳中和方案》。对此次活动所涉及的水
电、横幅、宣传材料、交通运输及产生废弃物等在内的所有碳排放源识别及活动数据收集盘查，并依
据国内外重要标准和方法学进行推估，活动共产生温室气体 29.19 吨二氧化碳当量，由晋城银行购买，
通过营造 15 亩"碳中和林"，在未来 5 年内可将本次活动造成的碳排放全部吸收，实现碳中和目标。

（十） 探索了碳金融

采用国家发改委备案的温室气体自愿减排方法学，组织编制了《晋城市碳资产管理方案》。对正
在实施的"气化晋城"项目所产生的减排量进行有效开发，通过减排量的资产量化，将实现"气化晋
城"项目减排量的价值发现和项目增值。根据晋城市现有燃煤量初步估算，"气化晋城"项目将实现
年减排量约 500 万吨 CO_2，进行排放权质押，发行绿色债券，开展绿色信贷。按照核证自愿减排量平
均市场价格 30 元/吨进行估算，"气化晋城"项目减排年收益约为 1.5 亿元，按计入期 7 年核算，可产
生的总收益约 10.5 亿元。

六、 重要经验

参考国内外相关技术标准、指南和文件资料，借鉴国内固定资产投资项目碳评价工作的方法经验，
听取相关行业协会和专家的意见，结合晋城市实际情况，开展了晋城市新建项目碳评价指标体系的研
究工作，探索建立新建项目碳评价制度。

（一） 政策依据

碳评价是国家发改委在批复《晋城市低碳城市试点方案》中提出的"探索建立规划项目的碳评价
制度"的试点要求。

（二） 试点基础

《晋城市推进清洁发展机制（CDM）项目开发管理办法》（晋市政办〔2009〕42 号）文件第四条
中规定"新上项目（生产性）在编制可研报告和环境影响评价报告时要充分考虑清洁发展机制
（CDM）额外收益，按照 CDM 审批要求设专章论证，在各级审批大厅设立清洁发展机制（CDM）项目
前置预评估程序。项目受理时须报发改委组织组织专家进行 CDM 评估"。为碳评价工作奠定了工作
基础。

（三） 编制 《晋城市新上项目碳评价管理暂行办法》

2015 年本市委托北京中竞同创能源管理公司组织专家编制了《晋城市新上项目碳评价管理暂行办

法》。由于碳评价是一个全新的工作，国内外没有成功的经验可供借鉴。课题组在汲取镇江方案的基础上，查阅了国内外各种资料，针对晋城的实际，编写了《晋城市新建项目碳评价指标体系研究报告》，并由山西省发改委组织于 2015 年 8 月 24 日在北京组织由国家发改委气候司领导和国家应对气候变化知名专家及晋城市低碳城市试点专家组组成的专家组论证。

（四） 指标体系

评价指标集中了目前的"环境影响评价"、"能源消费评价"、"水资源利用评价"等反映"低消耗、低排放"特征性指标，具体如下表所示。

目标层	准则层		指 标 层	单 位
新建项目碳评价指标体系	碳排放水平	1	单位税收碳排放量	t CO$_2$/万元
		2	单位增加值碳排放量	t CO$_2$/万元
	能源利用	3	单位产值能耗	吨标煤/万元
		4	单位能源碳排放量	t CO$_2$/万元
		5	低碳能源占一次能源消费中的比例	%
	环境效益	6	单位能源碳排放量	t CO$_2$/吨标煤
		7	项目碳排放量占碳排放总增量中的比例	%
		8	项目碳减排投入占总支出的比例	%
		9	产业贡献率	%
	社会效益	10	单位碳排放就业人口	人/t CO$_2$

（五） 执行情况

因为目前正在进行行政审批制度的改革，在论证会上，根据专家"可先行要求投资者在新上项目时'向社会公布项目的碳排放量'的建议"。我们将此工作已入列正在进行的《晋城市低碳城市促进条例》立法内容，将成为本市拥有地方立法权后首部市法进行推行，值得向全国推广。

七、 目前存在的困难和问题

（一） 部分试点政策推行困难

为充分利用试点城市的试点权，本市开展了"晋城市新建项目的二氧化碳排放前置审批制度"研究，通过该项制度的建立，可实现新建项目的碳排放准入，进而引导全市的产业结构向低碳产业发展，加快低碳发展进程。但受目前行政审批制度改革等政策影响，碳评价制度研究成果推行困难。

（二） 缺乏低碳人才和技术

低碳经济，就是实现由"高碳"经济向"低碳"转型。必须通过科技创新，攻克和突破低碳产业发展中的关键核心技术才能实现。由于目前本市技术水平落后，创新能力缺乏，没有一个低碳技术的研发机构和专业研发队伍，控制温室气体排放以及与低碳发展相关的工程技术研究推广应用，根本无力开展。

（三） 试点工作投入严重不足

低碳城市建设是一项涉及面广、工程量大的工作，从政府机构、企业研发、人员培训、产业转型等诸多方面都需要大量投入。但因为经济下行压力，各级政府和各级各部门在低碳城市建设方面投入严重不足，影响试点进程。

八、 工作建议

1. 建议国家赋予低碳城市建设的试点权，给予"试点城市在上缴中央财政增值税份额中采取先增后返的方式，提取 10% 作为低碳试点城市建设专项资金"的优惠政策。

2. 全国碳市场交易第一阶段覆盖行业包括石化、化工、建材、钢铁、有色、造纸、电力、航空等行业，没有将煤层气行业纳入交易范围。煤层气是温室气体的主要排放源之一，也是以煤炭为主导产业的资源型地区的主要排放源，晋城市 2015 年煤层气产量达到 34.7 亿立方米，占全国煤层气产量的80% 以上。因此，从本市实际情况出发，建议将煤层气产业列入首批交易行业，促进煤炭行业减排的积极性。

3. 低碳试点工作是一项社会性、公益性很强的工作，一些涉及民生和公益性项目，如公共照明、气煤置换、试点示范、低碳文化等需要大量的补助和前期投入。地方政府由于财力紧张，资金筹措能力较弱，建议国家设立专项资金，用于推动低碳试点工作。

呼伦贝尔市低碳试点进展总结

按照国家发展改革委办公厅《关于组织总结评估低碳省区和城市试点经验的通知》（发改办气候〔2016〕440号）要求，我区呼伦贝尔市开展了低碳城市试点总结评估工作，报告如下：

一、 基本情况

（一） 社会经济发展情况

呼伦贝尔市位于内蒙古自治区的东部，总面积25.3万平方公里，现辖14个旗市区，是全国面积最大的地级城市。呼伦贝尔市目前总人口接近270万人，共有蒙古、汉、满、达斡尔、鄂伦春、鄂温克等31个民族，是我国北部边疆少数民族聚集地。呼伦贝尔市是中俄蒙三国的交界地带，与俄罗斯、蒙古国有1723公里的边境线。呼伦贝尔气候特点是冬季寒冷漫长，夏季温凉短促，昼夜温差大，有效积温利用率高，降水量差异大，全市大部分地区年平均气温在0℃以下。呼伦贝尔市拥有丰富的土地、煤炭、矿产、水和风能等资源，部分地区具有较丰富的太阳能资源。从风资源分析结果来看，各风电场资源等级基本达到3~4级，50m高度风速在6.3~8.04m/s之间，风功率密度在255瓦/平方米~519瓦/平方米之间，根据呼伦贝尔市风资源条件，可规划风电装机规模达到1800万千瓦。近年来呼伦贝尔市坚持以科学发展观为指导，走新型工业化发展道路，大力建设资源节约型和环境友好型社会，取得了一定成果。2015年呼伦贝尔全市地区生产总值实现1595.96亿元，按可比价计算增长8.1%，人均地区生产总值60152元，可比价增长8.5%。其中，第一产业增加值263.66亿元，增长3.8%；第二产业增加值710.81亿元，增长8.5%，其中：工业增加值605.30亿元，增长8.4%，建筑业增加值108.88亿元，增长9.1%；第三产业增加值621.48亿元，增长9.3%。2015年地区生产总值是2010年的1.7倍，综合经济实力显著增强。

（二） 能源消费及排放现状

2015年，呼伦贝尔市全社会能源消费总量为1253.83万吨标煤（按等价值计算），同比增长2.7%。能源消费结构为：第一产业占1%；第二产业占50.5%，其中：工业占50.1%；第三产业占25.5%；居民生活用能占22.9%。煤炭消费量占能源消费总量为88%左右。

2015年度呼伦贝尔市的节能降碳任务为单位生产总值能耗和二氧化碳下降2.5%，能耗强度全年实际下降4.95%，二氧化碳排放强度预计下降5%，均超额完成年度进度目标任务。"十二五"期间呼伦贝尔市单位GDP能耗累计下降17.4%，单位GDP二氧化碳排放累计下降预计24.4%，较好地完成了节能降碳控制目标。

二、 低碳发展理念

呼伦贝尔市牢固树立节能低碳发展理念，在制度保障、规划编制、低碳发展模式等方面加大力度，努力推进低碳城市建设工作。

（一） 高度重视， 加强管理

呼伦贝尔市高度重视低碳城市建设工作，成立了由市主要领导任组长的节能减排降碳领导小组和低碳城市建设领导小组，专门负责此项工作。建立了严格的目标责任考核制度，将节能降碳目标完成情况与评价地区经济发展成效挂钩，与地方领导干部的政绩和评优选先挂钩，与项目审批挂钩。根据呼伦贝尔市《关于做好重点耗能企业节能减碳管理工作的通知》和《关于进一步加强重点用能企业节能减碳责任目标管理的通知》等文件要求，建立重点用能单位能耗上报制度。

（二） 注重规划引领， 加强相关规划的编制工作

按照既要重视当前任务，又要兼顾长远目标的原则，加强规划的科学编制工作，以充分发挥中长期规划的纲领性作用。《呼伦贝尔市国民经济和社会发展"十二五"规划纲要》专门编制了与低碳发展相关的节能减排、生态建设、环境保护等内容，并且配套出台了《呼伦贝尔市生态建设规划（2008—2020）》《呼伦贝尔市建筑节能"十二五"专项规划》《呼伦贝尔市环境保护"十二五"规划》《呼伦贝尔清洁能源输出基地开发总体规划（在编）（2013—2030 年)》《呼伦贝尔风电基地规划（2013—2020 年)》等专项规划，用于指导呼伦贝尔市的低碳创建工作。

（三） 摸清家底， 夯实基础

一是聘请内蒙古碳汇评估研究院对呼伦贝尔市森林、草原、湿地、农田进行碳储量评估。二是与北京环境交易所签订了框架合作协议，由北京环境交易所帮助编制低碳规划、温室气体清单等工作。三是开展碳排放峰值目标研究。呼伦贝尔市采用数据分析模型对化石燃料消耗产生的二氧化碳排放趋势和峰值进行了预测，模型推算结果显示，化石燃料消耗预计在 2028 年左右达到峰值，峰值年份化石燃料消耗总量为 3911 万吨标煤左右，CO_2 排放量为 10663 万吨，分别为 2010 年水平的 2.41 倍和 2.34 倍。扣除电力调出产生的排放因素，呼伦贝尔市的化石燃料消耗和 CO_2 排放呈现缓慢增长态势，峰值年份将出现于 2028 年左右，峰值年份化石燃料消耗量为 1922 万吨左右、CO_2 排放量为 5163 万吨，化石燃料消耗量和 CO_2 排放量分别比 2010 年增加 296 万吨和 606 万吨。

（四） 倡导低碳理念， 构建低碳发展模式

一是调整产业结构。按照存量调结构腾空间、增量优结构扩空间的原则，大力推进传统产业低碳化改造，加快培育壮大战略性新兴产业，积极促进产业结构优化升级，同时提高服务业比重和水平，因地制宜地发展资源环境可承载的呼伦贝尔市低碳产业体系。二是优化能源结构，提高能源利用率。加快开展风能利用示范，适度发展太阳能，有序开发水电，因地制宜发展生物质能，加快能源清洁利

用，有效推进节能工作。三是营造生态安全格局，打造绿色碳汇基地。构建以"一带一区多点"为核心的生态安全格局，实施林区生态保护工程，推进天然草原保护，加强流域、湿地、耕地和自然保护区建设，挖掘林业碳汇潜力，推动碳汇项目开发，增强城市固碳能力。

三、 低碳发展任务落实与成效

（一） 强化升级改造力度， 低碳城市创建初见成效

呼伦贝尔市开展集中供热改造工作，市中心城区、满洲里市、扎赉诺尔区、牙克石市、扎兰屯市、根河市、额尔古纳市、鄂伦春旗大杨树镇、鄂温克旗大雁镇伊敏镇等地，基本形成以热电联产供热为主、区域大型热水锅炉为辅的城镇集中供热格局，其他旗市城关镇也全部发展以区域大型热水锅炉为集中供热热源，并逐步淘汰分散燃煤小锅炉。推动传统优势产业转型升级，推进新能源、新材料、先进装备制造等战略性新兴产业加快发展，实现非资源型产业和资源型产业协调发展。在每年安排150万元常规性节能减碳专项资金的基础上，2013年又安排500万元中小企业发展专项资金，支持节能减碳工作，同时安排10万元高效照明产品推广专项业务经费，支持高效照明产品推广工作。完成了每年财政补贴高效照明产品的推广任务，并完成了年能耗10万吨以上10家企业的能源审计工作。与此同时坚决执行淘汰落后产能任务，按照自治区要求，2013年淘汰呼伦贝尔冀海建材有限公司15万吨水泥生产线一条。

（二） 加快结构调整步伐， 现代服务业集聚区初具规模

2015年第三产业经济增长贡献率达到了38.9%。旅游业发展势头较好，接待国内外游客人数达到1300万人次，旅游业总收入实现200亿元。商贸物流业较快发展，交通运输、仓储和邮政业平稳增长，批发零售业较快增长。金融业逐步壮大，各金融机构存款余额突破1000亿元，对外贸易发展方式积极转变。

（三） 大力推广绿色建筑， 建筑节能减碳工作稳步推进

成立了以分管市长为组长，建委、规划、财政等部门主管领导为成员的绿色建筑领导小组。市住建委制定了"各旗市区绿色建筑任务分解表"，对按绿色建筑标准进行建设的项目实行奖励制度，对获得绿色建筑标识的项目，在"鲁班奖"、"广厦奖"、"华夏奖"、"草原杯"、自治区优质样板工程等评优活动及各类示范工程评选活动中，实行优先入选或优先推荐上报；在企业资质年检、企业资质升级时给予优先考虑加分等；对于取得三星级绿色建筑评价标识的城市配套费减免100%，取得二星级绿色建筑评价标识的城市配套费减免70%，取得一星级绿色建筑评价标识的城市配套费减免50%。确定首府住宅小区、万达建设大厦为绿色建筑项目。2011—2013年，呼伦贝尔市完成既有居住建筑节能改造任务133.9万平方米，2014—2015年，完成改造任务54万平方米。2013年以来城镇所有新建居住建筑均执行建筑节能65%标准，新建公共建筑执行建筑节能50%标准。编制了《呼伦贝尔大型公共建筑与高等学校节能监管体系建设工作实施方案》，积极启动公共建筑能耗动态监测平台建设并完成100栋公共建筑的能耗统计工作。

（四） 畅通交通运输体系， 推动节能降碳

"十二五"规划实施以来，呼伦贝尔市积极争取国家和自治区资金支持，通过多渠道、多方式筹资，加快建设公路、铁路、民航、水运、管道等对外运输网和市域交通网基础设施建设与对外通道建设，空中、地上、地下"联通俄蒙、畅通东北、贯通市内"的综合交通网络格局初步形成。加强工程建设能耗管理和节能监督，推广使用沥青路面再生技术，应用路面冷补材料，科学规划使用拌和站，尽量减少装载机的使用数量；完善养护机械管理制度，确保机械的技术状况良好，经常进行设备维护，减少车辆磨损，严控车辆超限运输，降低油耗。调整运力结构，发展高效率、低能耗的新型运力，鼓励标准化、专业化、现代化、低耗能的车辆进入运输市场。

（五） 发挥资源优势， 加快建设可再生能源和清洁能源

2015 年，已建成 13 座风电厂，风电装机容量为 71.27 万千瓦，全部实现并网发电；已核准的风电项目为 97 万千瓦；批复路条项目 12 万千瓦。规划建设 5 个太阳能光伏发电项目，总装机为 10 万千瓦。水电项目总装机为 25.75 万千瓦，其中尼尔基水电项目装机 25 万千瓦、红花尔基水电站 0.75 万千瓦。规划建设 1 个生物质发电项目，总装机为 2 万千瓦。

（六） 退牧还草工程和巩固退耕还林成效显著

呼伦贝尔市 2012—2015 年（共计 14 年）退牧还草工程累计获得中央扶持资金 3.2 亿元，主要建设季节性休牧围栏 4370 万亩，划区轮牧围栏建设 1220 万亩，禁牧 350 万亩，草地补播（草场改良）1300 万亩，人工饲草地 57 万亩，棚圈 9600 处。巩固退耕还林成果项目累计获得中央扶持资金 2.8 亿元，覆盖 7 万多退耕户，在海拉尔、鄂温克旗、牙克石市、扎兰屯市、阿荣旗、莫旗、鄂伦春旗、额尔古纳市实施。目前草原植被明显得以恢复，草原生态环境得到有效改善，不仅拉动项目区相关产业的发展，解决部分人员结业问题，还增强了牧区防御自然灾害能力，促进畜牧业经济发展和牧民增收。

（七） 多措并举， 积极引导商业和民用领域节能工作

组织开展了零售企业和商场节能行动，倡导使用节能灯具、变频空调、节能型冷藏设备、自动控制扶梯等节能设备和技术，要求有条件的企业引进新型高科技产品，加大企业自身节能技术改造力度；充分发挥流通业引导生产带动消费的作用，提倡使用绿色节能电器，开展绿色节能电器促销活动，严禁不合格的高耗能产品进入市场；鼓励零售企业销售"适度包装商品"，引导生产企业实行"绿色包装"，自觉抵制过度包装等资源浪费行为。

（八） 重大低碳技术创新情况和成效

本市重点打造了节能减碳的"伊敏模式"：华能伊敏煤电有限责任公司位于呼伦贝尔市鄂温克旗伊敏镇，现由华能呼伦贝尔能源开发有限公司管理。电力装机 340 万千瓦，煤炭产能 2200 万吨，总资产 170 亿元，在岗职工 4000 余人。两大主营生产单位之一的伊敏电厂是东北地区装机第二大火力发电

厂，是国家电力安全生产标准化一级企业，发电通过伊冯甲乙交流线路和伊穆直流线路分别在黑龙江省齐齐哈尔冯屯、辽宁穆家并入东北电网；伊敏露天矿按照单矿产能排名全国第四，连续十二次被评为全国特级安全高效露天矿，所产煤炭除伊敏电厂发电自用外，其余经滨洲线和两伊线（伊敏—伊尔施）铁路销往蒙东、黑龙江和吉林地区部分燃煤电厂。该公司大力发展煤电一体化循环经济，以电带煤，以煤保电，煤电并举，成功打造了资源节约、环境友好的"伊敏模式"，截至 2015 年末，伊敏煤电公司实际完成节能量 22.37 万吨标煤，按照伊敏原煤平均发热量 2850 大卡计，节约原煤 54.96 万吨，降低二氧化碳排放约 70.53 万吨。

四、 基础工作与能力建设

（一） 开展呼伦贝尔市碳储量研究

编制完成了"内蒙古呼伦贝尔市森林碳储量初步评估报告"、"内蒙古呼伦贝尔市草地碳储量初步评估研究报告"、"内蒙古呼伦贝尔市湿地碳储量初步评估研究报告"、"内蒙古呼伦贝尔市农田碳汇研究评估研究报告" 及 "内蒙古呼伦贝尔市碳汇产业发展初步评估报告" 5 份评估报告，并在北京召开了《内蒙古呼伦贝尔市生态系统碳储量评估报告》审查会。评估报告认定，2010 年，呼伦贝尔市森林、草原、农田、湿地生态系统的总年固碳量为 3717 万吨，扣除 2010 年 CO_2 排放量 1522.84 万吨，余 2194.63 万吨/年固碳能力。据全国第七次森林资源清查结果显示，中国森林生态系统年固碳量为 3.59 亿吨/年，呼伦贝尔市森林年固碳量占全国森林年固碳量的 6.82%，与西藏自治区森林年固碳量（2289.41 万吨/年）相当，呼伦贝尔市森林年固碳量和吸收 CO_2 量占内蒙古自治区的 68.00%。

（二） 开展低碳发展基础性规划的编制工作

呼伦贝尔市与北京环境交易所签订了《呼伦贝尔市低碳试点实施方案及低碳发展规划项目合同书》《呼伦贝尔市温室气体清单及碳峰值测算项目合同书》《低碳示范园区规划编制委托合同书》。现呼伦贝尔市低碳规划、温室气体清单、低碳示范园区规划等均已完成，报市政府审查。

五、 体制机制创新

作为经济欠发达地区，目前呼伦贝尔市在低碳城市建设过程中最大的创新莫过于广泛借助先进地区外力，加快低碳建设步伐。

（一） 开发利用碳资源

与北京市环境交易所合作，努力推动碳资产开发。促进当地政府和企业尽快熟悉我国碳市场的运作流程，建立相对完整的碳资产开发概念，帮助呼伦贝尔市尽快建立市场化方式的生态补偿机制，促进呼伦贝尔市碳资产的跨省市流转。北京环境交易所编制的呼伦贝尔市碳资产项目开发建议书，为呼伦贝尔市参与并获取碳交易收益打下了较为坚实的基础。

（二） 谋划碳汇项目

谋划了红花尔基退化土地碳汇造林项目，该项目在红花尔基境内营造 125233 亩樟子松碳汇林，项目运行期为40年，计入期开始时间为2009年，由红花尔基绿海森林旅游有限责任公司投资建造和管理，总投资1450万元。预计在40年计入期内项目减排量累积为1247758吨二氧化碳当量，年均减排量为31194吨二氧化碳当量。该项目于2015年6月20日，编制完成设计文件；7月14日在中国自愿减排交易信息平台公示；7月20日完成了项目文件评审和现场审定工作；经过专家评审及修改，10月16日中国质量认证中心出具了项目审定报告，审定报告认定该项目的实施可保护森林生物多样性，改善当地生存环境和自然景观，对当地的可持续发展有贡献。现该项目已经我委转报自治区，并已由自治区发改委上报国家发改委备案。

（三） 监测二氧化碳浓度， 为碳汇交易做准备

与北京理工大学合作，对大气中二氧化碳浓度进行监测。该项工作是开展低碳经济建设的基础，对于了解工农业生产对二氧化碳浓度变化规律的影响、了解荒漠地区、草原地区、农业地区及森林地区等不同植被分布与类型对二氧化碳浓度变化规律的影响，有至关重要的作用，可为创建低碳型社会的建设与发展提供技术支持，为此，北京理工大学于2011年、2012年、2013年、2014年连续四年对根河市的主要人群分布区及主要的森林植被区的二氧化碳浓度进行了全天候监测。

六、 工作经验

1. 领导重视是做好低碳发展工作的关键。呼伦贝尔市属于我区经济欠发达的地区，产业结构重型化特征比较明显，能源消费对煤炭的依赖程度又很高，而应对气候变化、低碳发展对于呼伦贝尔乃至全区都是一项全新的工作，人们对于低碳发展的认识还比较模糊，甚至存在着认为节能低碳阻碍了经济增长的错误观念。因此，如果没有市领导，特别是主要领导的高度重视和大力推动，工作很难顺利开展。

2. 摸清底数，规划引领是做好低碳发展工作的基础。绿色低碳、循环发展不是一蹴而就的，经济结构、产业结构调整是一个复杂的系统工程，不可能在短时间之内就能完成。因此，摸清呼伦贝尔市低碳发展的底数，夯实发展基础，根据实际情况科学制定呼伦贝尔市中长期低碳建设规划是保证低碳城市建设工作有序进行的基础。

3. 健全制度是做好低碳发展工作的必要条件。虽然有领导的重视，有了规划的引领，但具体工作还是要靠各部门、各旗县、各个企业来完成。为了保证各项工作能够落到实处，呼伦贝尔市建立了严格的节能降碳目标责任考核等制度，使之与地区经济发展成效挂钩，与地方领导干部的政绩考核挂钩，与项目审批挂钩，并且建立了重点用能单位能耗上报制度，确保各项工作落到实处。

七、 工作建议

1. 加大对西部地区，特别是边疆少数民族地区政策和资金支持力度。西部地区，特别是边疆少数民族地区经济社会发展水平与中东部地区相比差距较大，做好应对气候变化及低碳发展工作需要付出更大的努力。因此建议国家制定明确的差别化应对气候变化政策，支持西部地区，特别是边疆少数民族地区加快发展；加大中央预算内资金、清洁发展机制基金对绿色低碳项目、重点研究课题及能力建

设等方面的支持力度，对边疆少数民族地区给予适当倾斜。

2. 加强能力建设。建议国家针对地方各级主要领导举办一些培训班，提高他们对于低碳发展重要性的认识，同时，对于从事应对气候变化各条战线的工作人员，进一步加大培训力度。

吉林市低碳试点进展总结

按照《国家发展改革委办公厅关于组织总结评估低碳省区和城市试点经验的通知》（发改办气候〔2016〕440号）有关要求，本市组织对低碳试点创建工作进展情况进行了总结评估，现将有关情况报告如下：

一、 基本情况

吉林市是2012年11月国家批准的第二批低碳试点城市。作为典型的东北老工业基地城市和经济欠发达地区，吉林市低碳城市试点工作紧密结合全市"十二五"经济社会发展中心任务，把促进产业结构调整、推进清洁能源发展、改善城市环境质量、提高居民生活幸福感作为低碳城市建设的根本出发点和落脚点，积极寻求探索适合吉林市实际的低碳发展转型路径和模式，并取得了积极进展和成效。2015年吉林市单位生产总值能耗、单位生产总值二氧化碳排放量预计比2010年下降25%、29%，超额完成了下降17.5%和18.5%的试点城市目标。

（一） 经济快速发展， 城市综合实力跨上新台阶

"十二五"期间全市经济保持较快增长势头，2015年，全市地区生产总值达到2455.2亿元，是2010年的1.4倍，年均递增6.4%；人均生产总值达到5.7万元，是2010年的1.6倍，年均递增9%；全口径财政收入突破300亿元，是2010年的1.5倍，年均递增9.3%；县域生产总值、地方级财政收入年均分别增长13%和10%。固定资产投资累计突破1万亿元，年均增长16.9%，实施亿元以上项目1260项。科技经费投入是"十一五"的5.1倍，年均增长49%。粮食总产量由"十一五"末期的90亿斤发展到110亿斤阶段性水平，一产增加值保持了年均6.8%的增速，连续三年获得"全国产粮大市"荣誉，并荣获"中国粳稻贡米之乡"称号。工业经济保持平稳增长，实现规模工业总产值3085.8亿元，是2010年的1.5倍，年均递增7.9%，战略性新兴产业规模跃上千亿级台阶，民营经济对地方级税收贡献率达到60%。全市服务业增加值实现了1086亿元，同比增长6.8%，从2013年开始，服务业增长速度开始超过地区生产总值和二产的增长速度，到2014年服务业增加值已超过工业增加值，并呈差距逐步扩大态势。

（二） 全力改善民生， 社会事业全面进步

"十二五"期间，累计投入610亿元，连续五年完成民生改善和提高事项，各项社会事业取得全面进展，人民生活持续改善。2015年末城镇常住居民人均可支配收入、农村常住居民人均可支配收入分

别达到 28935 元、11660 元，分别是 2010 年的 1.71 倍和 1.77 倍，年均分别增长 11.3% 和 12.1%，城乡收入比例由"十一五"末期 2.57∶1 缩小到 2.48∶1。作为国家新型城镇化地级试点城市，城镇化建设稳步推进，全市常住人口城镇化率达到 58.5%。社会消费品零售总额达到 1311 亿元，是 2010 年的 1.9 倍，年均增长 13.9%。统筹人口均衡发展，人口自然增长率控制在 1.2‰ 以内。实施积极的就业政策，全市新建创业园区和创业孵化基地 36 个，五年累计开展职业技能培训 42 万人，实现农村劳动力转移就业 285 万人，新增城镇就业 48 万人，城镇登记失业率控制在 4% 以内。社会保障制度进一步健全和完善，城乡养老保险制度在全省率先实现全覆盖，基础教育、职业教育保持全省领先，公共卫生保障水平大幅提升，文化事业和文化产业蓬勃发展，竞技体育实现奥运金牌"零突破"，社会安全稳定局面持续巩固。

（三） 能源消费强度显著下降， 消费结构进一步优化

2015 年，吉林市一次能源消费总量约为 2053 万吨标煤，其中煤炭消费量约为 1112 万吨标煤，占一次能源消费总量的比重为 54.2%，比 2010 年降低 9%；油品消费量为 660 万吨标煤，占一次能源消费总量的比重为 32.2%，比 2010 年上升 3.8%；天然气比重为 2.2%，上升 1.5%。全社会用电量 147.51 亿千瓦时，比 2010 年增长 10.5%，其中工业耗电 112.43 亿千瓦时，比 2010 年增长 5.3%，占全社会用电量的 76.2%。全市基本形成电力、生物质能、天然气多元互补的终端能源消费结构。2015 年，非化石能源消费总量约为 235 万吨标煤，占一次能源消费总量的 11.4%。

（四） 严格控制碳排放， 碳排放强度显著下降

2015 年，全市能源活动二氧化碳排放总量为 4381.83 万吨，单位地区生产总值碳排放量约为 1.86 吨二氧化碳/万元，比 2010 年下降 29%，提前超额完成"十二五"和试点城市下降 17.5% 和 18.5% 控排目标。

二、 推动践行低碳发展理念

（一） 低碳发展的组织领导与机制建立情况

本市设立了应对气候变化专职管理机构。由市发改委应对气候变化处负责组织拟订应对气候变化重大战略、规划和重大政策；协调开展应对气候变化国际合作与能力建设。按照低碳试点要求，建立了"政府统一领导，部门分工负责，任务目标明确"的低碳发展长效机制，建立了目标制定及任务分解制度、督查督办及目标考核制度、工作调度及信息通报制度、公众参与及舆论监督制度，强化目标任务责任制，确保低碳试点工作有序推进。

（二） 应对气候变化和低碳发展规划编制情况

"十二五"期间，本市组织编制完成了《吉林市"十二五"控制温室气体排放综合性实施方案》《吉林市低碳城市试点工作实施方案》《吉林市节能减排财政政策综合示范城市总体实施方案（2012—2014）》以及产业低碳化、交通清洁化、建筑绿色化、服务集约化、主要污染物减量化、可再生能源

利用规模化等六个专项实施方案。

（三） 低碳发展模式探索情况

吉林市组织全市相关部门，配合中国社会科学院、能源研究所、吉林大学、英国查塔姆研究所等国内外研究机构，于2010年3月编制完成了《吉林市低碳发展路线图》，这是我国应对全球气候变化开展的第一个以城市为单元的低碳发展的案例研究成果。2013年，组织实施了吉林市低碳城市试点清洁发展机制基金项目，开展了吉林市工业、建筑、交通领域的低碳化改造模式研究，积极探索老工业基地城市低碳转型发展道路，目前已经完成研究报告初稿。

（四） 确定排放峰值目标情况

利用国家发改委能源所开发的IPAC（中国能源政策综合评价模型），对吉林市工业、农业、服务业、交通运输业能源消耗和二氧化碳排放情况进行了定量分析，设定了吉林市碳排放峰值目标，在2025年前达到碳排放峰值。

三、 低碳发展任务落实与成效

（一） 产业结构调整完成与措施落实情况

"十二五"以来，为优化城市产业布局和空间结构，提升城市经济承载能力和可持续发展能力，吉林市委、市政府启动实施了中心城市"十大功能区"发展战略，积极构建低碳转型发展平台，城区产业布局得到进一步优化调整，各产业集中区发展定位进一步明晰。根据全市国民经济和社会发展"十二五"规划确定的建设东北、东北亚新型产业基地、旅游度假名城、生态宜居城市的城市发展定位，本市进一步加大产业结构调整力度，稳定提高一产，优化做强二产，发展提升三产，三次产业结构比重由2010年的10.8∶49.8∶39.4调整到2015年的10.3∶45.5∶44.2；工业内部结构也不断调整优化，全市六大高耗能行业产值（现价）占地区工业总产值比重由2010年的51%下降到2015年的39.8%，轻重工业比重由2010年24∶76调整到2015年31.5∶68.5。

吉林市产业结构调整着力于做好产业低碳化的减法和加法。做好产业低碳化的减法即是加快实施传统产业的升级改造，加大落后产能淘汰力度。吉林市借力国家东北振兴战略的政策机遇，重点实施了哈达湾老工业区搬迁升级改造、化工园区循环化改造试点、高新北区"城市矿产"基地建设等重点工程，启动实施了晨鸣纸业腾退区域以现代服务业集中区建设为主体的再开发。吉林铁合金、吉林碳素重组和搬迁改造扎实推进，以30万吨环氧丙烷、12万吨生物法环氧乙烷、吉化柴油质量升级为代表的一批技术改造升级项目竣工投产，一汽大众DY整车项目成功落地。"十二五"以来，共淘汰了落后水泥产能90万吨、造纸产能28万吨、铁合金产能4.2万吨、炼铁产能35万吨、粘胶短纤产能1.5万吨，燃煤火电机组33.5万千瓦。上述工程项目的实施，为"十二五"乃至未来本市调结构、转方式、节能降碳发挥了现实而深远的影响。

做好产业低碳化的加法即是大力发展战略性新兴产业和服务业。为了实现总量和结构的互促共进，吉林市深入实施投资拉动、项目带动和创新驱动战略，大力发展战略性新兴产业，稳步提升服务业发展水平。"十二五"以来，市财政设立了战略性新兴产业和服务业发展引导资金，积极扶持和引导相关产业发展。碳纤维产业初步建立了"原料 – 原丝 – 碳丝 – 终端产品"这一国内最完整的碳纤维产业链条，形成了全国规模最大的年产 5000 吨碳纤维原丝生产线、4 个系列 10 余种终端产品、规模化、集群化、上下游互动的发展态势。华微 8 英寸智能芯片等 100 个项目加快建设，培育科技"小巨人"企业 144 户，100 种新产品实现规模化生产。战略性新兴产业规模跃上千亿元台阶，占规模工业产值比重由 2010 年的不到 20% 提升到 2015 年的 35%。

大力提升服务业发展水平。"十二五"期间，服务业固定资产投资累计完成 3685 亿元，年均增长 15.5%。南部新城、越北、哈达湾等一批城市新商圈逐步形成。博宇、晟驰、联想增益供应链等一批新生物流企业加快发展，长吉图综合物流园等一批重大物流园区项目正加紧建设。中油数据中心、意邦智控数据中心投入运营，大全软件外包基地、吉林创新产业园等项目建设进展顺利，软件外包收入年均增长 30% 以上。一网全城、淘宝吉林市馆、筑石电商产业园等一批第三方电子商务平台项目建成运营，电子商务交易额年均增长 50% 以上。旅游总收入从 2010 年的 164 亿元提升到 2015 年的 538 亿元，年均增长 25% 以上。职教产业园区建设加快，全省首个 B 型保税物流中心建成。成功引进浦发、光大、民生、中信、兴业等银行，村镇银行实现县域全覆盖，银行业金融机构发展到 15 家，保险公司发展至 26 家，小贷公司发展至 133 家，金融保险业增加值连续保持 15% 以上的增长速度。2015 年，全市服务业增加值实现了 1086 亿元，同比增长 6.8%，服务业占地区生产总值比重达到 44.2%，比 2010 年提高了 4.7 个百分点，年均提高 1 个百分点以上。

推动农业低碳化发展。"十二五"期间，建成 1803 项水利基础设施工程，完成投资 66.3 亿元。推广应用玉米垄侧保墒栽培、水稻育苗错期播种等一系列抗旱种植技术，集成推广了智能化催芽、测土配方施肥、高光效、航化作业等 10 项先进技术，每年推广新品种、新技术、新成果 40 多项，应用面积 50 余万公顷。重点实施了 86 个粮油高产创建示范片建设，培育了"舒兰"、"万昌"、"大荒地"等大米品牌，全市绿色有机水稻种植面积达到 4.7 万公顷，占全市水田的 31%。打造形成了"甜黏玉米、果蔬、食用菌、柞蚕、人参、林蛙、紫苏、芦笋、月见草及苗木花卉"十大产业，单位面积经济效益分别是大田玉米的 3~21 倍。推广农村户用沼气池建设技术，促进农村清洁能源开发利用，促进农村废弃物无害化处理，共计完成农村户用沼气池建设 8427 座，生产沼气 700 万立方米。农机总动力达到 350 万千瓦，农机综合作业水平达到 73%，科技对农业的贡献率达到 56%，农业用水效率指数达到 0.55，市级以上农业产业化龙头企业发展到 250 户，全市"三品一标"农产品达到 275 个，农业现代化发展步伐不断加快。

（二）能源结构优化完成与措施落实情况

积极优化能源结构，到"十二五"末期，本市非化石能源消费总量约为 235 万吨标煤，占一次能源消费比重达到 11.4%。

加快推进水电、风电、太阳能、地热能等清洁能源项目建设。重点实施了丰满水电站重建工程，项目总投资 90.79 亿元，已完成投资 28.1 亿元，项目建成后全市水电装机将达到 350 万千瓦，占全市电力装机容量的 54.6%；中广核大口钦 20 兆瓦风电、华能金珠 30 兆瓦风电、松花江电厂 35 兆瓦光伏发电、蛟河30兆瓦光伏发电等项目，正在加快推进前期工作；组织实施了圣德泉80万平方米地热供暖、神农山庄5万平方米地热供暖、搜登站14万平方米深水源供热等可再生能源与建筑一体化应用项目66个，推广应用面积200万平方米。

因地制宜发展生物质能源。编制了生物质能源化利用发展规划，蛟河凯迪6万千瓦生物发电项目已建成并网发电，桦甸凯迪6万千瓦生物质电厂项目正在进行设备安装。"十二五"期间新增生物质能源化利用60万吨。组织推进吉林市方源、天顺、旭日升、亨昌等企业秸秆收储运体系及秸秆成型产品项目建设，城区秸秆成型燃料产能达到30万吨，城区内取缔10吨以下燃煤锅炉，同时组织村镇、企业、农村中小学校燃煤锅炉进行生物质替代改造，引导生物质能源利用。

积极推进实施"气化吉林"工程。港华燃气长长吉输气管道天然气利用工程（一期）加气母站项目、中油昆仑加气母站项目相继建成投入运营。2015年天然气利用总量是2010年的3.2倍，城市居住用管道天然气气化率由68%提高到75%，完成高压天然气管道36公里，工业天然气中压专线31.5公里，中低压天然气干线75.5公里以及3座高中压调压站建设，新建天然气汽车加气站14座，新增居民燃气用户7万户，全市城镇居民气化普及率达到98.4%。

严格实施煤炭消费总量控制。制定了《吉林市煤炭消费总量中长期控制工作实施方案》，煤炭占一次能源消费总量的比重控制在55%左右，比2010年降低9%。

（三）节能和提高能效任务完成与措施落实情况

2015年，本市单位地区生产总值能耗预计为0.878吨标煤/万元，比2010年下降25%，超额完成"十二五"和试点城市下降16.5%、17.5%的目标。

认真组织实施重点节能降碳工程建设，组织吉化、建龙公司等重点企业实施节能、节水、资源综合利用等项目150个，总投资30多亿元。加强工业节能降碳工作，重点组织实施万家企业能源利用状况报告、能源审计、能耗对标、目标责任考核以及节能监察等工作，大力促进产业低碳化。组织开展了重点工业企业锅炉普查和能效测试工作，完成锅炉普查107台，测试能效46台。实施电机能效提升计划，完成电机能效提升任务49.5万千瓦，其中推广高效电机27.78万千瓦，淘汰低效电机11.4万千瓦，实施电机更新改造10.32万千瓦。对石化、电力、钢铁、有色、建材等行业开展重点企业能耗对标达标工作，本市涉及国家公布的28个能耗限额标准产品的24户企业均达到国家标准要求，乙醇、苯胺等5种产品能耗指标达到国内先进水平或处于国内领先水平。全市规模工业万元增加值能耗比2010年下降32%，超额完成省政府"十二五"下降19%的工业节能目标。

（四）低碳建筑和低碳交通任务完成与措施落实情况

低碳建筑以节能"暖房子"工程建设为重点，积极推进建筑绿色化。"十二五"以来，共计完成既有居住建筑节能和供热计量改造2597.66万平方米，4743栋住宅楼，实施热计量收费1100万平方米。取缔区域锅炉房8座，撤并改造小锅炉房134座，占全部分散小锅炉的90.5%，新建供热主干管网500公里，二次网833公里，改造老旧管网1279.5公里。开展绿色建筑示范工程建设，完成二星级绿色建筑113万平方米，一星级绿色建筑27.5万平方米，推广可再生能源与建筑一体化应用200万平方米。积极推进机关办公建筑能源消耗监测平台项目，在省内率先建成覆盖城区两级公共机构的智能化、信息化节能管理系统和管理平台。新建建筑在施工图设计、竣工验收阶段执行节能强制性标准比例都达到100%。

优化路网结构，促进交通低碳化。加快建设以公共交通为主导的无缝衔接、零距离换乘的综合交通体系，启动了城市轻轨规划建设。截至2015年末，吉林市公路通车总里程达到14768.1公里，路网密度达到54.5公里/百平方公里，全市二级及以上公路达到2141.4公里，分别比2010年新增517.5公里，1.6公里/百平方公里和562.3公里，全市五个县（市）均已实现一级公路或高速公路连接。城市公交客运体系基本形成了多层次、网络化的线路布局和多种类、现代化的车型结构，吉林市区共有公共汽车线路89条，运营线路网长1390.6公里，运营车辆数1368台，客运总量2.4亿人次，分别比2010年新增运营线路网长159.6公里，新增运营车辆270台、0.3亿人次。全市公共交通出行分担达到35%，比2010年上升约15%。组织开展交通运输节能减排科技专项行动，促进交通清洁化，天然气、混合动力公交汽车达到84.1%，天然气出租车达到83%。大力推进甩挂运输项目的进程，省级甩挂运输试点企业达到5户。加强船舶节能减排治理工作力度，对松花湖水域的船舶进行油水分离器更新改造143艘。淘汰客运黄标车42台，占58.3%；淘汰货运黄标车53台，占3.6%。

（五） 废弃物处置情况

2015年，全市生活垃圾产生及清运量为62.9万吨，主要采取无害化焚烧和卫生填埋方式处理，无害化处理率为100%。其中城区生活垃圾清运量为37.2万吨，无害化焚烧处理率为70%；外五县（市）城区清运量为25.7万吨，全部卫生填埋。组织开展了国家餐厨废弃物资源化利用和无害化处理试点，加快建设吉林市餐厨废弃物处理项目，项目总投资1.6亿元，目前已完成餐厨垃圾无害化处理特许经营权公开招标、可研编制、项目土地预审等前期手续。

（六） 绿色生活方式和消费模式创建情况

加强低碳试点宣传活动。结合"节能宣传周"和"全国低碳日"活动，紧紧围绕"节能低碳、绿色发展"、"携手节能低碳，共建碧水蓝天"、"践行节能低碳，建设美丽家园"等主题，利用宣传版、条幅、电子屏、宣传车、宣传画、环保购物袋、各类巡回讲解活动等形式，加大舆论宣传引导力度，积极倡导倡导文明、节约、绿色、低碳的生产方式、消费模式和生活习惯，引导全社会自觉开展低碳行动。世界"无车日"当天，市政府积极倡导以企事业单位、学校、居民区为单位的各类骑行活动；吉林市人民广播电台采写了《全城熄灯一小时》《节约低碳在身边》等多篇稿件，加大了对《2014—2015年节能减排低碳发展行动方案》和吉林市委、市政府《关于厉行节约反对食品浪费的意见》的宣传力度，在重点时段循环播出《步行也很潇洒》《一天少用一度电，一天节约一滴水》《餐桌上的浪费》等公益广告；吉林市电视台《江城新闻》栏目开设"节俭养德，全民行动"专栏，播放了节能减排示范城市建设宣传片，营造了良好的节能减排降碳氛围。

积极开展节约型公共机构示范单位创建工作，市直机关事务管理局和市中心医院顺利通过了国家节约型公共机构示范单位创建工作验收。加快建设"节约型学校"，北华大学等学校成立了"建设节约型校园工作领导小组"，并在校内广泛开展节约方案设计、科研创新竞赛等活动，成立了学校大学生

"节能减排志愿者协会"，积极开展大学生节能减排降碳课外实践活动。商业流通领域，在商务部组织开展的流通领域"百城千店"节能环保首批示范企业的总结推广工作中，本市吉林东方商厦股份有限公司、吉林国贸商业流通集团有限公司、大商集团吉林百货大楼有限公司被商务部认定为节能减排示范企业，在引导消费者进行绿色消费，促进节能低碳产品的应用上起到带领作用。

（七） 增加碳汇任务完成与措施落实情况

结合第二个十年绿化美化吉林大地规划，积极推进碳汇建设，圆满完成了试点城市工作目标，森林固碳能力进一步增加。"十二五"期间，全市累计完成造林面积 10.9 万公顷，其中林业重点生态工程造林面积 3.3 万公顷，清收非法侵占林地 12.3 万公顷，还林 7.6 万公顷。全市义务植树 2061 万株，面积 320 公顷。全市绿色通道建设成效显著，已绿化达标的总里程为 1796 公里，占可绿化地段的 55%。全市林业用地面积、有林地面积分别达到 162 万公顷、149 万公顷，森林覆盖率达到 56.2%，比"十一五"期末的 54.8% 增长了 1.4 个百分点。全市城市建成区绿化覆盖率达到 46.8%，人均公园绿地面积增加到 12.05 平方米。县城建成区绿化覆盖率达到 35%，人均公园绿地面积增加到 10.4 平方米。活立木总蓄积达 1.71 亿立方米，增长 5.3%。

四、 基础工作与能力建设

（一） 温室气体清单编制情况

利用中国清洁发展机制基金赠款项目，编制完成了本市 2010 年温室气体清单，并组织了初步论证。2010 年全市温室气体排放总量为 4472.3 万吨二氧化碳当量。从排放领域来看，主要来源于能源活动和工业生产过程；从气体构成来看，二氧化碳排放是主要温室气体增加源，排放量为 3926.3 万吨二氧化碳当量，占 87.79%，甲烷占 8%，氧化亚氮占 4.2%。

（二） 温室气体排放数据统计与核算制度建设情况

按照《国家发展改革委、国家统计局印发关于加强应对气候变化统计工作的意见的通知》（发改气候〔2013〕937 号）有关要求，市统计局严格执行省能源统计与核算制度，负责数据收集与评估及基础统计工作，编制了能源平衡表；市发改委负责温室气体排放核算工作，市工信、建委、农委、环保、林业、水利等有关部门按照应对气候变化和温室气体排放统计职责分工，加强协调配合，建立健全了相关统计与调查制度，形成了常态化的工作机制。

（三） 温室气体排放数据报告制度建设情况

严格落实国家发展改革委《关于组织开展重点企（事）业单位温室气体排放报告工作的通知》（发改气候〔2014〕63 号）要求，建立了重点单位温室气体排放报告制度，全市共计 15 家重点企（事）业单位填报了能源消费数据表，为启动碳排放权交易打下了基础。

（四） 温室气体排放目标责任制建立与实施情况

本市将单位地区生产总值二氧化碳排放削减比例指标纳入了各县（市）区、开发区人民政府年度绩效管理指标考评中，结合节能目标评价考核工作，组织控制温室气体排放目标责任评价考核。

（五） 低碳发展资金落实情况

为巩固节能减排综合示范成果，本市设立了节能减排创业投资引导基金和东北老工区改造投资发展基金，每支基金计划募集资金 10 亿元，充分发挥财政资金杠杆作用，撬动社会资本投入。在节能减排降碳领域积极开展政府和社会资本合作，吸引金融机构和社会资本参与本市节能减排等基础设施建设和运营，本市六水厂建设和国电吉林热电厂热源改造等两个项目已列入全国首批 PPP 示范项目。本市还与吉林银行签订了节能减排综合示范项目建设战略合作协议，吉林银行提供 200 亿元综合授信支持，为节能减排、低碳试点提供贴息贷款、担保等金融扶持政策。冀东水泥淘汰落后产能等 25 个示范项目获得融资支持，融资金额达 117 亿元，有力地支持了本市节能减排、应对气候变化和低碳发展工作。

（六） 经济激励和市场机制探索实施情况

按照国家节能减排财政政策综合示范城市创建有关要求，本市制定了《吉林市节能减排财政政策综合示范城市奖励资金使用管理细则》，争取资金累计到位 66.75 亿元，有力地支持了节能减排降碳示范项目建设。积极推行合同能源管理项目建设，推进实施了国电龙源节能技术有限公司循环泵电机变频改造、丰满区政府办公楼 LED 照明灯具、吉舒街道太阳能路灯等合同能源管理项目。

（七） 低碳产业园区、 低碳社区试点示范情况

开展低碳产业园区试点。组织吉林经开区、化工园区编制了《国家低碳工业园区试点实施方案》，申报国家低碳工业园区试点。吉林化工园区于 2014 年 7 月入选国家第一批低碳工业园区试点名单。重点加快推进化工园区低碳化改造重点项目建设，钢厂副产煤焦油深加工、利用吉化丙烯腈厂废液生产硫酸铵等 4 个项目已经建成投产。进一步修补和完善化工园区产业链，做深环氧丙烷产业链，做宽环氧乙烷产业链，年产 40 万吨聚醚项目土建工程已结束，年产 1000 吨聚氧化乙烯项目已经投产。

开展低碳社区试点。组织大荒地村、中东社区、紫金社区编制了低碳社区试点实施方案，申报了省低碳社区试点，大荒地村、中东社区成为省低碳试点社区，积极推广太阳能光热、光电利用，倡导低碳环保理念，培养低碳文化和低碳生活方式，营造优美宜居的社区环境。

五、 体制机制创新

加强温室气体排放总量控制。制定了《吉林市"十二五"控制温室气体排放综合性实施方案》《吉林市"十二五"能源消费总量控制及提高能效等节能降耗目标分解方案》和《吉林市煤炭消费总量中长期控制工作方案》等。以吉林市温室气体清单为依据，针对不同的考核责任主体，建立全面反映区域、行业、重点耗能企业碳减排特征的指标体系，将"碳排放强度"指标分解至市辖区的 1 县四市六区以及 38 家万家企业，分别构建政府和重点排放单位减排任务考核体系。按照责任落实、措施落实、工作落实的总体要求，强化政府责任、企业责任和政策导向的作用，督促各级政府和重点耗能企业切实加强温室气体排放控制。

六、 重要经验

（一） 加强组织领导和综合协调

加强与国家、省主管部门的沟通衔接，组织协调全市各县（市）区、开发区和有关部门按照职责分工，分解落实工作目标和主要任务，因地制宜提出解决本地区、本行业低碳化发展突出问题和困难的有效对策。各有关部门加强协调配合，齐抓共管，形成工作合力，建立强有力的工作推进机制。定期进行督导检查，进一步提升精细化管理水平，协调落实好各项工作。

（二） 紧密结合各项示范试点， 扎实推进低碳试点工作

本市把低碳试点作为推动生态文明建设的重要抓手和切入点，紧密结合节能减排财政政策综合示范城市、循环经济示范城市、生态文明先行示范区、餐厨废弃物资源化利用和无害化处理试点、"城市矿产"示范基地、化工园区循环化改造等示范试点，把降碳与节能、增效、减排，与调整经济、能源结构，与增加森林碳汇，与治理大气污染"十条措施"，与发展循环经济等互相促进，扎实推进低碳试点工作。

（三） 逐步建立完善服务业发展政策体系

近几年，相继出台了《关于加快本市服务业发展的若干意见》（吉市办发〔2012〕13 号）、《关于加快提升科技创新能力的实施意见》（吉市发〔2013〕7 号）、《关于大力促进健康服务业发展的实施意见》（吉市办发〔2014〕23 号）、《关于大力促进软件与服务外包产业发展的实施意见》（吉市办发〔2014〕24 号）、《吉林市人民政府关于加快发展养老服务业的实施意见》（吉市政发〔2014〕10 号）、《中共吉林市委吉林市人民政府关于促进旅游业发展的若干意见》（吉市发〔2014〕24 号）、《关于加快发展生产性服务业促进产业结构调整升级的政策意见》（吉市政发〔2014〕17 号）等一系列政策意见，逐步形成服务业发展政策体系。

七、 工作建议

1. 建议国家、省发改委针对各地方低碳发展资金投入不足，低碳融资渠道有限，因地制宜给予支持。例如针对本市哈达湾老工业区搬迁改造升级、轨道交通建设、低碳技术平台搭建等方面，在政策与资金上予以支持。

2. 建议国家发改委组织试点城市进一步加强国际、国内交流合作，引进国内外先进理念、技术和资金，提升本市重点行业、重点领域的低碳技术、设备和产品水平。

大兴安岭地区低碳试点进展总结

自 2012 年开展低碳城市试点工作以来，大兴安岭地区按照国家、省有关要求部署，在省控制温室气体排放工作领导小组办公室的具体指导下，全面贯彻落实科学发展观，突出抓好生态文明建设，坚持节约优先、保护优先、自然恢复为主的方针，切实把控制温室气体排放工作作为调整经济结构、转变经济发展方式的突破口和重要抓手，通过及时传达、精心部署、强化服务、加强监管和督促检查等各项工作措施，低碳试点城市建设工作取得了较好的进展。根据《国家发展改革委办公厅关于组织总结评估低碳省区和城市试点经验的通知》和省发改委对做好此项工作的通知要求，现将大兴安岭地区近年来低碳试点城市建设工作情况汇报如下：

一、 基本情况

2015 年，地区生产总值预计完成 134.9 亿元，年均增长 9.5%，是"十一五"期末的 1.8 倍；全口径财政收入实现 15.2 亿元，年均增长 12.0%，是"十一五"期末的 1.8 倍；一般预算收入 9.8 亿元，年均增长 13.8%，是"十一五"期末的 1.9 倍；固定资产投资累计完成 364.9 亿元，年均增长 6.3%，是"十一五"期间的 2.6 倍。

（一） 生态建设卓有成效

被国家确定为首批生态保护与建设示范区。2014 年 4 月起全面停止天然林商业性采伐。累计完成中幼林抚育 1565.9 万亩、补植补造 117.5 万亩。新增各级各类自然保护区 13 个，新增面积 81.27 万公顷，与"十一五"期末相比提高了 9.7 个百分点；全区活立木总蓄积 5.71 亿立方米，与"十一五"期末相比提高了 0.47 亿立方米；森林面积 683.66 万公顷，与"十一五"期末相比增加 9.9 万公顷；森林覆盖率 81.86%，与"十一五"期末相比提高了 0.99 个百分点。

（二） 经济结构逐步优化

2015 年，绿色产业实现产值 31.2 亿元，比 2010 年增长 1.1 倍。旅游接待人数 456 万人次，实现收入 43.42 亿元，分别比 2010 年增长 104.3% 和 115%。营林生产、特色农业及全民创业有效弥补了木材采运业的缩面，农业基础地位得到巩固，第一产业占 GDP 比重由 2010 年 39.7% 提高到 49.9%。信息传输计算机服务和软件业、金融业、文化体育娱乐业等产业迅速兴起。三次产业结构比由 2010 年的 39.7∶23.7∶36.6 调整为 2015 年的 49.9∶8.5∶41.6。

（三） 基础设施日益完善

加格达奇民用机场建成通航，新建高等级公路 1927 公里，十八站至洛古河公路、加格达奇至阿里河等公路均建成通车。解决了 9.5 万人农村（林场）饮水安全问题。推进 493.08 万平方米棚户区改造工程，惠及居民 9.44 万户。建成加区污水处理厂、呼玛县供水工程等 36 个"三供两治"项目，全区城镇污水集中处理率达到 80%，城镇燃气普及率达到 85%，集中供热普及率达到 81.12%。

（四） 节能减排工作稳步推进

万元 GDP 能耗逐步降低。截至 2014 年末，大兴安岭地区节能进度目标完成 84.4%，超过进度目标 4.4 个百分点；大兴安岭地区 2014 年度能源消费量实际为 74.46 万吨，与 2010 年度实际消费 86.1 万吨相比，绝对量下降 11.64 万吨。万元 GDP 二氧化碳排放量明显下降。根据《省级温室气体清单编制指南》，初步估算大兴安岭地区二氧化碳排放量从 2010 年的 271 万吨下降到 2014 年的 251 万吨，GDP 二氧化碳排放强度由 2010 年的 3.66 吨/万元下降到 2014 年的 2.02 吨/万元，累计下降了 44.8%。

二、 低碳发展理念

（一） 地委、行署就低碳发展确立了战略思路

在全省率先编制完成《大兴安岭地区生态文明建设规划》，明确提出大力推进生态文明建设，围绕"把资源管起来，让百姓富起来"发展思路，着力打造生态安全、生态经济、生态文化、生态人居、生态民生五大格局。

（二） 成立了大兴安岭地区低碳城市试点领导小组

成立了大兴安岭地区低碳城市试点领导小组，负责组织研究、审议大兴安岭地区低碳发展规划及重要政策，主持或参与低碳建设的重要活动和重大项目，协调解决工作中的重大问题，落实低碳城市规划工作的各项措施，为低碳试点城市建设保驾护航。同时，为更好地做好我区的林业碳汇工作，在林业集团公司设立了碳汇资源管理部。

（三） 结合区情， 制定相应指标

紧密结合我区的经济发展需求、基础条件和科技水平，围绕生态功能区、产业园区建设，着手编制我区温室排放气体排放清单、低碳发展规划及重点低碳示范园区实施方案。同时结合国家控制温室气体排放目标和省情、区情，提出"十二五"期间节能减排、生态建设、环境保护等方面的约束性指标和预期目标，制定碳排放指标分解和考核方案，明确我区建设低碳城市的重点。

三、 低碳发展任务落实与成效

2012 年 11 月 26 日，国家发改委（发改气候〔2012〕3760 号《国家发展改革委关于开展第二批国家低碳省区和低碳城市试点工作的通知》）正式批准我区为"第二批国家低碳试点城市"，是全省唯一

一家，同时也是全国唯——家林区城市。大兴安岭地委、行署对此高度重视，积极启动了低碳试点城市建设工作。

（一） 加快转方式、 调结构步伐

大兴安岭地区长期以来一直是"独木支撑"的经济格局，随着可采资源锐减、国家"天然林保护工程"的实施，大兴安岭地委、行署坚持"实施生态战略，发展特色经济，建设社会主义新林区"的总体要求，全力实施"生态立区、工业富区、项目兴区、打造园区、富民强区"的工作思路，强化生态保护，培育接续产业，调整和优化产业结构，使全区经济运行呈现发展不断提速、效益不断攀升、结构不断优化、质量不断提高的良好态势。2015 年，绿色产业实现产值 31.2 亿元，比 2010 年增长 1.1 倍；旅游接待人数 456 万人次，实现收入 43.42 亿元，分别比 2010 年增长 104.3% 和 115%；营林生产、特色农业及全民创业有效弥补了木材采运业的缩面，农业基础地位得到巩固，第一产业占 GDP 比重由 2010 年 39.7% 提高到 49.9%；信息传输计算机服务和软件业、金融业、文化体育娱乐业等产业迅速兴起，三次产业结构比由 2010 年的 39.7∶23.7∶36.6 调整为 2015 年的 49.9∶8.5∶41.6。

（二） 着力推进生态文明建设

1. 森林后备资源培育数量和质量得到提高。实现了森林面积、蓄积和覆盖率三增长。"十二五"完成中幼林抚育 1379.5 万亩、补植补造 117.5 万亩、人工造林 6 万亩。与 2010 年末相比，2015 年末森林面积达 683.7 万公顷，增加了 9.9 万公顷；活立木总蓄积 5.71 亿立方米，增加了 0.48 亿立方米；林分公顷蓄积量 81.05 立方米/公顷，每公顷提高了 5.65 立方米；森林覆盖率 81.86%，提高了 0.99 个百分点。

2. 自然保护区建设成效显著。一是加强自然保护区建设，初步形成类型齐全、布局合理的大兴安岭寒温带生态保护群；二是强化湿地修复与保护，使 34.9% 的自然湿地得到有效保护和管理，林区初步形成了较为完善的湿地保护管理体制。

3. 森林防扑火能力进一步加强。"十二五"全区年均林地过火率 0.0036‰，远低于 1‰ 的省控指标，森林资源和人民生命财产得到更好的保护。

（三） 加强重点领域节能工作的落实

年度节能目标方面，大兴安岭地区 2014 年度单位 GDP 能耗实际为 0.8241 吨标煤，同比下降 3.21%，超过年度目标 0.01 个百分点；节能进度目标方面，截至 2014 年末，大兴安岭地区节能进度目标完成 84.4%，超过进度目标 4.4 个百分点。主要做法：

1. 强化建筑节能管理。大兴安岭地区下发了《2014 年全区勘察设计、建筑节能工作指导意见》（大署建发〔2014〕15 号），将建筑节能从源头抓起，规定全区的新建、改建、扩建的建筑工程，均必须严格按照《民用建筑节能设计标准》依法进行设计审查，把建筑节能列入施工图专项审查范围，对建筑节能审查不合格的项目不予发放施工图审查合格证，新建建筑施工阶段节能强制性标准执行率为 100%；开展"城市限粘、县城禁实"工作方面，大兴安岭地区行署下发了《大兴安岭地区行署办公室大兴安岭林业集团公司办公室关于印发大兴安岭地区禁止使用实心黏土砖工作方案的通知》，认真开展禁实工作。

2. 加强交通运输节能。成立了以行署交通运输局局长为组长的交通运输节能管理领导小组，统一协调全区交通运输节能工作。营造交通运输节能氛围，严格把好市场准入关，按照交通部（2009 第 11 号部令）对拟进入市场的营运车辆，以汽、柴油为单一燃料，总质量超过 3500 千克的客、货运输车辆进行燃料消耗量核查，不在交通部网点达标车型表之内的车辆，不准其进入市场。

3. 加强公共机构领域节能工作。强化公共机构节能目标管理，全区公共机构节能管理取得了显著效果，单位建筑面积能源消耗 1.91 千克标煤/平方米·年，人均能源消耗 140.1 千克标煤/人·年，人均水资源消耗 15.90 吨/人·年，实现了 2014 年全区公共机构人均综合能耗同比下降 3%、单位建筑面积能耗同比下降 2.4% 的年度工作目标。

（四） 大力发展生态产业

1. 生态旅游业。我区全力实施政府主导型低碳旅游产业发展战略，围绕建设国家级低碳旅游度假区的发展目标，科学编制规划，深度开发资源，强化市场营销，提升服务质量，各项指标逐年稳步攀升，初步形成了以国家 5A 级景区、国家级自然保护区、国家森林公园和省级地质公园为主体，以观光、休闲、度假、森林康养和低空飞行为内容的低碳旅游发展格局。2010 年，全区接待各类旅游者 223 万人次，实现旅游收入 20.1 亿元；2015 年，全区旅游接待人数 418 万人次、实现旅游收入 40 亿元，分别比 2010 年增长 87.4% 和 99%，低碳旅游产业已成为我区替代产业集群中的重要引擎。

2. 森林生态食品业。编制下发了《大兴安岭绿色食品品牌建设工作实施方案》，成立了大兴安岭地区绿色食品品牌建设推进领导小组。截至目前，全区拥有绿色特色食品企业 86 家，产品十大系列 800 余个品种，2015 年绿色食品实现产值 31.2 亿元，其中，绿色种植业播种面积 150 万亩，实现产值 11.2 亿元；野生蓝莓管护面积 8267 公顷，人工蓝莓种植 2340 亩，蓝莓加工业实现产值 4.4 亿元，野生蓝莓采集 4047 吨，野生红豆采集 4681 吨；食用菌产业养殖食用菌 20167 万袋，食用菌养殖加工实现产值 7.9 亿元；森林养殖产业实现产值 3 亿元，冷水鱼产业实现产值 4276 万元；矿泉水产业实现产值 6328 万元；山野菜、山茶花、坚果等实现产值 1.3 亿元。经过近几年快速发展，"大兴安岭特色产品电子商城" 等交易平台进一步完善，生态食品已形成一定规模。

3. 生物医药业。在全省率先建立三个野生药材资源保护区，总面积达 12 万公顷。目前，全林区中草药种植面积达 19 万亩，形成药材种植示范基地 26 处；形成宛西制药、瑞星公司、北天原生物公司 3 家药材种植龙头企业和北奇神公司、越鑫公司、林格贝公司 3 家药材加工龙头企业。

4. 森林经营业。实施了中幼林抚育、补植补造、人工造林工程，完成中幼林抚育 1509.5 万亩、补植补造 117.5 万亩、人工造林 6 万亩。加强了国有骨干苗圃建设，保证了苗木供应。林区累计完成村屯绿化 2.63 万亩、义务植树 408 万株。

（五） 加快低碳知识普及教育步伐

采取报纸杂志、广播电视、互联网络、学术活动、科学普及、社区板报等多种方式，深入持久地开展低碳宣传推广活动，积极倡导以低能耗、低污染、低浪费为主体的低碳生活理念。以 "携手节能低碳，共建碧水蓝天" 为主题，由政府引导，全民参与，举办了节能宣传周和低碳日活动，极大提高了全民节能和低碳意识，在全社会形成提倡节约和保护环境的价值取向，使粗放型消费模式向绿色、健康、低碳型消费模式转变，切实将低碳理念和低碳生活方式内涵上升到公众认知层面。

四、 基础工作与能力建设

低碳试点创建工作开展以来，在国家和省发改委的指导、帮助下，大兴安岭地区有步骤、有计划地开展了一系列重点工作：一是编制大兴安岭地区温室气体清单、大兴安岭地区低碳发展规划；二是研究制定大兴安岭地区碳排放指标分解和考核体系和大兴安岭地区重点低碳示范园区实施方案；三是与中国绿色碳汇基金会签订了《中国绿色碳汇基金项目实施合同》，完成1万亩碳汇造林试点；四是配合内蒙古农业大学完成了碳汇造林基线调查工作，开展了2万亩森林经营碳汇及基线调查工作；五是完成6万亩的森林经营增汇减排项目和九公里公路绿化项目等；六是图强、十八站林业局碳汇项目积极推进，目前图强碳汇造林项目已呈报国家发改委，等待进一步审核；七是大兴安岭地区农林科学院获得国家级林业碳汇计量与监测证书，成为全省首家获此资质的单位，承担起全国碳汇监测计量体系建设部分任务。

五、 工作建议

（一） 面临的挑战

1. 经济结构不合理，发展方式亟待转变。长期以来，大兴安岭经济发展方式主要以粗放式经营为主，对能源和资源，尤其是林业资源的依赖程度较高，低端产品、低附加值的资源型、初加工型等传统产业仍占主导地位。在产业结构中，支柱产业大而不富，替代产业多而不强。服务业、新兴接续产业还没有形成规模。非林木产业还没有大的突破，尚未从根本上摆脱对森林资源的依赖。工业的技术水平不高，高新技术产业化步伐不快，技术进步对工业经济增长的贡献率较低，粗放型经济发展方式未得到根本转变。

2. 能耗原煤比重过高，新能源开发起步较晚。大兴安岭地区一次能源消费构成中原煤比重过高，能源结构高碳化明显，二氧化碳排放强度相对较高，地区煤炭消耗量占一次能源消耗量的比重偏高，与石油、天然气等燃料相比，单位热量燃煤引起的二氧化碳排放高很多，排放强度下降面临更大的困难。

3. 森林资源禁止采伐，产业转型迫在眉睫。大兴安岭地区是林业资源型地区，经过多年开发利用，大兴安岭地区可采森林资源濒临枯竭，森林资源质量和蓄积量逐年下降。在为国家提供了1.2亿立方米木材的同时付出了巨大的代价，特别是自2014年4月1日全面停止木材商业性采伐以来，地方政府发展经济、增加就业的压力很大。

4. 技术人才、资金缺口较大。由于没有形成完善、有效的政策支持体系和稳定的投入机制，大兴安岭地区在低碳技术的研发方面处于初步阶段，一些生产技术落后、资源利用率低的中小企业由于资金和自身发展等问题难以及时得到调整和改造，部分企业仍存在的高能耗、低效率的问题。

（二） 下一步工作考虑

为进一步做好低碳试点城市建设工作，当前乃至今后一个时期，大兴安岭地区将深入贯彻落实科学发展观，结合生态型花园式新林区建设，突出低碳产业、低碳林业、低碳能源和低碳生活"四大体系"，突出低碳重点示范项目建设，加快推进林区经济转型步伐，努力把大兴安岭地区打造成生态自然化、产业低碳化、经济持续化、生活和谐化的国际知名、全国领先的低碳城市。

1. 打造以低碳旅游为特色的穿越兴安环线旅游，以种植养殖基地为支撑的绿色食品产业链，以绿色矿产冶炼及精深加工和木材精深加工为主的循环经济产业链，以现代中药研发、天然提取物、中药饮片加工及中成药制造为主要方向的中药现代化产业链。打造功能完备、特色突出、优势明显的低碳产业体系。

2. 改变以化石能源为主的能源结构，加快推进清洁能源开发。以优化能源结构、提高能源效率，节约能源消费、改善大气环境质量为中心目标，大力发展呼玛河五级水利开发和额木尔河九级水利开发，积极发展风能、太阳能和生物质能源。提高新能源对煤炭能源的替代使用效率，提高能源利用效率，逐步建立以"减量化、清洁化、多元化及和谐化"为特点的能源体系。

3. 探索碳汇林业发展思路，加速提升林业低碳功能。提高低碳功能区"林业碳汇和增碳固碳能力"两大特色品牌，积极开展碳汇造林，通过植树造林和森林抚育，增加大兴安岭林区的碳储量，提升大兴安岭地区森林碳汇功能。

4. 倡导低碳生活理念，推进生态文明建设。以低碳交通、低碳建筑、低碳生活方式为核心构建低碳生活。打造具有林区特色的公路、铁路和航空低碳交通体系。合理规划城市功能区布局。推广使用太阳能和节能电器，对城镇路灯进行风光互补节能改造，提升林区人民群众节能环保的文明生活方式。

5. 培养提升低碳化能力，推进全区低碳经济发展的顺利实施。以提升低碳技术的引进及培育等低碳技术能力、低碳化的战略决策能力、信息掌控能力、策划规划能力、资源动员能力等的低碳管理能力、低碳宣教及社会认知等的低碳文化动力以及低碳相关的法律法规制度能力等为重点，积极探索出林区低碳经济发展的新道路和新模式。

（三） 工作建议

1. 国家多组织学习培训。大兴安岭地处偏远，生活条件艰苦，人才、技术匮乏，应对气候变化工作又是一项全新的工作，建议从国家层面多开展有关应对气候变化工作技术、经验交流等方面的学习培训活动。

2. 在促进大兴安岭地区林业碳汇发展方面给予一定的政策支持。大兴安岭是全国最大的国有林区、重要的森林碳储库，但由于林木生长周期长，经济又不发达，运作商业性质的林业碳汇项目非常困难，建议国家研究出台林业碳汇试点政策，在支持大兴安岭地区与发达国家和国内工业集中区及发达地区进行碳交易方面给予一定的政策倾斜，用政策引导大兴安岭地区探索出一条依靠市场机制促进生态保护和生态建设的路子，最终实现政府不投入或少投入、以市场机制促进生态建设的目标。

苏州市低碳试点进展总结

苏州市高度重视绿色低碳发展工作，按照国家、省发展改革委的部署要求，以降低单位 GDP 二氧化碳排放量目标为引领，以国家低碳试点城市建设为契机，优化经济结构、推进节能减排、调整能源结构和提高能效、增加森林碳汇等多策并举，切实控制温室气体排放，大力推动绿色循环低碳发展。作为 2012 年获批的国家低碳试点城市，苏州市进行了一系列探索和创新。

一、 试点工作总体进展

（一） 试点目标进展情况

本市在《苏州市国家低碳试点城市工作初步实施方案》中提出，"十三五"期间逐步开展二氧化碳排放总量控制，力争 2020 年二氧化碳排放总量达到峰值。二氧化碳排放强度 2015 年比 2005 年下降 36%，2020 年碳排放强度比 2005 年下降超过 50%。据初步测算，2011—2014 年，本市碳排放强度下降率分别为 6.37%、7.11%、5.36%、4.73%。按照目前碳排放强度下降趋势、速度和轨迹推算，2020 年实现碳排放总量峰值目标可实现，甚至人均拐点有可能提前出现。

（二） 调整产业结构任务完成情况

加快产业结构调整步伐，着力构建现代产业体系。一是加快发展战略性新兴产业。工业总产值 3.58 万亿元，新兴产业产值、高新技术产业产值所占比重分别提高到 47.5% 和 44.8%（实施方案中目标是 2015 年达 40%）。二是提速发展现代服务业。服务业量质齐升，实现增加值 6305 亿元，增长 9%，占地区生产总值的比重达到 46.7%（目标是 2015 年达 48%）。国家现代服务业综合试点工作积极推进，总部经济和新兴业态快速发展。三是加快农业现代化步伐。农业现代化水平保持全省领先，"四个百万亩"布局得到优化，新增现代农业园区面积 9 千公顷、高标准农田面积 3.2 千公顷，农业机械化水平达到 87.5%。

（三） 调整能源结构任务完成情况

本市加大清洁能源、可再生能源的推广和支持力度。阳澄湖低风速风电示范项目已进入工程施工阶段。积极开展公共交通"油改气"工作。在光伏发电方面，2013 年 16 个分布式光伏发电项目建成并网发电，装机容量共 11 兆瓦。天然气发电总装机容量达到 300 万千瓦，占全省天然气发电总装机容量的 46.7%。2012 年落地同里的锦苏特高压直流工程，送来了清洁水电，提升了本市清洁能源占比。积极发展垃圾焚烧发电新能源。目前苏州市垃圾焚烧发电项目，总投资 17 亿元，设计处理总规模 3550

吨/日，焚烧三期项目投运至今累计处理垃圾量为 104.14 万吨，完成上网电量 3.846 亿度。

（四） 节能和提高能效任务完成情况

本市在确保经济平稳增长的同时，节能降耗各项工作取得了明显成效。

1. 落实节能目标责任制。完善节能责任考核，实行节能"双目标"（单位 GDP 能耗下降率和规模以上工业能源总量）责任考核，每年都印发全市节能工作要点，健全节能目标责任考核评价制度。

2. 深入推动企业节能降耗。开展万家企业节能低碳行动，超额完成国家对万企"十二五"节能量考核序时进度目标。开展能源管理体系建设，60 家企业通过了能源管理体系认证或评价。组织能效之星创建工作，53 家企业成功创建了"能效之星"三星级以上企业，共实施节能技改项目 200 个，投入技改资金 5.1 亿元，年实现节能量 9.3 万吨标煤。实施电机能效提升计划，全年完成淘汰电机 20 万千瓦，高效电机推广及匹配改造 20 万千瓦以上，进一步提升本市电机能效水平。深入开展固废综合利用，累计认定有效期内的资源综合利用企业有 184 家，资源综合利用电厂（机组）13 家。加大节能高效照明产品的推广力度，全年推广 16.5 万支节能灯，继续在全省保持领先。

3. 大力推进淘汰落后产能。落实"关停不达标企业、淘汰落后产能、改善生态环境"三年专项行动计划，淘汰、关停落后企业 1255 家。开展督查调研，扎实推进目标落实，全市累计腾出土地 18690 亩，节约标煤 521410 吨。完成大气污染防治重点项目 254 项，淘汰燃煤锅炉 438 台、老旧机动车 7.9 万辆。

4. 加快推进电力需求侧管理城市综合试点工作。印发了《关于苏州市电力需求侧管理城市综合试点项目管理及资金奖励实施意见》《电能服务机构服务规范》等一批政策性和工作性文件。全年完成 3000 名电能管理工作人员的培训任务，累计 20 多家电能服务机构参与试点工作。

5. 积极推进合同能源管理。出台了一系列配套政策，将国家合同能源管理税收优惠政策落到实处，全市节能服务公司共签订合同能源管理项目 250 个。

6. 加强重点领域节能。一是大力推进建筑节能及绿色建筑。2014 年 4 月出台《关于印发苏州市绿色建筑工作实施方案的通知》。"十二五"至今，建成节能民用建筑面积 9009m²，其中节能公共建筑面积 2112m²，节能民用建筑面积 6897m²，可再生能源建筑面积 2331m²，其中太阳能利用建筑面积 2124m²。建成市级公共建筑能耗监测体系，目前已有 79 项大型公共建筑纳入实时监测。截至 2014 年 12 月 31 日，本市累计获得绿色建筑标识 210 个、建筑面积 1592.7 万平方米，取得绿色建筑运行标识 9 项、72 万平方米。绿色建筑数量全省第一。已经建成并通过省级验收的有中新生态科技城、花桥国际金融服务外包区等 2 个省级绿色建筑示范区，绿色建筑示范区数量全省第一。二是加快推进绿色低碳交通运输发展。建设全省领先的综合交通运输体系，综合运输结构进一步优化。发展各类节能与新能源汽车。制定《苏州市加快新能源汽车推广应用实施意见的通知》，出台《苏州市新能源汽车推广应用市级财政补贴实施细则》。目前绿色清洁能源公交车共计 1649 辆，占公交车总数的 38.35%，拥有轨道交通运营车辆 215 辆，绿色公共交通车辆比例达到 58.5%。营运客车、营运货车、营运船舶、港口吞吐量单位运输周转量能耗 2013 年分别下降 3.8%、7.5%、9.2% 和 4.8%。苏州市区共建设公共自行车站点 1454 个，累计投放公共自行车 33400 辆。

（五）　增加森林碳汇任务完成情况

认真实施生态文明建设规划，全面启动生态文明建设"十大工程"。优质水稻、特色水产、高效园艺、生态林地"四个百万亩"全部落地上图。划定了生态红线区域。完善生态补偿政策，补偿标准总体提高50%。严格执行基本农田保护制度和耕地占补平衡制度，土地节约集约利用水平进一步提高。上方山石湖生态园、虎丘湿地公园、吴中区临湖园博园、"两河一江"、"两山一镇"等工程扎实推进。市区新增绿地505万平方米，农村新增林地绿地3.6千公顷，全市陆地森林覆盖率达到29.4%（目标是2015年陆地森林覆盖率达27%）。加强湿地保护和管理，吴江同里湿地、昆山天福湿地成功创建国家湿地公园。贯彻《苏州市生态补偿条例》，补偿机制不断完善。建成区绿地率、建成区绿化覆盖率、人均公园绿地面积分别达到37.7%、42.6%和14.98%。

（六）　低碳发展资金落实情况

1. 积极争取国家及省级低碳发展专项资金。获得中国清洁发展机制基金2012年度第一批赠款250万元。目前CDM项目经费支出103.3万元，用于低碳管理平台建设、低碳能力建设等。

2. 创新设立市级财政专项资金。2013年8月设立了"循环低碳发展专项资金"，主要用于绿色循环低碳基础能力建设、循环低碳经济发展及示范试点推进，专项用于循环经济发展评估考核和碳强度降低目标考核的奖励资金以及市政府确定的其他扶持项目。2013年全市共计17个循环低碳项目获得995万元循环低碳发展专项资金支持。2014年共有14个项目获得950万元资金支持。目前2015年项目正在进行初审。

3. 引导社会资金投入。建立了江苏省首个碳中和平台，为全省企业和公众在碳自愿减排领域提供交易途径。首批挂牌包括了秸秆发电、垃圾填埋场沼气发电等5个项目。

（七）　创新体制机制

1. 碳排放峰值目标与落实机制。面对能源消费及碳排放总量增加的诸多挑战，苏州市自加压力，迎难而上，提出2020年率先在全国实现碳排放总量达到峰值、碳排放强度比2005年下降超50%、人均碳排放2017年达到实现拐点等三大指标的突破。

2. 稳步推进重点企业单位温室气体排放报告工作。下发《关于组织开展苏州市重点企（事）业单位温室气体排放报告工作的通知》，推进苏州200多家重点企（事）业单位的温室气体排放报告培训、报告、核查工作，逐步在重点领域建立统计、核算体系。目前全市80家企业2010、2013、2014年度的核查工作已基本完成。

3. 积极探索碳排放权交易市场建设。为推进苏州市碳排放交易平台建设，组成专题调研组，赴国家碳排放权交易试点城市北京、天津、上海、深圳等地进行专题调研，在此基础上，邀请有关专家为苏州碳排放交易市场建设出谋划策，形成调研报告和初步工作方案。苏州环境能源交易中心是江苏唯一的环境能源领域的交易机构，具备开展温室气体排放交易、排污权交易、再生资源交易和节能减排技术交易功能，为苏州的绿色发展、低碳转型提供了市场化的交易平台市场基础。

4. 试点开展企业"碳盘查"示范行动。苏州市开放型经济发达，外资企业集聚，近年来不少外资企业对供应链上的企业提出了"碳盘查"的要求。针对这一趋势，本市率先在企业间开展了以ISO 14064为标准的"碳盘查"行动，苏州昆山市重点在电子行业进行大面积推广，力争近两年200家企业通过"碳盘查"。苏州市的企业"碳盘查"工作，已经引起了相关机构的高度关注，美国质量认证国际有限公司将亚太总部设在了本市，其他一些机构也纷纷进驻苏州。此外，本市的部分食品企业和水稻生产基地也开展了碳足迹核查。

5. 正式启动"碳中和"平台建设。本市正式启动了苏州环境能源交易中心"碳中和"平台。在国内首创结合企业对顾客（B2C）电子商务的技术及设计，一站式提供了包括碳减排项目查询、即时交易、网上交割、在线表彰、专场销售等功能。在中国（苏州）节能环保展览会上，苏州苏暖节能系统工程服务有限公司通过碳中和平台，购买了符合国际管理的VCS标准的碳减排量，等额抵消了展会的碳排放，使展会办成了江苏首个"碳中和"活动。

6. 构建开发碳排放交易系统。本市碳排放权交易系统的开发建设工作已经基本完成，制定透明公开可操作的交易规则，支持多层次、多品种、跨区域的一体化集中交易，及时向用户提供碳排放总量信息、交易行情、委托交易等信息资讯，提供实时行情、委托交易、资金转账等信息和交易服务。交易中心正在积极向国家发改委申请自愿减排交易机构的备案。

7. 探索低碳试点示范。本市不断深化试点示范，探索低碳发展先进模式和路径，以点带面，推动全社会低碳转型发展。一是继续深化国家低碳试点城市建设相关工作。在国家和省发改委大力支持下，2012年11月26日本市被确定为第二批国家低碳试点城市。文件批复后，苏州市积极落实《苏州市国家低碳试点城市工作初步实施方案》并编制《苏州市低碳发展规划》，提出碳排放量总值、强度和人均等三大突破目标，明确低碳发展各项工作任务。二是大力推进建筑节能和绿色建筑示范区建设，绿色建筑示范区数量全省第一。目前，已经建成并通过省级验收的有中新生态科技城、花桥国际金融服务外包区等2个省级绿色建筑示范区。三是组织实施国道312苏州段绿色循环低碳公路建设示范工程，通过技术创新和新材料、新设备、新工艺的利用，使公路在全寿命周期内的规划、设计、施工、运营、养护的能源消耗、污染物和二氧化碳排放量显著降低。四是苏州工业园区编制了《苏州工业园区创建国家低碳工业园区试点实施方案》，并成功获批国家低碳工业园区试点。

（八）　基础能力建设情况

1. 完善领导组织架构。苏州市委、市政府对控制温室气体排放工作高度重视，市领导高度关注二氧化碳下降目标分解下达、低碳试点城市申报、碳交易市场建设、低碳规划编制等工作，并多次做出重要批示。同时，不断健全组织机构，完善工作推进机制，市政府成立领导小组。在获批国家低碳试点城市后，进一步调整、充实和完善领导小组及办公室，明确由主要领导挂帅、30个部门和四市六区主要负责人为成员，建立低碳城市建设工作领导机构和协调机制，统筹低碳城市建设的组织、指导、协调、监督、检查和考核工作，办公室设在市发改委。

2. 规划编制先行。2013年初，市发改委会同15个部门着手编制了《苏州市低碳发展规划》，通过多轮修改完善，于2014年2月报经市政府常务会议审议通过后印发、实施。同时，编制完成《苏州市温室气体清单》。将应对气候变化和低碳城市建设工作纳入国务院批复的《苏南现代化建设示范区规划》。

3. 加强考核制度建设。加强苏州各市、区碳强度目标分解、下达和考核工作，明确各地区年度下降目标，将各市、区碳强度下降率年度目标予以分解下达，制订下发《苏州市 2013 年及"十二五"单位地区生产总值二氧化碳排放降低目标分解下达方案》（苏府办〔2013〕216 号），分解下达碳强度目标任务。形成和完善相应领导机制、工作机制和考核评价机制，结合节能目标等工作，年底由市政府对目标完成情况实施督查考核。

4. 积极开展以"低碳数据管理系统"开发为核心的数据管理工作。积极开展以"低碳数据管理系统"开发为核心的数据管理工作。依托中国清洁发展机制基金赠款资金，委托南京大学环境学院进行方案和核心逻辑数据库的设计，系统的核心架构已初步设计完成。

5. 加强低碳能力建设。牵头组织与清华大学联合举办了"低碳经济与可持续发展专题研修班"，对五市七区政府分管领导、相关部门分管负责人和省级低碳试点单位负责人进行了为期 5 天的集中学习，有效地将低碳发展的概念和理念传递到领导层面；联合南京大学环境学院、英国驻上海、广州总领馆和美国自然资源保护委员于 10 月份在苏举办了"低碳城市能力建设专题研讨会"，在减碳路径、低碳建筑、低碳交通三个方面进行了充分研讨；配合做好省发改委和英国驻上海总领事馆在本市联合举办中英碳交易市场建设研讨会。多次组织园区、企业等参加国家、省发展改革委组织的低碳发展能力建设培训班。

6. 举办各项低碳主题活动，推动全社会参与低碳城市建设。举办"美丽苏州·低碳行动"植树节活动；举办"践行绿色低碳·建设美丽苏州"、"建设低碳城市，构建美丽苏州"、"倡导产业共生，构建循环园区"等"全国低碳日"主题活动；会同与市交通运输局召开"践行节能低碳·建设美丽家园——全国节能减排周低碳交通宣传暨 LNG 环保汽车推荐会"等活动。定期编发低碳简报，宣传展示本市低碳发展。以"美丽苏州——节能减排，低碳智能"为主题，成功举办了 2013 中国（苏州）节能环保展览会。提出"碳中和"的办展方式，组织实施"绿色节能启动日、绿色回收日、绿色消费日"等配套活动。

7. 加强与科研院所合作。力促清华大学、人民大学、中国科学院等科研院所在苏设立专门研究机构，集聚生态领域专家学者，着力培养高端人才，为全面开展低碳城市建设等提供理论研究和技术支撑，促进产业生态化发展。

（九） 有关国际合作情况

开展国际交流与合作。美国波特兰市市长山姆·亚当斯先生、德国、奥地利及瑞士等高效能建筑代表团、丹麦埃斯比约市代表团相继访问苏州，与苏州就应对气候变化，保障城市可持续发展等方面进行了广泛而深入的交流。与德国 GIZ 等国际机构也进行了广泛的交流合作。

二、 面临的挑战与需求

（一） 地方低碳能力培训需要进一步加强

一是加大各级党政领导和基层工作人员的培训力度。建议加强党政领导低碳发展理念方面的培训，对各市（县）发改、统计等基层直接相关的专业人员进行业务技能方面培训。目前有些基层部门对低碳工作内容和路径还不是十分明晰，亟需加强业务培训和指导。二是加强国内试点城市交流。汲取各地试点成功经验，取长补短，为工作推动拓宽思路。三是进一步加强国际交流与合作，学习国际先进经验，不断提高应对气候变化的管理水平和工作能力。

（二） 建议大力发展先进低碳技术， 出台低碳技术 （设备） 支持清单

低碳技术的创新能力在一定程度上决定了能否顺利实现低碳经济的发展。改善能源结构和开发提高能效的技术将是关键核心所在，建议通过制定政策鼓励发展替代能源、可再生能源和新能源技术，大力促进商用技术研发推广，占领低碳产业的技术制高点，争取更多发展空间。建议国家出台支持先进低碳技术设备清单，在产业政策、政府采购、资金支持等方面给予优惠和倾斜。

（三） 尽快出台十三五低碳发展具体目标及考核方案

苏州依据国家、省相关目标制定了"十二五"低碳发展目标及考核体系。目前正在制定和优化"十三五"低碳发展思路及目标。建议国家尽快出台具体的"十三五"低碳发展规划，尤其是设定约束性指标框架，并纳入考核体系，这将对我们的工作有重要的指导和促进意义。

三、 下一步工作计划

下一步苏州市将以建设国家低碳试点城市为契机和抓手，全面实施《苏州市国家低碳城市试点工作实施方案》和《苏州市低碳发展规划》，积极探索一条以低碳产业为主导、以低碳生活为基础、以低碳社会为根本的苏州特色低碳发展道路，全面推进苏州市低碳城市建设。

（一） 全面实施国家低碳城市试点工作方案

进一步协调资源、能源、环境和发展的关系，合理调控空间布局，积极创新体制机制，不断完善政策措施，积极探索适合本地区的绿色低碳发展模式，夯实三项基础性工作：一是夯实长效机制基础。在苏州市低碳城市建设工作领导小组领导下，统筹低碳城市建设工作的组织、指导、协调、监督、检查和考核，完善"政府统一领导、部门分工负责、任务目标明确"的长效机制。二是夯实考核制度基础。要周密组织落实碳强度指标在各市、区、部门、重点行业及企业的分解工作，落实完善碳强度指标考核评价体系和实施办法。三是夯实规划龙头基础。组织实施《苏州市低碳发展规划》，发挥规划综合引导作用，将调整产业结构、优化能源结构、节能增效、增加碳汇等工作结合起来。

（二） 组织落实低碳建设重点工程

为保障低碳试点城市建设工作的顺利进行，实施"12345"低碳发展路径，即：一项约束——以GDP合理增长为约束；两大体系——构建减缓温室气体排放和适应气候变化两大体系；三个主体——政府、企业、公众三大主体共同参与；四大重点——以加快产业低碳化发展、引导绿色低碳消费、转变能源利用方式、增强城市碳汇能力为重点；五项支撑——以体制机制改革、低碳制度创新、低碳能

力建设、低碳技术应用、低碳试点示范为支撑，全面推进低碳城市建设工作。

（三） 做好温室气体排放统计核算基础工作

在国家出台建立统一的温室气体碳排放报告、统计和公布制度之前，主动做好现有的相关重点企业主要负责人和编制人员的培训，通过排放单位自行计算排放量，为各企业有针对性的、主动采取减排措施打下基础，通过信息的公开和可视化，增加排放单位对自身排放情况的认识，营造积极减少碳排放的氛围。同时做好对温室气体排放核算工作的指导，对企业编制温室气体清单给予一定的支持，构建国家、地方、企业三级温室气体排放基础统计和核算工作体系，解决目前温室气体排放数据来源的根本性问题。

（四） 进一步探索碳排放交易平台建设

按照国家和省低碳发展的部署和政策要求，结合苏州经济社会发展客观需要，关注国内外碳排放交易市场建设动态，继续推进碳中和平台工作，开展城市和重点企业温室气体清单编制，启动《苏州市碳排放管理若干规定》，研究制定碳排放核证机构办法，开发碳交易开发建设登记系统等工作，逐步推动碳排放交易平台建设，为低碳经济发展探索新的路径和平台。

（五） 加强科研合作大力发展低碳设备技术

整合全社会低碳发展力量，支持如南京大学气候与全球变化研究院分中心等科研机构在苏州开展应对气候变化战略、政策等方面的研究。

淮安市低碳试点进展总结

一、《实施方案》主要目标完成情况

1. 单位 GDP 二氧化碳排放。目标规划到 2015 年单位 GDP 二氧化碳排放比"十一五"末降低 20%；到 2020 年单位 GDP 二氧化碳排放比 2005 年降低 48%。到 2015 年，全市单位 GDP 二氧化碳排放比"十一五"末实际降低 23%。

2. 单位 GDP 能耗。目标规划到 2015 年单位 GDP 能耗比"十一五"末下降 18%，到 2020 年单位 GDP 能耗比 2005 年下降 40%。到 2015 年，单位 GDP 能耗比"十一五"末实际下降 23%。

3. 非化石能源占一次能源比重。目标规划到 2015 年非化石能源占一次能源比重提高到 6%，到 2020 年，非化石能源占一次能源比重力争达到 16%。到 2015 年，非化石能源占一次能源比重实际提高到 6.8%。

二、《实施方案》主要任务完成情况及评估

（一）完善低碳发展规划，发挥规划引领作用

始终把规划作为规范指导低碳建设的第一要素。一是 2011 年在江苏省率先编制完成《淮安市"十二五"低碳经济发展规划》，构建了绿色低碳发展的经济体系，并于 2013 年适时对规划进行了修编。二是出台《"十二五"低碳城市创建工作实施意见》，明确了发展目标、8 项重要任务以及 40 项低碳创建行动。三是组织编制主体功能区规划，将 22% 的国土面积列为生态区加以保护。四是按照"多规融合"的要求，将低碳理念贯穿于城乡建设、产业发展、土地利用、能源开发、资源管理等专项规划之中，形成了一整套促进绿色低碳发展的规划指导体系。通过规划先行，发挥了规划综合引导作用，为淮安低碳城市创建提供了有效指导。

（二）加快产业结构调整，构建低碳生产体系

坚持全力以赴调结构，一着不让促转型，积极构建具有淮安特色的低碳产业体系。一是优化产业结构。抓住淮安正处于工业化快速推进和产业结构加快变动的关键阶段，加快推动产业转型升级，努力构建以先进制造业为主导、现代服务业为支撑、高新技术产业为引领、规模高效农业为基础的现代产业体系。二是推进主导产业低碳化改造与发展。加快先进制造业资源循环化、产品高端化等低碳化改造，着力推进特钢延伸加工，盐、碱、酸、硝等基础化工产品下游产品的开发，拉长重化工行业产业链，有效提高重化工行业单位能耗的产出量，引领产业规模化、特色化、高端化发展；形成了"4 +

2"先进制造业发展格局，2015 年，盐化新材料、特钢及装备制造、电子信息、食品四大主导产业实现产值 3500 亿元，占规模以上工业产值比重达 58%。三是加快低碳技术研发和应用。鼓励企业有针对性地通过引进、消化、吸收进行技术设备更新换代，开发关键、共性和前沿节能技术，以节能技改推动企业能效持续提升，促进低碳经济发展。2015 年，服务业增加值占 GDP 比重提高到 45.9%，高新技术产业产值占规模以上工业总产值比重达到 26%。总体上，全市产业结构进一步优化，实现了三次产业比重由"二三一"到"三二一"的历史性转变。

（三）积极发展低碳能源，不断提高能效水平

一是扎实推进能源重点项目建设。风力发电、垃圾发电从无到有，光伏发电装机规模从小到大，生物质发电平稳发展，先后建成龙源盱眙风力发电、金湖振合光伏发电、淮安中科环保垃圾发电等一批项目，截至目前各类新能源发电项目累计装机规模 668.3 兆瓦，同比"十一五"末增长 1337.2%。二是积极推广热电联产，对 2012 年编制的热电联产规划进行修编，规划首选方案为在盐化工园区新增燃煤背压机组作为园区公共热源点。三是大力推动新能源利用。成功获批首批新能源示范城市，组织编制《淮安市新能源示范城市实施方案》《淮安市新能源发展规划》《淮安市低碳新能源建设方案》，重点发展太阳能、风能、生物质能、地热能利用。全市能源结构逐步优化，低风速发电、太阳能光热光电利用特色初步显现。

（四）完善低碳基础设施，发展低碳交通和建筑

一是实施公交优先战略，启动建设城市公共自行车系统，鼓励市民低碳出行；在交通运输中突出优化运输结构，积极发展水运、铁路等低碳交通方式，发展甩挂运输、多式联运、内河集装箱运输等运输模式；积极推广使用新能源运输车辆，实施营运车辆燃料消耗量准入制度，淘汰或停用老旧公交车，新购新能源公交车辆，逐步增加新能源客货运车辆。二是印发《淮安市绿色建筑行动实施方案》，将低碳技术全面运用于城市设计、建设、管理之中，从经济结构、生态环境、资源利用、管理机制等方面构建了低碳城市建设指标体系；新建建筑全面推广轻质墙材、太阳能集热、地源热泵、隔热保温涂料、垂直绿化等低碳节能新技术新产品；重点针对公共建筑外围护结构、外窗、屋顶、供热系统、排水系统等进行节能改造。到 2015 年，全市在城市公交系统、营运性道路客货运输、旅游客运、城市物流配送等领域加快推广新能源车辆，新能源汽车（营运性）占比已超过 3%。全市新竣工节能建筑面积 2000 万平方米，新型墙体材料竣工面积 1500 万平方米，全市 23 个项目获绿色建筑星级标识，生态新城获批国家绿色建筑科技示范区。

（五）加大森林资源保护，增强森林碳汇能力

一是出台《关于加快推进本市碳汇林建设的实施意见》，对碳汇林建设进行全面部署，为全市低碳城市建设奠定坚实的碳汇基础。二是突出以森林公园、自然湿地和现代农业园区为载体，加快构建布局合理、物种丰富、特色彰显的城乡绿色生态系统，建成一批万亩碳汇林、万亩荷花荡、万亩湿地保护区、万亩水生蔬菜，实施了矿山生态修复等工程。三是围绕打造江北花园城市，推进中心城市

"四河八岸"绿化风光带建设，将城市重点绿地通过人大决议作为永久性公共绿地加以保护。全面推进了生态市创建，金湖和清浦2个县（区）在苏北率先创成省级生态县（区），37个乡镇建成国家级生态乡镇。新增成片林10.6万亩，市域森林覆盖率达23.6%，建成区人均绿地面积达13.83平方米。自然湿地受保护率达49.5%，居全省第一。

（六） 鼓励低碳消费模式， 倡导绿色生活方式

一是着力提高公众低碳生活意识，充分利用各类新闻媒体，加大向社会公众宣传普及低碳消费的力度，提高群众的低碳意识，让"低碳消费"理念融入居民日常生活。二是启动建设市民卡公共自行车系统，在城市居民聚集区、铁路公路客运站、大型文化娱乐场所、旅游景点、体育场馆等人流密集区，为群众提供便捷低碳的公共自行车租赁服务；构建以步行、自行车为主的慢行交通示范区，塑造连续、安全、独具特色的慢行交通环境，引导低碳出行；优化公交线路，降低居民乘车的经济和时间成本，镇村公交通达率进一步提升。三是制定出台低碳惠民政策，通过减免税费、提供财政补贴（如节能家电补贴）等措施引导百姓参与到节能减排中来，形成以节约为荣、反对浪费的舆论环境。低碳消费已逐渐成为全社会的自觉意识和自发行动，已形成具有淮安特色的绿色低碳文化。市区公共交通分担率达到20.01%，万人公交车拥有率达到9.95标台。

（七） 推进低碳试点示范， 塑造低碳发展典型

一是大力推进低碳试点示范。近年来，淮安市秉持绿色低碳发展理念，以构建全社会低碳发展模式为主线，以低碳产业、低碳交通、低碳建筑、低碳能源等建设为重点，大力发展绿色循环经济，低碳工作取得了明显成效。2012年成功创建国家低碳试点城市；2013年成功创建低碳交通区域性试点城市；大力推进市生态新城低碳示范建设，并成功创建国家绿色建筑试验区；以国家级淮安经济技术开发区低碳建设为示范，大力推进低碳示范产业园区建设，2014年新增淮安高新技术产业园区和盱眙经济开发区等2家低碳工业示范园区；着力打造低碳示范社区、示范机关、试点乡村等，截至2015年底，已创建28个低碳示范社区、20个低碳试点乡村，低碳示范机关创建工作注重组织保障、监督考核等。二是加快出台试点示范评估考核办法。已出台低碳社区、低碳机关、低碳乡村标准及考核办法等。全市成功创建了低碳城市、低碳交通、绿色建筑等国家级试点，推进了一批低碳试点示范建设，并在低碳园区、低碳社区、低碳乡村、低碳机关等领域塑造了一批低碳发展的典型。

（八） 建立健全体制机制， 增强低碳支撑能力

一是建立低碳城市建设推进制度体系。成立领导小组，设立常设机构，专门负责低碳城市试点工作；出台《"十二五"低碳城市创建工作实施意见》，明确了发展目标、重要任务、低碳创建行动及主要考核指标，构建了绿色低碳发展的一系列经济指标体系；制定实施《年度低碳城市创建重点工作计划》，全力推进年度重点工作。二是开展重点企业温室气体排放报告工作。于2014年完成《2005、2010、2012年淮安市温室气体清单报告》编制工作，正式开启重点企事业单位温室气体排放报告工作，同时积极开展单位GDP二氧化碳排放强度统计工作。三是加强低碳建设考核。建立了低碳城市建

设考核制度，将任务目标分解到各县（区）和市直部门，加强督查考核，实行一票否决，确保年度低碳城市创建工作落实到位。四是积极开展碳足迹认证工作。与台湾电电公会合作，组织开展了本市实联化工等 3 家企业碳足迹方案编制工作，现已完成，正在招标开展认证工作。五是探索开展跨区域碳交易合作工作。加强与深圳碳交所沟通联系，积极开展跨区域碳交易合作。全市初步建立了低碳发展的统计和考核制度，在碳足迹认证、碳排放权交易等方面进行了有益的探索，为淮安市低碳经济发展提供了有力的支撑。

三、 下一步工作考虑

继续以国家低碳城市试点工作为抓手，积极学习借鉴各兄弟城市的创建经验，重点加强六个方面工作：

1. 加强统计监测。加快推进市县温室气体统计工作，建立健全温室气体清单数据统计和核算体系，完善年度低碳发展报告制度；完善重点耗能企业温室气体排放报告制度，在冶金、盐化工、电力等行业探索试行年度二氧化碳排放总量控制。

2. 加强示范带动。继续打造一批低碳示范区域、示范机关、示范企业、示范社区、示范乡村，加快出台试点示范的评价指标体系和考核办法，以试点示范带动全面推广。

3. 加强技术支撑。积极研究、引进和推广先进适用低碳技术及产品，创新实施低碳产品认证和标准标识制度，积极鼓励低碳产品的推广和应用，真正形成科技进步支撑下的低碳经济发展效应。

4. 加强政策支持。制定完善支持低碳发展的政策意见，适时研究出台低碳扶持政策，包括配套的科技、产业、金融、价格、税收、土地等政策和措施。

5. 加强制度创新。进一步强化市场机制作用，加快形成促进节能减排、低碳发展的利益补偿机制；创新低碳发展投入机制，改进政府资金投入使用方式，鼓励不同经济成分和各类投资主体进入低碳发展领域；创新低碳发展合作机制，加快建立区域性碳平台和碳交易市场。

6. 加强社会参与。多形式、多方位、多层面开展低碳文明主题教育活动，积极培养低碳文明意识，让更多的单位、更多的市民以实际行动参与低碳城市创建，建设绿色家园。

镇江市低碳试点进展总结

2012 年 11 月 26 日，本市被国家发改委列为全国第二批低碳试点城市。近年来，我们紧紧围绕"强基础、抓示范、明路径、争政策、造氛围、优考核"的工作思路，扎实推进低碳城市建设，取得显著成效，实现了经济持续发展和碳排放强度逐年下降的双赢。2014 年 12 月 13 日，习总书记亲临镇江视察，观看了镇江低碳城市建设管理云平台（以下简称"碳平台"）演示，称赞"镇江低碳工作做得不错，有成效，走在了全国前列"。现将本市低碳城市试点工作情况简要汇报如下：

一、 基本情况

（一） 经济社会发展简要情况

镇江地处苏南，总面积 3847 平方公里，总人口 316.5 万人，下辖丹阳、句容、扬中三个市和丹徒、京口、润州 3 个区以及镇江新区、"三山"风景区。镇江具有 3500 多年文明史，是吴文化的发祥地之一，是国家历史文化名城。镇江产业基础良好，拥有 1 个国家级经济技术开发区，1 个国家级高新区，6 个省级开发园区，高新技术产业产值占规模工业比重位列江苏省第一。经济稳步增长，"十二五"期间，GDP 年均增长率 11.34%，2015 年实现地区生产总值 3500 亿元，实现一般公共预算收入突破 300 亿元。2015 年城镇居民可支配收入比上年增长 8.2%，农村居民可支配收入增长 9.1%，高于全省平均水平。镇江拥有"国家工业绿色转型发展试点城市"、"全国文明城市"、"国家环保模范城市"、"国家首批生态文明先行示范区"、"国家森林城市"、"国家园林城市"等称号。低碳生态是镇江最大的特色和优势，历届市委市政府都将此作为镇江发展的战略路径和重要举措，经过多年的努力，低碳生态已经成为镇江最具核心竞争力和品牌影响力的发展优势。

（二） 能源与碳排放现状

2015 年单位 GDP 二氧化碳下降 4.2%。"十二五"期间，单位 GDP 二氧化碳排放累计下降 29.1%，单位 GDP 能耗累计下降 25.7%，单位 GDP 主要污染物排放累计下降 21.9%，各项约束性指标均超额完成"十二五"目标任务。2015 年全市 PM2.5 年均浓度为 56 微克/立方米，同比下降 20%；全市空气质量达到二级标准天数比例 72.2%。"十二五"以来完成植树造林面积 21.5 万亩，林木覆盖率达 26.8%；全市 65 个三星级康居乡村通过省级验收，建成 1 个"美丽宜居镇"、10 个"美丽宜居村庄"，城镇化率达到 67.9%。地表水好于Ⅲ类水质的比例达到 73%，城市河道黑臭现象基本消除。

二、 低碳城市发展理念

（一） 低碳发展的组织领导与机制

本市鲜明确立"生态领先、特色发展"的战略路径，把低碳城市建设作为镇江推进苏南现代化示范区建设、建设国家生态文明先行示范区的战略举措，并成立了以市委书记夏锦文为第一组长，市长朱晓明为组长的低碳城市建设工作领导小组，统筹协调推进低碳城市建设工作。领导小组办公室设在市发改委，建立月度督查和季度调度等工作制度，传递压力与责任，努力做到时间与任务进度同步，确保低碳城市建设每月有进展，每季有突破，年底有成效。落实项目化推进机制，大力实施低碳"九大行动"。市政府出台了《关于加快推进低碳城市建设的意见》，试点建设以来，市低碳办每年制订低碳城市建设工作计划，并且和辖市区签订低碳目标责任状，将低碳城市建设重点指标、任务和项目纳入市级机关党政目标管理考核体系，并写入人代会报告，接受人民监督。市、区两级都分别成立低碳城市建设工作领导小组，明确分管领导和专人负责，各成员单位全力支持、全力配合，形成了横向到边、纵向到底的工作网络，确保了低碳城市建设各项目标任务的完成。

（二） 低碳相关规划编制

主要编制和出台了《镇江市中长期低碳发展规划》《镇江市低碳城市试点工作实施方案》《镇江市人民政府关于加快推进低碳城市建设的意见》《关于推进生态文明建设综合改革的实施意见》《关于加快推进产业集中集聚集约发展的意见》《镇江市生态文明建设规划》《镇江市主体功能区规划》《镇江市生态红线区域保护规划》《镇江市"十二五"能源发展规划》《镇江市低碳建筑（建筑节能）专项规划》《镇江市绿色循环低碳交通运输发展规划（2013—2020 年）》《镇江市固定资产投资项目碳排放影响评估暂行办法》《镇江市工业绿色转型发展实施方案（2015—2017 年）》《镇江市低碳交通城市试点工作实施方案》《镇江市 2014—2017 年节能减排低碳发展行动实施方案》和《镇江市区分布式光伏发电示范区实施方案》等一系列相关规划、政府性规章。

三、 低碳发展任务落实与成效

（一） 产业结构调整

优化产业结构，变"低"为"高"。按照工业绿色转型发展试点建设要求，大力发展高技术、高效益、低消耗、低污染产业，大幅提高服务业和高新技术产业比重，调高调优调轻产业结构。2015 年新兴产业销售收入 3927.2 亿元，同比增长 10.4%，占全市工业销售比重 46%，占比提高近 1 个百分点。服务业增加值占 GDP 比重达 46.9%，同比提高 1.8 个百分点。"十二五"期间，三次产业结构由"十一五"末的"4.1∶56.4∶39.5"调整为"3.8∶49.3∶46.9"。建设三集园区，变"散"为"聚"。按照明确规划面积、明确四至边界、明确主导产业、明确发展目标、明确推进机制"五个明确"的要求，在全市规划建设 20 个先进制造业特色园区、30 个现代服务业集聚区、30 个现代农业园区，促进企业向园区集中、产业向高端集聚，推进产业集中集聚集约发展，腾出更多的生态保护空间。2015年，80 个园区累计完成固定资产投资 988.7 亿元，先进制造业特色园区、现代服务业集聚区和现代农业产业园区分别增长 22.4%、23.9% 和 35.4%，高强度投入增强了园区发展后劲。

（二） 能源结构优化

由于历史原因，镇江是国家煤电建设的重要基地，在全市能耗中，煤炭消费占比较高。我们加大力度优化能源结构，积极发展可再生和清洁能源，加快天然气、太阳能、地热能、生物质能、风能等可再生和清洁能源发展和推广应用。大力推进光伏应用，全市累计光伏并网发电 100.5 兆瓦。清洁能源发展加快，占比逐步提升，2015 年天然气利用量约 5 亿立方米，同比增长 11.1%。加大对公交车、长途车、船舶的液化天然气利用推动力度，累计投放 500 辆 LNG 公交车，CNG 出租车实现全覆盖。加快丹徒天然气热电联产等一批清洁能源项目建设。发展可再生能源，推进句容抽水蓄能电站项目建设，装机容量达到 1350 兆瓦，项目被列为国家"十二五"水电发展规划和国家"十二五"可再生能源发展规划的重点开工项目。推进秸秆焚烧发电、地源热泵等项目建设，丹阳华晟 30 兆瓦生物发电等一批秸秆发电项目建成投产。

（三） 节能和提高能效

除国家明确的钢铁、水泥、电解铝、船舶等过剩产业，我们按照要求积极落实之外，对我们城市带来现实环境压力的行业，对碳排放强度、化学需氧量、二氧化硫等重要指标影响较大的造纸、化工等行业，我们也全力推进产能压缩。一是下决心淘汰一批。"十二五"期间，累计关停化工企业 210 家，完成 202 家企业淘汰落后产能任务。二是整合资源重组一批。大力度推进兼并重组，通过"压小改大"提高资源配置效率，促进企业改造升级。对两个全市最大的国有化工企业进行了重组，引进民营资本，优化产业结构，提高产业集中度。三是大力实施技术改造。设立专项资金，制定财税、金融、土地等政策措施，鼓励企业实施技术改造，推广应用更加节能、安全、环保、高效的工艺技术。"十二五"以来，组织实施重点节能项目 630 多个，总投资超过 560 亿元，节能量达 390 多万吨标煤。实施电机效能提升计划，累计完成电机系统节能改造达 50 万千瓦以上，年节能量近 7 亿千瓦时。全面开展清洁生产审核，到目前全市通过清洁生产审核企业累计达 740 家以上。五年累计推广节能灯已达 118 万只，实现年节电 1 亿千瓦时。

（四） 低碳建筑和低碳交通

大力发展低碳建筑。全市城镇新建建筑全面按一星及以上绿色建筑标准设计建造，居住建筑全面执行 65% 节能设计标准。低碳城市试点以来，全市累计新建节能建筑 4216 万平方米，既有建筑节能改造 188 万平方米，可再生能源建筑应用面积 733 万平方米，累计获得绿色建筑评价标识 33 项，总建筑面积 354 万平方米。同时，加强公共建筑运行节能监管，对 32 家具有代表性的机关办公建筑和大型公建用能情况进行能源审计工作，实现建筑能耗分项计量和实时连续稳定上传数据。

大力发展低碳交通。大力开展国家绿色循环低碳交通运输发展区域性试点工作，重点在公路交通运输、水路交通运输和城市客运领域，实施 8 大示范工程、53 个重点支撑项目。实施"公交优先"战略，15 公里内乘坐保持 0.5 元价位，票价全省最低。城市居民公共交通分担率 23.5%，"十一五"期间提高 6.7 个百分点。推进慢行交通系统建设，累计投放 12470 辆公共自行车。加快交通工具清洁化，累计投放 1032 辆清洁能源公交车，淘汰报废老旧机动车 14287 辆，市区 100% 的出租车实现油改气。推进实施了一批低碳示范道路建设，如镇江新区至丹阳高速公路、312 国道镇江城区改线段和官塘低碳新城低碳城市道路等。

（五） 废弃物处置

在工业生产方面，通过发展循环经济，变"废"为"宝"。按照"减量化、再利用、再循环"的要求，大力推进园区循环化改造。在全省率先实现省级以上经济技术开发区园区循环化改造全覆盖，其中国家级经济技术开发区镇江新区被列为首批国家级循环化改造试点，丹阳、句容、丹徒经济开发区被列为为省级循环化改造试点。2015 年，丹阳市成功评为国家级循环经济示范市，62 家省资源综合利用企业（电厂）通过认定，利用各类"三废"900 多万吨，全市工业固废综合利用率达 95% 以上。在农业生产方面，全市 81% 大中型规模养殖场达到生态健康养殖标准，规模畜禽养殖场无害化处理与资源化利用率达 95%。2015 年，全市秸秆机械化还田 203.6 万亩，还田率达到 68.8%，秸秆能源化利用 18 万吨，肥料化利用 12.4 万吨，饲料化利用 4.7 万吨，基料化利用 0.98 万吨，工业原料化利用 2.6 万吨，秸秆多形式利用总量接近 40 万吨，综合利用率达到 95.4%。同时，镇江入选国家第四批餐厨废弃物资源化利用和无害化处理试点城市，项目将于今年年底建成运营。建筑废弃物资源综合利用等一批循环经济项目即将开工建设。垃圾焚烧发电厂一期扩建项目建成投运，城市生活垃圾清运率 100%，城乡生活垃圾无害化处理率达到 85% 以上。

（六） 绿色生活方式和消费模式创建

加大宣传力度，倡导低碳生活方式，在中国镇江和金山网设置低碳城市建设专栏，建立"美丽镇江·低碳城市"新浪机构微博和"镇江微生态"微信公众号，每周发送低碳手机报。在市区重要地段、全市党政机关和企事业单位电子屏、公交车车身、重要路口行人遮阳篷等投放低碳公益广告。在全国低碳日期间开通数字电视低碳开机广告，覆盖影响全市约 23 万户家庭。开展低碳教育进课堂、"地球熄灯一小时"、"低碳生活进我家"等各种形式的低碳体验活动。在绿色生活方式方面，积极提倡合理控制室内空调温度，推行夏季公务活动着便装。开展旧衣"零抛弃"活动，完善居民社区再生资源回收体系，有序推进二手服装再利用。抵制珍稀动物皮毛制品。鼓励消费者旅行自带洗漱用品，提倡重拎布袋子、重提菜篮子、重复使用环保购物袋，减少使用一次性日用品。在中小学校试点校服、课本循环利用。在绿色产品消费方面，大力推广高效节能电机、节能环保汽车、高效照明产品等节能产品。同时培育和发展了一批低碳认证、咨询等中介机构。通过努力，低碳生活、低碳发展的理念深入人心，市民知晓度、参与度都明显提升。

（七） 增加碳汇与措施落实

突出绿色增量，狠抓碳汇林建设。结合《镇江市国家森林城市建设总体规划》二期建设目标，大力开展绿化造林。一是周密部署促造林。通过召开春季绿化造林动员布置大会，签订目标责任，将造林计划落实到乡镇、街道，落实到田头、地块。二是全民参与促造林。依托 3·12 植树节期间，组织开展各类义务植树活动 51 场次，栽种广玉兰、大叶女贞、桂花等苗木共计 83770 株。三是强化督导促造林。组织市、县林业部门人员不定期深入造林一线，督查各地造林进度，并实行造林进度周报制，全面推进造林工作。四是大力实施湿地恢复与保护。开展句容赤山湖国家湿地公园、句容市朝阳河湿地保护示范小区等项目建设。"十二五"期间，累计完成植树造林面积 21.5 万亩，林木覆盖率 26.8%，城市建成区绿化覆盖率 42.76%，自然湿地保护率 51.8%。

四、 基础工作与能力建设

（一） 率先建设碳平台并不断优化完善

围绕实现 2020 年碳排放达峰目标，构建完善的城市碳管理体系，摸清全市碳家底。依托碳平台的技术支撑，指导产业碳转型、开展项目碳评估、实施区域碳考核、管理企业碳资产。

1. 研究碳峰值。开发碳峰值及路径研究系统，包含了峰值测算、路径分析和行动举措三大部分。通过对历史数据的提取、收集、整理，对基准情景、强减排情景、产业结构强减排、能源结构强减排四种情景进行研究，提出在 2020 年达到碳峰值的目标和实现路径，并在《关于推进生态文明建设综合改革的实施意见》文件中明确目标任务，形成了镇江低碳发展的倒逼机制。

2. 实施项目碳评估。碳评估通过测算项目的碳排放总量、碳排放强度以及降碳量等指标，并综合考虑能源、环境、经济、社会 4 个领域的影响因素，设立 8 项关键性指标，科学确定指标权重，建立评估指标体系，从低碳的角度综合评价项目的合理性和先进性。红灯否决、黄灯碳补偿、绿灯放行。碳评估工作成效显著，自碳评估制度实施以来，全市碳评估项目共 486 个项目，其中备案项目 363 个，综合评估项目 123 个。

3. 实施区域碳考核。发挥考核指挥棒的导向作用，综合考虑人口、产业结构、能源结构、GDP 和主体功能区单位等因素，兼顾各地的历史排放量和实际减排能力，研究制定了全市及辖市区差异化的年度碳排放总量和强度目标任务，以县域为单位实施碳排放总量和强度的双控考核，考核结果纳入年度党政目标绩效管理体系。2015 年，全市及辖市区碳排放"双控"考核均超额完成预期目标。

4. 实施企业碳资产管理。对 48 家重点碳排放企业实施煤、电、油、气消耗及工业生产过程碳排放的在线监控和企业碳资产管理，占全市工业碳排放的 80%。通过为企业搭建碳资产管理系统，一方面帮助企业有效开展碳直报工作，和省直报系统实现对接，实现数据共享；另一方面，通过对电、煤、油、气等能源消耗的在线监测，引导企业实施节能降碳精细化管理。

5. 建立碳排放统计直报制度。根据国家发改委已发布的 14 个行业温室气体排放核算方法和报告指南，省级温室气体碳排放清单指南办法，市发改委会同统计等部门经过调研，充分征求上级部门和科研机构专家意见，制定了部门和企业两个层面的碳统计方法与制度，并获得省发改委和统计局的批复，为进一步摸清碳家底提供了制度保障。

（二） 扎实推进低碳九大行动

先后制定了 2013 年、2014 年、2015 年和 2016 年《镇江低碳城市建设工作计划》，全面实施优化空间布局、发展低碳产业、构建低碳生产模式、碳汇建设、低碳建筑、低碳能源、低碳交通、低碳能力建设、构建低碳生活方式"九大行动",并细化落实到具体项目。2013 年、2014 年、2015 年将低碳"九大行动"分别分解细化为 112、126、120 项目标任务,今年低碳"九大行动"分解细化为 146 项目标任务,全部扎实推进。

(三) 在碳平台的基础上打造全国首朵 "生态云"

按照"国内领先、国际水平"的定位,制定了生态文明建设管理云平台(简称"生态云")建设和推进方案,分别召开了北京和南京两场专家咨询会,根据国家相关部委和省市相关部门专家建议,制定了至二级标题的顶层设计方案。目前,一期工程于 2015 年 12 月 30 日正式上线。

(四) 广泛开展低碳试点示范

在工业和交通运输企业、景区、机关、学校、小区、村庄等碳排放及碳汇建设 7 大领域选择 165 家单位开展低碳试点工作,在低碳产业、低碳生产模式、碳汇建设、低碳建筑、低碳能源、低碳交通、低碳能力建设 7 大领域选择 25 个典型项目作为低碳示范项目重点推进。

(五) 全力打造低碳示范区

积极推进低碳产业重大载体建设,形成"多点试点"向"成片集成"推进。规划面积 230 平方公里的镇江生态新城已列入国家《苏南现代化建设示范区规划》,15 平方公里的生态试验区建设正在启动。官塘国家低碳城(镇)试点实施方案通过国家发改委专家论证并给予高度评价,被国家发改委列为全国 2 个蹲点指导低碳试点城(镇)之一。推进"近零碳"示范区建设,选择扬中市、世业洲、江心洲 3 个区域作为"近零碳"示范区的载体。扬中市编制完成绿色能源岛(太阳岛)实施方案并通过省发改委组织的专家评审,目前已上报国家能源局,该项工作获得省委书记罗志军的高度肯定。低碳高校园区、中瑞生态产业园、科技新城低碳园区、南山创意产业园等一批低碳产业载体也在加快建设。

五、 体制机制创新

(一) 构建绿色政绩考核体系

突出产业"三集"、突出现代服务业发展、突出碳排放、突出淘汰落后产能,科学调整调优国民经济和社会发展指标体系。增加三集园区产值收入占比、战略性新型产业收入占比、落后产能淘汰率、空气质量、城镇绿化覆盖率等生态指标,加大服务业、文化产业、单位 GDP 能耗、污染排放等指标权重。按照主体功能区规划和不同地域的发展定位,探索建立分类考核机制,通过科学设定评价内容,逐级建立评价指标,着重突出绿色 GDP 概念,发挥生态绿色低碳的导向和支撑作用。

(二) 探索建立生态补偿机制

在市级财政设立生态补偿专项基金,用于支持主体功能区中生态红线控制区的生态补偿、污染土壤修复、生态产业园建设。建立水源地生态补偿机制。在环境问题相对集中的园区、行业和污染损害较易鉴定和评估的企业，开展污染责任保险试点。逐步建立包括碳排放的排污权交易中心。在全市树立碳有价、碳补偿的理念，促进企业未雨绸缪，主动减排。目前，全市专项基金总额为每年 3.1 亿元左右，各辖市区也相应设立本级的生态补偿"资金池"，有效调节了生态保护利益相关者之间的利益关系。

（三） 创新低碳发展市场化模式

一是创新低碳投融资机制。探索设立绿色低碳基金，创新基金的引导和扶持模式，撬动更多社会资本进入绿色发展市场。优化绿色低碳发展融资环境，构建多层次、多功能的绿色低碳金融服务体系，促进金融与绿色发展深度融合，合理运营"经信贷"、"节能贷"。二是深化合同能源管理服务。培育专业化节能低碳服务公司，采用合同能源管理方式为用能单位实施节能改造，打造评估、诊断、融资、投资、运营、考核为一体的完整节能服务产业链。三是培育合同环境治理模式。引入第三方污染治理环境服务公司，对工业集聚区企业污染进行集中式、专业化治理，开展环境诊断、生态设计、清洁生产审核和技术改造等。在电力、化工、建材等行业和中小企业，鼓励推行环境绩效合同服务等方式引入第三方治理。

六、 重要经验

在国家发改委领导和各位专家的关心指导下，镇江先后应邀出席第一届中美气候智慧型低碳城市峰会和联合国 21 届巴黎气候大会，并作为全国唯一的地级市，主办中国角城市主题日镇江边会，与美国加州签订了《低碳发展合作战略备忘录》和《低碳发展合作行动计划》。出席了国务院新闻办举办的中外媒体见面会，交流了参加巴黎气候大会的感受和镇江有关做法，低碳"镇江模式"走上国际舞台，赢得国际社会普遍赞誉。联合国城市与气候变化特使布隆博格指出："我们见证了中国一个城市的大胆实践和行动，这种地区性的努力完全能够对全球性的气候变化产生影响。镇江作为应对气候变化的先锋城市，在低碳建设上取得了巨大进展。如果其他城市都能像镇江一样做出努力，那么我们的未来将会完全不同。"

镇江低碳城市试点建设工作主要经验和做法如下：

（一） "三个率先" ——从关键点切入， 先行先试， 打开低碳发展新天地

1. 突出目标引领，率先提出 2020 年达到碳排放峰值目标。镇江于 2013 年率先提出 2020 年左右实现碳排放峰值，这一目标比全国提前了 10 年。围绕"率先达峰"的目标，镇江研究确定并严格落实产业发展"负面清单"，大力实施碳排放预算管理制度，建立健全评估、考核等配套措施，扎实抓好产业升级、节能减排等关键环节，形成了强有力的低碳发展倒逼机制。

2. 坚持规划先行，率先规划实施主体功能区制度。2013 年，镇江在江苏省率先编制出台主体功能区规划，并选取句容市开展"多规合一"试点。在产业布局上，规划建设 30 个现代农业产业园区、20 个先进制造业特色园区和 30 个现代服务业集聚区，推动产业集中集聚集约发展。在生态布局上，编制生态红线区域保护规划，划定总面积近 860 平方公里的省级及市级生态红线区域 71 个，力争到 2020

年，将建设空间控制在28%左右，生态空间和农业空间保持在70%以上，加快实现生产空间集约高效、生活空间宜居适度、生态空间山清水秀。在制度保障上，配套出台产业准入、环境准入、规划引导、财政支持、土地管理、分类考核等6个政策文件，建立有差异的评价体系，将主体功能区制度细化落实到基层。设立市生态补偿专项基金，专项用于生态修复、环境损害等生态补偿。

3. 着力夯实基础，率先飘起全国首朵"生态云"。自2013年以来，镇江综合运用云计算、物联网、智能分析（BI）、地理信息系统（GIS）等先进的信息化技术，在全国首创开发运营碳平台。2015年，在碳平台的基础上打造上线全国第一朵"生态云"。通过建立数据、管理、服务、交易、查询5个中心，形成面向政府、企业、社会的虚拟化网络服务中心，实现全市重点污染企业以及重要的水体和山体、大气等实时在线监测，全面、直观反映生态资源和环境承载，建立起生态文明建设目标、过程、项目、重点领域管理体系。

（二）"三个机制"——以问题为导向，干在实处，让低碳发展可观可感

1. 顶层推动和项目化推进机制。构建市生态文明建设委员会框架，推进生态文明建设办公室实体化运作。调整优化国民经济和社会发展指标体系，增加"三集"园区产值收入占比、战略性新型产业收入占比、落后产能淘汰率、空气质量、城镇绿化覆盖率等生态指标，加大服务业、文化产业、单位GDP能耗、污染排放等指标权重，切实发挥绿色考核的导向作用。层层签订生态文明建设责任状，制定出台推进生态文明建设综合改革的实施意见、建设重点任务实施方案，以及法治保障、工作纪律保障、问责办法等一系列政策举措，有力促进低碳发展责任落实。全面实施低碳"九大行动"，并将任务分解纳入年度党政目标管理考核体系，确保各项工作有条不紊扎实展开。

2. 试点示范机制。在工业和交通运输企业、景区、机关、学校、小区、村庄等碳排放及碳汇建设七大领域，选择165家单位开展低碳试点工作；在低碳产业、低碳生产模式、碳汇建设、低碳建筑、低碳能源、低碳交通、低碳能力建设等七大领域，选择25个典型项目作为低碳示范项目重点推进。积极开展低碳景区、低碳小区、低碳学校、低碳机关、低碳村庄等低碳试点创建标准研究，逐步建立低碳试点标准体系，并按此标准对低碳试点单位进行考核评估。突出培育三大亮点：一是启动生态新城建设。2014年，规划面积230平方公里的镇江生态新城（官塘低碳新城）被纳入国家发改委组织编制的《国家应对气候变化规划（2014—2020年）》中所列6个试点项目之一，同时被纳入全国首批13个APEC低碳发展城镇推广入库项目之一。重点抓好可再生能源、绿色建筑、碳汇、低冲击开发雨水收集处理、绿道慢行系统、智慧管理六大工程，打造新型低碳示范城区。二是研究规划"零碳"示范区。初步选择扬中市、世业洲、江心洲3个县域和乡镇作为"零碳"示范区的试点区域。三是着力培育低碳园区。抢抓中瑞签署自贸协定的重大机遇，规划建设20平方公里的中瑞镇江生态产业园。加快推进低碳高校园区、科技新城低碳园区、南山创意产业园等重点载体的建设。

3. 共建共享机制。注重顺应群众期待，弘扬生态文化，充分调动各行各业参与低碳城市建设的积极性主动性。坚持全方位宣传，让低碳"入脑入心"。依托新闻媒体、政府性网络媒体、"全国低碳日"活动等平台，加强低碳典型案例、技术和政策的宣传。搭建多层次载体，让低碳"落地生根"，推动形成了全社会支持低碳建设、共推低碳发展、共享低碳成果的生动局面。广大市民也真切感受到

了环境质量明显改善：出行更低碳了，清洁能源公交车、LNG 长途客车、CNG 出租车、公共自行车随处可见；天空更蓝了，空气质量不断优化，PM2.5 浓度不断降低；大地更绿了，加大植树造林力度，加快片区生态环境综合整治，环境质量明显改善；河水更清了，实施"一湖九河"水环境综合整治，城市河道黑臭现象基本消除。

（三）"三个创新"——面向未来探路，持续努力，创造低碳发展高效益

1. 深化"四碳"创新。以"碳平台"、"生态云"为核心，加大力度抓好资源整合，着力提升数据分析比对、综合研判和实践转化能力；以碳排放达峰路径探索、碳评估导向效能提升、碳考核指挥棒作用发挥、碳资产管理成效增强为重点，深入推进产业碳转型、项目碳评估、区域碳考核、企业碳管理，进一步打造镇江低碳建设的突出亮点和优势品牌。

2. 深化制度创新。深入推进生态文明建设综合改革，围绕"源头严防、过程严管、后果严惩"完善创新低碳发展制度。一是全面落实并刚性执行主体功能区制度，以此为"龙头"优化全市生产力布局和城镇体系，有效遏制无序开发、重复分散、浪费资源等问题。二是坚持以市场化机制推进低碳建设，推动碳排放权交易、设立低碳发展基金、发展低碳"互联网＋"、实施合同能源管理。三是积极稳妥探索低碳发展地方立法，坚持立法引领和执法规范双管齐下，加强重点领域、重点行业、重点企业的碳排放管理，保障低碳城市建设在法治化轨道上行稳致远。

3. 深化模式创新。更加注重精准发力，强化项目化推进，扎扎实实抓好与群众生活密切相关的低碳交通、低碳建筑、低碳生活等低碳行动，不断提升群众获得感和满意度。更加注重典型引路，在全力打造生态新城等重大亮点的基础上，围绕新能源、新技术应用、高端装备制造、新材料、智慧城市建设等，积极谋划推进一批碳减排潜力大、投资强度高、带动效益好的典型样板工程，以点带面放大示范效应、促进整体提升。更加注重开放合作，拓展中美气候峰会、联合国巴黎气候峰会成果，在低碳技术、低碳能源、低碳交通等领域加强国际交流合作，吸收借鉴国外的好做法、好经验，因地制宜转化成低碳建设的新模式。

七、工作建议

1. 指导帮助本市进一步完善碳峰值达峰路径研究。

2. 支持和指导本市推进镇江国际低碳产品技术展示交易博览会、镇江低碳产业技术研究中心等重大低碳产业技术交流平台和载体建设。

3. 支持和指导镇江"近零碳"示范区建设。指导镇江"1＋2"（扬中整岛、丹徒世业洲和江心洲）"近零碳"示范区建设，通过碳削减与碳中和，尽早实现"零碳岛"目标。

4. 建议国家发改委加大对低碳试点城市、生态文明先行示范区政策倾斜力度，在上缴中央财政增值税份额中采取先增后返的方式，提取部分资金支持低碳试点城市建设。

宁波市低碳试点进展总结

宁波是我国东南沿海重要的港口城市，长三角南翼经济中心、华东地区能源原材料基地和先进制造业基地，陆域面积 9816 平方公里，常住人口 783 万人，城市化率 71.1%，具有临港工业发达、民营经济活跃、对外开放度高等特点。2012 年 11 月，宁波获批国家第二批低碳城市试点，积极落实"绿水青山就是金山银山"的生态理念，率先提出碳排放"十三五"期间达峰的总体目标。三年来，全市上下坚持绿色循环低碳发展原则，强化温室气体排放控制，推进目标任务实施，工作成效明显。

一、 碳排放控制成效明显

（一） 经济增长与能源消费出现背离

经济总体平稳健康。2015 年，实现地区生产总值 8011.5 亿元，同比增长 8%，"十二五"期间年均增长 8.3%。同期能源消费增长趋缓。2015 年，宁波全社会综合能耗 3826.9 万吨标煤，与上年基本持平，"十二五"期间年均增长 4%。按 2010 年可比价，2015 年全市单位 GDP 能耗 0.5 吨标煤/万元，比 2010 年累计下降 18.8%。

（二） 碳排放增长趋于放缓

根据温室气体清单，2014 年宁波二氧化碳排放总量为 1.16 亿吨，较 2010 年增长 9.5%，其中能源活动碳排放占比 99%。预计 2015 年全市碳排放量与 2014 年相比继续下降。"十二五"期间，宁波碳排放量呈现波动，总体增长趋缓。2011 年全市二氧化碳排放量 1.27 亿吨，为近期最高值。2011—2014 年全市碳排放逐年同比增幅分别为 20%、−7.2%、5.1%、−6.6%，2015 年预计为 −3% 左右。

（三） 主要目标完成较好

1. 碳排放强度下降目标超额完成。2014 年全市单位 GDP 二氧化碳（温室气体）排放强度为 1.62（1.69）吨 CO_2（当量）/万元，较 2010 年累计下降 20.4%，提前完成"十二五"累计下降 20% 的目标。预计 2015 年全市二氧化碳（温室气体）排放水平低于 2014 年，可确保"十二五"目标圆满完成。

2. 万元 GDP 能耗下降目标超额完成。2015 年万元 GDP 能耗较 2010 年下降 20.58%，超额完成下降 18.5% 的目标。

3. 服务业增加值占 GDP 比重目标超额完成。2015 年，全市服务业增加值占 GDP 达到 47.4%，比目标值 45% 高出 2.4 个百分点，超额完成任务。

4. 清洁能源占一次能源比重着力提升。本市作为全国重要的原油加工基地，原油消费占一次能源比重较大，但原油大多是作为原材料投入使用，并未进入终端的消费环节。用终端油品消耗代替一次能源消费中原油消耗，调整后计算 2015 年本市清洁能源占一次能源比重为 7.1%，距离实施方案中 2015 年清洁能源消费占一次能源比重达到 16% 的目标还有差距。

5. 森林碳汇目标基本完成。按照最新调整的森林覆盖率计算口径，本市 2015 年森林覆盖率达到 48.8%，基本完成了实施方案中老口径下 50.5% 的目标。活力木蓄积量达到 1647 万立方米，超额完成 1473 万立方米的目标。

（四） 碳排放峰值目标有望 2018 年率先实现

综合本市经济社会发展形势、温室气体排放变化趋势和碳减排举措实施等因素，总体预期，本市有望在 2018 年达到碳排放峰值，总量在 1.3 亿吨以下。

1. 从排放趋势上看，2011 年是本市"十二五"以来碳排放最大年份，2012 年、2014 年以后碳排放总量出现两次下降，2015 年与 2014 年相比继续下降，约为 1.12 亿吨。根据"十三五"规划及经济运行趋势初步预期，"十三五"期间本市碳排放净增不会超过"十二五"时期的 0.2 亿吨。因此，本市碳排放峰值最高为在 1.3 亿吨以下，实现时间为 2018 年。

2. 从人均碳排放上看，2010 年本市人均碳排放量为 14.1 吨，2014 年为 14.8 吨，基本稳定。根据"十三五"期间人口总量 820 万规模测算，本市碳排放峰值最高也在 1.3 亿吨以下。

3. 从碳排放增量上看，①新增工业项目。到 2018 年总计新增碳排放约 390 万吨。②服务业碳排放增速保持稳定。"十一五"和"十二五"期间本市服务业碳排放增长速度基本相同，在 8% 左右，未来按年均增长 8% 计算，预计到 2018 年碳排放约为 210 万吨，比 2014 年新增 54 万吨。③交通运输业能耗增幅下降明显。随着交通运输业清洁能源能耗比重不断提升，各领域单位能耗均呈下降态势，据本市交通部门测算，2013—2018 年用能平均增速约为 4.8%，预计到 2018 年本市交通运输业碳排放将达到 850 万吨左右。④居民生活碳排放增速趋缓。2010—2014 年居民生活碳直接排放年均增速 4.4%，增速区域稳步下降。预计未来宁波居民生活碳排放将保持 4% 以上的刚性增长，到 2018 年碳排放将超过 270 万吨，比 2014 年新增 30 万吨左右。⑤能源工业增长有限。火力发电近两年受电力增速下降和省外电力输入增加的影响，发电量下降；考虑到"十三五"时期电力随着经济增长回升，宁波能源工业生产规模将会恢复性增长，但受生产能力不变限制，预计能源工业碳排放量不会超过"十二五"时期最高水平，保持在 9400 万吨左右，比 2014 年增加 930 万吨。综上，2018 年比 2014 年碳排放量约增加 1600 万吨以下。

但是，本市控制碳排放压力仍然较大。根据 2013 年数据，单位 GDP 碳排放量，本市为 11.03 吨/万美元，全国 10.54 吨/万美元；人均碳排放量，本市为 16.7 吨/人，全国为 7.2 吨/人，与全国平均水平对比差距明显。

二、 规定动作落实到位

（一） 组织领导机制建立完善

1. 组织体系不断完善。2013 年，调整市应对气候变化工作领导小组，统筹低碳城市试点工作，由市长任组长，包括市政府、市委宣传部、市发改委、经信委、交通委、住建委、林业局、农业局、环保局、气象局等相关38家单位为成员。2015年又对全市应对气候变化和节能工作领导小组成员进行了调整，在领导小组下增设低碳城市试点工作办公室。2013年，经市编办统一在市信息中心增设低碳发展职能，加配了人员编制。

2. 工作机制基本建立。加强常态化联席会议制度建设，领导小组分别于2013年、2015年两次召开全市低碳城市试点工作推进大会，市长出席并作重要讲话，研究决定重大事项；每年不定期多次召开领导小组成员单位联络员会议，落实低碳各项任务。2013年、2014年、2015年均下发年度低碳城市试点工作推进方案，明确职责分工，强化任务落实。

（二） 低碳规划体系加快建设

完成《宁波市应对气候变化方案研究》，为"十二五"期间宁波应对气候变化工作明确了推进方向和工作路径及要求。建立"1+X"低碳规划体系，包括《宁波市低碳城市发展规划（2016—2020年）》及工业、交通、建筑等重点领域规划。

（三） 市、 县、 企业三级碳排放报告制度基本建立

本市共编制完成2005—2014年全市温室气体清单报告，11个县（市）区2010—2014年县级温室气体清单报告，以及电力、石化、化工、钢铁、水泥、平板玻璃等七大行业5000吨标煤以上100家重点企业2010—2014年碳排放报告和核查。

（四） 温室气体排放目标责任考核体系研究建立

在国家CDM赠款项目支持下，开展《宁波市碳排放指标分解及考核体系研究》，初步构建了全市碳排放考核机制和指标分解方案，基本形成了逐月计算碳排放的核算办法，为"十三五"期间碳减排目标考核打下了基础。

（五） 设立低碳发展专项资金

为支持低碳和节能工作，每年安排低碳专项工作经费200万元，用于清单编制、课题研究等日常支出；每年围绕节能降耗，安排2亿元政策性资金，围绕市级工业循环经济示范园区和示范企业建设，拨付180万元财政资金奖励。

（六） 市场化碳减排机制大力探索

加快低碳服务业发展，并纳入本市重点扶持的八大生产性服务业之一，支持合同能源管理、碳评估、碳认证、能效诊断等市场化的碳减排服务企业做大做强。加大CCER项目申报政策宣传推介力度，鼓励、指导企业碳资产开发和CCER项目申报。

（七） 低碳示范试点谋划推进

宁波经济技术开发区获批国家首批低碳园区试点单位，实施了园区集中供热、天然气利用、淘汰

落后产能等一批专项规划，以及 69 项重点减碳项目。江东区东海花园社区于 2015 年 6 月获批浙江省首批低碳社区试点，试点核心是谋划建设智慧低碳社区能源管理与服务平台，目前该项目首期建设资金 182.02 万元已经到位。

（八） 主要任务得到落实

1. 加快产业低碳化转型。推进发展现代服务业。提升发展临港工业，推动石化、钢铁、造船、汽车等临港工业整合提升。积极发展低碳农业，提高农业废弃物资源化利用水平。

2. 推进能源结构优化调整。严控煤炭消费总量，全市 1083 平方公里禁止销售使用煤炭等高污染燃料，累计淘汰燃煤锅炉 1294 个。2014 年全市原煤消费比重为 41.3%，较 2010 年下降 5.63 个百分点。提高天然气消费占比，2015 年城区天然气利用量同比增长 7.2%。扩大可再生能源供应，成功获批国家新能源示范城市，2015 年，全市可再生能源发电装机总容量同比增长 6.2%。

3. 加快提升能源利用效率。"十二五"期间，实现工业节能 407.9 万吨标煤，1795 家企业合计淘汰落后产能形成节能量约为 192 万吨标煤。

4. 推进建筑绿色化发展。促进绿色建筑发展和既有建筑节能改造，实施宁波中学屋顶光伏、市第六医院中德合作节能改造等一批示范项目，目前全市建筑节能面积累计达 7600 多万平方米，相当于年少排放二氧化碳约 450 万吨。

5. 构建低碳交通运输体系。2013 年，成功创建交通部低碳交通试点城市，2015 年又被交通部列入"绿色交通城市"创建单位。获批国家公交都市示范工程第二批试点城市，2015 年底市区公交分担率达到 30%，港口绿色化和汽车"油改气"发展加快。

6. 普及推广低碳生活方式。加大低碳宣传引导力度，开辟"宁波低碳网"、"低碳宁波"微信公众号，发布 80 个优秀案例及一批低碳技术。着力推进垃圾分类，截至 2015 年底，本市中心城区 31 个街道 456 个小区共约 25.18 万户居民家庭参与垃圾分类，1211 家机关事业单位、国有企业以及 130 所中小学校推广了垃圾分类工作，城区生活垃圾分类收集覆盖面达 66%。

7. 提高生态碳汇水平。到 2015 年底，全市森林覆盖率达到 48.78%，人均公绿面积达 10.6 平方米以上，绿化覆盖率提高至 38.3%。

三、 试点的主要特色与亮点

（一） 法规保障逐步加强

市委出台《关于加快发展生态文明建设美丽宁波的决定》，明确"到 2020 年，碳排放总量与 2015 年基本持平"、"全市原煤消耗控制在 2011 年水平"等目标。

市人大常委会出台《关于加强生态建设和环境保护工作的决议》，明确"严格控制化工等产业总量"、"禁止新建扩建煤电项目"、"象山港区域禁止新建、扩建石油化工和煤电等严重污染环境项目"等内容。

2015 年年初市"两会"刚通过的《宁波市大气污染防治条例》中也明确规定"除集中供热和热电联产、垃圾焚烧发电和生物质发电项目外，禁止新建、扩建高污染燃料电厂"。

（二） 碳排放总量和强度 "双控" 机制不断强化

建立碳排放总量和强度"双控"目标导向，并成为市委、市政府重点产业谋划、重大项目布局和高碳排放项目上马的决策依据。

实施能源消费总量和能耗强度降低"双控"制度，出台全市"十二五"控制能源消费总量工作方案，加强重点企业用能监管。

严格控制煤炭消费总量。

（三） 绿色金融加快谋划发展

中国银行科技支行、杭州银行镇海支行、国开行宁波分行大力开发不同品种的绿色融资产品向市场化推出。镇海区设立碳减排项目实施"风险池"，为企业贷款提供风险拨备。依托亚洲开发银行技援赠款支持，研究组建低碳产业发展金融平台，支持以市场化手段推进碳减排项目实施，提高企业碳减排主动性。

（四） 低碳发展模式积极探索

试点以来，宁波围绕产业结构低碳化、能源结构绿色化和能源利用效率化，构建以气候变化制度建设为先导，以市场化机制培育创新为引领，以智慧化监测体系建设为途径的沿海重化工业城市低碳发展的"宁波模式"。

完善政府性温室气体排放监测体系。研究搭建"X＋1"碳资产管理云平台，加强政府对全市重点区域、领域、行业、企业碳排放进行监测和目标管理。

推动构建绿色低碳发展的商业模式。支持发展低碳产业基金、绿色保险机制、第三方能效托管服务等，撬动民间资本、社会服务更多投入到中小企业碳减排项目实施和轻资产低碳服务产业培育中来。

打造"绿色丝绸之路"。在融入国家"一带一路"和长江经济带战略实施中，加快建设绿色低碳的现代化港航物流体系，推进低碳港口、低碳机场、低碳物流等项目实施，大力发展贸易产品碳评估和碳标识，建立低碳认证体系。

四、 可复制的体制机制与技术创新

（一） 可复制的体制机制

1. 以峰值目标倒逼治理方式转型。为实现峰值目标，试点实施方案明确燃煤发电不再扩容、石化重大装置"十三五"期间布局完成、钢铁行业碳排放强度加速下降等要求。

2. 以试点示范带动社会影响扩面。组织申报实施一批国家级低碳相关试点示范，包括国家新能源示范城市、国家第二批低碳交通试点城市、国家低碳园区、中美工业锅炉能效合作试点、世行城镇居民生活废弃物分类试点等。推进低碳示范项目落地，包括沼气提纯天然气资源化利用项目进入规模化生产，宁波机场完成能效监察评估和提升设计方案。这些试点和项目建设成效已经带来显著的溢出效应。

3. 以合作研究吸引多方力量参与。会同亚洲开发银行研究宁波节能服务产业金融创新方案、宁波高新区微电网建设方案，会同西门子研究宁波可持续发展政策实施路径，会同美国国务院能源研究所开展工业锅炉能效合作活动。围绕设备级能效在线监测、电力需求侧管理、微电网试点，会同国电南瑞、浙大网新等开展研究。通过这些前期工作，摸清了家底，谋划了项目，丰富了实施路径，还吸引一批国内外机构、专家共同关注宁波低碳发展，并致力于项目规划和引进，为全市碳排放达峰提供支撑。

4. 以信息手段完善低碳监测体系。开发温室气体清单数据信息查询管理系统，实现温室气体清单报告在线填报和数据分析。工业领域，对 10 家重点企业试点设备级用能数据实时监测，针对性开展能效诊断分析；交通领域，宁波公交总公司设备级用能情况监测系统，实时掌握每辆公交车车况和能效状况；建筑领域，搭建建筑在线监测系统，对全市近 200 栋大型公共建筑开展设备级用能监测，宁波市第六医院在全院范围内建立起设备级用能实时监测系统。这一系列信息化手段的接入，为本市在促进重点排放领域能效提升，控制企业、楼宇温室气体排放等方面提供了数据支撑和依据。

（二） 可复制的技术创新

1. 中华纸业等一批外贸企业自发开展 ISO14064 认证，实施"产品碳足迹"计划和碳审核等举措。

2. 石化区华东二氧化碳公司优化碳捕集技术，为中石化镇海炼化做配套，从尾气中捕集二氧化碳，并作为原料销售。

3. 宁海中加公司利用废塑料制作木板黏合剂，减少因废塑料燃烧而产生的二氧化碳排放。

五、 工作建议

1. 支持能源领域试点示范。作为华东地区重要的能源、原材料基地，本市迫切希望在能源领域试点示范方面得到国家更多支持。①希望国家支持开展能源供给侧改革试点；②希望国家支持开展市场化主导下的电力需求侧管理试点。

2. 支持低碳示范项目建设。促进低碳示范项目谋划、落地是实现碳减排的重要手段。但目前中央预算内项目补助、专项建设基金对低碳示范项目支持的针对性还不够强，建议国家把低碳示范项目建设作为政策补助的一项重要内容。

3. 支持绿色金融发展。绿色金融是碳减排市场化机制的一个重要环节。加快绿色信贷、绿色保险、绿色基金等产品培育发展，有利于支持轻资产的合同能源管理企业、节能设备租赁企业等节能环保服务企业和中小型低碳产品制造企业的成长，对区域低碳经济和温室气体控制有着十分重要的意义。而且，随着全国碳市场建设步伐加快，由碳资产开发管理延伸出来的碳期货、碳信托、配额质押等碳金融，将成为绿色金融发展的重要补充，有利于促进绿色金融规模化、链条化发展。因此，建议国家支持有条件的地区开展绿色金融试点，探索有效的发展路径，加快经验复制。

温州市低碳试点进展总结

2012 年 11 月，温州市列入国家第二批低碳城市试点。2013 年 6 月 3 日，国家发改委批复同意本市低碳试点工作实施方案。本市积极探索，认真落实《国家发展改革委关于开展第二批低碳省区和低碳城市试点工作的通知》（发改气候〔2012〕3760 号文件）要求的各项任务，按照《温州市低碳城市试点工作实施方案》组织实施各项低碳城市试点创建工作。现将创建工作自评如下：

一、 基本情况

温州，位于长三角和海西区交汇处，是我国东南沿海重要港口城市，是浙江省三大中心城市之一。全市辖 4 区 2 市 5 县，陆地面积 11784 平方公里，海域面积约 11000 平方公里，常住人口 912 万（2010 年六普数据），其中户籍人口 628 万，外来人口 284 万。"十二五"期间，全市上下认真贯彻落实中央和省委省政府的各项决策部署，经济社会发展取得显著成效，2015 年，全市生产总值 4619.8 亿元，增长 8.3%，"十二五"年均增长 7.8%；三次产业结构为 2.7∶45.5∶51.8；人均地区生产总值 50809 元；财政总收入 677.9 亿元，城镇化率达到 68%。2014 年，温州市一次能源消费总量为 1742 万吨标煤，同比增长 0.1%，比 2010 年 1732 万吨标煤增长 0.5%；温州市终端能源消费总量为 1658 万吨标煤，同比增长 1.8%，比 2010 年 1593 万吨标煤增长 4.1%。人均能源消费 2.04 吨标煤，比全省平均水平低 1.36 吨标煤。单位 GDP 能耗 0.45 吨标煤/万元（按 2010 年价计算，下同），"十二五"期间呈稳步下降趋势，四年单位 GDP 能耗累计下降 17.6%，超"十二五"目标 2.6 个百分点。2015 年温州全市平均霾日数为 43 天，比上年减少 20 天，全市空气质量指数（AQI）优良率达到 94.0%。

本市 2014 年度基于能源消费活动产生的二氧化碳排放总量和单位地区生产总值二氧化碳排放分别为 3791.26 万吨和 0.97 吨/万元，同比分别（3969.29 万吨和 1.08 吨/万元）下降 4.5% 和 10.2%；2014 年比 2010 年（3516.75 万吨和 1.20 吨/万元）分别下降 7.8% 和 19.9%，碳强度四年累计进度目标完成率为 124.9%，年度目标和累计下降目标均超额完成。

二、 牢固树立低碳发展理念

（一） 建立健全机制保障

2007 年成立由市长任组长，各部门为成员单位的市应对气候变化及节能减排工作领导小组。2012 年 9 月，市委、市政府成立了温州市建设低碳城市工作领导小组，市委书记任组长，各部门主要负责人为小组成员。从 2013 年起，市级财政每年预算安排 2000 万元作为低碳城市专项资金，并印发了《全市低碳城市专项资金管理办法（试行）》。

（二） 科学谋划低碳发展

2011年，本市编制并印发了《温州市发展低碳经济及应对气候变化"十二五"规划（2011—2015）》，确定了温州市"十二五"低碳发展的目标和主要思路。2012年成功申报低碳城市试点后，按照国家发改委对低碳试点工作的要求，结合温州市自然条件、资源禀赋和经济基础，编制完成《温州市低碳城市试点工作实施方案》，明确了目标任务、路径及工作重点：到2015年，单位GDP二氧化碳排放比2010年下降19.5%；单位能源二氧化碳强度下降至1.87吨二氧化碳/吨标煤以下；单位GDP综合能耗从2010年的0.59吨标煤/万元（2005价）下降至0.51吨标煤/万元（2005价）以下，五年下降15%；2019年，基本实现本市二氧化碳排放的峰值，实现"增长不增碳"。到2020年，实现单位GDP二氧化碳排放比2005年下降55%以上；单位能源二氧化碳强度下降至1.42吨二氧化碳/吨标煤以下；实现单位GDP综合能耗下降至0.49吨标煤/万元（2005价）以下。

（三） 探索低碳发展模式

积极探索"以低碳产业为主导、以低碳金融为特色、以低碳能力建设为支撑、以低碳社会为基础"的温州特色低碳发展道路，努力构建低碳城市的"温州模式"。低碳产业方面，扎实推进园区循环化改造和循环经济示范试点项目。2014年，市政府印发《温州市园区循环化改造推进工作方案》（温政办〔2014〕27号），重点推进温州经济技术开发区、瓯海经济开发区、瑞安经济开发区和乐清经济开发区的循环化改造工作。目前，经开区已获批第二批省级循环化改造示范试点园区，苍南县获批国家第二批资源综合利用"双百工程"示范基地。低碳金融方面，依托市级清单报告、企业碳报告编制工作基础，着力开展全市碳资产潜力调查分析，探索建立碳资产产业基金，谋划包装一批CCER（核证自愿减排量）项目，形成碳资产。

三、 落实低碳发展任务抓出成效

（一） 加快产业结构调整

1. 加快发展现代服务业。优先发展生产性服务业，着力提升科技研发、现代金融、商务服务、中介服务等发展水平；积极培育网络经济"一号新产业"，加快网络经济集聚区建设和知名电商企业引进，2014年网络零售额增长69%，并成功获批创建国家电子商务示范城市；大力发展旅游经济，不断深化A级旅游景区创建，2011—2014年，全市共接待国内外旅游者21443.8万人次，年均增长16.8%，较"十一五"增长48.69%；全市旅游共收入2139.64亿人民币，年均增长19.72%，较"十一五"增长61.07%。2015年，本市三产增加值比重达51.8%，比2010年提高了6.2个百分点。

2. 积极发展战略性新兴产业。制定出台十大新兴产业5年发展规划、3年行动计划和配套政策，积极引导新兴产业高起点绿色发展，大力促进新材料、新能源、生物产业、高端装备等绿色低碳发展，培育发展新一代信息技术，加快推进激光与光电产业集群，加快建设绿色工厂，培育绿色园区，打造绿色供应链，加快构建绿色制造体系。2014年，本市战略性新兴产业增加值208.56亿元，同比增长8.3%。

3. 推进传统产业优化升级。加快传统产业绿色化改造，大力研发和应用绿色工艺技术装备，加快应用清洁高效的加工工艺，引导企业开展绿色标志认证工作，实现绿色生产。五大传统支柱产业改造提升进程加快，电气产业率先成为千亿级现代产业集群，创成全国质量强市示范城市；提质推进"三转一市"，完成"个转企"1.8万家、"小升规"958家、"企转股"230家，均居全省第一；新增高新技术企业113家，新产品产值增长39.9%。

4. **坚决淘汰落后产能。**坚持不懈打好转型升级"组合拳"，以"五水共治"、"三改一拆"为抓手，结合资源要素市场化改革，强化环境保护、安全生产、劳动保护"硬约束"，积极推进生产方式绿色化，铁腕推进电镀、化工、印染、造纸、制革、合成革六大行业1151家企业整治提升，并结合本地实际，扩大淘汰范围，提高淘汰标准；全年关停473家，关停数占全省三分之一多，提前完成"十二五"落后产能淘汰任务。

（二） 优化调整能源结构

1. **大力发展非化石能源。**"十二五"期间，本市加大力度降低煤炭、石油等高碳化石能源消费，大力推进天然气、风能、太阳能、地热能、海洋能等清洁能源开发利用。出台《关于扶持分布式光伏发电的若干意见》（温政发〔2013〕75号），加快推进光伏发电应用，2015年9月，正泰150MW农光互补光伏发电项目开工；深化潮汐能发电、核电、水电、风电等前期工作，积极谋划非化石能源重大项目，苍南核电项目获得国家发改委小路条。截至2014年底，全市建成水电站548座，水力发电机组880台，总装机容量为915.5兆瓦；建成风力发电场有5座，风力发电机组82台，总装机容量63.06兆瓦；建成垃圾发电厂8座，发电机组13台，总装机容量138兆瓦。2014年，全市风能、太阳能光伏、垃圾焚烧及水能发电约30亿千瓦时，占全市用电量的8.5%，高于2013年的26亿千瓦时和7.6%。全市水电、风电、生物质能和太阳能发电等非化石能源消费占一次能源消费比重为1.83%，高于2013年水平（1.69%）。

2. **致力改善化石能源消费结构。**加强高污染燃料禁燃区管理，2015年9月，本市下发《关于扩大市区高污染燃料禁燃区范围的通告》（以下简称《通告》），自10月10日起，市区禁止销售、使用高污染燃料区域从原先的130余平方公里扩至500余平方公里，已超过本市建成区面积（约215平方公里）。同时，加大燃煤锅（窑）炉淘汰改造，2015年关停淘汰1500台。加速推进东海丽水36-1气田、甬台温输气管线、金丽温输气管线以及温州LNG接收站等项目的建设，累计建成城市门站以上省级天然气管网干线195公里（甬台温金丽温管道+中海油出站管线），完成天然气供气量约1.41亿方（龙湾电厂和新奥片区）。启动车（船）油改气，规划布局分布式能源，增加天然气对煤炭和石油的替代，提高天然气在能源消费中的比重。

（三） 推进节能和提高能效

1. **强化"双控"管理。**实行单位地区生产总值能耗和能源消费总量"双控"管理，加强源头控制，加快节能技术研发和先进节能和环保技术产品推广应用。深入实施"八个一批"节能行动，2014年本市单位地区生产总值能耗为0.45吨标煤/万元，"十二五"前四年全市单位GDP能耗累计下降17.6%，完成率居全省第1位，其中单位工业增加值能耗累计下降21.1%，提前超额完成"十二五"

阶段性目标任务。

2. 加强对重点用能单位的节能管理。围绕"智慧能源"建设，推动 5000 吨标煤以上重点用能单位纳入实时直报系统。重点抓好 200 家年耗能千吨标煤以上的重点用能单位能源利用状况监察，重点培育 20 家左右节能降耗"双控"示范企业。加快工业锅炉节能改造，积极推进"一区一热源"工程建设，鼓励发展以热电联产集中供热为主导的供热方式。

3. 重点抓好建筑、交通运输和公共机构等重点领域节能工作。积极发展绿色建筑，2014 年完成既有居住建筑节能改造 92.82 万平方米，完成既有公共建筑节能改造 13 个；交通节能方面，不断优化运力结构，大力发展低能耗公共交通，淘汰部分高能耗老旧车辆，2014 年营运客车单位能耗下降 0.32%；公共机构节能方面，全年共创建省级以上节约型公共机构示范单位 10 家，全市公共机构年度人均综合能耗、单位建筑面积能耗和人均水耗同比分别下降 3.35%、3.62%、4.56%。

4. 实施节能技术改造。工业锅炉节能改造加快，节能减碳技术开发应用不断加强。编制并滚动更新年度温州市节能（节水）重点项目计划，2014 年，收录项目 102 个，计划总投资 7.25 亿元，全部实施后每年可形成节能能力 5.45 万吨标煤，利用固废 21.2 万吨。同时，积极推广利用合同能源管理方式开展节能技术改造。

（四） 大力发展低碳建筑和低碳交通

1. 积极推进绿色低碳建筑发展。制定出台《关于加快推动绿色建筑发展的实施意见》，积极推广可再生能源建筑示范与应用，"十二五"期间，本市完成可再生能源应用〔包括地（水）源热泵、空气源热泵、太阳能等〕建筑应用超过 516 万 m^2，太阳能热水系统集热面积超过 3 万 m^2；稳步开展项目绿色建筑标识认证，2014 年获得星级证书项目 6 个，其中二星级绿色建筑 1 个，绿色建筑面积 94.49 万平方米。

2. 加快构建绿色交通体系。全力打造公交车、出租车、公共自行车、水上巴士和市域轻轨"五位一体"大公交体系，"十二五"期间投资近 9.21 亿元用于改善公交设施设备、更新公交车辆和推进公交场站建设。全市新建公共自行车点 329 处，新投放公共自行车 9900 辆，实现市区全天 24 小时、扩区域"通借通换"。构建城市慢行系统。结合城市绿道网建设，规划城区慢行系统，通过绿道连接公园、自然保护地、名胜区、历史古迹等，提供舒适、宁静、公平的步行设施与环境，构建安全、便捷、通畅的步行路径与步行网络，引导居民步行+公交出行，积极参与低碳出行，缓解目前机动交通拥堵现状。

（五） 扎实推进废弃物处置

1. 垃圾焚烧发电工程。本市城市生活垃圾采取无害化焚烧发电处理，至 2014 年底，全市已建成垃圾发电厂 8 座，发电机组 13 台，总装机容量 138 兆瓦，累计日处理垃圾 6785 吨，年发电量 5.60 亿千瓦时，占全市用电量的 1.6%。

2. 沼气综合利用工程。2014 年，全市新建大中型沼气综合利用工程 27 处，生产沼气 57.30 万立方米，利用生物质能 406.30 吨标煤；累计建成大中型沼气工程 358 处，年生产沼气 788.03 万立方米。2014 年，全市累计建成沼气发电机组 16 台，总容量 1060 千瓦，年发电量 364.70 万千瓦时。

3. 其他资源综合利用项目。截至 2014 年底，温州市已有秸秆制炭企业 5 家，年产碳棒约 9000 吨。2014 年，温州中科新能源科技有限公司年产 10 万吨生物柴油项目一期工程完工，通过回收本市厨余废弃食用油脂，加工提炼成生物柴油，年产能达 3 万吨。

（六） 倡导绿色生活方式和消费模式

1. 积极宣传推广绿色低碳生活理念。以"全国低碳日"为契机，动员社会各界广泛开展主题宣传活动，通过举办温州市低碳论坛、组织全国低碳日广场活动、征集并发送低碳公益信息、推荐报送低碳发展经验和低碳先进代表（单位与个人）、组建温州市低碳宣讲团、成立低碳城市研究会、低碳"光盘"行动、低碳日主题贺卡创作大赛等活动。

2. 开展形式多样的低碳社区示范创建活动。在机关、学校、社区开展以物换绿活动，启动低碳家庭创建等活动，正确引导市民的消费模式，强化绿色低碳发展理念，打造"共促绿色、循环、低碳发展，同享天蓝、水清、幸福温州"的低碳发展氛围，构筑低碳社会发展基础。

（七） 稳步增加森林碳汇

1. 大力推进营造林行动。本市以创建国家森林城市为契机，深化"林业十大项目"建设，大力推进营造林工作，2010 年来累计投入森林城市建设资金达 100 多亿元，绿化造林 56 万多亩。2014 年，全市新增造林面积 12.2 万亩，完成年度任务数的 148.8%。其中城市绿化 9766 亩，城镇绿化 3594 亩，森林村庄绿化 9363 亩，交通干线森林通道 5198 亩，江河森林景观绿化 2949 亩。并于 2014 年 9 月荣获国家森林城市称号，并率全省之先实现全域省级森林城市全覆盖，形成浙南森林城市群。

2. 深入开展森林抚育工作。本市大力提升森林碳汇和湿地碳汇能力，以森林城市提升和国家森林旅游试验示范区为核心，逐步强化森林火灾综合防控能力、森林病虫害防治、湿地保护等工作；并结合温州林业实际，进一步健全林业生态补偿制度。2014 年，全市森林覆盖率达 60.03%，森林抚育合格面积 39.2 万亩。

3. 扎实推动碳汇项目建设。全面推进碳汇造林工作，碳汇工作开创全国多个首创。继成功建立全国第一个地级市的中国绿色碳汇基金专项后，加快建设中国绿色碳汇基金第一个标准化造林基地（苍南）和中国第一个森林经营增汇项目（文成）。实施了 32 个森林"碳汇"项目，其中，26 个"碳汇"造林项目，6 个森林经营"碳汇"项目，总面积 13.06 万亩，其中"碳汇"造林项目 4.89 万亩，森林碳汇经营项目 8.18 万亩。城市人均公共绿地面积由 2010 年的 6.28 平方米提升到 13.2 平方米，林木蓄积量五年新增 500 万立方米，生态环境与居民生活环境不断改善。以浅海贝藻养殖为代表打造全市的"碳汇"渔业养殖试验示范区，建成全市"碳汇"渔业示范基地 5 个。

四、 狠抓基础工作与能力建设

（一） 温室气体清单编制情况

为做好清单编制工作，本市制定出台了《温州市温室气体清单编制工作实施方案》，协调经信委、住建委环保局等 10 多个部门，组建 7 个专题工作小组，委托 5 家研究机构，编制完成温州市 2005—

2014 年度的温室气体清单编制工作，其中包括五大领域、六种温室气体清单总报告及各领域分报告。结合本市实际，积极组织所辖县（市、区）开展清单编制工作。温州经济技术开发区作为试点单位率先启动县级清单编制工作。2015 年，本市全面启动 11 个县（市、区）2010—2014 年度的温室气体清单编制工作。

（二） 温室气体排放数据统计与核算制度建设情况

本市现已形成统计等相关部门共同参与清单编制、碳强度核算工作的常态化工作机制。不断完善全社会能源消费强度、能源消费总量核算方案，改进规模以下工业和生活部门非电能源消耗统计测算方法，实现市、县两级能耗数据的基本衔接；建立健全温室气体排放的动态监测、统计、核算体系和清单数据库，为市级温室气体清单编制、地区碳强度核算等低碳相关工作提供支撑。

（三） 温室气体排放数据报告制度建设情况

根据国家发改委文件要求，逐步推进重点排放单位碳排放报告，推广重点企事业单位碳排放报告制度应用范围。同时不断加强重点企事业单位温室气体排放监控，加快培育广大企事业单位低碳意识，强化减排社会责任，落实节能减碳措施。2014 年，本市选取了 8 家重点企（事）业单位开展企业碳报告工作，并通过省发改委组织的企业温室气体排放报告核查工作。2015 年，全市共有 31 家企业完成企业碳报告工作。

（四） 低碳发展资金落实情况

本市结合国家低碳城市试点工作需要，自 2013 年起由市级财政预算安排 2000 万元作为低碳城市建设专项资金，主要用于地区清单编制、低碳城市能力体系建设、低碳城市产业示范政府主导项目、低碳城市体制机制研究、低碳城市交流合作和低碳城市宣传等低碳城市发展相关基础性和示范性工作。2013 年共安排使用资金 1240.6 万元，2014 年共安排使用资金 1382 万元，2015 年共安排使用资金 1160 万元。主要用于低碳家庭、低碳乡镇（社区）、低碳工业园区、低碳企业等系列低碳创建活动，以及地区清单编制及低碳课题研究等内容。此外，本市争取上级资金支持，"十二五"期间，共 7 个项目列为中央预算内投资项目，27 个列为省循环经济 991 项目。

（五） 低碳试点示范建设情况

本市积极组织开展低碳园区、低碳社区试点示范。2013 年在永嘉县大若岩镇、鹤盛镇、平阳县顺溪镇、泰顺县百丈镇 4 个乡镇（街道），鹿城区松台街道郭公山社区、鹿城区藤桥镇江南上村、瑞安市塘下镇陈岙村、平阳县山门镇永安村、泰顺县彭溪镇富垟社区 5 个社区（村）启动了市级低碳试点创建工作，探索符合温州实际、具有温州特色的低碳城市建设模式。2014 年，按照国家关于低碳工业园区试点的有关要求，结合温州市工业园区的实际情况，建立产业低碳化、能源低碳化、管理低碳化和基础设施低碳化 4 个方面 9 个指标的《温州市低碳工业园区评价指标体系》，开展温州市低碳工业园区申报工作。经过一年多的低碳园区和循环化改造示范园区创建工作，温州经济技术开发区成功入选

"国家低碳工业园区试点名单（第一批）"。2015 年，综合低碳工业园区、低碳社区、低碳企业为载体，以专项资金指导引领各县（市、区）积极、主动开展开发区低碳示范区创建。

五、 探索体制机制创新

（一） 碳汇工作开创多项全国首例

2008 年，温州申请并成功建立全国第一个地级市的中国绿色碳汇基金专项，全面启动碳汇造林工作，先后在苍南县建立中国绿色碳汇基金第一个标准化造林基地，在文成县建立全国第一个森林经营增汇项目，制定中国第一个森林经营增汇项目的技术操作规程，打造全国第一个"零排放"专业市场等，林业碳汇工作走在全国前列。2009 年温州市荣获全国政协颁发的"低碳中国贡献城市"奖。

（二） 探索研究温州特色产业低碳产品认证评价标准

参考国家已有低碳产品评价技术规范，结合温州市产业结构特点，选取 PU 革、PU 革皮鞋和中小型三相异步电动机等为重点研究对象，探索建立一套清晰一致的各种产品在生命周期碳排放核算方法，研究其低碳产品认证评价标准，制定形成《合成革低碳产品评价方法及要求》，用于评价合成革碳排放水平，作为低碳产品认证主要依据，为企业计算合成革产品碳排放量提供指导。

（三） 合力推进低碳产品认证工作

本市积极推进低碳产品认证的监督和推广工作，不断加大节能新技术、新产品推广力度。2014 年，本市优先对家电产品和办公设备等在生产和使用阶段排放温室气体较多的产品进行监督和推广，并编制完成《温州市节能（节水）技术（产品）导向目录（2015 版）》，重点组织推广 100 项左右节能（节水）新技术、新产品。本市智能电网技术、系列化光伏并网发电逆变器及控制系统、大容量风力发电逆变器及控制系统等新兴产业低碳技术在国内居于领先位置。

六、 重要经验

（一） 坚持政府引导

在完备的低碳发展管理体制和工作机制基础上，不断强化政府在低碳发展规划体系、政策体系、财政扶持等方面的引导作用。

在总体布局上，专门编制《温州市应对气候变化和低碳发展"十二五"规划》《温州市循环经济"十二五"规划》，明确了温州市应对气候变化和低碳发展的总体思路、发展目标、重点任务及保障措施。在产业谋划上，将网络经济、激光与光电等作为战略性新兴产业进行大力扶持，先后制定出台十大新兴产业 5 年发展规划、3 年行动计划和配套政策，积极引导新兴产业高起点绿色发展。

在政策制定上，先后颁布《温州市高污染燃料禁燃区管理办法》《温州市低碳城市专项资金管理暂行办法》，制定并实施《温州市大气污染防治调整能源结构专项实施方案》《温州市初始排污权有偿使用实施细则（试行）》《温州市清洁能源发展计划》《温州市园区循环化改造推进工作方案》《温州市高污染燃料禁燃区建设和集中供热实施方案》和《关于扶持分布式光伏发电的若干意见》，为加快推动绿色转型提供了坚实的法律依据。

在财政扶持上，自 2013 年起由市级财政预算安排 2000 万元作为低碳城市建设专项资金，用于低碳城市能力体系建设、低碳城市产业示范政府主导项目、低碳城市体制机制研究和低碳城市宣传等低碳相关的基础性和示范性工作。对市区高污染燃料锅（窑）炉淘汰改造工作实施补贴政策，对拆除到位的每台补助 5000 元，拆除后采用天然气、生物柴油、电等清洁能源替代的，补贴标准为：2014 年、2015 年 8 万元/蒸吨、2016 年 6 万元/蒸吨、2017 年 4 万元/蒸吨（包括国家、省级专项资金补贴）。

（二）促进民营经济参与

积极建立完善民营主体、民间力量共同参与的低碳城市发展模式，逐步营造出浓厚的低碳发展氛围，发展了鹿城区低碳产业联盟、零排放专业市场等低碳民营组织。鹿城区低碳产业联盟，成立于 2014 年，是本市首个企业低碳发展联合会，搭建起政府、行业协会和企业间交流合作平台，为本市产业结构的低碳转型、低碳城市创建发挥积极作用。目前，在联盟牵头下，已有 2 家企业向区低碳办申请核准报批"温州市清洁能源利用示范企业"，为企业低碳化发展争取上级政策、资金支持。

宏锦鞋材市场，是中国鞋都的重点配套项目，于 2009 年上半年开始筹备，是全国第一家"零排放"低碳市场。公司开业前对 100 多位经营户进行了低碳知识专业培训，并对每户经营的个人能耗进行调查登记，内容包括每月用电、开车所用的汽油量、每天电脑平均开机时间等 30 多项。按照专家对市场经营面积、店铺量、人流和客流等计算，20 年将累计排放 3320 吨二氧化碳。公司承诺从 2009 年到 2028 年，每年捐资 2 万元用来造碳汇林，20 年可累计造林 400 亩。按照每亩人工林每年约吸收 1.5 吨二氧化碳计算，20 年将累计吸收 6300 吨二氧化碳，远大于市场 20 年排放的 3320 吨二氧化碳。从而实现了二氧化碳零排放目标。2012 年 11 月 16 日由中国绿色碳汇基金温州专项管理办公室向宏锦鞋材市场授予"零排放"低碳市场牌子。宏锦鞋材的低碳行为和生态文明意识，为全国的专业市场树立了节能减排的榜样。

（三）优化产业空间结构

早在 2007 年，温州就已明确提出推进中心城区"退二进三"优化产业布局、提升城市文化内涵。近年来，通过推动旧工业区腾笼换鸟，高新区、黎明工业区、吴桥工业区、双屿鹿城工业区、大学科技园等工业区块"退二进三"工作有了初步成效，城市有机更新进展顺利，涌现出 789 号智慧谷、7 号LOFT、东欧智库、米房 cei、红连文化创意园、梧田老街文化创意街区等一批时尚新地标，初步形成汽车销售、电子信息、创新创意等有一定特色的服务业一条街。本市《关于实施"五一〇产业培育提升工程"的指导意见》，明确了一批率先发展的领跑产业、引领转型的示范产业、拉动增长的龙头产业、创新驱动的动力产业，不断助推温州经济转型升级、低碳发展。通过创新理念、创新思路、创新方法、创新机制，大力推动本市交通轨道、通用航空等低碳领域内新兴产业培育发展；树立互联网思维，善用"互联网＋"，通过互联网加上工业、农业、金融等各行各业，实现融合渗透、创新运用；加快建设一批技术研究院、研发中心、技术中心等企业研发机构，形成"孵化器—加速器—产业基地"的完善产业链。

加速拓展区域生态空间，大力发展生态经济。积极完善温州生态园绿肺功能，以打造一个国家城市湿地公园为目标，努力将生态园打造成为温州城市"绿心"和山水智城的"靓丽城市客厅"。加快推进文成、泰顺生态文明先行区建设，牢固树立要"金山银山、更要绿水青山，要 GDP、更要绿色GDP"的理念，严格保护生态，更加重视生态环境保护和生态平衡，确保生态环境继续领先。加速国家高新区内合成革、不锈钢、印染等高污染产业退出，高起点谋划打造浙南科技城，推动实现创新创业要素导入。

（四） 发挥试点示范效应

积极开展重点区块示范试点建设，将低碳理念融入开发建设全过程，优化空间布局，建立低碳能源供应体系，推广低碳技术应用，优化基于环境承载力的城市与环境共生关系。提出并积极推进低碳乡镇（街道）、社区（村）试点计划。针对本市地区特点，分别制定了低碳乡镇（街道）、低碳社区（村）等示范标准。2013 年在永嘉县大若岩镇、鹤盛镇、平阳县顺溪镇、泰顺县百丈镇 4 个乡镇（街道），鹿城区松台街道郭公山社区、鹿城区藤桥镇江南上村、瑞安市塘下镇陈岙村、平阳县山门镇永安村、泰顺县彭溪镇富垟社区 5 个社区（村）启动了市级低碳试点创建工作，探索符合温州实际、具有温州特色的低碳城市建设模式。2015 年鹿城区松台街道郭公山社区、经开区星海街道望海社区、泰顺县雅阳镇松垟社区入围浙江首批低碳社区试点创建名单。组织开展低碳工业园区和可再生能源及清洁能源利用示范企业计划。针对本市产业类型，按照国家关于低碳工业园区试点的有关要求，结合温州市工业园区的实际情况，建立产业低碳化、能源低碳化、管理低碳化和基础设施低碳化 4 个方面 9 个指标的《温州市低碳工业园区评价指标体系》。温州经济技术开发区获批国家第一批低碳工业园区试点，鹿城轻工产业园区被成功列为市级示范低碳工业园区，并给予 50 万元奖励。此外，积极推进园区循环化改造，市政府印发《温州市园区循环化改造推进工作方案》，目前经开区已获批第二批省级循环化改造示范试点园区，苍南县获批国家第二批资源综合利用"双百工程"示范基地。2015 年，本市创新性地开展低碳示范区创建，利用财政专项资金，采取竞争性分配方式，综合低碳工业园区、低碳社区、低碳企业为载体，推进鹿城、龙湾、瓯海，经开区开展低碳试点创建工作。通过政策扶持、资金支持，推动示范单位实现低消耗、低排放、低污染的发展目标，探索和积累在不同区域、不同层面、不同行业推动绿色低碳发展的有益经验，为推动低碳发展发挥示范带动作用。

（五） 加强低碳队伍建设

充分发挥民间低碳组织、科研院所、低碳志愿者在促进低碳发展方面的积极作用，不断强化低碳队伍建设。2011 年，国字号"中国绿色碳汇基金会碳汇研究院"在温州成立，承担建设全国性碳汇林业研究机构、碳汇林业人才培养基地、对外国际合作交流中心、低碳发展试验示范平台四大功能任务。之后于 2014 年，设立"温州市低碳城市研究会"，主要服务于温州低碳城市建设工作，加快促进低碳技术转移、成果转化和产业升级，同时为社会提供公共环境信息和宣传教育活动，搭建低碳城市建设领域公众参与和社会监督平台。碳汇研究院、低碳城市研究会成立以来，组织开展了一批碳汇交易、碳金融、低碳产业等方面的重大课题研究，为本市低碳发展战略和顶层设计提供理论依据。本市还建立了由温州工科院、农科院、环科院、经规院等研究机构为主的温室气体清单编制工作小组，保障本市低碳工作正常有序开展。积极发挥浙江省亚热带作物研究所在作物研究领域的优势，开展低碳课题研究。成功组建首批"低碳宣讲团"，于首届全国低碳日举行了志愿者讲师聘任仪式，讲师们由一批热心生态文明建设和低碳环保事业的市民组成，同时还组织成立若干社区低碳志愿者小分队，定期组织各类节能低碳进社区、进农村、进学校、进企业等系列活动，全面发挥低碳达人、低碳爱好者和志愿者讲师的宣传普及作用。

（六） 构建低碳宣传网络

积极构建全方位的低碳宣传网络，推出"低碳温州"微信公众号、"温州低碳城市建设网"官方网站，联合温州本地电视广播媒体，全面播报本市低碳发展工作亮点，传送低碳生活理念，不断扩大低碳宣传覆盖面。以"全国低碳日"为契机，积极开展丰富多彩的低碳宣传公益活动。进机关、学校、社区开展以物换绿活动，启动低碳家庭创建等活动，正确引导市民的消费模式，强化低碳发展理念，打造"共促绿色、循环、低碳发展，同享天蓝、水清、幸福温州"的低碳发展氛围。2015 年，还首次与温州广播电视传媒集团举行"绿盒子主题公园 2015 低碳温州公众日"活动新闻发布会；和温州经济科教频道联合主办，组织"低碳进社区　大美在温州"低碳宣传活动，为市区 10 个社区的代表颁发了"首届温州社区低碳宣传员"聘书，还联合温州经济科教频道，举行"低碳进高校"活动等一系列活动，努力推动全社会共同践行绿色低碳生活理念。

七、 工作建议

现阶段，国家、浙江省分别对能耗在万吨及 5000 吨以上企业实施重点监测和推行碳排放交易。而温州以轻工产业为主，大部分企业能耗在 5000 吨以下，建议研究如何将小散企业纳入碳交易平台，通过市场手段对其进行激励倒逼。

"十二五"以来，温州非常重视碳排放强度降低任务，目前该指标已处于较低水平，未来减排空间已经很小，在下达年度任务时可否综合考虑前期减排成效。

建立碳排放统计体系，统一口径，在测算地区排放总量时，明确能源消费端口径。由于在上报碳排放数据的过程中存在三个方面的数据，分别是以初始能源消费、终端能源消费以及温室气体清单的数据，该三方面的数据都不一样，在各级政府上报的过程中是否应该明确统计口径。

强化碳排放信息平台的应用体系建设，碳排放统计体系建立的目的是为了更好地推进碳减排，目前全国各地陆续建立了相关的碳排放信息平台，本市也正在筹建碳排放信息平台，如何将国家、省、市的各类碳排放信息平台进行融合，强化碳减排应用功能，将是下一步工作的重点。

温州在推动低碳发展中，建立了如低碳社区、低碳园区等平台载体，在年度考核和财政补助时，需依赖于考核指标体系的建立。本市虽已针对不同载体设计了相应指标体系，但不具有权威性，希望国家能够在各类载体的指标体系设计上提出指导意见。

研究制定鼓励社会力量（如低碳志愿者社会组织、协会）共同参与低碳发展的激励措施，如统一办公用房、税收优惠等扶持政策。

池州市低碳试点进展总结

一、基本情况

"十二五"时期，面对复杂严峻的国内外经济形势，池州市委市政府牢牢把握稳中求进的总基调，主动适应经济发展新常态，有效应对各种风险挑战，统筹做好稳增长、促改革、调结构、惠民生、防风险各项工作，扎实推进皖江城市带承接产业转移示范区、皖南国际文化旅游示范区、国家级生态示范区建设，较好地完成了"十二五"规划确定的主要目标和任务，迈出了推进"三区"发展、建设幸福池州的坚实步伐。根据低碳城市试点创建工作要求，池州市大力推进低碳发展、清洁发展模式，坚持以生态低碳理念统筹工业化、城镇化、农业现代化和旅游国际化，经济社会与生态环境协调发展。全市呈现出经济快速增长、污染稳定下降、生态持续改善、能耗不断降低的良好态势。

（一）经济总量跨上新台阶

2015 年生产总值达到 550 亿元，年均增长 10.6%，人均生产总值超过 6000 美元，迈入中等偏上收入阶段；财政收入达 95.8 亿元，年均增长 17.2%；固定资产投资突破 600 亿元，年均增长 22.3%；服务业增加值达到 222 亿元，年均增长 10.4%。规模工业增加值、进出口总额、实际利用外资等主要经济指标基本实现翻番。三次产业结构比例由"十一五"末的 15.2∶46.6∶38.2 调整为 13.2∶46.1∶40.7。产业内部结构优化升级加快，信息产业集聚集群发展势头强劲，建成两个省级电子信息产业基地，以电子信息、装备制造、节能环保为主导的战略性新兴产业产值年均增长 16.5%，高新技术产业增加值 67 亿元、占规模工业比重达到 37%。旅游经济带动力明显增强，建成大愿文化园，启动杏花村文化旅游区建设，新增 4A 级景区 9 个，连续举办五届全国绿运会等重大赛事活动。电子商务、会展经济等新型服务业态蓬勃兴起。

（二）城乡建设展现新面貌

中心城市由外延扩张向内涵发展转变，生态宜居魅力更加彰显，成功创建全国低碳试点城市、国家森林城市、中国人居环境奖城市、全国可再生能源建筑应用示范城市、全国生态保护与建设示范区，全国首批海绵城市试点，县城老城区改造与新城建设同步推进，美好乡村建设取得显著成效。常住人口城镇化率超过 50%，初步进入城市主导型社会。对外通达取得重大突破，跨入"航空时代"和"高铁时代"，九华山机场建成通航，宁安城际、东九高速建成通车，望东长江大桥主体建成，池州长江公路大桥开工建设，池州长江公铁两用大桥启动前期工作。

（三） 民生民计得到新改善

人民生活持续改善，2015 年城、乡居民人均可支配收入分别达到 24300 元、11580 元，年均增长 11.5%、13.5%。民生工程成效显著，累计投入 131.9 亿元，占财政总收入比重由"十一五"末 22.5% 提升到 31.4%。创业带动就业成效明显，社会保障制度体系基本形成，覆盖范围不断扩大、保障水平稳步提高，高龄老人、低保、大病等生活困难群体帮扶和救助机制不断健全。社会事业全面发展，义务教育标准化建设在全省率先达标、基本公共卫生服务实现普及，市科技馆、图书馆、文化馆、博物馆建成免费开放。群众安全感一直稳居全省前列，社会大局和谐稳定。

（四） 节能减排超额完成任务

2011—2015 年，单位 GDP 能耗由 1.17 吨标煤/万元下降到 0.923 吨标煤/万元，同比下降 21%，超额完成省里下达的下降 15% 目标任务。2010 年全市能源消费量 354 万吨标煤，随着经济发展，能源消费增长速度反而逐渐降低，2011 年净增 29.5 万吨，2012 年增加 34.56 万吨，2013 年净增 23.84 万吨，2014 年净增 17 万吨，2015 年能源消费增长速度净增 1.6 万吨，同比增长仅为 0.3%，单位二氧化碳排放"十二五"期间累计下降 28.8%。

二、 低碳发展理念

（一） 强化组织领导， 完善体制机制

成立了由市长任组长的低碳城市试点推进工作领导小组，领导小组办公室与常设的市生态文明办公室合署办公，统筹推进低碳试点与生态文明建设各项工作。坚持"生态统筹、低碳发展"理念，以低碳城市试点为抓手，统筹创建国家生态市、国家环保模范城市、国家生态旅游区、国家低碳工业园区，出台《关于加快推进生态文明建设的决定》《池州市生态市建设规划（2011—2020 年）》《池州市创建国家环境保护模范城市规划》，形成了"品牌化创建、责任化目标、工程化措施、项目化手段"的推进模式。出台了低碳城市实施方案落实意见，将低碳城市试点工作细化分解成 33 项具体工作，并按年度出台重点工作安排，实行月调度、季督查、年考核。

（二） 编制低碳规划， 开展低碳考核

编制完成了低碳发展中长期规划（2015—2020 年），提出了低碳发展五大工程、六大任务、五大保障措施；开展了碳排放指标分解和考核体系研究，下一步将低碳考核纳入政府目标考核体系中。根据安徽省下达池州的单位生产总值二氧化碳排放降低的约束性指标，结合池州实际情况，对池州市的能源需求与供给、碳排放情况进行调研，提出峰值目标与赶超指标，通过数据收集和分析，科学合理确定各领域、各部门减排任务，并将降低二氧化碳排放任务分配到各县市（区）、部门、重点行业及企业。针对不同的考核责任主体，综合考虑 GDP 和碳排放量对于考核指标的影响，通过数据核算、现场监测等技术手段，对减排任务达成情况进行判定，并形成相应的考核结论评价制度。

（三） 创新发展模式， 优化产业结构

一是聚焦发展两高一首产业。集中资源、集中优势，大力培育发展高新技术、高端服务、电子信息"两高一首"低碳产业，并将电子信息产业作为首位发展产业。战略性新兴产业和高新技术产业增长持续快于工业平均增幅，增速位居全省前列，连续 5 年增速超过 20%；电子信息从无到有，已成为工业发展中重要引擎；通过设置"绿色门槛"，淘汰否决了 100 多个招商项目。二是发展旅游业。强力贯彻皖南国际文化旅游示范区规划纲要实施意见和推进商贸活市等政策措施，突出政府引导、市场主体，以游客需求为导向，统筹推进旅游项目、景区创建、宣传营销、服务配套及旅游环线建设。杏花村文化旅游区起步区生态本底建设基本完成，九华山文明燃香长效机制基本建立，九华山大愿文化园建成运营，平天湖入选央视"中秋最美赏月地"；新增 4A 级景区 3 个，四星级农家乐 17 家。三是大力发展服务业。电子商务、会展经济等新兴业态蓬勃兴起，利用市场化运作方式连续举办了五届全国绿运会、第六届世界传统武术锦标赛、中国会展业年会等重大赛事展会，青年（大学生）创业园入驻电商企业 82 户、落户大型电子商务企业 5 家、入选省电子商务示范园区，国家森林生态标志产品电商交易平台落户本市，石台县列入全国首批电子商务进农村综合示范县，电子商务成为带动特色农产品和工业地产品销售的重要平台。

三、 低碳发展任务落实与成效

池州市自国家低碳城市试点获批以来，基本完成《国家低碳城市试点工作实施方案》设定的目标任务，"十二五"二氧化碳排放累计下降 28.8%，产业优化升级目标基本达成，战略性新兴产业产值和服务业产值占 GDP 比重进一步提高；能源结构目标调整优化，清洁能源占一次能源比重从 1.2% 提高到 6.5%，森林覆盖率 59.2%。

（一） 产业结构调整加速

池州市传统产业一直以水泥建材、冶炼等行业为主导产业，市委市政府大力发展低碳产业，努力调整产业结构，取得了积极成效。2015 年规模以上工业中，战略性新兴产业产值增幅高于规上工业 16.3 个百分点，2015 年服务业占 GDP 比重由上年的 39.6% 提高到 40.9%，服务业对经济的贡献率由上年的 37.1% 提高到 37.5%。高新技术产业产值增长 21.2%，比规上工业增速高 10.6 个百分点，新增高新技术企业 12 家。全市低排放、低能耗产业占 GDP 比重不断上升，全市经济增长动力由单纯的要素驱动逐步向效率驱动、创新驱动转变。

（二） 能源结构逐步优化强力实施工业节能技术改造

实施开发区金能供热热电联产、海螺水泥能量系统优化、铜冠余热余压利用等 21 个节能减排重点项目。余热余压发电总装机容量 9.7 万千瓦，年发电量约 5.2 亿千瓦时，年减排二氧化碳约 15 万吨。重点耗能企业能耗也大幅减少，如：海螺水泥、贵航特钢全年能源消费量分别为 121 万吨和 63.7 万吨，能耗同比下降 5.9% 和 14.8%。单位产品能耗分别达到行业内先进水平。华尔泰化工企业通过用

煤燃烧生产余热和蒸汽，工艺改进生产硫酸的时候回收余热和蒸汽，减少了用煤燃烧蒸汽量，2015 年能耗 18.7 万吨，同比下降 19.3%。九华发电通过生产线升级改造去年全市电力消费等价系数 3.0778，今年本期电力消费系数 3.0667。大力推广清洁能源。青阳县进入全国绿色能源示范县，实施农村清洁能源项目 52 个，完成投资 2250 万元。大力实施生态家园富民工程，全市沼气池入户率达 26% 以上，位居全省首位，建成沼气池近 9 万口，大型沼气工程 9 处，沼气综合利用直接带动农民增收 10722.2 元，年减排二氧化碳 16.7 万吨。建成小水电站 56 处，年发电量 9636 万度，减排二氧化碳量 3 万吨。控制煤炭消耗。对全市 153 个燃煤锅炉进行摸排，制定了全市《燃煤锅炉及工业炉窑升级改造实施方案》（2013—2015 年），绘制了全市燃煤锅炉升级淘汰路线图，年减少煤炭消耗 302 万吨。编制全市风电发展规划，在有条件的地区规划建设风电厂。

（三） 节能任务超额完成

一是科学分解任务，落实主体责任。根据各县区实际，按照保高效益企业用能、保"两高一首"产业项目用能、保居民生活用能，压低效益企业用能、压落后产能用能、压过剩产能用能的"三保三压"原则，对节能目标任务进行分解，纳入市政府目标考核体系中实行一票否决。市政府定期召开的经济工作会议中，节能完成情况已成为固定课题由市发展改革委进行通报、传导压力，市节能办也按季度对全市能源消费情况进行预警通报。二是实行节能预警，开展重点督查。印发了《池州市节能预警调控方案》，建立启动了月监测预警机制，对指标完成情况较差的县区、部门进行通报，及时传导压力、补缺补差。市发改、经信、环保等部门多次赴县区、到企业督查节能降耗工作，重点对能耗 3000 吨标煤以上的企业开展督查，对重点企业的能源消费密切关注，出现较大波动时直接将异常情况反馈给县区分管领导。三是加强基础工作，突出源头控制。加强节能监察能力建设。节能监察机构已实现全覆盖，市级监察机构设在市经信委，县区均成立了节能监察机构。建立工作联动机制。专门成立了能耗调度工作小组，每月由市发改委会同市经信委、统计局、供电公司会商分析全市节能中暴露出来的问题，共同协调解决，重点加强对重点工业企业、新上产能项目等重点用能单位的调度调控，有效遏制部分企业能耗奇异性增长。发挥能评源头控制作用。截至目前，共完成固定资产节能审查 187 个，通过节能评估产生 48 万吨标煤节能效果；对产能过剩行业、高耗能项目严格实行限批，通过能评否决了招商项目 100 余个。落实节能专项经费。除市级节能专项经费提高外，督促了各县区分别设立节能专项资金。省里下达池州市"十二五"节能减排目标任务为万元 GDP 能耗下降 15%，碳排放强度下降 16% 左右，池州市自我加压，在《低碳城市试点实施方案》中提出碳排放下降 27% 左右的目标任务，目前也超额完成目标。

（四） 低碳生活亮点纷呈

城市建设：将低碳理念纳入城市总体规划，修编完成《池州市城市总体规划（2013—2030 年)》，编制实施《池州市城市森林建设总体规划》《池州市主城区森林公园规划》，低碳城市试点获批以来累计投入 12 亿元，实施 217 项重点绿化工程，人工造林 30 多万亩，新增绿化面积 600 多万平方米，将中心城区一片面积约 4.36 平方公里的尚未开发的湿地，通人大立法形式保护起来，建成主城区湿地森林公园、南湖湿地群岛，市区绿化覆盖率达47.9%。低碳建筑：大力推进国家可生能源建筑应用示范市建设，按照绿色建筑设计项目27个，总建筑面积达200.88万平方米，其中，已获批2个省级绿色生态示范城区，7个省级以上绿色建筑示范项目，可再生能源示范项目130个，折合示范面积311.7万平方米。年节约标煤约8000吨，减排二氧化碳19648吨。地源热泵技术应用面积达18.96万平方米，年节约标煤约1558.8吨，减排二氧化碳3817吨。天堂湖新区被住建部批准为全省唯一的国家绿色生态示范城区。新建、改建、扩建民用建筑严格执行节能50%的设计标准；主城区在建工程，施工图纸均通过节能设计施工图审查，施工阶段节能执行率达100%。低碳交通：大力推广低碳出行方式，在全省率先实施公共自行车服务系统。对全市出租车全部实行"油改气"改造。公交车实行混合动力改造。实施公交优先发展战略，倡导公交出行方式，更换节能环保公交车辆40台，并对14台公交车加装了尾气处置装置。严格执行营运车辆燃料消耗量限值标准，严格执行"道路客运实载率低于70%的线路不投放新运力"规定。低碳宣传：连续召开了5届全国绿色运动会，宣传倡导低碳生活方式，认真组织各部门开展低碳宣传周活动，并在主流媒体上开展低碳宣传。

（五）碳汇率先开展

2012年，科技部与德国联邦教育科研部经过长达6年的谋划达成"中国可持续性多功能土地利用创新技术和服务研究"合作项目，在池州市石台县开展的项目由哥廷根大学承担，研究内容主要是对固碳林业方法进行优化（制定方法学、证明碳汇额外性、避免碳泄漏），即寻求能提高森林质量的最优方法，从2013年2月25日开始至2014年9月25日，项目组在石台县中德林业二期项目区小河镇、丁香镇、仁里镇、矶滩乡、大演乡、仙寓镇、横渡镇部分（仅香口村范围）系统抽样100个样点进行了遥感调查，对该区域内代表不同森林生态系统的20个森林经营小班进行了样地调查和样木树干解析工作。2015年3月14日至15日，项目结题并形成了项目阶段性成果，主要有：100个样点遥感调查数据；样点样木树干解析数据；20个中德林业二期项目森林经营小班碳汇变化数据；全县森林资源遥感分类图。研究成果对中国南方集体林区碳汇林业的发展产生深远的影响，也为池州市碳汇交易寻找国际市场搭建了良好平台。

四、基础工作与能力建设

（一）温室气体清单编制完成

编制期为2010—2013年度。参照2006年《IPCC国家温室气体清单指南》和《省级温室气体清单指南》，清单编制的范围包括能源活动（生产和提供能源的部门）、工业生产活动（水泥生产过程、石灰生产过程、钢铁生产过程、硝酸生产过程）、农业活动、土地利用变化和林业、城市废弃物处置以及从当地市情出发的对湿地的温室气体排放。估算的温室气体种类包括二氧化碳、甲烷、氧化亚氮、氢氟碳化物、全氟化碳和六氟化硫六种。目前能源活动、工业生产活动、农业活动、土地利用变化和林业、城市废弃物处置的温室气体清单基本编制完成，湿地研究中纪家坝养殖塘和稻田开垦鱼塘的温室气体排放测量工作已有初步结果。

（二） 温室气体排放数据报告制度不断完善

组织辖区内碳排放重点企业参加省发展改革委组织的温室气体清单排放培训，重点企业纳入省温室气体清单排放系统动态管理。

（三） 低碳园区、 社区试点稳步推进

对全市 8 个开发园区启动实施生态化、循环化改造。目前，5 个省级开发园区完成省级生态工业园区规划设计，市经济技术开发区完成国家生态工业示范园区规划设计和工作方案，并成功创建为国家低碳工业园区。前江工业园区编制了园区循环化改造实施方案，获批为省级循环经济示范园区。东湖社区编制低碳社区实施方案，获批为省级低碳社区。

五、 体制机制创新

（一） 创新组织领导

将低碳与生态紧密结合，统筹推进。将低碳城市试点推进工作领导小组办公室与常设的市生态文明办公室合署办公，形成相互借鉴、相互促进的格局。按照"生态统筹、低碳发展"理念，以低碳城市试点为抓手，统筹创建国家生态市、国家环保模范城市、国家生态旅游区、国家低碳工业园区，出台《关于加快推进生态文明建设的决定》《池州市生态市建设规划（2011—2020 年)》《池州市创建国家环境保护模范城市规划》，完善了政策体系。

（二） 创新推进机制

出台了低碳城市实施方案落实意见，将低碳城市试点工作细化分解成 33 项具体工作，实行月调度、季督查、年考核。在工作中，形成"四化"推进模式：品牌化创建，创建国家生态市、国家环保模范城市、国家生态旅游区、国家低碳工业园区、国家森林城市等国家级品牌；责任化目标，将国家发展改革委批复的《低碳城市试点实施方案》细化分解，按年度将目标落实到具体的牵头责任单位，并将目标动态调整、及时更新；工程化措施，将低碳城市试点作为一项系统性的工程进行推进，从产业、能源、建筑、交通等多领域、多层次、多角度混合推进；项目化手段，将低碳城市发展从构建低碳产业、优化能源结构、建设低碳示范、增加农林碳汇、打造低碳社会、完善保障措施等方面将低碳城市试点推进细化成 27 项具体的项目，用项目管理的方式推进低碳城市试点工作。

六、 重要经验

（一） 设立首位产业， 引领产业转型

池州市作为后发地区对发展的愿望十分迫切，但是始终坚持生态立市，注重环境保护。根据省委省政府部署，2011 年 8 月，市委市政府正式提出把电子信息产业打造成为池州市首位产业。经过四年的培育发展，首位产业已然成为拉动池州工业发展"新引擎"。已形成安芯科技、钜芯半导体 4－6 英

寸晶圆制造、高级 STD GPP 芯片，高可靠性汽车电子芯片，低漏电 TVS 芯片，雪崩型超高压整流芯片，年累计具备生产 740 万片高级 GPP 芯片、45 万片 6 英寸晶圆生产能力，成为省内小尺寸晶圆制造的集聚地。现有产业涵盖电子信息材料、集成电路设计、封装测试、整机制造等多个领域，集成电路全产业链基本形成。首位产业的设立明确了产业发展主攻方向，避免了由于盲目招商、无的放矢，而造成的资源能源巨大浪费；同时，电子信息产业发展形成规模后，形成集聚效应，实现物质流和能量流的综合利用，有效减少产品成本、降低了费用；产业集中布置最大限度地降低了水电气汽成本，利于三废的综合治理，提高环境友好水平。

（二） 优化产业布局， 理顺发展保护

按照主体功能区划要求，确立"开发沿江一线、保护腹地一片"空间开发理念，将全市 8 个开发区全部调整到沿江区域，对占市域面积 80% 的腹地严格加以保护。"开发沿江一线、保护腹地一片"是池州市重要的空间开发理念，通过统筹谋划全市人口分布、经济布局、国土开发利用，形成由中心城市极、沿江发展轴、内陆城镇点和腹地生态保护区组成的空间开发格局。对于腹地地区，支持在沿江建设"飞地"园区。通过空间开发布局的设立，厘清了发展与保护之间的关系，体现了低碳发展的布局理念。

（三） 突出宣传特色， 扩大宣传效力

通过与国家体育总局、安徽省体育局和池州市人民政府共同举办绿色运动会，将低碳生活理念进行拓展，目前已经举办了五届，成为一个全国性特色赛事。绿色运动会将低碳、环保、简约、自然等元素融入体育运动当中，让运动低碳化、大众化，通过门球、登高、钓鱼、原始森林健步走、自行车健身骑行等一批不涉及任何汽油等能源的"绿色运动"项目倡导绿色健康生活理念和绿色低碳发展。

七、 工作建议

（一） 建立全国统一的低碳统计体系

目前企业一套表数据中，没有建立碳排放统计体系，由于统计体系的缺失，指标考核、指标预警等工作也难以开展，如果由各市自行建立，一是统计人员业务尚不熟悉，缺乏核算的方法；二是各市之间的情况有别，难以横向对比，建议国家发展改革委协调国家统计局开展碳排放数据统计工作。

（二） 集中进行低碳经验交流

池州市与贵州贵阳市、广元市相互开展低碳经验交流活动，取得了积极进展，贵阳市的低碳交通体系建设情况给池州市考察人员留下很深的印象，为池州市公交系统改造提供了良好的模板；广元市考察人员认为池州市生态与低碳的结合对其很有借鉴作用。此外，池州市发展改革委还派员参加了国家发展改革委组织的意大利、日本低碳考察学习团，加深了对低碳发展的理解。目前地方上交流考察

活动受到诸多限制，建议由国家发展改革委牵头或者发文，组织各市集中赴先进地区考察学习。

（三） 设立低碳发展专项资金

低碳发展是一个系统工程，需要大量投入。建议国家发展改革委参照海绵城市、可再生能源建筑示范城市等做法，对低碳城市试点给予专项资金，用于低碳项目推进、低碳宣传、低碳研究等各项工作。

南平市低碳试点进展总结

南平市开展低碳城市试点是建设生态文明、打造全国绿色发展示范区的具体实践，是推动科学发展、加快经济转型升级的迫切需要，也是发挥后发优势、更好参与竞争合作的有效途径。2012 年 11 月 26 日，本市被国家发改委列为全国第二批低碳试点城市。2013 年 7 月 26 日，《南平市低碳城市试点工作实施方案》获国家发改委批准。目前，本市正按照国家发改委批复的实施方案，大力推进低碳城市建设各项工作。

一、 基本情况

南平市位于福建北部、闽江源头，与浙江、江西交界，俗称"闽北"，下辖二区三市五县，人口 319 万人，面积 2.63 万平方公里，是福建省区域面积最大的设区市。

1. 经济社会发展情况。"十二五"期间，南平市地区生产总值保持了较快增长速度。"十二五"末，全市地区生产总值达到 1339.5 亿元，年均增长 10.6%，是改革开放以来与全省平均水平差距最小的时期；人均地区生产总值达到 5.11 万元，年均增长 11.9%；地方一般公共预算收入实现翻番，2015 年达到 86.43 亿元，年均增长 17.7%；社会消费品零售总额 503.85 亿元，年均增长 14.7%；全社会固定资产投资达到 1802.5 亿元，年均增长 25.7%。绩效考评连续居全省前列，全市综合实力不断增强。

2. 能源消费现状。"十二五"期间，南平市能效水平持续提升，能源消耗强度持续走低，能源基础设施建设有了长足发展，区域内水能、煤炭、生物质等能源得到合理开发和利用，并在开拓石油、天然气等能源供应渠道方面有了新进展，为国民经济和社会发展提供了较好的能源保障。2014 年，南平市能源消耗总量为 765 万吨标煤，单位 GDP 总能耗 0.692 吨标煤/万元，比 2010 年降低了 19.72%，提前一年完成福建省下达能耗强度下降 19% 的任务；其中，一次性能源消费量 547.77 万吨标煤。一次能源消费以煤炭和水电为主，其中煤炭、水电、石油、天然气能源的消费比例为 67.5∶16.3∶15.7∶0.5。

3. 温室气体排放现状。根据 2010 年南平市温室气体清单数据显示，2010 年南平市地区温室气体排放总量为 1287 万吨二氧化碳当量，林业碳汇吸收温室气体总量为 271 万吨，温室气体净排放量为 1016 万吨。在温室气体排放中，能源排放 775 万吨，工业生产过程排放 196 万吨，农业排放 274 万吨，废弃物处置排放 42 万吨。能源排放占南平地区总排放 60.2%，工业生产过程排放占总排放的 15.2%，农业排放占总排放的 21.3%，废弃物处置排放占总排放的 3.3%。南平市能源领域活动产生的温室气体占其温室气体排放主导地位，其排放情况和趋势能基本反映南平市温室气体排放的整体情况。

4. 二氧化碳排放现状。"十二五"期间，南平市二氧化碳排放总量呈增长趋势，但二氧化碳排放强度持续下降。其中，2014 年单位 GDP 二氧化碳排放量约为 1.2 吨/万元，较 2010 年下降 22.58%；

2014 年人均二氧化碳排放量约为 4.42 吨/人。2014 年南平市二氧化碳排放量中，第一、二、三产业及居民生活消费产生二氧化碳量比例约为 3.1∶76.2∶12.3∶8.4，第一、二、三产业的二氧化碳排放强度分别为 0.26、3.18、0.67 吨/万元。

5. 试点目标完成情况。《南平市低碳城市试点工作实施方案》提出："到 2015 年，万元生产总值能耗比 2010 年降低 19%，降低到 0.8405 吨标煤/万元。"2015 年，南平市万元生产总值能耗比 2010 年降低 25.3%，降低到 0.775 吨标煤/万元，初步完成低碳城市试点工作排放目标。森林覆盖率达到 76.46%，以低排放为特征的产业体系建设取得初步成效，区域低碳发展的能力支撑体系逐步增强，低碳消费理念和行为方式得到全社会认同，政府引导和市场运作相结合的低碳发展体制机制初步形成，武夷新区和一批低碳试点示范区成效显著，温室气体统计、核算、考核体系初步完善。

二、 低碳发展理念

1. 建立低碳发展的组织领导与机制。成立了南平市低碳城市试点工作领导小组，由市长任组长，在市发改委设立专职机构，负责低碳试点日常工作。各县（市、区）也成立了推动低碳城市试点的工作机构，初步建立了上下联动、协调推进的工作机制。推动建立应对气候变化领域的相关服务、咨询机构，由发改委组织实施国家和省上应对气候变化的规划及政策措施，衔接生态建设、资源节约和环境保护规划，协调生态建设、环境保护、节能减排、循环经济发展的重大问题和项目建设。

2. 编制南平市低碳发展及相关规划。委托福建省政府投资评审中心编制完成《南平市应对气候变化规划（2014—2020 年）》，作为指导性文件统领南平市应对气候变化工作；组织编制《南平市低碳发展规划（2015—2020）》，进一步细化产业低碳化发展、能源结构优化、节能减排、增加碳汇等方面的目标、思路和政策措施；同时，完成了《2010 年南平市温室气体清单报告》《南平市碳排放指标分解方案和评估考核体系》《南平市武夷新区低碳示范区建设实施方案》《南平市武夷新区绿色低碳建筑示范专题研究报告》《南平市武夷新区低碳交通示范专题研究报告》《南平市武夷新区低碳旅游示范专题研究报告》《南平市武夷新区低碳产业示范专题研究报告》等专项报告。

3. 探索南平市特有的低碳发展模式。绿色生态是南平最大的优势、最亮的品牌，也是最宝贵的财富。历届南平市委、市政府领导对此都有清醒的认识，早在 20 世纪 90 年代末，在编制"十五"计划时，就提出了建设"用高新科技武装的可持续发展的旅游生态经济区"的发展战略；进入 21 世纪以后，提出了大力发展"绿、旅、新"（绿色、旅游、高新科技产业）、打造中国南方生态绿谷等发展思路；"十一五"时期，提出了打造海峡西岸经济区绿色腹地的发展战略。2012 年 5 月，市委、市政府率先提出了绿色低碳发展思路，积极创建全国绿色发展示范区，努力走出一条与沿海地区差异化、特色化发展的路子。并先后出台了《南平市打造全国绿色发展示范区行动方案》《南平市关于贯彻落实省委省政府深入实施生态省战略加快推进全国绿色发展示范区建设的实施意见》《南平市低碳城市试点工作实施方案》等，把南平建成"国家低碳产业示范区、国家低碳交通示范区、国家低碳旅游示范区、国家生态补偿机制示范区、国家低碳经济富民示范区"。

4. 提出南平市排放峰值目标。国家提出承诺在 2030 年前达到碳排放峰值，各省市自治区也提出相应的碳峰值年目标，南平市作为低碳试点城市，根据二氧化碳排放现状，结合南平市全面开展低碳社会建设的可选模式，参考 BAU 测算方法，采用基准情景、低碳发展情景和刚性降碳情景三种模式，预测各种情景模式下南平市的二氧化碳排放水平。在此基础上，综合考虑南平市经济增速放缓、能源结构调整、产业结构优化等因素的影响，南平市提出到 2025 年达到二氧化碳排放峰值的总体目标，并以此确定 2020 年单位生产总值二氧化碳排放比 2010 年下降 47% 的具体目标。

三、 低碳发展任务落实与成效

1. 积极推进产业结构调整。依托特色优势资源和产业基础，通过制定低碳规划导向和产业目录，重点推进"5+3"产业和特色现代农业发展，加快实施食品加工、旅游养生、机电制造、竹产业等千亿产值行动计划和生物五百亿产值行动计划，全市规模以上工业总产值达到 1700 亿元。随着高铁和"互联网+"时代到来，本市大力推进第三产业发展，第三产业增加值增幅持续上升，2015 年达472.12 亿元，增长 12.3%，比全省平均水平高出 2.0 个百分点，是"十二五"时期以来的最高增幅，也是"十一五"时期以来首次超过第二产业增加值增幅。充分发挥武夷山"双世遗"品牌和生态优势，本市全面推进旅游综合体项目、旅游服务园区、物流中心和大数据中心建设，完善现代服务业配套设施建设，打造大武夷旅游经济圈、闽中北区域现代物流枢纽和"互联网+"产业平台，旅游总人数和旅游总收入分别达到 2941 万人次和 381 亿元，现代物流、文化创意、电子商务等现代服务业加快发展。同时，各县（市、区）按照"1+N"主辅产业模式，加快打造特色鲜明的专业园区，积极推进产业转型升级和倡导低碳技术应用，特色优势产业加速集聚，三次产业比重由 2010 年的 21.9∶41.9∶36.2 调整为 2015 年的 21.6∶43.2∶35.2。

2. 强力推进能源结构优化。实施《南平市"十二五"能源发展专项规划》，控制能源消费总量，提高非化石能源在总能源消费中的比重。通过开展国家节能减排财政政策综合示范城市建设，本市制定了 20 余项节能减排配套的政策机制，组织实施一批重点节能和循环经济示范项目。在能源体系建设中，开始注重外购清洁能源，以建瓯市获批"国家新能源示范城市"为契机，以太阳能光电、光热利用、生物质发电为重点，积极发展燃气发电、垃圾发电、沼气开发、风电利用，促进可再生能源规模化利用和新能源产业规模化发展。积极推进太阳能规模化利用，松溪县、光泽县、政和县中小学、医院等公共机构太阳能热水应用系统工程加快建设；松溪旧县下段 50MWP 光伏电站、邵武市经济开发区100MWP 分布式发电、光泽 4MWP 分布式光伏发电站稳步推进。积极发展生物质能源发电，凯圣生物质热电厂项目（二期）、浦城生物质发电等项目建成投产，新增装机 8.5 万千瓦，年处理鸡粪 50 多万吨。鼓励其他清洁能源利用，中海油海西天然气管网二期工程南平段全线开工建设，南平荣华山大中天然气管网建设项目、光泽中海油天然气综合利用项目加快建设，提高清洁能源使用率。

3. 大力推进节能和提高效能。积极推进工业节能，用好节能减排财政政策综合示范城市、循环经济示范城市等政策，大力推广应用节能低碳技术，加快实施节能减排示范项目。经初步统计，2015 年本市万元 GDP 能耗 0.775 吨标煤/万元，同比下降 6.85%，比 2010 年下降 25.3%，完成省上下达节能目标 138.2%，超过国家节能减排财政政策综合示范目标 0.7 个百分点。开展合同能源管理工作，大力支持工业废渣的再利用，落实资源综合利用、再生资源回收等方面税收优惠政策，全市共 20 家企业通过省上资源综合企业认定。加大淘汰落后产能力度，全面完成南平水泥、新拓华、利树集团等淘汰落后产能项目，全年淘汰锅炉 53 台。实施亿元以上重点技改项目 103 项，全年新认定高新技术企业 11 家，总数达 31 家；实施智能制造示范项目 34 项，其中，省级智能制造重点项目 20 项。

4. 不断完善低碳基础设施。一是积极发展绿色建筑。出台了《关于加快推动本市绿色建筑发展意见》《南平市人民政府办公室关于推动本市既有居住建筑节能改造工作的通知》等政策文件，初步形成了较为完整的政策保障体系，有序引导全市建筑节能和绿色建筑的工作的开展。全面推进武夷新区绿色生态城建设，制定了《武夷新区绿色生态城区建设实施方案》，计划两年内开工建设绿色建筑面积 249 万平方米。二是加快发展低碳交通。推广新能源车辆，鼓励发展新型运力，提高运输效能和服务水平，鼓励城乡公交客运使用环保型车辆。2014—2015 年，全市推广新能源汽车 310 辆，其中：公交车 115 辆，出租车 75 辆，公务用车和私家车 50 辆，环卫、城管执法、邮政快递、警务巡逻等专用车 60 辆，景区旅游观光车 10 辆；改善车辆通行条件，降低车辆燃料消耗；推广废旧沥青再生利用，实施温拌沥青，实现资源再利用；实施隧道照明技术改造专项行动，对一些隧道改用 LED 灯照明，节约能源。稳步实施高速公路不停车收费系统，已建成 24 个 ETC 车道，发行 5000 个电子标签。积极推动全长约 25.6 公里的福建省首条旅游观光轨道交通项目—武夷新区有轨电车旅游专线项目建设，启动武夷山崇阳溪生态旅游景观慢道工程建设，完善慢行交通体系。

5. 加大废弃物处置力度。积极推动污染物减排市场机制建设工程，完善主要污染物总量减排指标体系、监测体系和考核体系，完成主要排污单位初始排污权核定。加快重点企业减排设施建设，顺利完成榕昌化工、富宝实业、邵化化工节水 + 深度治理项目，武夷味精、武夷酒业深度治理项目等 8 个国家环保部责任书项目建设，全面完成 65 个重点减排工业治理项目，48 家企业通过清洁生产验收。加快城镇污水处理设施及配套管网建设，畜禽污染整治成效显著。

6. 大力培育绿色生活消费模式。加大绿色消费宣传力度，积极引导市民转变消费观念，培养适度消费和可持续消费意识。一是降低生活能耗。推广使用节能节水产品、高效能照明产品、节能环保型汽车，全面落实节能补贴政策。引导居民养成良好的用水用电等日常生活习惯，从生活的点滴做起。二是鼓励绿色出行。建设高铁、城际轨道等立体交通，鼓励市民步行或骑自行车出行，减少私家车出行，提高公交出行分担率和使用新能源公交车比重，构筑"慢行—公交—慢行"的绿色出行链。三是推行绿色建筑。大力推广绿色建筑示范，实施建筑节能改造和新能源照明改造。自 2013 年 9 月起，全市新立项政府投资的机关、学校、医院、博物馆、科技馆、体育馆等公共建筑全面执行二星级绿色建筑标准，在市区实施的旧城改造项目和保障性住房均按照一星级绿色建筑标准进行建设，成片开发绿色住宅小区。

7. 大力实施碳汇建设行动。一是抓生态创建。全面推进国家级生态市建设，全市省级生态县 9 个（其中 4 个通过国家生态县技术评估），省级以上生态乡镇（街道）124 个（其中国家级 44 个）、占 96%，市级以上生态村 1504 个，占 92%，达到创建省级生态市基本条件要求，基本实现了红色之乡绿色全覆盖。二是抓保护修复。划定生态保护红线，强化重点生态功能区和生态敏感区域、生态脆弱区域的有效保护。加强重点生态区位林地保护，从严控制建设占用林地。加大对武夷山脉、闽江流域等自然保护区的生态保护，重点实施对江河源头植被、典型生态系统、野生动植物天然集中分布区等关键区域抢救性保护。三是抓造林绿化。加快生态"六大体系"和"八大工程"建设，每年造林绿化 25

万亩以上，并把木材年砍伐量控制在 150 万立方米以内。实施沿路、沿江、环城生态林改造提升工程，严格控制国省道、高速公路、铁路两侧，江河及主要支流两岸一重山、一面坡的皆伐审批，保护好现有林分和林相，实现碳汇林明显增长，全面提升植被、农业、城市园林等碳汇能力。本市森林碳汇资源明显增长，森林覆盖率从 2010 年的 71.14% 提升到 2015 年的 76.46%，境内林地面积 2932 万亩，活立木总蓄积量 1.34 亿立方米，森林碳储量约为 1.63 亿吨，年碳汇量约为 271 万吨。

四、 基础工作与能力建设

1. 编制南平市 2010 年温室气体清单。编制完成《南平市 2010 年温室气体清单报告》，温室气体清单的完成为南平市应对气候变化和低碳发展工作提供决策支持。

2. 建立温室气体排放统计核算与报告制度。南平市温室气体排放监测、统计、评价、考核体系是由南平市能源监测中心具体实施的，南平市经济和信息化委员会作为上级管理机构指导各项具体考核工作的实施。2014 年，开发设计了南平市节能监测管理服务信息平台，总投资为 4220 万元，平台建设遵循"整体设计、统一标准、统筹建设、分级管理、可持续运行"的原则，开启了南平市节能管理"可监测、可调度、可奖罚"的新管理模式。组织相关企业参加水泥、平板玻璃等行业重点单位温室气体排放核算报告指南培训会，完成 110 家重点企事业单位温室气体排放报告工作。

3. 建立温室气体排放目标责任制。一是将应对气候变化和促进低碳发展纳入国民经济和社会发展规划，设定单位地区生产总值二氧化碳排放年度降低目标，作为经济社会发展的重大战略。二是编制完成南平市 2010 年温室气体清单，根据 2015 年单位 GDP 二氧化碳排放控制目标，对南平市的能源需求与供给、碳排放情况进行调研，通过数据收集和分析，科学合理地将减排任务分配到各县（市、区）、部门、重点行业及企业。调整 2014—2016 年度单位 GDP 能耗目标，分解下达到各县（市、区）。

4. 加大低碳发展资金支持力度。围绕"四绿"重点，集中节能减排财政政策综合示范城市、循环经济示范城市、低碳试点等政策资金，加快推进绿色发展示范项目建设，争取尽快建成一批有特色、有内容、可推广的典型示范工程。2015 年，全市开工建设节能减排示范项目 178 个，累计完成投资 220 亿元。加快奖励资金拨付进度，目前累计下拨 2014—2015 年综合奖励资金 5.4 亿元。整合全市产业发展基金、电子商务基金、增信基金、节能基金等，建立产业绿色低碳发展基金，规模达 6 亿元，通过贷款贴息、以奖代补等奖惩措施，重点支持发展绿色低碳经济和节能环保等战略性新兴产业，引导传统产业改造升级，着力建设循环经济示范城市。

5. 探索鼓励实施经济激励和市场机制。一是积极推进碳排放权交易准备工作，按照国家碳排放权交易的有关部署，及时对 5000 吨二氧化碳/年以上的企业碳排放进行统计摸底，并与相关企业建立相应的统计报送、业务联系和信息交流机制。二是积极探索通过市场机制实现森林生态价值补偿，开展林权抵押贷款，推动南平市重点生态区位商品林赎买机制建设。三是探索建立闽江上游生态综合补偿机制，以生态文明建设为核心，结合省重点流域生态补偿机制，建立南平市水环境生态补偿机制。

6. 建设武夷新区低碳示范区。2010 年 7 月，省政府批准《武夷新区发展规划》，将武夷新区列为全省十大新增长区域之一。2012 年 6 月，省政府批准《武夷新区城市总体规划（2010—2030）》，明确提出把武夷新区建设成为闽浙赣交界区域重要中心城市。2014 年 5 月，国务院正式批复同意南平行政区划调整。自武夷新区成立以来，全区二氧化碳排放量从 2011 年的 262 万吨增加到 2014 年的 283.5 万吨，年均增速 2.7%，远低于 11.8% 的全区 GDP 年均增速。通过积极推进传统资源型优势产业节能技术改造，实施合同能源管理、建立重点用能企业能源管理中心、淘汰落后产能、大力发展循环经济建设，武夷新区正努力推动工业转型升级，发展旅游、生物、电子信息等新兴产业，在保持工业经济平稳较快发展的同时，能耗水平稳步下降，呈现出低碳化发展的良好态势。

7. 加快推进低碳园区和社区建设。以邵武金塘工业园循环经济示范区低碳化改造为契机，提高资源循环和集约利用以及废弃资源再利用水平。全市"六个一"一个产业园区建设完成投资 29.87 亿元，加快电缆城和白炭黑林产化工循环经济园建设，持续推进"退城进园"，推动产城融合发展。加快推进低碳社区试点建设，本市筛选出延平区新亭社区、邵武市严羽社区、武夷山市洋庄村、顺昌县洋口居委会、光泽县杭东社区等一批积极性高、具备一定先行示范工作基础的社区，作为南平市首批低碳社区试点，并指导编制了实施方案，大力推进低碳社区试点建设。

8. 加强组织领导和公众参与。多措并举开展节能低碳宣传，调动全市上下积极性。一是制定节能低碳专项宣传实施方案，在《闽北日报》推出系列报道、动态报道和评论，并在 300 多个闽北日报电子阅报栏，以及大武夷新闻网、闽北互动论坛等网站开设节能减排财政政策综合示范宣传专栏，树立正确舆论导向，提高公众节能减排意识。二是在全国节能宣传周和全国"低碳日"期间，向全社会发出节能减排与低碳倡议书，举办专题宣传活动，发放《节能减排综合示范知识读本》《低碳在身边——低碳知识 100 问》等各类宣传资料 1 万多册，全方位、多层次向民众宣传绿色低碳理念。三是认真开展国家在节能减排方面已出台的各项优惠政策梳理工作，筛选出"六化"方面的现有政策 44 项，编印《节能减排财政政策综合示范现有政策汇编》1000 多册，发放到市直有关单位、企业和项目业主。四是联合市委组织部、市委党校开展了两期节能减排综合示范政策专题培训班，深入讲解了综合示范的政策内涵、典型示范项目的申报审批和资金拨付流程等内容，受训人数达 1000 多人。

五、 体制机制创新

创新低碳旅游发展机制。在总结"一元门票游大武夷"活动成功经验的基础上，以低碳旅游为主题，运用"互联网＋"模式，从 2015 年 12 月 1 日至 2016 年 3 月 31 日（不含春节假日期间），连续 4 个月开展"低碳之旅·畅游武夷"活动，引领低碳旅游新风尚，倡导广大游客选择更加健康、低碳、绿色的旅游方式。

1. 开发低碳旅游护照。在全国首创低碳旅游护照，活动期间，持低碳旅游护照的游客可享受武夷山国家 5A 级旅游景区门票五折优惠、南平市境内 3A、4A 级旅游景区免门票优惠的政策（不含观光车、竹筏、温泉、演出等体验项目）。

2. 打造低碳旅游产品。按照低碳旅游标准，打造并整合一批低碳旅游景区、低碳饭店、低碳乡村旅游点、低碳旅游购物场所等系列低碳产品，包装推出骑行大武夷等低碳旅游线路，全力打造全国低碳旅游示范区。

3. 建立低碳旅游积分奖励兑换机制。低碳旅游护照持有者，有低碳消费行为即可获得相应的低碳旅游奖励积分，可长期在武夷旅游网"513 购"平台购买闽北旅游系列产品和商品，引导游客树立低碳旅游理念，进一步推动低碳旅游常态长效。

六、 重要经验

1. 利用低碳旅游护照、引导低碳行为。将低碳理念融入南平市旅游产业发展中，拓展低碳旅游市场，打造全国低碳旅游示范区，南平市从 2015 年 12 月 1 日至 2016 年 3 月 31 日开启为期 4 个月的"低碳之旅·畅游武夷"低碳旅游护照宣传推广活动。按照低碳旅游发展理念，打造并整合了一批低碳旅游景区、低碳饭店、低碳乡村旅游点、低碳旅游购物场所等系列低碳产品。游客通过践行低碳行为或进行低碳消费，即可获得相应的碳积分，享受武夷山景区门票、演出门票、住宿折扣、温泉体验等奖励或优惠。

2. 推进低碳旅游服务平台的碳行为考核和碳积分。以低碳旅游护照为载体，结合游客低碳行为，开发建立低碳旅游信息采集系统、碳积分核算管理系统、数据存储系统，打造长期服务于低碳旅游示范区和低碳旅游护照的智慧低碳旅游服务平台。

3. 强化旅游基础设施低碳化的基础性作用。风景区基础设施低碳化改造。结合武夷山旅游基础设施现状，开展武夷山风景区新能源（可再生能源）示范利用、生态停车场、低碳旅游综合服务中心、南入口游客集散中心等基础设施的低碳化建设和改造。低碳交通体系构建。重点推广公共自行车、新能源公交车、电瓶车等低碳交通工具，配套建设自行车专用道、慢行道、自行车驿站、充电桩等设施。

4. 建立健全低碳旅游管理体系建设。编制《低碳旅游护照管理办法》，制定低碳旅游护照配套的低碳企业评价标准和准入制度。建立《碳积分体系运营管理办法》，指导碳积分核算、兑换和抵消具体开展和实施，配套专项资金用于游客低碳行为奖励。后续将继续研究制定《低碳旅游示范区评价标准》，为南平市创建低碳旅游示范区、开展低碳旅游先行示范提供指导，并对低碳旅游示范区实施和管理提供切实可行的建议。同时，拟将《低碳旅游示范区评价标准》升级为省级或更高标准。

七、 工作建议

1. 支持拍摄低碳旅游护照及低碳行为宣传片。南平市低碳旅游是一个宣传南平乃至福建低碳意识的重要窗口，建议通过更高平台宣扬国内低碳旅游的现状和措施，凸显南平市区域低碳行为，以引导更多人群加入低碳出行的行为中来。

2. 支持南平低碳信息管理服务平台。结合温室气体清单编制，开发南平市碳排放数据监测与管理系统，实现数据报送自动化管理及低碳项目、技术信息管理与共享功能，为促进低碳经济发展提供数据和信息分享平台。

3. 支持制定南平低碳产品标准与低碳景区评价考核体系。选取具有区域代表性的产品，研究制定南平市低碳产品标准及认证管理办法，争取首开市级低碳产品标准研究制定先河。以武夷山国家 5A 级自然风景区为示范点，依据低碳景区评价考核体系，构建并完善南平市低碳景区评价和考核体系。

景德镇市低碳试点进展总结

低碳发展是我国应对气候变化、转变增长方式的必然选择，是资源节约型和环境友好型社会、生态文明建设的重要内容，是我国实现 2020 年二氧化碳减排目标的唯一途径。为落实党的十八大精神，落实科学发展观，加快经济发展方式的转变，促进创新型试点城市建设，景德镇市积极申报并成功获批第二批国家低碳城市试点。以此为契机，景德镇市积极开展低碳城市试点建设，探索工业化、城镇化发展的新路子，发展经济、改善民生、节能减排，取得了积极成效。根据《国家发展改革委办公厅关于组织总结评估低碳省区和城市试点经验的通知》（发改办气候〔2016〕440 号）要求，现将景德镇市低碳城市试点工作进展情况报告如下：

一、 基本情况

（一） 经济社会发展情况

景德镇市位于江西省东北部，素有"世界瓷都，千年名镇"的美誉，是中国最早工业化城市之一。下辖一市一县二区（乐平市、浮梁县、昌江区和珠山区），土地面积 5256 平方公里，2015 年全市总人口 164.05 万人。21 世纪以来，景德镇市紧紧围绕"重振瓷都雄风，建设经济实力较强的经济重镇和历史文化与现代文明融为一体的江南旅游都市"的战略目标，大力发展高新技术产业，推动产业结构优化升级，工业经济迈入了跨越式发展新时期，现有 1 个国家级高新技术开发区，2 个省级工业园区。已初步形成由高新技术陶瓷及创意、航空、生物和新医药、光伏、清洁汽车及动力电池、LED 半导体照明、现代农业和有机食品等构成的产业发展体系。2015 年全市地区生产总值 772.06 亿元，增速 8.6%；规上工业总产值 1097.62 亿元，增速 1.1%；财政总收入 111.56 亿元，增速 9.9%；固定资产投资 690.88 亿元，增速 11.0%；人均 GDP 47216 元，增速 7.9%；三产结构比重为 7.4∶58.1∶35.9。

（二） 资源与生态环境

景德镇市有着丰富的自然资源、旅游资源和良好的生态环境，及陶瓷历史文化资源。全市矿藏资源丰富，瓷石、高岭土和煤炭蕴藏最具特色，高岭土在国际陶瓷界都具有影响，煤炭资源也十分丰富，目前探明地质储量约 2.7 亿吨，是江西省的三大产煤区之一。森林覆盖率 65%，活立木蓄积总量 1432.1 万立方米。景德镇是国务院首批 24 个国家历史文化名城之一，全国 35 个王牌旅游景点之一，中国优秀旅游城市，目前有 6 家国家 AAAA 级旅游景区。景德镇陶瓷历史文化资源厚重，悠久的陶瓷历史、数百年不断的御窑烟火、灿烂的陶瓷文化、珍贵的陶瓷古迹、精湛的制瓷技艺、古今杰出的陶瓷名家、精美的陶瓷艺术、独特的瓷业习俗、驰名世界的陶瓷产品，在国内独一无二，在世界上也是唯一性的垄断资源，是最古老的世界瓷器中心。

（三） 能源消费

随着经济社会的快速发展，景德镇市能源消费总量持续上升，从 2011 年的 309.96 万吨标煤上升到 2014 年的 365.81 万吨标煤，年均增幅约 6%。2014 年，一次能源消费结构为煤炭 89.21%、石油 14.47%、天然气 3.9%、水电及其他非化石能源 −7.58%（电力净调出为"−"）。在能源消费总量中，工业能源消费占主导，且比重逐年增大，至 2014 年，工业能源消费占能源消费总量的比重超过 75.6%。从重点行业能源消费来看，电力、冶金、建材、化工四大行业是能源消费最大的行业。从重点企业能源消费来看，目前全市年综合耗能 10 万吨标煤以上的用能单位有 4 家，集中在电力、冶金、建材、化工行业，5 家企业能源消费总量占全市规上工业企业能源消费量的 78.6%。

（四） 二氧化碳排放及目标完成情况

2010 年本市地区生产总值 461.5 亿元，二氧化碳总排放 726.89 万吨，常住人口 159 万人，人均二氧化碳排放 4.57 吨/人，碳排放强度为 1.575 吨/万元；2014 年本市地区生产总值 692.23 亿元，二氧化碳总排放 953.32 万吨，常住人口 162.98 万人，人均二氧化碳排放 5.85 吨/人，碳排放强度为 1.377 吨/万元。本市"十二五"单位地区生产总值二氧化碳排放下降目标累计为 17%。其中：2014 年单位地区生产总值二氧化碳排放年度下降目标 3.27%，累计完成目标为 13.85%。

二、 低碳发展理念

全球气候变化深刻地影响着人类生存和发展，是世界各国共同面对的重大挑战。发展低碳经济，建设低碳城市已经成为我国应对气候变化、转变经济增长方式，实现可持续发展的必然选择。2009 年 11 月，国务院提出我国 2020 年控制温室气体排放行动目标，景德镇市主动落实中央部署，积极向国家发改委申请开展低碳试点工作，并迅速开展相关工作，成功获批第二批国家低碳试点城市。低碳城市建设，既是城市发展理念的革命，更是经济发展方式、社会运行模式、市民生活方式的革命。

（一） 低碳发展的组织领导与机制建立

1. 成立景德镇建设低碳城市工作领导小组。为切实加强对全市低碳发展工作的领导，2013 年，经市政府研究决定，成立了景德镇市低碳城市试点工作领导小组。领导小组由市政府主要领导任组长，25 个部门和 4 个县（市、区）为成员单位，具体负责全市低碳发展相关的日常工作，研究制定全市低碳发展及应对气候变化的重大战略、方针及政策，加强与省内及市内有关部门的沟通协调，负责编制规划、制定年度行动计划、安排重点项目、研究配套政策等工作，各个责任部门的工作内容都有明确落实。详见《景德镇市人民政府办公室关于成立景德镇市低碳城市试点工作领导小组的通知》（景府办字〔2013〕70 号）。领导小组下设办公室，由景德镇市发改委地区科牵头，环资科和能源局配合组建，具体负责组织协调低碳城市建设的各项工作。详见《关于成立景德镇市发改委低碳工作办公室的通知》（景发改字〔2013〕123 号）。

2. 逐层分解落实工作责任。形成市和区（县、市）分级管理、部门相互配合、上下良性互动的推进机制。分解下达各地和各有关部门的年度工作目标，把低碳城市建设工作落到实处。

（二） 应对气候变化和低碳发展规划编制情况

为全面落实国家低碳试点城市建设各项工作，根据《中华人民共和国节约能源法》《国务院关于印发"十二五"节能减排综合性工作方案的通知》（国发〔2011〕26号）和《国务院关于印发"十二五"节控制温室气体排放工作方案的通知》（国发〔2011〕41号）要求，进一步明确今后一段时期低碳城市发展的主要目标和重点任务，在景德镇市低碳城市试点工作领导小组的领导下，本市发展改革委编制完成了《景德镇低碳城市发展规划（2010—2020）》，作为景德镇低碳城市发展的指导性和纲领性文件。规划的总体思路是以科学发展观为指导，以资源节约型、环境友好型社会建设为总目标，全面贯彻落实景德镇市关于建设低碳城市的决定，加快转变经济增长方式，积极探索一条城市以低碳经济为发展方向、市民以低碳生活为行为特征、政府公共管理以低碳社会为建设蓝图的绿色低碳发展道路，着力建设低碳经济、低碳交通、低碳建筑、低碳生活、低碳环境、低碳社会"六位一体"的低碳示范城市。规划本着以人为本，生态为先；统一规划，循序渐进；政府引导，全民参与；科技引领，制度创新；区域统筹，特色示范；项目带动、责任落实的实施原则，确定了景德镇市低碳发展目标：到2015年，单位GDP二氧化碳排放较2005年累积下降38%，非化石能源占一次能源消费比重达到11.4%，森林覆盖率达到65%以上，活立木蓄积量达到1879万立方米。"十二五"时期单位GDP二氧化碳排放量下降19.6%，"十三五"时期下降19.4%。到2020年，单位GDP二氧化碳排放较2005年累积下降50%，非化石能源占一次能源消费比重达到15%，森林覆盖率稳定在65.4%以上，活立木蓄积量达到2066万立方米。

（三） 低碳发展模式的探索

根据《景德镇低碳城市发展规划（2010—2020）》《景德镇市低碳城市试点工作实施方案》的有关要求，结合基础情况，本市积极探索低碳发展模式，明确本市低碳城市发展的主要任务，为更好地开展低碳城市试点工作指明方向。

1. 优化低碳空间布局。推进低碳绿色建筑的发展；推进再生资源回收体系建设；提升森林碳汇能力。

2. 构建低碳产业体系。把培育和建设战略性新兴产业集群作为调整经济结构、做大经济总量的总抓手。举全市之力，坚持创新驱动发展，着力转型升级，加快形成以战略性新兴产业为龙头、先进制造业为支柱、生产性服务业为支撑的现代产业体系，在此基础上构建具有地方特色的低碳产业体系。到2020年，全市规模以上工业主营业务收入力争突破3600亿元，研发投入占GDP比重提升至2.5%，战略性新兴产业占全市工业比重提升至60%。主要探索方向：大力打造中国直升机研发生产基地；构建陶瓷产业新格局。积极发展旅游经济；大力发展现代服务业；加快发展现代农业。

3. 构建低碳能源体系。推广可再生能源、新能源，推进能源结构低碳化；提高天然气使用比重；加快常规能源开发、输送、加工转换过程的低碳化；强化节能降耗。

4. 构建低碳交通体系。优先发展公共交通；建设智能交通网络。

5. 构建低碳建筑体系。建立建筑能耗动态监控体系，推动既有建筑节能改造；推进可再生能源在建筑中的应用，提高建筑节能水平；严格执行国家关于建筑节能标准和相关法规。

6. 倡导低碳生活方式。增强全民低碳意识；率先推行绿色公务；引导市民低碳生活。

7. 加强低碳技术推广应用。加快低碳技术人才培养；加快低碳技术研发和成果转化应用。

8. 构建固碳减碳载体。加强湿地保护和恢复；加强生态公益林管理；加强城乡园林绿化建设。

9. 建立节能降碳机制。建设低碳技术创新平台；健全低碳试点工作相关的法律法规；推动水资源集约节约利用。

10. 建设低碳示范载体。建设低碳示范区域；建设低碳示范基地；建设低碳示范工程；创建绿色生态社区。

（四） 排放峰值目标的确定

从二氧化碳排放来看，2005 年景德镇市二氧化碳总排放 542.46 万吨，人均碳排放量为 3.53 吨/人，林业碳汇 68.32 万吨，表现为净碳吸收，二氧化碳净排放量为 474.14 万吨。温室气体总排放量约为 707.23 万吨二氧化碳当量，二氧化碳、甲烷和氧化亚氮排放比重分别为 76.07%、16.31% 和 6.99%。2013 年景德镇市二氧化碳总排放 996.84 万吨，人均二氧化碳排放 6.11 吨/人，林业碳汇 79.25 万吨，表现为净碳吸收，二氧化碳净排放量为 917.59 万吨。扣除碳汇吸收后，景德镇温室气体总排放量约为 1170.82 万吨二氧化碳当量，二氧化碳、甲烷和氧化亚氮排放比重分别为 78.37%、14.65% 和 6.98%。景德镇根据目前全市经济发展现状，提出到 2023 年左右达到排放峰值。

景德镇低碳城市发展目标

序号	目 标 项	单位	2010 年	2015 年	2020 年
一、总体目标					
1	单位 GDP 二氧化碳排放比 2005 年下降目标	%	23	38	50
2	"十二五" 单位 GDP 二氧化碳排放下降目标	%		19.6	
3	"十三五" 单位 GDP 二氧化碳排放下降目标	%			19.4
二、节能目标					
4	单位 GDP 能耗较 2005 年下降	%	22.6	35.3	45.2
三、产业结构调整目标					
5	高新技术产业增加值占全市工业增加值总量的比重	%	30	45	55
6	第三产业占 GDP 的比重	%	31	41	50
四、能源结构调整目标					
7	非化石能源占一次能源消费比重	%	9	11.4	15
五、森林建设目标					
8	森林覆盖率	%	65%	65% 以上	65.4% 以上
9	活立木蓄积量	万立方米	1432.1	1879	2066

三、 低碳发展任务落实与成效

（一） 产业结构调整完成与措施落实情况

1. 提高国民经济中服务业比重。大力发展生产性服务业，提高金融业、现代物流业、商务服务业、文化旅游业等在服务业中的比重，提升服务业层次与水平。第三产业增加值占地区生产总值的比重逐年上升，由 2011 年的 29.1% 上升至 2015 年的 35.9%。

积极发展旅游产业。打造景德镇陶瓷文化旅游特色城，乐平江南蔬菜体验旅游基地，世界民俗风情休闲创业园，建设游客集散中心，完善瑶里·高岭旅游风景区、浮梁古县衙、乐平洪岩仙境等主要景区建设工程，实施生态旅游开发项目，大力发展红色旅游项目。建设旅游交通服务中心，提高旅游客运车辆停车场规模，加快发展旅游产业，提升城市形象。借助瓷博会平台，完善和丰富茶文化、瓷文化旅游节内容。完成浮梁 10 个试点自然村和高岭·瑶里、古县衙景区、双龙湾农业生态园、陶然山庄等为代表的休闲度假旅游和以沧溪、严台等为古村落旅游基础设施建设。

2. 促进第二产业优化升级。积极引导第二产业向集约型、技术密集型、环境友好型转变，加快传统工业改造提升，发展高新技术产业和现代装备制造业，发展绿色建筑业。

大力培育航空产业。2014 年景德镇被国家列为直升机产业集聚发展试点城市，市政府成立了市长任组长的景德镇市直升机产业集聚发展试点工作领导小组，制定了《试点工作方案》，两次召开市政府常务会议和试点工作领导小组会议，专门审议《江西省景德镇直升机产业集聚发展 2015 年重点项目》《请求省政府支持江西景德镇直升机产业集聚发展试点的若干政策措施》和《江西景德镇直升机产业区域集聚发展试点专项资金管理办法》，并就做好下一步试点工作进行安排部署。目前试点工作取得了较大进展：本市从仅有的 1 个科研单位——602 所和 1 家主机厂——昌飞公司，至今已经拥有整机生产企业 3 家，零部件配套企业 40 余家，从业人数过万，形成了"产能百架，产值百亿"的规模化产业集群。2015 年，直升机产业基地实现销售收入 275.29 亿元，利润总额为 5.76 亿元，产值、产量占全国比重 50% 以上，现有产业集聚区公共服务平台 17 个，国家级、省级科技创新和服务机构 14 个，完成研究开发、技术改造、科技条件建设等各类科技投入 44.61 亿元，占产业销售收入 16.2%，专利申请数 196 项，基本完成了国家下达的试点目标任务。同时，直升机产值占全市工业产值的比重逐年提升，已成为本市战略性新兴产业重要的增长极。

大力发展汽车产业。成功引进北汽车集重组昌河汽车，计划建成年产整车 45 万辆、发动机 30 万台产能的生产线，目前已部分建成并投产。

加快陶瓷文化创意产业发展。把传承、保护和利用陶瓷文化与发展文化创意产业相结合，以"一轴四片六厂"为核心，积极推进御窑大遗址保护、陶溪川国际陶瓷文化创意产业园、陶瓷工业园等建设。其中陶溪川国际陶瓷文化创意产业园项目建设已完成，其他项目基本完成一期建设，正在抓紧二期建设。

实施陶瓷品牌发展战略。形成以高新技术陶瓷为核心竞争力，以日用陶瓷、艺术陶瓷为主体，提升日用陶瓷产品质量，重点支持大型日用陶瓷企业和中高档日用瓷发展，培育陶瓷大品牌、大集团，继承优秀的陶瓷艺术传统，鼓励陶瓷艺术创新，支持陶瓷艺术家工作室建设，培养和造就更多国际国内知名的陶瓷艺术大师。例如，陶瓷工业园区的名坊园工程，占地面积 18.92 亩，建筑面积 2825.5 平方米，建设釉料研发室、创新产品研发室、外观设计室、接待中心、培训中心、食堂等，购置研发设备，试验器材等配套设施。目前一期工程已经完成，已入园的 22 家企业和陶瓷研发中心已经完工投产。该项目建成达产达标后年销售收入达 9 亿元，年创利税 3.3 亿元，可增加 5000 个就业岗位，大大提高社会就业率，而且展示了景德镇陶瓷历史文化、工艺传承，扩大了景德镇的陶瓷产业影响力，具有良好的社会效益。

狠抓重点能耗行业、企业节能改造与技术升级。完成新昌南炼焦公司 140t/h 干熄焦节能改造示范项目、景德镇开门子陶瓷化工集团有限公司余气发电节能技术改造项目等多个项目节能改造，综合节能减排效益突出。其中，景德镇市焦化工业集团有限责任公司干熄焦技术改造工程系采用惰性气体现有 1#—4# 焦炉产生的红焦进行干熄，将红焦进行充分回收（80%），产生蒸汽全部用于发电，年发电 $156.99 \times 10^6 \mathrm{kW \cdot h}$。年产焦炭 106.87 万吨，小时产焦 122 吨。配置建设的干熄焦装置规模为额定处理能力 125 吨/小时，干熄焦装置利用余热产生的蒸汽为 71.9 吨/小时（最大），压力 9.5MP（主蒸汽压力调节阀后），温度 540℃用来发电。配置纯凝式汽轮发电机组一套，蒸汽全部用于发电，年发电量 $156.99 \times 10^6 \mathrm{kW \cdot h}$。该项目已在联合国注册成功，成为江西省第二个注册成功的 CDM 项目，项目预计总减排量 1143205 CERs，目前已签发 79519 吨。

大力推广绿色建筑。截至 2015 年，实施 70 余个既有建筑节能改造项目，面积 60 余万平方米。完成建筑光热项目 71 个，应用面积 1865.91 万平方米。

加快发展光伏产业。本市光伏发电项目快速发展：截至 2015 年底，全市光伏发电项目（含农林光互补）完成备案 252.5275 兆瓦，完成并网容量 152.432 兆瓦，合同能源管理完成并网 200 户 1 兆瓦，家庭光伏用户（散）完成并网 161 户 0.7395 兆瓦。

积极推进节能照明产业。加快推进 LED 半导体照明产业发展。发挥节能照明技术先进、节能效率高等比较优势，扩大 LED 半导体照明产业规模。"十二五"期间，新建及改造路灯、小区庭院灯项目 40 余个，年节电量约 54 万 kW·h，年节能量约 2164.37tce。

（二）能源结构优化完成与措施落实情况

1. 加大可再生能源利用力度。本市开展了可再生能源建筑应用示范城市建设，大力推广太阳能光热利用项目，先后分 6 批进行了 71 个可再生能源建筑示范项目建设，太阳能热水器总集热面积达到 50 万平方米以上，应用面积达 1865.91 平方米。大力实施太阳能光伏发电，先后建成 10 余个大型光伏电站项目，建设了乐平农业科技大棚光伏电站、北汽昌河技改光伏车棚、景东小区万家光伏发电等示范项目，其中农业科技大棚光伏电站利用蔬菜大棚进行光伏发电，既利用了棚上清洁发电，棚下高效种植蔬菜、花卉苗木信用菌等。截至 2015 年，完成备案 252.5275 兆瓦，完成并网容量 152.432 兆瓦。

2. 提高天然气使用比重。加快天然气城市管网建设，实现县级以上城市及工业园区天然气全覆盖，有效改善生产生活用能结构。不断拓宽天然气应用领域，从传统的城市燃气逐步拓展到天然气厂、化工、燃气空调以及分布式功能系统等领域。加大天然气置换人工煤气工作，截至 2015 年 10 月，共置换户数为 84887 户，其中居民 84584 户，工业 72 户，公共服务设施、商业 231 户，置换任务完成

70.79%；长输管道天然气累计用量为 11080 万立方米，陶瓷工业园区使用天然气达到 80%。

3. 推进水电站建设。投资 31 亿元建设了浯溪口水利枢纽工程，水库总库容为 4.27 亿立方米，大坝坝长 538.4 米，最大坝高 45.6 米，电站装机容量为 30 兆瓦，年平均发电量将达 8081 万千瓦时。项目建成后，将成为我省电网中的骨干水电站，承担本地区的电网调峰任务，缓解电力供需矛盾，对保障和促进景德镇市乃至鄱阳湖区域经济社会健康快速发展具有不可替代的巨大作用。

（三） 节能和提高能效任务完成与措施落实情况

1. 强化节能降耗。完善固定资产投资项目节能评估和审查制度，控制高耗能、高排放产业过快增长。实施重点节能工程，加强重点用能单位节能管理。严格控制高耗能、高污染项目，强制淘汰耗能高的技术、工艺和设备。加强资源节约和综合利用，提高能源利用效率。"十二五"前 4 年，万元 GDP 能耗累计下降 15.17%，能源消费总量为 365.81 万吨标煤，增长 4.84%，低于全省 6.2% 的增幅。

2. 推广陶瓷产业窑炉改造。景德镇在全市范围内通过大力推广新型节能烧成窑炉，拆除存在安全隐患的老旧窑炉，依托现有陶瓷科研技术平台开发新型窑炉等举措，加大节能减排力度，推进本市陶瓷产品、产业转型升级发展，改善了本市生态环境状况。从 2012 年起狠抓陶瓷窑炉的改造和窑炉的余热利用，全市共投资窑炉改造资金达 5.5 亿元，极大地节约了能源，降低了二氧化碳排放，改造后的窑炉节能达到 20% 以上。其中，中国轻工业陶瓷研究所通过依托强有力的窑炉技术研发平台，积极推进高温空气燃烧技术在陶瓷梭式窑中的烧成应用项目，提高窑炉燃料使用率。该新型窑炉与传统梭式窑相比，可节能 20%～30%，排烟温度可降至 100℃ 以下，达到了节能减排目的。

3. 实施城市道路绿色照明示范项目。本市先后加大了路灯节能改造的项目的实施力度，对城区景德、昌江大道、迎宾大道、赣东北综合物流园、为宇路、方家山路、昌南大道兴园路、丰源路、莲社北路、沿江西路、石洪路、金岭大道等道路实施了路灯节能改造，将原有的高压钠灯更换成 LED 节能灯具，大大降低了城市照明能耗。

4. 开展节能技术公共服务平台建设。为满足企业对节能技术的需要，依靠专业节能服务机构，整合了本市节能人才、技术、资金等资源，搭建了节能技术公共服务平台，面向企业提供节能改造方案设计、能源审计、项目节能评估与咨询、碳排放数据采集等节能技术服务。该平台被评为省级公共服务示范平台。

（四） 低碳建筑与低碳交通任务完成与措施落实情况

1. 发展低碳公共交通。2015 年度改造全市县乡道路 393.9 公里，国省道改造 45 公里，全年实现综合节能效益 1.43 万吨标煤；加快全市客货运车辆结构调整，优化运输运力结构，加快运营车辆更新。全市现有营运客货车 4775 余辆，新增柴油车辆 500 辆，淘汰高耗能汽车 60 辆，综合节能效益 380.8 吨标煤；加强在车辆大修中的尾气检测和治理，共治理车辆 1000 台次，综合节能效益 86.56 吨标煤；实施节能技术改造，着力推广节能技术、产品，共实施营运客车节能技术改造 180 辆，安装 GPS 系统车辆达 560 辆，安装电子不停车收费系统车辆 290 辆。实现综合节能效益 768 吨标煤；加大节能监管，注重节能宣传教育。加强机动车驾驶员节能技能教育培训，通过开展驾驶员节能培训、竞赛和大比武活动，共发放节能倡议书 2000 余份，培训机动车驾驶员 1360 人次，实现节能综合效益达 49.96 吨标煤。在公交车、出租车、公务车中推广使用节能与新能源汽车。本市自 2010 年起连续 5 年安排转型资金 5447 万元，淘汰了老化耗能公交车 150 台。

2. 建设低碳交通网络。推进全市公交一体化，发展智能交通系统，全面推进城市交通信息化动态管理，推进多种交通方式无缝对接。推行公交优先，按照"总体规划、试点先行、稳步实施、逐渐成网"的原则，增加了 27 路、29 路、31 路等公共交通线路，并建成了 3 路、33 路等智能公交车站，从而达到群众少开自驾车、多乘公交车的目的。

3. 推进可再生能源在建筑中的应用。积极推进可再生能源建筑示范城市建设。鼓励城市新建居住建筑和集中供应生活热水的公共建筑采用太阳能热水系统及成套技术，先后分 6 批进行了 71 个可再生能源建筑示范项目建设，太阳能热水器总集热面积达到 50 万平方米以上，应用面积达 1865.91 平方米；在城市公共设施配套安装太阳能光伏发电装置，促进太阳能与建筑一体化及太阳能发电技术的开发和应用，截至 2015 年底，全市光伏发电项目（含农林光互补）完成备案 252.5275 兆瓦，完成并网容量 152.432 兆瓦，合同能源管理完成并网 200 户 1 兆瓦，家庭光伏用户（散）完成并网 161 户 0.7395 兆瓦；利用地热资源，推广地源热泵空调系统，建设了山水瑞园等一批应用工程。

4. 推广建筑节能材料、产品和技术。鼓励建筑生态设计和生态改造，实施"绿色照明"工程，在全市推广高效节电照明系统。推广新型节能环保建筑材料、建筑保温绝热板系统、外墙保温及饰面系统、隔热水泥模板外墙系统及外墙、门窗和屋顶节能技术。完成了中国移动景德镇公司总部等一批项目的建设。

（五） 废弃物处置情况

1. 废瓷片再利用。本市的陶瓷是重要的工业支柱，而陶瓷的生产具有一定的破损率和不合格率，自然而然就产生了一定数量的废瓷片，为了减少环境污染，我们大力推广废瓷片的回收利用，建筑陶瓷的废瓷器利用率达到 100%。

2. 进行可再生资源回收体系建设。积极开展了可再生资源回收体系建设工作，建设 215 个再生资源回收站点，建设了再生资源废旧金属、废塑料、橡胶分拣等分拣中心。并计划进一步建设具备商品交易、分拣加工、仓储配送、商品展示、电子商务信息服务等功能为一体的再生资源集散市场。

（六） 绿色生活方式和消费模式创建情况

1. 积极倡导低碳办公。为降低能源消耗，实现低碳办公，本市发展改革委率先试点，启用了数字化综合办公平台，各部门通过平台进行公文往来，减少了办公用纸的消耗，间接减少了碳的排放。

2. 积极践行低碳生活。启动低碳惠民行动，将 83581 只节能灯发放到社区、乡镇居民手中，积极推进低碳生产生活方式进社区和乡镇，增强节约用电自觉意识，减少碳足迹。更换 LED 路灯进行节能。为节约电能，本市补贴 174 万元改造路灯，用 LED 路灯代替原始的普通路灯，既美观又保护环境。

3. 加大宣传力度。不断强化低碳理念宣传。充分利用报纸、广播、电视、网络和其他社会渠道进行低碳宣传，使各级政府、企业和公众明确自己的责任和义务，在全社会普及低碳理念，提高社会公众对开展低碳城市试点重要性和紧迫性的认识，建立低碳生产、低碳消费、低碳生活的社会公共道德准则，做到"政府引导，加大投入，公众参与，联动发展"。在春节前夕，市发改委在梨树园社区广场开展"倡导低碳生活、共建生态家园"活动。通过书写春联的方式，紧紧围绕"我的低碳生活"这一主题，为社区居民义务书写春联近千幅、发放倡议书近千份，将低碳理念宣传到每家每户，让居民更加了解低碳生活的意义。

积极开展低碳主题活动。市发改委在2015年低碳日组织各应对气候变化领导小组成员单位开展倡导低碳出行，上下班乘坐公共交通工具、骑自行车或步行，公务出行尽量乘坐公共交通或拼车出行。除信息机房等特殊场所外，停开办公区域空调一天等。并开展了以"携手低碳节能，共建碧水蓝天"为主题的宣传活动。在本市人员集中的广场、日新超市等6处，通过张贴海报、布置展板、展示低碳汽车等低碳节能产品进行低碳集中宣传活动。活动现场向广大市民免费发放低碳宣传手册1300余册，环保袋3100余只，向广大市民大力倡导低碳、绿色的生产方式、消费模式和生活习惯。

4. 积极开展教育培训。在政府部门、企业、社区和农村中广泛开展形式多样的低碳教育培训活动，如专题讲座、研讨会、经验交流会、成果展示会、典型案例报告会或低碳技术交流会以及活动周、活动日、知识竞赛等。加大对公众的低碳知识普及和教育，编写各种低碳的科普读物和指导守则，将低碳理念和知识纳入全市基础教育内容，增强中小学生对气候变化知识的了解。

5. 加强低碳社区试点建设。为建立政府引导、社会协同、公众参与的社区低碳发展机制，引导居民树立低碳观念，转变生活方式，共同参与低碳发展。本市投资300万元，选取西路社区、梨树园社区、昌河社区和森林社区4家社区开展了低碳社区建设，发挥示范带动效应，探索一套可推广、可借鉴的社区低碳化发展经验。

（七） 增加碳汇任务完成与措施完成情况

提高碳汇能力。加强碳汇林固碳能力的计量与监测研究，为碳汇林的营建提供科技支撑，建立健全各级林业技术推广与服务体系，为林业发展提供人才保障；推广森林质量改造项目，探索混合林种植技术，扩大对碳吸收率高的阔叶树种的种植规模。全市活立木蓄积量达到2066万立方米，森林覆盖率稳定在65.4%以上，城市人均绿地面积达到15平方米，建成具有江南旅游都市特色的比较完备的林业生态体系、林业产业体系和森林资源安全保障体系。创建195个"森林十创"单位，并新建洪皓森林公园、银坞森林公园、玉田湖国家湿地公园，2015年本市的森林覆盖率稳定在65%以上。

四、 基础工作与能力建设

基础工作与能力建设是进行低碳工作的前期条件，为了更好地开展低碳城市试点工作，在景德镇低碳城市试点工作组的领导下，本市积极进行基础工作与能力建设，收集基础数据、编制温室气体清单、建设温室气体排放数据报告制度、建立温室气体排放目标责任制、落实低碳发展资金、组织能力建设培训、开展示范工程建设，取得了积极成效。

（一） 温室气体清单编制情况

根据《景德镇市"十二五"控制温室气体排放实施方案》和《景德镇市国民经济和社会发展第十

二个五年规划纲要》，切实支撑制定"十三五"规划纲要，逐步建立景德镇市碳排放总量控制制度、为参与全国碳排放权交易市场奠定基础。也为确保实现全市"十二五"碳排放强度降低目标，景德镇发改委编制市 2005 年及 2010 年温室气体清单。清单编制项目按照《景德镇市低碳城市试点工作实施方案》的要求实施，项目实施之初，市发改委召开了项目相关方、市有关部门、统计部门负责人参加的景德镇市城市试点启动会，并将清单编制列为重要的子课题，确立了景德镇市清单编制小组，明确了分工和职责，确立了清单编制工作方案。根据国家发改委、省发改委的要求，本市完成了 2005 年和 2010 年能源活动、工业生产过程、农业活动、土地利用变化和林业、城市废弃物处理五个领域温室气体清单编制工作并出具报告，景德镇市 2005 年和 2010 年温室气体排放总量分别为 725.36 万吨和 1036.68 万吨二氧化碳当量。2005 年和 2010 年温室气体清单报告已通过省里组织的专家评审并修改完善。

（二）温室气体排放数据统计与核算制度建设情况

景德镇市是国家发改委确定的全国第二批国家低碳试点城市，根据《景德镇市低碳城市试点工作实施方案》和国家发改委关于低碳试点的批复，要求建立和完善温室气体排放统计核算体系。目前，景德镇市低碳试点工作虽然具备一定的基础，但在温室气体排放统计核算的基础却非常薄弱，具体体现在：温室气体排放统计的机构设置、岗位、人员欠缺；统计人员和能力建设薄弱；统计数据渠道不畅；统计核算制度缺乏；相关领导和部门对统计核算工作的重视度有待加强等。为加快建立和完善景德镇市温室气体排放基础统计核算体系，为国家低碳试点工作提供扎实的统计核算数据支撑，本市研究制定了景德镇市温室气体排放统计核算体系建设的草案，下一步将按照草案落实各项措施，尽快完成体系建设。

（三）温室气体排放数据报告制度建设情况

积极开展温室气体排放数据报告基础工作。按照省发改委有关文件及省气候处的工作部署，本市第一时间开展基础数据收集工作，确定了温室气体排放数据报告主体，并于 2015 年 1 月组织相关专家，对各相关企业进行了温室气体排放数据报告能力建设培训，做好了报告工作的基础。2015 年 5 月，按照本市发改委要求，一共 9 家重点企（事）业单位完成了温室气体排放数据的上报，取得了数据报告工作的第一手材料，获得了宝贵的工作经验。2016 年的温室气体排放数据报告工作即将开展，本市在人员、培训、核查等各方面都已做好了准备，随时准备进行排放数据报告工作。今后，将会依据国家和江西省相关安排，推进地方法规制度方面的建设，确保报告制度常态化。

（四）温室气体排放目标责任制建立与实施情况

建立健全二氧化碳排放强度降低目标责任评价考核制度，并将二氧化碳排放强度降低指标纳入各县（市、区）经济社会发展综合评价体系，是强化政府责任，确保实现全市"十二五"碳排放强度降低目标的重要基础和制度保障。根据《江西省"十二五"控制温室气体排放实施方案》（赣府发〔2012〕27 号）、《景德镇市"十二五"控制温室气体排放实施方案》和《景德镇市国民经济和社会发展第十二个五年规划纲要》，为完成控制温室气体排放任务，扎实推进基础工作与能力建设，本市制定了景德镇市《县（市、区）人民政府单位地区生产总值二氧化碳排放降低目标评价考核办法》。

（五） 基础设施和人员培训

主动加强基础设施建设。为了掌握本市温室气体本底及城市的浓度与变化情况，为全国、全省和本市应对气候变化提供决策依据，景德镇市计划建立温室气体浓度监测网。景德镇温室气体浓度监测站建设内容包括：温室气体浓度监测站、网络传输系统、配套设施建设。景德镇温室气体浓度监测站项目建成后，可以掌握本市温室气体本底及城市的浓度与变化情况，明显提升景德镇市防灾减灾、应对气候变化能力，为全国、全省及本市应对气候变化提供决策依据。

积极参加交流与培训。为更好地开展低碳城市试点项目工作，项目组成员先后参加了由国家发改委和省内组织的多次交流与培训活动。

（六） 低碳发展资金落实情况

根据国家发改委、财政部、国家林业局（发改西部〔2012〕898 号）文件《关于同意内蒙古乌兰察布市等 13 个市和重庆巫山县等 74 个县开展生态文明示范工程试点的批复》，并将本市列入全国生态文明示范工程试点城市，于 2013 年、2014 年下达各 300 万元引导资金。结合本市的实际情况，2013 年共安排资金 300 万元，其中：200 万元用于浮梁景瑶线建设生态文明示范试点村，市发改委工作经费 100 万元（用于生态文明示范工程宣传工作和低碳试点城市工作）。2014 年共安排资金 300 万元，其中：安排资金 100 万元用于市气象局建设温室气体排放监测站建设；安排 110 万元用于低碳生态湿地示范区、低碳社区和低碳生态村建设，安排 40 万元用于市国信节能科技股份有限公司对全市重点企业碳排放核查项目及碳排放清单、低碳陶瓷园区方案等工作。

（七） 低碳产业园区／低碳社区等试点示范情况

建设低碳陶瓷工业园区。正在积极编制低碳陶瓷工业园区实施方案，草案已基本完成，进入后期加工调整中。其中名坊园项目是聚集一批有绝活、有市场的作坊企业，包括散落全国各地的"汝、官、钧、哥、定"五大名窑传承人，打造具有唯一性、收藏性的国家奢侈品牌产品和艺术名品，建设集五大名窑、传统手工制瓷、陶瓷文化创意、陶瓷工艺品旅游展示、陶瓷研发中心五大功能为一体的现代服务业集聚区。项目分两期建设，一期主体工程已完工、22 家企业全部入驻，累计完成投资近 5 亿元。二期工程前期工作已完成。

打造玉田水库"低碳生态湿地示范区"建设。已完成前期调研工作，《玉田湖湿地公园低碳生态保护试点项目的实施方案》编制完成并经过市发改委批复同意。通过加强湿地候鸟保护，设置游客观鸟指示牌，植树绿化保护生态环境；发展低碳交通工具，修复电瓶船，淘汰燃油船；建设公共绿化、踏青场地等公共服务场所；更换湿地公园大坝等场地的照明设施等措施，营造保护候鸟生态湿地和公园环境。

快速推进低碳社区试点工作。按照绿色低碳、因地制宜的要求，启动了西路社区、梨树园社区、昌河社区和森林社区 4 家低碳社区的试点建设，同步推进了湘湖镇进坑村、瑶里镇长明村两家低碳生态村的建设。成立了社区低碳试点工作领导小组，加强教育宣传、组织低碳知识培训、开展社区活动等措施，培养了居民低碳环保意识，为创建低碳环保生活方式奠定了基础。

五、 工作建议

1. 碳核查工作兼顾传统产业。景德镇陶瓷均用"还原焰"烧制而成，而其他城市产瓷区均用"氧化焰"烧制而成，本市的烧成工艺产生的碳排放量比其他城市的烧成工艺产生的碳排放量大，为了充分考虑到传承产业，希望在将来分配碳指标上给予传统产业上的倾斜政策。

2. 尽快出台相关立法及政策。在向企业数据收集工作中发现，中小企业，尤其是私营企业的低碳意识相当薄弱，建议尽快完成低碳立法工作，为低碳工作的开展提供法律法规上的有力支撑，减小低碳工作的阻力，保障执行成果的及时准确。

赣州市低碳试点进展总结

根据《国家发展和改革委办公厅关于组织总结评估低碳省区和城市试点经验的通知》（发改办气候〔2016〕440号）和《赣州市低碳试点工作实施方案》要求，现将本市低碳城市试点创建工作进展情况报告如下：

一、 基本情况

（一） 城市经济、 社会、 能源、 排放现状

"十二五"时期特别是《国务院关于支持赣南等原中央苏区振兴发展的若干意见》（以下简称《若干意见》）出台以来，赣州市持续深入实施《若干意见》，主动适应、积极引领经济发展新常态，着力稳增长、调结构、促改革、惠民生，经济社会发展取得突破性进展，"十二五"规划提出的主要目标和任务总体实现。一是经济总量迈上新台阶。地区生产总值由2010年的1119.74亿元增加到2015年的1973.87亿元，5年接近翻番；人均生产总值从2010年13377元增加到2015年23148元；固定资产投资达1892.21亿元，增速连续4年保持全省第一。二是产业结构不断优化。第三产业增加值占GDP比重提高了4.2个百分点；新增龙南、瑞金国家级经开区和赣州高新区，国家级开发区（高新区）由1个增加到4个。三是城乡面貌显著变化。"四桥九路"等重大城建项目顺利实施，中心城区扩容提质；全市常住人口从2010年的838.21万人增长到954.71万人；全市常住人口城镇化率达45.51%，年均提高1.59个百分点。四是生态优势持续巩固。组建全省首家环境能源交易所，成立林业产权交易中心；森林覆盖率稳定在76.2%以上，森林质量持续提升；新增省级以上自然保护区4个、湿地公园11个、森林公园4个；中心城区环境空气质量优良率95%以上，集中式饮用水源地水质达标率达100%；累计治理水土流失面积2581.2平方公里，综合治理稀土矿山面积11400亩。五是能源消费状况明显改善。节能减排全面完成规划目标；单位地区生产总值二氧化碳排放从2010年0.973吨二氧化碳/万元下降到2015年0.753吨二氧化碳/万元，一次能源消费总量从2010年385.85万吨标煤上升到2015年466.54万吨标煤。

（二） "十二五" 期间的变化趋势

地区生产总值由2010年1119.74亿元增加至2015年的1973.87亿元，年均增长12.01%。第三产业占GDP的比例由2010年的36.7%增加至2015年的40.9%，年均增长2.19%。单位地区生产总值二氧化碳排放由2010年0.973吨二氧化碳/万元下降至2015年0.753吨二氧化碳/万元，年均增长-4.99%。一次能源消费总量由2010年的385.85万吨标煤增加至2015年的466.54万吨标煤，年均增

长 3.87%。非化石能源占一次能源消费比重由 2010 年的 7.9% 增加至 2015 年 11.41%，年均增长 7.63%。能源活动二氧化碳排放总量由 2010 年的 1089.48 万吨二氧化碳增加至 2015 年的 1486.67 万吨二氧化碳，年均增长 6.41%。

（三） 排放目标的实现情况

2015 年单位 GDP 二氧化碳排放较 2010 年降低 22.59%（目标值 20.30%）。非化石能源占一次能源消费比重达到 11.41%（目标值 11.40%）。森林覆盖率达到 76.2%（目标值稳定在 76% 以上）。活立木蓄积量达到 1.24 亿立方米。

二、 低碳发展理念

（一） 低碳发展的组织领导与机制

1. 健全组织领导机制。成立了低碳城市试点工作领导小组，牵头落实国家、省有关低碳发展的重大战略，统一部署全市低碳发展工作，协调解决工作中遇到的重大问题。市本级和各县（市、区）均成立了气候办，确保低碳城市建设工作有机构、有抓手、有力量、有保障。特别是市级层面早在 2009 年 11 月就成立了由政府主要领导任组长的应对气候变化和节能减排工作领导小组及其办公室，主要负责综合分析气候变化对全市经济社会发展的影响，组织拟定应对气候变化规划及工作方案，推进控制温室气体排放制度、基础能力、碳排放交易市场建设和适应气候变化工作，承接清洁发展机制工作。近年来，本市气候办先后编制了《赣州市低碳发展规划》《赣州市低碳试点工作实施方案》《关于建设低碳城市的意见》等规划方案，牵头推进工业、建筑、交通、公共机构等重点领域节能减碳，组织各县（市、区）开展重点企（事）业单位温室气体排放报告网上填报等工作，指导成立了赣州环交所并完成我省首笔自愿碳排放权交易，并抓紧编制温室气体清单，积极开展了国家低碳活动日等主题活动。

2. 建立工作运行机制。2014 年，印发了《赣州市人民政府关于建设低碳城市的意见》《赣州市低碳城市试点工作重点及任务分工》等文件，明确了赣州市低碳城市试点工作重点及任务分工，将低碳城市试点各项任务分解落实到具体部门和单位，一级抓一级、层层抓落实。坚持每季度召开一次工作调度会，每半年报送一次工作进展情况，协调推进低碳城市试点各项工作。

（二） 应对气候变化和低碳发展规划编制

2012 年 11 月，赣州被列入国家第二批低碳试点城市后，相继出台实施《赣州市低碳发展规划(2013—2020)》《赣州市低碳城市建设考核细则》《赣州市低碳试点工作实施方案》《赣州市温室气体清单及建立指标分解和考核体系》《关于建设低碳城市的意见》等，逐步形成互为补充、相互衔接、健全完备的低碳城市建设规划体系。同时，针对中部欠发达地区及赣南等原中央苏区缺乏可复制的低碳城市发展模式，低碳城市建设过程中的体系和机制不完善等重大问题，着手开展赣州低碳生态城市建设规划示范项目前期研究。

（三） 低碳发展模式探索

做好碳排放权交易的探索工作。组织人员赴北京、天津等地考察学习碳排放权、排污权交易的经验做法，制定了《赣州市碳排放权交易暂行办法（试行）》等规章制度和文书。赣州环交所于 2013 年 1 月 22 日正式挂牌运营，并完成了我省首笔自愿碳排放权交易，标志着赣州积极探索碳排放权交易进入了实质性阶段，也为我省绿色低碳发展以及全省经济结构的调整、经济发展方式的转变起到示范和带动作用。

（四） 排放峰值目标的确定

根据赣州市 2000—2010 年 18 个县（市、区）碳排放量、人口、人均 GDP、碳排放强度等面板数据，分析人口、经济、技术等变量对赣州市地域性碳排放量的影响，二氧化碳排放强度、密度同经济发展水平，以及产业结构之间的关系。通过多项计量检验，比较了不同计量模型之后，我们选取了能够修正面板异相关和自相关的可行的广义最小二乘法（FGLS）模型进行预测。研究发现：一是赣州市碳排放强度（单位 GDP 二氧化碳排放）同人均 GDP 之间有一定相关性，碳排放强度随着 GDP 的提高有逐步下降的趋势；二是碳排放密度（人均二氧化碳排放）同 GDP 间存在有一定的关系，即碳排放密度随着 GDP 的提高有递增的趋势；三是第二产业比重同碳排放强度（或密度）之间存在正相关关系，即第二产业比重越高，二氧化碳排放强度（或密度）就越高；四是对经济发展与碳排放强度（或密度）之间关系进行的情景分析表明，赣州市人均二氧化碳排放（碳排放密度）目前呈现递增的态势，且其二氧化碳排放量还处于上升的阶段，达到峰值年份在 2023 年。

三、 低碳发展任务落实与成效

（一） 低碳试点方案落实情况

自 2012 年 11 月 26 日国家发展改革委正式确定本市为第二批国家低碳城市试点市，2013 年 7 月 26 日国家发展改革委正式批复同意《赣州市低碳城市试点工作实施方案》以来，本市坚持绿色发展、循环发展、低碳发展，各项试点工作任务有序稳步推进，全市二氧化碳排放强度明显下降，经济发展质量明显提高，产业结构和能源结构进一步优化，低碳观念在全社会牢固树立，低碳发展法规保障体系、政策支撑体系、技术创新体系和激励约束机制逐步得到建立和完善。到 2015 年，第三产业占 GDP 的比重达 40.9%；单位 GDP 二氧化碳排放较 2010 年降低 22.6%，单位 GDP 能耗下降 16.3%；森林覆盖率达到 76.2%，活立木蓄积量达 1.24 亿立方米，低碳试点方案确定的目标均超额完成。

（二） 产业结构调整

近年来，本市积极推动产业结构优化升级，推进战略性新兴产业发展，重点加快矿产产业高端化，有序推进稀土大型企业集团组建，并积极培育生物医药、节能环保、高端装备制造等战略性新兴产业。把加快发展服务业放在经济发展和结构转型调整的突出位置，成立了现代服务业工作领导小组，编制完善《赣州市现代服务业发展规划（2011—2020）》，出台了《赣州市人民政府关于促进服务业发展的意见》，第三产业保持稳步发展，本市第三产业增加值占地区生产总值比重持续上升，由 2010 年的 36.7% 增加到 40.9%，上升 4.2 个百分点。积极淘汰落后产能，建立并落实落后产能退出机制，加速产业优化升级。2015 年，检查企业 5407 家，淘汰稀土、水泥等落后产能企业 6 家（包括水泥 65 万吨、稀土分离及综合冶炼 5000 吨），淘汰燃煤锅炉 60 台，淘汰老旧机动车 2000 辆，实现综合节能约 84.5 万吨标煤，建立重点行业企业档案 143 家。

（三） 能源结构优化

编制了《赣州市新能源示范城市发展规划（2012—2015 年）》《赣州市天然气利用专项规划》等。加强电力运行管理和能源行业安全生产监管，积极做好煤炭、油、气等管理工作。加快推进电网和支撑性电源点建设，大力推进风电、太阳能、生物质能等新能源开发利用，推动油气管网建设进度，协调推进了本市 500 千伏及以上输变电工程、220 千伏电网工程、110 千伏电网项目、农村电网改造升级工程、华能瑞金电厂二期扩建工程、神华集团江西赣州电厂新建工程、赣县抽水蓄能电站项目、樟树—吉安—赣州成品油管道、中化泉州—赣州成品油管道、江西省天然气管网二期工程（赣州段）、赣州沙河垃圾填埋沼气发电项目、分布式光伏发电项目及于都屏山、安远九龙山、崇义龙归、安远狮头山风场等一批能源重点项目建设。据核算，本市非化石能源占一次能源消费比重较上年有所上升，2010 年比重为 7.9%，2015 年上升至 11.41%，上升了 3.51 个百分点。

（四） 节能和提高能效

严格落实国家发改委 6 号令，全面落实节能降耗措施，建立节能降耗预警机制，多次召开协调会、调度会，深入推进工业、建筑、交通、公共机构等重点领域节能。2015 年共对市本级 43 个项目进行了节能评估审查，并深入相关高能耗企业开展了专项核查。据初步统计，本市 2015 年度单位 GDP 能耗下降 2.8%，"十二五"累计下降 16.3%，超额完成目标进度要求。一是深入推进工业节能。加强重点用能工业企业监督管理，积极推进节能评审与资源综合利用和清洁生产认定工作。据统计，"十二五"前四年本市能耗累计下降 36.4%，工业节能提前一年完成省下达的"十二五"能耗下降 30% 工业节能目标。二是深入推进建筑节能。积极做好新建、改建、扩建工程建筑节能工作，2014 年组织完成了赣州圣尼特遮阳科技有限公司厂房等外遮阳改造项目，改造面积约 3 万平方米。2015 年，全部新建建筑工程严格执行 50% 节能标准，设计和施工阶段执行率达 100%。三是深入推进交通节能。组织开展车船路港千家企业低碳交通运输专项行动。本市赣州交通货运服务有限公司、赣州市江海航运有限公司 2 家企业入选交通部千家企业低碳交通运输专项行动，为全省入选数量最多的地市。四是深入推进公共机构领域节能。印发《关于进一步做好公共机构能源资源消费统计工作的通知》（赣市管字〔2014〕37 号）及《赣州市推进市直公共机构能源资源计量工作方案》，做好数据审核分析上报。大力推行无纸化办公，落实各年度高效照明产品推广工作。2014 年，全市公共机构总能耗 86754.1055 吨标煤，人均综合能耗 91.5 千克标煤/人、单位建筑面积能耗 3.83 千克标煤/平方米、人均水耗 24.36 吨/人，与 2010 年相比大幅度下降，实现了分别下降 12%、9.6% 和 12% 以上的目标，圆满完成了年度公共机构节能目标任务。

（五） 废弃物处置

本市工业固体废物主要产生源自于矿山行业。2014 年，江西大吉山钨业有限公司、江西铁山垄钨业有限公司及江西漂塘钨业有限公司等产生量前五位企业工业固体废物产生量为2792561吨，占全市总量的29.301%。工业固体废物的主要去向是综合利用，2014年，综合利用率为82.03%，处置率为6.01%，贮存率为11.94%，倾倒丢弃率为0.015%。工业固体废物综合利用主要用于建筑材料、填修道路、回收利用等。2014年，全市城镇垃圾收集清运总量170.45万吨，在全市固体废物（含工业、生活）中所占比率达15.12%，处置总量167.45万吨，全市生活垃圾无害化集中处理率达98.24%，其主要处置方式是卫生填埋。

（六）绿色生活方式和消费模式创建

一是开展节能宣传周活动。组织开展了国家节能宣传周、低碳日，废弃电子产品回收进机关、进校园，"低碳体验日"等一系列主题活动，悬挂横幅130条、张贴宣传标语1520条、张贴宣传画800张、发放宣传资料9800余份、宣传折页5800余册，不断引导全社会自觉树立节能低碳的消费模式与生活方式。二是全力做好节能能力建设。组织召开了全市重点用能企业能管员培训班、公共机构能源资源消费数据会审、公共机构能源资源统计分析系统操作、推进绿色建筑发展宣贯会、第十届国际绿色建筑与建筑节能大会、深圳国际低碳城考察等学习培训，有效提高了各类工作人员的节能工作能力，不断打牢全民节能基础。三是采取多种形式进行节能宣传。通过报刊媒体、宣传标语、宣传画、横幅、宣传专栏等形式大力开展节能宣传。2014年，在各类媒体等刊载了《开展"携手节能低碳，共护碧水蓝天"主题活动》等新闻报道，营造了低碳发展的良好社会氛围。四是实施绿色出行"135"工程。加强宣传引导，认真组织开展绿色文明出行倡导系列活动，仅"公交出行宣传周"期间就办理优惠公交IC卡1123张。截至目前，中心城区共有公交场站12处占地197亩，公交候车点901个，2015年新购100辆新能源和清洁能源公交车投入运营。同时，利用公交候车亭、首末站张贴"优选公交，绿色文明出行"活动宣传海报，在公交公司网站、微信平台开设活动专栏，及时报道活动开展情况，宣传绿色出行、文明出行理念。

（七）增加碳汇与措施落实

大力推进"森林城市"创建，开展了县、乡（镇）、村三级绿色家园建设。加强森林经营管理力度，提高森林单位面积蓄积量。强化土地管理，减少林地流失，严格执行征占用林地的审批制度。提高森林防火意识，做好森林病虫害防治工作。大力实施生态修复（长防林、珠防林、退耕还林、退果还林、血防林、天然阔叶林保护）和生态廊道绿化等林业重点工程，精心培育森林资源，2015年全市完成人工造林面积51.16万亩，占省计划48.41万亩的104.7%，其中完成长（珠）防林工程造林13.48万亩，血防林工程造林0.6万亩，其他国家投资工程造林0.9万亩；完成封山育林37.42万亩，占省计划33.2万亩的113%。

四、基础工作与能力建设

（一）制度体系建设情况

1. 做好温室气体清单编制工作。本市高度重视应对气候变化工作，将单位地区生产总值二氧化碳排放降低目标列入国民经济和社会发展年度计划，并将单位地区生产总值二氧化碳排放下降指标下达至各县（市、区）。2014 年，对各县（市、区）温室气体排放进行了初步考核。同时，做好目标分解落实与评价考核相关工作，配合江西省科学院能源研究所等项目编制单位，抓紧赣州市温室气体清单及建立指标分解和考核体系等中国清洁发展机制基金赠款项目编制，争取尽快明确本市温室气体清单，建立完善指标分解和考核体系。

2. 建立温室气体排放统计核算制度。加快温室气体排放核算制度和体系建设，及时转发省发改委、省统计局《转发国家发展改革委　国家统计局印发关于加强应对气候变化统计工作意见的通知》《关于建立应对气候变化基础统计与调查制度及职责分工的通知》等文件，建立健全实际基础统计与调查制度，并要求各县（市、区）及相关市直单位根据文件要求，强化责任落实，形成工作合力，做好温室气体排放相关统计核算工作。为加强温室气体清单编制、碳排放强度核算等工作，统计部门提供了强力支撑，并形成了常态工作机制。同时，转发省发改委《关于做好我省重点企（事）业单位温室气体排放报告报送工作的通知》等文件，组织各县（市、区）开展重点企（事）业单位温室气体排放报告网上填报工作，做好低碳发展的基础性工作。

3. 温室气体排放数据报告制度。按照国家、省发展改革委《关于请报送重点企（事）业单位碳排放相关数据的通知》要求，本市积极组织本地区主要排放行业重点企（事）业单位按时报送碳排放相关数据，做好国家和省碳排放配额总量测算、研究确定合理的配额分配方法的支撑工作。

（二）资金政策保障情况

市级财政大力支持应对低碳城市试点工作，金额逐年扩大。2013 年，市财政预算安排节能低碳发展专项资金 90 万元，2014 年安排 105 万元，2015 年安排 252 万元，专门用于本市节能与低碳建设工作。同时，转发了《江西省发展改革委办公室转发国家发展改革委办公厅关于 2015 年政府收支分类科目增设应对气候变化管理事务科目的通知》。

（三）试点示范建设情况

1. 体制机制进一步完善。2014 年，印发了《关于建设低碳城市的意见》《赣州市低碳城市试点工作重点及任务分工》，明确了低碳城市试点工作重点及任务分工，将任务分解落实到具体部门和单位，一级抓一级、层层抓落实。2015 年，开展了《赣州市"十三五"节能与低碳发展思路研究》等课题研究，为"十三五"低碳发展打下良好基础。

2. 低碳任务加快落实。目前，本市各责任单位围绕任务分工抓紧落实各项工作。市工信委积极推进主攻工业政策，赣州成功入选 2015 年度"宽带中国"示范城市，上犹县成为全国玻纤新型复合材料产业集群发展示范基地，章源钨业成为国家两化融合管理体系贯标试点企业，章贡经济开发区成为省级两化融合示范园区，耀升钨业等多家企业被评为省级两化融合示范企业。市林业局在全省率先启动乡村风景林建设，完成乡村风景林建设面积 8 万亩；2015 年本市被国家林业局确定为江西唯一，全国 22 个集体林业综合试验示范区之一；完成于都祁禄山、大余三江口、信丰金盆山、会昌湘江源 4 处县级自然保护区晋升省级自然保护区的申报及规划编制工作，完成崇义阳明湖、全南桃江、寻乌东江源、石城赣江源4处申报国家级湿地公园专家组现场考察评估。市农粮局大力发展生态农业，新增"三品一标"农产品53个，"三品一标"产品总数达195个，其中绿色有机农产品72个；信丰县被农业部认定为第三批国家现代农业示范区；寻乌、于都、全南、龙南4个县被认定为第三批省级现代农业示范区。全市已有国家级示范区2个、省级示范区11个，总数全省第一。市旅游局加快培育生态旅游，瑞金共和国摇篮旅游区成功创建为国家5A级旅游景区，成为本市首个国家5A级旅游景区；新增国家4A级旅游景区2处（兴国县苏区好干部作风纪念园、于都县屏山牧场旅游景区），全市国家4A级旅游景区达到16处；新增大余县黄龙花木产业旅游示范园等5个国家3A级旅游景区，全市国家3A级旅游景区达到8处。

3. 低碳氛围得到增强。在省、市各级媒体进行了低碳宣传，特别是2014年5月26日，争取在国家发改委主办的《中国改革报》头版刊登了《赣南虔城 低碳发展换新颜》，对赣州市低碳城市试点工作进行了专题宣传报道，在全社会营造了低碳发展的浓厚氛围。

4. 低碳课题抓紧编制。2014年12月，对《赣州市温室气体清单及建立碳指标分解和考核体系》《赣州市低碳示范区建设实施方案》《赣州市林业管理体系和增加森林碳汇建设实施方案》和《赣州市低碳发展路线图》等国家清洁机制发展基金赠款项目，按照相关要求，召开项目中期评估会，于2015年5月上报国家、省试点项目《启动报告》《中期进展报告》等资料，并于6月通过国家发改委审核。

5. 省级低碳试点稳步推进。大余县作为省级低碳试点县，加快落实低碳工业发展、新能源开发利用、低碳农业、林业生态体系、生态旅游、低碳城市基础设施和温室气体排放数据统计、核算和管理体系建立等一系列措施，工作进展良好。

6. 低碳试点加快建设。及时转发《国家低碳工业园区试点工作方案》《关于开展创建低碳示范社区活动的通知》等文件，指导各县（市、区）积极开展试点创建活动，并组织赣州经济技术开发区编制了申报材料，争取申报列为国家级低碳工业园区试点。

五、 体制机制创新

1. 实行严格总量控制。本市已将控制温室气体排放纳入市"十二五"和"十三五"规划，提出了《赣州市低碳发展行动计划》，明确了温室气体减排目标。同时，本市对《赣州市低碳试点工作实施方案》涉及的重大任务分解到各县（区）、开发区（新区）和市直有关部门。将万元GDP能耗降幅、万元GDP二氧化碳排放量降幅等年度降低目标指标纳入本市2014—2016年国民经济和社会发展计划，并分解落实到各县（市、区）。

2. 积极探索碳排放交易。本市坚持探索做好碳排放权交易的探索工作，在2013年1月22日，赣州环交所正式运营并完成我省首笔自愿碳排放权交易的基础上，赣州环交所通过了国家清理整顿交易所工作，并积极开展了重组相关工作。目前，已拟订《赣州环交所重组方案》，并积极开展节能量、排污权等交易的探索研究工作。

六、 工作建议

（一） 面临的挑战

重视程度不够。由于国家低碳城市试点建设尚属新生事物，本市低碳发展经验欠缺，部分县（市、区）及单位（部门）对低碳城市建设还不是很了解，还未引起足够的重视。

低碳建设资金缺口较大。低碳城市试点建设涉及工业、农业、交通、建设、机关事务等各个领域及重点项目，协调调度难，基础性工作量较大，资金缺口大。

赣州环交所建设滞后。赣州环交所虽然起步早，但建设较慢，赣州环交所存在注册资本不足 1 亿元、交易规则和制度未正式出台等问题。

专职机构未成立。低碳城市建设是一项复杂和系统的工作，涉及面广，专业性强，需要一定的专业人员从事具体工作，本市目前仍未成立专职机构，工作缺乏有力抓手。

（二） 下一步工作打算

进一步加强领导，强化工作责任。继续完善政府主要领导负总责、分管领导具体抓、多个部门协同推进的低碳城市试点组织领导机制。按照《赣州市低碳城市试点工作重点及任务分工》分工要求，牵头工信、林业、财政、旅游、农粮、商务、环保、统计等相关责任部门，形成部门合力，建立完善工作责任监督考核机制，形成一级抓一级、层层抓落实，各司其职、相互配合的良好工作局面，确保低碳城市试点各项工作顺利有序开展。

进一步统筹谋划，落实重点工作。严格按照国家和省有关要求，切实落实《实施方案》中的有关重点行动和任务，加快编制赣州市温室气体清单及建立指标分解和考核体系，制定低碳示范区建设实施方案和低碳发展路线图，研究赣州市林业管理体系和增加森林碳汇建设方案，推动低碳产业示范企业培育，进一步优化能源结构，全面落实节能降耗，增加森林碳汇，加快低碳示范园区、社区、县（市、区）创建，在本市建立起完备的低碳发展产业体系，在全社会形成节能低碳的生活方式和理念。

进一步推进创新，凸显赣州特色。结合赣州实际，加快创新，积极推进赣州环交所建设，加快建立完善碳排放权、排污权交易规则和管理办法等制度，走出一条符合赣州实际的低碳城市发展之路，争取早出经验、早出成果。

（三） 意见建议

目前，虽然本市低碳城市试点建设进展良好，但还存在推进抓手不足、资金缺乏等问题急需解决。

建议加大政策支持。低碳城市试点建设虽然有一些先进经验可以借鉴学习，但我们在工作中仍然存在一些疑惑和问题，建议从国家层面出台更多、更具体的政策，将先进的低碳城市建设理念和经验及时推广，为低碳城市试点建设提供更多的政策支持。

建议加大资金扶持。本市是一个经济欠发达的地区，财政比较困难，经济发展的压力较大，但同时也深知低碳发展的重要性和紧迫性，建议在国家层面建立中央预算内投资扶持低碳城市试点和低碳发展项目的长效机制，在低碳城市试点和低碳项目建设方面给予一定的资金支持。

建议加强交流培训。建议多举办学习交流和业务培训活动，组织各试点城市相互学习国内乃至国外先进的低碳发展经验和低碳城市建设理念，让低碳城市试点建设少走弯路。

青岛市低碳试点进展总结

2012 年，国家发展改革委批复青岛市为第二批低碳城市试点。青岛市以科学发展观为指导，紧密围绕温室气体排放峰值及总量控制目标，积极推进各项试点任务，加快产业结构和能源结构优化调整，深入开展工业、建筑、交通等重点领域节能减排和能效提升工作，加强基础能力建设，普及绿色低碳发展理念，拓展国际合作空间，推进碳排放权交易市场建设，在多个领域取得了具有推广和示范作用的典型成果，跻身全国低碳城市前列。具体情况总结评估如下：

一、 基本情况

（一） 经济社会发展总体情况

"十二五"以来，青岛市经济总量快速增长，从 2010 年的 5666 亿元增加到 2015 年的 9300 亿元，年均增长 9.7%，人均生产总值超过 1.6 万美元，生产总值健康度位居副省级城市第一位，综合竞争力全面提升。深入实施全域统筹、三城联动、轴带展开、生态间隔、组团发展的城市空间发展战略，组团式、生态化的海湾型大都市建设格局全面展开，常住人口城镇化率达到 70%，常住人口规模达到 907 万人。

（二） 产业结构调整情况

"十二五"以来，青岛坚持转型升级、提质增效，产业结构调整迈出新步伐。蓝高新产业加快发展，转调创取得明显成效，老城区企业"腾笼换鸟"转型升级，服务业比重达到 52.8%，提高 6.4 个百分点。实施蓝色跨越三年行动计划，海洋生产总值达到 2093.4 亿元，占生产总值的 22.5%。十条工业千亿级产业链产值占规模以上工业总产值的 75%。战略性新兴产业占规模以上工业总产值的 20%。全社会研发经费投入占生产总值比重从 2.2% 上升到 2.81%。

（三） 能源结构与效率情况

青岛市是能源输入型城市，大部分能源需要从外地调入。全市能源消费仍将保持较快发展态势，能源消费结构有待优化。2014 年青岛市能源消费总量比上年增长 0.4%，单位 GDP 能耗下降 7.04%，超额完成全年下降 3.3% 的任务，降幅比全省水平高 2.04 个百分点，比全国水平高 2.24 个百分点，实现了"十二五"以来最大降幅。"十二五"前四年已经累计下降 17.7%，提前一年完成 2015 年单位 GDP 能耗较 2010 年下降 17% 的目标任务。2015 年前三季度，青岛市单位 GDP 能耗下降 6.9%，预计"十二五"期间单位 GDP 能耗降幅将超过 20%。在能源结构上，2014 年青岛市一次能源消费总量为

3101.57 万吨标煤，其中煤炭 1606.08 万吨，石油 845.02 万吨，天然气 10.65 万吨。

（四） 二氧化碳排放情况

根据原统计口径测算，2015 年青岛市能源相关二氧化碳排放量（不含外调电）为 9388.4 万吨，人均碳排放量为 10.32 吨二氧化碳/人，单位 GDP 碳排放量为 1.04 吨二氧化碳/万元，较之同口径 2010 年排放情况，人均碳排放量增加 1.54 吨二氧化碳/人，累计上升 18%，但年均增幅在逐步下降；单位 GDP 碳排放量降低 0.31 吨二氧化碳/万元，累计下降 23%，顺利完成青岛市低碳城市试点实施方案提出的"十二五"期间单位国内生产总值二氧化碳排放累计降低 20% 的目标。

二、 低碳发展理念

（一） 建立完善低碳发展组织机制

自申报成功国家低碳城市试点以来，为全面统筹全市节能低碳工作，青岛市不断完善低碳发展相关的政府决策机制、跨部门协调机制、资金流转机制、信息共享机制、着力强化低碳城市建设的组织领导，成立青岛市开展国家低碳城市试点工作领导小组，领导小组由市长亲任组长，副市长任副组长，各市直部门和各区、县级市政府主要领导作为成员，办公室设在市发展改革委，市节约能源办公室加挂市应对气候变化办公室，共同推进全市低碳发展工作。同时不断加强与国家和省发改委的汇报衔接工作，并多次邀请国家、省有关专家来青开展各类培训、指导，及时交流对接低碳工作，确保上情下达，任务有效落实。结合低碳城市试点工作进展成果，定期形成《青岛低碳城市试点工作简报》，做好宣传推广。

（二） 加强低碳发展规划引导支撑

青岛市高度重视应对气候变化和低碳发展的规划编制工作，已先后制定发布了《青岛市低碳发展规划（2014—2020 年）》《青岛市低碳城市试点工作实施方案》等规划和文件，制定和组织实施《青岛市低碳城市试点工作目标责任分解》方案，将低碳城市建设工作分解到市级各个部门，明确各部门工作目标、主要任务和保障措施，落实工作职责，推进低碳城市试点各项工作。同时，青岛市十分重视将低碳发展战略纳入社会经济发展总体战略框架，在"十三五"规划编制中将低碳发展思路与城市功能定、空间形态和产业布局的优化调整有机结合，并与蓝色经济、循环经济、环境保护等相关领域专项规划统一协调。

（三） 探索低碳发展科学模式

根据青岛发展定位、产业结构、优势产业、技术水平、能源资源禀赋等现状，科学确定低碳发展目标和重点领域，发挥比较优势，突出蓝色经济特色，探索具有鲜明城市特色的低碳发展模式，包括在短、中、长期时间尺度内建立经济发展进程与节能减碳目标的密切关联，合理选择战略路径，分阶段设定社会经济发展和节能减碳目标，为同类城市低碳发展探索经验发挥了良好的示范作用。

（四） 明确碳排放峰值目标要求

为率先在"十三五"期间实现碳排放峰值，青岛市根据经济社会发展形势、能源消耗和结构变化趋势、温室气体排放变化趋势和碳减排举措实施情况等，深入开展碳排放达峰总量、时间等多方案分析。总体预期，本市有望在 2020 年达到碳排放峰值，总量约 1.26 亿吨。在实现排放总量峰值目标的前提下，随着人口总量逐渐增加，本市人均二氧化碳排放量将在 2020 年达到 12.66 吨/人，随后以较快的速度下降，2030 年将下降为 9.97 吨/人。面对总量和人均排放双重峰值约束，考虑到本市能源技术短期内不发生大的变革，能源基础设施也很难发生大的改变，实现 2020 年以后碳排放量下降，要求本市"十三五"期间的能源强度下降目标需要超过 20%，这也对本市提出了更高的发展转型要求，必须合理选择战略路径，分阶段设定社会经济发展和节能减碳目标。2020 年之前以提高能源和工业领域能源效率及产业结构合理化作为碳排放控制重点，加大能源结构清洁化和低碳化的力度，同时在"十三五"规划中要按照低碳标准完善交通和建筑规划，避免高碳锁定效应；2020 年之后随着基本实现城镇化和工业化，交通和建筑将成为碳排放控制重点。

三、 低碳发展任务落实与成效

（一） 低碳产业体系初步建立

"十二五"期间，青岛市加快产业转型升级步伐，突出"蓝色、高端、新兴"发展方向，以制造业十条千亿级产业链、高端服务业十个千万平米工程和七大战略性新兴产业为重点，坚持集约布局、链式发展，促进三次产业协调发展，初步形成资源消耗少、污染排放低、经济效益高的低碳产业体系。

1. 推动第三产业加快发展。"十二五"期间，服务业增加值年均增长 10.1%，高于同期生产总值平均增速 0.4 个百分点。2015 年，全市实现服务业增加值 4909.63 亿元，占生产总值比重达到 52.8%，对全市经济增长的贡献率超过 70%，成为拉动全市经济持续增长的第一引擎，以服务经济为主的低碳型产业结构正加快形成。

2. 加快制造业升级改造。深入开展"三个一千"活动，立足存量改造升级，滚动推进 475 个工业转型升级重点项目，其中技改投资总量占全市工业投资比重达到 54%，工业投资结构正不断向内涵效益型迈进。贯彻实施"腾笼换鸟、凤凰涅槃"行动方案，加快整合工业产业集聚区，截至 2015 年底，全市工业产业集聚区完成工业产值 10118 亿元，占全市规模以上工业总产值的比重达到 58.3%，集聚度提高 4 个百分点。创新采取政府购买企业环境减排贡献量的方式，支持指导 100 家企业实施清洁生产改造并通过评估验收，累计达到 1265 家。

3. 培育壮大战略性新兴产业。以海洋经济为特色，推进"一谷两区"快速崛起，成为战略性新兴产业发展的主阵地。截至 2015 年底，全市战略性新兴产业完成产值 3490.2 亿元，占全市规模以上工业总产值比重达到 20.1%，同比增长 15.2%，高于规模以上工业产值增速 7.4 个百分点。2015 年全市海洋生产总值达到 2093.4 亿元，占 GDP 比重达到 22.51%，与"十一五"相比实现翻番。高端装备制造、新一代信息技术、新材料等优势产业主体地位日益稳固，三大产业产值占战略性新兴产业总产值比重达 86.5%。印发并贯彻落实《青岛市节能环保产业发展规划（2014—2020 年）》，重点培育一批节能环保产业龙头和骨干企业，2015 年节能环保产业营业收入约为 1143 亿元。

4. 推动农业可持续发展。加快推进现代农业十大重点工程，粮食连年丰收，现代畜牧养殖业健康发展，远洋渔业产量从 3000 吨增加到 14 万吨，增幅居全国第一。成为国家现代农业示范区、全国农业农村信息化示范基地。

（二） 低碳能源供应体系逐步完善

1. 大幅提高天然气供气能力和使用范围，2015 年全市消费天然气 9.36 亿立方米，全市管道燃气用户总户数达到 189.3 万户，城区管网进一步完善，并逐步向乡镇延伸发展。

2. 因地制宜发展海洋能、风能、太阳能、生物质能等可再生能源，2015 年，全市可再生能源发电并网装机容量达到 76.33 万千瓦，其中风电装机容量约 47.93 万千瓦，生物质装机容量 3.6 万千瓦，太阳能发电装机容量约 11.40 万千瓦，污泥、垃圾发电装机容量为 13.4 万千瓦。2015 年，可再生能源年发电量约 12.73 亿千瓦时，占全社会用电量的 3.72%。

3. 在全国范围内首次系统全面发布《青岛市加快清洁能源供热发展的若干政策》，明确了清洁能源供热发展方向，鼓励多种清洁能源供热方式联合使用和能源梯级利用，加大了新能源和清洁能源的补贴力度，对新建海水源、污水源、土壤源、空气源、生物质等集中供热项目以及新建天然气分布式能源供热项目进行投资补贴和运行补贴，发挥了良好的示范带动作用。

（三） 重点领域节能减排成效显著

1. 深入开展全市重点用能单位节能低碳行动，促进节能工作提质增效。印发《青岛市节能减排低碳发展行动方案》，对全市节能减排低碳发展工作进行年度责任分工与部署。大力支持重点节能技改项目，推进企业利用合同能源管理方式开展节能技改，组织国家认可的第三方机构对 20 个合同能源管理项目进行节能量核查，核定节能量 39074 吨标煤，拨付节能和循环经济专项资金对企业予以补助奖励，企业节能管理效能和积极性明显提升。推进重点用能企业能源管理体系建设，下发《关于进一步加强企业能源管理体系建设工作的通知》，目前全市 102 家重点用能单位除 20 家企业关停外，其余 82 家企业已全面完成能源管理体系建设工作。

2. 扎实推进国家循环经济试点建设，拓展循环经济服务渠道。加强国家循环经济试点监督管理，组织编制《青岛董家口区域循环经济发展总体规划实施方案》，制定高标准循环经济指标，实施最严格的项目准入制度，保障国家循环经济示范区建设。推进青岛经济技术开发区和原胶南经济技术开发区两个国家级园区循环化改造试点建设，实现园区内企业间废物交换利用、废水循环利用和能量梯级利用，有效提高资源产出率，循环化改造成效显著，共实现节能量 2.2 万吨标煤，资源再生利用量 50 万吨，新增产值 18.1 亿元。指导、督促青啤二厂和青岛新天地集团开展国家循环经济教育示范基地建设，顺利通过国家考核验收，获得国家循环经济教育示范基地挂牌资格，目前两个基地组织接待社会公众和中小学生参观学习总人数超过 7000 人次，逐渐形成青岛市循环经济理念和理论的重要宣传展示平台。强化信息服务手段和资金支持力度，研究开发建设青岛市循环经济信息交流平台，不断完善应用模块功能，集中发布全市循环经济相关政策信息，为试点企业提供专家咨询服务和发布废弃物供求信息平台，指导企业及时规范申报重点项目。

3. 积极推进资源综合利用工作，加快推动重点示范项目建设。2012年本市被国家发展改革委确定为国家建筑废弃物综合利用"双百工程"示范基地，近年来本市着力抓好建筑废弃物资源化利用重点项目建设，培育扶持重点骨干企业15家，对企业生产技改以及再生产品推广等方面给予资金支持，极大地促进了企业开展建筑废物综合利用的积极性。自2012年以来，全市已累计实现资源化利用建筑废弃物近4000万吨，建筑废物资源化利用率由2012年的35.85%增加到2015年的86.18%，节约土地3972亩，减少对周边土地和水源的污染11916亩，减少二氧化碳排放量60.74万吨，建筑废弃物完成产值44.39亿元，吸纳就业近2000人，实现了经济效益、社会效益和环境效益的全面共赢。2015年，青岛市获批成为国家餐厨废弃物资源化利用和无害化处理试点城市，目前餐厨垃圾处理厂项目已正式投产运行。

4. 完成化解过剩产能任务，持续扩大淘汰落后产能成果。研究细化山东省政府对青岛市过剩产能化解率考核目标，落实省发改委产能过剩行业建成违规项目清理意见，将责任目标分解到各区市，积极稳妥化解过剩产能，严控增量、优化存量，促使产能过剩行业在产能利用、市场开拓、质量效益、能效水平上得到进一步提升，有效促进了本市产业结构调整和经济转型升级。2015年青岛市产能过剩行业产能综合利用率为76%，超额完成71.2%的年度目标，圆满完成2015年度省委、省政府下达的过剩产能化解率考核任务。

5. 组织节能宣传周活动，顺利承办国家循环经济博览会。在"全国节能宣传周"和"全国低碳日"期间，通过宣传展示、技术交流、提供咨询服务、在青岛主流媒体刊发低碳日宣传专版等方式，大力弘扬生态文明理念，普及节能低碳知识，宣传节能减碳先进典型，推广高效节能低碳技术和产品，提高公众的节能减排低碳科技意识和能力等，取得良好效果。顺利组织第三届循环经济博览会，共吸引境内外展商600余家，接待来自全国30多个省市超过90个团组，总参观人数超过3.5万人，参展企业实现总交易额约48.6亿元，循博会在促进循环经济领域技术成果交易、推动招商引资、提升本市影响力、促进全国各省市在绿色发展循环发展和低碳发展领域的经验交流等方面都起到了积极作用。成功举办2013年国际青少年气候变化夏令营活动，活动以学生互动、实地考察为主，室内授课为辅，重点了解海洋生态保护、深海能源开发、蓝色经济概念，学习碳排放及其测算相关知识，并参观了相关重点项目，有力促进了各国青年在应对气候变化领域的交流与合作，向国际社会宣传了中国政府应对气候变化的政策与行动。

（四） 建筑节能减排全面推进

积极探索建筑节能减排的新领域、新方法，出台系列法规政策文件，建立完善的监督服务体系，推出若干激励政策，在新建节能建筑、可再生能源建筑应用、绿色建筑、既有居住建筑节能改造等领域取得了较好的发展，"十二五"期间累计完成既有居住建筑节能改造785.31万平方米、既有公共建筑节能改造155.17万平方米，完成的建筑节能项目每年可节约建筑能耗237.7万吨标煤，减排二氧化碳603万吨。在绿色建筑方面，青岛市从2011年开始设立绿色建筑奖励资金，"十二五"期间，共拨付绿色建筑奖励资金2581.7万元，支持625万平方米新建项目按照绿色建筑标准进行了设计建设，其中 2015 年新增 262 万平方米。出台了《青岛市绿色建筑三年（2013—2015）行动计划》（青政办发〔2013〕42 号）、《关于部分民用建筑项目全面执行绿色标准的通知》（青建发〔2014〕81 号）等文件，要求在"一谷两区"内新建建筑、政府机关办公新建建筑、由政府投资或以政府投资为主的公益性建筑等四类建筑中，全面执行绿色建筑标准。

（五） 低碳交通运输体系逐步建立

1. 以城市公交、港口装备、路网优化、智能交通等为重点，扎实推进交通领域碳减排工作。"十二五"末，实现了与 2005 年比，营运车辆单位运输周转量能耗下降 13.4%，比 12% 的既定目标超额完成 11.7%；海运船舶单位运输周转量能耗下降 28.5%，比 17% 的既定目标超额完成 67.6%；港口生产单位吞吐量综合能耗下降 28.4%，比 9% 的既定目标超额完成 215.6%，均超额 10% 以上完成"十二五"节能减排规划目标。

2. 积极推广低碳交通运输装备，不断扩大低碳交通技术应用范围。"十二五"期间，全市通过政府公开招标总投资约 15 亿元，采购公交车 2822 辆，其中纯电动公交车 872 辆（现共有 1000 辆），占 31%，居全国同类城市前列。交运集团天然气客货运车辆、城市出租车 91% 已完成双燃料改造，并在班线、公交和校车上安装了车载智能监控管理终端，建设完成国内最大车辆智能调度管理中心，在营运车辆上逐步推广应用北斗卫星定位系统。

3. 完善低碳交通基础设施，坚持路权、信号、枢纽场站"三个优先"，创建"公交都市"。加强枢纽场站建设，遴选浮山新区等 6 个城市综合客运枢纽建设项目，改造建设 50 余处公交驿站；开展收费站 ETC 车道改造工程建设，目前本市建成的 ETC 车道总计 46 条，ETC 车道覆盖率为 88%；加快推进流清河、白沙湾、沈海高速服务区充换电站及公交场站内充电桩建设；推动轨道交通发展，完成地铁 3 号线北段试运营基本条件评审，实现全省第一条地铁线路开通试运营。

（六） 绿色生活和消费模式更加普及

持续引导社会、企业开展绿色低碳生产、绿色低碳采购、绿色低碳营销，倡导绿色低碳消费，营造良好社会氛围。建立健全绿色低碳采购供应、绿色低碳市场建设、绿色低碳消费宣传、绿色低碳公共服务四个体系，充分发挥试点项目技术引领和效益带动作用，青岛市商贸流通业绿色环保、低碳节能发展进一步加快。利用"世界环境日"、"全国节能宣传周"、"全国低碳日"、国家循环经济博览会等重要活动，加大低碳宣传力度，倡导大众低碳生活和消费方式。

（七） 森林碳汇得到积极发展

深入实施生态市创建行动计划，大力开展植树造林，加强森林资源培育与林业管理，建立健全生态补偿机制，增加森林碳汇。加强湿地保护与建设，增强湿地的碳汇功能。加强城市园林绿化建设，加快城市绿道建设，增加城市碳汇。"十二五"期间，全市每年新增造林面积 13 万亩以上，累计建成万亩林场 30 处，新增造林 73.2 万亩，2015 年全市森林覆盖率达到 40%，成为国家森林城市和国家级海洋生态文明建设示范区。成功举办世界园艺博览会，并获得鲁班奖和詹天佑奖，成为园林艺术和城市生态建设的优秀范例。

（八） 生态环境展现新面貌

坚持生态环保、绿色发展，市区蓝天白云天数稳居全省前列，连续三年获得省污染减排考核一等奖。严格生态保护红线制度，建立完善生态补偿和保护长效机制。加强胶州湾海洋生态综合整治，胶州湾水域面积实现历史性扩大，岸线和整体水质明显改善，优良水域面积比例达到65%，提高7.8个百分点。全面实施河流污染整治，省控重点河流水质达到改善标准。新建改建污水处理厂18处，市区污水集中处理率达到98%，提高了11个百分点。

四、 基础工作与能力建设

（一） 完成温室气体清单编制

委托中国人民大学课题组，完成青岛市温室气体清单编制，对青岛市2010—2014年青岛城市温室气体排放进行核算，形成《青岛市二氧化碳排放核算报告》，并为青岛市政府提供核算快报。报告的核算结果主要从碳排放总量、人均排放、碳排放强度、排放结构等方面展开，为研究制定青岛市碳排放控制目标分解提供了依据。

（二） 研究制定碳排放指标分解方法

编制完成《青岛市低碳城市指标体系研究报告》和《青岛市"十二五"碳排放强度目标分解研究报告》，研究制定了青岛市低碳发展指标体系，通过模型计算，明确了2015年青岛各区市应承担的减排份额和减排量，以及各区市承担减排绝对量目标并转化为强度下降目标，为落实全市碳排放控制目标提供了有力支撑。

（三） 明确二氧化碳排放峰值实现路径

编制完成《青岛市2020年实现二氧化碳排放峰值研究终期报告》《青岛市碳排放总量控制及峰值倒逼目标研究报告》，基于LEAP模型框架，结合青岛市情，构建青岛市低碳城市模拟模型，通过自下向上的"能源—经济—环境"系统，详细分析了碳排放总量、人均排放量和碳排放强度的现状与发展趋势，同时结合不同情境，模拟城市能源系统，将电力、工业、交通、建筑等重点部门细化研究，从技术、经济、政策等方面综合全面的评估青岛市达到碳排放峰值的可行性，计算了不同假设条件下的能源需求和二氧化碳排放量，核算了不同技术和政策措施下的减排潜力，提出支撑碳排放峰值目标实现的经济结构调整、能源结构优化以及能源效率提高等支撑技术和措施，并对碳排放总量控制的政策框架进行初步设计。加入国家达峰城市联盟，积极开展达峰路径研究和组织实施。

（四） 建设温室气体排放统计核算系统

建成青岛市重点用能企事业单位温室气体排放统计核算系统，该系统是结合青岛市各行业能源消耗和温室气体排放特点，开发建立的综合性统计核算分析系统。其中一期项目基于全市117家重点工业企业上报的能耗数据，采用国内主流的温室气体核算方法核算温室排放量，并可按行业、区域、企业规模、时间序列等类别对温室气体排放情况进行分析。二期项目在一期的基础上增加了建筑和交通部门的排放信息，包括市内各国家机关、事业单位和社会团体共2117家单位办公建筑，以及公交集团、道路运输管理局等主要客货运车辆的排放信息。

系统基于MatLab的多种数学建模支持本系统所有的复杂计算、分析，并建立了优化模型，是深层次管理决策的强力支持和辅助。系统主要包括数据采集、算法设计、计算引擎、统计分析等功能，在模块设计上主要包括基础设置、公式配置、排放量配置、数据维护、统计图表、系统设置等。

（五） 开展低碳城市试点目标责任分解

要求各区、市人民政府明确工作责任及目标，编制《低碳试点实施方案》，保障落实区市单位生产总值二氧化碳排放目标不低于全市平均水平；对全市各主要部门实施工作责任目标分解，要求各部门从推动产业低碳化发展、优化能源结构、推进低碳型城市建设、加强能力建设和控制温室气体排放体制机制建设、完善政策、金融、技术保障等领域出发，加快落实低碳发展目标和任务；对重点企业落实和推进低碳发展措施提出明确要求，并提供指导和帮助。将碳排放强度指标作为约束性指标纳入"十三五"国民经济和社会发展规划，把控制温室气体排放作为各级政府制定中长期发展战略和规划的重要依据，落实到区市和行业发展规划中。

（六） 落实低碳发展资金

在市政府87次常务会议明确在市财政的节能专项资金中安排一定比例资金支持青岛市开展全国碳市场先行先试和低碳及应对气候变化工作。

（七） 推进低碳企业、 园区和小城镇建设

创新开展了市级低碳试点示范园区和低碳试点示范企业建设工作。在全市范围确定海信（山东）家电产业园、海信信息技术产业园、橡胶谷和纺织谷4家园区，青岛港集团、青岛能源热电有限公司、青岛啤酒股份有限公司和青岛森麒麟轮胎有限公司4家企业为第一批市级低碳试点示范创建单位。中德生态园成为国家低碳城镇试点，青岛高新区、青岛港成为国家低碳工业园区和低碳港口试点，董家口循环经济发展规划获得国家批复。依托即墨普东镇太阳能综合产业园区项目建设太阳能小镇，项目立足企业视角，探究光伏农业大棚的创新商业模式，通过社区及配套设施建设，实现三产联动发展，成为青岛低碳可持续城镇化的典型案例。

五、 体制机制创新

（一） 开展低碳认证和低碳标识

按照国家发展改革委《单位生产总值二氧化碳排放降低目标责任考核评估办法》要求，结合辖区重点排放企业状况，向各区市下发低碳产品认证调查函，征求第一批目录内的四类产品企业意见，宣贯低碳产品认证实施作用和意义。委托中国质量认证中心青岛分中心启动青岛市低碳产品认证工作，

辖区内部分企业积极响应落实开展，目前，青岛市部分平板玻璃、水泥和电机企业已经通过低碳产品认证并颁发了认证证书。

（二） 开展碳排放权交易市场建设

积极加强青岛碳市场与全国碳市场建设对接，发布《青岛低碳城市试点碳排放权交易市场实施方案》，初步落实碳市场专项资金、地方立法、监管机构设置等重点任务。按照国家要求，组织各区市和重点企事业单位对其温室气体排放情况进行了摸底，按时提报了青岛市排放标准以上重点企事业单位名单。由市政府分管领导召集各部门、各区市和控制排放企事业单位召开碳排放交易市场启动动员大会，统一部署分头落实各自责任。积极开展重点企业温室气体排放核算培训及市场交易相关能力建设活动，促进企业形成独立的温室气体核算能力，明确市场交易主要责任与任务，为顺利纳入碳市场交易奠定坚实基础。

六、 重要经验

（一） 重视低碳发展制度和能力建设

建立青岛市低碳城市试点联席工作会议制度，统筹协调试点工作实施过程中遇到的重大问题。成立了应对气候变化专职机构和技术团队，与国内外低碳发展领域知名研究机构建立了良好的合作关系，形成了完善的工作网络。建立青岛低碳发展宣传推广工作平台和网站，青岛低碳宜居网站正式上线。邀请国内外低碳发展领域专业机构及专家学者在低碳发展政策动态、企业温室气体核算方法、低碳技术应用、CCER 项目组织及申报方法、碳金融实务等方面组织相关政府部门、企业、机构开展培训。

（二） 强化支撑低碳发展的重大课题和政策研究

与中国人民大学密切联合，深入开展低碳城市试点发展路径和模式研究，完成《青岛市低碳城市指标体系研究报告》《青岛市二氧化碳排放核算报告》《青岛市"十二五"碳排放强度目标分解研究报告》《青岛市 2020 年实现二氧化碳排放峰值研究报告》《青岛市碳排放总量控制及峰值倒逼目标研究》等系列成果。

（三） 利用国际低碳交流平台提升城市影响力

与一批著名跨国公司、国际智库和国际组织开展低碳技术交流与合作。与亚洲开发银行和世界资源研究所合作，开展低碳城市规划研究；与世界资源研究所开展中国可持续宜居城市青岛示范项目的合作；积极参与世界银行中国"市场伙伴准备基金"项目活动，建立良好的合作联系。自 2011 年以来，青岛市连续五年作为中国城市代表，参加联合国气候变化框架公约缔约方大会，宣传本市主动承担国家减排责任，开展低碳发展系列工作，积极推动本市企业和研究机构参与我国政府应对气候变化南南合作。

七、 工作建议

1. 加快国家应对气候变化法的立法进程，利于地方在国家法制框架下，开展应对气候变化相关的淘汰落后产能、优化升级产业结构、优化能源结构等工作。

2. 加强对地方温室气体统计、监测与核查制度能力建设支持。一是青岛市对区市一级气候变化管理部门和统计部门的能力建设工作。二是抓紧推进在现有统计制度基础上，将温室气体排放基础统计指标纳入政府统计指标体系，并逐步建立和完善与温室气体清单编制相匹配的基础统计体系，从而及时跟踪监测二氧化碳排放进展，评估峰值目标的完成进度。三是对重点企事业单位的温室气体清单、碳资产管理等方面内容的建设。

3. 为青岛市落实温室气体目标责任评价考核制度及效果评价提供技术支持。开发相应工具和建立相关细则，掌握考核对象的低碳指标动态完成情况，以利于及时调度和调整相关政策。

4. 可通过中央财政、国际金融组织贷款或赠款等方式，支持地方低碳发展的关键项目。

济源市低碳试点进展总结

2012 年，济源市被确定为国家第二批低碳试点城市后，市委、市政府高度重视，开展了形式多样的宣传动员活动，着力提高各部门和全市人民的资源意识、能源意识和环境意识，加快推进低碳发展的体制机制和支撑能力建设，形成低碳城市建设的合力，重点从能力建设、产业结构调整、低碳交通、绿色建筑、碳汇林建设、低碳宣传六个方面，全面推进低碳城市试点工作，取得了明显成效。按照国家发改委《关于组织总结评估低碳省区和城市试点经验的通知》（发改办气候〔2016〕440 号）要求，现就本市低碳试点工作进展进行自评估。

一、基本情况

（一）城市概况

济源市位于河南省西北部，北依太行、西踞王屋、南临黄河，因济水发源地而得名，是愚公移山故事的发祥地，市域面积 1931 平方公里，总人口 70 万，是河南省城乡一体化试点城市。济源交通区位优势明显，素有"豫西北门户"之称，位居河南洛阳、焦作及山西晋城、运城四市的中间地带，是沟通晋豫两省的重要交通枢纽和物流集散地。济源工业发达，是全国最大的铅锌基地和河南省重要的钢铁、能源、化工、机械制造基地，工业化水平达到 81.4%。济源环境优美，地处太行山南端、黄河北岸，全市森林覆盖率达 44.39%，山水风光秀美，旅游资源丰富。济源经济社会快速发展，城乡一体化快速推进，城镇化率达 55%。济源市先后荣获"国家卫生城市"、"国家园林城市"、"中国优秀旅游城市"、"全国节水型社会建设示范市"、"国家可持续发展实验区"，"河南省循环经济示范市"、"全国低碳交通运输体系建设试点市"、"国家智慧城市试点示范"、"信息惠民国家试点城市"等荣誉称号。

（二）经济社会发展状况

2015 年，全市生产总值达到 495 亿元，人均生产总值达到 68056 元，均为"十一五"末的 1.4 倍。一般公共预算收入 38.6 亿元，是"十一五"末的 1.7 倍，年均增长 11.7%。城乡居民收入达到 27287元和 14417 元，分别是"十一五"末的 1.7 倍和 1.9 倍。社会消费品零售总额 136 亿元，是"十一五"末的 1.9 倍，年均增长 13.4%。全社会固定资产投资五年累计 1760 亿元，是"十一五"时期的 2.4倍，年均增长 16%。高成长性产业增加值占比达到 30% 左右，较"十一五"末提高约 13 个百分点。高新技术产业增加值占比达到 30% 左右，较"十一五"末提高约 3 个百分点。服务业稳步提升，增加值占比达到 29% 左右，较"十一五"末提高约 10 个百分点。三次产业结构由"十一五"末的

4.6∶75.7∶19.7 调整为 4.9∶66.9∶28.2。

（三） 二氧化碳排放和能源消费情况

按照《济源市低碳试点城市实施方案》的既定目标，即到 2015 年单位生产总值二氧化碳排放比 2010 年降低 19%，高耗能行业二氧化碳排放总量基本稳定。据初步估算，本市顺利完成目标任务，其中，2015 年全市二氧化碳能源活动排放量为 1408 万吨，能源活动相关的单位 GDP 二氧化碳排放为 2.56 吨/万元，单位生产总值二氧化碳排放比 2010 年降低 27.1%。据初步估算，2015 年全市能源消费总量 779 万吨标煤，全市一次能源消费结构以煤炭为主，煤炭、石油、天然气的比例为 95.4%、2.1%、2.5%。万元生产总值能耗 1.556 吨标煤，比 2010 年下降 23.3%，顺利完成单位生产总值能耗比 2010 年降低 17% 的目标。

二、 低碳发展理念

（一） 低碳发展组织领导与机制建立情况

按照国家低碳试点城市要求，加快推进本市低碳发展体制机制和支撑能力建设。

1. 组织机构到位。被确定为低碳城市试点后，迅速成立了由市长任组长，市政府各有关部门负责人为成员的低碳工作领导小组，牵头负责低碳城市试点建设各项工作。相关单位、有关企业也成立了工作机构，明确专人，负责低碳试点工作。

2. 考核制度到位。对照《低碳城市试点工作实施方案》中的目标任务及实施的重点项目，按年度分解到各镇（街道）、市政府各有关部门及产业集聚区。确定各相关单位的目标任务和工作职责，列入市委市政府年度绩效考核。确定"月上报、季通报"的工作制度，对各有关单位的任务完成情况进行评估和通报。

3. 政策支撑到位。本市先后出台了《济源市建设低碳城市的指导意见》《济源市"十二五"节能减排综合性工作方案》《济源市低碳城市试点工作目标任务》等政策文件，确保工作落实到位。

（二） 应对气候变化和低碳发展规划编制情况

配合国务院发展研究中心资源与环境研究所编制完成了《济源市低碳发展研究》课题，通过课题研究分析准确找出了本市低碳发展中遇到的问题及根源，进而系统地给出了济源市低碳发展的路径和具体措施，有力地指导了济源市的低碳发展。

委托国家发改委应对气候变化战略研究和国际合作中心编制完成了《济源市低碳城市中长期发展规划（2014—2020 年)》。规划中明确了本市低碳城市建设的原则、任务和目标。基本原则：坚持结构调整与培育新兴产业相结合、坚持重点突破与全面推进相结合、坚持科技创新与制度创新相结合、坚持政府推动与市场机制相结合。主要任务：把两个调整即产业结构和能源结构调整作为构建低碳城市的重要抓手，把构建四大体系，即构建绿色低碳建筑体系、构建绿色低碳交通体系、构建绿色生态碳汇体系、构建促进低碳发展的能力支撑体系，倡导低碳生活方式作为构建低碳城市的重要任务。主要目标：到 2015 年单位生产总值二氧化碳排放比 2010 年降低 19%，单位生产总值能耗比 2010 年降低

17%，高耗能行业二氧化碳排放基本稳定；服务业占生产总值比重提高到28%左右，森林覆盖率达到45%，非化石能源占一次能源消费比重提高到5%左右。城市居民燃气普及率100%，重点镇燃气普及率达80%；促进低碳发展的体制机制基本完善，经济发展方式进一步转变，低碳生活方式和消费模式成为人们的自觉行为，生态环境得到显著改善，低碳城市格局初步形成。

（三） 低碳发展模式的探索情况

济源作为豫西北、晋东南老工业基地，长期以来形成了以钢铁、铅锌、能源、化工、建材等为主导的重工业产业基础，工业占全市经济总量的70%以上，重化工产业占工业总量的80%，已经成为中西部地区较为典型的重化工、高碳地区。当前，济源以重化工业为主体的经济结构正面临着资源环境、要素成本、市场空间等多方面倒逼和挑战，能源与环境已成为可持续发展的主要瓶颈，转型升级迫在眉睫。因此，本市在2008年就提出了"生态立市"发展思路和"建设生态低碳城市"战略目标，在创建全国低碳试点城市之初，就坚定了"迟转不如早转、被动转不如主动转"的思想，坚持把低碳城市建设作为统领城乡经济社会发展的重要抓手，努力在低碳产业、低碳能源、低碳交通、低碳建筑、低碳园区、低碳示范等方面寻求突破，先行先试，建立政府推动与市场运作相结合的低碳发展新体制机制。重点探索了四个方面的低碳发展模式。

1. 坚持结构调整与产业培育相结合。通过加快经济、产业、能源结构调整，积极培育战略性新兴产业和绿色低碳产业，建立以低碳为特征的产业体系和消费模式，提升内需特别是低碳消费在拉动经济增长中的作用，促进经济转型升级。以玉川产业集聚区、虎岭产业集聚区、高新技术产业开发区三个产业区为项目的发展载体，促进项目的集中布局，产业间的循环共生，以此实现产业的低碳化发展和产业结构调整升级。同时抓住国家西气东输建设的机遇，大力发展清洁能源，开展"气化济源"项目建设，实现了全市天然气管网全覆盖和城区居民100%通天然气。有力促进能源结构的持续优化。

2. 坚持重点突破与全面推进相结合。着力在工业、能源、建筑、交通等重点领域寻求突破，通过低碳示范建设等关键措施，实现试点引路、政策跟进、多方联动，辐射带动新型工业化和新型城镇化协调发展，实现经济增长与低碳排放的双赢目标。

3. 坚持科技创新与制度改革相结合。坚持把科技创新和制度改革放在重要位置，建立有利于低碳发展的制度体系，积极培育和引进低碳技术科研人才，用制度改革保障技术创新，促进低碳技术推广应用，形成绿色低碳发展的良好推进机制。

4. 坚持政府引导与市场主导相结合。处理好政府和市场在推进低碳发展中的关系，充分发挥政府在规划引导、资源调配和动员协调等方面的优势，充分发挥市场在低碳资源配置中的决定性作用，健全约束和激励机制，让企业成为低碳城市建设主力军。

（四） 排放目标的确定情况

济源作为高载能地区，2010年全市二氧化碳排放总量1555万吨，人均碳排放22.9吨，扣除沁北电厂因素之后仍有8.07吨，远高于全国平均水平。碳不突破，低碳城市建设就无从谈起；碳不减少，就难以实现绿色经济增长和向低碳发展的转型。为了扭转这一局面，本市在成功申报全国低碳城市试点后,明确了到 2015 年单位地区生产总值二氧化碳排放比 2010 年下降 19% 的目标。

三、 低碳发展任务落实与成效

(一) 实行倒逼机制, 推动工业转型升级

济源是豫西北、晋东南老工业基地,从闻名全国的"五小工业"起步,形成了以钢铁、铅锌、能源等重化工为主体的工业结构,工业占全市经济的 70% 以上,重化工占工业总量的 80%。为解决好能源消耗大、碳排放量大的问题,应重点抓好工业和能源两个结构调整这一关键。

1. 工业结构调整。

(1) 抓传统产业改造提升。通过利用新技术、新工艺,淘汰落后产能。对本市钢铁、有色、能源、化工、建材等传统产业进行节能技术改造,彻底淘汰了一批运行效率低、能耗高的落后设备和工艺。截至目前,本市先后淘汰钢铁行业落后产能 80 万吨,焦炭行业落后产能 126 万吨,铅冶炼行业落后产能 15.8 万吨,水泥行业落后产能 30 万吨,蓄电池落后产能 100 万套。累计实现节约标煤 67 万吨,减排二氧化碳约 200 万吨、减排二氧化硫约 3100 吨。围绕铅锌、钢铁、化工、能源等传统优势产业,拉长产业链条。重点实施了 218 个重大规划项目、2 个千亿元产业基地、8 个产业集群和 5 大特色循环产业链,着力优化产品结构和延伸产业链条,提高了优势资源的精深加工度和产业集聚水平。本市传统产业占工业增加值的比重也由 2010 年的 68.4% 调整到目前的 62.8%。目前,本市已成为全国重要的再生铅生产基地,全国著名的优特钢生产基地,全省重要的煤化工基地、盐化工基地及能源基地。目前,本市豫光金铅股份公司实施的液态高铅渣直接还原炼铅工艺方法,使生产过程节能 60%,成为国内有色金属行业的能效标杆企业。华能沁北电厂首台国产 60 万千瓦超临界机组被誉为"中国典范",金马焦化荣获"全国(首批)十佳生态文化示范性企业"。市玉川产业集聚区被评为全省有色金属循环经济标准化示范园区和省循环化改造示范园区。

(2) 抓战略性新兴产业培育。紧紧抓住国家培育和发展战略性新兴产业的机遇,不断加强规划引导和政策支持,大力培育新能源、新能源汽车、新材料等战略性新兴产业。重点实施光伏太阳能发电、风力发电、富士康精密机械、力帆新能源电动汽车、西安交大科技园、稀土永磁节能电机等项目,带动了关联性强的装备机加工终端产品和企业的集聚,在济源快速形成了"雁阵效应"。本市高新技术产业占工业增加值的比重由 2010 年 27.2% 提高到目前的 29.9%,战略性新兴产业占比由 2010 年 5% 提高到目前的 7.5%。

(3) 抓循环经济发展。以本市资源加工型企业为龙头,以能源和原材料减量化、废弃物资源化为重点,打造上下游产业链,通过实施一批"减量化、再利用、资源化"项目,构建 5 大特色循环产业链,形成了具有济源特色的循环经济发展模式。在钢铁行业:建成了"炼铁、炼钢、轧钢—铁渣、钢渣、轧钢铁皮等回收利用","炼铁、炼钢、轧钢—高炉、转炉煤气回收—发电"的循环模式;铅锌行业:建成了"铅锌冶炼—精深加工—废物综合利用—再生铅回收"的循环模式;煤化工行业:建成了"煤焦化—焦油深加工"、"煤制合成氨—精细化工"产业链;能源行业:建成了"煤—电(能源)—渣—建材产品(利用粉煤灰资源,发展新型墙体材料)"的行业循环链和畜牧业的"种植、养殖—加工—综合利用"的农业特色循环链,极大提高了产业升级度及行业间共生耦合能力。以济源铅锌行业

为例，"资源—产品—三废—产品"的循环模式已基本代替了"资源—产品—三废"的生产模式。2015年，在经济形势低迷的情况下，豫光金铅凭借"吃干榨净"的特色循环经济链，仍然保持了良好的发展势头。在钢铁行业中，济源钢铁公司形成的循环模式仅余热余压利用工程一项，每年就可增加利润5600万元。其他在能源、煤化工、建材等重点行业中，循环经济效益都十分可观。各行业中的循环产业链使济源全市资源、能源消耗和污染物排放的增长速度明显下降，经济活动对自然环境的影响降到了最低程度。目前，全市工业固体废弃物综合利用率达到95%以上，工业废水排放达标率达到95%，城市垃圾无害化处理率达到98%以上，城市污水处理率达到98%以上。

2. 能源结构调整。济源是河南重要的能源基地，毗邻"煤海"山西，电力装机容量突破650万千瓦，火电企业占70%，碳排放量占全市的60%以上。我们提出既要巩固能源基地地位，又要大力发展风能、地能、太阳能、生物质能等可再生能源。

（1）加快实施"气化济源"工程。继续扩大工业、服务业及居民的用气覆盖率，目前城市居民燃气普及率达100%，居河南前列。"十三五"期间，将覆盖山区镇，实现全市通天然气的目标。

（2）开展产业集聚区集中供热工程。市政府编制完善了《济源市集中供热规划》，制定了《供热覆盖范围内的分散锅炉关停工作方案》。目前，城区80%实现了集中供热。针对产业集聚区工业企业用户以及镇级行政区域居民的供热需求，目前本市正在实施沁北电厂发电机组供热改造项目，2016年底将实现对产业集聚区大工业用户的供热覆盖。

（3）加快发展可再生能源。专门成立了新能源产业招商组，科学规划布局，出台一系列支持新能源项目的政策措施，支持光伏发电、风力发电、生物质能发电等新能源项目建设。2015年底，本市已建户用沼气4.88万户，占全市适宜建设沼气用户的84%；已建成风力发电项目50MW，分布式光伏电站项目37.5MW，在建光伏电站项目80MW，到2020年新能源装机在全市能源结构中的比重将达到50%以上。

（二） 节能与提高能效任务完成与措施落实情况

为扎实完成"十二五"节能目标任务，本市节能减排（低碳城市建设）工作领导小组办公室根据实际情况，重点对各产业集聚（开发）区、各镇（街道）和年耗能5000吨标煤以上的工业企业进行了目标任务分解，在每年年初将目标任务下达到各责任单位，并不间断地进行跟踪督导，确保顺利完成年度节能目标。同时，在年底对各单位的节能目标完成情况进行了认真考核，考核结果在全市进行了通报，并对节能先进单位和个人在全市目标考核大会上进行了表彰奖励，对未完成年度节能目标的单位责令其写出情况说明及整改措施。

按照国家和省大力推进生态文明建设的总体要求，充分利用本市作为国家低碳城市试点、省循环经济试点、国家低碳发展宏观战略案例研究市的机遇，把节能工作同低碳城市建设工作紧密结合起来。通过开展低碳课题研究、加强节能监察、实施节能、循环经济、新能源等重点项目建设，实现在低碳能力建设、节能环保产业发展、能耗在线监测三个方面的新突破，为加快全市经济低碳转型奠定基础。同时，确定了"加减法"工作制度，一方面积极引进战略新兴产业和高成长性产业，大力发展现代服务业，做大经济总量；另一方面对重点能耗企业采取能耗在线监测系统建设、能源管理岗位设定、能效对标达标、淘汰落后产能，实施节能技改项目等一系列措施，提高能源利用效率，降低能源消耗，为扎实完成年度目标任务奠定基础。

经统计部门确定，本市单位生产总值能耗降低率 2011 年下降 3.88%，完成"十二五"节能目标进度的 21.2%，2012 年下降 3.68%，完成"十二五"节能目标进度的 41.4%，2013 年下降 3.65%，完成"十二五"节能目标进度的 61.3%，2014 年下降 4.03%，完成"十二五"节能目标进度的 83.4%，2015 年下降 10%，每年都按进度要求完成了节能目标，超额完成"十二五"节能目标任务。

（三） 低碳建筑和低碳交通任务完成与措施落实情况

坚持低碳绿色理念，突出"全域规划、一体发展"，加快推动城市转型。本市紧紧抓住全省新型城镇化综合改革试点和全域建设城乡一体化示范区的机遇，以重点片区建设为突破，提升中心城区，在城区周边拓展建设 3 个城市组团，加快"紧凑型"特色小城镇和美丽乡村建设，推动城乡一体、全域旅游发展。

1. 积极推广绿色建筑。按照国家可再生能源建筑应用示范市要求，出台《绿色建筑管理办法》，推动可再生能源在建筑中规模化应用。以国家绿色生态示范城区—济东新区为载体，全面推广绿色节能建筑，建立有特色的低碳交通体系和以低碳为特点的燃气、污水处理、给排水等基础设施。对既有建筑实施外墙围护、外窗改造、供热计量等节能改造。新建建筑全部实行绿色建筑标准，本市沁园春天 A 区一期、大河名苑项目获得二星级绿色建筑评价标识，另有 8 个项目被列入河南省绿色建筑项目储备库。同时，大力开展可再生能源示范项目建设，选择卫生院、中小学幼儿园、房地产项目 21 个，进行了地源热泵系统可再生能源示范建设，总示范面积达 44 万平方米。

2. 大力开展低碳交通建设。科学规划、集中建设城乡基础设施和公共服务设施，本市自 2010 年启动"智慧城市"数字化城市管理建设项目后，积极发展绿色交通，构建智能交通网络，实现物流信息、车辆信息、物流中心、园区和货运站信息的共享平台，2012 年，被交通部确定为全国低碳交通运输体系建设试点市。目前完成了公交车 IC 卡系统建设、智能手机出行服务系统建设，推广使用新能源和清洁能源车辆。大力实施"公交优先"战略，完成了城乡客运一体化，优化城乡客运服务线网布局和站场布局，建成投运了公共自行车租赁系统等设施建设，建设公共自行车服务站点 60 余个，自行车 1000 余辆，实现了客运"零换乘"，引导市民"步行、公交、自行车"绿色出行，为居民低碳出行提供了便利。

（四） 积极倡导绿色生活方式和消费模式

通过开展多种形式的宣传活动，提高全社会对发展低碳经济、建设低碳城市重大意义的认识。引导全体市民参与到低碳城市建设中来。

1. 利用新闻媒体积极宣传。在报纸、电视台、网络等媒体开辟专栏宣传低碳生活的公益广告和节能小常识、小技巧，推广低碳城市建设中好做法、好经验。通过手机发送节能知识短信，全面强化市民的低碳意识。动员各单位开展一期或多期以"节能有道、节俭有德、低碳生活、从我做起"为主题的道德讲堂活动，以此宣传节能低碳工作，传递节能低碳正能量。

2. 开展主题宣传活动。开展全国低碳日、全国节能宣传周、河南省节能宣传月、地球一小时等系列活动,成功举办了节能知识有奖竞赛,节能技术、节能惠民产品展览,低碳发展成就展览展示,低碳节能论坛,"绿色交通伴我行"、"节能低碳"主题演讲,"低碳生活 从我做起"为主题的"暴走南山"和"骑行南山"等系列宣传活动,形成低碳城市建设的浓厚氛围。

3. 推广高效节能产品。开展高效照明产品推广工作,"十二五"期间累计推广节能灯50万只,农村地区基本实现全覆盖。鼓励企业研发、使用高效节能产品,2014年本市宏光防爆电器有限公司生产的6个规格的稀土永磁三相同步电动机成功入选"节能惠民工程"高效电机推广目录(第五批)。鼓励机关、家庭购买使用节能节水产品,节能环保型汽车和节能省地型住宅,减少使用一次性用品,抵制过度包装。积极推进低碳生产生活方式进社区、企业、机关、学校和家庭,增强节约用电、用水等自觉意识,减少碳足迹,充分发挥水、电、气等资源类消费品价格杠杆作用,引导市民崇尚节约、反对浪费、适度消费。

4. 强化公共机构节能。对公共机构实行低碳化改造,更换节能灯,安装太阳能照明系统,合理限制电梯使用及夜间照明。大力推广电子商务和电子政务,推行无纸化办公,选用节能办公设备,鼓励办公用品循环利用。在省道、市域主干道沿线普及风电互补、太阳能照明和LED灯具。

(五) 增加碳汇任务完成与措施落实情况

济源位于沿黄生态涵养带和太行山生态区,山地丘陵占88%。我们以建设中原经济区南太行、沿黄生态屏障区为目标,持续十年开展冬春造林绿化、农田水利建设、土地开发整理和农村环境综合整治"3 +1"工作,系统谋划城乡生态设施。通过多种形式,持续推进碳汇林业建设。

1. 持续开展碳汇造林工作。在太行山地生态区、平原生态涵养区、沿黄河生态涵养带三大区域,实施天然林保护、退耕还林、重点地区防护林工程,加快城市、乡村、企业内部及周边绿化。组织不同的社会群体积极营建"读者林"、"三八林"、"民兵林"、"青年林"等,提高碳汇林面积。加大对水库库区、高速公路、国省干线以及山区的造林工程,积极号召各行各业开展绿化活动,通过庭院绿化和树木、绿地认养认建,全市60%的单位达到了"绿色单位"建设标准。截至目前,全市的森林覆盖率达44%以上,城区绿化覆盖率41%以上,人均公园绿地面积11.6平方米,居河南省前列。

2. 探索性开展企业碳汇林建设。2014年,确定了年二氧化碳排放量10万吨以上的华能沁北、国电豫源、济源钢铁、豫光金铅等11家企业作为碳汇造林试点单位,将在2015年至2016年期间共计造林3000亩。通过造林形成的碳汇参与全国碳排放权交易或通过碳中和的方式,抵消企业年度二氧化碳排放控制量。

四、 基础工作与能力建设

(一) 加强基础能力建设

一是委托中国建筑科学研究院编制《济源市城市建筑低碳化实施方案》;二是委托河南省科学院地理研究所编制《济源市产业集聚区低碳发展规划(2014—2020年)》;三是聘请济源市交通运输局、发改委等部门的专家编制《济源市低碳交通实施方案》;四是委托广州赛宝认证中心服务有限公司编制《济源市碳排放清单及建立碳排放指标分解和考核体系》《济源市温室气体清单报告》,并对20家重点企业开展碳盘查工作，形成盘查报告，出台了《济源市重点企业二氧化碳排放配额分配方案（2013—2015年)》和《济源市碳排放总量控制管理办法》，探索开展总量控制下的碳排放权交易工作。

（二） 开展低碳发展研究

2012年，本市被确定为"中国低碳发展宏观战略案例研究市"，并由国务院发展研究中心负责对本市低碳发展情况进行研究。国务院发展研究中心的各位领导和专家来本市进行实地调研，对本市低碳发展的宏观背景与基础条件进行了系统评价，对低碳发展的态势与前景进行了系统评估，并对能源清洁化发展、低碳建筑、低碳交通发展、低碳工业化与城市化发展等方面进行了研究。编制了《河南省济源市低碳发展研究》，系统地研究分析了本市低碳城市建设情况，帮助本市分析低碳发展中遇到的问题，为本市低碳城市建设提供重要的决策意见，有助于做好顶层设计。

（三） 低碳发展资金落实情况

为加快结构调整，经济转型升级，市政府专门整合了各类奖补政策，明确每年不低于1个亿的资金专门用于工业结构调整，节能减排以及各类试点等重大项目的建设。从2013到2015年，本市的济源钢铁、豫光金铅、金马能源、力帆新能源、富士康精密电子等一大批结构调整和改造提升项目均获得了市政府的资金支持。同时市政府各部门都积极争取上级部门专项资金的支持，其中发改委近三年争取上级用于资源节约和环境保护资金6.5亿元，交通部门争取低碳交通建设专项资金3.65亿元，住建部门用于低碳建筑资金2.8亿元。

（四） 低碳产业园区和低碳社区试点示范情况

1. 低碳产业园区示范。按照《济源市产业集聚区低碳发展规划（2014—2020年)》要求，选择玉川产业集聚区作为低碳示范园区，集中在工业废弃物的处理和循环利用领域进行循环化改造。为做好低碳产业园区示范工作，专门编制了《玉川产业集聚区循环化改造实施方案》。按照玉川产业集聚区有色金属深加工、建材、化工产业的定位，重点从空间布局优化、产业结构调整、企业清洁生产、节能减排改造、公共基础设施建设等方面，谋划产业发展项目，修补延伸产业链条，形成规划项目循环经济网络模式，实现装置间、企业间原料、中间体产品、副产品和废弃物的互供共享关系，推进有色金属、化工废弃物与建材等相关产业衔接，提高资源综合利用水平，达到资源的减量投入、集聚生产和循环利用。其中，豫光金铅集团被确定为首批国家级循环经济试点单位，本市被河南省确定为省级循环经济试点单位。

2. 低碳社区示范。创建低碳社区是营造优美和谐的生态环境和方便舒适的人居环境的需要，本市选择沁园春天和济水苑作为低碳社区试点，通过新建建筑执行绿色建筑标准、对既有建筑进行节能改造、推广可再生能源在建筑中的应用、对社区居民进行节能减排宣传教育等措施，大力推进低碳社区建设工作。

沁园春天社区从方案、设计、规划、施工等一系列阶段，坚持以"绿色、低碳、节能、环保"的理念进行建设，于2013年初通过国家住建部"二星级建筑设计标识"认证。该项目重点运用了以下绿色节能建筑技术：一是采用平板集热太阳能集中集热分户热水供水系统，实现太阳能与建筑一体化。二是采用雨水回收系统，收集的雨水完全满足该项目用于绿化、景观、洗车、道路喷洒等需求，保证小区建筑物以外用水采用非传统水源，有效节约地下水资源。三是窗户全部采用节能铝合金隔热断桥。四是高标准景观绿化，绿地率达到 39%，人均公共绿地面积 $1.5 \mathrm{m}^2$。

济水苑小区重点进行了既有建筑供热计量及节能改造，共计改造 21.36 万平方米。主要实施了 4 项工程，一是外墙围护改造，外墙采用 B1 级 5cm 聚苯板薄抹灰保温系统，每两层设一道水平防火隔离带，涂料面层；车库顶板采用 3cm 硬质岩棉保温板薄抹灰系统，面层仿瓷涂料。二是外窗改造，将现有的 5mm 单层玻璃更换为 5 +9 +5 中空玻璃。三是供热计量改造，在每户加装超声波热计量表，每室加装手动温控阀。四是热平衡改造，每个单元暖气管加装热平衡阀，热交换站加装超声波热计量表和调频装置。

五、 体制机制创新

（一） 开展碳排放峰值研究， 做好加减法

在峰值研究方面，本市委托国家应对气候变化中心，针对本市情况进行专题研究。初步给本市设定了三个发展情景，第一个是照常发展情景、第二个是强化低碳措施、第三个是适当减缓经济发展速度并强化低碳措施（2016—2020 年 GDP 增速 10%，单位 GDP 碳排放强度累计下降 19%）。在第三个情景当中，本市的峰值在 2020 年出现，届时二氧化碳排放总量达到 2458 万吨，人均碳排放 27.6 吨（扣除沁北因素后为 9.73 吨）。为了实现这一目标，本市明确在低碳城市建设中要做好"加法"和"减法"两篇文章，即加快结构调整、做大经济总量的加法和强化低碳的减法，力争本市二氧化碳排放峰值在 2020 年出现，这一目标比国家对中西部地区二氧化碳排放峰值在 2025 年左右出现的目标提前 5 年。

（二） 探索开展碳排放权交易

1. 摸清碳排放总量。为充分了解本市目前碳排放情况，本市委托广州赛宝认证中心服务有限公司（以下简称"广州赛宝"）对本市 20 家重点能耗企业 2010—2012 年三年二氧化碳排放情况进行了现场盘查，形成碳盘查报告，摸清了本市二氧化碳排放现状，确定了企业减排的方向和潜力（试点阶段，本市只考虑二氧化碳排放）。此 20 家重点能耗企业 2010 年碳排放量占全市排放总量的 87.41%。根据《济源市"十二五"发展规划》和《济源市低碳试点城市实施方案》中确定的各项发展目标和《济源市重点企业二氧化碳排放信息盘查总结报告》中的数据，确定了本市 2014—2015 年碳排放总量，并以此作为碳排放总量控制的配额总量。

2. 确定开展碳交易试点企业名单。鉴于全国碳交易市场尚处于探索、起步和试点阶段，本市计划将排放量达到一定规模的重点企业纳入碳排放配额管理名单，并探索建立碳排放交易市场。初步确定选取 20 家开展碳盘查企业中年均排放量前 11 位的企业作为试点开展碳排放权交易工作。这 11 家企业分别为沁北、国电、济钢、豫光、金马、恒通、济煤、万洋、金利、中原特钢、丰田肥业，其年温室气体排放量占此 20 家企业的 99.33%。

3. 确定碳排放配额分配方案。根据年度碳排放总量目标，以《济源市碳排放管理试行办法（草

案)》为依据，主管部门会同相关部门根据各试点企业碳排放强度及各行业碳排放的先进值确定碳排放配额分配方案。碳排放总量控制和碳排放权配额管理遵循总量控制、政府监管、市场调节以及公开透明的原则。分配以免费发放为主、以拍卖或固定价格出售等有偿发放为辅。

六、 重要经验

1. 高载能地区城市的低碳发展是一个长期的过程，及早进行产业转型升级是低碳发展的必由之路。从本市的发展实践来看，其低碳发展不是一两年内就促成的，而是一个长期坚持结构调整、持续积累的过程，正是由于在"十一五"期间就着手开始产业结构调整，坚持传统产业改造升级，积极培育战略新兴产业，促进产业集聚发展，才有了"十二五"期间单位产值能耗的持续下降。

2. 现阶段地方政府重视是推动低碳发展最强有力的力量。从本市推动低碳工作实践来看，行政管理手段起了重要作用，政府在推动低碳城市建设中功不可没，从成立领导机构，制定节能减排综合工作方案，出台低碳城市发展指导意见等，都体现了政府的重视和强力推动。

3. 运行经济手段推动低碳发展效果显著，未来仍有潜力可挖。从实践来看，经济手段的运用可有效推动低碳产业的发展。比如在招商引资中优先安排低碳项目用地指标这一条就引进了一大批低碳转型升级项目，而传统的高能耗企业则由于用地不足逐步缩减生产规模或是通过节能改造升级，重组整合，实现转型发展。此外，能源的差别定价，阶梯定价也促使高耗能企业千方百计减少能耗，降低成本。因此，今后运用经济手段促进低碳发展也应是政府着力探索的方向。

七、 工作建议

1. 整合政策，提高各类政策的契合度。低碳城市建设是一项艰巨的历史任务，是一项复杂的系统工程。目前，各部门都十分重视，出台了相关文件和支持政策。但如何加强合力和政策的契合度，是我们需要进一步研究的问题。建议国家能够进一步整合相关政策，形成合力，助推低碳试点城市建设。

2. 多搭交流平台。低碳城市建设是摸着石头过河，经验少，任务重，建议搭建一些常态化经验交流平台，让试点城市开阔眼界、转变观念、启发思想。

3. 建立低碳城市试点绿色考核体系。按照低碳城市试点的发展要求，需要大力发展绿色、节能环保、循环发展的产业，推动产业结构优化升级，建议建立与之相适应的绿色考核指标体系。

4. 加大政策、资金、人才培训支持力度。由于低碳城市试点工作是一项社会性、公益性、科学技术及人才需求较强的工作，目前各地低碳方面的人才和技术储备较为薄弱，地方政府财力紧张，在全面推进低碳城市试点工作方面不能形成有效的技术支撑，推动低碳示范工作开展难度较大，建议国家在低碳技术、产业和试点建设等方面给予专项政策和资金支持。同时，运用税收、金融杠杆等手段，引导企业调整产品结构，建立消耗资源和破坏环境补偿赔付机制，健全保障低碳经济发展的法律法规。

以上就是本市在探索低碳城市建设过程中所开展的一些工作，作为河南省唯一的国家级低碳试点城市，下一步我们将把握新要求、强化新理念、学习新经验，主动加强与先进地区交流，积极寻求与专业机构合作，争取在制度创新、技术应用、碳汇交易等领域取得更大突破，力争率先走出一条低碳之路，实现低碳繁荣。

武汉市低碳试点进展总结

根据《国家发改委关于组织总结评估低碳省区和城市试点经验的通知》（发改办气候〔2016〕440号）要求，现将武汉市低碳试点城市阶段性工作成果汇报如下：

一、 低碳试点对经济发展起到了正向促进作用

武汉市2012年底获批国家第二批低碳城市试点以来，市委市政府充分认识到低碳发展对促进武汉经济结构转型、提升城市竞争力的重要意义，从顶层设计、政策导向、行动部署、责任分解等方面系统性、创新性推动低碳试点工作，取得积极成效，达到了低碳城市试点建设预期目的。

（一） 综合经济实力实现跨越

"十二五"期间，本市经济实现跨越式发展，GDP年均增长10.4%，从2010年的5565.93亿元升至2015年的10955.6亿元，增加0.96倍，居全国副省级城市第3、全国城市第8。2015年，本市人均GDP10.28万元，比全国平均水平（5.2万元）高97.7%。

（二） 节能减碳目标圆满完成

省下达本市"十二五"节能减碳目标分别为"单位GDP能耗、二氧化碳排放降低18%、19%"。2010—2015年，本市单位GDP能耗和二氧化碳排放分别从0.8614吨标煤/万元、2.09吨二氧化碳/万元下降到0.69吨标煤/万元、1.55吨二氧化碳/万元，分别累计降低19.4%、25.8%，分别超额完成省下达目标的7.94%、36.0%。武汉市"十二五"期间正是从5000亿元跨入10000亿元时期，与同发展阶段的北京、上海、广州、深圳相比，虽然产业结构最重，但CO_2累计增幅只有23.72%，人均CO_2排放年均增速2.68%。

二、 低碳发展理念已融入市委市政府重大战略决策

（一） 组织领导体系健全， 发挥了指挥棒和协调员作用

武汉市成立了由市人民政府市长任组长、本市分管副市长任副组长，市各有关部门负责人为成员的市低碳城市试点工作领导小组，负责研究制定本市低碳城市建设的重大战略、方针和政策，协调解决低碳城市建设工作中的重大问题，领导小组办公室设在市发展改革委。领导小组成立以来，先后印发了《武汉市低碳试点工作实施方案》（武政〔2013〕81号）、《2014年武汉市低碳城市试点建设工作要点》（武政办〔2014〕71号）、《关于下达2015年单位生产总值能耗、二氧化碳排放及能源总量控

制目标计划的通知》（武节办〔2015〕1 号）等，将碳排放目标纳入市区级绩效考核。

（二） 开展了低碳发展系列重大课题研究和低碳发展规划编制工作

连续三年启动低碳重大课题公开招标工作，从基础研究入手，夯实低碳政策支撑能力。如：开展了武汉市碳排放峰值预测及减排路径研究、"武汉市 2015 年及'十三五'节能减碳形势研判"、"武汉市钢铁产业搬迁问题分析报告"、武汉市温室气体排放统计体系构建、武汉市绿色交通体系研究、利用电子商务平台与碳币兑换机制引导低碳消费与生活方式的模式设计研究、武汉市用能权交易办法等 26 余项重大低碳绿色发展课题研究，部分课题成果已形成政策文件。已编制完成《武汉市低碳发展十三五规划》（全市 47 个专项规划之一），进入报批程序。

（三） 积极探索城市低碳发展的新模式、 新路径

突出创新引领、动力转换，推进国家创新型城市建设。出台支持创新 "1 + 9" 政策。新建工程技术中心、企业研发中心等各类科技创新平台 139 个，新引进世界 500 强、中国 500 强和跨国公司研发机构 23 个，引进海内外高层次创新人才 390 名。发明专利授权量 6003 件，增长 55%。

转方式，调结构，推动城市从高碳依赖向低碳支撑转型。2015 年全市结构调整呈现"两升两降"新态势。高新技术产业比重升，占规模以上工业总产值比重提高 2.7 个百分点，重化工业比重下降，占比下降 3.2 个百分点；规模以上工业增加值增长 8.5%，单位能耗下降 9.5% 左右。服务业结构持续升级，"互联网 +"产业创新工程率先发力，122 家互联网金融企业、工程设计、旅游等产业收入保持两位数增长。

绿色与低碳融合，改善城市生态环境。园博园金口垃圾填埋场生态修复项目荣获联合国气候变化大会 C40 城市奖。新增绿道 233.7 公里，修复破损山体 4333.5 亩。实施拥抱蓝天行动计划，从污染源头做减法。针对工地污染源、企业排放污染源、机动车排放源、挥发性有机物污染源四大污染源头，重点开展整治工作，努力实现"两个 30、两个 20"的既定目标。2015 年，武汉市空气质量优良天数为 192 天，比 2013 年增加 32 天；重度及以上污染天数为 19 天，比 2013 年减少 44 天；PM10 平均浓度为 104 微克/立方米，较 2013 年下降 16.1%；PM2.5 平均浓度为 70 微克/立方米，较 2013 年分别下降 25.5%。

（四） 提出并优化碳排放峰值目标

在《市人民政府关于印发武汉市低碳城市试点工作方案的通知》（武政〔2013〕81 号）文中明确提出：到 2020 年本市能源利用二氧化碳排放量达到峰值。经深入研究，多情景分析，在 2015 年中美气候峰会上，本市提出将于 2022 年左右实现二氧化碳排放达峰。为落实这一目标，本市将实施碳排放达峰计划写入《武汉市国民经济和社会发展第十三个五年规划》，现已启动达峰计划制定工作。

三、 圆满完成低碳城市试点各项任务

（一） 产业结构调整取得较好成效

"十二五"期间，武汉市启动"服务业升级"计划，重点打造现代物流、商贸、金融、房地产、

会展旅游等十大产业，并配套出台鼓励政策。服务业总规模连续突破 3000 亿元、4000 亿元大关，2015 年全市服务业增加值达 5564.25 亿元，在 2010 年基础上年均增长 14.6%；占 GDP 比重达 51%，总量规模在全国 15 个副省级城市中排名第 6 位，增速排名第 6 位。高新技术产业产值达到 7701 亿元，在 2010 年基础上年均增长 23.89%；战略性新兴产业 2015 年产值较 2014 年增速 9.8%，高于全市工业增速 3%；同时，本市六大高耗能行业工业总产值占全市规模以上工业总产值的比重为 22.5%，比 2010 年降低 8.24 个百分点。

（二） 能源结构得到一定优化

武汉属偏重型经济结构，能源资源消耗量大，同时又面临着"缺煤、少油、乏气"的天然制约，各类能源对外依存度极高。煤炭的对外依存度达到 100%，电力为 48%，成品油为 100%，天然气为 100%，其他能源高达 80%。"十二五"期间，武汉市能源消费总量从 2010 年的 4794 万吨标煤上升到 2015 年的 6448.5 万吨标煤，年均增幅 6.11%，增幅低于 GDP 的增幅 10.8%。"十二五"期间能源消费结构有一定程度的改善，同 2010 年相比，武汉市 2015 年煤炭的消费比重从占比 67.52% 下降到 59.41%，油品从 20.87% 增加到 25.55%，燃气从 2.9% 增加到 4.74%，非化石能源从 8.71% 增加到 10.3%。电力消费从 2010 年的 353.63 亿千瓦时增加到 2015 年的 464.28 亿千瓦时，占全社会能源消费总量的比例从 22.86% 到 22.32%，占比基本持平。通过实施燃煤锅炉节能环保综合提升工程，"十二五"累计完成 756 台高污染燃料锅炉的综合整治。印发《武汉市改善空气质量行动计划》，提出 2017 年全市煤炭消费总量和 2012 年相比实现零增长。2016 年将全市煤炭消费总量下降 2.6% 明确纳入市政府十件实事。大力发展可再生能源。目前已建成投产的洪山创意天地天然气分布式能源项目为国家发改委评定的四个示范项目之一，全市已有规模近 60 兆瓦光伏发电项目已建成开始发挥示范效应，太阳发电装机容量 60 兆瓦，生物质年发电量 8.5 亿千瓦时，占全市能源消费总量的 0.59%。

（三） 节能和提高能效任务顺利完成

扎实开展固定资产投资项目节能评估和审查工作。2013 年至 2015 年，全市完成节能评估和审查项目 4062 个，提出要求和建议 3600 余条，核减能耗 11.76 万吨标煤，占总能耗的 3.99%。基本完成了《武汉市低碳节能智慧管理系统市级系统》建设，系统于 2015 年 11 月通过市级验收并上线运行；完成"武汉市节能评估和审查管理信息系统"建设工作，系统于 2015 年 6 月通过验收，并上线运行。全面完成对"万家企业"年度节能目标完成情况考核工作，在"万家企业"中积极推行能源管理体系建设和能源在线监测系统建设，通过能源管理体系认证或评价的企业数量达到 20 家。制定了年度淘汰落后产能工作实施方案，累计淘汰落后产能炼钢 40 万吨，水泥 45 万吨，造纸 35 万吨、制浆 13.26 万吨，印染 5011 万米，蓄电池组装 20 万千伏安。组织实施电机能效提升计划，出台了《武汉市提升电机能效项目支持办法》《武汉市注塑机行业千台电机改造专项行动实施方案》，"十二五"期间，共支持电机能效提升项目 20 个。"十二五"期间，本市规模以上单位工业增加值能耗累计降低 30.67%。

（四） 建筑和交通领域低碳建设任务全面完成

1. 建筑领域。出台《市人民政府关于加快推进建筑产业现代化发展的意见》，中建三局在阳逻投资建设的建筑产业现代化工业园（一期）被国家住建部授予国家建筑产业化示范基地。联合下发《关于政府投资项目、大型公共建筑以及保障性住房全面执行绿色建筑标准的通知》，政府投资的公益性建筑和保障性住房全面执行绿色建筑标准。武汉建设大厦综合改造工程和武汉光谷生态艺术展示中心分别获住建部全国绿色建筑创新奖一、二等奖。利用法国开发署贷款既有公共建筑节能改造项目正在加快实施，计划利用 2000 万欧元贷款对武汉市图书馆等 25 个共 135 万平方米既有公共建筑项目进行节能改造，目前已全部签订合同，该项目被法国政府列为 2015 年巴黎召开的联合国气候变化大会主题项目之一。"十二五"期间，中心城区的新建居住建筑全面施行节能 65% 的低能耗居住建筑节能标准，共建成节能建筑 12100 万 m^2，标准执行率达 100%；共建设绿色建筑 136 个，建筑面积 1738.93 万 m^2，其中获国家绿色星级评价项目 80 个，省级认定项目 26 个，试点示范项目 30 个；新增可再生能源建筑应用 2796.2 万 m^2；既有公共建筑节能改造面积 95 万 m^2。

2. 交通领域。以建设绿色低碳交通城市区域性试点城市为契机，推动建设绿色循环低碳交通基础设施、发展绿色低碳交通运输装备、优化交通运输组织、推进绿色循环低碳交通能力建设四大重点领域的节能减碳建设，取得显著成效。2014 年 10 月，本市重启武汉市公共自行车系统建设，2015 年 4 月正式启动试运行。该系统采用高效率、智能化、扁平化的运营服务管理方式，通过智能化管理降低一线运营人工成本，现从事自行车项目的人员仅 120 人，只有同行业中同等规模城市运营人员的五分之一。目前，已开通运营站点 806 个，投放车辆 2 万辆，单日最高租还量达 3 万次，累计骑行量达 600 万次。到 2015 年，本市公交出行分担率（不包含步行出行）为 46.2%；使用天然气等清洁能源出租车在出租汽车行业中比例达到 90% 以上；新增混合动力车 700 辆，新增纯电动公交车 1000 辆。

（五） 废弃物处置能力显著提高

目前，本市生活垃圾处理形成"五焚烧、两填埋、一综合"的格局，日处理生活垃圾 9000 余吨。2015 年，中心城区生活垃圾无害化处理率 100%，新城区生活垃圾无害化处理率 85% 以上。2013 年，本市组织编制了《加快推进武汉市大宗固体废弃物资源综合利用三年行动方案（2014—2016 年）》，为配合该方案的实施，出台了《武汉市工业副产石膏综合利用项目支持办法》，2014—2015 年，33 个项目年脱硫石膏磷石膏综合利用量 117.33 万吨。出台了《武汉市餐厨废弃物管理办法》，全面启动了餐厨废弃物收运系统、餐厨废弃物集中处理项目和餐厨废弃物全过程信息化监管系统建设。目前主城区餐厨废弃物集中收集率达到 20%，收运体系区域覆盖率达到 50%，餐厨废弃物资源化利用率达到 15%，设施正常运转率达到 20%。

（六） 不断引领绿色生活方式和消费模式

本市积极推进全市公共机构节约能源资源工作，大力开展节约型公共机构示范单位创建活动，先后有 5 家和 8 家单位被评为国家级和省级节约型公共机构示范单位；公共机构人均能耗累计下降 35.01%。认真办好一年一度的全国节能宣传周暨低碳日活动。大力宣传节能减碳的法律法规和基础知识，提倡重拎布袋子、菜篮子，倡导节约简朴的餐饮消费习惯，引导选择低碳环保产品。积极主动开展高效照明产品推广工作，累计推广数量达到 592.82 万只，超额完成省下达推广任务；在商业场所累计安装节能灯具 200 万只。为引导全民践行低碳生活，我们启动了"碳积分体系"的创新研究，市民在乘坐公共交通、践行"光盘行动"、参与垃圾分类回收、使用节能家电和低碳产品等的同时，可根据减排贡献获得等量"碳积分"，并用"碳积分"养育"碳宝宝"，或在有"碳中和"需求的商业机构使用，得到实惠。面向全国开展了征集"低碳生活　你我同行"公益宣传片活动，共征集到来自全国各地的作品 27 件，从中评选出 9 件获奖作品。制作了专题宣传片，将专题宣传片和获奖作品在武汉电视台、地铁和江滩媒体进行循环播放，宣传普及低碳相关知识，提高公众低碳意识，扩大低碳社会影响。

（七）　增强碳汇能力有效改善生态环境

彰显城市滨江滨湖特色，着力推进山、水、森林自然生态环境建设与保护，全面增强碳汇能力。编制了《武汉市主城区绿地系统规划（2011—2020 年)》《武汉市都市发展区绿地系统规划（2011—2020 年)》和《武汉市都市发展区 1：2000 基本生态控制线规划》等规划，确定了武汉市"两轴两环、六楔多廊"的生态框架结构。到 2015 年底，全市建成区绿化覆盖率可达到 40%，全市林地面积达到 221 万亩，全市活立木总蓄积量达到 570 万立方米，森林覆盖率达到 28%，城区人均公园绿地面积达到 11. 12m^2。

四、　基础工作与能力建设从空白到支撑

1. 将温室气体清单编制纳入年度工作。2013 年，本市启动武汉市温室气体清单编制工作，目前已经完成 2005 年、2010 年和 2012 年温室气体清单；并已启动武汉市 2014—2015 年度温室气体清单续编工作。

2. 初步建立了温室气体排放数据统计与目标考核机制。初步完成温室气体排放统计核算研究，完成武汉市温室气体排放统计核算的统计报表，制定武汉市温室气体统计核算方法。完成温室气体排放绩效考核指标体系，完善碳排放强度下降指标纳入各级政府目标考核体系的考核标准及内容。

3. 建立了温室气体排放数据报告制度。依托湖北省作为全国碳交易试点省份的重大机遇，本市认真落实湖北省发改委参与温室气体排放数据报告与核查制度，2014 年度和 2015 年度分别完成 17 家和20 家工业企业年度温室气体核算报告和核查及履约工作。目前正着手做好武汉市纳入全国碳交易企业名单编制、温室气体报送、能力建设等相关工作。

4. 将温室气体排放纳入目标责任制考核。印发了《武汉市"十二五"时期节能降耗与应对气候变化综合性工作方案》（武政〔2011〕56 号)，将"十二五"及年度节能和能源消耗总量控制及二氧化碳排放目标分解到各区和重点用能单位。定期召开节能和二氧化碳排放目标调度会议，研究分析节能降减形势，部署相关工作。对各区年度节能降碳目标完成进行现场考核评价，对超额完成和完成节能降碳目标的单位予以表彰奖励。每年对 105 家"万家企业"分解下达了年度节能量目标任务并进行考核。2015 年纳入碳交易试点的 17 家重点企业履约率为 100%。

5. 将低碳城市试点所需经费纳入财政预算。本市低碳试点城市获批后，经市政府研究，设立低碳发展专项资金。将低碳发展专项资金列入市级财政预算，从已成立的市循环经济发展引导资金中列支，

主要用于课题研究、能力建设及宣传等方面，截至 2015 年，累计 1240 万元。

6. 积极推动低碳产业园区/低碳社区试点示范建设。国家、省级试点示范。武汉青山经济开发区被工信部、国家发改委确定为国家首批低碳试点工业园区；东湖新技术开发区和百步亭社区分别作为低碳园区、低碳社区获批湖北省第一批低碳试点示范地区（单位）。通过试点工作，东湖新技术开发区光电子信息、生物、环保节能、高端装备制造、高技术服务业等低碳产业比重超过 90%；百步亭社区通过绿色交通（包括慢行）系统、万树工程系统、水环境治理利用系统、健康运动系统和管理信息化系统等八大类项目的建设，逐步建立起社区居民节电节水、垃圾分类等低碳行为规范。2014 年，市发改委等 8 部门联合下发了《关于组织申报武汉市低碳城区、低碳社区市级试点的通知》，确定硚口区和蔡甸区傅山街星光社区为本市第一批低碳试点城区和试点社区。

五、 创新机制体制营造促进低碳发展的制度环境

1. 实施节能和减碳总量控制。2011 年，以武政〔2011〕56 号文印发了《市人民政府关于印发武汉市"十二五"时期节能降耗与应对气候变化综合性工作方案》，明确了全市"十二五"期间节能和减碳的总体要求和工作目标，并将武汉市"十二五"期间和年度节能、碳减排及能耗增量控制目标分解到各区人民政府和市直相关职能部门，每年进行考核。

2. 实施了项目能评碳评制度。出台了《武汉市固定资产投资项目节能评估和审查办法》，坚决遏制"两高一资"类项目上马。截至 2015 年底，全市完成节能评估和审查项目 6397 个，总能耗 590.61万吨标煤，核减能耗 19.55 万吨标煤。印发了《在武汉市固定资产投资项目节能评估和审查中增加碳排放指标评估的通知》，创新性地在固定资产投资项目节能评估和审查工作中增加碳排放指标评估。2014 年 12 月至 2015 年 12 月，全市完成节能评估和审查项目 1514 个，总能耗 92.32 万吨标煤，年二氧化碳排放总量为 521.96 万吨，核减二氧化碳排放量为 15.37 万吨。印发了《关于在武汉市固定资产投资项目节能评估和审查中增加非化石能源消费量计算指标的通知》，及时掌握新建项目非化石能源消费量。

3. 搭建推进低碳发展的管理平台建设。重点推进低碳发展三大平台上线运行。基本建成"武汉市低碳节能智慧管理系统"，通过构建"1 + 4 + 17 + N"体系，实现实时掌握全市及各区、重点行业、重点企业的能耗和碳排放数据，并进行分析预警；基本完成"武汉低碳生活家平台"，运用现代网络信息技术，拟搭建公益性、实用性低碳生活综合服务平台，实现低碳商品交易与兑换、节能补贴产品网上申购、低碳基金服务、低碳志愿者联盟、低碳出行倡导、二手商品寄售与交换、低碳企业家俱乐部等七大服务功能；基本建成"武汉市固定资产投资项目节能评估和审查信息管理系统"，依托项目能评，实时掌握新建项目的能耗及碳排放情况。夯实低碳发展能力研究支撑。在低碳技术专业研发机构方面，武汉市成立了武汉循环经济研究院和武汉新能源研究院；2010 年，中美清洁煤技术研究的中方枢纽落户武汉华中科技大学；2014 年，本市遴选了包括中国质量认证中心武汉分中心等 17 家单位作为本市开展低碳城市建设基础研究的支撑力量。在碳捕捉技术方面，华中科技大学建成了国内首套 3MW 规模的富氧燃烧二氧化碳捕捉中试示范平台。在碳计量工作方面，2011 年，武汉市发布了《温室气体（GHG）排放量化、核查、报告和改进的实施指南》，成为国内首个地方性碳核查执行标准，并被国家标准化委员会批准作为省标发布实施。

4. 积极参与省碳交易试点工作。积极推进碳交易走向现实操作，编制完成《武汉碳交易所组建方案》和《武汉碳交易所筹建可行性报告》，为湖北省碳交易试点推进工作提供了支撑。配合省发改委启动碳交易政策体系建设，积极推动 17 家（目前为 23 家）重点企业纳入碳交易试点工作，参与碳排放权交易。同时，配合湖北省发改委和国家发改委做好武汉市纳入全国碳交易企业名单编制、温室气体报送、能力建设等相关工作。

5. 主动开展碳认证工作。根据国家发改委和国家认监委联合发布《关于印发低碳产品认证管理暂行办法的通知》（发改气候〔2013〕279 号）要求，我委于 2014 年联合中国质量认证中心武汉分中心在全市开展第一批产品目录内低碳产品认证宣贯工作，选取长利玻璃作为低碳产品研究试点企业。经核算，该企业浮法玻璃类产品符合低碳产品限值要求，企业于 2014 年 6 月 27 日获得国家发改委和认监委颁发的首批低碳产品认证证书。

六、 低碳城市试点工作中取得的几点经验

1. 强化支撑低碳发展的重大课题和政策研究。2013—2014 年开展了低碳规划、温室气体清单编制、峰值研究、统计体系建立、低碳交通、武汉市典型行业碳减排潜力和成本分析及政策研究、利用电子商务平台与碳币兑换机制引导低碳消费与生活方式的模式设计等 16 个课题研究，目前已验收完毕，部分课题准备转化为政府政策文件。2015 年，包括节能量交易等相关内容在内的 10 个课题招投标程序完毕，已经启动研究工作。

2. 发挥平台功能，提升政府管理能力，发挥市场作用。充分利用基本建成的"武汉市低碳节能智慧管理系统"和"武汉市固定资产投资项目节能评估和审查信息管理系统"，实现实时掌握全市及各区、重点行业、重点企业的能耗及碳排放数据，实时掌握新建项目的能耗及碳排放数据，据此进行分析预警，提升政府的管理能力。利用"武汉低碳生活家平台"，发挥市场作用，充分调动企业和全体市民践行低碳生活，推动低碳消费，打造低碳城市的积极性。

3. 利用国际低碳交流平台提升城市影响力。2013 年 10 月，武汉市启动中法碳值评估项目，选择百步亭社区、武汉建管大楼、武汉华丽环保科技有限公司 3 个类型试点单位；2014 年该项目顺利完成，并召开了项目验收会，受到了专家和国家发改委气候司领导的充分肯定，并被推荐参加 2015 年巴黎气候大会。中法生态武汉示范城项目进展顺利，组建了中法武汉生态示范城工作推进委员会，启动了生态城选址区域的规划控制和周边生态环境保护，基本完成了区域现状摸底调查和"双登"工作，已着手编制建设规划。参加了第一届中美气候智慧型/低碳城市峰会，签署了《中美气候领导宣言》，承诺 2022 年左右碳排放量达峰；举办了 C40 城市可持续发展论坛以及 C40 年度专题研讨会，这也是C40 研讨会第一次走进亚洲，走进中国；参加了第 21 届巴黎联合国气候大会，本市申报的金口垃圾填埋场生态修复项目获得 C40 城市奖，成为本市应对气候变化领域获得的第一个国际奖项；在 2015 年中国城市可持续发展国际论坛上，本市被联合国开发计划署授予"中国可持续发展城市奖"。

七、 下一步工作思路及建议

（一） 低碳试点过程中面临的挑战

1. 经济发展需求仍将导致一段时间内碳排放量上升。本市正在实施"万亿倍增"计划，到 2021

年 GDP 将突破 2 万亿，GDP 年均增幅需达到 10.3％，经济发展需要一批重大项目作为载体。武汉市产业重工业化趋势没有改变，能源消耗量和碳排放量仍将在较长时间维持一定增幅。

2. 生态环境与群众诉求存在一定差距。"十二五"以来，本市生态环境有一定改善，但长期积累的生态环境问题正在集中显现，人民群众对优良环境的诉求越来越强烈。大气污染问题成为焦点，大面积严重雾霾天气时有发生；水环境污染、水生态退化问题仍然较为突出，总体水质改善任重道远。

3. 促进绿色低碳发展的体制机制仍有待进一步完善。合同能源管理、碳交易、绿色信贷市场规模偏少，节能减排市场化机制还有待进一步强化；个别大项目中仍然存在着承接产业转移的同时也承接了高能耗和环境污染的问题，从源头预防污染的体制机制仍然有待完善；生态补偿机制、自然资源资产确权等虽已破题，但离发挥实效还有一定差距；有利于低碳发展的价格、财政、税收、金融等经济政策还不完善，政策制度体系尚未建立，监督管理机制实施乏力，企业低碳发展内生动力不足。

（二）下一步工作思路

1. 进一步加强低碳制度设计。建立和完善项目碳评、碳交易、绿色信贷、碳排放量统计考核、"互联网＋"低碳宣传等机制；实施能效领跑者制度；推行能效标识和节能低碳产品认证等；启动实施好武汉低碳生活家平台建设。

2. 进一步加大结构调整力度。优化产业结构，充分发挥战略性新兴产业发展引导基金的作用，支持节能环保、新能源与新能源汽车等战略性新兴产业发展。严格项目准入制度，把好能评、环评等关口。加快淘汰落后产能。继续实施服务业提档升级计划，全面推进服务业升级"15511"工程，打造重点产业集群。优化能源结构，大力发展天然气等清洁能源，深入实施交通行业能源清洁化工程，加快推进农村清洁能源开发利用体系建设。

3. 进一步推进重点领域低碳工作。工业领域继续加强重点用能单位节能低碳监管，进一步完善统计体系建设及能源监管平台建设。建筑领域推动建筑产业现代化发展，支持建筑产业园区建设，研究制定配套标准规范，修订《武汉市绿色建筑管理试行办法》。交通领域全力打造"公交都市"，加快推进公共交通智能化建设，做好清洁能源和新能源车辆推广应用，进一步加大 CNG、LNG 等清洁能源车辆在交通运输行业的应用推广。商业领域继续推进"绿色饭店、绿色餐饮"创建工作。农林领域坚持增加绿色植被面积以及提升单位面积碳汇能力并重，通过加强生态保护、植树造林、科学管理，加快提升碳汇建设水平。

4. 进一步推进低碳试点建设。推进以集中展示低碳绿色发展为特色的园区、社区、企业、碳交易四级试点示范，在体制机制、低碳产业、低碳生活、低碳理念、典型示范等多个方面，支撑平台和服务体系等相关领域，加快武汉市重点示范区建设，形成一批可看可学可推广的典范。配合做好碳交易试点企业的资产管理、能源管理、碳排放计量等基础工作；创新低碳城区、社区建设管理模式，探索城区社区低碳建设标准，完善基层碳排放量计量及管理工作；加快推进中法武汉生态示范城、花山生态新城、四新生态新城等示范项目建设和东湖新技术开发区、百步亭社区等省级低碳试点建设。

5. 进一步发挥低碳智库作用。继续公开征集一批低碳发展重大政策和课题研究，开展政策评估工作，加强低碳课题转化为政策的实施力度。利用 C40 国际气候领袖群平台，加大国际合作交流力度，吸收各方面低碳发展先进经验。

6. 进一步加强低碳舆论引导。在报纸、电台、网站等开辟"低碳城市建设"宣传专栏，制作"低碳生活"系列公益宣传片，让低碳城市理念进家庭、进学校、进工厂、进机关，通过全方位、立体式的宣传，宣传普及低碳相关知识，提高公众低碳意识，引导低碳消费，鼓励低碳产品的生产和推广，为公众选择低碳消费提供良好的供给市场，建立低碳产品与低碳消费的良性互动机制；推进政府，商务部门低碳化办公，为低碳消费提供表率和先行作用。

（三） 有关建议

1. 建立更加完善的低碳法律体系和财税激励制度。尽快制定颁行《应对气候变化法》等低碳法律，并对现行《循环经济促进法》《煤炭法》《电力法》《可再生能源法》《节约能源法》等法律进行修订完善，健全更加完善的低碳法律法规体系以更好地促进低碳经济发展。健全更加完善对低碳经济的财政投入制度、税收优惠制度、政府定价及采购制度。

2. 完善低碳发展试点示范政策体系。加强对低碳试点示范地区的统筹协调和指导。制定并完善支持试点示范的产业、财税、投资、金融、技术、消费等方面配套政策，加大对试点示范工作的支持力度。制定低碳城市、园区、社区和商业等试点示范建设的规范和评价标准。对低碳试点示范总结评估和经验推广并组织相互学习。加强运用绿色债券支持低碳试点城市建设的政策指导。

3. 加强低碳试点示范地区能力建设。组织开展低碳试点示范地区能力建设专项行动计划，加强对地方政府主要领导、低碳发展主管官员以及企业高管等多层次的能力培训。支持地方的国际双向合作交流，包括在低碳技术、低碳政策等方面切实加大合作交流力度，积极吸收国外好的做法与经验为我所用，促进我国低碳经济的持续发展。

广州市低碳试点进展总结

广州市自 2012 年申报成为国家低碳城市试点以来，积极与国家低碳发展方向和工作要求对接，围绕控制温室气体排放的总目标，以低碳发展为战略导向，不断调整优化广州市低碳城市建设路径，制定出台了一系列规划和方案，产业结构和城市建设低碳化水平不断提高，低碳城市试点工作取得良好成效。

一、 基本情况

2015 年，广州市地区生产总值 1.84 万亿，同比增长 8.4%，人均生产总值突破 2 万美元，三次产业比重为 1.26:31.97:66.77。全市能源消费总量为 5688.84 万吨标煤，万元 GDP 能耗为 0.3353 吨标煤。"十二五"期间，本市地区生产总值年均增长 10.1%，能源消费量年均增长 4.63%，单位 GDP 能耗年均下降 4.49%，"十二五"累计下降 20.54%，超额完成省政府下达给本市的"十二五"万元 GDP 能耗下降 19.5% 的目标。全市 2014 年一次能源消费总量为 3889.27 吨标煤，外埠电力调入量为 461.47 亿千瓦时，二氧化碳排放量（仅包含化石燃料燃烧过程产生的排放量）为 1.1 亿吨，万元生产总值二氧化碳排放量为 0.69 吨标煤，比 2010 年降低 24.5%，已提前一年超额完成广州市低碳城市试点实施方案提出的"十二五"期间下降 23% 的目标。2011—2014 年分别比上年下降 6.2%、9.7%、6.4%、4.8%，呈逐年下降趋势，主要下降动力来自于煤炭消费量的逐年减少，2014 年本市煤炭消费量比 2010 年减少了 304.11 万吨标煤，减排二氧化碳 802.85 万吨。

二、 低碳发展理念

1. 建立低碳发展组织领导机制。为全面统筹全市节能低碳工作，2010 年市政府成立广州市低碳经济发展领导小组（后更名为节能减排及低碳经济发展工作领导小组），领导小组由市长亲任组长，副市长任副组长，各市直部门和各区、县级市政府主要领导作为成员，办公室设在市发展改革委，共同推进全市低碳发展工作。

2. 开展相关规划编制。为深入研究低碳城市和生态文明建设路径，指导全市低碳发展工作，我委组织开展《广州市节能环保产业发展规划（2014—2020 年）》《广州市生态文明建设规划纲要》和《广州市"十三五"节能降碳规划》的编制工作，其中《广州市生态文明建设规划纲要》被列为重点专项规划。

3. 出台一系列指导文件。本市先后印发了《广州市人民政府关于大力发展低碳经济的指导意见》《中共广州市委广州市人民政府关于推进低碳发展建设生态城市的实施意见》《广州市低碳城市试点工作实施方案》等纲领性文件和工作方案，明确低碳发展方向和重点任务，落实工作职责。

4. 深入课题研究。委托中科院广州能源所开展广州市国家低碳试点项目，对广州低碳发展路径和模式进行深入研究。具体包括《广州市温室气体清单及研究广州市能源消费、二氧化碳排放总量峰值控制途径》《广州市建设低碳产业体系方案研究》《广州市重点低碳示范园区（社区）实施方案》《广州市低碳建筑发展方案》《广州市发展城市低碳交通体系方案》《建设社会参与型的碳排放交易体系和生态碳汇系统》等课题。

三、 低碳发展任务落实与成效

（一） 调整优化产业结构

1. 大力发展现代服务业。广州市大力发展服务业，第三产业比例由 2010 年末的 61.01% 增长到 2015 年末的 66.77%。同时，深化国家服务业综合改革试点，大力推动产业结构内部优化，出台加快生产线服务业发展三年行动方案等政策措施，大力发展总部经济、现代金融、现代物流，积极培育卫星导航、科技服务、工业设计、文化创意等服务业新业态，2015 年现代服务业增加值占服务业比重达 63.5%。

2. 推动制造业低碳化升级改造。成立广州市淘汰落后产能工作联席会议办公室，推动落后产能淘汰，"十二五"期间共计淘汰落后火电产能 11.7 万千瓦；焦炭 24 万吨、造纸 0.5 万吨、水泥 30 万吨、平板玻璃 1075.5 万重量箱、印染 12281 万米、制革 109 万标张、铅蓄电池 69120 千伏安时；大力推进"退二进三"工作，关闭搬迁市区 314 家高耗能高污染工业企业，推动 600 多家规模以上工业企业新一轮技术改造；六大高耗能行业产值占规模以上工业总产值比例由"十一五"末期的 31.9% 下降为"十二五"末期的 26.7%；大力发展先进制造业，制定工业转型升级攻坚战三年行动方案，实施新一轮技术改造行动、制造业高端化行动、制造业智能化行动、工业创新行动、绿色发展行动、"四百强"企业行动 6 大攻坚行动。

3. 培育壮大战略性新兴产业。设立每年 20 亿的战略性新兴产业专项资金，培育扶持新能源和节能环保产业、新能源汽车等 6 个战略性新兴产业发展，建设 35 个战略性新兴产业基地，设立新兴产业创投引导资金参股孵化基金，支持创新型企业发展，2015 年战略性新兴产业增加值占 GDP 比重超过 10%，高新技术产品产值占工业比重达 45%。

4. 推动农业低碳可持续发展。持续完善农业科技推广体系，推广主导品种和新优品种，农业科技进步贡献率达到 63.5%；推进农业面源污染防治，累计推广测土配方施肥技术应用面积 22 万亩；制定《广州市土壤环境保护和综合治理方案》，开展土壤重金属污染治理；清理"散小乱"畜禽养殖场，推进养殖场排泄物综合利用，全市规模化畜禽养殖场粪便等排泄物无害化处理率达到 80%。

（二） 大力推动能源低碳化

1. 推动煤炭消费减量化。出台《广州市人民政府关于整治高污染燃料锅炉的通告》，要求 20 蒸吨/小时以下和 2004 年以前（含 2004 年）启用的 20 蒸吨/小时以上（含 20 蒸吨/小时）的高污染燃料锅炉，于 2015 年底前完成拆除或改用清洁能源，20 蒸吨/小时以上的高污染燃料锅炉，应采用节能环保燃烧方式，建设高效脱硫、降氮脱硝、除尘设施，安装烟气排放在线连续监测仪器并与环保部门联网，或改用清洁能源，目前已淘汰高污染燃料锅炉1298台。2014年，越秀区、海珠区、荔湾区、天河区4个区建成无燃煤区，广州市煤炭消费量占一次能源消费量比重从2011年的32%下降到2014年的25%。

2. 实施燃煤电厂改造。加大煤电自身结构的优化调整，2014年3月本市率先制定出台《广州市燃煤电厂"超洁净排放"改造工作方案》，按照国家、省对重点地区"燃气轮机大气污染物特别排放限值"标准对本市燃煤电厂进行改造，截至2015年底，全市已有8家企业、总装机容量约463万千瓦的21台机组完成改造。

3. 大力推广天然气。发布实施《广州市管道燃气2014—2016年发展专项规划和实施计划》和《广州市推进管道燃气三年发展计划实施办法》，建成天然气管网7943.76公里，全市主干管网年接收能力达60亿立方米，建成LNG加气站18座，天然气电厂2座，全市燃气用户超过461.2万户，燃气气化率达到99.7%，全市天然气消费总量超过20亿立方米。

4. 鼓励支持太阳能光伏应用。制定印发广州市分布式光伏发电发展规划（2013—2020年），通过市财政鼓励补贴光伏发电项目建设，力争到2020年，全市太阳能发电机组达到200万千瓦。2015年，全市新建成分布式光伏发电项目约60兆瓦，累计建成分布式光伏发电项目总规模已达150兆瓦，太阳能集热板安装面积超过40万平方米。

（三）着力推动能源使用效率提升

1. 加强建设项目节能评审。严格贯彻固定资产节能评估和审查办法，创新建立节能评估文件和节能评审机构评分机制，有力促进节能评估文件编制和评审质量的提高。2015年，市本级共对46个固定资产投资项目节能评估报告书（表）进行审查、106个项目进行登记备案。通过节能评审，项目用能方案得到优化，46个项目评审后能源消费量减少7%左右。

2. 加强重点用能企业管理。全面推进万家企业节能低碳行动，深化节能考核、用能跟踪、督导监察等工作，为用能单位提供能源计量、水平衡测试、用能审计等节能技术服务，开展能源管理体系建设和能效对标，对重点行业、企业节能改造、低碳发展、循环经济、资源综合利用和清洁生产重大项目等进行扶持。本市159家国家万企2014年度实现节能39.15万吨标煤，2011—2014年累计节能量达363万吨标煤，完成"十二五"节能量目标133%。

3. 推动主要用能设备淘汰更新。制定《广州市电机能效提升（2014—2015年）工作实施方案》，市财政安排6300万元按1:1比例配套省电机能效提升补贴资金（省市补贴资金合计1.26亿元），2014—2015年全市共完成197万千瓦电机及电机系统节能改造，通过财政补贴鼓励淘汰高耗能落后变压器37台共36340千伏安；全面开展在用锅炉能效测试和能效评价工作，2015年共完成工业锅炉简单测试1156台、工业锅炉详细测试151台、电站锅炉测试35台；积极推动节能节水产品认证，目前，广州市获得节能认证的企业45家、证书763张，节水认证企业4家、证书22张。

4. 大力发展循环经济。广州市积极创建国家循环经济示范城市，制定出台了《广州市创建国家循环经济示范城市实施方案》《广州市创建国家循环经济示范城市三年行动计划》《广州市推进工业园区

（产业积聚区）循环化改造的实施方案》等工作方案，推动22个工业园区完成循环化改造方案编制，一批重点改造项目进入实施阶段，完成28家省循环经济试点单位的现场验收；广州经济技术开发区成功申报为国家园区循环化改造试点单位，获得中央循环化改造专项资金2.33亿元，带动投资超32亿元；组织实施珠江啤酒等5个国家级循环经济示范项目建设，推动越堡水泥等10家企业建设生产过程协同资源化处理废弃物示范工程；万绿达循环经济产业基地列入创建省"城市矿产"示范基地创建名单、金发科技股份有限公司列入省循环经济教育示范基地创建名单、跨越汽车零部件工贸有限公司和花都全球自动变速箱有限公司列入省再制造试点创建名单。

（四） 大力发展低碳绿色建筑

1. 强化新建建筑节能标准。新建建筑全面执行节能强制性标准，设计阶段执行率达到100%，施工阶段执行率达到100%；以政府令出台《广州市绿色建筑和建筑节能管理规定》，从立项、规划、施工和验收全过程进行闭合管理，保障了建筑节能和绿色建筑各项政策规定、技术标准的贯彻落实。

2. 大力发展绿色建筑。市政府出台《广州市绿色建筑行动实施方案》，重点在财政资金项目、旧城改造项目、城市发展新区、大型公共建筑推广绿色建筑标准，"十二五"期间，本市累计获得绿色建筑评价标识项目176个，建筑面积约1746万平方米，其中30个项目获得国家三星级绿色建筑评价标识，5个项目获全国绿色建筑创新奖。率先在保障性住房建设中实施绿色建筑行动，自2012年2月10日以后取得建设工程规划许可证的保障性住房按照绿色建筑标准进行建设，芳村花园二期等多个保障性住房项目（建筑面积超过139.74万平方米）获得绿色建筑评价标识，芳村花园住宅二期工程被住房和城乡建设部授予"国家绿色建筑示范项目"；中新广州知识城、广州教育城一期等区域已按照国家绿色生态城区标准完成总体规划和市政、能源、绿色建筑等各项专项规划并向国家申报绿色生态城区示范，其中部分项目已获得绿色建筑设计标识。

3. 推动既有建筑绿色化改造。以节能设计备案为抓手，对纳入施工许可范围涉及围护结构、空调和照明系统改造的装修项目强制实施节能改造，实现既有居住建筑节能改造制度化。据不完全统计，"十二五"期间实施既有建筑节能改造示范面积约499万平方米，推进既有建筑绿色化改造，广州发展中心大厦获得二星级绿色建筑运行标识。"十二五"期间共组织实施101栋公共建筑的能源审计，对101栋公共建筑的能耗数据进行实时监测。

4. 推广可再生能源建筑规模化应用。对十二层以下（含十二层）居住建筑以及具备稳定热水需求的公共建筑强制要求优先采用太阳能热水系统，不具备太阳能集热条件的用空气源等其他可再生能源技术代替，"十二五"期间，累计推广太阳能光热建筑应用建筑面积约315.46万平方米，使用太阳能光热板面积约8.83万平方米，推广太阳能光电建筑应用装机容量203.5MW。

5. 推广屋顶绿化。调查研究适合广州市气候的屋顶绿化模式和植物品种，制定广州市推进屋顶绿化工作的方案，以大型公共建筑、工业园区和厂房、新建和改建建筑、主要景观周边民用建筑为重点，通过政府引导和补助、发动全社会各类型业主积极参与、推广屋顶绿化成熟技术等多种方式，计划2020年屋顶绿化面积达到250万平方米，从而有效降低楼顶温度，减轻城市热岛效应。

6. 建立了本地化技术路线和技术标准体系。根据广州属于夏热冬暖地区，夏季空调制冷能耗占比相对较高的特点，我们组织对本地化绿色节能适宜技术进行研究，提出了现代主义建筑哲学与中国园林精美意境、岭南地域气候特点相结合的现代岭南建筑设计理念，以及"遮阳隔热通风防潮"与岭南园林有机结合等建筑手法，并组织编制了《广州市岭南特色城市设计及建筑设计指南》《广州市岭南特色绿色建筑设计导则》等技术指引，先后建成了以广州气象局监测中心大楼、岭南新苑和珠江电厂办公业务综合楼为代表的一批岭南特色绿色建筑。

（五） 全面打造低碳交通

广州市获批成为国家低碳交通运输体系建设试点城市，印发实施《广州市建设低碳交通运输体系试点实施方案（2012—2014）》《广州市低碳交通运输体系建设中长期规划（2012—2020）》等，按照"低碳立体交通网络体系"、"绿色低碳运输装备体系"、"节能高效运输组织体系"、"智能交通服务管理体系"、"低碳交通保障体系"5 大体系全面推进本市低碳交通发展。

1. 大力发展公共交通。地铁通车 9 条 266 公里，日均客运量超过 620 万人次，公交分担比例达 40%，市内高速公路通车 972 公里，建成市政道路桥梁 234 公里，全市共有公交线路 1167 条，公交运力为 14094 辆，建成公交专用道 470 公里，开通运营水上巴士航线达到 14 条，可基本辐射中心城区珠江沿线各主要客流集散点，海珠有轨电车试验段开通试乘，全长 7.7 公里，设 11 座车站，市区公共交通出行占机动化出行比例达 60%。广州 BRT 项目获得美国交通运输研究委员会"2011 年可持续交通奖"和 14064 工作小组主席英国标准协会（BSI）颁发的温室气体核证证书，并作为中国唯一入选项目，荣获联合国 2012 年应对气候变化"灯塔奖"。

2. 推广节能环保交通工具。广州市列入国家节能与新能源汽车示范推广试点城市，截至 2015 年 12 月底，累计推广新能源汽车 1.46 万辆，其中纯电动汽车占 60%，插电式混合动力（包括增程式）汽车占 40%；公交领域示范应用 6268 辆节能与新能源公交车辆，其中纯电动公交车 117 辆，插电式 LNG 混合动力公交车 1751 辆，非插电式混合动力公交车 1684 辆，LNG 公交车 2716 辆，全市累计建成 LNG 加气站已达 18 座；严格执行汽油车和柴油车国Ⅳ标准、燃气汽车实施国Ⅴ标准，推广使用国Ⅴ标准车用燃油；严格落实黄标车限行措施，积极落实鼓励提前报废黄标车奖励政策，共淘汰黄标车 18 万辆；实施中小客车总量调控，遏制私人汽车数量增长，新能源汽车可直接上牌，节能车单独摇号，鼓励购买节能和新能源汽车。

3. 推进大型交通企业节能。广州市二汽公司、广州交通集团出租汽车有限公司、广州市运输有限公司大型物件运输分公司、广州港集团南沙港务公司 4 家企业列入交通运输部"千家企业"低碳交通运输专项行动，通过督导企业开展节能改造和管理，2012 年以来节能量达 1.2 万吨标煤；指导本市重点运输企业初步建立运输能耗统计制度，并制定了节能减排考评实施方案，推动企业提高能源使用效率；广州港集团成为全国首批 8 家绿色港口项目单位之一，获得交通运输部 1117 万元的资金支持。

4. 交通智能化水平不断提高，形成智能交通平台、交通政务平台、物流信息平台的信息化大交通管理格局，涵盖了面向政府、企业、市民的信息服务等领域的 50 个信息化子系统，"行讯通"手机软件，向广大市民群众提供实时路况、实时公交查询、停车服务等 17 项交通信息服务功能。

5. 推行慢行系统。印发《广州市公共自行车项目提升推广工作方案》，解决市民中短距离出行和与公共交通"最后一公里"的接驳，公共自行车系统的全部建设投入由政府财政承担。目前，广州市已建成116个公共自行车服务点，投入公共自行车8850辆，计划2016年实现投入3万辆公共自行车。

（六）推进废弃物低碳化处置

1. 构建再生资源回收网络。编制再生资源回收指导目录、行业发展规划，加强再生资源回收分拣中心和回收中转站建设，再生资源回收"一街一镇一示范点"工作体系已建设完成，累计规范建设再生资源回收站点3100个，城乡再生资源回收网络服务覆盖率达到100%。推动垃圾分类与资源回收工作对接，引导社会力量探索低值可回收物回收利用试点，同时鼓励街镇进一步探索和完善企业（社会组织）参与垃圾分类的有效模式，陆续形成了越秀"白云"、荔湾"西村"、海珠"轻工"、花都"花城"、增城"小楼"等一批垃圾分类企业化服务模式的示范点。

2. 强化垃圾分类投放与收运。创新垃圾分类全流程设计，实现"源头减量、分类投放、分类收集、分类运输、分类处置及全过程监管"垃圾分类处理流程再造。广州市成功创建全国首批生活垃圾分类示范城市，垃圾分类处理项目获得了"2015中国城市可持续发展范例奖"。实行"定时定点"分类投放模式的社区达到781个，并在社区、学校、机关单位开展生活垃圾分类示范点创建活动。全市建制镇和自然村全部建成垃圾转运站，农村垃圾处理及环境改善率为100%。垃圾分类收运网络逐步形成与优化，重点规范了405个垃圾分类合格社区分类收运转运点的管理。全面加强有害垃圾管理，建立60个有害垃圾临时储存库，5年来共收集处理各类有害垃圾77.84吨。

3. 加快垃圾处理设施建设。本市列入国家第三批餐厨废弃物资源化利用和无害化处理试点，已建成资源热力电厂1座、卫生填埋场1座、餐厨垃圾处理厂1座，正在加快推进第三、第四、第五、第六、第七资源热力电厂等生活垃圾终端处理设施建设。并依托资源热力电厂建设7个垃圾处理循环经济产业园。第一资源热力电厂二分厂城市固废物环境教育项目获2014年中国人居环境范例奖。

4. 推动垃圾处理领域投融资创新。开展餐厨废弃物和建筑废弃物招标工作，引入社会投资主体进入本市固废处理领域，鼓励通过竞争性配置等方式推进固废处理设施建设。4个餐厨固废项目列入省发展改革委的民营资本进入城市基础设施推介项目，2个项目已成功通过BOT招标引入民营投资者，其中大田山餐厨废弃物循环试点项目于年底完工。

（七）倡导绿色生活方式和消费模式

1. 开展绿色公共机构建设，为全社会节能低碳做好表率。市节能专项资金每年组织公共机构节能改造项目申报和评审工作，2014年和2015年，市节能专项资金分别支持了6个和9个公共机构节能改造项目，支持资金1036万元和1292万元，预计年节能量可达544.61吨、862.16吨标煤；制定印发《广州市公共机构合同能源管理办法》，解决了公共机构在实施合同能源管理项目过程中存在的有关财政支付等问题；委托专业机构对能耗较高的公共机构委托专业机构进行节能诊断，为这些公共机构节能工作开展节能工作提供有力支撑；制定印发《广州市建设绿色公共机构三年行动方案（2015—2017年）》，将206家能耗较高的公共机构纳入重点用能单位，3年内完成用能审计和节能改造，预计改造后年节电量可达8200万千瓦时，已完成40家用能最高的公共机构的用能审计；花都区机关事务管理局等 3 家公共机构顺利通过国家第二批节约型公共机构现场验收，广州市人民检察院等 117 个单位通过评审并被授予"广州市公共机构节水型单位"称号，成为全市公共机构节能工作的良好示范。

2. 开展低碳社区建设。2012 年本市通过自主申报和专家评审，选择了 6 个社区开展低碳试点建设工作，并给予了财政资金支持。经过多次讨论和调整，目前大部分社区已经完成低碳改造和低碳活动，实施了风光互补路灯、太阳能热水、屋顶绿化、垃圾分类、社区绿化等改造，拟于近期组织验收，总结推广经验。

3. 限制商品过度包装。以政府令出台了《广州市限制商品过度包装管理暂行办法》，要求包装生产企业和商品生产者减少包装材料使用、使用可循环材料等，同时明确了各项工作的执行和监督部门，切实减少包装废弃物的产生，促进资源节约和循环利用。

4. 开展节能绿色宣传。认真举办全国节能宣传周、世界地球日、世界环境日等活动，设计印发节能环保宣传海报和节能宣传册，各职能部门在各自领域开展有针对性的节能降碳宣传和培训活动。2015 年节能宣传月期间我委制作了出行节能、办公室节能、节约用电、节约用水、低碳生活共 5 则公益广告片，在广州新闻频道顺利播出，在花城广场市第二少年宫电子屏幕、市汽车站候车室等地滚动播放，起到了良好的宣传效果。2016 年 1 月 15 日在广州日报刊登环保公益广告，倡导市民低碳节俭，践行绿色生活，共同为建设美丽广州贡献力量。

（八） 加强林业碳汇建设

近年来，先后获国家园林城市、国家森林城市等荣誉称号，全面实施新一轮绿化广东大行动和花城绿城建设，全力推进森林进城围城、生态景观林带、森林碳汇、乡村绿化美化，以及绿道、花园花景、城市出入口景观、立体绿化等重点工程，不断加大森林、绿地的保护力度。全市森林覆盖率达 42%、森林蓄积量 1484 万立方米，全市湿地面积 114 万亩，占国土总面积的 10.26%。

1. 积极发展森林碳汇。大力开展碳汇造林，改善林分结构，提高林分质量。全市完成碳汇造林 10.38 万亩。同时，积极开展全市森林碳汇计量和监测，算清全市森林、湿地碳储量现状和年增长量，建立森林碳汇数据库，编制广州森林碳汇分布图。

2. 着力推进森林进城围城。重点提升建设流溪河、石门、帽峰山等国家级、省级森林公园，近两年新增森林公园 23 个，全市森林公园总数达到 73 个，形成了国家、省、市、镇街四级森林公园体系。新建 12 个湿地公园，其中海珠湖国家级湿地公园、南沙湿地公园入选"广东十大最美湿地公园"。

3. 开展城镇绿化美化。市政府印发实施《广州市花城绿城水城建设方案》，全市建成区绿地率达 35.68%、有城市公园 245 个，人均公园绿地面积 16.5 平方米，全市 13 个儿童公园全面建成开放。在全市各镇村开展"一园、一带、一网"乡村绿化美化建设，目前全市已完成 395 个乡村绿化美化和 700 片风水林的恢复改造。全市共建成生态景观林带 507 公里，形成贯通城乡、全年常绿、季季有花的生态景观长廊。

4. 打造绿道休闲网络。从 2010 年开始，全市已建成绿道总里程 3000 公里，串联 320 个主要景点、166 个驿站和服务点，初步形成 10 条绿道精品游线，覆盖面积 3600 平方公里，服务人口超过 800 万，广州绿道已成为广东省线路最长、串联景点最多、综合配套最齐、在中心城区分布最广的绿道网。相继获得了国际"可持续交通奖"、"中国人居环境范例奖"、"国家健身步道示范工程"等荣誉。

5. 强化法制和管理体系。结合实际修订《广州市生态公益林条例》《广州市森林公园管理条例》等地方性法规，构建相对完善的林业法规体系，为依法治林提供法律保障；加快数字林业建设，应用"3S"（遥感技术、全球定位系统、地理信息系统）技术，初步搭建起"广州数字林业平台"，获得"全国林业信息化示范市"称号；严格执行森林采伐限额、林地占用征收定额管理制度，持续推进森林防火"四化"建设，严厉打击涉林违法犯罪。

四、 基础工作与能力建设

1. 开展全市温室气体清单编制。委托中科院广州能源所开展全市温室气体清单编制工作，对全市各领域的温室气体排放情况进行全面摸查核算，目前已基本完成编制工作，待与统计部门进行对接后即可完成。

2. 开展重点企业温室气体排放核查。按照国家有关要求，完成了纳入国家首批温室气体报告工作名单的 58 家重点企（事）业单位展 2011—2014 年的温室气体排放核查工作，为建设全国碳排放权交易市场打好基础。

3. 建设全市能源管理中心平台。为加强全市重点用能企业的监管和用能跟踪，本市启动市能源管理中心建设。目前基础平台已于 2015 年 11 月上线测试运行，实现了能源利用状况报表填报、能耗在线监测、节能监察管理、能评管理、碳排放管理、数据统计分析等系统功能，与省重点用能单位能源利用状况报告和市大型公共建筑能耗在线监测平台完成数据对接，正逐步推进重点用能单位能耗在线数据接入。

4. 积极开展对外交流合作。本市积极开展低碳对外交流合作，将低碳打造为广州走向国际化的重要品牌，树立本市负责任的国际大城市形象。与瑞士驻华大使馆开展低碳城市试点项目对接和洽谈，经市政府同意，广州市将配套 50% 的项目资金，与瑞方共建发展合作中心；组团参加首届中美应对气候变化峰会，向国际社会展示广州低碳城市发展的经验和思路，并向国际承诺力争在 2020 年底前达到碳排放峰值，得到了国际和国家发改委的充分认可；2015 年 9 月，本市成功加入 C40（城市气候领导联盟），并参加在丹麦哥本哈根和武汉召开的 C40 研讨会议。

五、 积极探索开展体制机制创新

1. 加强碳排放权交易管理。配合省做好碳排放信息核查、配额发放、配额调整等工作，广州市共有 19 家企业列入省强制碳排放交易控排企业、4 家企业列入碳排放信息报告企业。推动广州碳排放权交易所完善体制机制，积极活跃碳交易二级市场，截至 2015 年底广州碳排放权交易所累计成交配额 2350 万吨二氧化碳当量，成交总额达 96433 万元，累计成交核证自愿减排 101 万吨。

2. 探索实施碳普惠制。本市制定建筑和交通领域开展碳普惠制试点工作的实施方案，经市政府常务会议审议通过并印发，并列入省首批碳普惠制试点城市，将在采用公共交通、购买绿色建筑、减少生活用电用水等方面探索开展碳减排奖励措施，通过碳普惠制引导鼓励广大市民参与碳减排行动。

六、 主要经验

1. 在资源综合利用方面，积极开展生活垃圾分类和资源化处理。广州市垃圾分类处理项目获得"2015 中国城市可持续发展范例奖"，实现"源头减量、分类投放、分类收集、分类运输、分类处置及全过程监管"垃圾分类处理流程再造。推动垃圾分类与资源回收工作对接，引导社会力量探索低值可回收物回收利用试点，建成再生资源回收"一街一镇一示范点"工作体系，城乡再生资源回收网络服务覆盖率达到 100%。

2. 在新能源推广方面，积极推广太阳能光热和光电应用。《广州市绿色建筑和建筑节能管理规定》要求：新建 12 层以下（含 12 层）的居住建筑和实行集中供应热水的医院、宿舍、宾馆、游泳池等公共建筑，应当统一设计、安装太阳能热水系统。制定印发广州市分布式光伏发电发展规划（2013—2020 年），市财政对太阳能光伏发电项目按照每瓦 0.3 ~ 0.4 元进行补贴。

3. 在市场引导方面，积极开展重点行业碳排放权交易。广州碳排放权交易所 2012 年挂牌，开展全省重点行业企业的碳排放权交易工作，推动控排企业履约，切实减少了温室气体排放。同时借助广州碳排放权交易所平台，积极向企业和社会进行应对气候变化宣传，推动企业参与碳减排和碳排放权交易，培育了一批低碳人才和技术服务企业，为低碳发展工作提供有力支撑。

4. 在低碳交通体系方面，积极打造立体低碳交通系统。广州市优先发展公共交通，目前地铁通车 9 条 266 公里，公交分担比例达 40%，到 2020 年计划开通里程超过 520 公里，根据城市空间发展调整和新增公交线路，建设公交专用道，开通运营水上巴士航线达到 14 条，在有条件的路段建设有轨电车，全面打造立体集约的公共交通系统，提高公交出行比例。同时，将到期报废的公交车辆全部替换为节能和新能源车辆，目前已应用 6268 辆节能与新能源公交车辆，其中纯电动公交车 117 辆，插电式 LNG 混合动力公交车 1751 辆，非插电式混合动力公交车 1684 辆，LNG 公交车 2716 辆。

七、 工作建议

1. 将温室气体排放纳入统计核算体系。目前地区温室气体排放情况由研究机构进行调查统计，与现有的统计核算体系中的能耗、产业等指标缺乏有机的衔接，同时也缺少权威性，不利于地方政府开展温室气体排放目标的制定和考核。建议国家将温室气体排放有关数据和指标纳入统计核算体系，尽快出台统计核算办法。

2. 落实税收优惠政策。现有的节能节水专用设备企业所得税优惠和环境保护专用设备企业所得税优惠政策，在基层操作过程中存在税务工作人员缺乏必要的专业知识、对申报条件不够清晰、宣传力度不够等问题，导致企业能够获得该税收优惠的难度较大，近几年来获得该项优惠的企业很少。建议进一步简化和明晰节能节水环保专用设备税收优惠政策，切实起到鼓励引导作用。

3. 实施和推广低碳认证制度。从家电、照明、数码产品等开始，逐步推广实施产品碳标签，鼓励消费者和生产者购买和生产低碳产品，增强对应对气候变化的认识。

4. 加大资金支持力度。加大中央预算内资金、各领域专项资金对节能低碳项目和相关工作的支持力度，要求金融机构增大绿色信贷的比例，增强对节能低碳综合服务项目的信贷支持。

桂林市低碳试点进展总结

2012 年 11 月,《国家发展改革委关于开展第二批低碳省区和低碳城市试点工作的通知》(发改气候〔2012〕3760 号文件)确定桂林市为国家第二批低碳试点城市,试点主要任务是明确工作方向和原则要求,编制低碳发展规划和实施方案,建立以低碳、绿色、环保、循环为特征的低碳产业体系,建立温室气体排放数据统计和管理体系,建立控制温室气体排放目标责任制,积极倡导低碳绿色生活方式和消费模式,确定碳排放峰值年,明晰达峰路径等。

一、低碳试点基本情况

(一) 基本情况

1. 桂林市基本情况。桂林市位于广西壮族自治区东北部,北面与湖南省交界,西面和南面与柳州地区相连,东面与贺州地区毗邻。全市辖 6 个区及 11 个县(自治县),常住人口 496 万人,总面积 2.78 万平方公里,其中耕地面积 32.942 万公顷,林地面积 196.94 万公顷,境内河流密布,水资源丰富,有大小河流近千条,分属珠江和长江两大水系。桂林地处桂粤湘黔四省区中心,是华南与华中、西部与东部、内陆与沿海连接交往的重要节点。桂林自古享有"山水甲天下"之美誉,并有"美丽的桂林、中国的名片"之称,是中国乃至世界重要的旅游目的地城市,有被国务院确定的"国家重点风景游览城市"和"历史文化名城"两顶桂冠,被誉为国际旅游明珠。桂林是首批"中国优秀旅游城市",是世界旅游组织向全球首推的中国最佳旅游目的地城市,是"国家园林城市""国家卫生城市"和"国家环保城市",是"中国最佳魅力城市""中国最佳休闲城市",是全球网友评选出的"最中国文化名城",也是一个最适合人类居住和幸福指数很高的城市。

2. "十二五"期间桂林市经济社会发展情况。"十二五"期间,桂林市全面贯彻落实中央、自治区的各项决策部署,主动适应新常态,全力以赴稳增长、促改革、调结构、惠民生、防风险,顺利完成"十二五"规划确定的主要目标任务和国际旅游胜地建设中期目标,经济社会发展取得了重大成就,进入了一个新的发展阶段。2015 年,桂林人均地区生产总值突破 6000 美元,进入中等收入发展阶段;培育了 9 个产值超百亿元的工业产业,工业增加值占 GDP 比重达到 38.4%,实现了由工业化初期向中期的历史性跨越。生态文明建设成效显著,桂林喀斯特申遗成功,建立了科学规范的漓江保护利用机制,低碳城市建设全面开启,节能减排和生态环境保护扎实推进;美丽桂林乡村建设成绩突出,城乡人居环境持续改善,生态环境优势得到巩固和加强。社会事业全面进步,城乡居民收入水平位居全区前列,人民群众幸福感和满意度不断提升,社会治理体系不断完善,社会文明程度进一步提高,社会大局和谐稳定。

3. "十二五"期间桂林市节能降碳情况。据广西壮族自治区人民政府考核确认，2014 年桂林市全市万元 GDP 能耗下降 3%，累计下降 15.04%，完成"十二五"进度目标的 100.29%，提前一年完成"十二五"下降 15% 的节能目标任务；全市万元 GDP 二氧化碳排放量下降 1.15%，累计下降 28.1%，完成"十二五"进度目标的 176.49%，提前一年大幅度超额完成"十二五"下降 16% 的降碳目标任务。据初步统计，2015 年桂林市全市万元 GDP 能耗下降 4.5%，万元 GDP 二氧化碳排放量下降 1.04%，两项指标均大幅度超额完成"十二五"目标任务。

（二） 主要成绩

2015 年 12 月，国家发改委、科技部、财政部等九部委联合下发了关于开展全国第二批生态文明先行示范区建设的通知，正式批准桂林市开展生态文明先行示范区建设工作。2014 年度桂林市在全区节能降碳目标责任制考核中分别被评为"超额完成"和"优秀"等级，并分别得到了广西区人民政府的通报表扬。2015 年 7 月，桂林市圆满通过了广西区自治区住建厅代表住建部和财政部"国家可再生能源建筑应用城市示范"验收。截至 2015 年底，桂林市获得国家住建部绿色建筑设计标识的项目共 11 项，项目总面积约 149.2 万 m^2。2015 年，桂林市全州县天湖社区、恭城瑶族自治县红岩村和黄岭村获批成为广西第一批"省级农村低碳社区试点"，占全区省级低碳社区试点的 30%，占全区省级农村低碳社区试点的半壁江山，又成为广西省级低碳社区试点重点地区。

二、 低碳发展基本理念

（一） 市委、 市政府高度重视和践行低碳发展理念

多年来，桂林市在经济建设和社会发展中，牢固树立"绿水青山就是金山银山"的生态、绿色和低碳发展理念，开展了一系列扎实和具有开创性的工作：开创性实施了温室气体减排"双小组"机制，一是成立了桂林市应对气候变化及节能减排工作领导小组，在有限的地方财力中，每年都安排了桂林市应对气候变化及节能减排工作专项资金，5 年共计安排上亿元专项资金，引导社会资本开展节能降碳工作，二是成立了桂林市大气污染治理领导小组，大力整治了传统砖窑生产和黄标车排放；出台了《领导干部政绩考核办法》和环境治理"党政同责、一岗双责"责任制管理办法，把生态建设和低碳发展放在首位，与干部绩效直接挂钩。

（二） 低碳发展理念深入人心

为使低碳发展理念深入人心，桂林市把"生态文明、低碳发展"纳入精神文明建设范畴，通过开展低碳知识竞赛、低碳微信宣传、开设宣传网站、连续举办节能新产品新技术展会、连续举办节能低碳宣传活动周、节能体验自行车赛暨摄影赛、徒步活动、领导干部"公共机构节能与低碳试点城市建设"专题培训班等活动，积极倡导绿色发展、低碳生活理念，让"生态文明""低碳生活"理念入户、入村、入屯、入社区、入学校、入企业、入机关，从而改变人们传统的消费观念，培养低碳生活理念，凝聚了广泛的社会共识。

（三） 全面启动低碳城市建设

2013 年 7 月 26 日，国家发展改革委正式批复《广西壮族自治区桂林市低碳城市试点工作实施方案》后，桂林市以七大重点工作为抓手，全面推进低碳城市试点工作，促进城市低碳化、可持续、健康发展：一是要在全体市民中倡导低碳生产生活方式和低碳消费模式，使低碳生产生活方式和低碳消费模式进社区、进企业、进机关、进学校、进医院、进军营，教育和引导市民减少碳足迹；二是合理调整产业结构，加大淘汰落后产能力度，加快传统产业改造升级，大力发展战略性新兴产业，加快发展服务业；三是稳步推进节能降耗工作，实施节能重点工程，加强重点用能单位节能管理，突出做好工业、建筑、交通、公共机构等重点领域节能减碳工作，大力发展循环经济，提高资源利用率；四是积极发展低碳能源，调整和优化能源结构，推进能源多元化清洁发展，转变能源生产和利用方式，大力发展风能、太阳能、地热能等可再生清洁能源；五是合理控制能源消费总量，控制高耗能高污染行业用电量；六是努力增强碳汇能力——实施"绿满八桂"绿化造林工程和生态修复工程，建设一批生态县、生态乡镇和生态村；七是减缓非能源活动温室气体排放及推动高排放产品节约与替代等多措并举降低温室气体排放。开展低碳城区、低碳园区和低碳社区建设，开展低碳旅游、低碳产品试点，加强体制机制创新，加快建立温室气体排放统计核算体系，开展全社会低碳行动及国际合作，增加科技与人才支撑能力。

（四） 编制桂林低碳城市发展规划， 确定碳排放峰值年和达峰路径

根据工作需要，进一步修改完善了《桂林市低碳城市试点工作实施方案》，并两次在全市范围内征求各职能部门意见，现《桂林市低碳城市试点工作实施方案》已经上报桂林市政府审批。同时，我们组织专业力量开展了桂林市碳排放峰值年和排放峰值目标测算工作。目前，测算工作基础材料收集调研工作已经基本结束，初步测算，到 2028 年左右可以达到碳排放峰值年。《桂林市低碳城市发展"十三五"规划》编制工作已经完成。根据《桂林市国民经济和社会发展第十三个五年规划纲要》和《桂林市低碳城市发展"十三五"规划》等规划体系，桂林市将以低碳、生态的建设桂林国际旅游胜地和国家生态文明示范区为总纲，牢固树立低碳发展理念，着重在以下几方面综合发力，保障达峰目标实现。一是进一步优化能源结构，继续大力发展高山风电，推广使用新能源汽车和天然气，进一步加大水电联网、并网和使用工作，在农村进一步推行沼气全托管新模式等，到 2028 年，力争非化石能源占比达到 35% 以上。二是大力调整产业结构，全力发展以低碳旅游为龙头的现代服务业，大力推进实施"低碳旅游＋"模式，到 2028 年，力争第三产业占比达 50% 以上，全市国民经济真正转型为服务经济；同时，在一产和二产内部，大力发展休闲农业、特色农业、战略性新兴产业，淘汰高耗能落后产能等，实现产业结构高端化和低碳化。三是践行低碳发展和低碳生活，建设海绵城市、公交城市、绿色建筑城市和智慧城市，大力推广地源热泵、水源热泵、空气源热泵和光伏发电等可再生能源，进一步加大低碳宣传教育等，形成全社会低碳建设、低碳发展、低碳生活的强大氛围。

三、 低碳发展任务落实与成效

（一） 低碳试点任务要求的落实情况

1. 落实节能措施有明显成效。一是落实企业节能减排主体责任，进一步加强对重点耗能企业的监

管，对年耗能 5000 吨标煤以上的企业纳入重点管理和监督对象，坚决淘汰或治理不合格的铁合金、石材等行业落后产能，加快工艺、技术、设备更新升级。二是认真落实国家产业政策及淘汰落后产能工作。严格执行铁合金、水泥、砖瓦等行业准入标准，防止低水平建设。至 2014 年，累计淘汰铁合金产能 60.75 万吨，水泥产能 239 万吨，造纸产能 5.48 万吨，制革产能 5 万标张，提前一年完成自治区下达的目标任务。截至 2015 年，桂林市 6 家企业成为自治区级循环经济优秀企业，101 家企业通过了自治区级清洁生产企业复审，8 家企业获得自治区节水企业称号；充分利用资源，积极开发清洁能源，加快节能项目建设，重点加快推进风力发电等项目建设。

2. 资源能源利用效率大幅度提高。一是可再生能源建筑示范效果良好。2011 年，桂林市获准列入国家第三批可再生能源建筑应用示范城市获得了 7000 万元国家财政资金的支持。四年来，桂林市因地制宜，积极推广普及可再生能源建筑应用，共完成可再生能源建筑应用示范项目 98 个，拨付补助资金 8272 万元，应用建筑面积 510 万 m²，初步实现规模化应用，可再生能源建筑应用城市示范工作取得了良好的示范效果。二是绿色建筑推广取得实质性突破，约 200 万 m² 建筑达到绿色建筑标准，其中有 7 个项目约 100 万 m² 获得住建部绿色建筑设计标识，增量居区内之首。三是绿色能源建设持续发展。全市历年累计建户用沼气池 60.91 万座，建池入户率达 58.65%，适宜建池入户率达 83.76%，居全区前列。

3. 生态农林业发展呈现新亮点。以农产品、畜禽产品、林产品、水产品生产加工为主导的四大循环农业经济体系纵深发展，积极探索农业生态循环发展模式。在水果主产区，重点推广普及"养殖—沼气—种植"三位一体的恭城循环农业模式，在水稻主产区，重点推广"稻—灯—鱼—菇"的循环农业模式，在畜禽规模养殖区，大力推广以畜禽粪便综合利用为核心的循环农业园区经济链。在绿色理念推进质量农业发展方面走在了全区的前列。大力推进无公害、标准化农产品生产基地创建。截至 2014 年，桂林市共有 98 个种植业农产品获得无公害农产品标志使用权，"无公害农产品生产基地"认定面积累计达 387 万亩；16 家绿色食品生产企业，54 个产品获得"绿色食品标志"使用权，批准生产面积 86 万亩、有机产品 5 个；全市养殖业取得农业部地理标志认证的产品有 7 个，获得畜禽标准化示范场 57 家，获农业部全国水产健康养殖示范场 11 个。全市 1300 多万亩重点公益林纳入森林生态效益补偿范围，得到有效保护，有 12 家林产企业的产品被评为"广西优质产品"，15 家企业商标被认定为"广西著名商标"，申请各种专利 26 项，17 家企业获得森林认证体系证书。

4. 节能环保项目建设力度加大取得新的成效。加大对低碳技术、资源节约和综合利用关键技术攻关的支持力度，重点支持了"高效节能锅炉及高效燃烧技术研发"等 11 个节能环保项目，市本级财政科技经费资助 118 万元，获自治区财政经费 1000 余万元，推动了绿色照明、绿色交通等关键技术的研发、应用和推广。"十二五"以来，全市共组织实施节能减排等环保类科技计划项目 30 余项，投入财政科技经费 3000 余万元，其中国家、自治区科技计划项目，经费支持 2600 余万元。多项科技成果获得自治区表彰奖励。

（二）产业结构调整与措施落实情况

1. 工业节能取得显著成果。2015 年全市规模以上工业万元增加值能耗降低率为 13.73%，超额完成自治区下达的降低 1.8% 的目标,"十二五"期间累计下降 52.29%,比自治区计划要求的累计下降 17% 多 35.3 个百分点,超额完成"十二五"目标任务。

2. 淘汰落后产能如期完成。2015 年桂林市完成淘汰落后造纸产能 2.45 万吨,"十二五"期间,全市累计淘汰铁合金产能 60.75 万吨,水泥产能 239 万吨,造纸产能 7.93 万吨,制革产能 5 万标张,工业转型升级迈出了重要一步。

3. 工业绿色制造初显成效。工业企业实施清洁生产是绿色制造的重要方式。2015 年全市完成清洁生产审核任务企业 11 家,"十二五"期间累计完成 147 家,为节能减排工作奠定了良好的基础。2015 年,全市开展燃煤小锅炉整治工作,市政府出台了《桂林市大气污染防治燃煤小锅炉整治工作方案》《桂林市高污染燃料禁燃区划定方案》和《桂林市大气污染防治整治燃煤小锅炉补助办法》三个文件,目前相关县区锅炉整治进度过半,2016 年桂林市禁燃区范围内的燃煤锅炉整治工作将全面完成。

4. 行业结构调整有序推进。积极指导铁合金、水泥行业淘汰落后产能、上大压小,信息化与工业化深度融合发展,产业结构调整取得新进展。2015 年,全市节能环保、新材料、新能源等战略新兴产业完成工业产值突破 500 亿元,占全市规模工业总量比重达到 24.5%;铁合金、水泥等高耗能产业发展得到有效调控,高耗能行业增加值占全市规模工业增加值比重下降 0.2 个百分点,高耗能行业能源消费总量占比进一步下降。

5. 大力发展服务业。2015 年桂林市 281 项重大项目完成投资 375.8 亿元,实现第三产业增加值 702.6 亿元,增长 9.2%,增速快于第二产业,成为拉动经济增长的主要动力。旅游业发展势头良好,2015 年全市接待旅游总人数 4470 万人次,增长 15.5%,实现旅游总收入 517.3 亿元,增长 23.1%,旅游总收入占全市地区生产总值的比重达 26.6%。

(三) 风电行业快速发展

桂林市地处湘桂走廊,是冷空气入桂的通道,境内蕴藏着丰富的风能资源。为引导和加快桂林市风电行业发展,2012 年,桂林市编制了《桂林市风力发电"十二五"发展规划》,规划项目 46 项,规划装机容量 285 万千瓦,其中有 41 个项目列入《广西陆上风电场建设规划》;2014 年又申请增补 160 万千瓦风电规划项目,目前全市规划风电装机容量达到 300 多万千瓦。近年来,桂林市风电在国家能源局、自治区发改委的关心和支持下,迎来较好的发展机遇,广西第一个风力发电项目——金紫山风电场一期工程于 2011 年 9 月投产发电,随后金紫山风电场二期工程、兴安源江和唐家冲风电场、龙胜南山风电场一期工程相继投产发电;在建的兴安平岭、全州天湖、恭城燕子山等 85 万千瓦风电项目正在加快推进;目前桂林市有 25 个风电场获得自治区能源局核准,总装机容量达到 154 万千瓦;有 24 个风电场项目列入国家能源局风电项目核准计划,总装机容量达到 145.2 万千瓦。桂林市风电行业未来发展潜力巨大,将成为广西主要风电基地。

(四) 建立健全长效以节能促降碳体制机制

制定出台了桂林市节能降碳目标责任制实施办法、工业节能指导性计划及工作实施意见,对各项指标进行分解,明确市、县区的责任,把每年的节能目标任务落到实处。构建"资源 – 产品 – 再生资源"新的循环经济体系，积极组织实施工业节能技术改造、循环经济重点示范工程。不断提升节能工作审查力度，严把准入关口。促成能源监察检测中心建设，初步形成节能监察体系，填补了能源监察机制上的不足。

（五） 大力推进低碳旅游

1. 开展绿色旅游饭店创建、评定工作。根据《绿色旅游饭店》等级评定标准，结合全国星评委制定评定工作的实施办法和评定细则，桂林市星级饭店评定委员会对星级饭店开展绿色旅游饭店评定工作。大力倡导旅游饭店削减一次性用品和用具的使用，减少客用棉制品洗涤次数。目前全市共有 40 余家绿色旅游饭店。

2. 积极鼓励星级饭店进行节能技术改造。鼓励有条件的星级饭店应用太阳能、地源热泵、空气源热泵等新技术和可再生能源技术。建筑外墙、外窗、屋顶围护结构节能改造，空调、锅炉、照明、热水系统优化综合节能技术改造。

3. 开展低碳景区建设。景区内采用低碳交通工具，鼓励景区使用生态能源和节能环保能源如太阳能、生物能、有机能等清洁能源；景区内采用低碳交通工具，如使用电瓶车、自行车替换汽车；景区内建筑采用节能环保、无污染的环保材料。提倡低碳游览，倡导游客讲文明，做到留下脚印不留任何东西，不随便丢垃圾。

4. 推动休闲步道建设工程。以漓江沿岸骑行、徒步绿道建设为引领，正在建设完善环两江四湖、遇龙河、兴坪等区域的骑行、徒步绿道建设。

（六） 有效推进低碳建筑及措施落实

桂林市 2011 年 7 月获得国家可再生能源建筑应用城市示范，并于 2015 年 7 月圆满通过了自治区住建厅验收组（代表住建部和财政部）的验收。四年来全市共实施可再生能源建筑应用示范项目 101 个（在建 3 项），建筑总面积为：490.96 万 m^2，折合当量面积为 334.18 万 m^2，对相关领域开展完成了 13 项课题研究，完成 6300 万元中央补助资金的拨付使用。已完成的示范项目总节能量约 9052 万千瓦时/年，折合节约标煤约 30198 吨/年，减少二氧化碳排放量约 78516 吨/年，减少二氧化硫排放量约 777 吨/年，减少氮氧化物排放量约 211 吨/年。截至 2015 年底，全市获得国家住建部绿色建筑设计标识的项目共 11 项，项目总面积约 149.2 万 m^2，自《桂林市绿色建筑行动方案》印发后，所有新建项目均严格执行《方案》要求，按绿色建筑进行设计，桂林市绿色建筑整体推进健康有序。

（七） 多举措推进低碳交通

1. 优化交通运输装备结构。加快推广节能环保型车船应用及其配套设施的建设运营。在公路运输方面，引导公交、旅游、出租、货运等运输企业购置清洁能源车辆，积极营造绿色低碳的交通环境。截至目前，桂林市双燃料出租车为 594 辆，LNG 货车为 10 辆，LNG 旅游客车为 21 辆，LNG 公交车为 214 辆，纯电动公交车 490 辆。加快推进低能耗、低排放车辆应用。"十二五"期间，积极鼓励客运企业加快车辆更新速度，淘汰老旧车辆，大力发展适合农村客运的安全、实用、经济型客车。鼓励和引导发展大吨位多轴重型车辆、集装箱车辆、厢式货车、甩挂运输车辆和汽车列车，完善货运汽车车型推荐制度。截至2014年底，全市大、重型货车为1.11万辆，所占比重由去年的38.2%提升至38.6%；加快黄标车、老旧车辆的淘汰，2014年，桂林市强制报废黄标车老旧车辆9800辆，淘汰执行率为44.5%，累计建造标准化客渡船102艘，淘汰旧客渡船102艘，更新改造游船69艘。

2. 不断优化公交线网布局。调整及暂停重复低效线路，延伸重点线路、积极倡导市民乘坐公交出行，不断提高城市公交出行分担率，降低社会能源消耗水平。公交线网覆盖率由2010年末的3.28公里/平方公里增长到2014年的3.44公里/平方公里，市区公交分担率由2010年的15.22%提高到2014年的20.08%，公交客运量由2010年的1.35亿人次提高到2014年的1.6亿人次。截至2015年10月，全市完成公交化改造的农村客运线路52条，累计开通城乡公交线路达到192条，覆盖全市71个乡镇、441个建制村，乡镇通公交率达到53.38%，建制村通公交率达26.66%。其中，荔浦、平乐两县已实现"乡乡通公交"。

3. 增强游船的节能环保性能。全力推进漓江游船提升改造工作，对景区游船进行星级评定，对改造后评定合格的游船挂牌运营，对未完成升级改造、达不到星级标准的老旧游船限时淘汰退出漓江水域。目前，首艘四星级游船已通过星级评定，22艘游船已进入船厂进行改造，39艘游船的提档改造将于2016年底全部完成。

4. 按照"总体规划、分步实施"的原则，大力发展公共自行车项目。现在已经完成了230个站点建设，配置了7000辆公共自行车。主要分布在城区主要商业网点、行政中心、旅游景点、居民小区、大专院校等。项目自投入使用后，取得了较好的运营成效。市民共办理公共自行车卡近5万张，平均每天使用公共自行车的市民约达到1万人次。极大缓解了交通压力，为市民、游客提供了更丰富、便利的出行选择，改善了城市人居环境。

5. 大力推广绿色汽修和模拟驾驶培训。一是积极推进绿色汽修技术。引导汽车维修企业购买超声波清洗设备、等离子切割设备等绿色维修设备器材，使用绿色机电维修、绿色钣金、绿色涂漆以及其他绿色维修技术。并积极做好汽车维修企业"四废"（废件、废油、废气、废水）的规范处理和回收。二是推动模拟驾驶训练。通过开展安全驾驶模拟训练教育，在驾驶员培训中推广使用教学磁板、驾驶模拟器教学。目前32所驾培机构采用机动车模拟驾驶器达到240台。

（八）　加强废弃物处置管理

"十二五"期间，桂林市区机械化清扫率达到60%，桂林市本级建设了山口生活垃圾卫生填埋场，设计总库容892万立方米，规模为日处理生活垃圾1000吨，日处理渗滤液600吨，总投资35568万元。此外在灌阳、资源、兴安等10个县共建设了10个垃圾填埋场，合计日处理能力905吨，总投资56105万元。"十二五"期间，市区共卫生填埋生活垃圾156.2万吨，确保生活垃圾无害率保持100%，城区共新建6座垃圾转运站，并改造9座小型垃圾转运站，实现全市城区的生活垃圾转运能力达到1300吨/日。11县和临桂新区共新建44个垃圾转运站，日转运能力达到1165吨，总投资8022万元。"十二五"期间共收集沼气1358.84万立方米，发电1630.6016万千瓦时、实现上网电量1541.3244万千瓦时，相当于年节约标煤6000吨、累计减排二氧化碳12万吨。2015年，桂林市作为广西壮族自治区垃圾分类试点城市，按照自治区的要求完善生活垃圾分类处理相关配套设施建设，形成生活垃圾分类投放、收集、转运、处理"一条龙"的硬件配套设施，在 10 个试点小区铺开垃圾分类试点示范工作，建成 5 吨/日厨余垃圾处理设施 1 套，累计回收处理厨余垃圾 62.5 吨。

（九） 绿色生活方式和消费模式成为主流和趋势

"十二五"时期，桂林市积极倡导绿色消费理念，引导发展绿色产品流通渠道，鼓励和扩大绿色消费，构建城市绿色货运配送体系，引导商贸流通产业转型升级。一是大力引导绿色招商，鼓励国内外大型商贸企业并购、新建商业综合体，万达、华润、恒大、大商等集团落户桂林。到目前为止，全市现有 1 万平米以上的零售商业网点 8 个，商业建筑面积约 40 万平米。二是大力推动绿色流通，推进再生资源回收，促进商贸物流网络与逆向物流体系融合，编制完成《桂林市 2015—2020 年再生资源回收体系建设发展规划》。三是大力引导绿色消费，引导消费朝职能、绿色等方向转变，推动批发零售、餐饮、住宿等生活服务精细化、品牌化。

（十） 增加碳汇成效突出

大力持续实施"绿满八桂"工程，森林覆盖率达 70.9%，恭城、灌阳、阳朔成为国家级生态功能区。"美丽桂林"乡村建设扎实推进，农村人居环境明显改善。累计投入 500 多亿元，实施重点项目 1000 项；创建国家级生态乡镇 16 个、自治区级生态乡镇 59 个、自治区级生态村 151 个，数量居全区之首。从 2010—2015 年，桂林市城市绿化亮点纷呈。一是大力实施公园绿地建设改造工程，建设山水特色鲜明的公园绿地。近几年先后投资 20 多亿元，建设桂林园林植物园、訾洲公园、园林植物园二期、临桂新区中心公园、第二届广西（桂林）园林园艺会博览园（简称桂林园博园）。其中 2009 年投资 2.5 亿元建设訾洲生态公园，新增绿地面积 34.18 公顷；2012 年投资 7.4 亿元新建的桂林园博园绿地面积达 84.65 公顷。二是实施道路绿化景观建设工程，建设林荫道路景观视廊。投资 1.3 亿元实施 27 公里机场路园林绿化景观工程、11.5 公里万福路园林绿化景观工程。市区 27 条主干道、111 条次干道的绿化按林荫化的要求进行了普遍充实完善，桂林市道路绿化普及率为 100%，林荫路推广率为 86.86%。三是实施石山绿化工程，彰显山清水秀的城市景观特色。累计实施市中心 20 多座石山绿化工程，种植各类石山绿化苗木 75 万株，并实行定人定点，包种包管，责任到人，提高石山的绿化覆盖率。至 2015 年底，城市绿化覆盖率达 40.03%，绿地率 35.89%，人均公园绿地面积 11.53 平方米；农村公路绿化率达 81% 以上，道路运输站场绿化率达 85% 以上，港口码头绿化率达 91% 以上，农村公路养护站绿化率达 100%。

四、 基础工作与能力建设

（一） 温室气体清单编制情况

为查明桂林市产业部门（能源、交通、建筑、工业、农业、服务业和居民生活等）的温室气体排放现状，明确桂林市温室气体排放的来源，自 2013 年起，根据国家发改委和自治区发改委的要求，组织专业力量开展了桂林市温室气体清单编制工作，目前清单编制工作已经基本完成。清单核算的地理边界为桂林市行政管辖区域，包括六城区十一县。清单编制参照 IPCC《2006 年 IPCC 国家温室气体清单指南》以及国家发展改革委气候司《省级温室气体清单编制指南》（试行，2011 年 5 月），清单编制的范围包括：能源活动、工业生产过程、农业活动、土地利用变化和林业、城市废弃物处置的温室气体排放量估算。

（二） 加强低碳统计能力建设情况

一是完成了《桂林市低碳城市碳减排数据统计及任务考核体系》课题研究；二是严格按照自治区下发的《季度地区能源消费总量核算方案》，认真开展全市能源消费量季度核算与监测工作，并做到了按照自治区要求按时上报。根据自治区主管部门要求，组织重点企（事）业单位按时报送 2011—2014 年温室气体排放报告，全面完成温室气体排放报告工作任务。

（三） 实施节能降碳经济政策情况

实施节能降碳方面经济政策。积极发挥市级节能减排支持项目资金的杠杆作用，5 年共计按时审核并拨付市节能减排资金 1 亿元，同时对个别未达到或无法按计划实施的项目实施缓拨处理。加大节能环保企业税收优惠力度，2014 年享受优惠政策的企业增至 16 户，全年减免增值税、所得税约 1700 万元。落实绿色金融信贷政策。建立健全信贷支持节能减排的监测体系，建立了节能减排和淘汰落后产能重点企业的信贷和融资情况监测机制，截止到 2015 年 9 月末，桂林辖区金融机构金融支持节能环保的贷款余额 153.24 亿元，同比增加 6.78 亿元。

（四） 低碳产业园区试点示范情况

一是完成了《桂林雁山低碳经济产业示范园区发展规划（2015—2025 年）》编制，组织召开了专家评审会，市工信委、发改委等领导组成的专家评审团、区四家班子主要领导及分管工业领导及相关人员共三十余人共同参会。评审会上，专家组对雁山低碳经济产业示范园区发展规划给予了高度评价和充分肯定，并给出了宝贵的建议，对雁山低碳经济产业示范园区的发展寄予了很高的期望。二是制定并实施了《雁山区低碳经济产业示范园区工业企业招商引资优惠暂行办法》和《雁山区低碳工业发展考评奖励暂行办法》，营造良好招商氛围，争取项目尽快落户雁山。

（五） 其他低碳示范试点情况

2015 年 12 月，为加快推进桂林市国家低碳城市试点建设，发挥示范带动作用，桂林市应对气候变化及节能减排办（市发改委）发出通知，正式启动桂林市国家低碳城市试点示范项目建设工作，拟通过低碳农业示范区、低碳居民小区、低碳公共建筑、低碳企业、低碳校园、低碳景区、低碳酒店、低碳医院 8 大类示范项目建设，发挥示范带动作用，以点带面，推动桂林市低碳城市加快建设。桂林市中级人民法院、桂林市体育中心、广西师范大学、桂林电子科技大学、桂林市妇女儿童医院率先带头、成为桂林市第一批创建节约型公共机构示范单位，并顺利通过国家验收。2015 年，桂林市全州县天湖社区、恭城瑶族自治县红岩村和黄岭村获批成为广西第一批"省级农村低碳社区试点"，占全区省级低碳社区试点的 30%。

五、 主要经验与体会

2012 年以来，桂林市委、市政府高度重视低碳城市试点工作，统筹协调各级各部门力量，整合各方面资源，举全市之力，强力推进低碳城市试点工作，取得了明显成效。

（一） 创新试点和示范创建是推进低碳城市建设的强大动力

2012 年以来，桂林市开展各项试点示范项目，通过试点示范项目，为低碳城市建设树立样板和标杆，不断注入项目和资金，为低碳城市建设提供了强大动力。几年来，桂林市成功争取到"国家可再生能源建筑应用城市示范""国家绿色交通城市试点""国家综合运输服务示范城市""全国水生态文明城市建设试点""全国节水型城市""临桂新区中欧低碳生态城市合作项目""自治区农村低碳社区试点"等试点示范项目。桂林市根据自身低碳工作实际，又组织开展了低碳小区、景区、建筑、酒店、医院、学校、企业、农业园区八类试点示范项目建设。

（二） 低碳城市建设与国家生态文明建设的有机结合将使低碳城市建设具有强大后盾和广阔前景

生态文明和绿色发展是党的十八届中央领导提出的一项重大战略任务，是十八届五中全会的鲜明主题和时代强音。生态文明、绿色发展和低碳城市建设一脉相承，互融互通，相互促进。桂林市是国家发改委等 9 部委批准建设的国家第二批生态文明先行示范区。桂林市开展生态文明先行示范区建设，就是要优化国土空间布局，提高资源能源利用效率，修复和保护自然环境，改善生态环境质量，通过绿色、循环、低碳发展实现科学发展。这就为桂林市低碳城市建设开辟了广阔的发展空间并提供了强大支持力量。

（三） 产业结构调整转型升级和清洁能源的开发及推广应用是实现低碳发展的最直接最有效的途径

桂林市在推进产业结构调整和转型升级方面显著成绩，为减少二氧化碳等温室气体排放贡献巨大。一是淘汰落后产能，"十二五"期间，全市累计淘汰铁合金产能 60.75 万吨，水泥产能 239 万吨，造纸产能 7.93 万吨，制革产能 5 万标张；二是大力发展战略性新兴产业，2015 年全市节能环保、新材料、新能源等战略新兴产业完成工业产值突破 500 亿元，占全市规模工业总量比重达到 24.5%。三是严格控制高耗能产业发展。铁合金、水泥等高耗能产业发展得到有效调控，2015 年全市高耗能行业增加值占规模工业增加值比重下降 0.2 个百分点，高耗能行业能源消费总量占比进一步下降。四是大力发展以旅游业为龙头的服务业，2015 年桂林市实现第三产业增加值 702.6 亿元，增长 9.2%，增速快于第二产业，成为拉动经济增长的主要动力；全市接待旅游总人数达 4470 万人次，增长 15.5%，实现旅游总收入 517.3 亿元，增长 23.1%，旅游总收入占全市地区生产总值的比重达 26.6%。桂林市大力开发和广泛推广应用清洁能源，为减少二氧化碳等温室气体排发挥了重要作用。全市水力发电量从 2012 年的 41.30 亿千瓦时增加到 2015 年的 46.39 亿千瓦时，增长 12.34%；风力装机容量从 2012 年的 10 万千瓦发展到 25 万千瓦，风力发电量从 2012 年的 7503.76 万千瓦时增加到 2015 年的 3.81 亿千瓦时，分别增长了 150% 和 408.22%。

（四） 严格执行节能降碳制度， 创新体制机制是低碳城市建设顺利推进的重要保障

桂林市严格执行固定资产投资项目节能评估和审查制度、合同能源管理制度、能源年度消费总量控制和增幅控制制度、节能降碳目标责任考核制度等。创新体制机制，成立桂林市应对气候变化（低碳城市试点建设）及节能减排工作领导小组及办公室，制定了桂林市节能降碳考核指标实施方案、桂林市年度节能减排降碳目标责任制考核评价实施方案、桂林市节能减排专项资金支持项目年度计划安排决策程序表、桂林市节能减排专项资金支持备选项目筛选评审工作方案、桂林市节能减排专项资金支持项目验收工作方案，并将低碳城市试点示范项目建设纳入市节能减排专项资金支持。2015 年还专门安排了低碳试点示范项目建设资金 860 万元支持试点示范项目建设。

六、 存在的主要问题和困难

1. 国家对低碳城市试点建设投入不足。从目前来看，国家和自治区给予的低碳城市试点的政策和资金支持十分有限，桂林市基本上只能依靠自身的力量推进低碳城市试点工作，比较困难。建议国家进一步加大对低碳试点城市特别是西部地区试点城市的支持力度，确保试点目标的实现。

2. 桂林市尚未建立二氧化碳排放统计核算体系。按照国家整体部署，到 2017 年要建立全国碳交易市场，而建立碳排放统计核算体系，是进行碳交易的基本前提。建立全区和各地级市的碳排放统计核算体系紧迫而必要。建议国家和自治区加强对建立二氧化碳排放统计核算体系工作的协调推进和政策资金支持力度。

3. 节能降碳工作难度加大。目前很多企业对开展节能降碳工作意识不强，认识不足，只考虑短期利益，不愿意付出费用和成本，每项工作的推动因涉及企业的成本和利益，推动难度增加。

4. 重点降碳工程项目实施困难重重。一是受规划调整、征地拆迁等因素影响，加之配套资金紧张，项目进展较慢，二是重点碳排放企业实现达标排放将增加运行成本，影响企业市场竞争能力。

5. 统计数据衔接问题。按照国家能源统计改革要求，桂林市修正了 2010—2014 年能源消费总量及主要能源品种数据，确保了全市能源消费总量与各县（区）能源消费总量及速度的基本衔接。从修正后结果来看，年度能源消费总量较修正前降低了 20%，进而影响到自治区对桂林市"十三五"能源消费总量的计划安排，可能会限制下阶段桂林市经济跨越式发展。

6. 碳排放外部性问题。桂林市是旅游大市，2015 年旅游入口达 4400 多万人次，对桂林碳排放直接影响巨大，而现行的碳排放核查统计体系未考虑旅游城市这一特点。

广元市低碳试点进展总结

"5·12"汶川特大地震发生后，本市在全省率先提出"低碳重建"与"低碳发展"思路。2012年12月本市被国家发展改革委确定为全国第二批、四川省唯一的国家低碳试点城市，按照国家发改委批复"将广元建成国家低碳绿色示范区"的总体要求，市委、市政府高度重视、精心谋划、科学组织，全市各级各部门积极创新，大胆实践，全面有力、有序推进国家低碳城市试点各项工作，已成功创建为"国家森林城市""创建国家新能源示范市"，被国家发改委确定为"嘉陵江流域国家生态文明先行示范区建设地区"。全市产业结构、能源结构和生活方式低碳化日渐凸显，国家低碳城市试点工作取得良好成效，特别是强烈的低碳发展政治意愿、组织机构的设立、试点工作项目化等方面特色明显，低碳发展已成为本市一张靓丽的城市名片。现将有关情况报告如下：

一、基本情况

广元地处四川北部、秦岭南麓，毗邻陕甘两省，是嘉陵江上游重要的生态屏障、国家秦巴生物多样性生态功能区，是全国、全省生态环境建设的重点地区，素有"川北门户、蜀道咽喉"之称和"千里嘉陵第一城"之誉。1985年建地级市，辖苍溪、旺苍、剑阁、青川四县和利州、昭化、朝天三区，幅员1.63万平方公里，总人口314万。"十二五"时期，是本市有效应对各种复杂局面、加快建设"美丽广元、幸福家园"取得重大成就的五年。市委、市政府团结带领全市人民，认真贯彻落实中央、省委各项决策部署，主动适应经济发展新常态，全面推进"五位一体"建设和党的建设，完成了"十二五"规划确定的主要目标任务，全市呈现出经济较快增长、民生持续改善、社会和谐稳定、生态优美宜居的良好局面。

（一）经济综合实力迈上新台阶

全市2015年地区生产总值达到605.43亿元，是2010年的1.88倍，年均增长11.5%，分别高于全国、全省3.7个和0.7个百分点。主要经济指标实现翻番，工业增加值实现244.64亿元，是2010年的2.33倍，年均增长16.5%；地方一般公共预算收入实现40.8亿元，是2010年的2.44倍，年均增长19.5%；社会消费品零售总额实现296.62亿元，是2010年的1.99倍，年均增长14.7%。全社会固定资产投资五年累计实现2701.73亿元，是"十一五"累计的2.07倍。

（二）转方式、调结构取得新突破

全市三次产业比重由2010年的23.8∶39.0∶37.2优化调整为2015年的16.5∶47.2∶36.3，工业和现代服务业比重提升。"5+2+1"（能源化工、食品饮料、电子机械、建材、金属五大特色支柱产业，医药、纺织服装两大特色培育产业，战略性新兴产业）工业产业体系基本形成，工业化率达到40.4%，建成国家级经济技术开发区1个、省级经济开发区4个，正加速迈进工业化中期阶段。商贸流通、现代物流、文化旅游等服务业发展亮点纷呈，国际商贸城、万达广场、国贸广场等一批商贸物流项目建成投入运营，建成剑门关国家5A级旅游景区和14个4A级旅游景区，区域性商贸物流中心、区域性游客集散中心初具规模。低碳农业发展取得新进展，现代农业园区、幸福美丽新村、农田水利建设成效显著，累计建成低碳农业园区78个、幸福美丽新村935个，"3+5"（木本油料、红心猕猴桃、茶叶烟叶、蔬菜、土鸡"五大特色百亿产业"，粮油、生猪、劳务三大传统百亿产业）特色农业产业稳步壮大。

（三）　社会民生状况得到新改观

居民收入稳步提高，城乡居民可支配收入分别达到23628元和8939元、年均增长13.6%和17.2%。公共服务水平稳步提高，一批民生工程和民生实事全面实施。学前教育、义务教育、高中教育、职业教育、高等教育及特殊教育等各类教育协调发展，人均受教育年限达11年。一体化城乡医疗卫生服务、多层次医疗保障、规范化药品保障、均等化公共卫生服务四大体系不断完善，医疗卫生资源配置水平明显提高。城乡居民社会保障覆盖面不断扩大，就业形势保持稳定，劳动关系总体保持和谐。文化体育事业繁荣发展，具有本土文化特色的文化精品不断涌现，《全民科学素质行动计划纲要》不断深入实施，全民健身活动蓬勃发展。科技投入、创新服务及成果转化能力明显提升，被确定为全省技术创新工程示范市和全省创新驱动助力工程示范市。

（四）　清洁能源利用开创新局面

已形成以电力生产及供应，天然气勘探开发、供应与天然气化工，煤炭生产与精加工，电、气、油输送及销售等门类齐全的能源产业，以水电、火电、风电、太阳能、生物质能（含垃圾焚烧发电）、分布式能源等传统能源与新能源、可再生能源相互补充的能源产业体系。全市天然气理论蕴藏量8000亿立方米，占全省天然气储量的15.43%。目前，已探明元坝气田天然气储量4000亿方，实现产净化天然气13亿方规模产能。水能资源理论蕴藏量296万千瓦，随着亭子口水利枢纽工程的建成投产，全市水电装机总容量达到216万千瓦，占全市电站总装机容量的98.4%。新能源行业发展取得了重大突破。2013年建成装机容量0.21万千瓦的旺苍七一分布式光伏发电，2014年底建成总装机容量6万千瓦全省首座山地风力电站——芳地坪风电场和苍溪秸秆发电厂，并获批为首批"创建国家新能源示范市"，2015年建成装机容量3万千瓦的朝天凯迪生物质发电厂、总装机容量8.6万千瓦的望江坪、凉水泉风电场和装机容量1.2万千瓦城市生活垃圾发电厂，目前，全市新能源发电装机容量已达到19.01万千瓦。此外，太阳能、风能和生物质能的开发利用取得了较大进展，最具潜力的新能源资源——页岩气的开发利用有待实现新的突破。

（五）　节能降耗工作再创新佳绩

按照"十二五"节能规划万元GDP综合能耗比2010年下降15%的目标要求，本市五年GDP综合能耗情况分别为：2011 年下降 3.22%，2012 下降 5.1%，2013 年下降 5.39%，2014 年下降 6.69%，2015 年下降 3.82%。"十二五"期间已累计下降 24.22%，已超"十二五"目标 9.22 个百分点，居全省前列。"十二五"以来，本市能源消耗总量有所增加，但能耗强度持续下降。其中，全市综合能源消费由 2010 年的 319.70 万吨标煤增加到 2015 年的 429.80 万吨标煤，增长了 20%。同期，全市单位 GDP 能耗持续下降，由 2010 年的 1.238 吨标煤/万元降至 2015 年的 0.793 吨标煤/万元，降幅达到 35.94%。单位工业增加值能耗也逐年降低，由 2011 年的 2.705 吨标煤/万元降至 2015 年的 1.92 吨标煤/万元，降幅达到 29%。

（六） 减排降碳前景进一步明晰

2010 年，全市温室气体总排放总量约为 1289.35 万吨二氧化碳当量，碳汇吸收量为 175.45 万吨二氧化碳当量，净排放量约为 1113.90 万吨二氧化碳当量。从温室气体种类构成看，二氧化碳、甲烷、氧化亚氮、全氟化碳排放占比依次为 62.59%、16.32%、20.58% 和 0.51%；从温室气体排放部门构成看，能源活动、工业生产过程、农业活动、废弃物处理排放分别约占 51.15%、16.65%、29.82%、2.38%；从温室气体排放的产业结构看，第一产业温室气体排放约占 19.14%，第二产业温室气体排放约占 67.17%，第三产业温室气体排放约占 13.68%；从温室气体清单核算范围看，直接排放约占 80.45%，间接排放约占 19.55%。2010 年，全市单位 GDP 二氧化碳排放为 1.937 吨 CO_2/万元，与全国平均水平持平，全市人均二氧化碳排放为 2.03 吨 CO_2/万元，低于全国平均水平。全市单位能耗经济贡献率不断提高，单位万元 GDP 能耗由 2010 年 1.238 吨标煤降至 2015 年的 0.793 吨标煤，单位万元 GDP 二氧化碳排放量由 2010 年 3.27 吨降至 2015 年 2.09 吨，累计下降 35.9%，提前超额完成"十二五"低碳规划中比 2010 年下降 30% 的既定目标，减排降碳工作走在全省前列。

二、 低碳发展理念

（一） 低碳发展理念坚定成熟

广元肩负着维护嘉陵江乃至长江流域生态安全的重要使命。历届市委、市政府均高度重视低碳发展和生态环境保护。"5·12"汶川大地震发生后，广元市按照科学发展观的要求，市委五届九次全会创造性地提出"低碳重建、低碳发展"，在地震灾区率先提出和实施低碳发展，并在全省率先成立低碳经济发展研究会，举办了西部地区首次"低碳重建与企业发展（中国·广元）国际论坛"，形成了《低碳重建与企业发展国际论坛广元共识》，努力探索后发地区低碳发展道路。"十二五"以来，广元市委、市政府主动适应经济社会发展的新形势，积极创新发展模式，逐步形成了建设生态广元、低碳广元的新路径。2010 年 1 月，广元市委、市政府提出了"以创建森林城市、低碳产业园区和低碳宜居城市为抓手"的低碳发展思路。2011 年，广元市第六次党代会进一步确立了"建设川陕甘结合部经济文化生态强市"的战略任务。2013 年 1 月，市委六届七次会议与时俱进、创新思路，明确了"生态立市、工业强市、文旅兴市、统筹发展"的总体发展思路和"低碳发展、资源转化、大项目促大发展、城乡统筹、创新驱动"五大战略，把生态立市和低碳发展提到了更加突出的位置，着力把本市生态资源转化为生态资本，生态优势转化为经济优势，实现低碳发展、绿色崛起。

（二） 组织领导机构特色显著

低碳发展，涉及面广，涵盖经济、政治、文化、社会各个方面，抓好这项工作必须加强组织领导，整合各方力量，统筹推进。在确立低碳发展、绿色崛起的战略后，本市迅速成立了以市委、市政府主要领导为组长的市低碳发展领导小组，全面统筹广元低碳发展工作，协调解决低碳发展中的重大问题，2011 年机构改革中，在全国率先创新性地设立了正县级的市低碳发展局（与市发改委合署办公）、配备了专职副局长，市发改委内部增设了低碳发展科，具体组织落实全市低碳发展的各项工作，同时，全市各县区成立了相应协调机构，指定了具体牵头部门。此外，还成立了广元市低碳经济发展研究会，重点研究低碳发展有关政策。市民还自发成立了低碳志愿者协会。

（三） 规划政策体系内容全面

在科学编制并启动实施《广元市"十二五"低碳发展规划》《广元市低碳城市试点工作实施方案（2013—2016 年)》《"十二五"能源发展规划》和《清洁能源开发利用工作规划》等规划体系的基础上，在中国社会科学院专家指导下率先在西部地区完成 2010 年为基数的《温室气体清单报告》，正在编制 2015 年的温室气体清单报告以及《低碳发展路线图（2010—2040 年)》《低碳适用技术需求评估报告》《碳强度指标分解和考核体系研究报告》。结合《广元市低碳城市试点工作实施方案》工作计划，由人民政府办公室和市委办公室连续四年联合印发了《广元市国家低碳城市试点工作重点及任务分工》。此外，根据每年工作任务，还出台了《关于推广清洁能源和建设循环经济产业园区实现低碳发展的意见》《关于推广利用新（清洁）能源促进产业发展的若干政策意见》等一系列政策文件，强力推进本市低碳发展。

（四） 低碳发展模式准确有效

低碳发展不仅是一种理念，也是实践活动，开展有效的低碳建设，必须要有平台、有方法。结合本市市情，明确了"重点任务项目化，节能减排数据化，试点示范标准化，工作推进机制化"的低碳发展思路。明确五条低碳发展路径：以建设"生态广元"为路径，加强城乡生态建设，构筑嘉陵江上游重要生态屏障；以推进"气化广元"为路径，持续优化能源结构，构建清洁能源开发利用体系；以发展"循环经济"为路径，积极调整产业结构，构建低能耗、低排放、低污染的产业体系；以发展"绿色农业"为路径，加快创建绿色小城镇和生态小康新村，推进农业发展方式转型升级；以培育"低碳文化"为路径，加快建设低碳试点示范基地，不断提高低碳发展的全民参与度。在此基础上，明确以推进"低碳农业园区、循环工业园区、生态旅游园区和城乡低碳社区""四区"建设，实施"低碳园区建设、新能源示范市创建、生态人居改善、试点示范引领、基础能力提升"五大工程为低碳发展抓手，着力建设低碳经济、打造低碳人居环境，全面促进低碳发展。

（五） 排放峰值目标科学合理

通过专家学者的充分研究论证表明：到 2020 年，本市地区生产总值达到 1300 亿元以上，单位地区生产总值二氧化碳排放、能耗比 2010 年下降 35% 左右；人均二氧化碳排放量力争控制在 3.5 吨以内；非化石能源占一次能源消费总量的比重达到 30% 以上，清洁能源（天然气 + 非化石能源）比重为 36%；森林覆盖率稳定在 55% 以上，城市建成区绿化覆盖率达到 42% 以上；城市空气质量稳定在 II 级，城市生活污水集中处理率达到 93%；城市生活垃圾处理率达到 100%，力争到 2030 年实现碳排放达到峰值。

三、 任务落实与成效

（一） 试点主要目标任务有序推进

截至 2015 年，全市单位地区生产总值二氧化碳排放比 2010 年下降 35.9%，超额完成"十二五"低碳规划 5.9 个百分点。全市人均二氧化碳排放量控制在 3.5 吨 CO_2 内，清洁能源占全市一次能源消费结构的比重已经达到 28.36%，森林覆盖率达 55.3%，市建成区绿化覆盖率达 40%，中心城区优良天数比例为 99.7%，城市生活污水集中处理率达到 87%。2015 年 7 月，本市承担的中国清洁发展机制基金赠款项目通过中期评审。预计到 2016 年底，各项目标任务均能完成《广元市国家低碳城市试点工作实施方案（2013—2016 年)》预定目标。

（二） 产业结构优化步伐明显加快

试点工作开展以来，本市积极推进产业结构调整，随着"生态立市、工业强市、文旅兴市、统筹发展"战略的大力实施，国民经济总体呈现平稳增长态势，特色农业稳步发展，战略性新兴产业后发优势逐步显现，新型服务业发展态势良好，产业结构调整取得阶段性成果，循环、低碳的现代产业体系初步成形。一是特色农业稳步发展。已累计建成现代农业园区总数达到 71 个、低碳农业园区 29 个，面积达 23 万亩，完成配方肥施用面积 295 万亩，推广免耕覆盖技术 60 万亩，秸秆还田 160 万亩，新建绿色防控示范区 45 个、面积 25 万亩，各县区均建有一个以上的免耕覆盖、秸秆还田核心示范片，累计培育"三品一标"农产品 312 个（其中无公害农产品 235 个、绿色食品 34 个、有机食品 19 个、地理标志农产品 24 个)。二是战略性新兴产业后发优势逐步显现。"十二五"期间已累计淘汰落后和关闭小企业 162 户，实现节能约 60 万吨标煤，全市战略新兴产业总产值达 106.7 亿元，占规模以上工业产值的 15.7%。三是新型服务业发展态势良好。全市接待生态旅游接待游客 957 万人次，生态旅游与休闲服务产值达到 28.5 亿元，"十二五"年均增长 10.6%，超预期进度 0.6 个百分点。

（三） 能源结构低碳导向逐步凸显

本市能源资源具有"多煤、富气、无油、可再生能源资源多样"的基本特征，随着国家新能源示范城市创建工作的深入开展，天然气、水电、太阳能、风能、生物质和地热等清洁能源的不断开发和利用，本市已初步形成低碳为导向的清洁能源开发和利用体系。一是清洁能源开发步伐加快。"气化广元"成效显著，已发展民用天然气 26.2 万户，气化率超过 80%，全市已累计建设沼气池 35.85 万口，占宜建农户总数的 75%，已被省政府命名为沼气化市。水电总装机已突破 215 万千瓦，占全市电站总装机容量的 98.4%。此外，新能源开发利用也不断取得突破。二是清洁能源消费体系初步形成。截至 2014 年，全市清洁能源占一次能源消费结构的比重已经达到 27.2%，预计到 2020 年，非化石能源占一次能源消费量的比重有望提高到 25%。

（四） 提能增效和节能降碳成效显著

随着电解铝、水泥、炼焦等高耗能企业多次进行节能技术改造，以攀成钢焦化、剑阁县兴能新材为代表的一批循环工业产业链条不断扩大，提能增效和节能降碳取得良好的经济效益和社会效益。一是高耗能行业增加值比重逐年下降。高能耗行业增加值占规模以上工业增加值的 29.4%。二是工业综合能源利用效率呈逐年提高态势。2015 年市规模以上工业企业综合能耗为 149.58 万吨标煤，同比下降 3.67%，单位工业增加值能耗同比下降 12.19%，2011—2015 年，全市规模以上工业万元增加值能耗累计下降 29%。三是减排成效明显。单位万元 GDP 二氧化碳排放量由 2010 年的 1.937 吨降至 2015 年的 1.558 吨，累计下降 35.9%，已超额完成"十二五"低碳规划中比 2010 年下降 30% 的既定目标。

（五） 试点示范引领特色彰显

一是公共机构节能减排扎实有效。全市已建成覆盖市、县（区）、乡（镇）三级联动的节能联络和计量统计制度，建立了全市 2075 家公共机构名录库，明确了每家公共机构节能工作负责人、节能联络员。实现每年市公共机构人均综合能耗、人均水耗同比分别下降 4%，单位建筑面积能耗同比下降 3.2% 的目标。全市累计创建节水型单位 69 个，在广元职中成功创建全国第一批节约型公共机构示范单位基础上，市精神卫生中心、青川县行政中心也完成了全国第二批节约型公共机构示范创建工作。"十二五"期间，全市共计实施节能节水项目 23 个，节约标煤 20 万吨左右，节水 15 万吨左右。二是低碳交通运输快速普及。出台了《广元市低碳交通运输发展专项规划》，全市累计建设自行车步行绿道和生态廊道 100 多公里，累计发展天然气汽车 6300 余台，投放便民自行车 1000 余辆，全市 900 余辆出租车全部实现"油改气"。三是低碳建筑和绿色小城镇建设顺利起步。制定出台了《广元市绿色低碳小城镇建设发展思路和实施方案》，在新建、改建、扩建等工程项目中严格执行 50% 的节能设计标准，节能强标设计阶段执行率达 100%，中心城区施工阶段执行率达 100%。全面淘汰实心黏土砖，新型墙材使用率达 65% 以上，全市一星绿色建筑设计标识建筑已达 31.5 万平方米，50 多万平方米建筑正在按照绿色建筑设计。四是城乡低碳社区建设成效突出。制定出台《广元市低碳示范社区创建工作指导意见》，全市已创建省级低碳示范社区 1 个、市级低碳示范社区（村）12 个、县级低碳示范社区（村）24 个，获得首批省级低碳专项资金低碳社区 1 个。此外，全市有 1 个在积极筹备申报国家级低碳试点社区，7 个社区正在积极申报省级低碳试点社区。

（六） 增绿储碳态势良好

1. 碳汇储备不断增加。据四川省林业科学研究院编制的《低碳经济—广元林业发展潜力评估报告》的研究表明，通过近两年创建国家森林城市的努力，全市森林碳汇有了进一步提高，林业吸收二氧化碳约为 175.45 万吨。其中，乔木林吸收约为 212.42 万吨，约占 121.04%；经济林吸收约为 36.03 万吨，约占 20.54%；疏林、散生木和四旁树吸收约为 1.64 万吨，约占 0.96%；活立木消耗导致二氧化碳排放 74.64 万吨，约占 42.54%。截至 2015 年底，全市森林覆盖率达到 55.3%。

2. 碳汇交易经验丰富。2010—2011 年，本市在西部地区率先开展了碳汇交易，已相继申报和实施的总额达 1.75 亿余元。其中包括：2008 年与美国环保协会合作开展的 5 万吨农村测土配方施肥温室气体减排及交易项目，交易金额 25 万美元，该项目也是国内首例成功实施的国际合作农村温室气体减排及交易项目，被《中国农村温室气体减排》收录为典型案例。2010 年 4 月又与世博会合作开展了"绿色出行"碳中和项目，出售 3.6 万吨碳指标，并发行了全球首款世博绿色出行低碳交通卡。2010 年 9 月，本市向广州亚运会提供碳中和指标 1 万吨，用于羊城通低碳交通卡。此外还实施了"苍溪县东河流域小水电开发碳交易"、"中国四川西北部退化土地造林再造林"碳交易项目。

四、 基础工作与能力建设

（一） 低碳发展标准体系完善

目前，已完成《广元市低碳试点实施方案（2013—2016 年）》的完善工作，并先后编制完成《国家级广元经济技术开发区低碳园区实施方案》《广元市国家生态文明先行示范区建设方案》等一批方案，研制《广元市低碳循环工业园区标准》《广元市低碳农业万亩示范片考核验收标准》《广元市低碳旅游示范村建设规范》《广元市低碳住宅小区评价标准》《广元市绿色低碳重点小城镇建设标准》《广元市低碳示范社区（村）标准》《广元市低碳示范户标准》等一批低碳标准。

（二） 项目课题研究成果突出

在西部地区率先完成了《低碳发展路线图研究报告》和《低碳适用技术需求评估报告》等课题成果基础上，顺利完成中国清洁发展机制基金赠款项目"广元市低碳城市试点项目"中期评审，形成了《广元市碳排放指标分解和考核体系研究》《利州曙光低碳农业园区建设实施方案》等研究成果。并参与国家重大科技支撑项目："城镇碳排放清单编制与决策支持系统研究、开发与示范"项目（国家"十二五"重大科技支撑计划项目"城镇低碳发展关键技术集成研究与示范"第七课题）和应对气候变化能力建设项目："中国中小城市应对气候变化能力建设项目"。先后撰写了《强化载体建设助推低碳发展》《广元市开展国家低碳城市试点工作的主要成效、存在的问题及建议》和《经济新常态下广元低碳发展的思考》等高水平理论、调研文章 30 余篇。

（三） 温室气体排放体系建设顺利

在全面完成本市 2010 年温室气体清单编制及发布，启动 2013 年全市和县区温室气体清单编制工作基础上，全面完成年耗煤 1 万吨以上 14 户重点能耗企业温室气体报送工作。结合《广元市碳排放指标分解和考核体系研究》进一步明确年度低碳工作考核评价细则。对全市年耗煤 5000 吨以上 24 户重点企事业单位进行了温室气体报送专题培训，全面完成本市重点企业温室气体清单报送工作，正积极组织启动第三方核查机构开展全市重点单位温室气体排放数据的核算和核查工作。

（四） 低碳宣传工作特色突出

在全国率先设立了"低碳日"，并连续六年以不同主题开展这一特色宣传教育活动，2012 年市低碳发展局、市低碳经济发展研究会在川内率先联合创办了低碳信息平台——"广元低碳网"和《西部低碳》内部刊物,并连续三年编撰了《广元市低碳城市试点工作报告》,整理策划了《美丽广元、幸福家园——广元市低碳发展纪实》宣传画册,组织成果展 3 次。各新闻广播网络等媒介对广元低碳发展宣传稿件已达 600 多篇,为本市营造了良好的低碳发展氛围。

(五) 低碳业务培训逐步强化

2013 年与吉林大学成功举办了"四川广元低碳发展专题研讨班",2014 年组织了考察组赴浙江省杭州市就低碳社区建设和垃圾分类处理等工作进行了考察学习,2015 年组织考察组赴湖北武汉市、江苏镇江市、安徽池州市,分别就碳市场建设、碳平台建设、优化空间布局等国家低碳省(区)市重点工作开展了学习考察。还邀请了中国社科院、中国建筑研究设计院、世界自然基金会(WWF)专家学者对全市县(区)、市级相关部门低碳试点工作负责人和业务人员进行了低碳园区管理、低碳项目申报和碳排放清单编制等内容的业务培训,培训业务骨干 200 人次。在市委党校、市行政学院开设了生态立市和低碳发展专题培训班,共计培训 3000 余人次。在全市中小学开展了绿色低碳校园创建活动,普及低碳知识,累计印发各类低碳宣传资料 50 多万份。

(六) 低碳合作交流渐成常态

确定低碳发展战略后,本市先后成功举办了"低碳重建与企业发展(中国·广元)国际论坛"和"2010 四川广元科技成果转化及低碳发展技术合作对接洽谈会"等大型活动。2011 年,本市作为西部唯一受到邀请的城市,参加联合国气候变化框架公约第 17 次缔约方会议暨京都议定书第 7 次缔约方会议(简称"德班会议")。2014 年顺利承办由国家发改委应对气候变化司委托国家气候战略中心组织召开的省级温室气体清单报告评估验收会,协助国家气候战略中心组织专家对四川、河南、湖北、湖南、广东、广西、海南、重庆等省(区、市)2005 年和 2010 年省级温室气体清单报告开展评估验收。2015 年 11 月,日本地球环境战略研究机关(IGES)来本市开展低碳合作交流访问。近年来,已分别与中国社科院城市发展与环境研究所、中国石油大学、四川省社会科学院等院校签订了低碳发展战略合作框架协议,先后与四川大学、吉林大学、厦门大学、西南科技大学等高等院校和研究机构达成市校合作协议。

五、 主要体制机制创新

低碳试点工作开展以来,本市深入贯彻落实科学发展观,积极创新低碳发展理念、路径、载体和机制,努力推进低碳发展取得实效。

(一) 创新低碳发展理念

"5·12"特大地震发生后,1200 多亿元的重建资金涌入地震重灾区广元,为广元发展注入了强劲动能。面对重大发展机遇,选择什么样的发展思路十分关键。广元按照科学发展观要求,结合灾后重建,在后发地区较早提出了"低碳重建"与"低碳发展"。并聘请了中国社科院等大专院校、科研院所一批专家学者进行科学谋划,形成了《低碳重建与企业发展国际论坛广元共识》。2010 年 1 月,市委、市政府提出了"以创建森林城市、低碳产业园区和低碳宜居城市为抓手"的低碳发展思路。2013年1月，市委六届七次全会，贯彻党的十八大精神、审视新的发展形势，谋划未来新的发展思路和举措，确定了建设"美丽广元、幸福家园"的战略目标，进一步明确了生态立市、低碳发展的战略地位。市委、市政府坚持"一张蓝图绘到底，持之以恒抓落实"，全市各级各部门将低碳发展理念始终贯穿到各项具体工作中。

（二） 创新低碳发展路径

根据本市资源禀赋和生态优势，确立了五条低碳发展路径：以建设"生态广元"为路径，加强城乡生态建设，构筑嘉陵江上游重要生态屏障；以推进"气化广元"为路径，不断优化能源结构，构建清洁能源开发利用体系；以发展"循环经济"为路径，积极调整产业结构，构建低能耗、低排放、低污染的产业体系；以发展"绿色农业"为路径，加快创建绿色小城镇和生态小康新村，推进农业发展方式转型升级；以培育"低碳文化"为路径，加快建设低碳文化示范基地，不断提高低碳发展的全民参与度。充分利用本市生态、农业、旅游、清洁能源等优势，开展低碳绿色小城镇建设，并将低碳试点工作与扶贫攻坚相结合，走出了具有广元特色的低碳发展之路。

（三） 创新低碳发展载体

以"重点任务项目化，节能减排数据化，试点示范标准化，工作推进机制化"为工作思路，不断强化低碳农业园区、循环工业园区、生态旅游园区和城乡低碳社区"四区"建设，深入实施"低碳园区建设、新能源示范市创建、生态人居改善、试点示范引领、基础能力提升"五大工程，大力开展"低碳知识进校园、垃圾分类进社区、节能减排进企业"和"重点项目低碳评审、低碳示范单位评定、低碳技术评估"两大活动，推动产业向园区集中、要素向产业集中、人口向社区集中，减少了对生态保护区、生态脆弱区的人为破坏。与省工商联在广元经济技术开发区共同建设低碳产业园区，推进低碳产业发展。

（四） 创新低碳发展机制

成立了市低碳发展领导小组，在全国率先（2011年）成立了正县级的市低碳发展局，市发改委成立了低碳发展科，低碳发展局配备了专职副局长，低碳发展科配备了科长、副科长及3名工作人员，引进了低碳专业硕士生1名，负责全市低碳发展的各项工作。成立广元市低碳经济发展研究会，负责全市低碳发展的政策、技术研究等工作，并在全国率先（2010年）。市人大通过地方立法形式，确定每年8月27日为"广元低碳日"，连续六年开展这一特色活动。此外，每年市、县区政府确定一批重点工作、重要任务、重大项目，连续四年出台年度《低碳试点城市工作重点及责任分工》，以实施具体项目为载体，落实各项具体任务，稳步推动低碳试点工作。在项目申报、审批和资金安排中，给予最大扶持和倾斜，并坚持将低碳建设目标任务纳入市、县区和各部门的年度综合绩效考核，仅低碳试点工作便在考核总分中占2分，并严格督查问责，对县区和市级部门抓低碳试点工作具有很大的督促作用。

（五） 创新地方特色标准

在国家发改委的统一指导和大量深入调研的基础上，结合广元本地实际，探索制定了《广元市低碳循环工业园区标准》《广元市低碳农业万亩示范片考核验收标准》《广元市低碳旅游示范村建设规范》《广元市低碳学校创建工作指导意见及市级示范学校评估标准》《低碳示范乡镇、企业、社区、机关标准》等一系列具有地方特色和科学依据的低碳标准，先后编制完善了《广元市"十二五"低碳发展规划》《关于推广清洁能源和建设循环经济产业园区实现低碳发展的意见》《关于加快推进生态立市的意见》《创建国家生态文明先行示范区实施方案》等一系列规划方案，为低碳发展提供了可参考的指标体系和政策依据。

六、 主要体会与经验

（一） 主要体会

通过近8年来的实践，我们深切认识到，后发地区选择低碳发展，不是不发展、慢发展，而是科学发展、绿色发展、可持续发展，是更好更快发展的新路径。

1. 坚持以科学发展观为指导大胆决策，是后发地区推进低碳发展的前提。在全球气候变化危机、能源危机和金融危机叠加的严峻形势下，低碳发展正逐步成为国际社会的共识，符合世界发展的现实需要，符合人类可持续发展的良好愿望，是实践科学发展观的有力体现。面对加快发展需要和所面临的环境承载压力，不能因经济欠发达就在快速发展中以牺牲环境为代价，必须放眼世界与未来，进行科学研判、敢于大胆决策，虽是后发地区，依然可以走低碳重建、低碳发展之路，给子孙后代留下绿水青山，实现可持续发展。

2. 抓好全民宣传教育克服"三个误区"，是后发地区推进低碳发展的基础。低碳发展最典型的认识误区有三个：低碳发展是发达地区的事；低碳发展就是"不发展""慢发展"；低碳发展是降低生活水平、回归"原始社会"。针对这样的认识误区，广元组织开展了一系列的宣传教育活动，普及低碳知识，提倡树立低碳理念，为广元低碳发展奠定了思想基础。实践证明，低碳发展并非只是发达地区的事，后发地区走低碳发展之路，也不是"慢发展"，更不是"不发展"，而是科学发展、跨越发展、又好又快发展。

3. 充分发挥自身优势突出地域特色，是后发地区推进低碳发展的突破口。充分挖掘特色资源，发挥自身优势，突出地域特色，这是后发地区扬长补短，发挥比较优势，实现后发地区低碳发展的突破口。后发地区要解决贫困问题，地震灾区要恢复重建，必须坚持发展"第一要务"。但如何发展，走什么样的发展路径至关重要。后发地区工业化、城市化起步晚，经济模式和工业体系尚未完全定型，产业向低碳经济调整和转型具有成本低、阻力小、动作快的优势。广元立足自身独特的环境优势和资源禀赋，选择"四大载体、五大工程"的低碳发展路径，既具有广元特色，又符合科学发展规律。

4. 将低碳发展与改善人民群众生活条件、创造美好生活紧密结合，是后发地区低碳发展的动力。随着经济社会的不断发展，天蓝地绿、山清水秀的良好生态环境日益成为人民群众的共同追求。发展低碳经济，有利于减少生态破坏，减轻环境污染，促进经济与环境、人与自然协调发展，既从根本上保护了后发地区的生态环境，更为子孙后代留下了后续发展之基。

（二） 主要经验

1. 领导重视是基础。广元正处于工业化初期向中期加速迈进的关键阶段，发展不足、发展滞后仍然是当前和今后一段时期的最大市情，加快发展与环境治理的矛盾日益突出，传统的发展模式已难以为继。在面对加快发展与节能减排、污染治理的矛盾突出的问题和开发资源与保护生态、发展经济与改善环境，孰先孰后、孰轻孰重，要金山银山，还是要青山绿水的观念上，市领导层立足市情、破解冲突、更新观念，统一认识，大胆决策，强调低碳发展，不是不发展，也不是慢发展，而是一种新的发展道路、新的发展模式，更是对发展的新追求。同时，发展思路确定后，历届市委、市政府一届接着一届干，咬定青山不放松，持之以恒，一抓到底。同时在全国率先成立了低碳发展的专门组织机构。

2. 找准特色是重点。充分挖掘特色资源，发挥自身优势，突出地域特色，这是后发地区扬长补短，发挥比较优势，实现后发地区低碳发展的突破口。后发地区要解决贫困问题，必须坚持发展"第一要务"。但如何发展，走什么样的发展路径至关重要。后发地区工业化、城市化起步晚，经济模式和工业体系尚未完全定型，产业向低碳经济调整和转型具有成本低、阻力小、动作快的优势。广元立足自身独特的环境优势和资源禀赋，选择了"生态广元""气化广元""循环经济""生态旅游""低碳社区""低碳文化"为路径的基础上，充分发挥本市农业在三次产业结构中的占比优势和"广元七绝"农产品等特色农业资源禀赋，大力发展低碳农业，利用测土配方施肥、生物防治、节水农业、农村沼气等低碳农业技术和绿色、低碳、有机特色农产品丰富本市低碳农业内涵，既具有广元特色，又符合科学发展规律。

3. 目标督导是保障。为确保低碳工作落到实处，本市实施了低碳发展目标考核制度，每年都以市委、市政府的文件下发年度低碳试点工作实施方案，坚持将低碳建设目标任务纳入市、县（区）和市级各部门的年度综合绩效考核，严格督查问责，推动工作和责任落实，取得工作实效。通过逐级落实，把责任分解做到"纵向到底、横向到边"，形成完整的目标责任体系。

4. 借智引才是助力。低碳发展关键是技术，为了加强低碳发展智力支持，本市不断加强低碳试点合作交流和引才借智工作。现已分别与中国社会科学院城市发展与环境研究所、中国石油大学、四川省社会科学院等院校签订了低碳发展的战略合作框架协议，并在市委党校、行政学校等专题研修班中增设了低碳课程，在引进硕士博士等高层次紧缺人才中，也加大了环保、林业等方面人才引进的比重。

5. 试点示范是引领。在进一步完善低碳试点示范总体方案和标准的基础上，充分发挥典型带动作用，开展多层面、多领域的低碳试点示范，加快制定低碳产业园区、绿色低碳小城镇、低碳社区创建实施方案。将三江新区作为低碳发展示范区、苍溪县作为低碳农业园区示范县、旺苍作为循环经济发展示范区进行重点打造，开展了低碳试点示范社区（村）、低碳学校、低碳园区、低碳建筑等创建活动。在试点示范中，注重低碳科技应用、科学规划、精细化管理、统计监测和考核评价体系的建立，不断丰富和总结经验，通过创建，带动全市低碳发展技术的推广普及。

七、 工作打算及建议

（一） 下一步工作打算

根据本市经济社会发展实际，通过专家学者研究论证，力争到2030年实现碳排放达到峰值。下一步本市低碳试点工作总的思路是：坚持"生态立市"发展思路，深化提高"低碳农业园区、循环工业园区、生态旅游园区和城乡低碳社区"为载体建设的内涵和水平，深入实施"低碳园区建设、新能源示范市创建、生态人居改善、试点示范引领、基础能力提升"五大工程，大力开展"低碳知识进校园、垃圾分类进社区、节能减排进企业"活动和"重点项目低碳评审、低碳示范单位评定、低碳技术评估"活动，继续加大低碳科技推广与应用力度，不断夯实低碳发展基础能力，持续推进产业结构低碳化、能源结构低碳化、生活方式低碳化，主动适应经济社会发展新常态，努力探索符合广元实际的低碳发展特色路径，切实推动国家低碳试点城市建设取得新成效。为此，今后我们将重点抓好以下工作：

1. 认真研究谋划"十三五"低碳发展思路。加强生态文明建设课题调研和规划编制工作。扎实开展低碳发展课题调研，摸清家底，掌握国内外发展动态，以改革创新理念统筹谋划"十三五"低碳发展工作，明确主要目标，统一思路及载体，全面落实生态立市、低碳发展的各项要求。"十三五"末，本市森林覆盖率要稳定在55%以上、力争达到57%的水平，万元GDP能耗控制在0.61吨标煤/万元（2015年不变价格）以内，二氧化碳排放控制在1.2吨CO_2/万元，人均二氧化碳排放控制在4.5吨CO_2/人以内，非化石能源占一次能源消费比重达到30%，2030年二氧化碳排放达到峰值。

2. 扎实推动低碳产业发展。低碳产业发展是本市低碳试点工作的重点和关键。一是突出发展低碳农业。本市现代农业园区已具一定规模和影响，每年提升创建几个重点低碳农业示范园区，丰富本市低碳农业的技术内涵，打造全国低碳农业样本，将成为彰显本市低碳试点工作鲜明特色的重要突破。二是强力推进循环工业。以循环工业园区为载体，突出开展以广元经济技术开发区电解铝及精深加工，旺苍煤化工循环经济产业园"煤炭—炼焦—化工"循环经济产业链，剑阁兴能新材料产业园的锂电池正负极材料生产技术为重点的循环经济试点；建立低碳产业园区，大力推行节能低碳技术应用，全面提升循环工业园区科技含量和整体规模。三是大力发展生态旅游产业。以生态文化旅游园区为载体，促进文化与旅游的深度融合。加快构建以剑门蜀道三国文化旅游产业园区为龙头，以剑门蜀道国家级旅游度假区为重点，在景区建设和经营过程中，充分体现低碳生态元素，创建省级智慧旅游试点市，加快推进剑门关、昭化古城、唐家河景区智慧旅游景区建设。四是重点发展新能源产业。抓住本市创建国家新能源示范市的机遇，大力提高清洁能源生产供应能力和效率，推进能源转化过程低碳化及转化过程中产生的二氧化碳的回收利用和处理，努力构建低碳能源资源体系和低碳化能源生产体系。

3. 抓实一批低碳基础设施建设。我们将继续整合资源，重点抓好新能源示范市建设、生态广元建设、城市低碳基础设施配套建设等一批低碳基础设施项目，推动城市垃圾发电和回收再利用项目，城市雨污分流工程，城市绿道建设，市城区"五沟一片"改造工程，风力、太阳能、生物质发电项目，智慧城市建设等一批低碳基础设施建设，进一步夯实低碳城市建设基础。

4. 深化改革强化保障措施。一是积极建议通过人大立法，出台生态环境保护、低碳发展的相关地方法规，形成强制性工作推动机制，出台《广元市生态文明建设（低碳发展）考核办法》，加强绿色GDP考核力度，增加低碳目标考核在全市目标管理考核中的占比，实行碳排放总量和强度双控考核，强化低碳目标倒逼机制。二是促进低碳工作与节能减排的结合，以相对成熟的节能减排工作体系、资源和手段来支撑低碳发展，统筹安排低碳发展和节能减排、节能监察机构的专项资金、项目和人员，形成工作合力。三是积极争取财政资金，探索引导各类社会资金积极投入低碳发展领域，壮大低碳产业。争取从财政预算中安排低碳发展启动基金，用于支持低碳项目和活动的开展。

5. 先行先试总结经验出亮点。一是建议通过人大法定程序，出台低碳发展的相关地方法规，形成强制性工作推动机制。二是建立健全生态环境考核机制，增加生态、低碳目标考核在全市目标管理考核中的占比，考核结果纳入市管领导班子和领导干部考核评价，探索研究生态环境损害责任终身追究制。三是推进低碳工作与节能减排工作的资源整合，统筹安排低碳发展和节能减排、节能监察机构的专项资金、项目和人员，积极探索建立吸引社会资本投入生态环境保护的市场化机制，推进低碳产业的发展和壮大。四是建设低碳发展综合信息交流平台，形成集业务管理、碳配额分配、碳排放数据上报与核查等功能于一体的区域低碳公共服务平台。五是积极探索碳排放权、排污权、水权、森林碳汇交易，促进企业节能减排，形成内生节能降耗、减排增汇激励机制。六是探索构建嘉陵江流域、川陕甘结合部低碳发展合作平台，推进区域低碳发展多中心联动跨域治理机制。

（二） 面临的挑战和建议

广元市作为西部为数不多的国家低碳试点城市，虽然具有丰富的生态、能源资源、区位、后发优势，并通过近年来的先行先试，也初步探索出了一条贫困地区加快发展的低碳路径。但是还面临着工业整体发展水平偏低；新能源和天然气产业刚刚起步；低碳技术相对缺乏；节能减排形势严峻等诸多障碍和挑战。同时，由于没有详细的、可操作的优惠政策支持低碳发展或开展低碳试点工作，作为欠发达地区，地方政府财力有限，导致企业在低碳领域的自主投资积极性不强。当前，广元正处在发展的十字路口，下一步若无国家进一步的政策措施支持，得益于全市上下较高的低碳发展意识和体制机制方面的创新创造的低碳发展先行优势可能将会逐渐被赶超。因此，建议国家发改委在以下几方面给予指导和扶持：

1. 出台支持低碳发展的具体政策。建议国家统一出台支持低碳产业发展、低碳财政税收激励、低碳产品认证和标志、低碳环境监测、低碳城市建设等政策。围绕重点领域和重点产品，健全完善以国家标准为主体，行业标准、地方标准和企业标准为补充的节能降耗标准体系，探索建立低碳发展的补偿机制，鼓励绿色低碳发展。

2. 加大对国家低碳城市试点工作的支持力度。一是设立重大支持低碳发展专项项目。建议充分整合环境保护、新能源建设、节能减排、低碳基础设施建设项目，把国家生态文明先行示范区建设、环保模范城市建设、森林城市建设与国家低碳试点城市建设有机结合。发布低碳发展项目指南，鼓励支持国家低碳试点城市实施影响较大的低碳重大项目，提升国家低碳试点城市的发展基础能力和低碳产业发展水平，全面引领低碳试点城市的发展能力。二是增列低碳经济发展支出预算项目。为确保低碳经济发展资金的稳定，把低碳经济发展资金列入财政预算的支出范畴，把低碳经济发展资金作为财政的经常性支出，为财政履行发展低碳经济职能提供制度保证。完善调动企业、个人等主体投资低碳经济积极性的政策，开展低碳技术评估，及时建立低碳技术推广普及制度。可采用对企业低碳经济投资项目在贷款额度，贷款利率，还贷条件等方面给予优惠。三是支持低碳人才队伍建设。建立健全人才引进、培养、任用、评价制度，激活人才发展机制，创新培养和引进旅游、文化创意、有机农业等特色产业的高端人才体制与机制。支持龙头企业和大学共同建设培训基地，培育低碳领域管理、制造和技术人才。

3. 加大国家生态文明先行示范区建设中项目资金的倾斜力度。2015 年 12 月，国家发改委等 9 部委以《关于开展第二批生态文明先行示范区建设的通知》（发改环资〔2015〕3214 号），同意全国 45 个地区开展生态文明先行示范区建设工作，其中，广元市作为嘉陵江流域整体申报位列其中。目前，本市上报 36 个项目，总资金 1409.33 亿元。我们迫切希望在资金和项目分配中给予更多的扶持，通过建设生态文明先行示范区，进一步提升国家低碳试点工作水平。

4. 建立针对地方政府和企业的低碳考核制度。建议国家逐步推行"低碳 GDP"考核制度，建立适合各地实际的低碳经济指标体系，将现行的 GDP 指标扣除因环境污染、自然资源消耗、生态环境退化的损失。将实施低碳发展的评价指标纳入地方的经济核算体系和政府官员的政绩考核。

5. 建立排放监测与核算体系。完善能源消耗统计制度、增加新能源和可再生能源利用统计体系、建立温室气体排放监测体系以及统计考核体系，建立低碳经济公报制度，加强对目标责任、工作进度的跟踪检查和阶段性问责。设计专属的统计方法和计量体系，保证指标体系评价的有效性和可靠性，使碳减排可测量、可评价、可核算。根据基层工作实际，建议将工作任务明确落实到统计部门。

遵义市低碳试点进展总结

一、 基本情况

自 2012 年 11 月国家发改委批准遵义市成为第二批国家低碳城市试点以来，本市积极面对国际金融危机持续影响和国内经济下行压力，积极适应新常态、主动应对新挑战，坚守发展和生态两条底线，以科学发展为主题，加快转变经济发展方式，紧紧围绕"提速赶超、转型跨越"主基调，以国家低碳试点城市的创建为抓手，大力建设资源节约和环境友好型社会，全面推进经济建设、政治建设、文化建设、社会建设和生态文明建设，经济社会发展取得显著成就。2015 年，完成地区生产总值 2168.3 亿元，实现五年翻番，年均增长 15%，人均地区生产总值突破 35000 元，财政总收入 432.2 亿元，城镇居民人均可支配收入 24997 元、农民人均纯收入 9249 元，三次产业结构调整为 16.1∶44.8∶39.1，城镇化率 45%，森林覆盖率 55%。

经初步测算，2015 年度全市能源消费总量为 1954.33 万吨标煤，单位 GDP 能耗 1.085 吨标煤/万元。其中：第一产业 33.47 万吨标煤、第二产业 854.36 万吨标煤、第三产业 677.68 万吨标煤、生活消费 388.83 万吨标煤，四项能源消费比例为 1.7∶43.7∶34.7∶19.9。2014 年度单位地区生产总值二氧化碳排放比 2010 年下降 28.35%，达到 1.575 吨二氧化碳/万元。初步测算，2015 年单位生产总值能源消耗强度比 2010 年下降 21.65%，达到 1.085 吨标煤/万元，第三产业比重 39.1%。

二、 低碳发展理念

（一） 发展理念

坚持以科学发展观为指导，以建设"两型"社会和低碳城市为目标，以创建新能源示范城市为载体，以产业结构调整、降低单位综合能耗和提高碳生产力为核心，探索完善促进低碳发展的体制机制，结合遵义市国民经济和社会发展"十二五"规划纲要的实施，逐步走出一条符合遵义实际，具有遵义特色的绿色低碳发展道路。通过开展国家低碳城市试点工作，遵义市二氧化碳排放强度得到有效控制，经济发展质量提高，产业结构和能源结构均得到进一步优化，基本形成低碳发展体制机制，促进低碳发展的先进适用技术及科技成果应用规模不断扩大，资源型产业向精深加工延伸，可再生能源建设取得初步成效，形成促进低碳发展的良好社会氛围。

（二） 组织领导

为有效推进低碳试点工作开展，2013 年 2 月市人民政府成立以市长为组长、常务副市长为副组长，相关部门和县（市、区）负责人为成员的领导小组，下设办公室在市发改委，负责具体的日常工作，市政府办印发了关于成立低碳城市试点工作领导小组（遵府办函〔2013〕10号）；2013年10月市政府办印发了遵义市低碳城市试点工作责任分解表的通知（遵办发〔2013〕52号），将低碳试点工作的相关任务和指标分解到相关职能部门。

（三）规划编制

为有效实施低碳试点工作，我们以低碳城市试点、推进生态文明建设为基础，加强对应对气候变化工作的领导，全面负责协调、推进全市应对气候变化工作，制定了一系列指导推进节能减排和应对气候变化工作的政策性文件规划。2013年12月经市政府同意，市发改委印发了《实施方案》，确定了碳排放峰值，力争二氧化碳排放在2030年左右达到峰值，单位GDP二氧化碳排放降至1.107吨二氧化碳/万元，比2005年下降70%以上。近几年来，本市将低碳试点发展紧密相关的节能减排、生态建设、环境保护等相关工作纳入《遵义市国民经济和社会发展"十二五"规划纲要》，完成了《遵义市新能源示范城市建设实施方案》《遵义市生态文明先行示范区建设实施方案》《遵义市赤水河流域"四河四带"总体规划》《2015年遵义市节能减排发展行动方案》，开展了《遵义市碳排放指标分解和考核体系》及遵义市工业、交通、建筑领域实施方案的研究与编制，为低碳试点工作的实施提供了组织保障和政策依据。目前，本市正在开展"十三五"应对气候变化规划的编制。

（四）碳排放峰值年的确定

结合遵义市能耗消费结构现状，通过产业结构调整、优化能源结构、强化节能管理，推进重点领域节能、加强生态建设、引导绿色生活方式和消费模式等途径，降低单位能耗和碳排放水平，预计二氧化碳排放到2030年左右达到峰值。

三、低碳发展任务落实与成效

本市根据《遵义市低碳城市试点工作实施方案》明确的重点任务，进一步调整产业结构、优化能源结构、强化节能管理等手段，积极倡导绿色生活方式和消费模式，低碳发展的理念和氛围基本形成。

（一）产业结构调整

本市坚持以产业结构调整为主线推进低碳经济发展，加快产业转型升级，构建绿色高效的生态经济体系。在实施"新型工业化、绿色城镇化、农业现代化"三化同步战略中，围绕"五张名片"和"五大新兴产业"，大力推进"四个轮子"一起转，狠抓产业培育和转型升级，2015年完成地区生产总值2168亿元，其中一产增加值320亿元，二产增加值970亿元，三产增加值862亿元，基本构建合理的产业布局，统筹推进"四大区域"协调发展，呈现出中部率先崛起、西部全域突破、东部联动开发、北部全速攻坚的竞相发展态势。三次产业结构由2010年的15.4∶41.8∶42.8调整为16.1∶44.8∶39.1。

1. 加快战略性新兴产业发展。按照特色化、集聚化、绿色化的原则，大力培育发展以大数据为引领的电子信息产业、以大健康为目标的医药养生产业、以绿色有机无公害为标准的现代山地特色高效农业、以民族和山地为特色的文化旅游业、以节能环保低碳为主导的新型建筑建材业五大新兴产业，形成有利于绿色循环低碳发展的新的经济增长点。加快绿智园区建设，打造"遵义制造"品牌，工业经济达"三个1000"新水平。完成500万元以上规模增加值1010亿元，工业投资突破1000亿元，工业经济总量稳居全省第一。茶酒"姊妹篇"等传统产业加快转型，白酒作为"第一产业"贡献突出，战略性新兴产业方兴未艾，大数据电子信息、新能源汽车等新兴产业从无到有，特别是大数据电子信息产业呈现"爆发式增长"。完成特色轻工业产值970亿元，能源及材料产业产值700亿元。推进产业集群发展，县县搭起经济开发区或工业园区平台，累计建成标准厂房933万平方米，引进786户企业入园。电子信息、智能终端制造、新能源汽车、服务外包呼叫中心、大健康新医药等新兴产业加速突破，引进以晴、甲骨文、中心通讯等大数据及关联优强企业，信息产业规模突破600亿元，引进巴斯巴等9家新能源汽车及配套产业，开发建设风能发电装机40.8万千瓦。实施产业空间布局优化工程，按照"四大区域"、主体功能区划和生态红线的要求，统筹考虑区域资源禀赋、环境容量、产业基础等因素，引导产业向适宜发展区集聚。

2. 加快服务业发展。深入实施"服务业提升三年行动计划"，把推动服务业发展作为产业结构优化升级和实现低碳发展的战略重点，依靠大力发展文化产业和旅游业带动服务业加快发展壮大，用现代经营方式和技术提升改造传统服务业，发展会展、物流、金融和生产性服务业为主的新兴服务业。建成运营遵义国际商贸城、新雪域冷链物流等一批大型综合市场，相继涌现阿里巴巴·遵义产业带、淘宝·特色中国遵义馆、爱特购等电商平台，培育电商企业30家，交易额突破100亿元。加快推进赤水河谷旅游公路、1935街区，以及游客接待中心、集散中心、旅游路网规划、旅游配套服务设施等项目建设；基本形成以银行业金融机构为主体，其他金融机构为补充的金融体系；快递、文化创意、旅游游客服务中心、电商、服务外包和呼叫中心等新兴业态迅速发展，着重推进本地电子商务综合服务平台建设，重点在苟江经济开发区、红花岗区、汇川区发展电子商务园区。以市供销社综合电商平台为抓手，推进"十百千万工程"，系统利用"特色中国·遵义馆"电商平台集聚资源、凝合要素，开发完成"智慧城乡"现代流通服务信息系统，完善"特色中国·县级馆"，打造农村电子商务示范基地，规划建设遵义市农村电子商务产业园。加快推进服务业集聚区建设发展，加快建设完善集聚区产业公共服务平台。加快推进省级现代服务业发展示范区（红花岗区）建设，同时，习水县鳛部服务业创新发展试验区试点示范工作稳步推进，基础设施建设和产业发展取得明显成效，建成了产权式酒店、室内展览中心和游客集散接待中心等项目，打造了一批旅游商品经营与游客接待示范户；加快贵州西部茶城置业股份有限公司等10家省级现代服务重点企业（全省50家）发展步伐，不断开拓创新，增强核心竞争力，在全省现代服务业发展中发挥示范引领作用。加快推进17个省级重点现代服务业集聚区建设（全省100个）。

3. 加快现代农业发展。按照"高产、优质、高效、生态、安全"的要求，以质量效益为导向，通过秸秆还田、测土配方施肥、化肥缓释、增施有机肥等措施控制化肥施用量，减少温室气体排放。依托特色农产品基地和农业产业化龙头企业，大力发展茶叶、中药材、竹业、辣椒、高粱、商品蔬菜、生态畜牧业、干鲜果八大特色农业，提升以绿色食品、有机食品为重点的"遵义特产"品牌；推进农业科技园区建设，积极发挥现代农业科技园区的示范、引导作用；加强农业先进适用技术、高新技术的引进、推广和集成创新，强化种子种苗、高效种养、农产品加工储运及质量控制等重点领域的关键技术创新、成果转化与示范推广，保障农产品有效供给和粮食生产稳定。2015 年实现粮食总产量 293 万吨，收购烟叶 155 万担，规模以上农产品加工总产值 285 亿元。遵义县花茂村、桐梓县杉坪村等农旅一体化示范点效果显现。

4. 加快旅游业发展。依托遵义优美的环境、宜人的气候、多彩的文化和风景名胜资源丰富的独特优势，大力开发特色旅游资源，提升"遵义会议""四渡赤水""国酒茅台""丹霞遗产""中国茶海""仡佬之源"六大品牌，重点打造以遵义会议、四渡赤水、娄山关战役等为代表的红色旅游产品体系，以丹霞地貌、喀斯特地貌独特景观为代表的自然风光旅游产品体系，以海龙囤古军事城堡、沙滩文化等为代表的地域文化旅游产品体系，以国酒茅台等为代表的工业旅游产品体系，以避暑度假、温泉休闲等为代表的生态休闲度假旅游产品体系，以农业观光体验、特色餐饮等为代表的乡村旅游产品体系。加快实施遵义会议会址、四渡赤水纪念地、娄山关战斗遗址、海龙囤古军事城堡、赤水风景名胜区、习水土城古镇等重点旅游景区基础设施建设。做大做强旅游业，推动旅游业转型升级，不断创造新的旅游产品，形成新的旅游业态，形成全方位、宽领域、多层级的大旅游格局，大力发展现代交通、信息等旅游相关产业，积极发展健康养老、休闲娱乐等生活性服务业，促进旅游业与一、二、三产业融合发展。2015 年接待游客 6200 万人次，实现旅游总收入 547 亿元。赤水河谷 100 英里旅游公路、湄凤余 100 公路茶区木栈道等一批重点项目加速推进。

（二） 能源结构优化

不断优化能源结构，大力实施清洁能源推广应用工程，全市终端能源消费形成了以电能为主，煤炭为辅，农村沼气、城市天然气为补充的用能模式，水能发电、太阳能发电、风能发电、生物质能发电等正在加快建设，能源结构优化取得了明显的经济、社会和生态效益，环境质量明显改善。2015 年全市电力装机容量 950 万千瓦，其中，水电装机 508 万千瓦，火电装机 426 万千瓦，其他装机 15.9 万千瓦。全市新能源核准在建风能发电项目 9 个，总装机 40.8 万千瓦，项目建成后每年提供清洁电能 8.3 亿千瓦时。

（三） 节能与提高效能

为全面强化节能管理工作，本市狠抓三个关键环节：一是合理控制能源消费总量，建立能源消费总量预警调控机制。开展季度节能形势分析，跟踪监测各县（市、区）和高耗能行业用电量等指标，对能源消耗增长过快的县（市、区）以及重点行业及时采取预警调控措施，合理控制能源消耗。2015年全社会能源消费总量为 1954.33 万吨标煤，同比增长 3.43%。二是严格实施固定资产投资项目节能评估和审查制度。严格控制新建高耗能、高污染项目，把项目节能评估和审查意见作为项目审批、核准或项目开工的前置性条件。三是强化重点用能单位节能管理，严格执行国家能耗限额标准。督促万家企业填报能源利用状况报表和编制能源利用状况自查报告，完成全市万家企业开展节能考核工作。制定各年度重点耗能企业年度监测计划，组织开展全市重点耗能企业节能监测工作，督促企业建立和完善能耗指标统计体系，落实能源利用状况报告制度，设立节能管理机构，聘用专职节能管理负责人和专职能源统计人员，认真落实节能管理措施。

（四） 低碳建筑

1. 积极鼓励、培育新型墙体材料及建筑节能产品。鼓励相关节能产品创新，积极组织本市新型墙材生产厂商或代理商引进新型墙体材料及建筑节能产品，并向省住建厅申请建筑节能材料推广认定证书；同时对本地企业申报新型墙体材料认定证书及节能产品推广认定证书的相关资料给予高度重视，认真组织力量对资料进行审查，支持申报工作，提升生产厂家的积极性，确保新型墙体材料及建筑节能产品能更快进入市场。"十二五"期间，本市申报认定成功的新型墙体材料厂家共计 45 家，建筑节能产品厂家共计 10 家。

2. 严格执行节能设计标准。在认真贯彻执行国家、省关于建筑节能的方针、政策、标准和规范的同时，结合本市实际，把好强制性条文的执行关、把好施工图审查阶段对建筑节能的审查关，按照《建筑节能工程施工质量验收规范》对建筑节能达标情况一并验收，"十二五"期间，本市完成建筑节能认定的项目达 1459 个，总建筑面积 1783.91 万平方米，节能标准执行率达到 100%，全面完成省下达的夏热冬冷地区既有居住建筑节能改造工作任务。

3. 进一步开展可再生能源的利用和推广示范工作。"十二五"期间，本市有两个项目申报获得了省级"可再生能源示范项目"，分别是"遵义师范学院新蒲校区地源热系统项目"和"湄潭县天壶国际大酒店 A 栋和天下第一壶水源热系统项目"，共获得了 341.15 万元的资金补助。鸭溪镇作为国家级可再生能源示范镇，已完成华溪医院太阳能加光热热水系统、鸭溪镇餐饮一条街地源热泵中央空调系统、黔北民居可再生能源应用，正在实施建成后的能效测评和省级验收工作。

（五） 低碳交通

优化运输方式，推广节能与新能源交通运输装备，大力发展新能源、清洁能源汽车。2015 年启动遵义市绿色交通城市创建，以构建"综合交通、智慧交通、绿色交通、平安交通"为战略导向，以改革创新为根本动力，以提高全市交通运输行业能源利用效率、降低二氧化碳和污染物排放强度为核心，以节约资源、提高能效、控制排放、保护环境为目标，以加快推进绿色交通基础设施建设、节能环保运输装备应用、集约高效运输组织体系建设、科技创新与信息化建设、行业监管能力提升为主要任务，以示范工程、重点项目和专项行动为主要推进方式，加快建设以"综合交通、公交优先、绿色出行、创新驱动、智慧管理"为主要特征的绿色交通运输体系，为建设宜居也宜游的现代化特色城市提供强力支撑，为西部地区交通运输行业打造"绿色交通"的示范样板，精心遴选出 38 个重点支撑项目。2014 年仅中心城区就投入 10160 万元，购置新能源公交车 172 辆，改造老旧出租车 21 辆。截至目前，中心城区有 LNG 长途客运车 42 辆，CNG 驾驶陪教练车 44 辆，LNG 公交车 546 辆，LNG 出租车 1531 辆。引入贵州云谷新能源运营有限公司对本市新能源汽车充电基础设施进行建设，在中心城区已建成充电站 2 座，充电桩 23 个，为提升中心城区环境空气质量做出了积极的贡献。

（六） 废弃物处置

1. 大力推进固体废物综合利用处置。坚持"减量化、无害化、资源化"的原则，不断加强一般工业固体废物及生活垃圾的处理处置和综合利用，强化危险废物和医疗废物的安全处置，狠抓日常监管，有效地防治固体废物污染。2013 年 5 月，市编委批准设立遵义污染防治管理中心，负责区域固体废物环境监督管理工作，逐步实现固体废物环境管理正规化。

2. 强化工业固体废物处理处置及综合利用。以尾矿、炉渣、粉煤灰、脱硫石膏为主，着力推进固体废物管理信息平台和数据库的建立，加强政策引导，通过资金补助、税收优惠等手段，提高了以炉渣、粉煤灰、尾矿、脱硫石膏、冶炼废渣等为主的工业固体废物的综合利用率，处置利用率达 92% 以上。

3. 生活垃圾收集与处置。各县（市、区）城区生活垃圾无害化处理工程建设基本完成，完善了渗滤液的处理设施；对城区垃圾箱、垃圾清运车辆、垃圾中转站进行了配套改造；加大了城区道路的清扫力度及环境卫生综合整治力度；生活垃圾的资源化利用，水泥窑协同处置生活垃圾项目的建设，实现了垃圾无害化、资源化的创新处置模式；正在加快乡镇生活垃圾收运体系的建设，已解决部分乡镇生活垃圾随意堆放的问题。

（七） 增加碳汇任务

为积极应对气候变化，加快森林资源培育、增强森林碳汇为目标，持续推进植树造林活动，依托国家实施巩固退耕还林成果、天然林资源保护、森林植被恢复、沙漠化治理等林业各项工程的机遇，大力实施绿色城市、绿色村镇、绿色通道、绿色屏障"四绿"工程，森林固碳释氧、涵养水源、防风固沙、保持水土等生态功能明显增强。巩固"国家园林城市"、"国家森林城市"创建成果，多渠道拓展城市绿色空间，全方位规划建设社区公园、街头绿地、街心花园，提高公共绿地分布的均衡性，完善配套设施。构建山水相依、林城相融的现代城市森林生态系统；加快中心城区环城林带及遵义县、红花岗区、仁怀市、习水县、赤水市红色旅游带生态建设。以"美丽乡村·四在农家"为载体，依托"八大工程"项目，按照多林种、多树种、针阔混交，立体复层的有色景观，以及疏密有致、高低错落、色彩斑斓、四季有花的景观效果要求，实施高速公路绿化美化建设造林工程，重点实施环城公路，道安、务正高速公路绿化美化建设，打造城乡一体的优质生态圈。累计建成国家生态示范区 5 个、生态镇 38 个，赤水市、湄潭县在全省率先通过国家生态县（市）创建验收；2015 年完成营造林 94.8 万亩，治理石漠化面积 195.8 平方公里、水土流失面积 416.7 平方公里，"月月造林"活动持续推进，森林覆盖率提高到 55%；城乡生活垃圾无害化处理率达 90.9%，城镇污水处理率 89.9%；县城环境空气质量自动监测设施全覆盖，城市（县城）环境空气质量达标率 99.2%；集中式饮用水源地水质达标率达 100%，农村面源污染治理成效明显。

（八） 绿色生活方式和消费模式

广泛开展绿色生活行动，推动全民在衣、食、住、行、游等方面加快向勤俭节约、绿色低碳、文明健康的方式转变。推进绿色消费，引导城乡居民广泛使用节能节水节材产品和可再生产品，减少一次性用品的使用。开展垃圾分类处理试点。推动绿色出行，确立公共交通在城市交通的主体地位，加快城市公共交通领域新能源、清洁能源车辆的推广应用。在餐饮企业、单位食堂、家庭全方位开展反浪费行动。党政机关、国有企业要带头厉行勤俭节约，推进绿色采购，推行无纸化和绿色节能办公。

推广绿色建筑，加快既有建筑节能改造，大力发展绿色建材，建立绿色建筑发展激励机制。充分发挥新闻媒体作用，组织好世界地球日、世界环境日、全国节能宣传周、低碳日等主题宣传活动。

四、 基础工作与能力建设

（一） 加强碳排放考核及重点领域低碳发展的研究

为推进遵义市低碳试点城市建设，本市启动了遵义市碳排放指标分解和考核体系、遵义市工业领域低碳发展的实施方案、遵义市低碳城市建筑实施方案、遵义市低碳交通实施方案的研究。2016 年 1 月通过省发改委初审。

1. 遵义市碳排放指标分解和考核体系。根据贵州省下达单位生产总值二氧化碳排放降低的约束性指标，结合遵义实际情况，对遵义市的能源、碳排放情况进行调研，通过数据收集和分析，合理确定各领域、各部门减排任务，并将降低碳排放任务分配到各县市（区）、重点行业及企业。同时，制定相应碳排放强度分解目标的评估和考核体系。

2. 工业领域低碳发展的实施方案。通过研究工业排放增长，确定遵义市工业发展的低碳经济发展道路，研究低碳行业发展路径，制定工业领域低碳发展实施方案。方案明确提出遵义工业领域低碳发展目标、路径、模式，主要包括：①构建低碳排放工业体系；②推进传统工业低碳化改造；③提高资源化综合利用；④积极推进产业集聚发展；⑤构建低碳能源保障体系；⑥加强低碳技术研发推广。规划系列重点项目活动和具体措施来促进上述目标的实现，并在遵义国家级经济技术开发区、仁怀名酒工业园、红花岗药业工业园、湄潭绿色食品工业园和凤冈有机生态型工业园区等开展相关工业低碳化试点示范项目，在试点示范项目活动的基础上，推广至遵义工业领域。

3. 低碳城市建筑实施方案。为有效控制和降低建筑的碳排放，并形成可循环持续发展的模式，研究制定了遵义市低碳建筑实施方案，建立 1 个政策体系、形成 1 套宣传机制、构建 2 个支撑平台、制定 3 项低碳发展目标；规划了十大重点工程，即低碳建筑配套政策工程、绿色建筑规模发展工程、既有建筑节能改造工程、可再生能源推广工程、公共建筑能源与碳排放监管系统工程、低碳建筑技术研发和产业化工程、低碳建筑宣传工程、低碳社区创建示范工程、建筑垃圾资源化示范工程、低碳建筑能力建设工程。

4. 低碳交通实施方案。研究优先发展城市公共交通、合理规划公交线路的思路，加快城市公交向郊区延伸，制定加快城市公交使用清洁能源驱动的思路，打造全国低碳交通示范城市研究制定低碳城市交通实施方案，从低碳交通规划与设计、低碳交通基础设施建设、低碳交通运输工具应用、都市公交建设和智能交通系统构建五个方面系统推进低碳交通运输体系建设，初步选取拟纳入五大重点项目，共计 24 个分项目。

5. 温室气体清单编制。为配合《碳排放指标分解和考核体系》《遵义市低碳城市建筑实施方案》等项目活动的实施，开展了基准年（2010）温室气体编制的工作，编制包含能源活动、工业生产过程、农业、土地利用变化和林业、废弃物处理 5 个领域的温室气体编制工作。

（二） 加大财政资金的投入

1. 加大市级财政投入。2012 年以来，市政府整合市及红花岗、汇川区城建资金近 6 亿元，大力实施净化、美化、亮化工程，积极融资确保城市管理运转、污水和垃圾处理运行、环境保护机具购置及重点项目建设，对遵义市成功"创模"起了积极的作用。2015 年，据财政初步决算反映，全市用于节能环保（科目）支出 120805 万元（其中，市本级 6789 万元）。

2. 积极争取上级资金。重点支持节能减排、资源利用、应对气候变化等领域的项目，对本市低碳城市建设起到了一定的引导和带动作用。

3. 推动绿色采购工作。根据《政府采购法》第九条规定、国务院有关部门印发的《节能产品政府采购实施意见》和《关于环境标志产品政府采购实施的意见》文件要求，推动绿色采购工作。推动新能源汽车工作。主要是加大对市公交集团的投入，促进购买新能源汽车。2015 年，安排 2956 万元，用于公交新能源汽车偿债等支出。

（三） 示范试点建设

1. 遵义经济技术开发区国家低碳工业园区试点建设。该低碳工业园区根据"减量化、再利用、资源化"的基本原则，按照"布局优化、产业成链、企业集群、物质循环、创新管理、集约发展"的要求，以提高资源产出率为目标，通过统筹规划园区空间布局、调整产业结构和优化资源配置，积极构建形成低消耗、低排放、高效率、能循环的现代产业体系，加强企业间的废物交换利用、能量梯级利用和废水循环利用，加强污染集中治理，推动再生资源利用产业化，达到源头减量、全过程控制污染物，优化园区管理体制，推进园区土地集约利用，提高园区综合竞争力，将开发区打造成为"经济快速发展、资源高效利用、环境优美清洁、生态良性循环"的低碳经济、循环经济示范园区。目前，区内已入驻 130 家企业，其中建成投产企业 100 家，在建企业 26 家，拟建企业 10 家。开发区目前以装备制造业为主导产业，食品、制药、电子信息等产业协同发展，高科技产业份额比重大，CO_2 行业排放水平低。低碳工业园区拟创建重点工程共 16 个，总投资 32.5 亿元。

2. 贵州道安高速公路低碳示范公路建设。道安高速公路全长 253.989 公里，工程估算投资 250 亿元，经遵义市道真县、正安县、绥阳县、湄潭县、余庆县五县，终点位于黔南布依族苗族自治州瓮安县，大部分位于贵州省遵义市。其中绿色循环低碳公路主题性项目总投资 97305.2 万元，该示范项目以绿色低碳为理念，全过程采用绿色低碳技术，全寿命实现绿色低碳效益，全方位进行绿色低碳管理，全面展示绿色低碳成果，建成一条安全、绿色、能源节约、环境友好的高速公路。试点项目代表了喀斯特山区典型环境下高速公路建设特点，开展节能减排示范作用突出；项目位于我国长江、珠江上游生态屏障区，生态环境脆弱敏感，保护定位高，试点示范作用强；政府主管部门与项目 BOT + EPC 的投资建设新模式的结合，真正实现了"政府主导、市场调节、企业主体"的目标，引领了未来低碳公路建设的新方向。通过试点项目的实施，施工阶段节能目标达到 20.58 万吨标煤，替代标油量达到 18.68 万吨，减少 CO_2 排放 20.62 万吨，节约占地 770 亩，节约钢材 15274.1 吨；建成后运营阶段将形成每年 1.95 万吨标煤的节能能力，每年减少 CO_2 排放 2.19 万吨，节约新水 27.9 万吨，向敏感水体减排 COD 223.8 吨。该公路已于 2015 年底建成通行。

3. 茅台循环经济示范园建设。该园区由贵州茅台集团投资建设的低碳、节能、环保、高新技术型生态循环经济产业园。其主要功能是以茅台酒生产废气物酒糟为主要原料，按照茅台酒丢糟生产复糟酒—复糟酒丢糟生产沼气（生物燃气）—沼渣沼液生产有机肥—有机肥用于种植有机高粱—有机高粱生产茅台酒的循环产业链为主要路径，兼顾复糟酒丢糟进行菌类培植—丢弃物生产有机饲料—有机饲料进行畜禽养殖和复糟酒丢糟进行昆虫养殖提取昆虫蛋白—丢弃物生产有机肥或有机饲料的辅助循环产业路径，对茅台酒生产中的丢糟、曲草、锅底水、窖底水等进行综合利用，实现将茅台酒酿酒废弃物零排放并变废为宝的发展目标，承担好保护环境的企业责任。估算总投资 31 亿元，截至目前，累计完成投资 15.3 亿元，已完成主干道道路及管网、绿化，茅台复糟白酒部分生产线已投入调试运营，一期工程已建成投产，生物燃气厂部分酒糟池完工，投入接糟，厌氧单元设备安装基本完成，其他建设任务正在加快推进。

五、工作建议

遵义产业结构不尽合理的问题仍很突出，经济增长过于依赖第二产业，对发展低碳经济推动作用较大的第三产业和战略性新兴产业发展缓慢。工业结构中，以煤炭、电力、有色、冶金、化工、建材等高耗能、资源型产业为主，节能空间的缩窄、节能成本的增加，在今后很长一段时间内，能源消费总量和二氧化碳排放总量仍将较大增长。建议二氧化碳排放指标计划实行区别对待。

目前，中央预算资金尚无低碳发展项目的专项资金，建议设立该类专项资金，直接用于支持低碳项目的建设。建议设立低碳发展项目中央预算资金。

在低碳试点工作推进中，人才资源瓶颈逐步显现，建议国家组织低碳方面的专家和从事低碳产业的优势企业到试点城市开展政策咨询、人才技术培训或直接投资，把先进理念和地方发展实际有机结合起来，帮助试点城市更好地开展低碳试点工作。建议给予低碳试点城市智力支持。

缺乏完善的温室气体核算体系和温室气体排放的基础数据，未将低碳发展目标纳入各部门及区（市、县）政府的绩效考核中，缺少有效的监督考核机制，同时机构能力建设及人员编制都远远满足不了需求。建议将碳排放指标纳入统计范畴并完善相关体系。

昆明市低碳试点进展总结

一、基本情况

（一）昆明社会经济发展水平

昆明市位于中国西南边陲、云贵高原中部，云南中部湖盆群的中心地带，是云南省省会、西南地区中心城市之一，是中国面向东南亚、南亚的前沿和门户，具有"东连黔桂通沿海、北经川渝进中原、南下越老达泰柬、西接缅甸连印巴"的独特区位优势。全市国土面积2.1万平方公里，下辖6区7县1市、3个国家级开发区、2个省级开发（度假）园区。2015年，昆明全市常住人口为667.7万人，户籍人口城镇化率达61.6%。全市实现地区生产总值（GDP）达4000亿元，按可比价计算，同比增长8.0%；产业结构持续优化，三次产业结构调整为4.7∶40.0∶55.3，第三产业对全市经济增长的拉动作用日益强劲。

（二）能源消费与碳排放情况

1. 能源消费总量及结构。2015年昆明市能源消费总量为2417.57万吨标煤，较2010年的2178.68万吨标煤增长10.96%；全市能源消费由煤品燃料、油品燃料、天然气、电力、其他能源组成，各类能源占比分别为44.32%、18.06%、0.22%、36.81%、0.60%。2015年全市单位GDP能耗（现价）为0.6090吨标煤/万元，较2010年（按可比价计算）下降25%。

2. 二氧化碳排放总量及强度。2015年昆明市能源活动二氧化碳排放总量为4516.66万吨，单位GDP碳排放量（2010年不变价）为1.24吨/万元，较2010年累计下降36.85%。

（三）排放目标实现情况

自2010年特别是开展低碳城市试点以来，昆明市委、市政府坚决贯彻落实党中央、国务院及省委省政府关于低碳发展的决策部署，认真落实国务院和云南省"十二五"低碳节能减排综合性工作方案精神，不断加强组织领导、完善政策措施、落实目标责任，低碳城市试点建设各项工作有序推进，为圆满完成《昆明市低碳试点工作实施方案》确定的各项目标任务奠定了扎实基础。据统计，2011—2015年全市单位GDP能耗同比分别下降4.19%、4.1%、3.95%、4.8%、10.75%，"十二五"期间全市单位GDP能耗累计下降25%，超额完成省政府下达给昆明市"十二五"下降目标（18%）7个百分点，完成目标进度的145.1%。2011—2015年全市单位GDP二氧化碳排放量同比分别下降6.36%、9.35%、10.82%、7.32%和9.98%，"十二五"期间全市单位GDP二氧化碳排放量累计下降36.85%，超额完成省政府下达给昆明市下降20%的目标任务。

二、 低碳发展理念

（一） 不断加强组织领导与机制建设

昆明市委、市政府高度重视全市低碳发展工作，早在 2009 年底就提出建设"低碳昆明"的战略目标，并在 2010 年成立了"低碳昆明"建设工作领导小组、"低碳昆明"建设文件编制工作领导小组，分别负责制定昆明市低碳发展的重大战略、方针和政策以及负责"低碳昆明"建设文件编制的协调和上报工作。2012 年，昆明市成立了以市长为组长的"昆明市低碳发展暨应对气候变化工作领导小组"，负责研究制定全市低碳发展重大战略，并在市发展改革委设立了办公室负责全市低碳发展日常工作，牵头负责全市应对气候变化工作，为全市碳发展工作提供了强有力的组织保障。同时，成立了昆明低碳城市发展研究中心，负责开展昆明低碳城市建设基础调研、规划研究、低碳技术开发及相关试点工作的推进，完成昆明市政府下达的"低碳昆明"建设相关文件的编制。通过以上工作开展，昆明低碳建设的组织机构、研究机构、制度建设不断完善，有效保障了"低碳昆明"建设相关工作的有序推进。

（二） 着重强化规划引领作用

早在 2010 年，昆明市委市政府就提出了建设"低碳昆明"的战略目标，编制印发了《中共昆明市委 昆明市人民政府关于建设低碳昆明的意见》（昆通〔2010〕14 号）、《昆明市人民政府关于印发低碳昆明建设实施方案的通知》（昆政发〔2011〕25 号），提出了"到 2020 年单位国内生产总值二氧化碳排放在 2005 年基础上下降 40% 以上"的目标以及低碳昆明建设的主要任务，并将低碳发展、低碳城市建设纳入昆明市"十二五"国民经济和社会发展规划纲要。为统筹全市低碳发展工作，探索一条符合昆明实际的低碳发展之路，昆明市发展改革委组织编制了《昆明市发展低碳经济总体规划（2011—2020 年）》并于 2012 年 1 月下发实施，作为"十二五"时期至 2020 年全市低碳经济发展指导性的中长期总体规划。2014 年，市发展改革委组织开展了《昆明市"十二五"控制温室气体排放工作实施方案》《昆明市"十二五"低碳发展实施方案》编制工作，进一步明确了全市在"十二五"期间控制温室气体排放及低碳发展的主要工作。为有效指导"十三五"期间昆明低碳发展工作，2014 年昆明市组织开展《昆明市"十三五"节能减排低碳发展专项规划》编制工作，首次将以工业领域为主的节能降耗、以环境保护领域为主的污染物减排、以应对气候变化领域为主的低碳发展三项工作进行了有机结合。

（三） 以试点示范助推低碳发展工作

近年来，围绕低碳城市试点建设，在推进《昆明市低碳试点工作实施方案》确定的各项工作基础上，昆明市还积极申请国家、省级和市级低碳发展引导专项资金，从低碳发展规划、能源低碳化、交通低碳化、建筑低碳化和低碳示范园区、社区、景区、学校创建及低碳宣传等多方面开展试点示范，通过各方面工作的先行先试，总结经验教训，将好的示范试点项目在全市推广开来，从而带动全市低碳试点工作的深入开展。

（四） 研究确定碳排放峰值目标及减排路线

在 2013 年《昆明市低碳试点工作实施方案》修改过程中，就已开展了《昆明市二氧化碳排放峰值研究》工作，初步明确了全市在 2030 年之前达到化石能源消费二氧化碳排放峰值及总量控制目标。同时，依托《2013 年中国 CDM 项目——昆明市低碳城市试点项目》，正在开展《昆明市二氧化碳排放峰值和减排路线图》研究工作，拟通过对昆明市经济发展趋势、能源结构调整趋势、人口增长趋势和能源强度下降趋势分析基础上，预测全市未来的二氧化碳排放趋势、排放峰值和峰值年份，提出减少二氧化碳排放的技术对策和管理对策，并明确未来一段时间应采取的具体措施。

三、 低碳发展任务落实与成效

（一） 产业结构调整初见成效

1. 产业发展思路和布局进一步完善。"十二五"期间，全市进一步明确巩固农业基础地位、加速新型工业化、加快发展服务业的三次产业融合、互动发展思路。结合市域功能定位、区位条件、资源禀赋、生态环境等实际情况，制定实施了农业产业"东移北扩"战略；在都市、近郊和远郊"三圈层"内深入实施工业强市战略和"8185"产业培育提升计划，继续推进一、二类工业向园区集中，三类工业控制并逐步外迁，工业集中度达 80% 以上；以覆盖城乡、布局合理、功能齐全、充满活力、特色明显、优势互补为目标加快发展服务业。

2. 产业结构逐步优化，综合竞争力持续提升。"十二五"期间，全市产业结构不断调整、产业结构多元化不断发展，高新技术对全市经济发展的支撑作用进一步明显，截至 2015 年底，三次产业结构调整为 4.7：40.0：55.3，产业结构多元化系数达到 19.49，高技术产业增加值在全市工业增加值中的占比为 30%、产业结构高级化程度竞争力位居全国前列。

3. "三高"行业发展得到有效抑制。通过加大节能技术推广力度，加强能源统计体系与节能监察能力建设，积极化解产能严重过剩矛盾，有效控制高耗能、高排放行业产能扩张，各年度均超额完成省政府下达给本市的淘汰落后产能目标任务。"十二五"期间，全市共淘汰落后产能钢铁 195 万吨，铜冶炼 8.14 万吨，炼焦 85 万吨，电石 2.5 万吨，水泥 40 万吨，黄磷 0.6 万吨，制革 43 万标张，磺酸 4 万吨，造纸 0.38 万吨，合成氨 2 万吨，磷酸一铵 3 万吨，硫黄制酸 8 万吨，饲料级磷酸氢钙 3 万吨。

（二） 能源结构逐步优化

1. 清洁能源消费比重逐步提高。"十二五"期间，通过严控煤炭消费总量，大力推广使用型煤、清洁优质煤，煤炭消费比重逐步降低，2013 年全市煤炭及煤基燃料在全市能源消费中所占比重为 42.42%，较 2010 年下降 5.32 个百分点。同时，中缅天然气进入昆明西、昆钢煤气进昆管线工程已完工，全市已建成燃气管网 2000 余公里，全市居民天然气置换工作有序开展，截至 2015 年底，全市已完成 20 多个片区的天然气置换工作，天然气用户超过 18.5 万户。

2. 新能源开发利用水平稳步提升。"十二五"期间，相继开展了富民县大风丫口风电场、寻甸清水海风电场等 7 座风电项目工程建设，风力发电总装机规模达到 30 万千瓦，另有 6 座总装机规模约 28 万千瓦的风电场正在建设中。同时，积极配合乌东德水电站项目建设，加快北部县区在建水电站和既有中小水电站增扩容建设；大力推进太阳能光伏发电和太阳能建筑一体化应用。截至 2015 年，全市中小水电总装规模达到 120 万千瓦，光伏发电总装机规模达到 20 万千瓦，全市居民太阳能热水器利用普及率达54%。通过大力推进新能源的开发与利用，2015年全市非化石能源在一次能源消费中所占比重达到18.9%，在全国省会城市中处于领先水平。

3. 农村清洁能源建设稳步推进。"十二五"期间，继续推进农村户用沼气、大中型沼气的建设、推广节柴节煤灶和太阳能综合应用。截至2015年，全市累计完成农村户用沼气池建设15.11万口，建成农村沼气服务网点100个，完成节柴改灶19.95万眼，完成农村太阳能热水器推广4.39万套。通过新型节能灶和农村太阳能热水器推广使用，大幅减少了农户对薪柴的依赖，有效保护了森林资源。

（三）节能和提高能效全面推进

1. 加强目标分解和责任落实。按照省市政府的统一安排和要求，为明确目标、落实责任，每年年初将全市年度节能目标与工业经济发展目标一并分解下达到14个县（市）区，高新区、经开区、阳宗海风景名胜区及"倘甸"两区管委会以及市住建、交通运输、商务、卫计、旅游、教育、城管、农业、机关事务管理等市级行业节能主管部门，签订目标责任书，严格实施节能目标责任管理考核制度。

2. 加大节能技改和设备更新改造，大力推进技术节能。为加快能源的回收利用，促进企业节能降耗，继续在高耗能行业重点实施了余热余压利用、燃煤工业锅炉节能改造、电机系统节能改造、电机能效提升、能量系统优化、绿色照明等节能降耗工程；同时，推广干熄焦技术、高炉炉顶压差发电技术、纯烧高炉煤气锅炉技术、连铸连轧技术以及自动化控制技术，采用富氧闪速及富氧熔池熔炼技术和硫酸生产余热梯级利用、水泥熟料生产余热发电等，能源利用效率得到了进一步提高。"十二五"以来，本市累计有164个项目列入省级年度重点节能示范项目，目前已有160个项目建成投产，4个项目加紧建设，项目总体推进良好。

3. 以结构调整助推节能降耗。按照属地管理原则，报请市政府将淘汰落后产能责任目标与节能目标一并分解下达到相关县（市）区政府及企业，并签订目标责任书，纳入年度经济社会发展总体目标责任考核，使淘汰落后产能工作做到了"四个确定"，即：确定责任主体、确定产能、确定装置、确定时限，确保了年度淘汰落后产能目标任务按时按量顺利完成。

4. 加大节能监察执法力度，切实提高能源利用效率。目前，全市10个县区、1个开发区组建成立了节能监察大队，节能监察能力建设全面推进，对于提高全市节能监管能力、进一步推动本市节能降耗执法工作具有重要保障。2015年对17户国家万家企业、10户省千家企业产品能耗限额标准执行情况、能源计量管理制度执行情况、固定资产投资项目节能评估审查制度执行情况、能源利用状况报告制度执行情况等7个方面开展了节能监察，对石林县行政中心等5家公共机构开展了节能专项监督检查，对76户重点用水企业开展了工业用水效率监察。

截至2015年，全市规模以上万元工业增加值能耗同比下降12.3%，五年累计下降31.86%；城镇新建建筑设计阶段执行强制性标准的比例达到100%；营业性公路运输载客、载货汽车汽、柴油综合单耗下降至每百吨公里7.8公升；农业机械单机能耗年均降低1%，符合节能标准的大中型农机具年均更新比重达到3%；公共机构人均综合能耗下降2.9%、人均水耗同比下降2.7%，单位建筑面积能耗同比下降3.1%。

（四） 低碳城市建设取得显著成效

1. 低碳交通。

（1）不断加强交通运输节能。以低碳交通运输体系试点城市建设为契机，加强节能型交通基础设施建设，优化路网结构，改进道路基础设施条件，推进运输方式转变，强化运输管理，推进交通运输节能再上新台阶。截至 2015 年，全市共投入新能源汽车 1306 辆、液化天然气（LNG）公交车 170 辆，压缩天然气（CNG）公交车 636 辆；在出租车行业有 1145 辆油改气出租车，100 辆纯天然气出租车及 50 辆纯电动出租车；驾陪车辆中有 1480 辆环保能源汽车。同时，加强交通基础设施节能低碳改造，全市高速公路隧道安装推荐 LED 节能灯，在 9 个高速公路收费站建成 17 条 ETC 电子缴费车道。此外，通过市场化机制在呈贡区、官渡区投放纯电动"微公交"2000 辆。

（2）大力发展公共交通，创建国家"公交都市"。"十二五"期间，编制完成了《昆明市公交都市建设白皮书》《昆明市公交都市发展及建设规划（2011—2020 年）》《昆明市公共交通一体化发展规划》《昆明市城市公交线网布局建设规划》《昆明市公共交通基本服务均等化发展规划》，每年度均开展《昆明公交都市建设年度评估》工作。截至 2015 年，昆明主城区共有公交运营线路 359 条，公共汽车、电车线路网密度达 3.36 公里/平方公里，全市公交专用道约 85 公里，万人公交拥有量为 18.9 标台/万人辆，主城公共交通机动化出行分担率 54% 以上。同时，积极推进轨道网络交通建设，目前已建成地铁 1、2 号线首期工程和 6 号线一期，运营里程达 60 公里，日均客运量 19 万人次。此外，在主城及呈贡新城计划建成公共自行车租赁点 2000 个，投放自行车 6 万辆，完成呈贡新区、滇池等特色地区慢行交通示范。

（3）加强智能交通建设。强化公共交通智能化建设，相继完成 GPS 智能公交调度系统、公交车动态视频监控系统、出租汽车服务管理信息系统、城市一卡通系统建设，完成 77 个站点智能公交电子站牌建设；启动了机动车出行信息系统、综合交通信息中心、城市公共交通智能化应用示范工程等项目，逐步建立起了现代化、立体化、全方位的智能城市公共交通体系。

2. 绿色建筑。

（1）加强建筑节能。严格建筑节能设计审查，加强了对节约型建筑、节能建筑材料、太阳能制热技术与建筑一体化、高效照明产品在居民、小区和公共建筑中的推广使用，强化既有建筑能耗和节能信息统计。截至 2015 年，全市城镇新建建筑设计阶段执行强制性标准的比例达到 100%，完成 431 栋国家机关办公建筑和大型公共建筑以及 970 栋中小型公共建筑和居住建筑的建筑能耗和节能信息统计调查、抽样调查工作；全市居民太阳能热水器利用普及率达 54%；商厦、写字楼高效节能灯具应用率达到 97%；新建民用住宅公共部分高效节能照明灯具应用率达到 100%；全市非黏土新墙材占墙材比重保持稳步增长，达到 74.2%；民用建筑能耗和节能信息统计工作实现了常态化。

（2）大力推广绿色建筑。依托国家可再生能源建筑应用示范项目，大力开展可再生能源建筑应用示范；通过与昆明万科房地产开发有限公司在绿色建筑、生态小区等建筑节能领域开展合作，以呈贡绿色生态示范城区、五华泛亚科技新区绿色生态示范城区及保障性住房建设率先全面推行绿色建筑标准，充分发挥"两点一线"的示范带动作用。截至 2015 年，全市完成示范项目 58 个，可再生能源建筑应用示范面积达到 945 万平方米；共有 30 个项目获得了绿色建筑评价设计标识，建筑面积 650 万平方米。

（五） 废弃物处置能力稳步提升

1. 城市生活垃圾。"十二五"期间，全市坚持推进环卫体制改革，开展环境卫生清扫保洁服务外包，环境卫生清扫保洁实现市场化运作，开展城乡清洁工程活动，市容环境卫生水平得到提升，并采用焚烧发电为主、卫生填埋为辅的方式对生活垃圾进行集中处置。截至 2015 年，全市已建成垃圾收集间 6154 个，配备各类垃圾收集桶 34863 个，购置垃圾收集车 4988 辆（其中三轮车及手推车 4350 辆，机动车 638 辆），建成垃圾处理项目 14 个，其中垃圾焚烧项目 6 个，综合利用项目 2 个，卫生填埋项目 6 个，合计焚烧（发电）处理能力达 5300 吨/日、卫生填埋处理能力为 1135 吨/日。2015 年，全市城乡生活垃圾日排放量约为 6400 吨（其中主城八区生活垃圾日排放量为 3858 吨），按照《昆明市环境卫生作业规范》要求，加强生活垃圾收运处置工作，全市生活垃圾无害化处理率达 86.43%，主城区生活垃圾全部进入垃圾焚烧发电厂处置，无害化处理率达 100%。此外，积极推动城镇社区生活废弃物利用，建成了符合"七统一、一规范"的社区废旧物资回收站（点）710 个，顺利完成了 4 个再生资源回收处理分拣中心建设，建成了洛羊等 6 个废旧物资回收处理中心和官渡区等一批再生资源社区分拣中心。

2. 餐厨废弃物。为推进餐厨废弃物管理和处置工作，昆明市于 2009 年启动"餐厨废弃物资源化利用和无害化处理"工作以及"示范项目"工程，并于 2011 年 7 月 12 日被国家发展改革委、财政局、住建局列为全国 33 个餐厨废弃物资源化利用和无害化处理试点城市。按照要求，昆明市餐厨废弃物资源化利用和无害化处理项目位于昆明市东郊白水塘垃圾填埋场内西南侧，用地规模为 53.8 亩，项目处理规模近期（2011—2015 年）为 200 吨/天、远期（2016—2025 年）为 500 吨/天，已于 2015 年基本完成了工程建设并投入试运行。

3. 城市建筑垃圾。"十二五"期间，昆明市平均每年有出土工地近 200 个，建筑垃圾产生量约为 500 万吨/年，为此昆明市提出建筑垃圾分类处理要求，其中将工程弃土为主的建筑垃圾引导至荒山、荒坡、采空区等进行填埋后覆土绿化；而以废混凝土、废砖石为主的建筑废弃物则引导至资源化利用场进行建筑材料再生利用。截至 2015 年，全市共有审批备案的弃土消纳场 39 个，渣土运营公司 59 家，审验合格的渣土车 2500 余台；已建成两个建筑废弃物资源化综合利用示范基地，分别位于昆明市东西片区生活垃圾处理场内，每个厂占地面积约 200 余亩，设计处理规模均为 200 万吨/年，主要生产道路再生骨料、标准实心砖，是国内处理规模较大、工艺技术领先的建筑废弃物资源化综合利用示范型基地。

（六） 绿色生活方式和消费模式逐步形成

1. 积极倡导低碳生活方式。"十二五"期间，为配合低碳省、低碳城市试点建设工作，2011 年昆明市启动"酷中国——全民低碳行动计划"，在学校、企业、社区开展了一系列的低碳生活宣传和公众参与活动。配合"全国低碳日"宣传活动，2013 年以来，昆明市在市级行政中心、昆明学院、呈贡大学城、金马碧鸡坊、呈贡市级行政中心等多个区域开展了丰富多样的宣传活动，相继发放《昆明市低碳生活宣传手册》10余万册，通过开展低碳知识宣传，提高群众低碳意识，弘扬低碳生活理念；组织开展了"低碳生活进校园"主题宣传活动，昆明低碳城市发展研究中心与西坝路小学学生就"低碳生活、从我做起"话题开展互动、交流活动，编制完成了《环保小卫士·低碳你我他——昆明市小学生低碳知识读本》，并选择具有较好示范带动效应的官渡区关上实验学校举行授书仪式和宣讲活动，通过"小手拉大手"的带动作用，大力营造全社会低碳生活氛围。

2. 大力推进低碳社区示范建设。根据《国家发展改革委关于开展低碳社区试点工作的通知》（发改气候〔2014〕489号），昆明市在全市范围内组织开展了低碳社区申报及建设工作，如呈贡新区成为国家批准建设的8个低碳城（镇）试点之一，世博生态城利用2013年云南省级低碳发展专项引导资金开展低碳社区试点建设，官渡区关上中心区社区、昆明学院、富民县东村社区等编制了低碳社区建设实施方案，开展低碳社区申报和建设工作。通过低碳社区试点建设，一方面能够对社区居民起到宣传引导和教育意义，另一方面也为其他社区起到示范带动和表率作用。

3. 加强公共机构节能示范工作。"十二五"以来，全市相继制定了《昆明市公共机构节能考核评价实施办法》《昆明市公共机构能源审计实施办法》等一系列规章制度，积极组织开展公共机构节能宣传培训，进一步提高干部职工的低碳意识和节能意识，提升公共机构节能管理人员的专业素质和业务水平；以商业及公共机构为主要对象，强化督促检查和节能目标管理考核，开展绿色创建、公共机构能源审计试点、节约型公共机构示范单位创建等工作，积极在公用设施、宾馆商场、医院、学校中推广采用高效节能办公设备、家用电器和照明产品，全市公共机构低碳发展水平不断提升。截至2015年，成功创建6个全国"节约型公共机构示范单位"，累计创建"绿色商场"46个，创建"绿色饭店"52家；全市商场、医院、公用设施高效节能灯具应用率达95%，星级宾馆节能灯使用率达98%；全市一类学校高效节能灯具应用率达到97%，二类学校达到了92%，三类学校达到了85%。

（七） 碳汇能力不断增强

1. 加强森林碳汇建设。"十二五"期间，通过实施天然林保护、巩固退耕还林成果、石漠化治理、珠江防护林、省级陡坡地生态治理、市级退耕还林、"五采区"生态修复治理等一批国家和省市重点营造林工程，大力推进绿化造林，不断巩固退耕还林成果，森林碳汇能力不断增强。截至2015年，全市森林覆盖率达到50%，在全国省会城市（含直辖市）中位居第四；林木绿化率达到58%，森林蓄积量达到5045万立方米，森林碳汇能力得到大幅增加。

2. 推进园林城市建设。不断加大城市公园及道路绿化，截至"十二五"末全市建成了一批全市性、区域性、专类公园，实施了主城区重点道路综合整治及景观提升工作，提升了银海小游园等游园、街头绿地400余块；截至2014年底，建成区绿地面积到达15538.89公顷，建成区绿地率达到38.18%、绿化覆盖率达到41.5%、人均公园绿地达到10.38平方米。

3. 加强滇池湖滨生态环境恢复及建设。积极开展湿地恢复与重建工作，以滇池湖滨、入湖河口生态湿地系统建设为重点，加强现存自然湿地和恢复重建湿地的保护，加快对已经遭受破坏湿地的生态修复、恢复及重建，全市恢复自然湿地和建设人工湿地共计60455.52公顷。

四、基础工作与能力建设

（一） 温室气体清单编制工作起步早、基础扎实

为贯彻建设"低碳昆明"的战略目标，早在 2011 年，昆明市就结合实际情况，通过基础资料收集、现场调研、监测分析等工作，将《省级温室气体清单编制指南》废弃物处理领域的排放因子本地化，编制完成了《昆明市 2005—2010 年废弃物处理温室气体清单》；同时开展了昆明市 2010 年温室气体清单前期调研工作。在此基础上，依托《2013 年中国清洁发展机制基金赠款项目——昆明市低碳城市试点项目》，正在开展涵盖能源、工业生产过程、农业、土地利用变化与林业、废弃物处理 5 大领域的《昆明市 2010 年温室气体清单》编制工作，目前已完成初稿编制。

（二） 全市温室气体排放数据统计与核算工作步入常态化

为积极应对气候变化统计工作需要，昆明市早在 2011 年昆明市就在全国范围内率先建立了市级能源平衡表编制工作方案及工作流程，并编制完成了 2010—2014 年度昆明地区能源平衡表，为全市温室气体清单编制工作奠定了坚实基础。同时，为进一步健全温室气体排放数据统计与核算体系，昆明市通过大量的资料收集、现场调研等工作，已于 2015 年编制完成《昆明市温室气体排放核算基础数据统计制度建设技术报告》及《昆明市温室气体排放核算基础统计报表制度》；以此为基础，计划于 2016 年开展昆明市温室气体排放核算与管理系统建设，从而促进温室气体排放基础数据统计工作的规范化、标准化以及全市温室气体清单编制工作日常化。

（三） 企业温室气体排放数据统计报告制度逐步完善

按照国家、云南省相关要求，昆明市组织全市年综合能源消费总量达 5000 吨标煤及以上的重点耗能企业开展能源消费及温室气体排放报送工作。同时，为全面掌握全市重点单位温室气体排放情况，进一步加快建立重点耗能企业温室气体排放报告制度，完善企业温室气体排放基础统计和核算工作体系，昆明市于 2015 年开展了《昆明市重点耗能企业温室气体排放报告制度研究》，编制完成了《昆明市重点耗能企业温室气体排放报告与核查管理办法》，为下一步加强全市重点耗能企业温室气体排放管控及碳排放权交易工作奠定了基础。

（四） 温室气体排放目标责任制逐步健全

昆明市委、市政府高度重视全市低碳发展工作，将低碳发展、低碳城市建设纳入昆明市"十二五"国民经济和社会发展规划纲要，同时编制完成了《昆明市低碳试点工作实施方案》《昆明市"十二五"控制温室气体排放工作实施方案》等，将单位 GDP 二氧化碳排放下降率、单位 GDP 能耗下降率、森林覆盖率、活立木蓄积量等"十二五"温室气体排放主要目标指标在全市 14 个县（市）区进行分解，作为各县（市）区控制温室气体排放工作的主要目标及考核依据。同时，完善了低碳发展目标考核体系，每年度 1 月份各县（市、区）人民政府、管委会和市级各部门对上年度主要目标完成情况和分解任务完成情况进行自查、写出自查报告，并于当年 2 月 1 日前上报市级主管部门，市级主管

部门在认真审核各县（市）区自查报告基础上，组织进行现场评价考核。

（五） 低碳发展投融资渠道逐步实现多元化

"十二五"期间，在中央、省级、市级、县区各类节能技术改造、淘汰落后产能、节能降耗、低碳发展等财政资金不断投入的基础上，积极通过申报国家、省级专项资金广泛开展试点示范工作，如作为国家第二批低碳试点城市，申请 CDM 项目获得 300 万元用于低碳试点城市能力建设；申请国家支持的项目有 7 个，主要涉及低碳城市、交通和建筑等领域；申请云南省低碳发展专项资金支持项目 19 个，获得补助资金 1860 万元，主要用于开展低碳能源、低碳交通和低碳园区、景区、社区和学校创建等方面的工作。同时，加快对以合同能源管理为代表的节能减排低碳发展投融资渠道开发，通过引入万科房地产市场资本推进全市绿色建筑发展，积极探索政企共建的新模式。

（六） 市场机制探索迈出新步伐

作为国家第二批低碳试点城市，全市低碳发展工作除了依靠政府行政手段推进外，还积极调动企业和社会的投入积极性，充分发挥市场的资源配置及导向作用；由于昆明市一直致力于新能源汽车的推广及产业发展工作，连续两轮进入国家新能源汽车推广应用示范城市，2015 年 8 月，昆明市政府与康迪电动汽车集团有限公司和浙江左中右电动汽车服务有限公司正式签署合作协议，通过 PPP 模式投入 2000 辆纯电动"微公交"，并在呈贡区、官渡区建成"微公交"示范运营区；同时，分时租赁项目的站点选址建立正在积极推进，车辆停放网点、充换电设施等基础设施建设正在筹备建设中，这将为广大市民提供一种全新的低碳化出行方式。

（七） 低碳试点示范全面开展

近年来，围绕低碳城市试点建设，在推进《昆明市低碳试点工作实施方案》确定的各项工作基础上，昆明市还积极申请国家、省级和市级低碳发展引导专项资金，从低碳发展规划、能源低碳化、交通低碳化、建筑低碳化和低碳示范园区、社区、景区、学校创建及低碳宣传等多方面开展试点示范；其中，获得国家支持的项目有 7 个，主要包括出租汽车智能服务系统试点、交通运输部第二批低碳交通运输体系建设城市试点、交通运输部首批"公交都市"建设试点、国家节能与新能源汽车示范推广试点、国家第二批新能源汽车推广应用城市试点、国家可再生能源建筑应用城市示范、2013 年中国 CDM 项目——昆明市低碳城市试点项目等项目；申请云南省低碳发展专项资金支持项目 19 个，共获得补助资金 1860 万元。

五、 体制机制创新

（一） 以温室气体排放总量目标促经济发展方式转型

按照《昆明市低碳试点工作实施方案》要求，依托《2013 年中国 CDM 项目——昆明市低碳城市试点项目》开展《昆明市二氧化碳排放峰值和减排路线图》研究工作。通过对国内外二氧化碳排放峰值预测模型的分析研究，在 2010 年昆明市社会发展及能源消耗数据的调查基础上，分析昆明市碳排放量的主要影响因素；在此基础上，设定昆明市 2011—2035 年低、中、高 3 种排放情景模式，利用拓展的 STIRPAT 模型计算相应的碳排放峰值出现年份及峰值量，在低排放模式和中排放模式的情景下，昆明市的碳排放峰值可分别在 2021 年及 2028 年达到，而在设定的高排放模式下，2011—2035 年碳排放量一直呈上升趋势。围绕碳排放峰值及总量控制目标，进一步明确了高耗能行业产能总量、化石能源消费总量、煤炭消费总量等目标，并从提高能源效率、优化能源结构、科学规划产业结构、加快生活方式转变等方面提出具体要求和措施，以使昆明尽早达到碳排放峰值年。

（二） 将低碳理念融入城市规划建设

依托昆明市呈贡区低碳社区示范项目，将彼得·卡尔索普的新城市主义理论和"密路网、小街区"模式应用在呈贡新区核心区约 10 平方公里的低碳城市规划中，在 2013 年举行的"国家低碳省区和低碳城市试点工作现场交流会"上得到国家发展改革委、科技部、工信委、财政部、住建部、交运部、国家能源局等中央部委局领导的肯定，这也与 2016 年 2 月印发的《中共中央国务院关于进一步加强城市规划建设管理工作的若干意见》提出"已建成的住宅小区和单位大院要逐步打开，实现内部道路公共化"的要求不谋而合。同时，在 10 平方公里"小街区"内采用"TOD"发展模式，完善轨道交通、有轨电车系统、城市步行系统、自行车、电瓶车交通等多种公共交通方式，减少车辆交通和居民的买车需求，在交通方式上做到低碳先行。

（三） 充分发挥了低碳试点对发展目标的引领作用

昆明市作为云南省的省会城市，在国家和省级积极发展低碳经济条件下，成功申报成为国家第二批低碳城市试点，并先后获得国家"出租汽车智能服务系统试点"、"交通运输部第二批低碳交通运输体系建设城市试点"、"交通运输部首批'公交都市'建设试点"、"国家节能与新能源汽车示范推广试点、国家第二批新能源汽车推广应用城市"以及"国家可再生能源建筑应用示范"等试点示范项目，争取国家低碳发展资金在全市开展低碳试点工作。同时，昆明市申报获得云南省低碳发展引导专项资金试点示范项目 18 项，推动全市在能源、交通、建筑、园区、景区、教育、宣传等方面开展低碳工作。通过各方面工作的先行先试，总结经验教训，将好的示范试点项目在全市推广开来，从而带动全市低碳试点工作的深入开展和地区低碳发展。

（四） 探索建立低碳教育新模式

除了 2013 年以来配合"全国低碳日"举办宣传活动弘扬低碳生活理念以外，昆明市还探索开展了"低碳生活进校园"主题宣传活动，编制完成了《环保小卫士·低碳你我他——昆明市小学生低碳知识读本》，相继在西坝路小学、官渡区关上实验学校等学校开展低碳知识宣讲活动，通过"小手拉大手"带动作用，起到了较好的示范带动效应；在此基础上，昆明市计划于 2016 年开展《昆明市中学生低碳知识读本》编撰及示范工作，让学生在"知其然"的基础上还能够"知其所以然"，将低碳知识贯穿于义务教育阶段，通过其带动作用营造全社会低碳生活氛围。

（五） 低碳认证产品取得突破

认真贯彻落实昆明市委、市政府《全面深化生态文明体制改革总体实施方案》，积极推进环保、节能、低碳、有机等绿色产品认证，积极组织全市通用硅酸盐水泥、平板玻璃、铝合金建筑型材、中小型三相异步电动机企业宣贯低碳认证知识和认证规则，推进低碳产品认证工作。2015 年 10 月，哈尔滨电机厂（昆明）有限责任公司、云南远东水泥有限责任公司等 4 家企业获得了云南省首批低碳产品认证证书，昆明市低碳认证产品实现零的突破。

六、 重要经验

（一） 将低碳理念融入城市规划及建设全过程

作为昆明市主城区的一部分，呈贡新区在城市规划设计过程中吸收国外先进理念，先后邀请了一大批国际知名专家参与城市规划研究编制，目前核心区 10 平方公里的建设区已按照新城市主义（NMM）理念和 TOD 原则实施建设，"窄断面、小街坊"路网格局初步形成、TOD 发展模式带来的协同效应日益显现，正在引领呈贡新区向生态化、低碳化、现代化城市发展。

（二） 探索建立体现地方特色的低碳出行方式

与国内大型城市类似，目前昆明市基本形成以轨道交通和快速公交为骨干、常规公交为主体、出租车为补充、慢行交通为延伸的一体化都市公交体系，公共交通成为城市交通出行的主导方式。除此之外，昆明市还结合气候宜人、四季如春、地势较为平坦等特征，2014 年被非政府组织自然资源保护协会（NRDC）列入宜步行城市，同年 7 月出台了《昆明主城区自行车和步行交通系统 3 年建设规划》，推出加快推动昆明慢行交通网络建设和完善；目前已在环湖公路、盘龙江沿岸、呈贡市级行政中心等区域建立慢行系统专用道，市民在周末及节假日骑车、步行健身已蔚然成风。同时，昆明市还积极推广公共自行车租赁工作，规划建设 1500 个站点、投放 6 万辆自行车，积极倡导公共自行车的绿色交通出行，让慢行交通与公共交通"无缝对接"，实现交通末端"最后一公里"接驳。

（三） 以市场化专业运营服务模式推动低碳发展

2015 年 8 月，昆明市政府与康迪电动汽车集团有限公司和浙江左中右电动汽车服务有限公司正式签署合作协议，通过 PPP 模式投入 2000 辆纯电动"微公交"，并在呈贡区、官渡区建成"微公交"示范运营区，配套基础设施建设正在筹备建设中。除了纯电动"微公交"，昆明市还以试点建设为契机，加强第三方服务单位的准入管理，目前已通过特许经营等多种方式，在公共交通、再生资源回收、固体废弃物处理、水资源利用、园林绿化等领域，积极引入第三方运营机构参与投资、建设和运营，推行合同能源管理和第三方服务等市场机制，积极推行城市管理市场化模式。

七、 工作建议

（一） 下一步工作计划

1. 加快推进昆明市温室气体排放核算与管理系统建设。基于现有国民经济统计体系，依据《昆明市温室气体排放核算基础数据统计制度》要求，尽快补充、完善涉及能源活动、工业生产过程、农业、林业和土地利用、废弃物处置领域的统计指标，将温室气体排放核算所需的指标纳入统计范围，建立完整的基础数据收集和统计系统，构建温室气体核算基础信息数据库；在此基础上，根据《省级温室气体清单编制指南》等技术文件要求，结合数据库管理技术、3S 技术以及计算机网络技术，进行昆明市温室气体排放核算与管理系统开发建设，实现昆明市温室气体排放量核算、核算结果不确定性分析、清单报告输出、结果统计查询等功能。同时，综合考虑社会经济发展、碳排放量等对于考核指标的影响，制定有针对性的碳排放管控措施，加快完善相应的考核评价制度。

2. 加快昆明市固定资产投资项目碳排放评估指南编制。依据《昆明市二氧化碳排放峰值和减排路线图》研究成果，结合国家、云南省关于低碳发展的相关要求，考虑到目前全市正处于新型工业化建设及城镇化加速发展的关键时期，探索建立项目碳评估制度，将碳排放评估和可研、环评、能评等一起纳入固定资产投资项目建设的必备要素。依据固定资产投资项目建设特点，构建包含资源利用、经济贡献、环境效益和社会效益的准则层以及由若干具体指标组成的综合性指标体系，并根据指标权重对项目碳排放进行核算、分类，实现对不同等级项目进行分类管理，能够从源头控制高能耗、高污染、高碳排放的项目，对于控制温室气体排放总量、加快实现碳排放峰值目标具有重要支撑作用。

3. 开展昆明市低碳示范项目建设成效评估及长效机制研究。结合国家、云南相关低碳发展考核办法，研究探索适合昆明市低碳示范项目的评估程序与方法，从技术水平及适用性、工程项目完成情况、资金投入占比、工程项目社会及环境效益等方面，对《昆明市"十三五"节能减排低碳发展专项规划》及相关示范试点工作进行分析和评估。在此基础上，提出包括配套资金落实、资金使用、工程建设运行等方面的标准化、流程化的管理办法或技术规范，构建适合昆明市低碳发展示范项目运行的长效保障机制。

（二） 相关建议

1. 尽快制定出台关于应对气候变化规划的评估指南。"十二五"以来，全国各省（自治区）直辖市、低碳试点城市及相关城市均编制了低碳发展的相关规划，国家也于 2014 年印发了《国家应对气候变化规划（2014—2020 年）》。目前，已进入"十三五"时期，如何评估"十二五"工作成效、剖析存在的主要问题、科学制定"十三五"工作任务，就迫切需要建立科学合理的评估机制和指南。通过完善规划实施评估指标体系，制定监测评估办法，能够指导各地区做好规划实施评估，促进规划任务和目标顺利实现，以及对规划进行调整修订工作。

2. 建立定期交流机制，加强交流平台搭建。继续完善应对气候变化信息发布渠道和制度，增强有关决策透明度；积极发挥社会组织和媒体监督作用，促进公众和社会各界参与应对气候变化行动。同时，依托低碳试点建设工作，定期举办集中交流应对气候变化工作成效、经验的高水平论坛，大力宣传低碳发展和应对气候变化先进典型及成功经验；积极拓宽国际交流渠道，搭建国内外交流合作平台，邀请国内外在低碳发展领域具有专利技术、先进理念的研究院所、高校、咨询机构、民间组织及个人参加，深化与全球低碳技术发达的国家和地区交流合作。

延安市低碳试点进展总结

延安市 2013 年被国家列为全国第二批低碳试点城市，示范期内，本市围绕低碳试点城市建设做了一系列的尝试工作，积极为国家先试先行，探索经验。现根据国家发改委《国家发展改革委办公厅关于组织总结评估低碳省区和城市试点经验的通知》（发改办气候〔2016〕440 号）通知要求，将本市低碳试点工作开展情况及试点经验总结如下：

一、 基本情况

延安市总面积 3.7 万平方公里，下辖 1 区 12 县，总人口 220.8 万人，年降雨量约 500 毫米，属内陆典型干旱半干旱气候。"十二五"期间，全市统筹推进稳增长、调结构、促改革、惠民生、防风险各项工作，经济社会发展总体平稳、稳中有进，人民生活水平稳步提高，城乡居民收入持续较快增长。全市生产总值年均增长 7.1%，经济总量达到 1199 亿元；全社会固定资产投资年均增长 17.7%，累计完成 6347 亿元；地方财政收入年均增长 8.9%，达到 161 亿元；城镇化率达到 57.3%。2010—2015年城镇居民人均可支配收入分别为 17880 元、21188 元、24748 元、27643 元、30588 元、33127 元，增速分别为 17.5%、18.5%、16.8%、11.7%、10.7%、8.3%；农村居民人均纯收入为 10775 元；三次产业结构由 8.0∶71.8∶20.2 调整为 9.2∶62.0∶28.8；全社会能源消费总量分别为 655.74、699.38、718.41、736.72 和 720.84 万吨标煤；单位生产总值二氧化碳排放强度累计下降 17%左右。

二、 低碳发展理念

1. 加强低碳发展组织领导。根据国家对本市的试点要求，结合本市低碳工作实际，成立了延安市低碳试点工作领导小组，由市政府分管领导任组长，市级有关部门负责同志为成员，组织实施《延安市低碳试点工作实施方案》及年度行动计划，建立低碳城市指标体系，指导低碳城市建设。

2. 编制低碳发展规划。根据本市自然条件、资源禀赋和经济基础等方面的情况，本市委托中国通用咨询投资有限公司编制完成了《延安市低碳发展中长期规划（2014—2025 年）》，明确提出了优化开发、限制开发、禁止开发区域，拓宽低碳城市建设内容，综合运用调整产业结构、优化能源结构、节能增效、增加碳汇等手段，积极探索适合本市的低碳绿色发展模式。

3. 确定碳排放峰值年。2015 年 9 月，在美国召开的第一届中美气候智慧型/低碳城市峰会上，确定了本市在 2029 年实现碳排放峰值，并与我国其他 10 个省市共同发起成立"率先达峰城市联盟

（APPC）"，为中国在 2030 年左右二氧化碳排放达到峰值提供强有力的支持。

三、 低碳发展任务落实与成效

1. 加快调整产业结构。本市将促进产业结构优化升级作为控制温室气体排放的战略性举措，积极推动主导产业低碳化改造，加快新兴产业培育发展。延南、延北绿色能源化工及生态工业园区、黄陵循环经济资源综合利用园区、延安经济技术开发区等新型产业园区的建设，带动了能源精细化工、农产品精深加工、装备制造、新能源产业快速发展，低碳工业体系已初步建立。加快了现代农业集约化和推广示范，建设完成了"300 万亩优质粮食生产基地和 300 万亩优质苹果生产基地"，正在打造"畜牧业 15222 基地和优质干果生产基地"，已被列为国家现代农业示范市。以现代服务业体系为方向，围绕经济结构调整、产业发展、城镇化以及群众生产生活需求，有效促进服务业发展，同时围绕延安红色革命旅游资源，以减少碳排放，保护旅游活动地的自然和文化环境为目标，初步形成了延安红色旅游业低碳发展模式，服务业产值占生产总值比重逐年提高。

2. 努力改变能源消费结构。提高天然气在终端能源消费中的比重，推进城乡用能结构转变，采取过境长输管道开口供气、气井开发利用与 CNG、LNG 供气相结合的方式，加大城镇周边气井勘探和开发力度，实现气源就地利用及集输并网，提高城镇气化率。实施县城气化二期工程和气化乡镇工程，辐射条件基本具备的新型农村示范社区，不断扩大气化范围，增加气化人口。截至 2015 年末，全市 13个县（区）的城区、40 个乡镇进行了气化。全市气化人口 84 万人，气化率为 40%。

3. 竭力抓好节能降耗工作。"十二五"期间，本市通过落实目标责任、实行节能预警、开展建筑节能和交通运输节能、督促企业节能降耗、实施节能重点项目、开展项目节能评估审查、淘汰落后产能、推广节能产品等多项手段，2010—2015 年人均能耗分别为 2.80 吨标煤、2.99 吨标煤、3.18 吨标煤、3.26 吨标煤、3.33 吨标煤、3.23 吨标煤，单位 GDP 能耗分别为 0.667 吨标煤、0.644 吨标煤、0.621 吨标煤、0.600 吨标煤、0.577 吨标煤，全面完成了省政府下达本市万元 GDP 能耗降低率 16% 的任务。2015 年被省政府评为"全省节能工作先进市"。

4. 切实搞好低碳建筑工作。一是抓住建造环节，以新区北区建设为突破点，特别是在市级行政中心、市民服务中心和高级中学等项目的规划、设计、施工过程中严格按照不低于二星级绿色建筑设计标准的要求。二是抓住可再生能源应用技术的开发和推广环节，以太阳能光热与建筑一体化技术为重点，并组织实施了太阳能光热一体化工程项目建筑面积 17.7 万平方米，安装太阳能光伏发电 300 多千瓦特，太阳能路灯、太阳能与风能互补式路灯 1000 余台（盏），建成沼气 16 万余口。三是抓住既有建筑的节能改造环节，以旧城改造为中心，有针对性地重点改造采暖系统、外墙屋面保温系统和门窗等耗能高的部位，力争把既有建筑改造为一星级绿色建筑。

5. 努力加强低碳交通运输。积极发展绿色交通运输体系，扎实推进低碳交通运输工作，通过对营运车辆燃油消耗量的核查与控制、交通建设工程低碳新技术的应用与推广等措施，构建低碳、高效的交通运输体系。目前，全市 1287 辆营运车辆都已采用双燃料或纯天然气车。

6. 积极开展废弃物处置试点。经过本市积极争取，国家发改委于 2015 年 6 月以《关于同意湖北省十堰市等 17 个城市为第五批餐厨废弃物资源化利用和无害化处理试点城市的通知》（发改办环资

〔2015〕1498 号）文件，确定本市为全国第五批餐厨废弃物资源化利用和无害化处理试点城市。目前，各项餐厨废弃物试点工作正在有序开展。

7. 培养全民低碳消费习惯。编写市民低碳行为导则和能源资源节约公约，发挥水、电等资源类消费品的价格杠杆作用，引导合理消费，初步形成以低碳消费为时尚的消费习惯。持续巩固自行车出行比例高的优势，完善自行车和步行道路系统，营造良好的自行车、步行空间环境；增加对公共交通的投入，合理引导市民选择"自行车/步行"的绿色出行模式。

8. 持续提高森林碳汇能力。按照"北扩展、南提升、东增效、全市封禁"的部署，坚持保护优先和自然修复为主，巩固退耕还林和生态建设成果，深化全国退耕还林试验示范基地建设。东部沿黄地区结合晋陕峡谷防护林体系建设，打造百万亩干杂果经济林基地，实施天然林保护二期、"三北"防护林五期、千里绿色长廊、野生动植物和自然保护区等林业重点工程，完成 25 度以上坡耕地退耕还林 189.9 万亩。增加森林碳汇，"十二五"期间，完成造林面积 480.47 万亩，森林覆盖率达到 45.4%，被誉为全国"退耕还林第一市"。

四、 基础工作与能力建设

1. 着手建立温室气体清单。本市已委托陕西省气候中心编制完成了 2010—2014 年温室气体清单。借鉴省级温室气体清单编制工作的经验，结合延安实际情况，陕西省气候中心编制的清单涵盖二氧化碳、甲烷、氧化亚氮、全氟化碳、氢氟碳化物六种温室气体。通过编制延安市温室气体清单报告，识别出延安温室气体的关键排放源。作为对延安辖区温室气体排放管理的依据，也作为碳排放强度目标考核和碳排放增量控制的数据支撑。

2. 启动建设延安市碳排放管理平台。本市已委托陕西省气候中心启动建设延安市碳排放管理平台，主要包括工业企业数据及其他类型数据。其中工业企业数据以重点用能单位为主；其他类型数据主要为本市能源活动、工业生产过程、农业、土地利用变化、林业和废弃物处理五大领域数据。

3. 始终抓好目标责任落实。每年根据省上下达本市目标任务，本市充分考虑各县区经济发展阶段及特征，科学分解并下达《延安市单位 GDP 二氧化碳排放降低率指标各县区计划》。按照目标明确，责任落实，一级抓一级的要求，建立健全低碳目标责任评价、考核和奖惩制度，实行低碳工作问责制，强化政府和企业责任。

4. 持续增加节能低碳专项资金。本市每年设立不少于 1000 万元的节能低碳专项资金，并逐年增加。专项用于重大节能低碳工程和节能低碳技术改造示范项目，节能低碳工艺、技术、产品的推广，节能低碳宣传等工作。

5. 全力推进低碳社区建设。延安市 2012 年开工建设新区北区，已造地 16 平方公里，新区在规划、设计、建设工作中始终贯穿节能低碳绿色的理念，加强了绿色建筑的推广，大量采用了中水回用、下沉式排水绿化带、热干岩采暖制冷、分布式能源等一系列的低碳新技术，为全市低碳发展起到了引领作用。

五、 体制机制创新

1. 建立低碳发展体制机制。本市始终把节能低碳工作放在重要位置，以节能减排为抓手，着力推进绿色发展、循环发展。将应对气候变化和促进低碳发展纳入了本市国民经济和社会发展"十三五"规划纲要，作为经济社会发展的重大战略。同时鼓励县区编制低碳发展规划，指导低碳工作有序开展。完善促进低碳发展的政策法规体系，逐步建立实施效果跟踪评价机制。已形成了以发改委牵头、各相关部门配合的低碳发展体制机制。

2. 探索建立低碳发展绩效评估考核机制。初步建立了社会共同参与和监督机制，实行低碳工作问责奖惩制度，制定具体的奖惩措施，形成激励机制。通过激励机制来提高相关部门和单位低碳发展的积极性与主动性。

3. 鼓励创新低碳市场发展机制。积极鼓励专业化公司参与低碳示范试点的建设和运营，创新能源产品价格机制，促进非化石能源开发利用和化石能源的清洁高效利用。探索建立市场运作机制，开展碳排放权交易试点，建立自愿碳减排交易体系，形成符合延安实际的碳交易市场体系。目前本市已遴选了一批优秀企业申请碳排放交易试点及低碳产品认证，已上报至上级有关部门。

4. 积极争取低碳相关试点。本市于 2014 年申报了"国家生态文明先行示范区"，并于 2014 年 6 月获得国家公示批复。申报过程中，本市编制了生态文明先行示范区建设实施方案，方案重点强调了绿色循环低碳发展的任务，再次坚定了本市低碳循环发展的决心。

六、 重要经验

坚持高碳行业低碳发展，全力打造循环经济资源综合利用园区。成功打造黄陵循环经济资源综合利用园区，以黄陵县店头镇区和黄陵矿业集团公司为中心向四周辐射，面积 28 平方公里。黄陵矿业公司按照"煤炭洗选－精煤炼焦－焦炉煤气制甲醇－甲醇驰放气制合成氨"和"煤炭洗选－煤泥煤矸石发电－发电灰渣制建材"的两条循环经济产业链进行规划，建设了六大产业板块：煤炭产业板块，煤化工产业板块，电力产业板块，建筑建材产业板块，物流产业板块，生态果蔬产业板块。坚持高碳行业低碳发展，围绕"以煤炭开采为主体，以煤化工为主导，大力发展循环经济，延长产业链，提高附加值，走科技含量高、经济效益好、资源消耗低、环境污染少的新型工业化道路"的发展思路，积极开展绿色环保生态矿区开发建设，取得了良好的经济效益、社会效益和环保效益，初步形成了"采煤不见煤、用水不排水、产煤不烧煤、产灰不排灰"的低碳运行模式。

七、 工作建议

一是本市低碳统计核算工作只是在起步阶段，统计数据的建立需进一步完善，二氧化碳排放的核算工作还需要加强，希望国家加强对二氧化碳排放核算干部的业务培训，进一步提高本市二氧化碳排放核算的业务工作水平。二是建议国家出台建设低碳城市和发展低碳产业的相关优惠政策及资金支持，以助于使更多的企业和项目进入低碳发展的行列里。三是建议国家能够出台关于碳排放检查和监察的相关法律条例，使基层主管部门能够对各碳排放企业实施主动地、有效地管理。

金昌市低碳试点进展总结

根据国家发展改革委办公厅《关于组织总结评估低碳省区和城市试点经验的通知》（发改办气候〔2016〕440号）要求，现将金昌市低碳城市试点建设自评估工作报告如下：

一、 基本情况

自获批全国第二批低碳试点城市以来，金昌市始终把低碳城市创建作为推进生态文明建设、加快经济结构转型升级，实现资源型工矿城市绿色发展、科学发展、可持续发展的重要突破口和工作切入点，在国家发展改革委的大力支持和有力指导下，金昌市采取了一系列行之有效的政策措施，低碳试点工作取得显著成效，达到了试点建设预期目标要求。"十二五"期间，全市生产总值年均增长11.6%，第三产业占比显著提高；全市单位GDP能耗累计下降28.84%，排名全省14个市州前列，已超额完成省政府和低碳试点实施方案目标任务12.84个百分点和9.84个百分点。金昌市也相继被国家有关部委授予全国文明城市、国家卫生城市、国家新能源示范城市、国家新型城镇化试点城市、国家循环经济示范市等荣誉称号。2015年全市单位GDP二氧化碳排放为2.205吨/万元，比2010年累计下降了54.17%，完成了实施方案目标任务；全市非化石能源占一次能源消费比重达8.4%，城镇绿化覆盖率达37.6%，分别完成实施方案目标任务的84%和94%，并呈现出逐年增长态势。

二、 创新低碳发展理念

（一） 强化政策制度设计， 建立健全长效机制

自确定为全国低碳试点城市后，甘肃省委、省政府和金昌市委、市政府高度重视，专门成立了由金昌市政府主要领导任组长的金昌市创建全国低碳试点城市工作领导小组，统筹谋划并协调推进全市低碳城市重点领域试点任务。为加快试点建设进程，金昌市先后两次召开试点创建工作推进大会，安排部署全市低碳经济重点工作，并以市政府名义相继印发实施了《金昌市低碳试点城市工作实施方案》（金政发〔2013〕76号）、《金昌市循环低碳经济工作考核评价办法（试行）》（金政办发〔2014〕42号）、《金昌市绿色建筑行动实施方案》（金政办发〔2014〕37号）、《金昌市国家低碳试点城市年度工作计划》（金政办发〔2014〕21号）、《金昌市循环经济发展实施方案》（金政办发〔2014〕42号）、《金昌市2014—2015年节能减排降碳实施方案》（金政办发〔2014〕149号）、《金昌市碳排放权交易试点工作实施方案》（金政办发〔2015〕169号）等一系列推进低碳发展的政策措施，为有力推动各项创建任务的顺利实施提供了机制保障。

（二） 设定排放峰值年限， 探索低碳发展模式

委托甘肃省科技发展促进中心开展了金昌碳排放峰值年限课题研究，通过科学测算，采取倒逼机制明确设定了到2020年左右金昌市煤炭消费总量达到峰值，2025年前实现二氧化碳排放达到峰值的目标任务。2015年9月，金昌市随国家发展改革委参加了首届中美气候智慧型低碳城市峰会，入围"中国率先达峰城市联盟（APPC）"成员，向国际社会郑重承诺二氧化碳排放量达峰年限。逐步建立以低碳、绿色、循环为特征的低碳产业体系，推进能源结构优化和提高能源利用效率，努力提高城市碳汇能力，建立温室气体排放数据统计报送体系，创新政府引导和市场运行相结合的碳交易管理体制，厚植符合发展实际、突出金昌特色的低碳城市发展理念，并初步探索出一条资源型工矿城市实现低碳发展的新模式。

（三） 凸显规划统领作用， 拓展低碳发展路径

深入贯彻落实党的十八大和十八届三中、四中、五中全会精神，围绕全省经济社会发展与应对气候变化各项决策部署，聚焦国家"一带一路"战略、新一轮西部大开发以及老工业基地调整改造、新型城镇化和国家支持甘肃发展等一系列政策叠加机遇，加强与省市"十三五"规划紧密衔接，编制完成了《金昌市低碳试点城市发展规划（2016—2020年）》。坚持以规划为统揽、谋发展、布全局，根植"资源利用循环化、能源结构低碳化、产业调整多元化、城市建设生态化、低碳技术产业化、节能减排市场化"六大发展原则，从培育新兴产业，构建低碳产业体系，优化能源结构，提升清洁能源占比，深化节能减排，打造绿色低碳城市等全方位、各领域系统谋划"十三五"新开局下金昌市低碳发展新道路，奋力开拓资源型工矿城市低碳绿色发展新路径。

三、 低碳发展任务落实与取得的成效

（一） 产业结构调整取得新进展

一是着力壮大战略性新兴产业。依托现有的产业基础和资源禀赋，积极延伸有色、冶金、建材等循环经济产业链条，增加产品经济附加值，降低单位产品碳排放，培育壮大了一批具有产业带动作用的新材料骨干企业，建成国内最大的有色金属盐类材料工业生产基地、铂族贵金属提炼中心和镍基印花镍网生产基地。目前，金昌市有色金属深加工材料达49.3万吨，有色金属就地加工转化率达到58%，被国家发展改革委、财政部确定为全国有色金属新材料战略性新兴产业区域集聚发展试点地区。二是积极发展低碳高效农业。依托"一区三园两基地"，以农业园区为载体，农业高新技术为引领，通过注重质量发展，积极采取秸秆还田、测土配方施肥、化肥缓释、增施有机肥等措施，加大秸秆回收和青贮氨化力度，资源化利用农林废弃物，减少农业生产过程碳排放。2015年，全市秸秆综合利用率达到82%，规模畜禽养殖废弃物利用率达到87%，永昌县、金川区现代农业示范区创建为省级示范区，清河现代循环农业产业园、金昌现代畜牧产业园等9个产业园创建为省级示范园。三是优先发展现代服务业。进一步夯实现代商贸物流业发展基础，金昌商会大厦、紫金广场等一批现代化商贸中心建成投运，发展电子商务平台23家，开设网店300多家，电子商务销售额超过1亿。同时，坚持把文

化旅游产业作为第三产业加快发展的重要增长点，加大旅游资源开发力度，配套完善旅游基础设施，安排财政专项资金1.4亿元撬动旅游业发展，编制完成"紫金花城·神秘骊靬"大景区建设性规划和文化产业发展规划，制定了促进旅游业加快发展的意见，出台了鼓励游客来金旅游优惠补贴暂行办法，加快建设紫金苑、北部绿色生态景观区、花文化博览馆等项目。全市三次产业结构比由2010年的5.3∶79.3∶15.4调整为2015年的8∶58.2∶33.8，产业结构进一步优化。

（二） 能源结构不断优化

一是大力发展新能源产业。依托丰富的风光资源、完善的电网构架、便利的接入条件等优势，优先培育和发展以风光电为主的清洁能源，促进低碳能源高效利用。截至目前，全市已取得风光电开发容量330.5万千瓦，已建成并网发电210万千瓦，其中光伏发电180万千瓦，风力发电30万千瓦，2015年累计发电量近20.58亿千瓦时，年可提供清洁电力45亿千瓦时以上，相当于减少二氧化碳排放量近300万吨。同时，积极开展新能源电力就地消纳试点工作，提升新能源就地消纳比例，推进能源消费结构低碳化发展。二是切实提高天然气利用比例。积极拓展天然气在居民燃气、汽车、供热等领域的应用，完善天然气门站、管线、储气设施等配套设施建设，城市燃气管道已基本覆盖市区主干道。截至目前，管道燃气普及率达58%。三是调整优化火电项目。"十二五"以来，通过实施热电联产工程，积极采取集中供热方式，先后拆除了168台燃煤小锅炉，年节约标煤22.5万吨、用水量1000万立方米、减少二氧化碳排放约53万吨、减少排放二氧化硫排放5000吨。

（三） 节能减排力度逐年加大

按照"管住增量、削减存量、控制总量"的原则，依靠科技进步，坚决淘汰高耗能、高污染的落后生产能力，督促各重点用能企业采用新设备、新工艺、新材料，实施重大节能技术改造项目，加快节能减排技术改造。"十二五"时期，全市共实施节能技术改造和合同能源管理项目100余项，先后淘汰落后电机、矿热炉、冶炼炉等设备60余台（套），关停拆除7台总容量299兆瓦的火电机组和全部立窑水泥生产线，关闭了所有造纸厂和5条铁合金生产线，减少二氧化碳排放量近180万吨。通过不断加大节能减排技术改造力度，全市主导产业产品综合能耗均达到国内先进水平，促进了传统产业向低碳化方向转变。同时，严格落实固定资产投资项目节能减排评估审查制度，从源头上杜绝高耗能项目的审批和不合理能源消费。

（四） 绿色建筑及低碳交通加快推进

制定出台了《金昌市绿色建筑标准实施意见》，全市新开工项目建筑节能覆盖率达到100%，新型墙体及屋面保温、外墙保温、断桥隔热中空玻璃窗、防火防盗保温隔音隔热门等建筑新技术、新工艺、新材料得到全面推广和普及，建筑节能覆盖率达到100%，两个示范项目取得绿色建筑设计评价标识；对市区面积10.24万平方米既有居住建筑室内热计量和温控装置系统、供热管网热平衡及建筑围护结构三项内容进行了节能改造；筛选建筑总面积39.73万平方米的40栋公共建筑纳入公共建筑监测平台建设。同时，在全市建设低碳交通网络，改造升级公共交通工具，出租车"油改气"工程全面完成，公交、出租使用天然气车辆比例达到90%以上；积极推动公共自行车交通系统应用，研究制定了金昌市公共自行车租赁服务系统设计方案，将按计划逐步在市区投放建设。

（五） 废弃物处理利用水平显著提高

坚持"资源有限、循环无限，循环发展、生机无限"的发展理念，以提高废弃物利用率为核心，充分利用有色金属生产过程中产生的副产品，横向拓展产业共生领域，配套发展化工、建材、再生资源利用等关联产业，同时开工建设60万吨/年建筑垃圾再生利用项目，着力延伸"吃干榨净"固废综合利用产业链，实现了废弃物无害化处理和多级利用。金川集团公司铜阳极泥项目，利用先进技术在阳极泥中提取金、银等稀贵金属，提高了有价金属的回收率；金川集团公司冶炼产生的铜渣，通过实施110万吨铜渣再选项目，每年回收铜金属约1万吨，再选后的废渣部分用于生产无机纤维材料，部分用于还原提铁，提铁后的渣又用于生产水泥，极大提高了固废的综合利用效率。"十二五"时期，金昌市工业固废资源综合利用率由18%上升到75.08%，被国家工信部命名为全国工业固废综合利用示范基地。

（六） 大力倡导绿色低碳生活方式

制定了"123"出行方案，即"1公里内步行，2公里内骑自行车，3公里内乘坐公共交通工具"，受到广大市民的大力支持。以开展"全国节能宣传周和低碳宣传日"等活动为契机，充分利用报刊、广播、电视、网络等各种媒介，大力宣传节能法律法规制度，普及提高全民节能低碳意识，宣传节能低碳先进典型和扶持政策，曝光批评浪费资源、污染环境的不良行为，向市民编撰印发了《金昌市民低碳生活手册》10万余册，不断提高社会各界对节能低碳重要性和紧迫性的认识，大力倡导低碳、文明、绿色、健康的生活习惯和消费观念，使低碳生活成为全社会的自觉行动，营造了人人崇尚节约、人人践行低碳的良好氛围。

（七） 森林碳汇能力持续提升

重点实施"三北"防护林、重点公益林补偿等林业工程，截至2015年，全市累计完成人工造林2.25万亩，封山育林1.3万亩，治理沙化土地27万亩，抚育中幼龄林1.7万亩，全市林地面积达到360.58万亩，森林覆盖率达到24.27%，立木蓄积252.9立方米，建成区绿化覆盖率达到37.6%，建成南坝乡、双湾镇2个国家级生态乡镇和焦家庄乡、宁远堡镇新华村等16个省级生态乡镇（村），被授予国家园林城市称号，金昌市已成为我省戈壁荒漠上的一座"生态绿城"。

四、 基础工作与能力建设

（一） 完成温室气体清单编制工作

2015年3月组织召开全市温室气体清单编制培训会，将重点工作与相关数据填报任务分解落实到22个市直属单位。对全市重点高耗能行业发展现状、能耗情况及温室气体排放状况进行逐一摸底调查，梳理统计高耗能企业和温室气体排放大户。目前，金昌市2010—2014年温室气体清单报告已编制完成，涉及能源活动、工业生产过程、农业、土地变化及林业、废弃物处置五大领域，为金昌市完成"十二五"控制温室气体排放行动目标、监测考核体系奠定了良好基础。目前，拟组织实施县（区）级温室气体清单编制工作，并将金昌温室气体清单编制工作常态化，拟每两年开展一次。

（二） 加强应对气候变化统计体系建设

一是建立健全温室气体排放基础数据统计制度。将温室气体排放基础统计指标纳入政府统计指标体系。并根据温室气体排放统计需要，扩大能源统计调查范围，细化能源统计分类标准，逐步建立适应温室气体排放核算要求的基础统计体系，并逐步完善能源消费和温室气体排放原始记录和统计台账，有序构建统计部门与企业间统一的温室气体统计核算工作体系。二是建立金昌市温室气体信息管理系统。委托北京中百信软件技术有限公司，按照区域和组织两级温室气体信息收集与核算要求，按照重点排放单位、政府主管机构、第三方核查机构和专家四级设定用户，形成四级温室气体排放信息采集、审核、统计、分析的电子信息管理系统。该系统可实现温室气体排放管理负责人备案、第三方核查机构管理、温室气体排放报送、温室气体清单管理、温室气体专家库管理、多角度数据统计分析等多项功能。目前，该系统正在调试过程中，预计 2016 年 4 月可上线运行。

（三） 建立温室气体总量控制制度

2014 年，本市启动能源消费总量和温室气体排放总量控制行动，印发实施了《金昌市 2014—2015 年节能减排低碳发展实施方案》（金政办发〔2014〕149 号），将温室气体总量控制目标任务细化分解，并纳入政府工作目标责任考核中。"十三五"时期，本市将结合经济发展实际，继续实行能源消费总量和温室气体排放总量控制制度，目前，编制的"十三五"低碳发展专项规划明确了"十三五"温室气体排放控制目标并作为重要性约束指标纳入指标考核中，规划已报请市政府，即将印发实施。

（四） 建立重点企事业单位温室气体排放报告报送制度

建立并严格落实金昌市温室气体排放报告年度报送制度，已覆盖全市公用电力与热力、石油化工、钢铁、有色金属冶炼加工、非金属矿物质制造等重点排放行业年综合能源消费总量达到 5000 吨标煤或温室气体排放达到 1.3 万吨二氧化碳当量以上各行业的企事业单位，为即将施行的碳排放配额管理工作提供数据基础。

（五） 加大节能低碳发展资金支持力度

金昌市设立了 3000 万元的节能减排发展专项资金，重点支持工业节能减排项目建设。"十二五"期间，金昌市相继争取国家资源节约和环境保护、循环经济、园区循环化改造、十大重点节能工程专项资金近 3 亿元，为金昌市节能低碳发展提供经费保障。

（六） 着力推进低碳领域示范试点

一是先行开展阶段性评估。紧紧围绕新型工业化、城镇化发展方向，先行开展了金昌市低碳城市试点建设阶段性评估工作,创新完善低碳产业、低碳交通、绿色建筑、新能源应用等领域市州低碳试点综合考评体系。二是扎实开展碳排放权交易试点。作为全省第一个碳排放权交易试点,金昌市全力推动碳市场建设相关工作,在基础研究、能力建设、试点示范以及体制机制创新等方面进行了有益实践并取得了良好成效,为全省对接全国碳排放权交易及国家碳市场建设积累了丰富经验。三是积极申报低碳社区。根据《国家发展改革委办公厅关于印发低碳社区试点建设指南的通知》(发改办气候〔2015〕362 号)文件精神,组织申报了 3 个社区开展省级低碳社区试点工作。四是积极推广低碳技术。单轴自适应跟踪光伏发电系统低碳技术的成功应用,促使金昌建成全国单体规模最大的 200 兆瓦自适应跟踪光伏发电项目,比同规模固定式光伏发电项目发电量提高了 20% ~ 30%,大大提高了光伏发电效率和利用率。

五、 体制机制创新

按照《中共甘肃省委关于贯彻落实〈中共中央关于全面深化改革若干重大问题的决定〉的意见》《2014 年经济体制和生态文明体制改革实施方案》相关要求,金昌市积极响应国家发展改革委启动全国碳排放交易市场的重大战略部署和省委、省政府探索开展资源环境领域改革试点工作安排,以低碳城市试点建设为契机,2014 年底金昌市成功申报成为甘肃省资源环境领域改革试点——碳排放权交易试点地区,重点在碳排放权交易试点制度设计层面进行了大胆探索和有益实践。

1. 有效扩大覆盖范围。对全市行政区域内 2010—2014 年任一年排放 1.3 万吨二氧化碳当量(或综合能源消费量 5000 吨标煤)及以上的企事业单位(以下简称纳入企业),全部实行碳排放配额管理。

2. 灵活制定配额管理办法。制定了碳排放配额管理细则,根据配额总量控制目标、企业历史排放水平、先期减排行动等因素明确配额分配的原则、方法及流程等事项,设定年度方案调整计划和比照因子。

3. 适度确定抵消比例。在摸排、吸收全省范围内中国核证自愿减排量(CCER)的基础上,结合金昌市发展实际,确定抵消比例不超过履约企业年度碳排放权初始配额的 10%,得到了相关企业的理解与支持。

4. 探索建立履约激励机制。积极鼓励本地配额管理单位使用林业碳汇项目、新能源产业自愿减排项目等产生的减排量,履行配额清缴义务。

5. 切实加强宣传引导。积极开展个人及非重点控排企事业单位承担社会减排义务相关公益宣传活动,引导全社会树立低碳绿色发展理念。目前,《金昌市碳排放交易试点实施方案》《金昌市碳排放权交易实施细则(暂行)》已经金昌市人民政府印发实施,全市 24 家重点企事业单位温室气体排放报告第三方核查工作已完成,初步制定了《金昌市碳排放总量设定及配额分配方案》,碳配额确权分配等工作已全面启动,计划于 2016 年年内实现碳交易。

六、 重要经验

为破解发展难题,实现可持续发展,金昌市以建设国家低碳试点城市为契机,积极探索推进"四个转变",努力走出了一条资源型城市绿色低碳发展的新路子。

1. 秉承低碳发展理念，推动经济结构由资源主导型向多元复合型转变。20世纪，金昌依托资源禀赋，形成了以有色冶金、化工、建材为主导的产业结构，产业重型化特征明显，能源刚性消费需求大，碳排放强度高，环境保护任务重。进入新世纪特别是"十二五"以来，我们坚决摒弃过去低成本要素投入、高资源环境消耗的发展模式，按照"做优一产、做强二产、做大三产"的思路，加快推进产业结构调整，大力改造提升传统产业，加快发展"有色金属新材料、新能源、循环化工"三大产业，优先发展节能环保、生态旅游、文化创意等符合低碳标准、服务低碳经济的朝阳产业，全面构建多元化低碳产业发展格局，全市万元地区生产总值能耗累计同比下降25.8%，资源产出率、能源产出率比2011年分别增长35%和21%；第三产业增加值占比由2010年的15.4%增长到2015年的33.8%，实现了由单一资源型经济向多元复合型经济的根本性转变。

2. 秉承循环发展理念，推动经济发展由粗放型向集约型转变。围绕创建国家循环经济示范市，在循环型工业方面，我们不断延伸工艺相互依存、下游接上游和废弃物"吃干榨净"的循环经济产业链，加快工业园区循环化改造，促进产业在接续中延伸、结构在延伸中调整，形成了镍钴新材料、硫化工、氯碱化工、磷化工、清洁能源和再生资源利用等循环产业链。在循环型农业方面，我们着力推进农业资源利用节约化、生产过程清洁化、产业链条生态化、废弃物利用资源化，建成9个以低消耗、低排放、高碳汇、高效率为基本特征的现代循环农业示范园区，辐射带动全市农业积极向精细化、产业化、现代化农业发展。在循环型服务业及社会建设方面，我们大力倡导低碳绿色生活方式，着力开展绿色建筑、绿色交通、绿色办公"三大行动"，大力实施再生资源回收利用、污水综合处理、建筑垃圾再生利用、雨水收集利用四大工程，循环型服务业和社会体系不断完善。金昌被列为国家循环经济示范市，循环经济"金昌模式"被国家发改委确定为12个区域循环经济典型案例之一并向全国推广。

3. 秉承清洁发展理念，推动能源结构由高碳向低碳方向转变。我们充分挖掘太阳能和风能资源富集的优势，积极培育发展风光电为主的低碳清洁能源，先后规划建设了三个百万千瓦级光伏发电场和两个百万千瓦级风电基地，目前风光电并网装机规模215.2万千瓦，在甘肃省率先建成首个百万千瓦级光伏发电基地，新能源并网规模已占电网总装机容量55.7%。我们积极深化能源供给侧改革，大胆探索开展新能源就地消纳试点工作，通过点对点消纳、直接交易、发电权转让三种方式创新能源消纳模式，不仅改善了能源消费结构，促进了低碳能源利用的最大化，而且降低了企业生产成本，实现了节能降耗与经济发展双赢。全市清洁电力消费占比达到35%以上，单位生产总值二氧化碳排放由2012年的3.482吨下降至2015年的2.205吨，累计下降幅度36.7%，位居甘肃省前列。

4. 秉承绿色发展理念，推动资源型工矿城市向生态宜居城市转变。实施了祁连山生态保护、石羊河流域综合治理、国家矿山公园、西部花城等一批生态环保项目，支持市域龙头企业金川集团公司投资40多亿元实施了"蓝天碧水"十大工程，使二氧化硫等冶炼烟气回收利用率达到96%以上，金川公司成为全球最大的烟气制酸企业和国内知名的循环经济示范企业。截至目前，全市森林覆盖率达到24.27%，建成区绿化覆盖率达到37.6%，建成20多个国家和省级生态乡镇（村）。本市先后被评为国家卫生城市、国家园林城市；2013年中国社科院发布"2013年城市竞争力报告"，金昌排名第77位；2015年被评为"全国文明城市"。

七、 工作建议

通过多年的实践与探索，金昌市在低碳发展试点方面取得了一些成绩，但仍然存在着一些困难和挑战：一是产业结构调整难度大。金昌市经济发展结构中，第二产业占绝对比重，长期发展形成的以有色冶金、化工等工业为主的产业格局仍然占据主导地位，实现第三产业占国民经济的比重超过50%难度较大。二是能源消费结构矛盾性突出。金昌市多年来已基本形成了以煤炭消费为主要特征的能源消费格局，且城市正处于城市化的成长期和工业化的中期，以高耗能产业为主导的经济增长模式对能源需求的依赖程度较高，能源消费总量还将继续增加。这些矛盾与问题同我省新常态下面临的发展困局大体一致，因此提出以下建议：

1. 加大对西部欠发达地区的支持力度。建议国家在低碳、绿色发展方面对西部欠发达省份特别是我省加大项目资金和政策支持力度，在全国推进相关工作过程中，充分考虑西部地区发展实际需要，在试点布局中优先并适当向西部倾斜。

2. 顶层设计层面充分考虑并体现地区差异。建议国家在下一步即将启动的全国碳排放权交易及碳市场建设方面充分考虑全国不同区域的发展差异，尽可能地体现共同但有差别的责任，特别在我省配额分配方面给予倾斜照顾，以期通过碳排放权交易这一市场化手段，助推我省及金昌市牢固树立"创新、协调、绿色、开放、共享"的发展理念，大力推动幸福美好新甘肃建设，确保实现与全国一道同步建成小康社会的宏伟目标。

3. 加快推进应对气候变化领域立法进程。建议国家层面尽快出台应对气候变化相关领域的法律法规，为开展相关工作提供法律支撑。与此同时大力支持高能效、低碳排放相关技术研发并推广应用研发成果，建立健全新能源、可再生能源以及自然碳汇等多元化的低碳技术体系。

下一步，我们将继续深入贯彻落实国家推进生态文明建设、推进低碳、绿色发展的一系列决策部署，紧紧围绕国家批复金昌市低碳城市建设试点工作要求，在低碳产业、低碳交通、绿色建筑、新能源应用等方面扎实开展工作，将应对气候变化各领域工作与新型工业化、城镇化同步推进，不断积累总结试点经验，坚定不移走低碳发展之路，确保全面完成试点建设各阶段工作任务，为实现资源型工矿城市低碳转型发展提供有力支撑。

乌鲁木齐市低碳试点进展总结

自 2012 年被国家发改委批准为国家第二批低碳试点城市以来，乌鲁木齐市紧紧围绕社会稳定和长治久安总目标，把全面协调可持续作为开展低碳试点的根本要求，积极应对气候变化，统筹经济社会发展和生态环境建设，以提高经济发展质量和效益为中心，加快转变经济发展方式，主动适应经济发展新常态，以调整产业结构、发展低碳能源、提高能源利用效率、提高森林碳汇、推进低碳试点为抓手，促进制度创新，完善政策体系，倡导低碳绿色生活方式和消费模式，加快形成绿色低碳发展的新格局，力争率先建成西部省区前列的低碳示范城市。

一、 基本情况

温室气体排放来源和排放特征，决定了减少温室气体排放的重点。围绕控制温室气体排放目标，紧抓控制温室气体排放重点，乌鲁木齐市在低碳城市建设方面已经提出了一系列战略措施并付诸实施，全力推进经济、社会、环境"三大领域"低碳建设。

1. 低碳经济。"十二五"以来，全市主要经济指标增速位于全国省会（首府）城市前列，2015 年，地区生产总值达到 2680 亿元，"十二五"期间年均增长 13.58%，高于全国、全疆平均水平；全社会固定资产投资和地方财政收入 5 年累计分别突破 6000 亿元和 1800 亿元，均超过"一五"至"十一五"时期的总和；现代产业体系基本形成，"六大产业基地"经济总量和财政收入已占全市 50% 以上，正在形成区域产业发展制高点。

2. 低碳社会。5 年来城市道路总长度、供排水管道、日供水能力、天然气管道、污水年处理能力分别新增 610 公里、718 公里、25 万吨、2000 公里和 6900 万立方米。实施了"煤改气"工程，成为全国首个气化城市，2014 年在全国 74 个重点监控城市中空气质量排名由末位升到前 20 位，2015 年空气质量优良天数达 310 天，成为全国环境空气质量改善最明显的城市之一，荣获"中国人居环境范例奖"。2015 年，建成区城市绿化覆盖率达到 40.3%，5 年新建小绿地小游园小水面 737 个，新增绿地面积 25.35 万亩，成功创建国家园林城市。首府天蓝、水净、地绿，成为宜居宜业新家园。

3. 能源利用。能源活动是乌鲁木齐市二氧化碳最大排放源，乌鲁木齐市着力推进能源消费结构调整，推动完成淘汰落后钢铁产能 53.6 万吨、电力产能 11.9 万千瓦时、造纸产能 12.78 万吨、水泥产能 92 万吨、玻璃产能 36 万重量箱、焦炭产能 9.4 万吨、炼油产能 1.3 万吨、铸造产能 3.5 万吨、煤炭产能 9 万吨、电解铝产能 2.3 万吨、装备产能 100 万千伏安、化工产能 12.15 万吨、机电产能 0.25 万吨、印染产能 0.1 万吨和医药产能 5760 万粒（袋），顺利完成乌鲁木齐市漆彩星化工有限公司、新疆神新水泥有限责任公司等 43 家企业搬迁工作。不断优化能源结构，扩大天然气使用范围，大力发展以风能、太阳能等可再生能源，2014年天然气消费量达到519万吨标煤，较2010年增长1.4倍。达坂城风区已开发的风电容量达到1535.25MW，风电发电量占全社会发电量的3.7%。

4. 二氧化碳排放。自2010年以来，乌鲁木齐市二氧化碳排放总量呈先增后降趋势，排放总量由2010年的6159.31万吨上升到2012年的7776.85万吨，到2014年下降到6142.68万吨；乌鲁木齐单位GDP二氧化碳排放量呈下降趋势，由2010年的4.60吨CO_2/万元下降到2014年的2.67吨CO_2/万元。

5. 排放目标实现情况。自治区给本市温室气体排放指标是到2015年单位国内生产总值二氧化碳排放较2010年下降14%，本市在《低碳试点城市实施方案》中提出到2015年比2010年下降17%。截至2014年，本市单位国内生产总值二氧化碳排放较2010年下降45.95%，超额完成自治区下达指标和本市《低碳试点城市实施方案》提出的目标。

二、 低碳发展理念

1. 组织领导。乌鲁木齐市积极筹划低碳城市建设前期准备工作，成立了由市委、市政府主要领导伊力哈木·沙比尔任组长、各区、县政府主要领导和市各有关部门负责人参加的乌鲁木齐市低碳城市建设工作领导小组。

2. 低碳发展规划编制。在全面核查分析乌鲁木齐市2005年、2010年、2012年温室气体排放基础上，重点从低碳经济、低碳社会、低碳生态环境三大领域，构建低碳产业体系、优化能源结构、发展低碳建筑、推行低碳交通、增加碳汇5大方面对低碳城市建设进行规划部署，现规划文本已编制完成，全文分十一章四十二节，共5万余字，目前，规划已在市发改委和自治区发改委组织完成评审和审查，现已修改完善，并上报国家进行中期审查。

3. 低碳发展模式探索。加快城南经贸合作区、高铁新区、会展片区、白鸟湖新区、城北新区等新建新区按照中国一流、世界有影响力的低碳生态精品工程、样板工程和示范工程的目标要求，高起点高标准地进行低碳生态城规划设计和建设；积极引导乌鲁木齐高新技术产业开发区（原开发区域内）、经济技术开发区（原开发区域内）、甘泉堡经济技术开发区三个国家级开发区实行低碳建设和低碳化改造；制定乌鲁木齐市低碳发展实践区指南，选择水西沟镇、板房沟乡、铁厂沟镇、新疆大学、新疆农业大学、新疆师范大学等单位开展"低碳社区"、"低碳学校"、"低碳乡镇"等系列低碳示范创建活动。

4. 排放峰值目标确定。乌鲁木齐市二氧化碳总量峰值将在2030年出现，二氧化碳峰值排放为1.68亿吨，达到峰值时全市能源消费总量为9496万吨标煤，人均二氧化碳排放为25.44吨/人，单位GDP二氧化碳排放为1.768吨/万元。

三、 低碳发展任务落实与成效

1. 产业结构调整完成情况。根据三次产业单位增加值温室气体排放特征，本市坚持把产业结构优化升级作为低碳化经济转型的战略重点，大力发展战略性新兴产业和现代服务业，三大产业结构比重由2005年的0.99∶53.59∶45.42调整为2015年的1.07∶36.27∶62.66，第三产业为主导的产业结构进一步巩固优化。

2. 能源结构优化落实情况。能源活动是乌鲁木齐市二氧化碳最大排放源，乌鲁木齐市着力推进能源消费结构调整，煤、石油、天然气消费结构从 2010 年的 78.97：12.87：8.16 调整为 2014 年的 63.29：17.25：19.46，煤炭消费比重逐年下降，天然气等清洁能源消费比重不断提高。

3. 节能和提高能效任务完成情况。研究制定了《关于分解下达"十二五"期间全市重点用能企业节能量目标任务的通知》，确定全市 83 家重点用能企业（其中，国家万家企业 52 家，自治区重点用能企业 31 家），"十二五"时期节能量总体目标为 88.22 万吨标煤。2014 年，乌鲁木齐市单位 GDP 能耗为 1.19 吨标煤/万元（2010 年价），较 2010 年的 1.82 吨标煤/万元（2010 年价）下降 34.6%，超额完成自治区下达的"十二五"时期单位 GDP 能耗下降 13% 的目标。

4. 低碳建筑和低碳交通任务完成情况。截至 2013 年，乌鲁木齐市完成 21.9 万平方米二星级绿色建筑示范工程，完善绿色建筑扶持政策和考核体系，研究本地化绿色建筑标准规范及评价体系。从 2014 年起，政府投资的国家机关、学校、医院、博物馆、科技馆、体育馆等建筑，保障性住房及单体建筑面积超过 2 万平方米的机场、车站、宾馆、饭店、商场、写字楼等大型公共建筑率先执行绿色建筑标准。"十二五"期间，乌鲁木齐市出租车全部使用天然气燃料，2012 年以后新增的出租车全部为双燃料车辆，并达到国Ⅳ标准；公交车除第一批 18 米加长 BRT 车辆使用柴油外，其余公交车全部使用天然气燃料。首批引进上线载客的 10 辆气电混合动力新能源公交车开始试运行。截至目前，全市已引进 114 辆新能源公交车。5 年累计实施一大批道路交通项目，建成"田"字路工程，"两线一绕"、"两桥一路"等重大工程加快实施；地铁 1 号线、2 号线开工建设；建成国内一流的 BRT 系统 7 条线 101.69 公里，入选国家"公交都市"示范城市首批创建城市；开通通达周边的 3 条城际铁路。兰新高铁全线贯通，高铁新客站建成使用，乌鲁木齐进入高铁时代。

5. 废弃物处置情况。"十二五"期间，乌鲁木齐市加大了中水回用、工业用水循环利用、污水淤泥堆肥，餐厨垃圾、医疗废物集中无害化处理，生活垃圾、渗滤液处理及填埋气发电等项目陆续建成并投入运行，提高固体废弃物处理的资源利用率。截至 2014 年底，全市生活垃圾无害化处理率达到 93.3%，提前完成"十二五"末生活垃圾无害化处理率 90% 的目标。目前本市工业固体废物综合利用率从 2010 年的 68%，提高到 2014 年的 94%，节能减排效益明显。

6. 绿色生活方式和消费模式创建情况。乌鲁木齐市开发区（头屯河区）在辖区范围内率先试点公共自行车租赁项目，设置 30 个站点，共投入 600 辆自行车进行各站点间的循环租赁。乌鲁木齐市环境保护局、天山区环境保护局结合环境保护法治"六进"工作，围绕"践行绿色生活"主题，联合举办"6·5"世界环境日机关干部演讲大赛，广泛传播和弘扬"生活方式绿色化"理念，提升人们对"生活方式绿色化"的认识和理解，并自觉转化为实际行动；呼吁人人行动起来，从自身做起，从身边小事做起，减少超前消费、炫耀性消费、奢侈性消费和铺张浪费现象，实现生活方式和消费模式向勤俭节约、绿色低碳、文明健康的方向转变。在全国科普日活动中，全市各社区积极开展了"提倡绿色生活，弘扬绿色文化，共同保护和建设美丽首府"形式多样、富有成效的科普活动。

7. 增加碳汇任务完成与措施落实情况。"十二五"期间，乌鲁木齐市围绕"继续提高城乡绿化水平"目标，大力加强城市绿化、生态功能区保护与建设，增加林木覆盖率，优化林木种类，全面提升碳汇能力和质量。截至 2014 年底，全市园林绿地面积从 2010 年的 15697 公顷增加到 25931 公顷，其中，公园绿地面积从 2010 年的 2063 公顷增加到 3282 公顷；城市建成区绿化覆盖面积从 2010 年的 11926 公顷增加到 15870 公顷；森林覆盖率从 2010 年的 14.12% 上升到 14.76%。

四、 基础工作与能力建设

1. 温室气体清单编制情况。完成了 2005 年、2010 年和 2012 年乌鲁木齐市温室气体清单编制，已组织两次审查，现已报送国家进行中期评估。

2. 温室气体排放数据统计与核算制度建设。建立并完善涵盖一、二、三产业的市、区（县）两级能源统计体系，建立健全节能减排统计、监测和考核体系，为全市温室气体排放数据统计与核算奠定了基础。

3. 温室气体排放数据报告制度建设。在 2005 年、2010 年和 2012 年乌鲁木齐市温室气体清单基础上，本市协同新咨公司等第三方机构率先在经济技术开发区（头屯河区）、甘泉堡经济技术开发区、米东区共 8 个行业选择了 9 家重点排放企业（主要有八钢、乌石化、中泰化学等），编制完成了这些企业的温室气体排放核算报告。

4. 温室气体排放目标责任制建立与实施。"十二五"期间，乌鲁木齐市出台了《乌鲁木齐市"十二五"工业节能减排规划》《乌鲁木齐市"十二五"节能减排工作实施意见及部门分工方案》和《关于乌鲁木齐市贯彻落实自治区"十二五"控制温室气体排放实施方案的实施意见》，确定了"十二五"时期全市规模以上工业企业万元工业增加值能耗下降 15%，各年度下降 3.2% 以上。在此基础上，每年制订节能工作计划，并按照各区（县）单位 GDP 能耗基数、能源消费结构、经济结构等因素，分解下达了全市分区（县）、行业（部门）能耗指标降低计划和各区（县）单位工业增加值能耗降低目标，同时也分解下达了市重点监控企业主要产品单位能耗指标降低计划，并与各区（县）政府及市重点耗能企业签订了节能降耗目标责任书。加大节能减排目标考核力度，强化节能减排目标责任考核和行政问责，建立了奖惩制度。

5. 低碳发展资金落实情况。低碳发展资金主要为国家低碳城市试点项目赠予资金 300 万元，按照国家统一部署，已拨付到位 150 万元。同时，本市财政配套 60 万元资金也全部到位。设立乌鲁木齐市节能减排和发展循环经济专项资金，专项资金每年预算安排 500 万元，主要用于支持乌鲁木齐工业领域节能减排和发展循环经济工作。5 年累计投入 454 亿元，实施了以"煤改气"工程为重点的 126 个大气污染治理项目。累计完成以综合交通枢纽为主的城市基础设施建设投资 1500 多亿元，建成了国内一流水平的 BRT 系统、"田"字型快速路工程和"两线一绕"、"两桥一路"等重点工程，开工建设地铁 1、2 号线，相继开通至周边的城际铁路，开通运营兰新高铁全线。

6. 经济激励和市场机制探索实施情况。

（1）坚持规划先行，立足优先发展公共交通，确定了以轨道交通为骨干，大容量快速公交系统（BRT）为支撑，常规公交为主体，其他交通方式为补充的一体化公交体系发展目标。先后完成《乌鲁木齐市公共交通规划（2012—2020)》《快速公交（BRT）系统规划》《乌鲁木齐城市轨道交通建设规划》等规划编制工作。研究制定了《乌鲁木齐市优先发展城市公共交通的实施意见》，在公交都市创建城市中走在了前列。大力推进综合运输体系建设，建成城乡公路客运站的衔接枢纽——达坂城中心客运站，建设面积 5700 平方米；正在建设乌鲁木齐国际公铁联运汽车客运站，占地 57.8 亩，乌鲁木齐高铁新客站、国际公铁联运汽车客运站、头屯河客运站等交通枢纽也已开工建设。乌鲁木齐轨道交通 1 号线进入施工建设阶段，其中三屯碑公交枢纽项目，总建筑面积约为 35118 平方米，将实现轨道交通、快速公交、常规公交、出租车、社会车辆等多种交通方式为一体的城市综合交通枢纽功能。大规模进行道路基础设施建设，先后完成"三纵四横"主干道、近百条次干道、支路，千余条巷道建设和整治。建成市政建设史上工程总量最大、技术难度最大的"田"字路一期、二期工程；打通丁字路、断头路 100 余条，延长改造喀什路、北京路等主要道路；积极推进绕城高速公路东线和东二环工程建设，缓解乌市过境交通压力。

（2）研究建立建筑垃圾经济激励机制，推行建筑垃圾源头减量化战略，实行特许经营，促进建筑垃圾综合利用的产业化。落实建筑废弃物处理责任制，按照"谁产生、谁负责"的原则进行建筑废弃物的收集、运输和处理。推行建筑废弃物集中处理和分级利用，加快建筑废弃物资源化利用技术、装备研发推广，配合住房和城乡建设厅编制建筑废弃物综合利用技术标准。开展建筑废弃物资源化利用示范，研究建立建筑废弃物再生产品标识制度。因地制宜设立专门的建筑废弃物集中处理基地。

（3）编制完成《乌鲁木齐风电清洁供暖试点方案》，并获《国家能源局综合司关于开展风电清洁供暖工作的通知》（国能综新能〔2015〕306 号）批复。现已按照方案，全面推进乌鲁木齐高铁片区和达坂城片区等两片区风电清洁供暖试点，供热总面积为 52 万平方米，配套供暖风电场装机规模 25 万千瓦。

（4）着力推动清洁能源市场化配置改革，倾力打造"中国风谷"，风电装机并网容量达 179 万千瓦，位居全疆第二。重拳实施了以"煤改气"为代表的大气污染治理"蓝天工程"，截至 2014 年底，累计投资 454 亿元，实施了 126 个大气污染治理项目，主城区已全部实现天然气采暖供热。2014 年全市空气质量优良天数达到 310 天，优良天数比例达 85%，取得历年来最好成绩。"煤改气"工程也获得 2014 年中国人居环境范例奖。

7. 低碳产业园/低碳社区试点示范情况。结合园区循环化改造，完成了经济技术开发区（头屯河区）、甘泉堡工业园区和米东区、高新技术产业开发区（新市区）等四个园区低碳试点工作实施方案，全面推进能源资源综合利用、园区生态环境改善、低碳技术推广、共用服务设施利用水平提升、低碳发展政策、体制机制创新。选取居住相对集中、设施相对完善、群众基础较好的东八家户、八道湾等社区，调研并编制低碳社区实施方案，并从建筑节能改造、新能源和可再生能源利用、中水循环利用、垃圾分类与回收和社区绿化等方面对社区进行改造提升。

五、 体制机制创新

按照低碳城市建设需求，围绕 CO_2 排放目标，市发改委全力建立碳排放峰值目标与落实机制，选取高新区（新市区）、经济技术开发区（头屯河区）、米东化工园、甘泉堡经济技术开发区进行低碳示范区试点推进；同时与第三方机构合作，在经济技术开发区（头屯河区）、甘泉堡经济技术开发区、米东区共 8 个行业选择了 9 家重点排放企业（有八钢、乌石化、中泰化学等），编制完成了这些企业的温室气体排放核算报告。

六、 下一步工作及意见建议

1. 下一步工作计划。"十三五"期间，按照低碳城市建设规划要求和任务安排，围绕控制温室气体排放目标，紧抓控制温室气体排放重点，从经济、社会、环境"三大领域"，全力推进低碳产业体系建设、清洁能源利用、低碳交通发展、低碳供热、节能建筑、低碳示范区建设等领域基础设施建设，全面探索新建项目碳评估、温室气体排放统计核算报告、碳交易、"碳足迹"标示、合同能源管理等制度建设，建立碳排放总量控制和配额分配制度，推动低碳试点城市顺利实施。

2. 有关意见建议。在国家、自治区实行温室气体排放强度控制和总量控制制度并加强考核的政策下，本市低碳发展面临经济快速增长、能源消费不断增加与高耗能产业比重较高、能源消费以煤为主的形势，建设低碳城市任务艰巨。恳请国家在乌鲁木齐市 2016 年全社会节能减排监控体系建设、能源计量体系及能源管理体系建设、企业能源审计和节能规划、环境监察能力标准化建设等低碳管理能力建设项目给予政策资金支持，预计所需资金 1.76 亿元。同时，随着本市低碳试点城市规划任务的相继完成和检查验收工作的即将开展，恳请国家尽快拨付剩余低碳发展资金。